江苏省气候变化评估报告

《江苏省气候变化评估报告》编写委员会

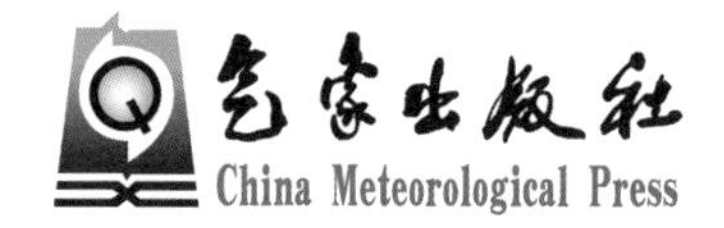

内容简介

《江苏省气候变化评估报告》分析江苏省近50余年的气候变化事实及其未来的可能趋势，评估其对江苏省经济社会、环境生态等重要领域的影响，并提出适应性对策建议。全书分为三部分，共十六章，第一部分共五章，主要介绍江苏省气候变化事实。第二部分共六章，主要分析气候变化对农业、水资源、能源活动、交通、生态系统和人体健康的影响，并提出对策与建议。第三部分共五章，主要分析气候变化对太湖蓝藻、沿江城市带、海岸带、江淮之间特色农业、淮北旱作物的影响，并提出对策与建议。

本书由江苏省气象局组织实施，是江苏省首部气候变化综合评估报告。可供江苏省各级决策部门，以及气候、气象、经济、农业、水文、生态与环境等领域的科研与教学人员参考使用。

图书在版编目(CIP)数据

江苏省气候变化评估报告 /《江苏省气候变化评估报告》编写委员会编. --北京 ：气象出版社，2017.1

ISBN 978-7-5029-6513-6

Ⅰ.①江… Ⅱ.①江… Ⅲ.①气候变化-评估-研究报告-江苏 Ⅳ.①P468.253

中国版本图书馆 CIP 数据核字(2017)第 004273 号

出版发行：气象出版社

地　　址：北京市海淀区中关村南大街46号　　**邮政编码：**100081

电　　话：010-68407112(总编室)　010-68409198(发行部)

网　　址：http://www.qxcbs.com　　**E-mail：**qxcbs@cma.gov.cn

责任编辑：陈　红　　**终　　审：**邵俊年

责任校对：王丽梅　　**责任技编：**赵相宁

封面设计：博雅思企划

印　　刷：北京地大天成印务有限公司

开　　本：787 mm×1092 mm　1/16　　**印　　张：**24

字　　数：610千字

版　　次：2017年1月第1版　　**印　　次：**2017年1月第1次印刷

定　　价：120.00元

《江苏省气候变化评估报告》编写委员会

主　编:许遐祯

副主编:陈　燕　吕　军

编　委:解令运　刘文菁　汪　宁　张灵玲　买　苗

　　　　魏清宇　陈钰文　姜玥宏　夏　瑛

各章编写专家:

第 1 章:陈　燕　许遐祯　刘文菁

第 2 章:项　瑛　卢　鹏　夏　瑛

第 3 章:项　瑛　肖　卉　卢　鹏

第 4 章:陈　燕　汪　宁　吕　军

第 5 章:李　熠　买　苗　孙　磊

第 6 章:申双和　陶苏林

第 7 章:张灵玲　买　苗

第 8 章:陈　兵　孙佳丽　王　瑞

第 9 章:袁成松　黄世成　吴　泓

第 10 章:王让会　吕　雅

第 11 章:郑有飞　尹继福　陈　燕

第 12 章:赵巧华　欧阳潇然　钱昊钟

第 13 章:谢志清　杜银　曾　燕

第 14 章:王坚红　苗春生

第 15 章:陈钰文　商兆堂　王　佳

第 16 章:徐　敏　吴洪颜　高　苹

《江苏省气候变化评估报告》参编单位

江苏省气候中心　南京信息工程大学

江苏省气象科学研究所　江苏省气象服务中心

《江苏省气候变化评估报告》评审专家

丁一汇	院士	国家气候中心
符淙斌	院士	南京大学
翟武全	局长	江苏省气象局
张祖强	司长	中国气象局应急减灾与公共服务司
杨金彪	副局长	江苏省气象局
翟盘茂	研究员	中国气象学会
巢清尘	副主任	国家气候中心
周广胜	研究员	中国气象科学研究院
江志红	教授	南京信息工程大学
王金星	副司长	中国气象局科技与气候变化司
刘洪斌	研究员	国家气候中心
袁佳双	处长	中国气象局科技与气候变化司
何　勇	处长	中国气象局应急减灾与公共服务司
许瑞林	教授	江苏省光伏产业协会
王让会	教授	南京信息工程大学
郑媛媛	正研高工	江苏省气象局
杜尧东	研究员	广东省气象局
林炳章	教授	南京信息工程大学
陈葆德	研究员	上海市气象局
李秉柏	教授	南京信息工程大学
祝从文	研究员	中国气象科学研究院

序　言

近百余年来，以全球变暖为主要特征的气候变化，对自然环境和经济社会所产生的影响越来越显著。江苏省委、省政府高度重视应对气候变化工作，早在2007年成立了江苏省节能减排工作领导小组，2010年又成立了生态省建设领导小组，先后制定了应对气候变化的一系列政策、法规和规划，包括《江苏省应对气候变化方案》、《江苏省应对气候变化规划（2010—2020）》、《江苏省气象灾害防御条例》、《江苏省节约能源条例》、《江苏省气候资源保护和开发利用条例》等。在这些政策、法规和规划的指导下，一系列措施陆续得以有力实施，开展农业、水资源、气象、海洋、渔业、卫生、林业等领域的应对气候变化行动，优化能源与产业结构，加快新能源发展步伐，积极推进低碳试点，控制温室气体排放。

IPCC历次评估报告、《气候变化国家评估报告》、《第二次气候变化国家评估报告》以及关于流域/区域气候变化影响评估报告与系列丛书等气候变化科学报告和专著，客观反映了气候变化领域的研究进展，集应对气候变化科学研究之大成，对我国气候变化适应和减缓发挥了重要的科学指导与支撑作用。但我国气候复杂多样，各地经济社会、环境生态差异性大，应对气候变化所面临的挑战也不相同。江苏省位于亚热带和温暖带的气候过渡区，也是我国经济最为发达的区域之一，气候变化和各种自然、社会因素交织，导致江苏经济社会对气候变化的脆弱性、敏感性日益加剧，而同时，还面临诸多挑战，如长三角经济带与城市群的绿色发展、海洋生态与太湖水环境的协调发展等，开展《江苏省气候变化评估报告》的编制显得十分必要。

江苏省气象局十分重视气候变化的科研及业务，组织相关领域的专家编制《江苏省气候变化评估报告》。报告对江苏气候变化的基本事实、已有和未来气候变化对江苏省有关地区、行业的影响等进行了认真调研和分析，发现近50余年来江苏的气候已经发生了明显变化，并且对农业、水资源、能源、交通、生态、人体健康、太湖蓝藻、沿江城市带、海岸带等诸多领域和地区产生了多方面的影响，未来这些影响还可能持续，据此提出加强政策导向、健全观测监测、强化科技支撑、完善应对措施、提高公众参与等适应气候变化的对策和建议。在此基础上，对科学问题进一步凝练，又形成了《江苏省气候变化评估报告决策者摘要》。

《江苏省气候变化评估报告》是江苏省首部气候变化综合评估报告，凝聚了江苏气候变化研究的主要成果，具有鲜明的区域特色，对政府决策部门、有关科技人员及广大读者有参考和启示意义，也为进一步研究江苏省气候变化及其影响提供了良好的基础。我很高兴为此撰写序言，并推荐给广大读者。

丁一汇

2016年7月20日

前　言

在全球气候变暖的背景下，极端天气气候事件趋多增强，对农业、水资源、生态系统等社会各方面造成了诸多影响。气候变化不仅是一个气候和环境问题，其事关人类可持续发展，引起了社会各界的广泛关注。

江苏省位于长江、淮河下游，我国大陆东部沿海中心，属于中纬度东亚季风气候区，气候温和、季风显著、气候要素年际变化较大、气象灾害时有发生。同时，人口众多、经济发达、城市化迅速、综合发展水平高，是长三角经济带的重要组成部分。在全球气候变暖的背景下，江苏的气候也发生了显著变化，极端天气气候事件引起的灾害损失日趋严重，造成了巨大的直接和间接损失。面对日益明显的气候变化及其影响，江苏省各级政府高度重视应对气候变化工作，完善组织建设，加强宏观规划，强化政策支持，扎实开展各项适应气候变化的行动，积极推进低碳试点，控制温室气体排放。

为了更好地为江苏省各级政府应对气候变化提供科技支撑，江苏省气象局于2012年开始组织江苏省气候中心、南京信息工程大学、江苏省气象科学研究所、江苏省气象服务中心的有关专家开展《江苏省气候变化评估报告》的编制工作，期间还邀请了国家气候中心、南京大学、江苏省发展与改革委员会、南京信息工程大学、上海市气象局、广东省气象局等多位专家对报告的结构、内容提出宝贵意见，力求做到科学、客观展示有关江苏省气候变化的相关成果。历时四年多认真、细致的工作，形成了《江苏省气候变化评估报告》，并在此基础上进一步凝练科学结论，完成《江苏省气候变化评估报告决策者摘要》。

《江苏省气候变化评估报告》重点分析江苏省近50余年的气候变化事实及其未来的可能变化趋势，评估其对社会、环境、经济等带来的影响，并提出适应性对策建议。全书分为三部分，共十六章。第一部分共五章，主要介绍江苏省气候变化事实、影响气候变化的主要因子、未来气候变化趋势。第二部分共六章，主要分析气候变化对江苏农业、水资源、能源活动、交通、生态系统和人体健康的影响，并提出对策与建议。第三部分共五章，主要分析气候变化对太湖蓝藻、沿江城市带、海岸带、江淮之间特色农业、淮北旱作物的影响，并提出对策与建议。

本书是在中国气象局气候变化专项“江苏省气候变化评估报告(CCSF201318)”和江苏省气象局专项的支持下编制并完成的，是江苏省首部气候变化综合评估报告。在编写和出版期间，得到了多方的帮助和支持。江苏省气象局翟武全局长、张祖强副局长(时任)、杨金彪副局长对本报告及决策者摘要的编制给予了全面指导和高度关注，专门成立了编写委员会，并多次参与报告有关章节内容的编制、审核工作。丁一汇院士、符淙斌院士、翟盘茂研究员、巢清尘研究员、周广胜研究员、刘洪斌研究员、王金星研究员、祝从文研究员、江志红教授、林炳章教授、许瑞林教授、李秉柏教授、郑媛媛正研高工、陈葆德研究员、杜尧东研究员、袁佳双高工、何勇高工等作为本书的指导专家，提出了许多的宝贵意见和建议。在此，对为本书的组织、撰写、审定与出版做出贡献的专家和领导表示衷心的感谢！

由于气候变化涉及内容面广，还有很多科学问题需要深入研究，编者水平有限，本书不足之处在所难免，敬请广大读者和专家批评指正，以便在今后的工作中不断完善。

编者

2016年3月4日

目　　录

第 1 章

绪　论

1.1　江苏省基本概况

1.1.1　江苏省自然和环境概况

江苏省位于中国沿海地区中部，长江、淮河下游，东濒黄海，北接山东，西连安徽，南邻上海、浙江。地跨 30°45′～35°20′N，116°18′～121°57′E。面积 10.67 万 km^2，约占全国 1.1%。辖南京、无锡、徐州、常州、苏州、南通、连云港、淮安、盐城、扬州、镇江、泰州、宿迁等 13 市。一般称长江以南为苏南地区，淮河、苏北灌溉总渠一线以北为淮北地区，两者之间为江淮之间。

江苏省地形地势低平，平原、低山丘陵和水域面积分别占土地总面积的 69%、14% 和 17%。平原广阔，主要由苏南平原、苏中江淮平原、苏北黄淮平原组成。低山丘陵南北错落，山势缓和低矮。河湖众多，水网密布，长江及淮、沂、沭诸水汇集省区，全省主要河流 2900 多条，湖泊 300 余处，水库 1000 多座，多年平均径流深 259.8 mm，地表水资源量 264.9 亿 m^3，总水资源量 320.2 亿 m^3。海岸线资源丰富，北起绣针河口，南至启东蓼角嘴，标准长度 954 km，其中沙质海岸 30 km，基岩海岸 40 km，粉沙淤泥质海岸 884 km。

江苏省位于亚洲大陆东岸中纬度地带，属东亚季风气候区，处在亚热带和暖温带的气候过渡地带，北部属暖温带湿润、半湿润季风气候，南部属亚热带湿润季风气候。江苏东邻黄海，海洋对江苏气候有着显著的影响。在太阳辐射、大气环流以及江苏特定的地理位置、地貌特征的综合影响下，基本气候特点是：气候温和、四季分明、季风显著、冬冷夏热、春温多变、秋高气爽、雨热同季、雨量充沛、降水集中、梅雨显著，光热充沛（胡辛陵 等，2001）。

1.1.2　江苏省经济和社会概况

江苏省在中国经济版图中占有重要的位置。地区生产总值 2002 年为 10606.9 亿元，2011 年 49110.3 亿元，2012 年为 54058.2 亿元，2013 年为 59162 亿元，2014 年达到 65100 亿元，位列全国第二。

居民收入稳步提高。人均地区生产总值 2002 年为 14369 元，2011 年 62290 元，2012 年为 68347 元，2013 年为 74699 元，2014 年超过 8 万元，比上年增加 6352 元。城镇居民人均可支配收入 2002 年为 8178 元，2011 年 26341 元，2012 年达 29677 元，2013 年为 32538 元，2014 年为 34346 元。农村居民人均可支配收入 2002 年为 3996 元，2011 年 10805 元，2012 年达 12202

元,2013年为13598元,2014年为14958元。

人口总量继续保持增长态势。2000年为7327.24万人,2005年7588.24万人,2010年7869.34万人,2012年7898.8万人。全省常住人口中,男性占50.38%,女性占49.62%;0~14岁人口占13.01%;15~64岁人口占76.10%;65岁及以上占10.89%。

能源消费逐年增加。2000年为0.86亿tce,2005年为1.7亿tce,2012年为2.7亿tce。能源消费以一次能源为主,煤炭为主、焦炭、原油、电力等为辅。能源生产以原煤为主,近年来发电量在不断增长,同时还在加大风能、太阳能等清洁能源的利用。2005—2010年江苏省以能源消费年均8.2%的增长速度支撑了年均13.5%的经济增速,2010年全省单位GDP能耗比2005年下降20.45%,完成了单位GDP能耗下降20%的约束性目标,比全国单位GDP能耗下降率高1.35个百分点。

1.1.3 江苏省生态和农业概况

江苏省植物资源非常丰富,有850多种,具有地跨暖温带、北亚热带、中亚热带三个生物气候带的过渡性分布特征。水产资源丰富,有广阔的海涂、浅海,东部沿海渔场面积达15.4万km^2,其中包括著名的吕泗、海州湾等渔场,盛产黄鱼、带鱼、昌鱼、虾类、蟹类及贝藻类等。有淡水鱼类140余种,已利用40多种。沿海还有麋鹿、丹顶鹤、白鹤、天鹅等珍稀动物。已经建立了大丰麋鹿保护区、射阳丹顶鹤保护区和洪泽湖湿地保护区等31个自然保护区,其中国家级自然保护区3个,自然保护区面积0.57万km^2,保护区总面积约占全省陆上国土面积的7.19%。

江苏省是著名的鱼米之乡,农业生产条件得天独厚,农作物、林木、畜禽种类繁多。全省耕地面积4.7万km^2,占全国的3.85%,人均占有耕地606.7 m^2。已栽培农作物40多种,经济作物260多种,蔬菜80多个种类、1000多个品种。江苏是粮食生产大省,在粮食生产结构上,形成了稻麦为主的稳定结构。2012年粮食产量为337.3亿kg,2013年粮食总产为342.3亿kg,列全国第5位,2014年为349.0亿kg,粮食生产在高起点上再次增收,实现了粮食总产“十一连增”。

1.2 开展江苏省气候变化评估的目的与意义

1.2.1 服务于江苏生态文明建设

党的十八大在2012年做出大力推进生态文明建设的战略决策,2015年《中共中央国务院关于加快推进生态文明建设的意见》提出加快生态文明建设。江苏正处于全面建成小康社会并向率先基本实现现代化迈进的重要时期,也是全力推进生态省建设、全面提升生态文明水平的攻坚时期。省委、省政府在《江苏省国民经济和社会发展第十二个五年规划纲要》等一系列文件中制定了生态文明建设目标,“到2015年,全省万元地区生产总值二氧化碳排放比2010年下降19%,单位地区生产总值能耗比2010年下降18%”,“主要污染物排放总量减少10%以上”;“森林覆盖率提高到22%”,“到2015年,全省一次能源消费总量力争控制在3.36亿tce,年均增长5.44%”,“有序推进陆上风电,加快发展海上风电”,“到2015年,建成风电装机600万kW”,“推动太湖流域水质持续改善,有效防控蓝藻和湖泛大规模暴发”等。

气候作为自然生态系统的重要组成部分之一，是支撑生物存在和发展的基础性条件，而保持生态系统稳定性是生态文明建设的基础和关键。气候变化导致的极端天气气候事件增加使得生态系统稳定性降低、脆弱性加大，对自然生态系统产生较大影响，对江苏省经济社会的农业、水资源、生态系统、能源安全、人体健康等方面都产生了不同程度的影响。《江苏省气候变化评估报告》针对和气候变化密切相关的重点领域，开展气候变化对江苏省农业、水资源、能源活动、生态系统、交通、人体健康、太湖蓝藻等领域已有影响的评估，并分析未来的可能影响。在尊重气候因子与生态系统、经济社会发展相互作用规律的基础上，以积极的态度去适应气候变化，这也是江苏省加强生态文明建设，发展循环经济、推广低碳技术、推动绿色增长的客观需求（国务院，2010；江苏省人大常委会，2006；国务院，2011；江苏省人民政府，2011；江苏省人民政府，2012a；江苏省人民政府，2013；江苏省人民政府办公厅，2012a）。

1.2.2 服务于江苏应对气候变化工作

气候变化是人类共同面临的巨大挑战，《中国应对气候变化国家方案》、《国家适应气候变化战略》、《国家应对气候变化规划（2014—2020）》、《江苏省应对气候变化方案》、《江苏省应对气候变化规划（2010—2020）》等一系列文件中提出要开展气候变化研究，增强适应气候变化能力。“气候变化基础研究、观测预测和影响评估水平明显提升，极端天气气候事件的监测预警能力和防灾减灾能力得到加强”，是《国家适应气候变化战略》的主要目标之一。

《省政府关于加快推进气象现代化建设的意见》中指出，率先基本实现气象现代化是现阶段江苏气象事业的发展目标，应对气候变化能力是其中的重要组成部分。展望未来，在智慧江苏建设中，还将在“智慧江苏气象信息和网络提升工程”的支持下，完善大气本底站建设，提升温室气体观测能力，完善地面高空一体化气象观测，完善海洋、农业等专业气象观测，为气候变化研究提供更全面丰富的信息。

《江苏省气候变化评估报告》着眼于提升应对气候变化能力，开展江苏省气候变化事实研究，分析全省及不同地区基本气候要素和高影响天气气候事件的气候变化趋势、变化幅度，探讨影响江苏省气候变化的因子及其作用，预估未来气候变化趋势，面向科技领域提供气候变化基础科学数据，面向社会公众提供气候变化信息，这对于提升气象事业对江苏经济社会科学发展的保障与支撑能力，服务全省“两个率先”，有十分重要的意义（国务院，2007；江苏省人民政府，2009；江苏省人民政府，2011；江苏省人民政府，2012b；江苏省人民政府办公厅，2012b）。

1.2.3 服务于江苏地方经济建设

江苏省经济发达、城市化进程迅速，工业化和人口快速增长，苏南加快转型升级，苏中崛起明显提速，苏北发展动力增强，苏中、苏北大部分经济指标增幅持续高于全省平均水平。同时，江苏海洋资源丰富，发展海洋经济的条件得天独厚，沿海地区大部分经济指标增速超过全省。党的十七届五中全会明确提出了发展海洋经济的总体要求，江苏沿海地区发展和长江三角洲地区一体化发展先后上升为国家战略。城乡区域建设目标提出“城市化水平达到 63%”，“三大区域发展优势更加鲜明，形成区域协调发展新格局”。海洋经济倍增计划提出，“至 2015 年，海洋生产总值突破 6800 亿元，占全省地区生产总值比重达 10%以上”，“开展海洋环境监测能力建设”，“大力发展海水养殖，挖掘海涂养殖潜力，重点突破浅海养殖”。提升发展长三角（北翼）核心区城市群，推进南京都市圈建设，加强苏锡常都市圈要素整合、协调发展，推进城乡区域协调发展，调整优化海洋产业结构和空间布局，加快海洋经济发展均离不开气候资源的支持。

《江苏省气候变化评估报告》开展气候变化对关键区域的影响评估，重点进行气候变化对江苏省沿江城市带、海岸带地区、江淮之间特色农业、淮北旱作物生产的影响评估，并分析未来的可能影响。这将服务于地方经济建设，有助于逐步缩小区域发展差距，全面提升区域协调发展水平，以实现江苏沿海地区发展和长江三角洲地区一体化发展的国家战略(江苏省人民政府，2011；江苏省人民政府，2012a；江苏省人民政府办公厅，2011a；江苏省人民政府办公厅，2011b)。

1.3 国内外气候变化评估工作进展

1.3.1 政府间气候变化专门委员会评估报告

1.3.1.1 IPCC历次报告作用

政府间气候变化专门委员会(IPCC)是1988年由世界气象组织和联合国环境规划署在联合国麾下合作成立的，主要任务是，就气候变化问题为国际组织和各国决策者提供科学咨询，共同应对气候变化(John，2013)。IPCC下设三个工作组，第一工作组负责凝练综述气候变化的科学事实；第二工作组负责评估气候变化影响与适应对策；第三工作组主要进行减缓气候变化的社会经济分析工作。

IPCC汇集全球有关气候变化科学的研究成果，先后于1990年、1996年、2001年和2007年发布了四次评估报告，并编写出版了一系列特别报告、技术报告和指南等，对各国政府和科学界产生了重大影响(丁一汇 等，2008)。1990年发布的IPCC第一次评估报告确认了有关气候变化问题的科学基础，使全世界对温室气体排放和全球变暖之间的联系产生了警觉，促进了政府间的对话，推动召开了1992年里约热内卢地球峰会，通过并签署了《联合国气候变化框架公约》。1996年发布的IPCC第二次评估报告对气候变化科学的全面评估为系统阐述气候公约的最终目标提供了科学依据，对具有法律效应《京都议定书》的谈判起了重要作用。2001年发布的IPCC第三次评估报告特别强调适应气候变化的重要性，为制定应对气候变化的政策，满足气候公约的目标提供了客观的科学信息，在气候公约谈判中引入了适应和减缓的议题，推动了谈判进程，形成了《气候变化影响、脆弱性和适应的内罗毕工作计划》(王礼茂，2005；王芳 等，2008)。2007年发布的IPCC第四次评估报告，更加强调了有关气候变化预估不确定性问题的研究成果，突出了气候系统的变化，描述了气候系统多圈层的观测事实，并阐述了气候系统各圈层的多种过程及其变化的主要原因，推动形成了"巴厘岛路线图"、《哥本哈根协议》、《坎昆协议》、《德班一揽子决议》等一系列气候变化决议(苏伟 等，2008；侯艳丽 等，2011；马欣 等，2012；IPCC，2007a；IPCC，2007b)。

2013—2014年，IPCC第五次评估报告的第一工作组报告《气候变化的科学基础》，第二工作组报告《气候变化影响、适应和脆弱性》、第三工作组报告《气候变化减缓》和《综合报告》先后发布，第五次评估报告全面完成。报告对以往报告已阐述的科学问题和基本结论加以巩固，并提供更有说服力的证据和论据，更加侧重区域问题，增加适应和减缓经济学成本、气候变化与可持续发展等内容的分析(高云 等，2010；张晓华 等，2014)。

1.3.1.2　IPCC 第五次报告主要结论

IPCC 第五次评估第一工作组报告气候变化的科学基础，关注气候变化的事实、归因和未来变化趋势。指出：近百年全球气候变暖毋庸置疑。1880—2012 年以来的 130 多年来，全球地表平均温度上升了约 0.85 ℃，1983—2012 年可能是北半球过去 1400 年中最暖的 30 年。由于海水受热膨胀及大量冰雪融水的涌入，1901—2010 年，全球平均海平面以每年 1.7 mm 的速率升高，1993—2010 年更是高达每年上升 3.2 mm。虽然由于自然因素的作用，1998 年以来全球地表增温速率降低，但未影响近百年全球变暖的总体趋势。

大气中温室气体浓度在增加。2011 年大气中二氧化碳、甲烷、氧化亚氮等温室气体浓度分别达到 391 ppm①、1803 ppb② 和 324 ppb，分别比 18 世纪中期工业化开始之前高出 40%、150% 和 20%，达到了近 80 万年以来的最高值。海洋吸收了约 30% 人为排放的二氧化碳，海水酸化现象趋重。

全球范围的极端事件在增多。在全球变暖背景下，20 世纪中叶以来极端事件的强度和频率发生明显变化。极端暖事件增多，极端冷事件减少；热浪发生频率更高，时间更长；陆地区域的强降水事件增加，欧洲南部和非洲西部干旱强度更强、持续更长；热带气旋的强度、频率和持续时间存在长期增加趋势。

人类活动导致了 20 世纪 50 年代以来一半以上的全球气候变暖，这一结论的可信度超过 95%。与 1750 年相比，2011 年人为因素的总辐射强迫值达到 2.29 W/m^2，比 2005 年的 1.6 W/m^2 高出了 43%，其中 1750 年以来大气二氧化碳浓度的增加是人为辐射强迫值增加的主要原因。

温室气体的增加将使气候进一步变暖。21 世纪末，全球地表平均气温可能在目前基础上升高 0.3～4.8 ℃；热浪、强降水等极端事件发生频率将增加；全球降水将呈现“干者愈干、湿者愈湿”趋势；海平面可能上升 0.26～0.82 m，海洋酸化现象加剧，海洋上层温度将升高 0.6～2.0 ℃，热量将从海表传向深海，并影响海洋环流；9 月的北极海冰面积可能减少 43%～94%，全球冰川体积减小 15%～85%；全球变暖预期会通过触发自然反馈机制，进一步提高多种环境污染的程度（IPCC，2013）。

IPCC 第五次评估第二工作组报告气候变化影响、适应和脆弱性，聚焦于气候变化风险的评估和管理。报告通过系统的评估认为，气候变化已经并将继续对水资源、生态系统、粮食生产和人类健康等自然生态系统和人类社会产生广泛而深刻的影响。如果未来全球地表平均温度相对于工业化前升高 1 ℃或 2 ℃，全球所遭受的风险将处于中等至高风险水平；升高超过 4 ℃或更高，全球将处于高或非常高的风险水平。对于已经和即将发生的不利影响而言，适应的效果更为显著，但控制长期风险必须强化减缓。报告强调，由于没有普适的风险管理措施，适应行动必须因地制宜。国家应建立法律框架，保护脆弱群体，提供信息、政策和财政支持，并通过各级地方政府协调适应行动；地方政府则需在促进社区和家庭风险管理方面发挥更大作用（IPCC，2014a）。

IPCC 第五次评估第三工作组报告气候变化减缓，涉及减缓气候变化的理论基础、概念框架、目标、路径及政策机制等。其核心内容是，2 ℃温升目标下的全球长期减排的路径，以及在

---

① 1 ppm＝10^{-6}，下同。

② 1 ppb＝10^{-9}，下同。

此限定目标下能源、交通、建筑、城镇建设等领域的发展路径与技术选择。报告指出，过去 40 年人为排放的温室气体总量，约占 1750 年以来总排放量的一半；最近十年是排放增长最多的十年，仅 2010 年的全球总排放量就达到了 490 亿 t 二氧化碳当量。要实现在 21 世纪末 2 ℃温升的目标，需要将大气中温室气体的浓度控制在 450 ppm 二氧化碳当量。为此，到 2030 年全球温室气体排放量要限制在 500 亿 t 二氧化碳当量，即 2010 年排放水平；2050 年全球排放量要在 2010 年基础上减少 40%～70%；2100 年实现零排放。上述目标的实现将要求对能源供应部门进行重大变革，并及早在交通、建筑、工业能源应用部门，以及农业、林业及城市化建设领域实施系统的、跨部门的减排战略。由于气候政策与其他社会目标相互交叉，减缓气候变化的行动将有助于保护人类健康、生态系统和自然资源，并维持能源系统稳定性，如果统筹管理得当，可以实现气候行动与其他社会（环境）问题的协同治理（IPCC，2014b）。

1.3.2　气候变化国家评估报告

1.3.2.1　我国气候变化国家评估报告进展

为了有效把握我国气候变化的基本情况，掌握未来可能的变化趋势，提出有效的应对措施，科技部、中国气象局、中国科学院于 2006 年 12 月联合发布了第一次《气候变化国家评估报告》，为科学应对气候变化提供了重要基础。在 2007 年《中国应对气候变化国家方案》中明确提出了到 2010 年单位 GDP 能耗将比 2005 年下降 20%左右，可再生能源开发利用总量在一次能源供应结构中的比重提高到 10%左右的目标。2009 年，中国政府进一步提出了到 2020 年单位国内生产总值二氧化碳排放比 2005 年下降 40%～45%，非化石能源占一次能源消费比重达到 15%左右，森林面积比 2005 年增加 4000 万 hm^2，森林蓄积量比 2005 年增加 13 亿 m^3 等控制温室气体排放行动目标，这是中国根据国情采取的自主行动，也是为全球应对气候变化做出的巨大努力（气候变化国家评估报告编写委员会，2007）。

2011 年 11 月，《第二次气候变化国家评估报告》正式发布。报告对气候变化的事实、原因和不确定性，气候变化对中国自然和经济社会可持续发展的主要影响，适应与减缓气候变化的政策和措施选择，以及中国应对气候变化的政策、行动与成效等进行了系统的评估（第二次气候变化国家评估报告编写委员会，2011）。

2015 年 11 月，科技部举行《第三次气候变化国家评估报告》发布暨专家解读会。报告全面、系统汇集我国应对气候变化有关科学、技术、经济和社会研究成果，客观地反映了我国科学界在气候变化领域的研究进展。与前两次《气候变化国家评估报告》相比，《第三次气候变化国家评估报告》还增加了气候变化社会经济影响评估等内容。

1.3.2.2　《第三次气候变化国家评估报告》主要结论

《第三次气候变化国家评估报告》指出：1909 年以来中国的变暖速率高于全球平均值，每百年升温在 0.9～1.5℃。我国沿海海平面 1980—2012 年期间上升速率为 2.9 mm/a，高于全球平均速率。20 世纪 70 年代至 21 世纪初，冰川面积退缩约 10.1%，冻土面积减少约 18.6%。未来，中国区域气温将继续上升。到 21 世纪末，可能增温 1.3～5.0℃，全国降水平均增幅为 2%～5%，北方降水可能增加 5%～15%，华南降水变化不显著。气候变化对我国的影响利弊共存，总体上弊大于利。气候变暖使农业热量资源增加，利于种植制度调整，中晚熟作物播种面积增加，但不利影响更明显和突出，部分农作物单产和品质降低、耕地质量下降、肥料和用水成本增加、农业灾害加重。此外，气候变化也加速了水循环过程，引起了水资源及其空间分布变化。如造成暴雨、强风暴潮等极端天气事件发生的频次和强度增加。

目前，我国采取了一系列政策和行动积极应对气候变化，取得显著成效。技术进步对我国节能减碳发挥了重要作用，能源密集型产品的单产能耗显著下降，技术节能效果明显，火电煤耗、水泥和钢铁能耗下降30%～50%，可再生能源技术推广利用世界领先。中国减缓气候变化政策的行政可实施性强，得到了较高执行。与减缓相比，适应气候变化的政策和行动都还不够，需要进一步充实和完善，特别是提高政策目标与资源匹配的一致性、强化适应气候变化决策科学基础、提高各层面适应意识和能力、提高基础设施标准和防灾减灾能力等。

1.3.3 中国气候与环境演变

《中国气候与环境演变》出版于2005年，是我国第一部全面评估中国气候与环境演变基本科学事实、预估未来变化趋势、综合分析其社会经济影响、探寻适应与减缓对策的专著(秦大河等，2005)。2012年，在评估最新科学文件和研究的基础上，又出版了《中国气候与环境演变2012》。《第一卷科学基础》主要从过去气候变化、观测的气候变化、冰冻圈变化、海平面变化、极端天气气候变化、全球与中国气候变化的联系、大气成分、全球气候系统模式评估及中国区域气候预估等方面对中国气候变化的事实、特点、趋势等进行了评估。《第二卷影响与脆弱性》主要涉及气候与环境变化对气象灾害、地表环境、冰冻圈、水资源、自然生态系统、近海与海岸带环境、农业生产、重大工程、区域发展及人居环境与人体健康的影响以及适应气候变化的方法和行动等内容。《第三卷减缓与适应》主要从减缓气候变化的视角，从发展的模式转型、温室气体排放情景、温室气体减排的技术选择、可持续发展政策的减缓效应、低碳经济的政策选择、国际协同减缓气候变化、社会参与及综合应对气候变化等八个方面讨论了减缓气候变化的途径与潜力。《综合卷》主要对上述三卷的关键科学认识和核心结论进行了总结(秦大河 等，2012)。

1.3.4 中国极端天气气候事件和灾害风险管理与适应国家评估报告

《中国极端天气气候事件和灾害风险管理与适应国家评估报告》发布于2015年3月。《报告》认为中国极端天气气候事件种类多，频次高，阶段性和季节性明显，区域差异大，影响范围广。根据中等排放(RCP4.5)和高排放(RCP8.5)情景，采用多模式集合方法，预估到21世纪末中国高温、洪涝和干旱灾害风险加大，城市化、老龄化和财富积聚对气候灾害风险有叠加和放大效应。《报告》指出，中国政府加强了极端天气气候事件和灾害风险管理体系建设，形成了以制定修订应急预案、建立健全防灾减灾体制、机制、法制为主要内容的中国特色防灾减灾与应急管理的国家管理体系。《报告》强调气候安全是国家安全体系和经济社会可持续发展战略的重要组成部分，是生态文明建设和实现中国梦的基本保障，应当根据国家应对气候变化战略，确定中长期气候安全目标。

1.3.5 区域气候变化评估报告

我国幅员辽阔，不同地区的气候环境及其变化的因素千差万别。中国气象局组织开展了华北、东北、华东、华中、华南、西南、西北以及新疆八个区域气候变化评估工作，《华东区域气候变化评估报告》、《华南区域气候变化影响评估报告》等报告已相继出版，为不同区域应对气候变化提供科学支撑(华东区域气象中心,2012;华南区域气象中心,2013)。中国气象局气候变化中心也在全国范围组织了“区域气候变化影响评估系列报告”的编写,在不同的气候变化响应的流域和区域上,研究中国气候变化及其影响所具有的区域特征,以及气候变化对自然和社会经济系统的影响、脆弱性和适应性。

1.4 江苏省应对气候变化的措施与行动

1.4.1 完善组织建设和工作体制

江苏省委、省政府高度重视应对气候变化工作,2007年6月发布《江苏省政府关于成立节能减排工作领导小组的通知》,时任省长梁保华为省节能减排工作领导小组组长。2009年9月颁布了《江苏省应对气候变化方案》,将节能减排工作领导小组调整为应对气候变化及节能减排工作领导小组,下设节约能源、污染减排和应对气候变化三个办公室,建立起统筹协调的组织领导机制。2010年5月,成立全省能源领域的专职业务管理部门江苏省能源局,以便更好地实施能源发展战略。2011年6月,发布《江苏省人民政府办公厅关于成立生态省建设领导小组的通知》,全面加强对江苏省生态省建设的组织领导。建立省市县三级应对气候变化工作机构,加强组织体系建设,健全工作机制,完善规章制度。规范政府、部门、企业、组织和公众在应对气候变化工作中的职责,充分发挥各级政府在应对气候变化工作中的主导作用,明确了各级政府和有关部门在应对气候变化工作中的职责和分工,统筹协调各级政府及其部门的应对气候变化行动。制定了《江苏省“十二五”单位地区生产总值二氧化碳排放降低目标考核实施方案(试行)》,对各省辖市人民政府控制温室气体排放工作进行评价考核。

1.4.2 加强宏观规划和政策支持

江苏省委、省政府明确了应对气候变化的基本方针和原则,相继出台了《江苏省应对气候变化方案》、《江苏省应对气候变化领域对外合作管理暂行办法》、《江苏省节约能源条例》、《江苏省建筑节能管理办法》、《江苏省公路水路交通节能规划》、《江苏省气象灾害防御条例》、《江苏省气象灾害评估管理办法》等相关法规条例。设立财政专项基金推进节能减排工作,实施差别电价。

为了更好地开展应对气候变化工作,江苏省政府组织制定了一系列规划,包括《江苏省“十二五”规划纲要》、《江苏省应对气候变化规划(2010—2020)》、《江苏省“十二五”控制温室气体排放工作方案》、《江苏省“十二五”节能规划》、《江苏省“十二五”节能减排综合性工作方案》、《江苏省“十二五”环境保护和生态建设规划》、《江苏省“十二五”能源发展规划》、《江苏省“十二五”气象事业发展规划》、《江苏省“十二五”循环经济发展规划》、《江苏省“十二五”海洋经济发展规划》等,提供多方位应对气候变化的政策支持。《江苏省应对气候变化规划(2010—2020)》分析了本省中长期的碳减排潜力,明确了2020年控制温室气体排放的行动目标、重点任务和政策措施。制定了“十二五”期间的节能减排目标,“十二五”末江苏省万元地区生产总值二氧化碳排放比2010年下降19%,单位地区生产总值能耗比2010年下降18%。其中,全省规模以上工业单位增加值能耗比2010年下降20%以上,大型骨干企业主要产品单位能耗接近世界先进水平;新建建筑节能1140万tce;营运客车、营运货车、营运船舶单位运输周转量能耗分别比2005年下降3%、10%、13%,港口生产单位吞吐量综合能耗下降6%;公共机构人均综合能耗、单位建筑面积能耗比 2010 年分别下降不低于 15%、12%。

江苏省发改委正在组织开展《江苏省应对气候变化办法》的立法工作，该立法工作将制定基本管理制度，制定控制温室气体排放的碳排放目标、节能和能效提升措施、碳汇管理、碳捕集利用和封存、温室气体排放交易制度，制定适应气候变化的气候变化影响评估、气候风险评估、气候灾害预警、救灾应急响应以及重点领域的相关措施，并制定激励机制，明确法律责任，以有效、全面地推进江苏省应对气候变化工作。

1.4.3　开展适应行动和低碳试点

江苏省相关部门围绕农业、水资源、气象、海洋、渔业、卫生、林业等领域，扎实开展适应气候变化的行动。“十一五”期间，大力推进有机农业、循环农业的发展，增强农业生态系统固碳肥料；有效推进禽畜粪便无害化处理，全省共有规模禽畜沼气治理工程 3000 余处，禽畜场粪便无害化处理和综合利用率达到 78%；秸秆综合利用水平明显提高，综合利用率达到 80%。积极推进水资源管理，开展南通市、泰州市全国节水型社会建设试点，开展太湖水环境治理工作，进行生态清淤。气象领域健全气象观测网，强化极端天气气候事件监测，开展气候变化事实分析，进行气候可行性论证服务，加强风能资源、太阳能资源监测、评估和预测服务。加强海洋环境监测，监测海洋水质、生物、沉积物等，加强海洋保护区建设，加大海洋环境执法监察力度。加快水生生物资源恢复，实施渔业生态养护工程。加强空气污染与疾病监测工作。加快造林绿化，加强林业资源保护，努力提高森林覆盖率、林地蓄积量和碳汇总量。2012 年全省林木覆盖率达 21.6%，活力木总蓄积 8700 万 m^3 以上。

强化重点领域节能措施。在工业领域启动实施“万吨千企节能行动”，公布企业名单，逐户开展能源审计，采用综合措施，挖掘节能潜力，2012 年共实现节能 648 万 tce。“十一五”期间全省规模以上工业单位增加值能耗累计下降 39.1%。加强建筑节能发展，到 2010 年底，全省低碳建筑总量 64203 万 m^2，占城镇建筑总量的 33%。重视交通领域节能发展。设置公交专用车道总里程 440 km，开通 BRT 城市快速公交营运线路总里程 151 km，高速公路网 ETC 专用车道 224 条。南京等沿江八市执行车用汽油国Ⅳ标准，江苏成为全国国Ⅳ车用汽油、国Ⅲ车用柴油推广面积最大、使用人口最多的省份。

江苏省是全国较早开展低碳试点的省份之一。2010 年武进高新区为江苏省第一个低碳示范区。2011 年确定了包括 4 个城市、10 家园区和 10 家企业在内的 24 家省级低碳试点单位，从不同层面探索低碳发展的路径和模式。2012 年底，苏州、镇江、淮安等三个市成为第二批国家级低碳试点城市，江苏成为获批低碳试点城市最多的省份。常熟海虞镇被列入国家第一批绿色低碳重点小城镇试点示范单位；无锡、淮安被交通运输部列为低碳交通体系建设试点城市，连云港市被交通运输部列为低碳港口建设试点单位。

碳排放标准、碳排放盘查、低碳产品认证、低碳城市规划等新兴咨询服务业逐步发展。国内首家低碳城市研究中心“无锡低碳城市发展研究中心”依托江南大学率先成立；苏州市依托苏州大学组建了低碳经济研究中心；苏州工业园区管委会与梦兰集团、南京大学等单位联合筹建了苏州环境交易所；依托中国质量认证中心南京分中心在江苏省建立低碳监测、审计、核查、咨询服务平台，已对江苏省内千余家企业完成了 ISO14064 标准的宣贯，并在输配电设备、机电设备、电线电缆、电子、服装、建材等不同行业分别选取典型企业完成了碳排放核查，开创了碳核查工作的多项全国第一(江苏省发展和改革委员会，2014)。

1.4.4 优化能源结构和产业升级

江苏省积极调整能源结构，新能源发展步伐加快。近年来加大能源结构调整步伐，大力推动电源结构由单一煤电向气电、核电、抽水蓄能和可再生能源发电并举的方向发展。2010 年，全省一次能源生产总量 2700 万 tce，其中化石能源 1789 万 tce，非化石能源 911 万 tce，分别占 66.26%和 33.74%；可再生能源 405 万 tce，占一次能源生产总量的 15%。全省一次能源消费总量中，煤炭、石油、天然气和非化石能源分别占 75.44%、15.52%、3.54%和 5.5%；可再生能源占 3%。非煤发电装机并网规模达到 1024 万 kW，5 年净增 700 万 kW，占全省发电装机的比重由 7%上升到 15.9%；太阳能光热利用建筑面积达到 6887 万 m^2。

江苏为全国千万千瓦级风电基地之一，也是唯一的海上风电基地，内陆低风速资源开发取得新成效，沿海滩涂风电项目继续推进，至 2013 年底，江苏省风电装机容量已达到 2645 MW。田湾核电 3、4 号机组开工建设，成为全国核电“两个规划”批准后首个启动的新建核电项目。有序开展太阳能光伏发电，近 60 家并网光伏发电并获得电价补贴，太阳能热水器安装使用总量达到 1.68 亿 m^2。推进生物质发电发展，生物质发电装机约 500 万 kW。

以结构性降碳作为控制温室气体排放、应对气候变化的着力点，强化产业转型升级。大力发展高新技术产业和战略性新兴产业，如高端装备制造业、生物技术和新医药产业、节能环保产业、物联网和云计算等新兴产业，2011 年江苏省高新技术产业产值占工业比重 34.5%，比 2010 年提升 1.5%，新兴产业产值占工业比重 25%，比 2010 年提升 2%。大力发展服务业，“十一五”以来江苏省服务业产值不断提高，从 2006 年的 7914 亿元上升至 2010 年的 17131 亿元，每年增长速度均高于当年 GDP 增速，2010 年服务业占 GDP 比重超过 40%，成为东部沿海地区中比重提升最快的省份。

调整产业结构节能，淘汰落后产能，“十一五”期间累计淘汰落后炼铁产能 505 万 t、炼钢产能 657.2 万 t；关停小火电机组 728.6 万 kW，淘汰落后水泥产能 3350 万 t、玻璃 14.5 万重量箱、焦炭 447.8 万 t、造纸 50.3 万 t、酒精 13.9 万 t、制革 94 万标张、印染 4.6 亿 m、化纤 26.5 万 t(江苏省发展和改革委员会，2014)。

1.4.5 强化科学研究和国际合作

科技是应对气候变化的基础。近年来江苏省加强应对气候变化的科技支撑能力，制定了应对气候变化的科技发展战略与规划，强化了应对气候变化科技创新能力建设；组织重大科学技术问题研究，加强气候变化基础科学和技术开发的研究，切实提高气候变化预测预估、影响评估的科技水平，为规范有序开展应对气候变化工作奠定了良好的基础。《江苏省节能减排科技支撑行动方案》围绕高效清洁燃烧、工业余热利用、高效机电节能、半导体照明、建筑节能、新能源应用、工业清洁生产、工业废水处理、烟气控制治理、固废物资源化等十大节能减排关键技术领域，开展节能减排关键共性技术及装备的研究和转化应用。在清洁能源利用领域开展了“江苏省风能资源详查”、“江苏省太阳能资源评估”等一系列科学研究，风能、太阳能评估成果已应用到清洁能源发展规划中，为应对气候变化起到了有效的支撑作用。在《江苏省“十二五”科技发展规划》中提出在节能环保领域“重点发展整体煤气化联合循环、煤洁净燃烧、中水处理、碳捕获及回用、生物法固废处理等工程化重大技术”、在新能源领域“研究开发间歇式能源大规模集中并网技术、可再生能源分布式供能等技术”。

加强重大低碳技术的研发、集成和示范，征集了二氧化碳矿物封存、二氧化碳合成新型高分子材料、利用微藻固定二氧化碳生产生物柴油等一批具有较大减排潜力和应用前景的低碳技术。目前，江苏省正根据国家的部署，推动碳捕集、利用和封存试验示范，组织建立碳捕集、利用和封存重点示范项目清单和项目库，引导建立若干包含不同技术路线、跨行业合作的、具备工业规模和产业化应用潜力的全流程示范系统。

充分利用国外政府和相关国际机构对我国应对气候变化在项目、技术和资金等方面的支持，切实推动江苏省低碳领域的国际项目合作。积极开展清洁发展机制（CDM）项目，截至2013年江苏省获批CDM项目128个，签发二氧化碳减排量500多万t。与德国环保部组织实施了为期四年的中德"江苏省低碳合作项目"，在无锡市低碳发展综合路线图研究等方面取得了多项合作成果。与美国可持续发展社区协会签署了"江苏省低碳发展能力建设项目"合作协议，已经形成了低碳园区建设指标评价体系等一批成果。与英国驻上海总领事馆开展了垃圾低碳化处理、园区碳排放报告平台等多个合作项目。

1.4.6 提高公众宣传和参与力度

提高全民应对气候变化的知识和能力，加强应对气候变化的公众参与度。充分调动社会力量，利用气象、教育、新闻等各种资源，加强全社会应对气候变化知识和技能的宣传普及，提高公众对气候变化、节能减排和防灾减灾的重要性和紧迫性的科学认识，形成全社会应对气候变化的良好氛围和意识，加快形成低碳绿色的生活方式和消费模式；利用世界环境日、世界气象日、地球日、防灾减灾日等主题日以及科普活动周，积极开展气候变化科普宣传，提高大众绿色环保意识，倡导低碳生活消费模式。通过平面媒体、电视、广播、网站、手机短信、电子显示屏等宣传节电、节能、节水等小常识。将扩大居民消费需求与倡导低碳绿色消费有机结合起来，以推广节能建筑、实施节能产品惠民工程等为重点，积极鼓励低碳绿色消费。

1.5 报告结构说明和评估方法

1.5.1 报告采用的结构说明

本报告由三部分组成，第一部分是江苏省气候变化事实，第二部分是江苏省气候变化的影响与适应，第三部分是重点区域报告。

第一部分主要开展江苏气候变化事实分析，共五章。第1章绪论，第2～5章分别是基本气候要素气候变化观测事实、高影响天气气候变化事实分析、江苏省气候变化的影响因子分析、气候变化趋势预估。

第二部分开展气候变化对江苏不同领域的影响评估，共六章。分析气候变化对农业、水资源、能源活动、交通、生态系统和人体健康的已有影响、未来可能影响以及适应对策建议。

第三部分开展气候变化对江苏不同区域内重点事件的评估，共五章。具体分析气候变化对太湖蓝藻、沿江城市、海岸带、江淮之间特色农业、淮北旱作物的已有影响、未来可能影响以及适应对策建议。

1.5.2 报告采用的资料说明

本报告采用的历史气象资料来自江苏省气象局。在江苏具有长期观测的气象站中，选择迁站次数较少、观测环境较好的气象站的观测资料用于江苏省气候变化评估报告。资料时段为1961—2012年，共59个气象台站，为丰县、沛县、邳州、徐州、新沂、东海、沭阳、赣榆、连云港、灌云、灌南、滨海、睢宁、宿迁、泗阳、泗洪、盱眙、洪泽、涟水、淮安、阜宁、建湖、金湖、宝应、射阳、盐城、大丰、浦口、南京、高邮、仪征、兴化、扬州、泰州、扬中、泰兴、东台、镇江、海安、如皋、靖江、南通、如东、吕泗、启东、高淳、溧水、丹阳、金坛、常州、句容、溧阳、宜兴、苏州、常熟、无锡、昆山、东山、海门。

气候变化预估数据包括全球模式气候变化预估数据和区域模式气候变化预估数据。8个全球模式是BCC－CSM1－1、BNU－ESM、CNRM－CMS、FGOALS－s2、GISS－E2－R、MIROC－ESM、MPI－ESM－LR和MRI－CGCM3，预估数据是空间分辨率为1°×1°的江苏区域月平均数据。RegCM4区域模式气候变化预估数据为空间分辨率为0.5°×0.5°的江苏区域逐日数据。未来排放情景采用IPCC第五次评估报告的典型浓度路径情景，包括两种路径，高端路径RCP8.5和稳定路径RCP4.5，本报告重点关注高端路径RCP8.5的预估情况。

历年江苏统计年鉴、中国能源统计年鉴中的人口、地区生产总值、人均地区生产总值、人均可支配收入、能源消费总量、各类能源生产量和消费量、全社会用电量和发电量、陆地卫星Landsat5 TM数据、MODIS/Terra合成的植被指数产品MOD13A3数据等相关资料也用于本报告的相关章节。

1.5.3 报告采用的评估方法

本报告主要采用专题研究与文献评估相结合的方法。专题研究法是根据每章的研究目标，利用气象历史观测数据、气候变化预估数据、行业数据等资料，采用统计分析、问卷调查、专业模型分析等方法进行研究。文献评估法是通过广泛调研相关已有成果，进行总结凝练。文献来源包括国内外学术期刊、我国各级政府正式发布的报告、法律、法规和规划、经专家和政府评审的报告和专著等。在文献筛选时注重科学性、客观性、权威性、平衡性和全面性，优先选择国内外权威刊物上著名学者发表的文章，兼顾不同学术观点。

各章均采用专题研究与文献评估相结合的方法。《报告》共引用600余篇文献。专题研究采用统计分析、问卷调查、专业模型进行研究，统计分析主要是采用线性趋势和多项式拟合分析基本气候要素、极端天气气候事件时间变化趋势、未来气候变化；问卷调查是分析室外热环境对人体舒适度的影响；专业模型包括光合有效辐射模型、参考作物蒸散模型、复种指数潜力模型、气候生产潜力估算模型、生态系统服务价值模型、人体舒适度指数、采暖度日、降温度日等。

1.5.4 不确定性的评估方法

江苏长期器量观测资料用于气候变化研究，获得了江苏变暖的事实，这具有明显的科学基础。其不确定性主要来源于观测仪器的改变、观测环境的变化等，特别是经济高速发展地区的城镇化影响也会带来不确定性。

未来气候变化模式预估的不确定性主要来源于典型浓度路径情景、气候模式发展水平限制引起的对气候系统描述的误差,以及模式和气候系统的内部变率等,同时土地利用和植被变化、气溶胶强迫等也会产生不确定性。

气候变化影响评估的不确定性,主要受认知因素的影响,由气候变化影响的机理、评估方法、评估模型的认知程度带来的不确定性,同时未来气候变化预估的不确定性也会传递至气候变化对各个领域的影响评估之中。

在描述气候变化某个结论的不确定性时,本报告采用IPCC第五次评估报告中推荐方法处理不确定性(孙颖 等,2012)。在表达重要发现的确定性程度时将倚赖两个对照表。

(1)置信度。当反映某个发现真实性的置信度,这要根据某个证据的类别、证据量、质量以及证据本身的一致性(如:机械式认识、理论、资料数据、模式、专家判断)以及达成一致的程度。置信度以量化方式表示。某个证据的类别、证据量、质量以及证据本身的一致性(概括项:"有限","中等"或"充分")和达成一致的程度(概括项:"低","中等"或"高")。一般而言,当高质量证据有多条一致的独立路线时,那么该证据则是最确凿的。置信度的水平用五个量词表述:"很低"、"低"、"中等"、"高"和"很高"。置信度在左下角最低,在右上角最高。置信度、证据量和一致性三者之间的关系存在灵活性,当证据量和一致性程度确定后,可赋予不同的置信度水平,而证据水平和一致性程度的提高与置信度的提升相互关联(图1.1)。

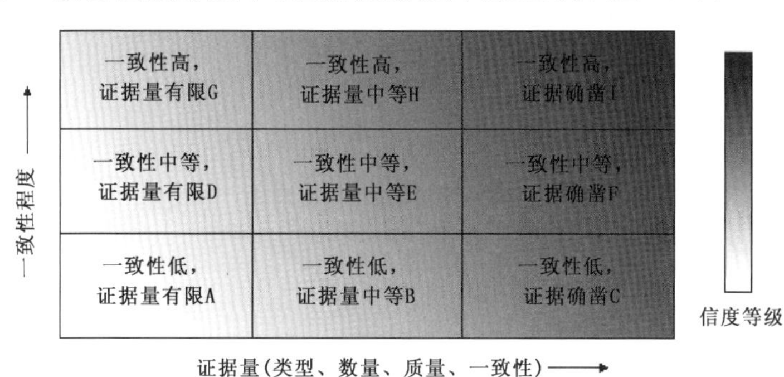

图1.1 置信度示意图

(2)可能性。对某个发现中的不确定性进行定量衡量,用概率表示(根据对各种观测或模式结果的统计分析,或根据专家判断)。可能性术语及其对应的概率用于表示某个单一事件或结果发生的概率估值,如气候参数、观测到的趋势或处于某个给定范围内的预估变化。可能性可建立在统计或模拟分析、专家的意见或其他量化分析的基础上(表1.1)。

表1.1 可能性术语及其对应的概率

可能性术语	结果的可能性
几乎确定(Virtually certain)	发生概率为99%~100%
很可能(Very likely)	发生概率为90%~100%
可能(Likely)	发生概率为66%~100%
或许可能(About as likely as not)	发生概率为33%~66%
不可能(Unlikely)	发生概率为0~33%
很不可能(Very unlikely)	发生概率为0~10%
几乎不可能(Exceptionally unlikely)	发生概率为0~1%

第2章

江苏省基本气候要素气候变化观测事实分析

摘要 南京百年气温线性升温率为0.97 ℃/100 a，显著高于0.85 ℃/100a的全球平均升温率；江苏1961—2012年年平均气温增温速率为0.27 ℃/10 a，高于全球平均升温率0.085 ℃/10 a，也较全国的平均升温率（为0.23 ℃/10 a）略高。增温主要从1980年开始，1980—2012年江苏省增暖速率为0.51 ℃/10 a。从各季节的全省平均气温变化来看，春季、秋季和冬季三个季节平均气温均呈明显的上升趋势，其中冬季最为显著。全省各站气温呈现一致的增暖趋势，升温率南部高于北部，其中苏南东南部地区最为明显，尤其是沿江苏南的大城市群均表现为热中心。

江苏省年降水量年际变幅相对平稳，没有明显的增加或减少趋势，从各季降水量来看，冬季和夏季呈增多趋势，而春季和秋季呈减少趋势，其中夏季降水增多和秋季降水减少更为明显。从1961—2012年及1980—2012年两个时间段降水量空间分布及变化趋势分布来看，1961—2012年降水量增多的区域主要在江苏省的东南部和西南部地区，减少的区域主要分布在东北部和中东部地区。而1980—2012年降水量增多的区域主要在江苏省的沿淮淮北及苏南中部地区，减少的区域主要分布在江淮南部及沿江地区。

从1961—2012年日照时数及风速变化趋势来看，受城镇化建设的影响，二者均呈明显的减少趋势，太阳净辐射和风速的显著下降，可能是导致蒸发量降低的主要原因。

引言

近年来，在全球气候变化的背景下，江苏省气温的变化趋势总体为增暖的趋势，降水的变化趋势不显著。

国内外有关专家对江苏的气候要素变化做了大量详尽的分析，丁裕国等发现近百年来苏中和苏南地区气温有显著的上升趋势；除冬季以外，该区经历了两次升温和两次降温时期；近百年气温最高的十年，除了夏季出现在20世纪60年代外，其余各季及全年平均都出现在40年代（丁裕国 等，1998）。江志红等对35年来江苏沿海气温变化对北半球增暖的响应状况进行了分析，结果表明，北半球增暖背景下，该地区夏季气温变化趋势和年际振动的响应具有很大的不确定性。除夏季以外，其余各季及年平均气温对北半球增暖的响应特征明显；其中增暖的敏感季节在冬季；当北半球增暖1 ℃时，江苏沿海一般有0.7～0.8 ℃的增暖，冬季最大，可达 0.9 ℃以上(江志红 等,1998)。陈家其等对江苏省近两千年气候变化研究得出气候变化大致以 14 世纪末为界,前期相对较暖而后期较冷。在相对较暖时期持续最久的是 7、8 世纪,唐朝后期至北宋前期气候较冷,南宋后期至明初,气候再次回暖,14 世纪末到 19 世纪末的 500 年间,气候进入近两千年来前所未有的寒冷时期,其间有 3 个最寒冷时期,15 世纪末至 16 世纪初、17 世纪中后期、19 世纪中后期,其中以第 2 个寒冷程度最大,持续时间最长(陈家其 等,1998)。郑景云等对清代中后期江苏四季降水变化与极端降水异常事件分析表明,在 1830 年前后可能发生过一次转折。其中 1830 年以前降水变化相对和缓,多雨期和少雨期持续时间较长;而 1830 年以后,旱、涝时段频繁交替,且多发极端旱、涝事件(郑景云 等,2005)。姜爱军等对江苏省 1961—2000 年来各区域气候变化进行了研究,结果表明 40 年淮北、江淮、苏南三个区域光、温、水的气候变化总的趋势为淮北气温升高,降水和日照均呈下降趋势;江淮气温升高和降水增多,日照减少,苏南同于江淮(姜爱军 等,2006)。周晓兰等研究了江苏气温的长期变化趋势和年代际变化特征的空间差异,指出春、秋、冬和全年平均气温在全省都是升高的;夏季大部分地区气温有下降趋势,其中东部沿海和西南部降温最明显,而北部部分地区则有弱的升温趋势(周晓兰 等,2006)。缪启龙等利用南京市 1951 年 1 月—2007 年 12 月逐日气温观测资料进行分析,表明 56 年来南京夏季平均气温是上升的,而极端高温 20 世纪 90 年代以前是下降的,但 21 世纪头几年回升明显;南京 20 世纪 50—60 年代酷暑年较多,70—80 年代凉夏年较多,90 年代以后夏季气温回升(缪启龙 等,2008)。蒸发和太阳辐射、气温和风速等均有关,长江流域 1961—2000 年蒸发量变化趋势研究表明,近 40 年来,长江流域蒸发皿蒸发量、参照蒸发量和实际蒸发量的年平均变化均呈显著下降趋势(王艳君 等,2010)。就季节平均变化而言,春季和秋季,三者的变化趋势都不明显,而夏季三者均具有显著的下降趋势,冬季蒸发皿蒸发量和参照蒸发量均显著下降,实际蒸发量却明显上升。蒸发量的变化趋势具有空间分布差异,长江流域中下游地区蒸发量的变化趋势明显比上游地区显著,尤其表现在夏季。尽管近 20 余年长江流域气温不断升高,但太阳净辐射和风速的显著下降,可能是导致蒸发量持续降低的主要原因。

国内外专家针对气候变化的成因也开展了大量的研究工作。陈海山等通过对江苏近 40 年夏季降水异常及其成因进行了分析,得出江苏降水主要有一致性变化(整体偏多或偏少)的一类雨型及降水异常的南北反相分布的二类雨型,两类雨型均存在明显的年际变化,两类雨型均与西太平洋副热带高压的南北异常有密切关系,但二者的大气环流背景场又存在显著的不同;前冬北太平洋 SSTA 偏暖(冷)通常与江苏夏季降水的整体偏多(少)有关;而前期冬季南印度洋、春季热带印度洋、南海及我国东部沿海地区出现的 SSTA 大范围的冷(暖)异常,通常对应江苏夏季降水南少(多)北多(少)(陈海山 等,2003)。庄櫻等研究了江苏夏季降水特征及其与太平洋海温的关系,结果表明江苏夏季降水存在明显年际变化,涝(旱)年 500 hPa 东亚及西太平洋地区从低纬到中高纬呈“正负正”(“负正负”)的高度距平分布;且江苏夏季降水与东亚夏季风指数反相关,降水的偏多(少)通常与前冬北太平洋海温偏暖(冷)有关;春季赤道东太平洋海温偏暖(冷),夏季降水偏多(少)(庄櫻 等,2007)。袁昌洪等指出,在全球变暖背景下,江苏地区气候的响应存在两个基本特征:其一表现为该区域气候年代际变异存在着明显的 3 个阶段,1968 年左右前的降温期,伴随着总云量(低云量)的增加、总辐射减少和大气水汽表征量的减少;在 1968—1986 年左右的转型耦合期,气候变异不明显;1986 年以及其后的增温期,伴随着总云量(低云量)的减少、总辐射增加以及大气水汽表征量的增加。第二个基本特征则为，在上述降温—减湿/增温—增湿期，明显对应着降水减少/增加时期，从理论上论证了这种对应关系是由于湿热涡旋效应增强所致（袁昌洪 等，2007）。

2.1 年平均气温的变化特征

研究气温的变化，器测记录是较为可靠的观测资料。1950 年以来，江苏省相继建设了较为密集的气象观测台站，资料具有一定的代表性和可靠性。因此，本报告所用资料选取江苏省观测资料较为完整、分布较为均匀的 59 个气象台站观测资料，起讫时间为 1961—2012 年，常年平均值根据气预函〔2011〕134 号中国气象局预报与网络司发布的《关于做好气候业务中气候平均值更新工作的通知》的有关规定，“按照世界气象组织（WMO）的规定，取某气象要素的最近三个整年代的平均值或统计值作为该要素的气候平均值”。为保持与国际气候业务和服务工作的一致性，本报告中全部使用 1981—2010 年的气候平均值。

2.1.1 近 100 年年平均气温变化趋势

江苏省南京气象观测站是我国具有百年气象观测资料的台站之一，在本节中我们用南京站为代表分析江苏区域近 100 年来年平均气温的变化趋势。该站自 1905 年建站至今已积累了近 108 年连续资料，随着城市的发展，先后在日本领事馆内（1905—1919 年）、南京天津路金陵大学内（1920—1921 年）、南京东南大学内（1922—1926 年）、南京天津路金陵大学内（1927 年）、成贤街四牌楼大学院西北约 500 m（1928 年）、南京北极阁（1929—1937 年，1946—1948 年）、南京市山西路（1949 年）、南京市北极阁（1950—1957 年）、南京市雨花区红花乡小教场（1950—2007 年）、南京市江宁区科学园月华路（2008—至今）开展过相关观测。图 2.1 为南京 1905—2012 年年平均气温变化趋势。总体来看，近 108 年来南京年平均气温的升温率为 0.97 ℃/100 a，略高于全球平均气温升温率 0.85 ℃/100a。并且，不同时段年际和年代际变化较大。主要以 1937—1949 年和 1994—2012 年两个时段增温最为显著，尤其是 1997 年以来，南京连续 16 年年平均气温距平为正（相对 1981—2010 年平均气温），其中 2006 年、2007 年年平均气温高达 17.0 ℃和 17.4 ℃，是有器测记录以来最热的两年（图 2.1），之后至 2012 年气温呈较为明显的下降趋势。

须指出的是，由于战乱、观测站迁移、观测环境变迁、观测仪器、观测方法的变更等因素的影响，南京站百年资料的一致性和代表性值得商榷，尤其是 1949 年前的资料如何与其后资料衔接也是需要进一步研究的问题。

2.1.2 近 50 年年平均气温变化趋势

全省年平均气温常年平均值为 15.3 ℃，近 52 年线性上升了 1.38 ℃，增暖速率为 0.27 ℃/10 a，而 1980 年以来增暖速率较大，为 0.51 ℃/10 a。需要指出的是，这种整体的增温趋势主要是由于 20 世纪 80 年代以后的增暖所决定的，特别是近十几年上升趋势加大，其中 2006 年和 2007 年分别达到 16.2 ℃和 16.4 ℃，是有观测记录以来最高的两年（图 2.2），2008—2012 年呈较为明显的下降趋势，下降幅度达 1.87 ℃/10 a。

从各季节的全省平均气温变化来看，春季、秋季和冬季三个季节平均气温均呈明显的上升趋势，其中冬季最为显著，增暖速率为 0.44 ℃/10 a，特别是近二十几年升温最明显，自 1986

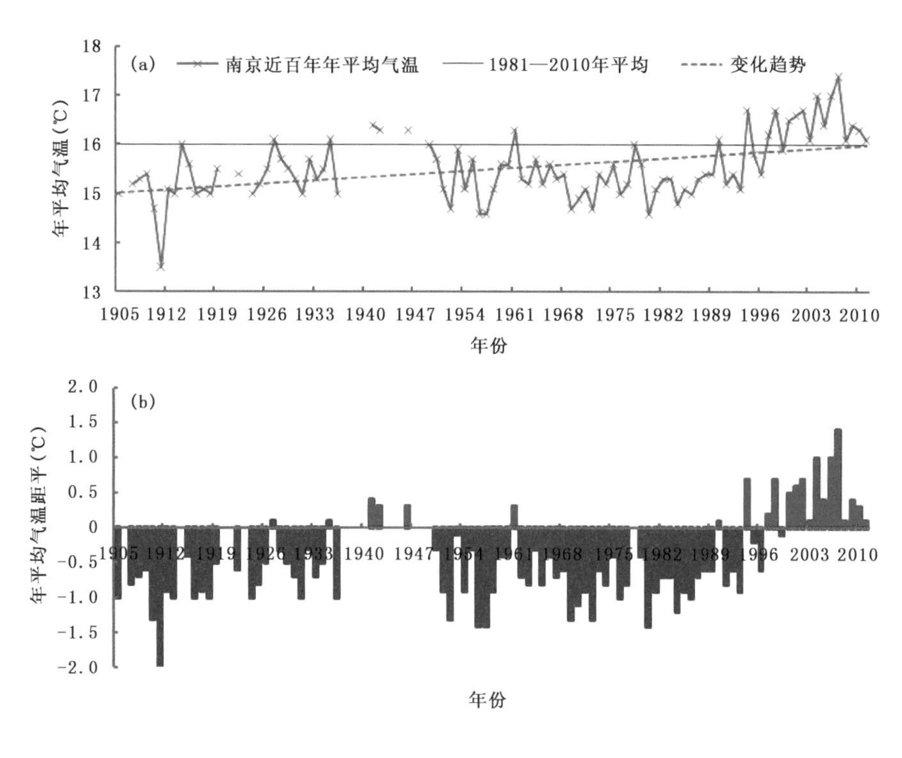

图 2.1 南京市 1905—2012 年年平均气温(a)及气温距平(b)

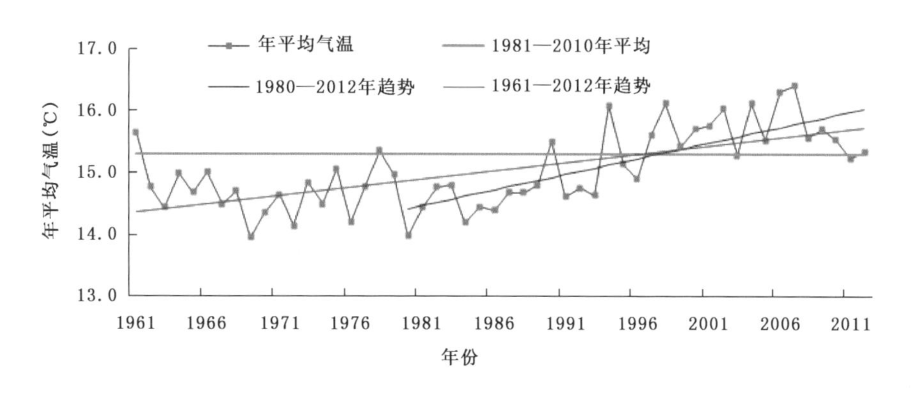

图 2.2 江苏省 1961—2012 年年平均气温变化

年以来偏暖的年份居多,但自 2010 年起持续三年冬季平均气温较常年偏低(图 2.3);春季次之,增暖速率为 0.37 ℃/10 a;秋季增暖速率为 0.27 ℃/10 a;而夏季气温变化趋势较小,增暖速率仅为 0.10 ℃/10 a。

2.1.3 年平均气温变化趋势的空间分布

1961—2012 年江苏省各地年平均气温为 13.6~16.3 ℃,分布趋势是自北向南逐渐增暖,南北温差较东西大。全省平均气温最低在北部的赣榆,最高在南部的吴江及东山(图 2.4a)。1980—2012 年年平均气温分布与此类似(图 2.5a)。

全省各站气温呈一致的增暖趋势,升温率南部高于北部,其中苏南东南部地区最为明显,

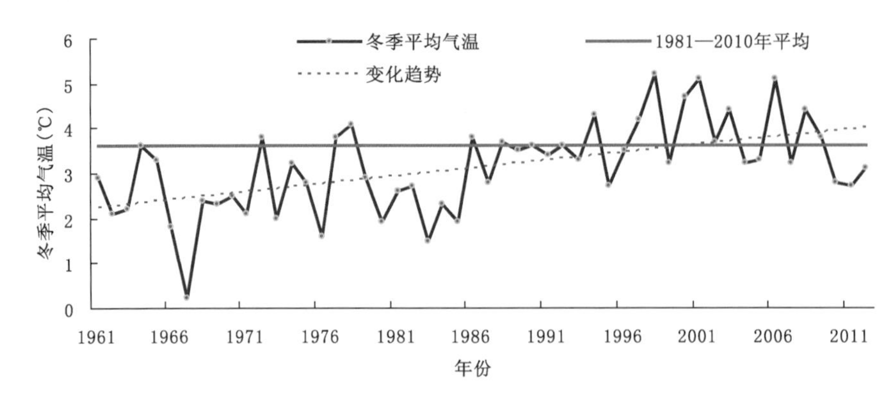

图 2.3 江苏省 1961—2012 年冬季平均气温变化

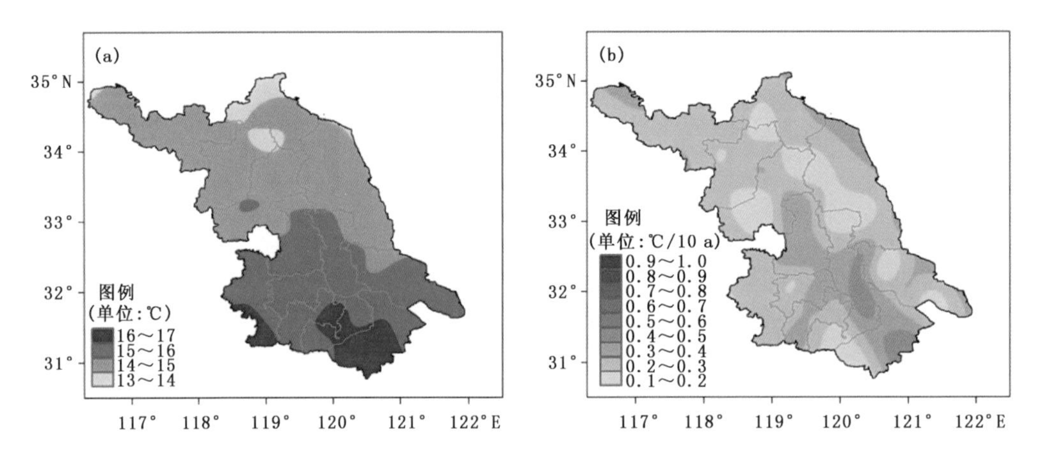

图 2.4 江苏省 1961—2012 年年平均气温分布(a)及变化趋势分布(b)

尤其是沿江苏南的大城市群均表现为热中心。1980—2012 年的增温率分布格局类似于此,但苏南的大城市增温中心更为显著,最高升温率达到 0.84 ℃/10 a(图 2.5b)。

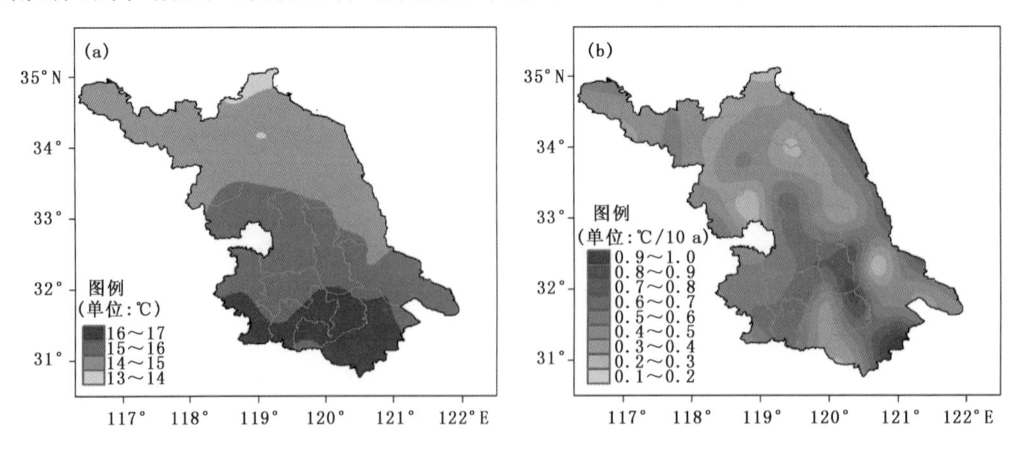

图 2.5 江苏省 1980—2012 年年平均气温分布(a)及变化趋势分布(b)

2.2　年降水量的变化特征

2.2.1　近50年年降水量变化趋势

江苏省年平均降水量为1020.6 mm，年平均降水日数为108 d。江苏省年降水量没有明显的增加或减少趋势，但年际间变化较大，其中1991年最大值1447.7 mm，为最小值1978年557.8 mm的2.6倍，其中20世纪80年代至90年代初呈明显的增加趋势，2009年以来，江苏降水减少趋势明显，年减少量达27.7 mm/a(图2.6)。

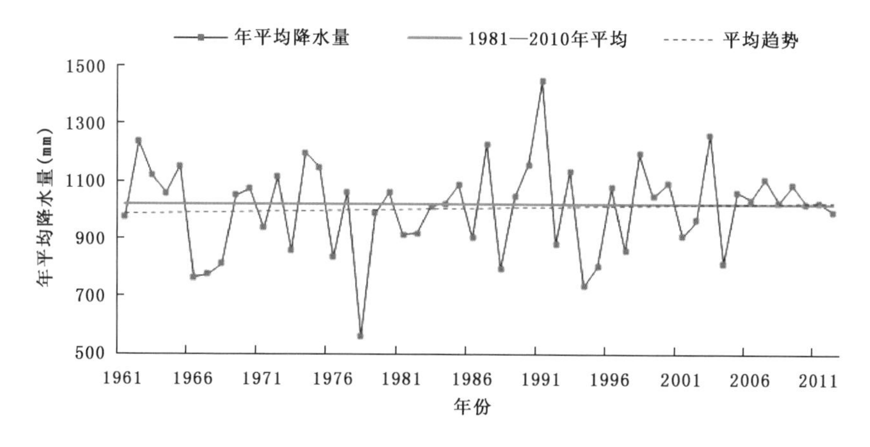

图2.6　江苏省1961—2012年年降水量变化

图2.7和图2.8分别给出了江苏省夏季及秋季降水距平百分率及1961—2012年趋势。从各季降水量来看，冬季和夏季呈增多趋势，而春季和秋季呈减少趋势，其中夏季降水增多和秋季降水减少更为明显，降水量变化率分别为2.1%/10 a和－3.8%/10 a。特别是近十几年来，夏季降水较为集中，部分地区易发生较为严重的洪涝，而秋季出现大范围的干旱。

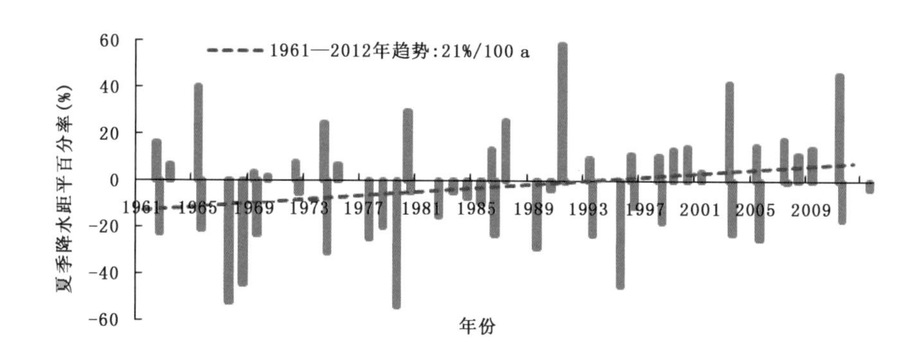

图2.7　江苏省夏季降水距平百分率及1961—2012年趋势

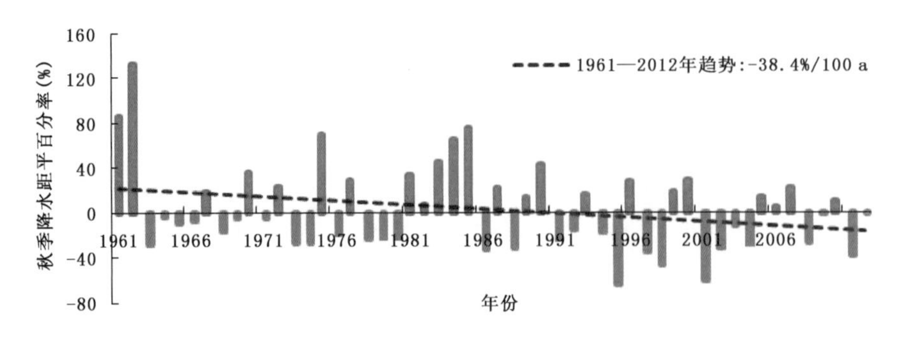

图 2.8 江苏省秋季降水距平百分率及 1961—2012 年趋势

2.2.2 年降水量变化趋势的空间分布

图 2.9 和图 2.10 分别给出了 1961—2012 年及 1980—2012 年降水量空间分布及变化趋势分布,可以看出,全省年降水量均自北向南逐渐增加,而变化趋势差异较大,1961—2012 年降水量增多的区域主要在江苏省的东南部和西南部地区,减少的区域主要分布在东北部和中东部地区(图 2.9)。而 1980—2012 年降水量增多的区域主要在江苏省的沿淮淮北及苏南中部地区,减少的区域主要分布江淮南部及沿江地区(图 2.10)。对比两段时段年降水量变化趋势来看,尤其是淮北地区的变化波动相对较大,近十几年来降水量有明显的增多趋势。

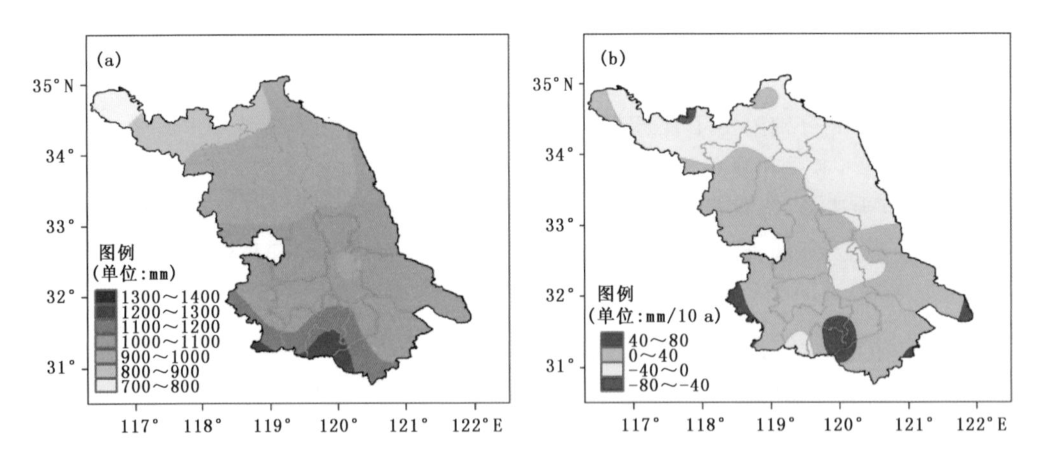

图 2.9 江苏省 1961—2012 年年降水量分布(a)及变化趋势分布(b)

2.2.3 年降水日数的变化趋势

江苏省年平均降水日数为 108 d,时空分布极不均匀,从各站平均雨日来看,与降水量分布较为一致,自北向南逐渐增加。年间降水日数差异较大,最多年 1964 年平均降水日数为 126.3 d,较最少年 1978 年(82.1 d)偏多近 44 d。近 52 年降水日数减少了近 6.3 d(图 2.11)。

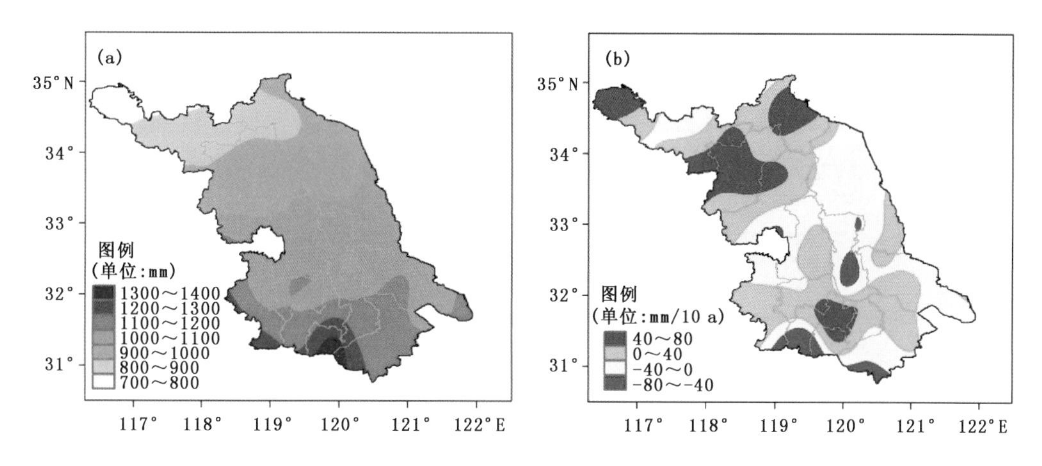

图 2.10　江苏省 1980—2012 年年降水量分布(a)及变化趋势分布(b)

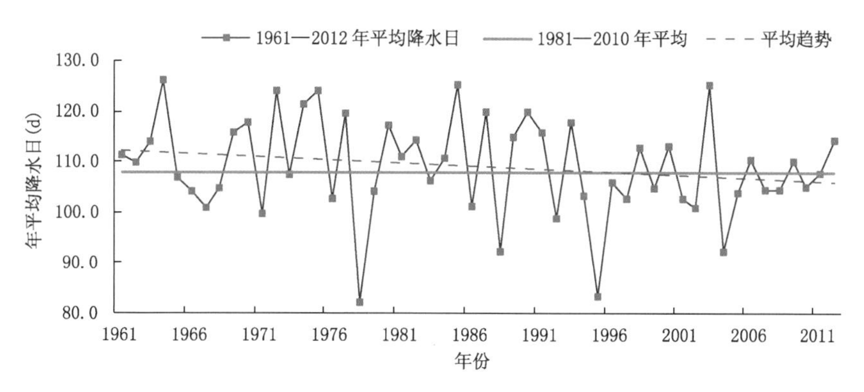

图 2.11　江苏省 1961—2012 年年降水日数变化

2.3　年日照时数的变化特征

2.3.1　近 50 年年日照时数变化趋势

全省年日照时数常年平均值为 2060.0 h,最大值为 1978 年 2447.3 h,最小值为 2003 年 1893.2 h,年日照时数有明显的下降趋势,近 52 年减少了 333.0 h,特别是 21 世纪以来大多年份都明显偏少(图 2.12)。

2.3.2　近 50 年年总辐射变化趋势

太阳辐射是由于太阳位置在时间上与空间上的变化而不同,通常由两部分组成:一部分是太阳辐射通过大气直接到达地表面的平行光线,称为直接辐射;另一部分是太阳辐射被空气分子和浮游其中的微粒所散射的来自天穹各个部分的光线,称为散射辐射。故水平地面上接收的太阳直接辐射与散射辐射之和称为太阳总辐射,或简称总辐射。

江苏省地面太阳辐射观测序列较长的站点仅有南京、淮安、吕泗 3 个日射站,其中南京站资料最为完整,自 1961 年 1 月 1 日起有观测记录,1961—1991 年观测太阳总辐射、散射辐射

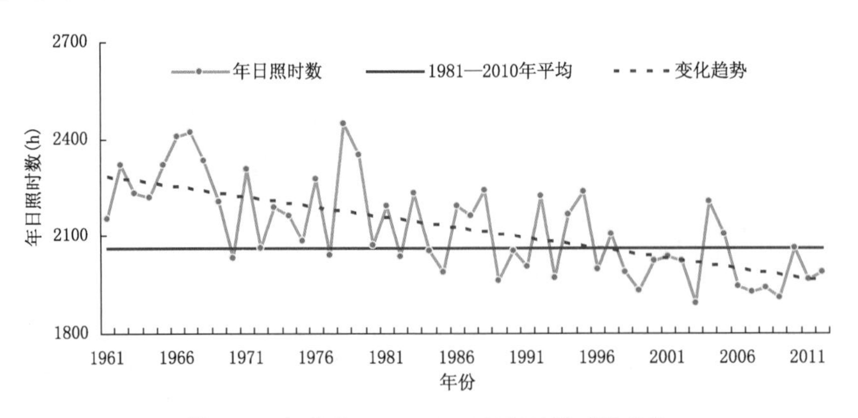

图 2.12 江苏省 1961—2012 年年日照时数变化

和直接辐射；1991 年起增加了对净辐射的观测，但不再观测直接辐射和散射辐射。本报告采用 1961—2012 年南京站地面太阳总辐射观测资料，从图中可以看出，南京年太阳总辐射总体呈明显的下降趋势，近 52 年来减少的趋势为 111.8 MJ/m²，但从年代际变化来看，20 世纪 60 年代至 80 年代中期南京太阳总辐射呈明显的下降趋势，80 年代后期至今呈逐渐增加的趋势（图 2.13）。南京年日照时数的变化趋势和太阳总辐射变化趋势较为一致，总体为下降趋势，52 年来年日照时数下降了 377.5 h。但从年代际变化来看，南京年日照时数与太阳辐射略有差异，20 世纪 60 年代起至 21 世纪初均呈明显的减少趋势，2007 年达到最低，随后逐渐增加，而南京太阳辐射的最低值出现在 80 年代，两者有一定的差异（图 2.14）。

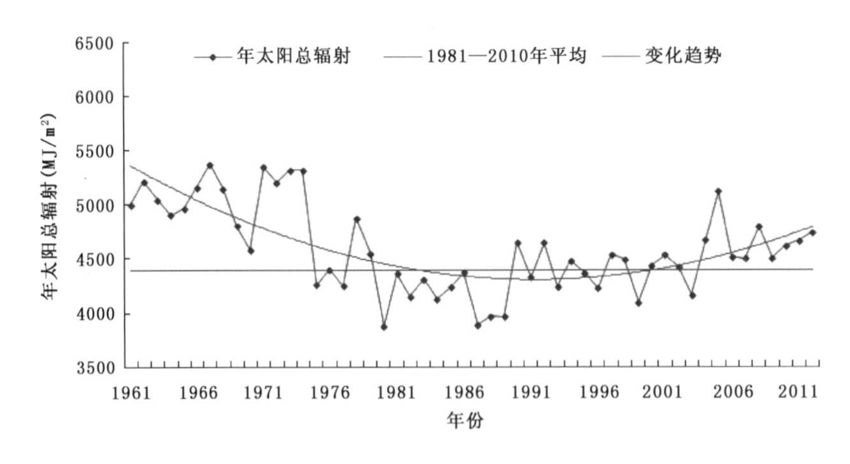

图 2.13 南京市 1961—2012 年年太阳总辐射变化

2.3.3 年日照时数变化趋势的空间分布

1961—2012 年江苏省各地年日照时数为 1869.5～2468.7 h，分布趋势是自北向南减少，苏南太湖流域为全省的最低值，年日照时数在 2000 h 以下，其他大部分地区都在 2000 h 以上。从 1961—2012 年日照时数变化来看，以日照时数逐渐减少为主，减少最多的区域主要集中在淮北地区、江淮北部及苏南东南部地区，递减率均在 50 h/10 a 以上（图 2.15）。

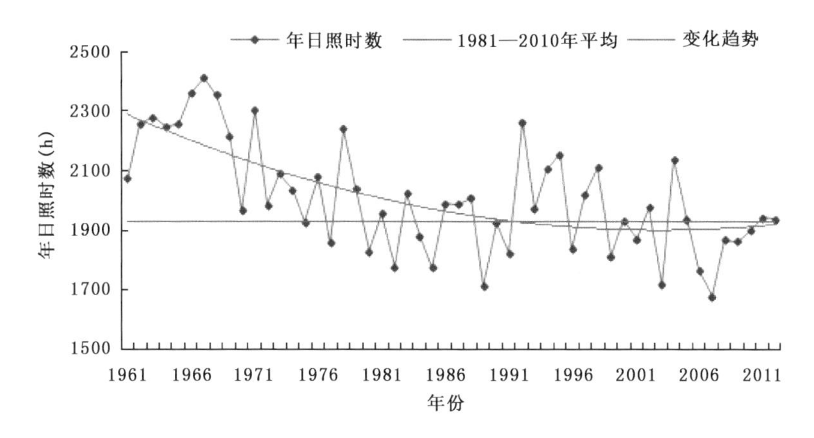

图 2.14　南京市 1961—2012 年年日照时数变化

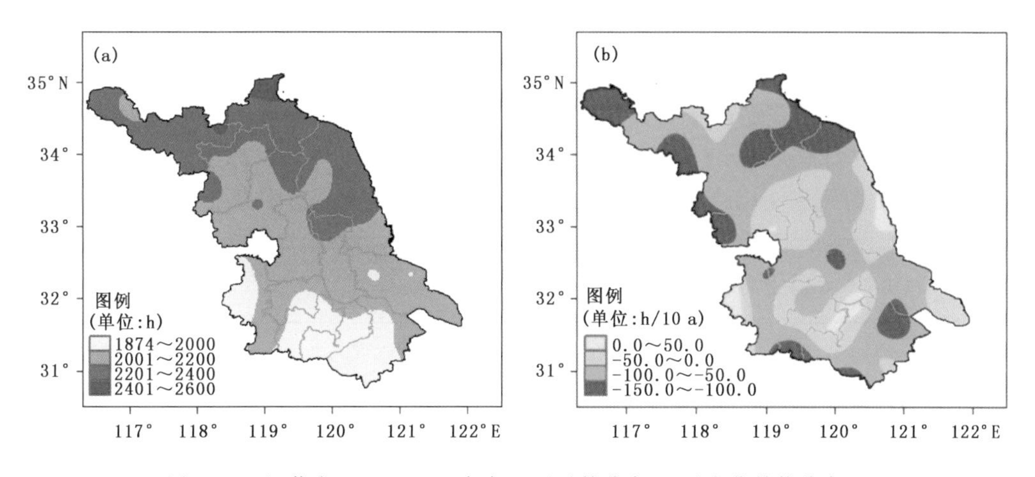

图 2.15　江苏省 1961—2012 年年日照时数分布(a)及变化趋势分布(b)

2.4　年平均风速的变化特征

2.4.1　近 50 年年平均风速变化趋势

风速的变化取决于气压梯度力和下垫面粗糙度。而这两者与气候变暖和人为改造下垫面有着密切关系;风速减弱可能是东亚夏季风和冬季风减弱的表现,并与经向环流减弱和东亚环流系统各成员变化有着密切联系,其中与极涡减弱、副高和高原气压系统的增强均有显著的相关。另外,寒潮、气旋等变化也是影响风速变化的重要因素。众所周知,下垫面的改变是风速减弱的重要因素之一,尤其是城市化发展对于城市风速减小至关重要,且随着城市化扩张,减弱作用和影响范围均增大。全省(不含海岛)年平均风速为 2.2～3.8 m/s,1961—2012 年变化趋势为明显减弱,近 52 年平均风速递减了 1.48 m/s(图 2.16)。

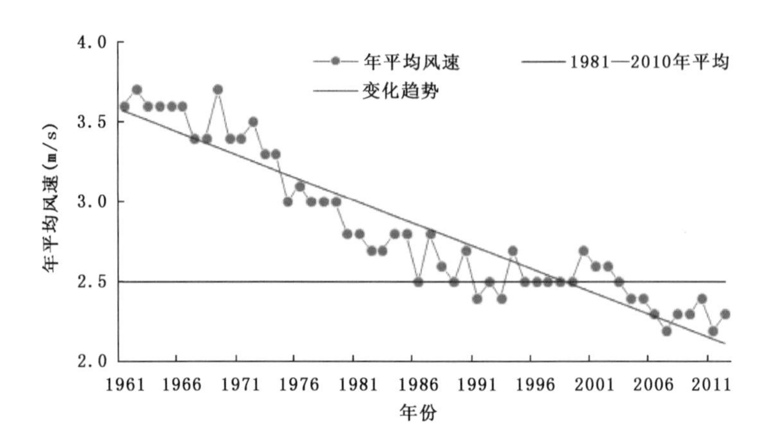

图 2.16 江苏省 1961—2012 年年平均风速变化

2.4.2 年平均风速变化趋势的空间分布

1961—2012 年江苏省各地年平均风速为 2.2～3.8 m/s，分布趋势为沿海较内陆大，湖区、平原地区的风速较山地大，沿海、长江口以及太湖以东地区的平均风速都在 3.0 m/s 以上。从 1961—2012 年平均风速变化趋势来看，减少趋势最大的区域主要集中在淮北及江淮北部地区及苏南城市中心区，减少速率大多在 0.3 m/s/10 a 以上，而沿海地区风速变化趋势相对较小，大多在 0.2 m/s/10 a 以下(图 2.17)。

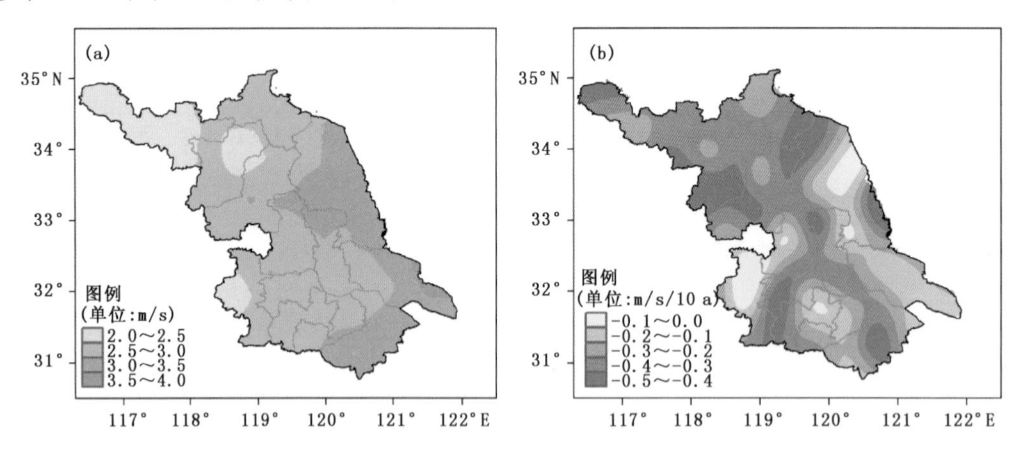

图 2.17 江苏省 1961—2012 年年平均风速分布(a)及变化趋势分布(b)

2.5 年蒸发量的变化特征

2.5.1 近 50 年年蒸发量变化趋势

江苏省蒸发量的观测数值，与太阳辐射、平均风速及气温的变化有关，太阳辐射和平均风速的减弱可能是影响观测到的水面蒸发量下降的重要因素，而气温的升高则可能导致蒸发量的增加。1961—2012 年间江苏省年平均小型蒸发皿蒸发量的变化(数据为小型蒸发皿观测结果,下简称为蒸发量)见图 2.18,从其变化趋势来看,总体呈减少趋势,变化速率为 18.9 mm/10 a,与长江流域年蒸发量变化趋势一致,在 20 世纪 60 年代至 80 年代中后期呈明显的减少趋势,90 年代至 21 世纪前 10 年末期呈轻微的增加趋势,2006 年之后又呈减少趋势。

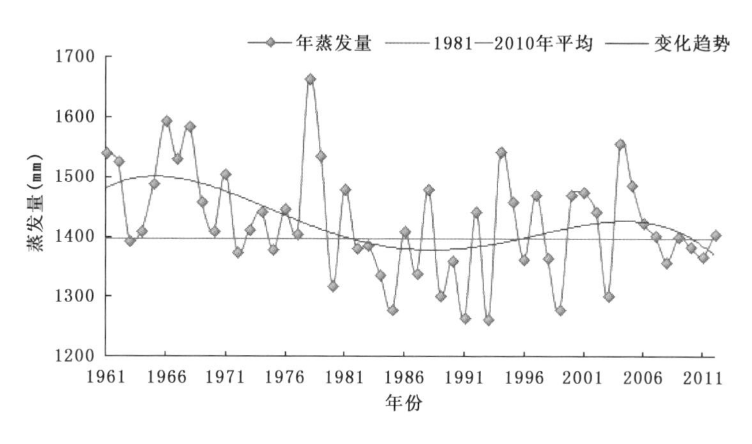

图 2.18　江苏省 1961—2012 年年蒸发量变化

2.5.2　年蒸发量变化趋势的空间分布

1961—2012 年江苏省各地年蒸发量为 1003.4～1793.6 mm,分布趋势为北部多于南部,其中淮北大部分地区年蒸发量均在 1400 mm 以上。因江苏省观测台站小型蒸发皿蒸发量观测序列较为完整,在本节中均采用该值进行分析。从 1961—2012 年蒸发量变化趋势来看,减少趋势较明显的区域主要集中在苏北地区,大部分台站减少趋势为 30～85 mm/10 a,苏南部分地区减少趋势较缓,大部分台站减少趋势在 30 mm/10 a 以下(图 2.19)。

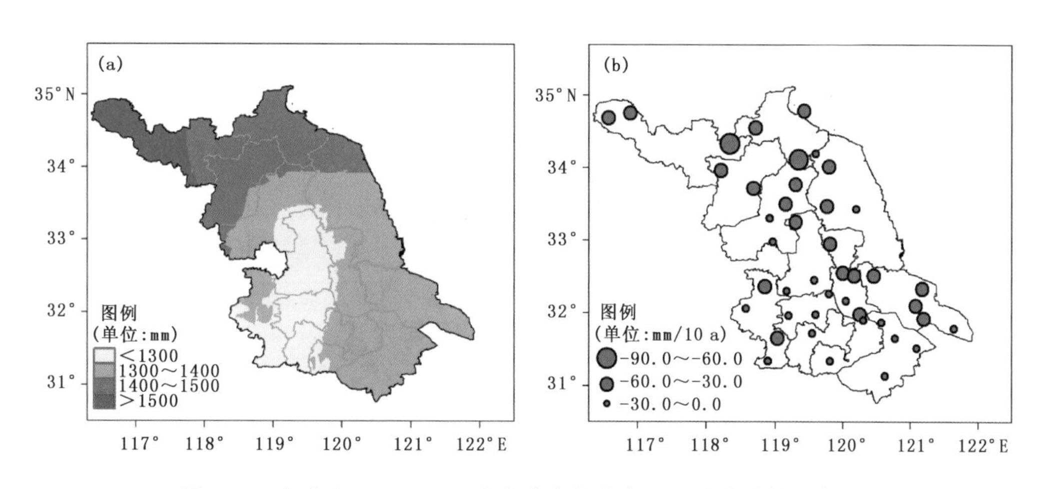

图 2.19　江苏省 1961—2012 年年蒸发量分布(a)及变化趋势分布(b)

2.6 年相对湿度的变化特征

2.6.1 近50年年相对湿度变化趋势

相对湿度表征空气的干湿程度，即在某一温度下，实际水汽压与饱和水汽压之比，用百分数表示。江苏省各地年平均相对湿度为69%～80%，差别不大。从1961—2012年相对湿度变化趋势来看，呈明显的下降趋势，近52年下降了5.8%，其中自2004年下降趋势更为显著（图2.20）。

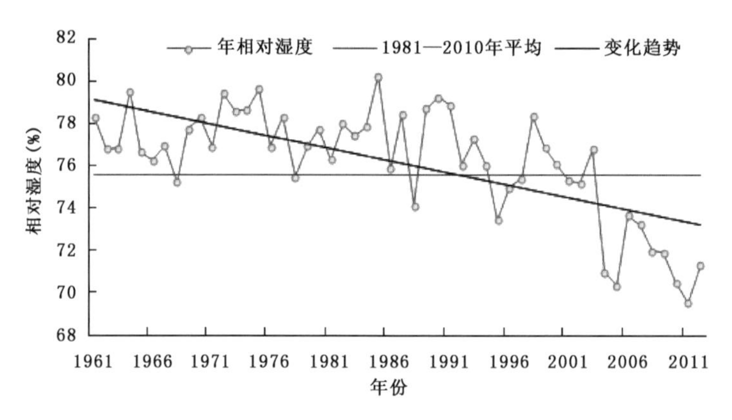

图2.20 江苏省1961—2012年年相对湿度变化

2.6.2 年相对湿度变化趋势的空间分布

江苏省多年平均相对湿度为75%，南部高于北部，沿海大于内陆。从1961—2012年相对湿度变化趋势来看，相对湿度减少趋势较明显的区域主要集中在中西部地区，大部分台站减少趋势为(1%～3%)/10a，而沿海地区减少较少，大部分台站减少趋势在(0～1%)/10a（图2.21）。

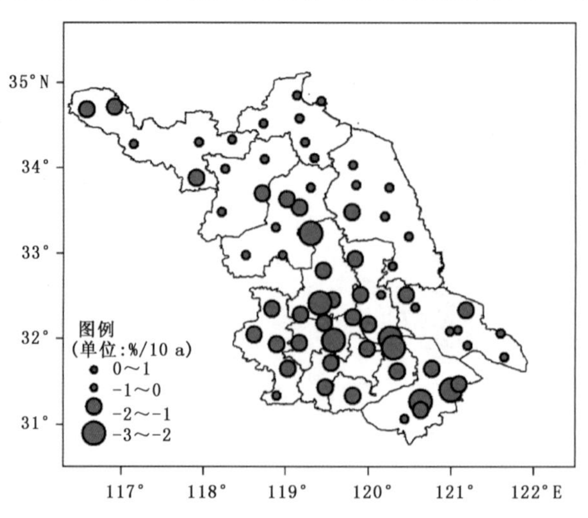

图2.21 江苏省1961—2012年年相对湿度变化趋势分布

第 3 章

江苏省高影响天气、气候变化事实分析

摘要　利用江苏省 1961—2012 年气象观测资料，对江苏省高影响天气、气候变化事实进行了分析。江苏省高影响天气主要有高温、低温、强降水、梅雨、热带气旋、雷暴、雾、霾、大风等。从 1961—2012 年变化趋势来看，高温初日年际振幅增大，终日偏晚，高温日数略有增加，沿江苏南城市带增多趋势最为显著，年极端高温淮河以北降低，淮河以南升高；低温日数明显减少，淮北地区及江淮北部地区减少趋势最为显著，年极端最低气温全省呈一致的升高趋势，西部地区升高速率高于东部地区；从各等级降水日数的变化来看，年小雨日数有明显的下降趋势，年中雨日数有比较明显的上升趋势，年大雨日数变化相对平稳，年暴雨日数有缓慢的上升趋势，近十多年来偏多的年份增加，年最大日降水量大部分地区均呈增加的趋势；江苏省 1961—2012 年入梅日期变化趋势不明显，但 1980 年以来入梅日期则呈明显的偏晚趋势；出梅日期 1961—2012 年呈较不明显的偏晚趋势，但 1980 年来则呈略偏早的趋势。梅雨量变化趋势不明显，而梅雨强度从 1961 年以来呈缓慢的增强趋势，但 1980 年之后则呈略弱的变化趋势，江淮和苏南地区梅雨期暴雨频次均略有增加；从 1961 年来影响江苏的热带气旋个数变化趋势来看，20 世纪 60 年代初期较多，之后缓慢下降，21 世纪以来有缓慢增多的趋势，且初台及终台影响时间都出现偏早的趋势，年内台风影响日数呈明显的减少趋势；年雷暴日呈减少的趋势，但自 2000 年之后，年雷暴日回升趋势较为明显，各地雷暴日数总体均呈减少的趋势；年雾日 20 世纪 60 年代相对偏少，70 年代中期开始上升，至 90 年代初为一段偏多时期，90 年代中期开始明显下降，近十几年大多数年份相对偏少，从空间变化趋势来看，淮北北部、江淮北部及苏南东西部增多，其他大部减少。各地霾日呈明显的增加趋势，尤其是沿江苏南及淮北部分地区；年最大风速总体呈下降的趋势，西部大于东部。

引言

江苏省位于中国沿海地区中部，处在亚热带和暖温带的气候过渡地带，北部为暖温带湿润、半湿润季风气候，南部为亚热带湿润季风气候。季风气候特征显著，四季分明，气候资源丰富。雨热同季，冬冷夏热，春温多变，秋高气爽；降水集中，梅雨明显，雨量充沛；光热充沛，气象灾害种类多，尤其是近年来，气候变化的影响日益显著，高影响天气增多趋强。

有关专家研究了江苏省月平均最高、最低气温周期振动的谱特征，结果表明，江苏逐月最高、最低气温分布型态分别为经向型、纬向型;两者存在2～3年周期,显著耦合周期为3.5年及16.5年;从冬夏极端气温与大气环流及海温场的遥相关关系来看,江苏夏季最高气温受到同期海气耦合作用的影响较明显,冬季最低气温受同期海气耦合作用的影响较少。从一定意义上说,夏季最高气温的降低是由于东太平洋遥相关型强度的变化及同期北太平洋海温距平分布型的强度加强所致,而冬季最低气温的升高则是由于欧亚大陆上空环流型强度的变化及同期北太平洋海温距平分布型的强度减弱所致(何卷雄 等,2002)。

孙燕等利用江苏省1961—2011年夏季67个站逐日降水气象观测资料,按照不同量级的日降水量,运用趋势分析、突变分析、小波分析等方法对近51年江苏省夏季雨日进行研究。研究发现,各级雨日分布均呈明显的由西北—东南向的变化特征;各级雨日均存在明显的年际、年代际变化和突变特征;各级雨日存在准6年的年际振荡周期和准12年的年代际振荡周期,但是存在的主要时段有所差异。各级雨日的趋势变化中,除微量雨日为下降趋势外,其他各级雨日以上升趋势为主。各级雨日对有效雨日的趋势贡献分别为江苏北部地区有效雨日的减少主要来自于大雨、大暴雨日的减少;中部地区的有效雨日增多来自于小雨、大雨和暴雨雨日的增多;南部地区有效雨日增多来自于小雨、大雨和大暴雨雨日的贡献(孙燕 等,2014)。王颖等利用江苏省1960—2000年13个测站逐日降水资料,分析了41年来江苏省年、季、月雨日的时空特征和雨日的气候变化,结果表明,江苏省的年雨日已经明显减少,平均每10年雨日减少10.4 d。各季的雨日都呈负趋势,平均每10年季雨日减少2.6 d。而秋季雨日减少最明显也最多。雨日长期趋势变化有明显的空间变化特征。江苏省的年雨日东部比西部减少得多,东部雨日每10年减少14.6 d。月雨日也呈减少趋势,尤以4月、9月明显。雨日的负趋势变化要强于降水量,负趋势的范围也要比降水量来得广一些(王颖 等,2007)。

6月中、下旬至7月上半月的初夏,我国长江中、下游两岸(或称江淮流域)至日本南部这一狭长区域内往往有一段连续阴雨时段,出现频繁的降水过程,常有大到暴雨。这时,正值江南梅子成熟时期,故称“梅雨”。丁一汇等(2007)对东亚梅雨系统的天气一气候学研究表明,当6月中旬东亚夏季风突然从华南向北推进到长江流域,同时印度夏季风开始在印度次大陆暴发时,中国梅雨雨季开始。这时来自南海和孟加拉湾的水汽供应显著加强,为梅雨降雨提供了非常有利的水汽条件。王会军等对东亚夏季风和冬季风近几十年来的主要气候变化特征研究表明,20世纪70年代末之后东亚夏季风的年代际时间尺度的减弱以及相应的我国夏季降水江淮流域增多而华北减少、1992年之后我国华南夏季降水增多、1999年之后我国长江中下游夏季降水减少而淮河流域夏季降水增多、东亚夏季风和ENSO之间的年际变化相关性存在不稳定性(王会军 等,2013)。牛若芸等采用合成分析和动力诊断方法比较研究了典型南涝(旱)北旱(涝)梅雨大气环流特征差异,研究表明,典型南涝(旱)北旱(涝)梅雨极涡偏强(弱),亚欧中高纬槽脊振幅较大(小),中纬度110°～150°E地区位势高度明显偏低(高),冷空气势力偏强(弱);相应南亚高压主体东段偏南(北);副高主体明显偏东(西),脊线偏南(北);印度季风槽强度偏弱(强);高、低空急流在江淮流域形成的高空辐散和低空辐合均偏弱(强);江淮流域水汽输送偏弱(强)(牛若芸 等,2011)。姚素香等对江淮流域梅雨期雨量的变化特征及其与太平洋海温的相关关系及年代际差异进行了分析,结果表明,江淮流域梅雨期雨量与前期及同期太平洋海温关系密切,前一年冬季及梅雨期东北太平洋海温与江淮流域梅雨期雨量呈负相关,在东太平洋的Nino 1+2区两者正相关显著,同年春季西太平洋部分海域海温与江淮流域梅雨期雨量呈正相关,从年际相关分析发现,前一年冬季太平洋海温与梅雨期雨量呈正相关,同年春季以及梅雨期两者相关不明显(姚素香 等,2006)。

干旱和洪涝是江苏省常见的气象灾害,据资料分析表明,江苏省春旱和秋旱都呈增加趋势,秋旱增加趋势更为明显。1994年江苏梅雨偏少,春旱连夏旱,尤其夏旱几乎遍及全省。夏季降水除淮北北部地区比常年平均值略少外,全省大部分地区明显少于常年平均值,特别是中部的部分地区降水量还不到常年平均值的一半,最严重的如泰州和盐城的部分地区偏少8成左右。2011年上半年降水异常偏少,江苏省发生近60年来最严重的冬春初夏气象连旱,导致江苏省江河、湖泊水位异常偏低,水体面积明显减少,水产养殖业及农业生产遭受损失,水运和生态环境受到影响。而区域性暴雨对江苏的经济危害更为严重。江苏区域性暴雨过程平均每年有11.4次,最多的一年(1991年)出现25次。1991年江苏出现百年罕见的特大洪涝灾害,淮河以南地区降水量达800～1290 mm,暴雨洪涝造成307人死亡,直接经济损失237.6亿元。21世纪以来,江淮暴雨站日最多,苏南最少。2003年全省降水量达1250.4 mm,为近20年来最多,淮河流域出现严重洪涝。

3.1 高温的变化特征

3.1.1 高温初、终日变化趋势

高温初日指每年第一次出现日最高气温≥35 ℃的日期,高温终日指每年最后一次日最高气温≥35 ℃的日期。

平均而言,江苏省高温初日大部分出现在6月,年际变化很大,初日最早的为4月21日(2004年),最晚的为7月3日(2008年)。江苏省高温终日大部分出现在8—9月,年际变化很大,终日最早的为7月24日(1988年),最晚的为10月1日(1998年)(图3.1)。

从1961—2012年江苏省高温初终日变化趋势来看,高温初日年际振幅增大,总体略呈偏晚趋势,近52年来偏晚4.6 d,高温终日也呈偏晚的趋势,而高温终日偏晚趋势更为明显,近52年来偏晚12.4 d。

3.1.2 年高温日数变化趋势

全省年高温日数(日最高气温≥35℃)常年平均值为7.9 d。高温日数变化幅度较大,20世纪60年代偏多的年份较多,其中1967年的20.3 d为历史最大值,80年代相对较少,90年代以来上升趋势比较明显,近些年始终高于常年平均值(图3.2)。从1961—2012年高温日数变化总体趋势来看,近52年来高温日数增加了近3.2 d。

3.1.3 年高温日数变化趋势的空间分布

高温在江苏年年都会发生,往往持续时间较长,对工农业生产和人民生活影响较重。年高温日数明显有由西向东递减的特征,东部沿海一带比内陆要少得多,平均只有4 d以下;高值区在江苏的西部,特别是西南部的南京地区,在12 d以上,最大值在其南端的高淳,有19 d。从1961—2012年各地高温日数变化趋势来看,沿江苏南城市带增多趋势最为显著,增长趋势大部在2.0 d/10 a以上,而淮北、江淮北部及沿海地区高温日数则出现减少趋势,减少范围大多在0.0～2.0 d/10 a(图3.3)。

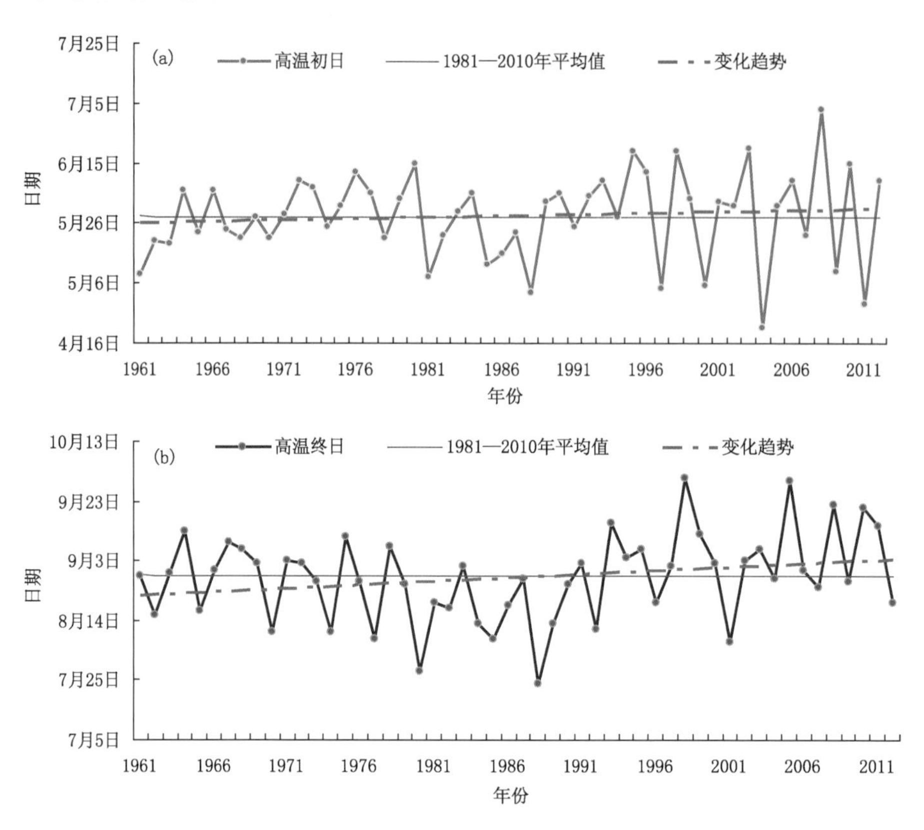

图 3.1 江苏省 1961—2012 年高温初日(a)及终日(b)变化

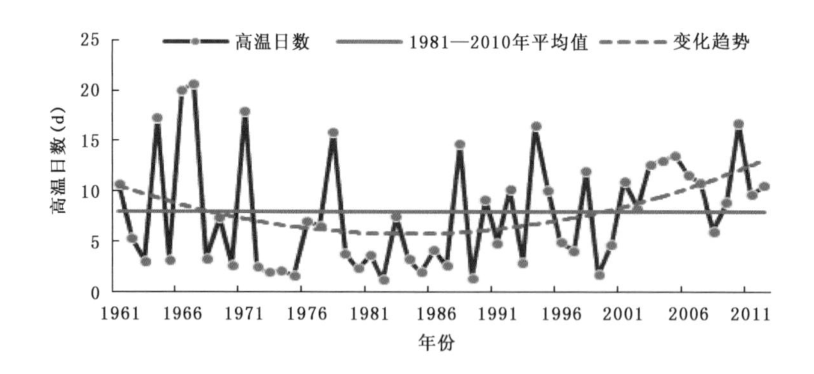

图 3.2 江苏省 1961—2012 年高温日数变化

3.1.4 年极端高温变化趋势的空间分布

由 1961—2012 年历史资料统计表明,江苏省各地极端最高气温为 37.7～41.3 ℃,北部高于南部,极端最高气温通常出现在异常炎热的酷暑年。这些年份盛夏太平洋副高异常强大和稳定,持久控制本省,造成持续高温天气,自 1961 年以来(1961—2012 年),江苏省极端最高气温为 41.3 ℃(泗洪,2002 年 7 月 15 日)。从 1961—2012 年极端最高气温的变化趋势来看,淮北地区呈负趋势,范围在 0.0～0.5 ℃/10 a,而淮河以南大多呈正趋势,尤其是沿江苏南地区,范围在 0.25～0.5 ℃/10 a(图 3.4)。

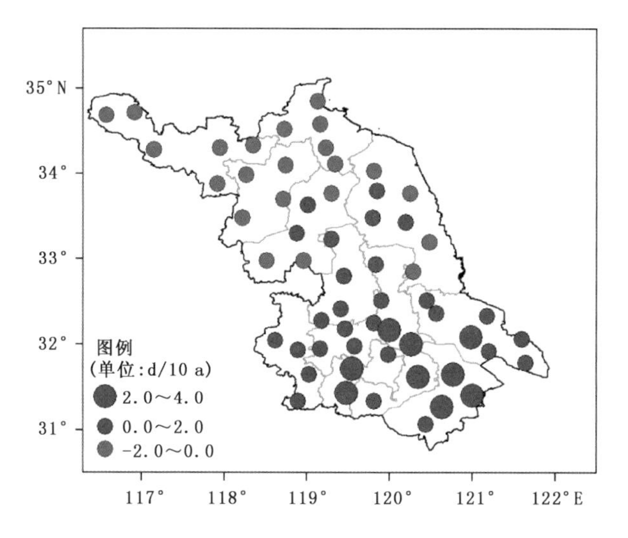

图 3.3 江苏省1961—2012年年高温日数变化趋势分布

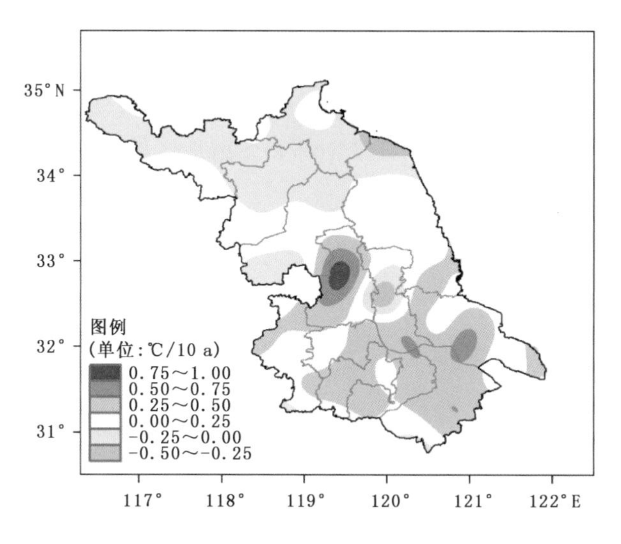

图 3.4 江苏省1961—2012年年极端高温变化趋势分布

3.2 低温的变化特征

3.2.1 年低温日数变化趋势

低温冷害主要是针对农业生产而言的一种常见的气象灾害，也会对国民经济和人民生活产生影响。全省年低温日数(日最低气温≤0 ℃)常年平均值为52.3 d。年低温日数变化呈持续的下降趋势(图3.5)。从1961—2012年低温日数变化总体趋势来看，近52年来年低温日数减少了近28.8 d。但其间有低温日数的增减变化，从图3.5中可以看出，年低温日数自2001年来有较为明显的增加趋势，增加趋势为1.44 d/a。

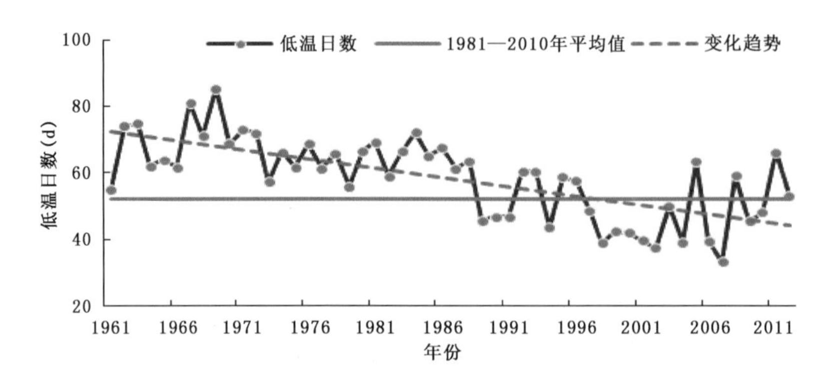

图 3.5　江苏省 1961—2012 年年低温日数变化

3.2.2　年低温日数变化趋势的空间分布

年低温日数由南向北随纬度增加而增加，淮北地区为江苏省高值区，普遍在 70 d 以上，沭阳最多达 86 d；苏南地区为江苏省低值区，普遍在 50 d 以下，最南端的东山站只有 25 d。从 1961—2012 年各地低温日数变化趋势来看(图 3.6)，淮北地区及江淮北部地区减少趋势最为显著，减少趋势大部在 6 d/10 a 以上，而江淮南部和苏南地区低温日数下降趋势略少，范围大多在 3.0～6.0 d/10 a。

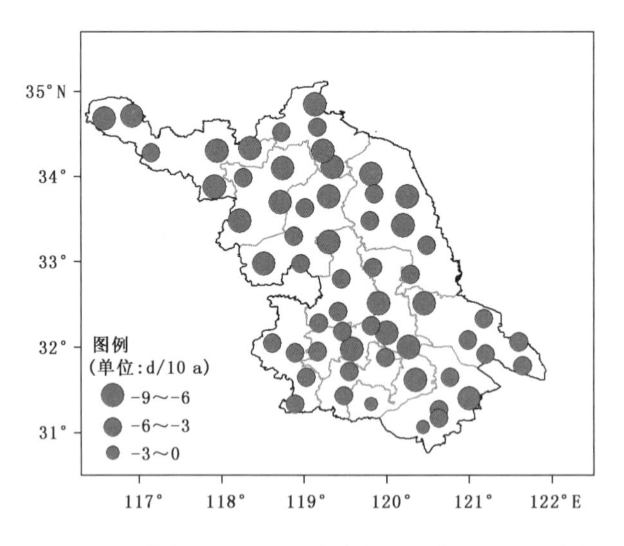

图 3.6　江苏省 1961—2012 年年低温日数变化趋势分布

3.2.3　年极端低温变化趋势的空间分布

由 1961—2012 年历史资料统计表明，江苏省各地极端最低气温为－23.4～－8.7 ℃，北部低于南部，内陆低于沿海。自 1961 年以来(1961—2012 年)全省极端最低气温为－23.4 ℃(宿迁，1969 年 2 月 5 日)。从 1961—2012 年极端最低气温的变化趋势来看，全省呈一致的升高趋势，西部地区高于东部地区，西部大部升温幅度都在 0.4～1.1 ℃/10 a，而沿海地区的升温幅度略小，在 0.1～0.3 ℃/10 a(图 3.7)。

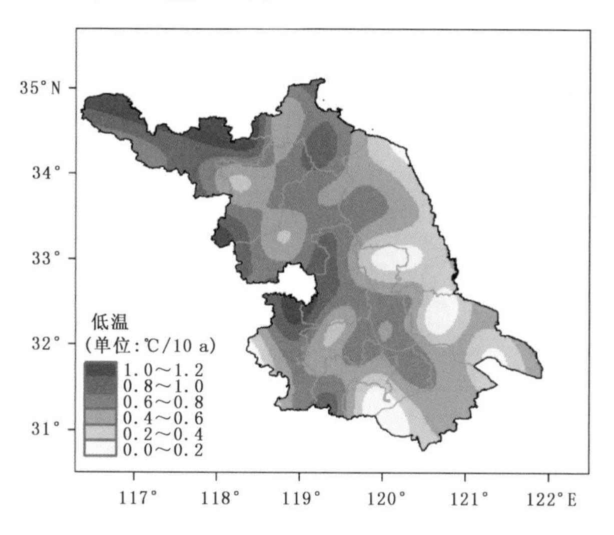

图 3.7 江苏省 1961—2012 年年极端低温变化趋势分布

3.3 不同级别降水的变化特征

本报告中，定义 24 h 降水量在 0.0～9.9 mm 为小雨，10.0～24.9 mm 为中雨，25.0～49.9 mm 为大雨，50.0～99.9 mm 为暴雨，100 mm 以上的为大暴雨。

3.3.1 不同级别雨日的变化趋势

全省平均年小雨、中雨、大雨、暴雨日数分别为 78.0 d、19.0 d、7.0 d、3.0 d，从本书第 2 章第 2.2.3 节年降水日数的变化趋势分析得知，江苏省 1961—2012 年期间降水日数减少了近 6.3 d，从各等级降水日数的变化来看，年小雨日数有明显的下降趋势，近 52 年减少了 7.8 d；年中雨日数有比较明显的上升趋势，近 52 年增加 1.2 d；年大雨日数变化相对平稳，没有明显的升降趋势；年暴雨日数有缓慢的上升趋势，近十多年来偏多的年份增加(图 3.8)。

3.3.2 极端强降水变化趋势的空间分布

江苏省日降水量高值区在淮北，大多在 250 mm 以上，尤其是响水于 2000 年 8 月 30 日 20 时至 31 日 20 时日降水量达 699.7 mm，为江苏省历史上单站日最大降水量极值；次高值区在沿江一线和江苏的中东部，最低值在溧阳为 152.6 mm，表明全省各地都出现过大于 150 mm 以上的大暴雨。从 1961—2012 年江苏省年最大日降水量变化趋势来看，除淮北、沿海地区、沿江局部地区呈略减少的趋势外，其他大部分地区均呈增加的趋势，但是增加的趋势大多为 0.0～5.0 mm/10 a(图 3.9)。

3.3.3 小雨、暴雨日数变化趋势的空间分布

从 1961—2012 年江苏省小雨日数的空间变化趋势来看，大部分台站呈减少的变化趋势，

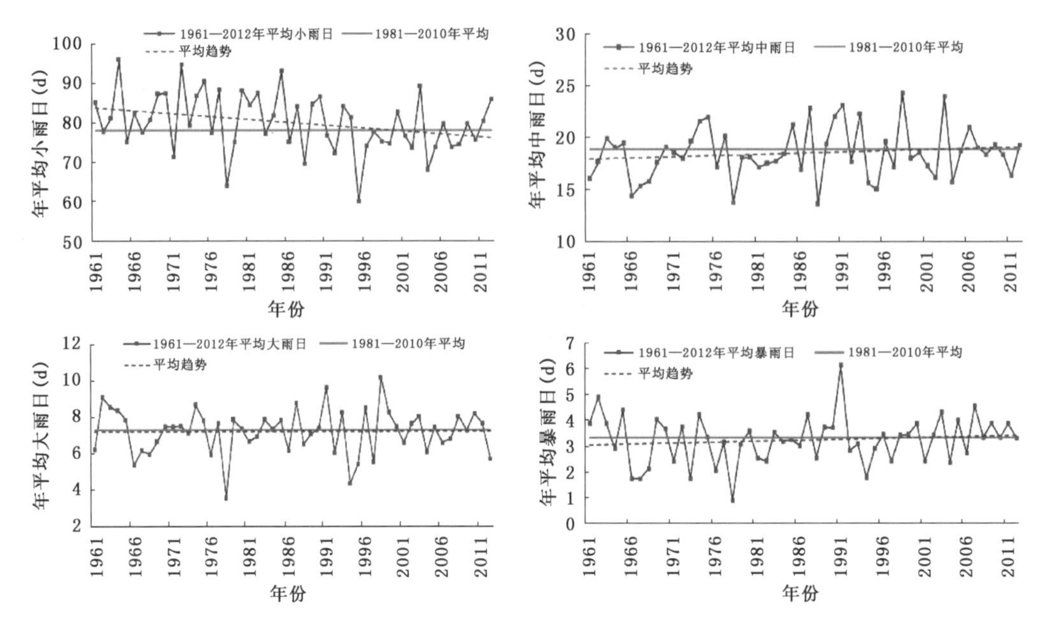

图 3.8 江苏省 1961—2012 年不同级别降水日数变化

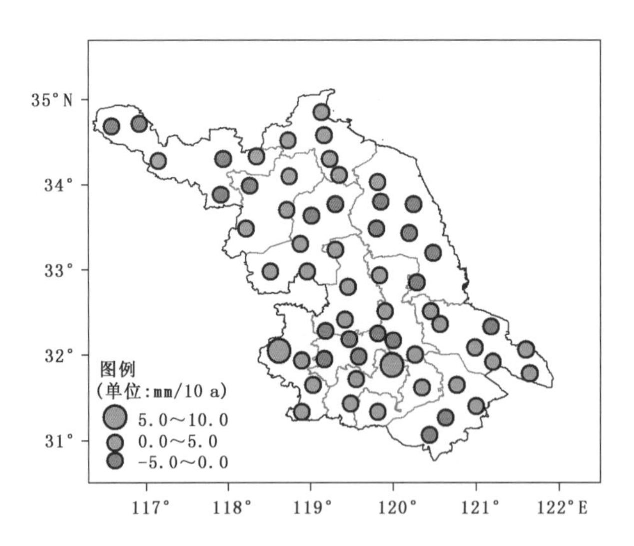

图 3.9 江苏省 1961—2012 年年最大日降水量变化趋势分布

减少天数为 1～4 d/10 a，而从 1980—2012 年小雨日数的变化趋势来看，减少的趋势更为明显，尤其是减少天数在 2～3 d/10 a 的范围更大；而从 1961—2012 年江苏省暴雨日数的空间变化趋势来看，大部分台站呈增加的变化趋势，增加天数为 0.1～0.4 d/10 a，而从 1980—2012 年暴雨日数的变化趋势来看，增加的趋势更为明显，尤其是增加天数在 0.2～0.7 d/10 a 的范围较大(图 3.10)。

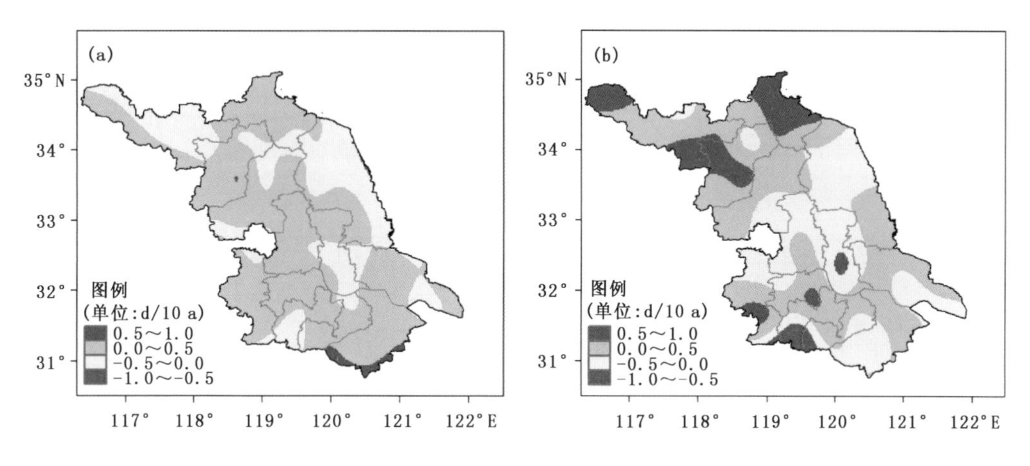

图3.10　江苏省1961—2012年(a)、1980—2012年(b)暴雨日数变化趋势分布

3.4　梅雨的变化特征

3.4.1　梅雨特征量的变化趋势

综合分析江苏省淮河以南各站点1961—2012年梅雨特征量的逐年演变发现，入出梅时间、梅雨量、梅雨强度均具有较明显的变化趋势(图3.11)。江苏省平均入梅日为6月17日，平均出梅日为7月12日，平均梅雨量为236.8 mm。1961—2012年入梅日期变化趋势不明显，但1980年以来入梅日期则呈明显的偏晚趋势，近32年偏晚1.7 d/10 a。出梅日期1961—2012年呈较不明显的偏晚趋势，近52年来偏晚0.9 d/10 a，但1981年以来则呈略偏早的趋势，偏早趋势为0.1 d/10 a。从梅雨量来看，变化趋势不明显，近52年变化趋势为10.5 mm/10 a，仅占52年平均梅雨量的0.45%，而1980年以来基本无变化。梅雨强度1961年以来呈缓慢的增强趋势，而从1980年之后来看则呈略弱的变化趋势。

3.4.2　梅雨期暴雨的变化趋势

从上节分析得知，江苏省入梅时间为偏晚的趋势，出梅时间为偏早的趋势，势必造成梅期有缩短的趋势，而梅雨期间的降水量变化不明显，那么，梅雨期内的降水事件是否发生了变化呢？以梅雨期内的高影响暴雨事件为例来进行分析，结果表明，1961—2012年江淮和苏南地区梅雨期暴雨频次均略有增加，近52年增多趋势分别为0.5 d/站及0.6 d/站，其中20世纪90年代至21世纪前10年中前期为梅雨期暴雨频发时段(图3.12)。从江淮地区逐年代的暴雨频次来看，主要是20世纪90年代的暴雨次数较其他年代明显偏多，为1.4 d/(站·a)，而21世纪前10年则与20世纪80年代基本持平，为1.3 d/(站·a)，60年代、70年代则较少(分别为1.0 d/(站·a)、1.1 d/(站·a))。而苏南地区与江淮地区的分布规律较为相似，90年代的暴雨次数较其他年代明显偏多，为1.4 d/(站·a)，而21世纪前10年及20世纪80年代次之(分别为1.2 d/(站·a)，1.1 d/(站·a))，60年代、70年代则较少(分别为0.8 d/(站·a)、0.9 d/(站·a))。

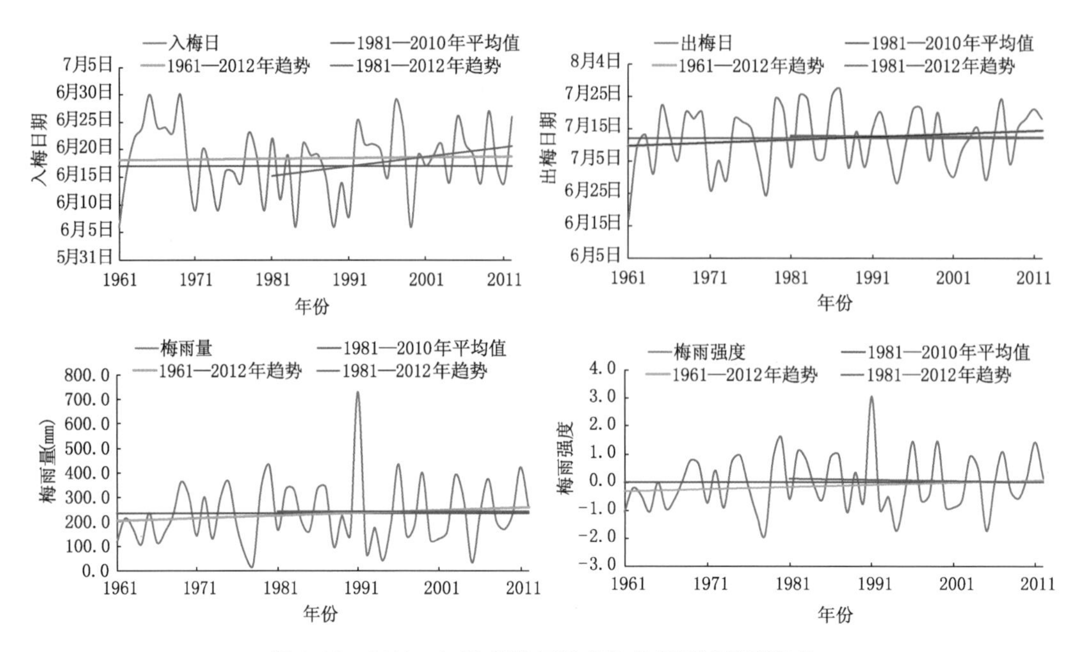

图 3.11　1961—2012 年淮河以南站点梅雨特征量演变

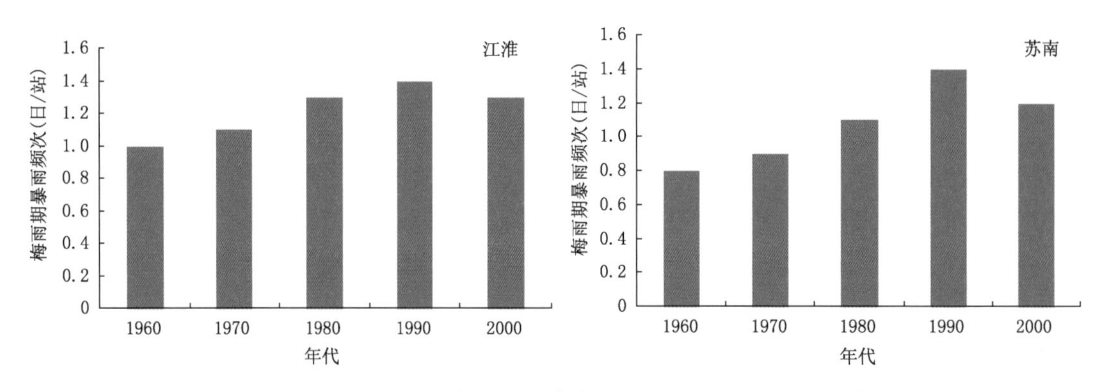

图 3.12　1961—2012 年江淮及苏南地区梅雨期内暴雨频次演变

3.5　热带气旋及其影响的变化特征

按照国际规定，发生在低纬度海洋上的低压或扰动统称为热带气旋，根据热带气旋的强度将其划分为四个等级：热带低压，热带风暴，强热带风暴，台风。影响江苏的热带气旋则是指对江苏造成区域性降水或区域性大风(平均风速达 9 m/s 或以上)，或风雨兼有的热带气旋。

2000 年的 12 号台风"派比安"是到目前为止对江苏影响最大的热带气旋，受"派比安"的影响，响水 8 月 30 日的日降水量为 699.7 mm，强度之大，居江苏历史首位；同时，8 月 30 日至 9 月 1 的过程雨量达到了 812.3 mm，也是历史首位；"派比安"造成农作物受灾面积 3879.6 hm^2，直接经济损失达 6.04 亿元。

2012 年的台风"海葵"也是近年来对江苏影响较大的热带气旋，影响时间为 8 月 7—10 日，长达 4 天，影响时间之长居 1991 年以来的首位；过程雨量之大也为近年来少见，响水的过程雨量为 522.9 mm，仅次于“派比安”，其中 8 月 10 日响水的日降水量达 497.8 mm；8 月 10 日灌云站 07:00—08:00 降水量为 124.3 mm，响水站 08:50—09:50 降水量 122.1 mm，连云港 05:20—06:20 降水量为 93.9 mm，涟水 14:50—15:50 降水量为 91.7 mm，四站 1 h 降水量均超历史极值。“海葵”造成 66.3 万人受灾，农作物受灾面积 3.45 万 hm^2，直接经济损失达 5.4 亿元。

3.5.1　历年登陆及影响江苏热带气旋个数的变化

在太平洋生成的热带气旋平均每年有 29 个，其中能影响到江苏省的热带气旋平均每年有 3.1 个，最多年份可达 7 个，最少年份只有 1 个，个别年份没有出现达到影响江苏标准的热带气旋（图 3.13）。从 1961 年来影响江苏的热带气旋个数变化趋势来看，20 世纪 60 年代初期较多，之后缓慢下降，20 世纪以来有缓慢增多的趋势。

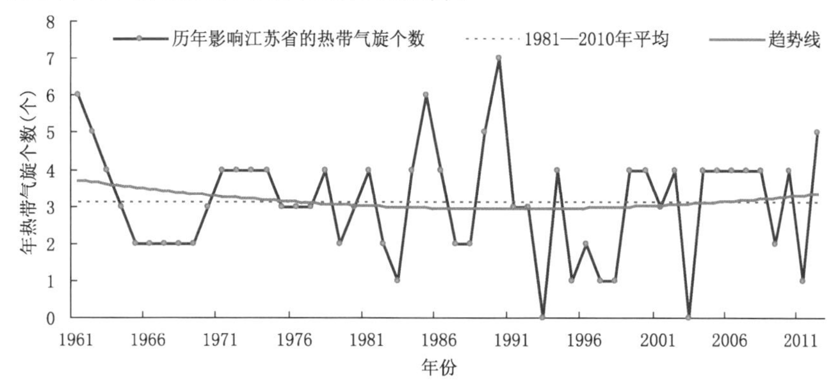

图 3.13　1961—2012 年逐年影响江苏省的热带气旋个数变化

3.5.2　影响时段的变化

每年热带气旋影响江苏省的时间在 5—11 月，影响集中期是 7—9 月，其中 8 月最多（图 3.14）。影响最早的是 5 月 18 日（2006 年 0601 号台风），影响最晚的出现在 11 月 25 日（1952 年 5231 号台风）。台风影响江苏省的初次时间平均为 7 月 22 日，终次时间平均为 9 月 7 日，从 1961—2012 年台风影响的时段变化趋势来看，初次影响时段在 20 世纪 60 年代至 70 年代中期逐渐偏晚，70 年代后期至今呈逐渐偏早的趋势，而终次影响时段则呈一致性的偏早趋势。而历年台风影响日数变化趋势明显减少（图 3.15～图 3.17）。

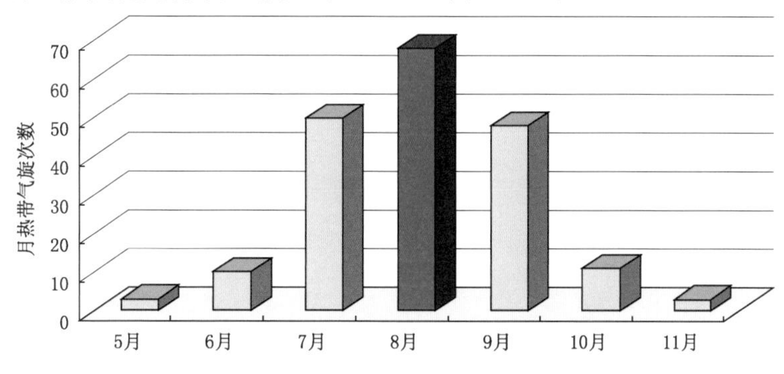

图 3.14　1961—2012 年逐月影响江苏省的热带气旋个数

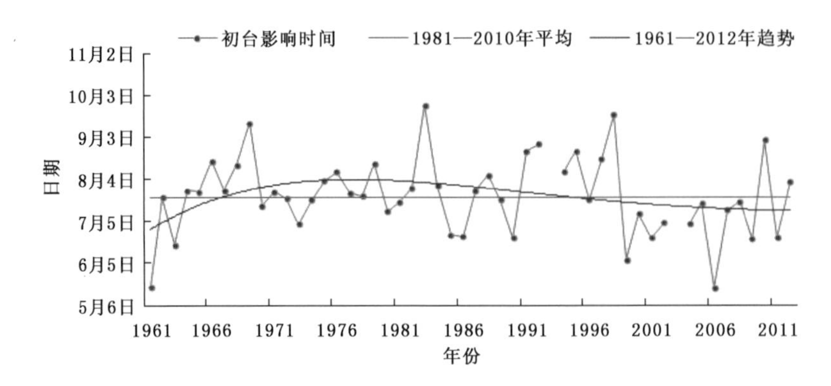

图 3.15　江苏省 1961—2012 年初次台风影响时间变化

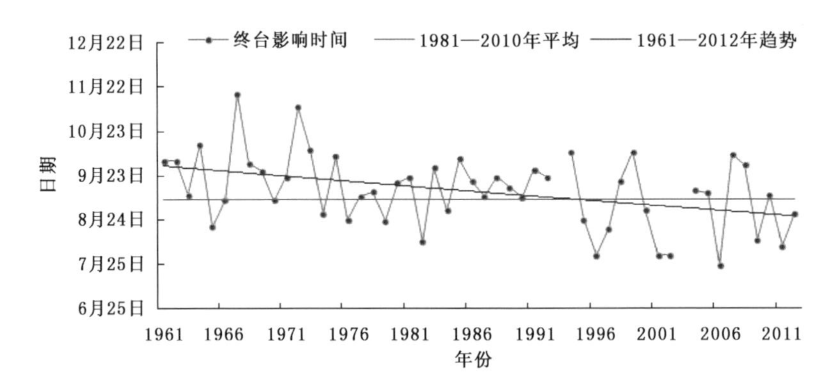

图 3.16　江苏省 1961—2012 年终次台风影响时间变化

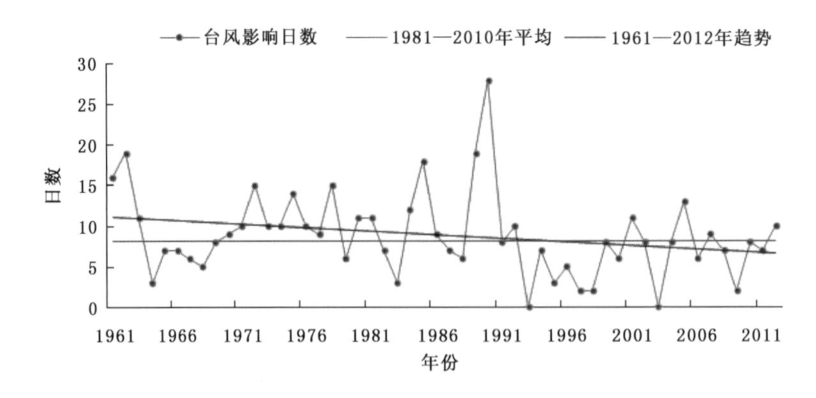

图 3.17　江苏省 1961—2012 年历年台风影响日数变化

3.6　雷暴的变化特征

3.6.1　年雷暴站日的变化趋势

1961 年以来，全省年平均雷暴站日数的常年平均值为 30.9 d，最大值出现在 1963 年 51.4

d,最小值为 1989 年 20.6 d。20 世纪 60 年代相对最多,70 年代明显下降,80 年代起至 90 年代相对稳定,大多年份略低于平均值,自 2000 年之后,回升趋势较为明显,尤其在 2000 年以来,年雷暴日明显增多(图 3.18)。

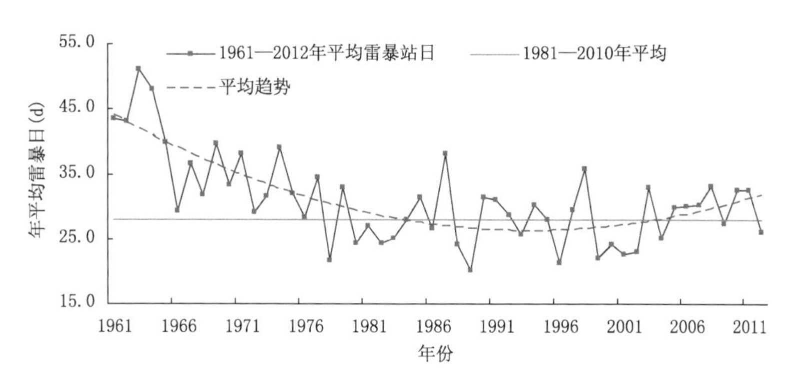

图 3.18 江苏省 1961—2012 年年平均雷暴站日变化

3.6.2 年雷暴日变化趋势的空间分布

雷暴在江苏也是常见的气象灾害。全省分布较均匀,全省普遍在 25～30 d,最多为东山站有 34.3 d,最少为徐州也有 22.5 d,相对来讲,江淮和苏南地区比淮北多 6～10 d。年雷暴日数极大值分布相对较均匀,分布特征与累年平均年雷暴日数很相似。最低值在宜兴有 38 d,最高值在溧阳 73 d。从 1961—2012 年江苏省各地雷暴日数的变化趋势来看,总体均呈减少的趋势。而从 1980—2012 年雷暴日数的变化趋势来看,除苏南西南部及沿江局部地区外,其他大部分地区都呈增多的趋势,增多趋势多为 1～2 d/10a(图 3.19)。

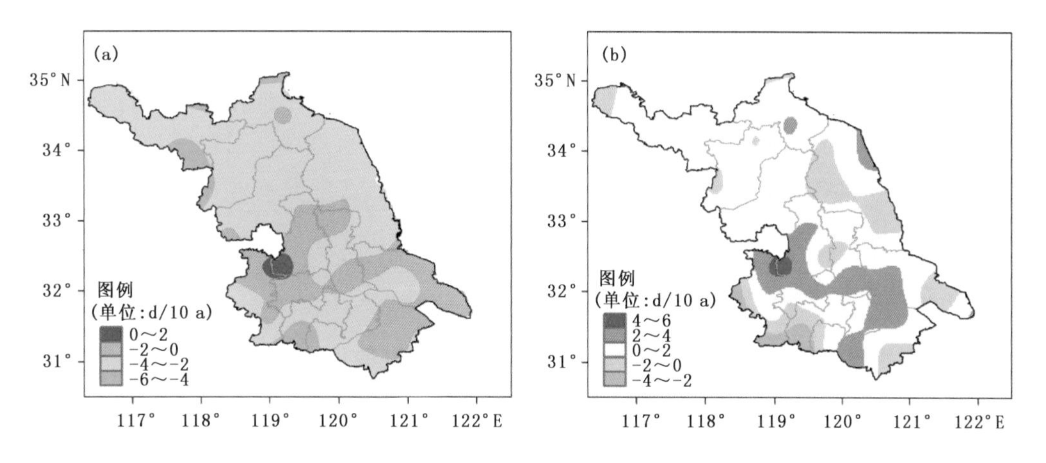

图 3.19 江苏省 1961—2012 年(a)、1980—2012 年(b)年雷暴日数变化趋势分布

3.7 雾与霾的变化特征

3.7.1 年雾日的变化趋势

雾是由无数悬浮在低空的小水滴或冰晶组成，生成条件必须含有一定量的水汽，在辐射或平流冷却作用下凝结出水滴或凝华出冰晶。雾日的年变化幅度比较大，全省平均年雾日数常年平均值为 33.7 d，最大值年为 1980 年 50.0 d，最小值年为 2005 年 19.1 d。20 世纪 60 年代相对偏少，70 年代中期开始上升，至 90 年代初为一段偏多时期，90 年代中期开始明显下降，近十几年大多年份相对偏少(图 3.20)。

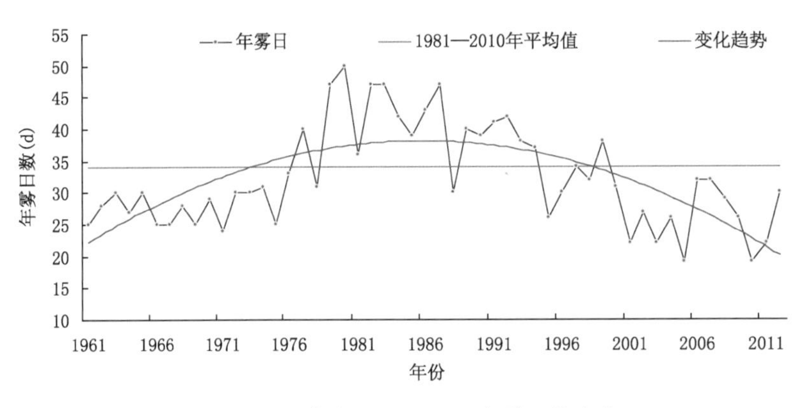

图 3.20 江苏省 1961—2012 年雾日数变化

3.7.2 年雾日变化趋势的空间分布

由于江苏东临黄海，全省又河网密布，近地层水汽含量往往较多，极容易形成雾，雾是江苏最常见的灾害性天气，严重影响交通和城市生活以及人体健康。东部沿海与河网地区以及沿江和苏南地区，年雾日数相对较多，一般都在 30～64 d；低值区在 14～20 d，主要在西北部地区。从 1961—2012 年雾日的空间变化趋势来看，淮北北部、江淮北部及苏南东西部增多 0.0～5.0 d/10 a，其他大部减少 0.0～10.0 d/10 a(图 3.21)。

3.7.3 年霾日的变化趋势

全省平均年霾日数常年平均值为 15.9 d，1961 年为最低值 2.2 d，2012 年为最大值年达 140.9 d，呈明显上升趋势，近 52 年增加了 43 d，特别是近几年是历史最高的几年。霾的上升趋势与经济发展和城市化进程加快致使空气质量下降有关。

3.7.4 年霾日变化趋势的空间分布

霾不仅使能见度降低，而且使空气质量变坏，危害人们的身体健康。霾的高值区主要在沿江苏南，一般在 10～30 d，其中南京达 79 d，为全省之冠，这与苏南地区特别是南京城市化发展迅速，工业化进程快有密切的关系。此外，淮北部分地区也相对较高，在 10～20 d，其他大部地

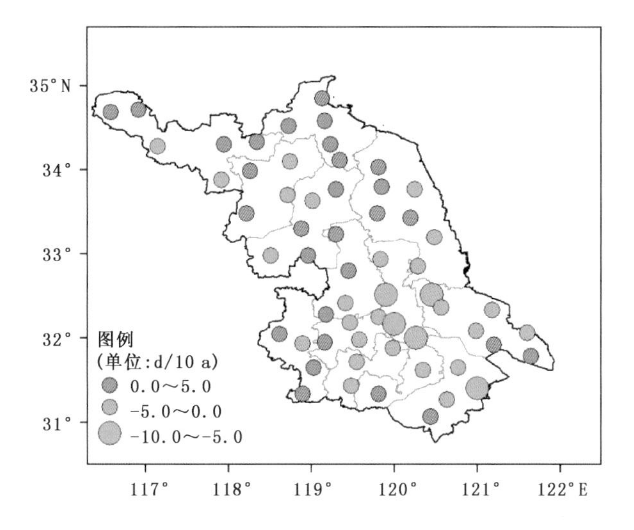

图 3.21　江苏省 1961—2012 年年雾日变化趋势分布

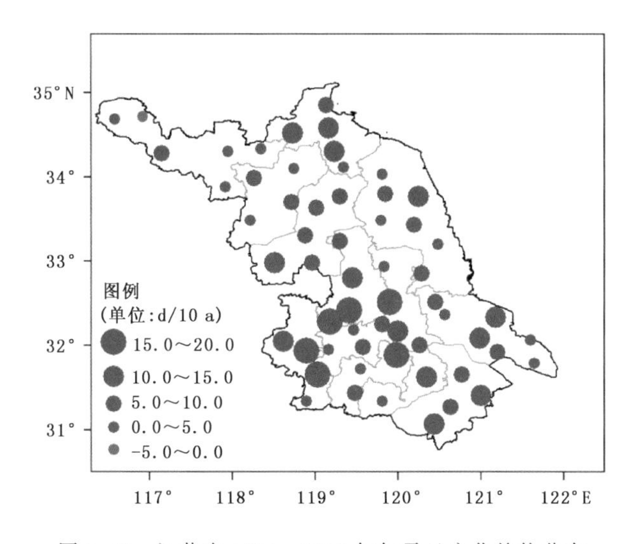

图 3.22　江苏省 1961—2012 年年霾日变化趋势分布

区在 10 d 以下。从 1961—2012 年年霾日的空间变化趋势来看，江苏省各地霾日呈明显的增加趋势，尤其是沿江苏南及淮北部分地区，大部分增加趋势在 10 d/10 a 以上，江淮之间大部分地区增加趋势也在 5 d/10 a 以上(图 3.22)。

3.8　大风的变化特征

3.8.1　年最大风速变化趋势

江苏省各地出现大风的大部分记录有比较明显的天气过程相对应，这些气象事件主要包括热带气旋、寒潮、龙卷、强对流等，表明江苏省大风的出现主要受以上气象事件的影响。在本报告中选取西连岛、徐州、南京、南通、无锡等五站分别为沿海、苏北、苏中、苏南等地区的代表站(图 3.23),分析表明,从城市站来看,受城镇化建设的影响,年最大风速总体呈下降的趋势,而沿海站(如西连岛)则变化趋势不明显,受灾害性天气影响较大,如受 1210 号台风“达维”的影响,西连岛在 2012 年 8 月 3 日出现 36.5 m/s 的最大风速值。

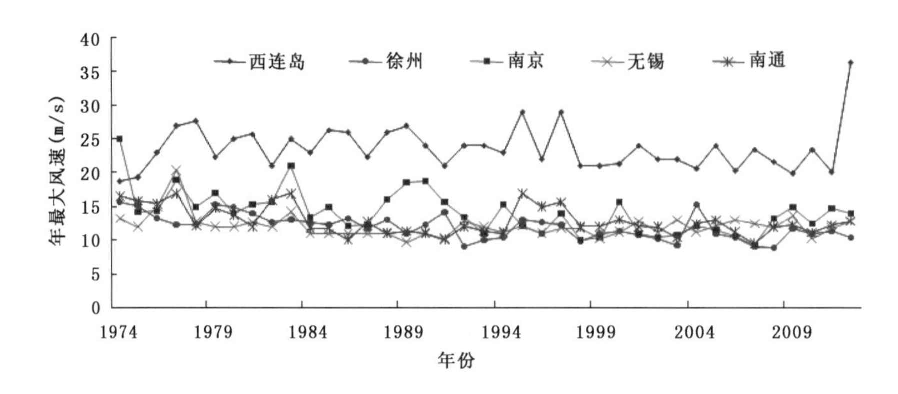

图 3.23　江苏省 1974—2012 年五站年最大风速变化

3.8.2　年最大风速变化趋势的空间分布

大风是江苏一年四季都经常发生的气象灾害,可由多种天气系统所产生。分布特征是由东向西逐步递减,在东部沿海一带最多,平均达 10～57 d,表明这一带风能资源丰富,最大值区在江苏东北部的连云港市和盐城市的沿海地区,太湖、洪泽湖岸边和长江沿线相对也较丰富,表明海洋和大的水域对风力有增大作用。由于最大风速观测自 1978 年来资料较为完整,因此,本节分析了从 1978—2012 年各地最大风速变化趋势,从图 3.24 来看,全省各站年最大风速都呈下降的趋势,西部大于东部,西部地区下降趋势大部分都在 1～2 m/s/10 a,其他大部都在 0～1 m/s/10 a(图 3.24)。

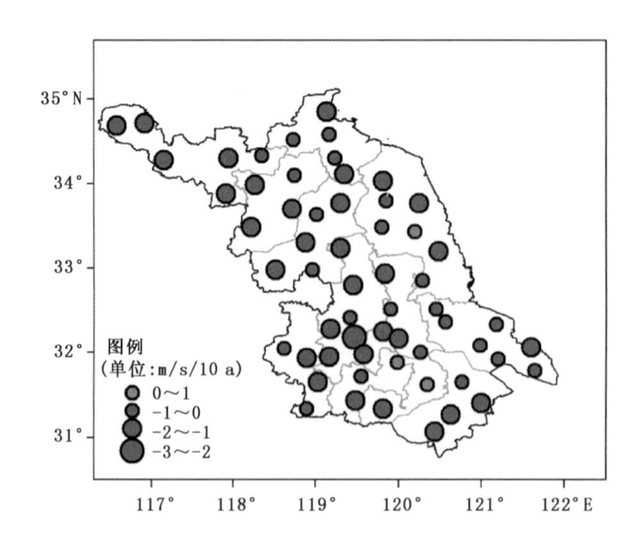

图 3.24　江苏省 1978—2012 年年最大风速变化趋势分布

第4章

江苏省气候变化的影响因子分析

摘要　气候的变化是受多种因素的影响和驱动，江苏省近 52 年(1961—2012 年)的气候变化是受自然因素和人为因素的共同作用，其中自然因素主要包括气候系统内部活动和太阳辐射，人为因素主要包括温室气体、大气气溶胶和土地利用变化的影响。江苏位于我国东部沿海地区，东亚季风、西太平洋副热带高压、厄尔尼诺—南方涛动、太平洋年代际震荡、北极涛动、南极涛动、西伯利亚高压等海洋和大气的变化在年际和年代际尺度上，均有可能影响江苏的气温和降水变率，对夏季降水的影响尤为明显。江苏是能源消费大省，以一次能源为主，二氧化碳排放量较大，占总排放量的 85%左右，其次为甲烷和氢氟碳化物，两者合计占 11%左右，其他种类的温室气体排放量非常少。从排放结构来看，能源活动产生的排放约占总排放量 80%，为最主要排放领域；工业生产过程和农业分别占 13%和 6%左右；城市废弃物处理占 1.6%；土地利用变化与林业约占−0.3%，为净吸收。苏州地区近一年观测显示，大气中二氧化碳浓度为 423.8 ppm，甲烷浓度为 2097.2 ppb，产生正辐射强迫。江苏的气溶胶总体呈增加趋势，苏南地区高于苏北地区，气溶胶产生以负辐射强迫为主的直接辐射强迫和间接气候效应。江苏的城市化程度高、发展速度快，建设用地占全省面积的 17.16%，2000—2012 年城市化率年均提高 1.8%。土地利用/土地覆盖变化主要产生的正辐射强迫、温室气体的正辐射强迫、气溶胶的总体负辐射强迫、城市化的正辐射强迫均会影响地气系统热量、水分和物质的循环，并对江苏的气温、降水产生影响。因此，江苏省近 52 年的气候变化，一方面和全球一样受到自然因素的影响，另一方面，也和温室气体和气溶胶气体的增加有关，同时还和江苏局地尺度的土地利用，包括和城市快速发展有关。

气候的变化是受多种因素的影响和驱动，地质时期的气候变化主要是自然因素的影响，近代气候变化主要是受自然因素和人为因素的共同作用，其中自然因素主要包括太阳辐射、火山活动、气候系统内部活动，人为因素主要包括温室效应、大气气溶胶效应和土地利用变化(丁一汇 等，2008；周天军 等，2006)。自然因素的空间影响范围较大，多为全球和区域尺度的，对于江苏局地尺度，气候系统内部活动和太阳辐射的影响相对较明显；人为因素的影响范围小于自然因素，如大气气溶胶和土地利用变化更多是对局地尺度的影响。同时，由于气候系统之间的相互影响，其他地区的人为因素也会直接或者间接影响江苏。和全球其他地区类似，江苏省的气候变化也是自然因素和人为因素共同作用的结果。

4.1 自然因素的影响

4.1.1 气候系统内部活动的影响

江苏位于东部沿海地区，海洋和大气强烈地耦合在一起，并通过感热输送、动量输送和蒸发过程交换热量、动量和水汽，海洋和大气的变化在年际和年代际尺度上，均有可能影响江苏的气温和降水变率，其潜在因子包括东亚季风、西太平洋副热带高压、厄尔尼诺—南方涛动(ENSO)、太平洋年代际震荡(PDO)、北极涛动(AO)、南极涛动(AAO)、西伯利亚高压等等(秦大河 等，2005；李建平 等，2013)。

东亚季风对东亚地区的天气气候有直接作用，强东亚夏季风将导致长江中下游少雨，而弱东亚夏季风则相反(叶笃正 等，2003；符淙斌 等，1997；丁一汇 等，2013)。20 世纪 70 年代末之后东亚夏季风在年代际时间尺度上减弱(图 4.1)，江淮流域夏季增多而华北减少，1992 年之后华南夏季降水增多，1999 年之后长江中下游夏季降水减少而淮河流域夏季降水增多。20 世纪 80 年代中期之后东亚冬季风及其年际变率减弱，引起了我国的持续暖冬(张庆云 等，2003；何金海 等，2004；黄荣辉 等，2011；吴国雄 等，2013)。

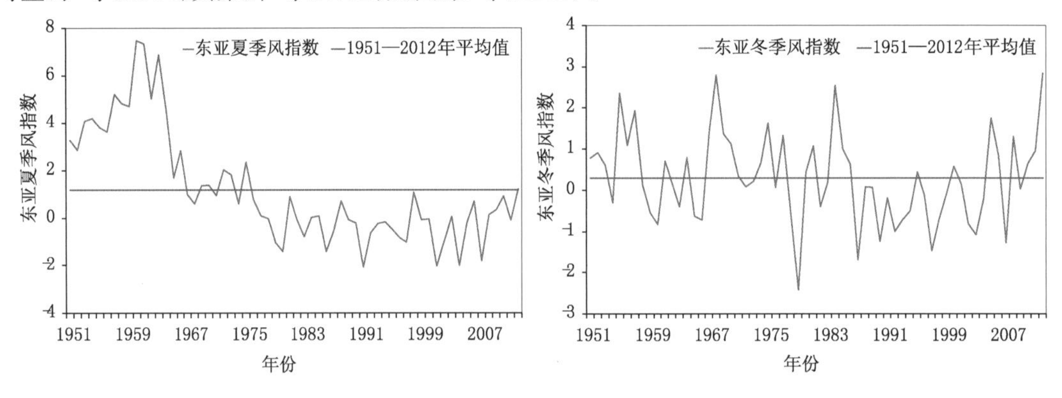

图 4.1 东亚夏季风指数和冬季风指数变化

西太平洋副高的强弱变化及其南北东西位置的进退摆动对我国的夏季降水分布型和旱涝趋势有重要的影响(图 4.2)。江苏夏季降水异常与副高的活动密切联系，尤其是副热带高压的南北位置(陈海山 等，2003)。2013 年 7 月和 8 月副高和气候态相比，副高偏强、偏西，而且脊线偏北(接近 30°N)，与历史同期(25°N 附近)相比，偏北 5 个纬度。由于受副热带高压控制，江苏 2013 年入梅偏晚，出梅略早，梅期偏短，梅雨量偏少，梅雨期内暴雨站数较常年平均偏少，梅雨强度偏弱。7 月和 8 月平均气温异常偏高，为 1961 年以来同期第一高值，24 个站点日极端最高气温创历史极值，52 个站点累计高温日数达历史同期第一高值，苏州高温日数达 49 d(中国气象局广州热带海洋研究所，2013；江苏省气候中心，2013)。

厄尔尼诺—南方涛动以 2～7 年的周期不断循环，在暖位相和冷位相分别表现为 El Niño 和 La Niña 事件，以遥相关的方式对中国东部气候产生重要的影响(翟盘茂 等，2003；刘永强 等，1995；黄荣辉 等，2006；张祖强 等，2000)。在 El Niño 年，东亚夏季风减弱，夏季主要季风雨带偏南，江淮流域多雨的可能性较大(陶诗言 等，1998；龚道溢 等，1998)；东亚冬季风偏弱，

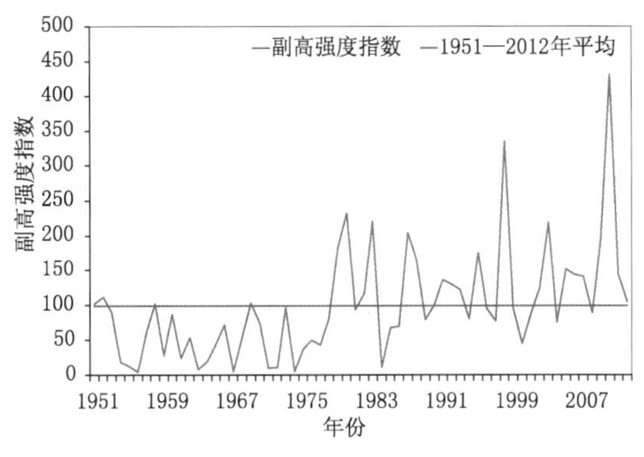

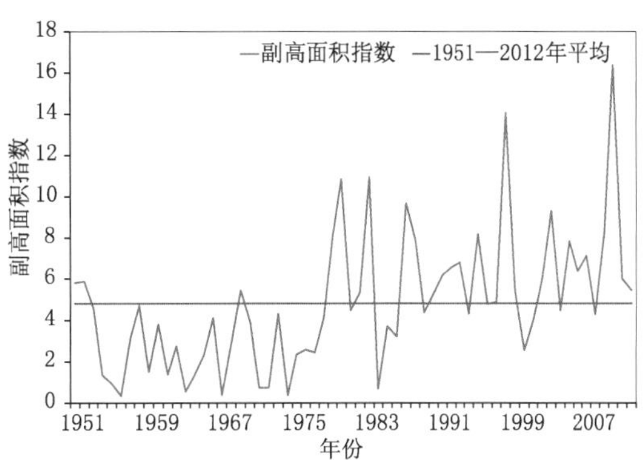

图 4.2　西太平洋副高的面积指数和强度指数变化

常出现暖冬冷夏，而在 La Niña 年则相反(赵振国，1996)。江苏夏季降水量和厄尼尔诺事件呈正相关，厄尔尼诺事件发生的当年江苏省夏季降水量平均比常年偏多 28%，厄尔尼诺事件的次年和拉尼娜事件的当年夏季降水量平均比常年分别偏少 24% 和 22%(胡辛陵 等，2001)。

太平洋年代际震荡也会影响东亚夏季风环流与中国东部夏季降水分布型年代际变化(杨修群 等，2005)。20 世纪 50—70 年代，PDO 基本以负指数为主，北太平洋中纬度海温出现年代际正异常，这种海温型有利于东亚夏季风区南风加强；80—90 年代 PDO 基本以正指数为主，对应东亚夏季风区的南风减弱，1949—2001 年间，PDO 指数与中国东部夏季风降水量呈显著相关性(张庆云 等，2007)。

冬季北极涛动偏强时，中高纬纬向环流增强，不利于冷空气向南暴发，冬季气温易偏高。当北极涛动偏强一个标准差时，整个中国长江中、下游地区到日本南部一带的夏季降水会减少(龚道溢 等，2002)。3 月份的 AO 还会通过影响东亚地区夏季对流层大气的冷暖状况和环流，在长江中下游地区导致异常垂直运动和辐散辐合形势，影响夏季的梅雨降水(李崇银 等，2008)。

南极涛动的强弱会影响副高位置、亚洲季风暴发时间和夏季降水。当南极涛动偏强，西太平洋副高偏弱且较早东撤出南海，造成亚洲夏季风暴发偏早，显著影响东亚夏季降水，此时江苏夏季降水偏多，梅雨出梅偏晚，梅期长度偏长(高辉 等，2012；薛峰 等，2003；范可 等，2006)。例如 1981 年南极涛动偏弱，长江中下游地区的夏季降水超过 200 mm 的负距平(高辉 等，2003)，江苏 1981 年 6 月 22 日入梅，7 月 3 日出梅，梅期 12 d，仅为多年平均梅期 24 d 的一半，梅期降水为 166.5 mm，而 1981—2010 年 30 年多年平均为 236.7 mm。

过去 20 年以来，格陵兰和南极冰盖的冰量一直在损失，全球范围内的冰川几乎都在继续退缩，北极海冰和北半球春季积雪范围在继续缩小。从 20 世纪开始全球平均海面温度已经升高，1971—2000 年这 40 年期间，海洋上层 75 m 以上深度的海水温度升幅为 0.11 ℃/10 a。气候系统增加的净能量中有 60%以上储存在海洋上层(0～700 m)，另有大约 30%储存在 700 m 以下。全球平均海平面上升了 0.19 m，上升速率在 1901—2010 年间的平均值为 1.7 mm/a，1971—2010 年间为 2.0 mm/a，1993—2010 年间为 3.2 mm/a。同时，海洋水的 pH 至已经下降了 0.1，海洋表面的蒸发和降水已经发生变化(IPCC，2013；翟盘茂 等，2014)。这些海洋的变化通过海气作用也会影响江苏的气温和降水变率。

4.1.2　太阳辐射的影响

驱动地球上大气和海洋环流的能量主要来自太阳。太阳黑子、光斑、日冕、谱斑、日珥、耀斑等太阳活动会造成太阳总辐射通量密度(TSI,或称太阳常数)的变化,影响到达地气系统的太阳辐射能,进而影响地球气候(王绍武,2009)。太阳黑子是在太阳的光球层上发生的一种太阳活动,是太阳活动中最基本、最明显的活动现象,太阳黑子具有准 11 年振荡周期。30 多年的卫星观测资料表明,TSI 在 11 年期内仅有 0.08%的变化,对应辐射强迫+0.17 W/m^2 左右(第二次气候变化国家评估报告,2011)。IPCC 第五次评估报告估算太阳辐射强迫为 0.05 [0.0~0.1] W/m^2 左右(IPCC,2013)。

虽然太阳总辐射通量密度的变化导致的辐射强迫比较小,但是有可能在到达地气系统过程中被某种物理或化学机制放大(石广玉,2007),对气候变化产生影响(刘毅 等,2010;张亮 等,2011;赵亮 等,2011)。有研究认为,太阳黑子周期长度和地球自转速度与东亚季风的年代际变化存在很好的相关关系(卫捷 等,1999)。太阳黑子活动也会影响中国东部降水,尤其和夏季降水有明显的关系,强(弱)太阳活动有利于在中国上空造成 500 hPa 位势高度出现正(负)异常,并与夏季降水异常的形势较为相配。强(弱)太阳活动年,华北平原和东北南部地区少(多)雨,西北地区多(少)雨,而江淮地区夏季降水量也偏多(少);太阳活动与夏季的梅雨量存在着既显著又复杂的相关关系,而且它们间的相关关系还随时间有年代际变化(潘静 等,2010)。徐群等研究发现,太阳黑子数与随后 1~2 年北半球副高面积和强度指数存在显著的正相关,当太阳活动强时,有利于长江中下游汛期多雨(徐群 等,1994)。

4.2 温室气体的影响

4.2.1 温室气体总量

4.2.1.1 中国温室气体总量

矿物燃料利用及工业和农业活动排放的温室气体通过强烈地吸收和发射红外辐射使气候变暖,是人类影响气候的主要活动方式之一。人类活动排放的温室气体主要有 6 种,即二氧化碳(CO_2)、甲烷(CH_4)、氧化亚氮(N_2O)、氢氟碳化物(HFC_S)、全氟化碳(PFC_S)和六氟化硫(SF_6)。虽然 CO_2、CH_4、N_2O 和 O_3 等温室气体只占大气总体积混合比的 0.1%以下,但在地气系统能量收支中起着重要的影响作用。

人类活动中排放的 CO_2 主要来自化石燃料的燃烧。从 1750 年至 2011 年,全球因化石燃料燃烧和水泥生产释放到大气中的 CO_2 为 375 GtC(IPCC,2013)。2011 年,全球大气中的 CO_2 气体浓度达到 391 ppm,比工业化前水平高 40%,2010—2011 年绝对增长量为 2.0 ppm,相对增长量为 0.51%,过去 10 年年平均绝对增量是 2.0 ppm/a(IPCC,2013)。2013 年,全球 CO_2 气体浓度达到 396 ppm。中国的瓦里关山本底站 1990 年开始温室气体采样分析(周秀骥,2005;周凌晞 等,2008),监测结果显示 CO_2 浓度不断升高,且和 Mauna Loa 站的变化基本同步(2012 年中国气候变化监测公报,2013)。2011 年,瓦里关站 CO_2 气体浓度达到 392.2 ppm,2010—2011 年绝对增长量为 2.2 ppm,相对增长量为 0.56%,过去 10 年年平均绝对增量是 2.1 ppm/a,浓度值和增长速度和全球平均值相当(中国气象局气候变化中心,2012)。2013 年,我国 CO_2 气体浓度达到 397.3 ppm。中国作为《联合国气候变化框架公约》的缔约方,2004 年和 2012 年先后提交了两次气候变化初始国家信息通报,汇交了 1994 年和 2005 年的温室气体源与汇的国家清单(中华人民共和国,2004;中华人民共和国,2012)。1994 年,全国排放温室气体405699.6万t CO_2 当量，扣除土地利用和森林碳汇的40747.9万t CO_2 当量后，排放温室气体364951.7万t CO_2 当量。至2005年，全国排放温室气体746709万t CO_2 当量，扣除土地利用和森林碳汇的42080万t CO_2 当量后，排放温室气体704629万t CO_2 当量。

4.2.1.2 江苏温室气体总量

在《江苏省发展改革委江苏省统计局关于印发应对气候变化统计工作实施方案和应对气候变化部门统计报告制度(试行)的通知》(苏发改资环发[2014]373号)中，提出要统计二氧化碳浓度。为了获取第一手观测资料，江苏省气象局于2014年6月起先后在张家港、吴江、苏州、昆山、金坛等地启动温室气体观测系统建设，开始观测大气中的 CO_2 和 CH_4 浓度。

根据已有一年观测资料分析，苏州地区大气 CO_2 浓度为423.8 ppm，全球和全国2013年的 CO_2 浓度分别为396 ppm和397.3 ppm，苏州地区比全球和全国分别高7%和6.7%。CO_2 浓度有明显的季节变化，冬春季高，夏秋季低，这和夏秋季植被比较茂盛，固碳作用比较明显有关。一日之中，CO_2 浓度呈单峰型日变化，下午最低，凌晨最高。这是由于日出后光合作用消耗 CO_2，且辐射增强、混合层抬高，使得大气均匀混合，CO_2 浓度降低；而夜间植物的呼吸作用产生 CO_2，且辐射减弱，混合层高度降低、大气相对白天稳定，CO_2 浓度升高。

苏州地区大气 CH_4 浓度为2097.2 ppb，全球和全国2013年的 CH_4 浓度分别为1824 ppm和1886 ppm，苏州地区比全球和全国分别高15%和11.2%。CH_4 浓度在夏季最高，秋季次之，冬春季比较低。呈单峰型日变化，下午最低，凌晨最高。中午和午后OH自由基浓度较高消耗 CH_4，且辐射增强、混合层抬高，大气均匀混合，CH_4 浓度降低；而夜间OH自由基浓度下降，且大气层结稳定，输送扩散条件变差，CH_4 浓度升高。

江苏省发展与改革委员会根据《省级温室气体清单编制指南》，组织专家开展了2005年和2010年省级温室气体排放清单编制工作，确定温室气体的排放源和吸收汇，利用不同年代的源和汇的活动水平数据，结合排放因子，统计温室气体排放情况(陈其景 等，2012)。化石燃料燃烧活动、水稻田生产、畜牧业生产、三废处理、林业生产均是较为重要的排放源和吸收汇。源和汇的活动水平是指在特定时期内(一年)以及在界定地区里，产生温室气体排放或清除的人为活动量，如燃料燃烧量、水稻田面积、家畜动物数量等。源和汇的排放因子是指与活动水平数据相对应的系数，用于量化单位活动水平的温室气体排放量或清除量，如单位燃料燃烧的二氧化碳排放量、单位面积稻田甲烷排放量、万头猪消化道甲烷排放量等。

随着江苏省经济的发展，能源消费逐年增加。能源消费以煤炭为主，全省规模以上工业企业主要能源消费量中，煤炭占81.1%，焦炭占9.3%，原油占8.8%，汽油、柴油、煤油、燃料油及液化石油气共占0.8%(图4.3)。

在农业生产中，稻田排放甲烷、农用地排放氧化亚氮、动物肠道发酵排放甲烷、动物粪便管理排放甲烷和氧化亚氮是释放温室气体的重要方面。2000年以来，江苏农作物播种总面积平均为763.8万 hm^2，其中水稻所占比例最大，播种面积为214.6万 hm^2，小麦次之，播种面积为188.3万 hm^2，其余为薯类、玉米、大豆、棉花、油菜籽、花生等种植面积(图4.4)。

动物肠道发酵甲烷排放量和动物类别、年龄、体重、采食饲料数量及质量、生长及生产水平有关，其中采食量和饲料质量是最重要的影响因子。反刍动物瘤胃容积大，寄生的微生物种类多，能分解纤维素，单个动物产生的甲烷排放量大，反刍动物是动物肠道发酵甲烷排放的主要排放源；非反刍动物甲烷排放量小，特别是鸡和鸭因其体重小，所以肠道发酵甲烷排放可以忽

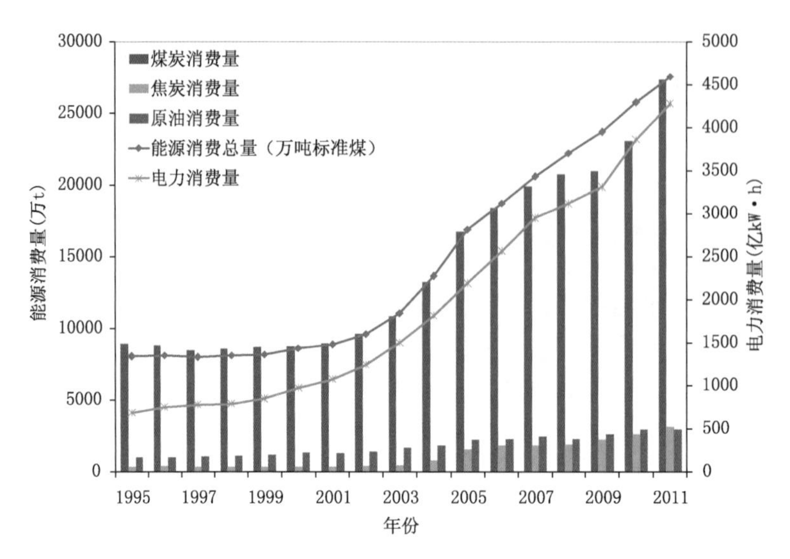

图 4.3　江苏省能源消费总量、煤炭、焦煤、原油和电力消费量(数据来源于江苏省统计年鉴)

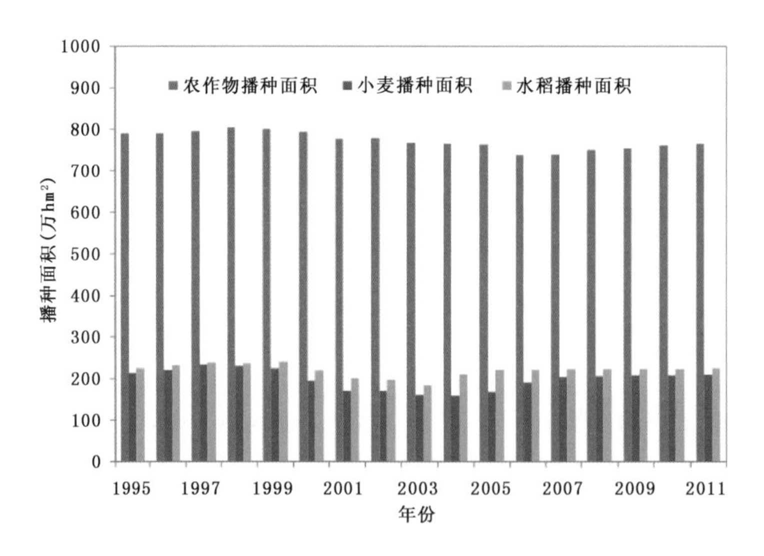

图 4.4　江苏省农田播种面积(数据来源于江苏省统计年鉴)

略不计。因此,动物肠道发酵甲烷排放源包括非奶牛、水牛、奶牛、山羊、绵羊、猪、马、驴、骡等。在江苏省畜牧业中,猪所占数量比重最大,2011 年 1745.49 万头,占 79.33%;山羊居第二,405.69 万头,占 18.44%;牛位列第三,34.05 万头,占 1.55%;其余绵羊、马、驴、骡均不超过 1%。猪、山羊、牛是江苏畜牧业温室气体排放的最重要的源,其数量的变化会影响甲烷和氧化亚氮的释放(图 4.5)。

固体废弃物和生活污水及工业废水处理,可以排放甲烷、二氧化碳和氧化亚氮气体,是温室气体的重要来源。固体废弃物填埋处理和生活污水处理及工业废水处理排放甲烷;包含化石碳废弃物焚化和露天燃烧排放二氧化碳;废弃物处理也会产生氧化亚氮排放,但氧化亚氮排放机理和过程比较复杂。随着江苏工业发展和人口的增加,工业废水、生活污水、固体废弃物、工业废气均有所增加,在处理过程中必然会释放温室气体(表 4.1)。

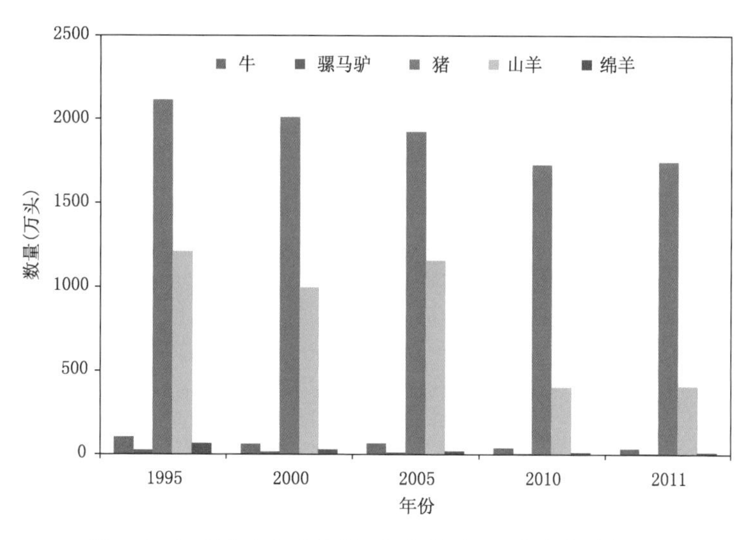

图 4.5 江苏省畜牧业数量(数据来源于江苏省统计年鉴)

表 4.1 江苏省废水、废气、废物量(数据来源于江苏省统计年鉴)

年份	1995	2000	2005	2009	2010
工业废水排放量(亿 t)	22.02	20.19	29.63	26.74	26.38
城镇生活污水排放量(亿 t)		14.74	22.31	26.62	29.17
工业废气排放量(亿标立方米)	7872.11	9078.20	20196.58	27431.75	31212.93
工业固体废物产生量(万 t)	2883.00	3038.19	5757.37	8027.81	9063.83

在 2009 年,《江苏省应对气候变化方案》中公布了估算的 2007 年温室气体排放量。2007 年江苏省温室气体排放总量约为 82445.71 万 t CO_2 当量。其中化石燃料燃烧排放是最主要来源,约为 59927.34 万 t,占温室气体排放总量的 72.7%;其次是工业生产过程的排放,约为 20674.47 万 t,占排放总量的 25.1%;再次是农业生产过程的排放,约为 43.9 万 t CH_4,折算为 922.4 万 t CO_2 当量,只占排放总量的 1.1%;固体废弃物和废水处理排放温室气体总量为 43.9 万 t CH_4,折算为 921.5 万 t CO_2 当量,占排放总量的 1.1%(图 4.6)。森林是陆地生态系统中最大的碳库,在降低大气中温室气体浓度中具有十分重要的作用。2007 年江苏省林分蓄积量 6030.3 万 m^3,林业碳汇约折合为 73.8 万 t CO_2 当量,扣除林业碳汇后,温室气体排放总量约为 82371.91 万 t CO_2 当量(江苏省人民政府,2009)。2005 年,全国排放温室气体 746709 万 t CO_2 当量,扣除土地利用和森林碳汇的 42080 万 t CO_2 当量后,排放温室气体 704629 万 t CO_2 当量(中华人民共和国,2012)。和全国 2005 年数据相比,江苏温室气体排放量约占全国的 11.69%。能源活动排放占全国的 10.39%,工业生产排放占全国的 26.93%,农业活动排放占全国的 1.13%,废弃物处理占全国的 8.32%,这说明江苏工业发达,能源活动密集,一方面是本省温室气体排放的主要来源,另一方面在全国也占有较高的比重。

根据江苏省省级温室气体排放清单编制工作,从目前江苏温室气体种类看,六种温室气体中,二氧化碳占总排放量的 85%左右,其次为甲烷和氢氟碳化物,两者合计占 11%左右,其他种类的温室气体排放量非常少。从排放结构看,能源活动产生的排放约占总排放量的近 80%,为最主要排放领域;工业生产过程和农业分别占 13%和 6%左右;城市废弃物处理占

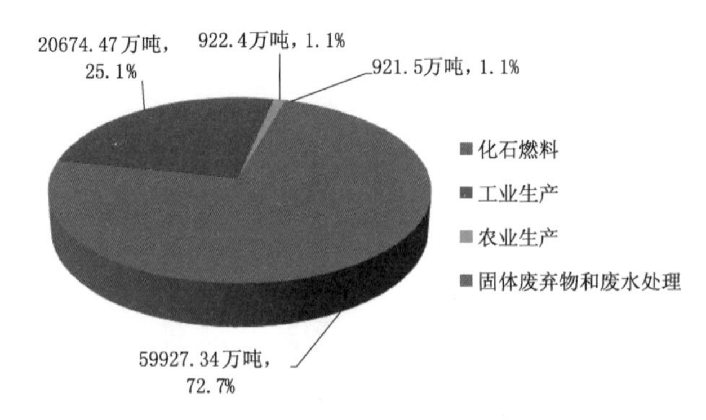

图 4.6　温室气体排放(数据来源于《江苏省应对气候变化方案》)

1.6%；土地利用变化与林业约占－0.3%，表现为净吸收。从排放强度看，2010—2005 年江苏省温室气体排放总量以年均 5.6%的增速支撑了 12%以上的经济增长速度，单位 GDP 二氧化碳排放强度稳步下降，2005—2010 年年均下降 6%左右，相当于年均少排放 5000 多万 t CO_2 当量(江苏省发展和改革委员会，2013)。

作为江苏温室气体排放的最主要来源，化石燃料燃烧的 CO_2 排放量为 59927.34 万 t，其中燃煤排放的 CO_2 为 38391.89 万 t，占化石燃料燃烧温室气体排放总量的 64.1%；其次是燃油(包括汽油、煤油、柴油等)的排放量为 7978.31 万 t，占 13.3%；焦炭的排放量为 6598.61 万 t，占 11%，位列第三；天然气的排放量为 779.84 万 t，只占 1.3%；其他化石能源的排放量为 6178.69 万 t，占 10.3%(江苏省人民政府，2009)。

作为江苏温室气体排放的第二来源，工业生产过程的 CO_2 排放量为 20674.47 万 t，其中钢铁生产过程排放的 CO_2 为 17847.4 万 t，占 86.3%，为绝对主导地位；其次是水泥熟料生产过程排放 2823.5 万 t，占 13.7%；电石生产过程排放为 3.57 万 t，占 0.02%(江苏省人民政府，2009)。

4.2.2　二氧化碳

对气候变化影响最大的温室气体是 CO_2，它产生的增温效应占所有温室气体总增温效应的 63%，且在大气中的存留期最长可达到 200 年并充分混合，因而最受关注(丁一汇 等，2009)。

IPPC 第五次评估报告认为，相对于 1750 年，2011 年由混合充分的温室气体(CO_2、CH_4、N_2O 和卤代烃)排放产生的辐射强迫为 3.00[2.22 至 3.78] W/m^2。CO_2 排放产生了 1.68[1.33 至 2.03] W/m^2 的辐射强迫。1750—2003 年，中国大气中增加的 CO_2 产生了＋2.43 W/m^2 的辐射强迫(丁一汇 等，2006)。1900—1990 年，全球平均的温室气体辐射强迫为＋2.17 W/m^2，其中 CO_2 的辐射强迫为＋1.4 W/m^2。与 1750 年相比，由于 CO_2 的增加引起的辐射强迫到 2010 年为＋1.95 W/m^2(Zhang et al.，2013)。CH_4 和 N_2O 在有云大气下的平流层调整的辐射效率分别为 4.142×10^{-4} $W/(m^2 ppbv)$和 3.125×10^{-3} $W/(m^2 ppbv)$，经大气寿命调整后的辐射效率分别为 3.732×10^{-4} $W/(m^2 ppbv)$和 2.987×10^{-3} $W/(m^2 ppbv)$。

4.2.3　甲烷

甲烷(CH_4)也是一种重要的温室气体，CH_4 在空气中的含量远远低于 CO_2，但其单个分子的辐射强迫强度为 CO_2 的 21 倍，是继 CO_2 后具有最大辐射贡献的长生命期温室气体。

2011 年全球大气中 CH_4 浓度从工业时代前的 700 ppb 上升至 1803 ppb，比工业化前水平高 150%，产生全球气候变化辐射强迫 0.97[0.74 至 1.20] W/m^2。1900—1990 年，CH_4 的辐射强迫为 +0.49 W/m^2。CH_4 在有云大气下的平流调整的辐射效率为 4.142×10^{-4} $W/(m^2 ppbv)$，经大气寿命调整后的辐射效率为 3.732×10^{-4} $W/(m^2 ppbv)$。

卫星遥感资料发现，2003—2008 年中国地区的对流层中高层的 CH_4 与北半球的几个主要地区变化趋势一致，均在 2007 年之前保持相对稳定，在 2007 年后有一个明显的增长；我国东部和北部地区具有明显的双峰季节变化特征，最高值出现在夏季，次高值出现在冬季（张兴赢 等，2011）。2011 年，瓦里关站 CH_4 气体浓度达到 1861 ppb，2010—2011 年绝对增长量为 9 ppb，相对增长量为 0.48%，过去 10 年的年平均绝对增量是 3.5 ppb/a，浓度值和增长速度略高于全球平均水平（中国气象局气候变化中心，2012）。

CH_4 可以在多种环境下产生，水稻田、牛羊等反刍动物消化过程排放 CH_4，湿地、化石能源开采过程中、固体废弃物和废水处理也会产生 CH_4。稻田生产和大型反刍动物消化过程排放是 CH_4 最主要的来源（上官行键 等，1993；张涛 等，2008；张广斌 等，2011）。农业活动 CH_4 排放量占总排放总量的 50.15%（董红敏 等，1995；董红敏 等，2008）。中国稻田 CH_4 排放总量在 967～1266 万 t（王明星 等，1998）。全国畜禽年平均排放 CH_4 总量 1002.7 万 t（胡向东 等，2010）。

江苏是水稻生产大省，畜牧业生产品种丰富。2000—2009 年畜禽养殖 CH_4 年平均排放总量为 17.463 万 t（图 4.7），总体呈下降的趋势（徐兴英 等，2012）。种植业和畜牧业的 CH_4 排放量多年平均为 130.7 万 t（闵继胜 等，2012）。2007 年江苏省 CH_4 排放总量为 87.8 万 t，折算为 1843.9 万 t CO_2 当量；其中稻田 CH_4 排放量为 36.2 万 t，畜牧业 CH_4 排放量为 7.7 万 t，固体废弃物排放 21.6 万 t CH_4，废水排放 22.3 万 t CH_4，如图 4.8 所示（江苏省人民政府，2009a）。

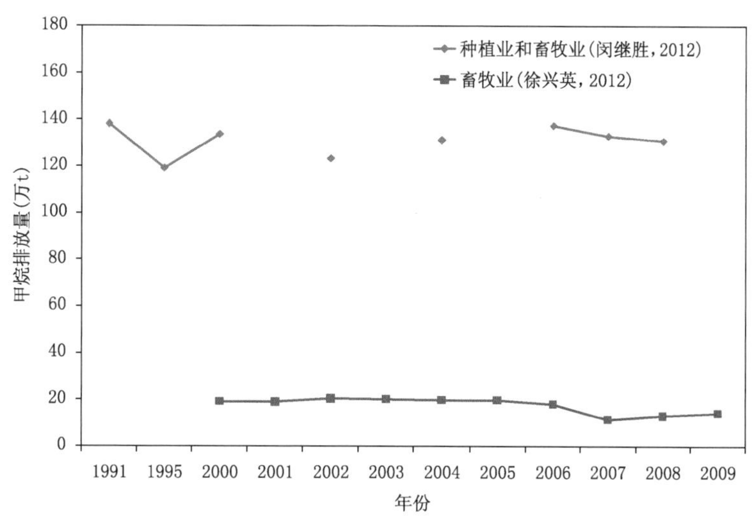

图 4.7　甲烷气体排放（根据徐兴英 等，2012 和闵继胜 等，2012 文献数据绘制）

天然湿地也会释放甲烷，互花米草等湿地植物有可能会导致土壤有机碳含量增加，使得更多 CH_4 排放（项剑 等，2013），而气候波动导致湿地 CH_4 排放量出现年际波动（於琍 等，2014）。需要注意的是，水稻田间管理方式也会影响 CH_4 排放量，当土壤温度较高时会增加

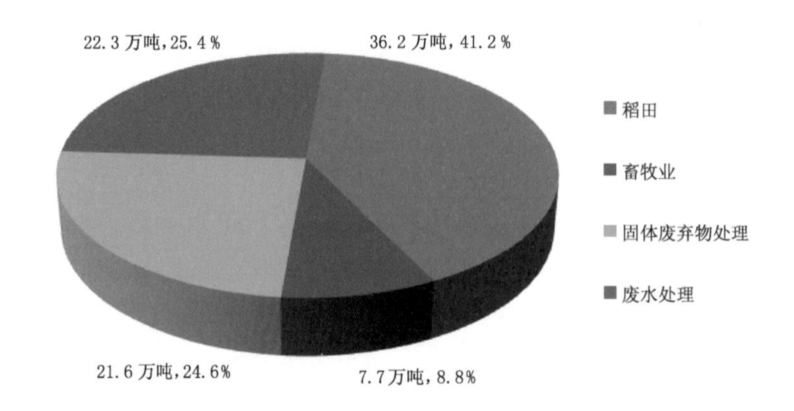

图 4.8 甲烷气体排放来源及比例（数据来源于《江苏省应对气候变化方案》）

CH_4 的产生（马静 等，2010；丁维新 等，2003）。

4.2.4 氧化亚氮

氧化亚氮（N_2O）也是长寿命温室气体，在大气中的寿命可长达 114 年，单个分子的辐射强迫强度为 CO_2 的 310 倍。N_2O 浓度的增加，不仅加剧全球气候变暖，而且极有可能成为最主要的臭氧层破坏物质，影响全球气候。2011 年全球大气中 N_2O 浓度从工业时代前的 270 ppb 上升 324 ppb，约超过工业化前水平 20%，产生全球气候变化辐射强迫 0.17 [0.13 至 0.21] W/m^2。1900—1990 年，N_2O 的辐射强迫为+0.01 W/m^2（马晓燕 等，2005），N_2O 在有云大气下的平流层调整的辐射效率为 3.125×10^{-3} $W/(m^2 ppbv)$，经大气寿命调整后的辐射效率为 2.987×10^{-3} $W/(m^2 ppbv)$。青海瓦里关全球本底站是中国最早开展 N_2O 观测的站点，2011 年 N_2O 气体浓度达到 324.7 ppb，2010—2011 年绝对增长量为 1.1 ppb，相对增长量为 0.34%，过去 10 年的年平均绝对增量是 0.8 ppb/a，浓度值和增长速度和全球平均水平相当（中国气象局气候变化中心，2012）。

N_2O 的人为排放主要包括农田、畜牧业、矿物质燃烧等。农业活动产生的 N_2O 占中国全国总排放的 92.47%（董红敏 等，2008）。中国农田 1993 年的 N_2O 排放总量为每年 18.06 万 t（王智平，1997），1990 年耕地中旱地的 N_2O 本底排放为每年 6.3 万 t（王少彬 等，1993），1980—2007 年全国农田 N_2O 排放量年均增长 7.6%，化学氮肥投入、有机物质投入、作物秸秆投入会增加农田的 N_2O 排放（张强 等，2010）。2000—2007 年全国畜禽年平均排放 N_2O 总量 57.7 万 t（胡向东 等，2010）。1991—2008 年中国农业生产的温室气体排放量，种植业的 N_2O 的排放量从 34.67 万 t 增加到 48.74 万 t，畜牧业的 N_2O 排放量从 1991 年的 35.32 万 t 上升到 2006 年的 55.93 万 t 后，又下降到 2008 年的 46.90 万 t，如图 4.9 所示（闵继胜 等，2012）。

根据 IPCC 推荐的排放系数法，估算江苏省 2000—2009 年畜禽养殖 N_2O 年平均排放总量为 2.08 万 t（徐兴英 等，2012），农业生产 N_2O 排放量多年平均 4.09 万 t（闵继胜 等，2012）。

大气温度、土壤温度、土壤湿度、田间管理等均会影响 N_2O 的排放（郑循华 等，1997；李英臣 等，2008；周胜 等，2013），对于水稻田，CH_4 和 N_2O 排放还存在互为消长的关系，尤其需要注意不同时期的水分管理和施肥管理，采取合理的减排措施（蔡祖聪 等，1999；李香兰 等，2008；马永跃 等，2013）。

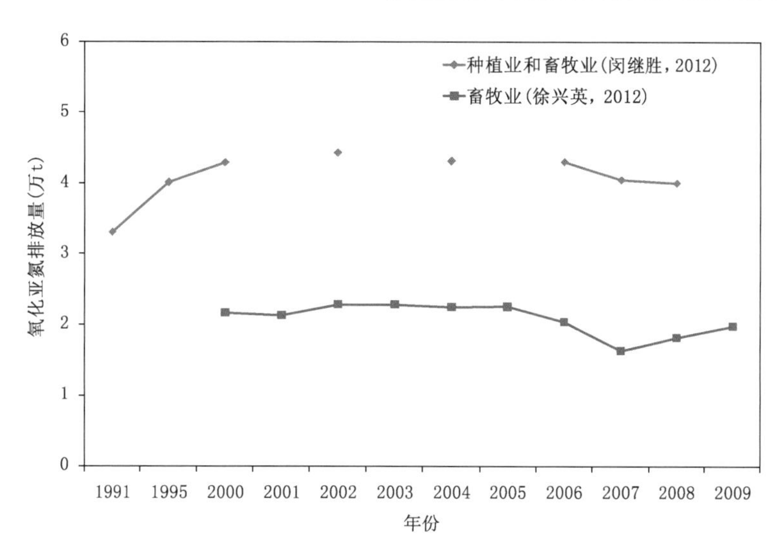

图 4.9　氧化亚氮气体排放(根据徐兴英 等,2012 和闵继胜 等,2012 文献数据绘制)

4.2.5　臭氧

臭氧(O_3)是地球大气中一种寿命很短的痕量气体,但是在地球的能量收支中起着重要作用。在标准状态下,全球 O_3 总量为 340 陶普生单位(DU),其中 10%分布在对流层大气,90%分布在平流层(丁一汇 等,2009;石广玉 等,1996)。对流层 O_3 是一种温室气体,对地球长波辐射具有强烈的吸收能力,其辐射强迫是 0.4[0.2～0.6] W/m^2。平流层 O_3 吸收太阳紫外辐射,保护地球生物圈,在平流层的辐射平衡中起着重要作用,其辐射强迫是－0.05[－0.15～0.05] W/m^2,O_3 的总辐射强迫是 0.35[0.15～0.55] W/m^2。

自 1978 年开始观测以来,全球平流层 O_3 浓度减少,对流层 O_3 浓度增加,总体来说,20 世纪 70 年代后期全球 O_3 总量开始逐渐降低,到 1992—1993 年因为菲律宾皮纳图博火山爆发而降到最低点。我国对流层 O_3 东中部地区高于西部,四川东部和重庆西部存在极高值区,青藏高原为极低值区;对流层 O_3 夏季平均值最高,冬季最低,春季高于秋季;从变化趋势来看,在夏季有微弱的上升趋势,其他季节呈下降趋势,但总体变化趋势并不显著(沈凡卉 等,2011;徐晓斌 等,2010)。2012 年中国青海瓦里关山和黑龙江龙凤山的臭氧总量年平均值分别是 290±22DU 及 365±54DU(中国气象局气候变化中心,2013)。

长江三角洲地区对流层 O_3 在 1978—2000 年多年平均值约为 285DU(徐晓斌 等,2006),1979—2005 年长三角地区的对流层 O_3 除了夏季呈极微弱的增长趋势外,其他季节呈微弱的下降趋势,但在统计学上均不显著(徐晓斌 等,2010)。南京北郊 2008—2009 年两年期间的观测发现,O_3 日均质量浓度平均为 65.8 $\mu g \cdot m^{-3}$,春夏季最大,冬季最小,浓度最大值出现在 15 时左右(安俊琳 等,2010;张敏 等,2009),这种季节和日变化趋势和临安本底站的观测是一致的(范洋 等,2013)。

对流层中下部臭氧含量的增加通过温室效应增暖在高纬度地区比较明显(葛玲 等,1999)。由于对流层臭氧的增加,导致江苏大气顶和地表晴空辐射强迫为正,最大晴空辐射强迫出现在 4 月份,最小在 1 月份。臭氧含量的变化会使云量变化,通过云的辐射效应影响地表的辐射收支,从而间接地影响温度变化(吴涧 等,2003;王卫国 等,2005)。

4.3 气溶胶的影响

4.3.1 气溶胶的时空变化

大气中的气溶胶主要包括海盐气溶胶、硫酸盐气溶胶、硝酸盐气溶胶、含碳气溶胶(黑碳和有机碳)、铵盐气溶胶以及沙尘气溶胶等。气溶胶的来源包括自然和人类活动的排放。自然气溶胶来自海洋、土壤、生物圈及火山灰,人为气溶胶是由人类生产和活动产生的各种粒子,主要来自化石燃料的燃烧、工农业生产活动等。气溶胶粒子在大气中的寿命一般只有几天到几周,干沉降(从大气中直接降落到地面)和湿沉降(在降水过程中与云滴一起落到地面)是其主要清除机制(王明星,2000)。

气溶胶作为云雾形成的凝结核,对能量平衡与水循环起着关键的作用,对气候变化有直接或者间接的影响。气溶胶粒子可以散射和吸收太阳辐射,从而直接造成大气吸收的太阳辐射能、到达地面的太阳辐射能以及大气顶反射回外空的太阳辐射能的变化,被称为气溶胶的直接强迫。气溶胶粒子的存在,可以改变云的物理和微物理特征并进而改变云的辐射特征,影响太阳能在地气系统中的分配。由于这种效应涉及气溶胶与大气其他辐射活性成分(例如云)的相互作用,因此,叫作间接效应。实际上,气溶胶与云和降水之间具有多种相互作用方式,它既可以作为云凝结核或者冰核,也可以作为吸收性粒子将吸收的太阳能转换为热能,使其在云层内重新分配。除了上述直接与间接效应,气溶胶粒子的存在还将引起大气加热率和冷却率的变化,直接影响大气动力过程。沙尘等大气气溶胶还可能携带营养盐,当其沉降到海洋时会影响海洋初级生产力,进而影响全球碳循环,影响地球气候系统。这些影响均可以归类于大气气溶胶的间接气候效应(周秀骥 等,1998;石广玉 等,2002)。

气溶胶光学厚度(Aerosol Optical Thickness, AOT 或 Aerosol Optical Depth,AOD)是气溶胶气候效应中最为重要的光学特性,我国高值区主要集中在华北、华中、华南和新疆,低值区主要在青藏高原、西北(除新疆外)、东北和西南地区。1961—1990 年,我国气溶胶光学厚度总体呈明显增加趋势,其中长江中下游地区气溶胶增加最为明显(罗云峰 等,2000;Luo et al.,2001)。20 世纪以后,MODIS 卫星资料被用于气溶胶光学厚度的分析中,2000—2009 年的数据显示,中国气溶胶光学厚度有增加趋势,但是 2009 年较之前几年偏小(Meij et al.,2012)。

2000—2009 年,江苏的年平均气溶胶光学厚度为 0.735,高于全国平均值 0.401。江苏近 10 年内气溶胶光学厚度最高值出现在 2007 年,增长倾向率为 0.08/10 a,也远高于全国 0.019/10 a 的平均值(郑小波 等,2011)(图 4.10)。江苏太湖地区的气溶胶地面观测显示,该地区气溶胶光学厚度年均值 0.74,春季为 0.76,夏季为 0.8 左右,秋季在 0.7 左右,冬季为 0.67(Liu et al.,2012)。晴空指数显著下降,1960—2000 年间呈显著下降趋势,最低值大约出现在 1990 年附近,20 世纪 90 年代到 2000 年稍微有所回升,其中江苏南部地区晴空指数的下降率达到−2%/10 a,同时能见度减小趋势非常显著,大于 19 km 的能见度出现频率减少达到 30%,这和气溶胶含量有较大的关系(Che et al.,2007;Che et al.,2007)。

江苏气溶胶有明显的空间分布和季节变化特征。苏南地区气溶胶光学厚度高于其他地区。春季和夏季较大,秋冬季节较小。春季苏南地区的气溶胶光学厚度在 0.9 左右,扬州、泰

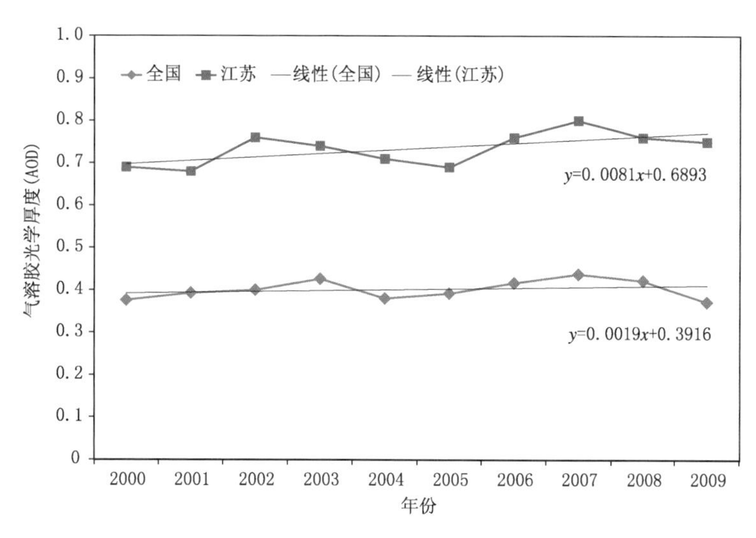

图 4.10 江苏和全国 2000—2009 年气溶胶光学厚度变化(根据郑小波 等,2011 绘制)

州、南通、盐城一般大于 0.8,其他地区 0.6 左右;夏季苏南地区的气溶胶光学厚度一般大于 0.9,扬州、泰州、南通、盐城基本和春季一样,徐州、宿迁、淮安增加至 0.7 左右,连云港 0.6 左右;秋季气溶胶光学厚度减小,苏州、无锡、常州为 0.6,连云港和盐城北部 0.4 左右,其他地区则介于两者之间;冬季气溶胶光学厚度最小,苏州、无锡、南通、盐城南部为 0.5 左右,其余地区是 0.4 左右(邓学良 等,2010;罗宇翔 等,2012)。气溶胶粒子半径也表现出明显的季节变化。春季,秋季和冬季含量最多的细粒子半径约为 0.15 μm,粗粒子半径为 2.9 μm,而夏季细粒子含量最高的细粒半径为 0.22 μm,粗粒子为 3.8 μm。春季和冬季粗粒子含量较高,而夏季和秋季,细粒子含量高于粗粒子(Yu et al.,2011)。

江苏春夏季气溶胶光学厚度大,主要因为春季气候干燥,风速大,加上北方沙尘暴天气的影响,造成光学厚度较大,且粒子尺度较大;夏季湿度较高,吸湿性气溶胶粒子吸湿增长会使气溶胶光学厚度增大,同时夏季光化学作用也会导致气溶胶光学厚度增加,出现一年之中的最大值,此时以工业排放的尺度较小的气溶胶粒子为主;秋冬季一般天气晴好,相对湿度降低,光学厚度进一步降低(李成才 等,2003;刘桂青 等,2003;宋磊 等,2006;段靖 等,2007)。

单次散射反照率(Single Scattering Albedo,SSA)也是气溶胶研究中的重要参数(石广玉 等,2008)。一般情况下,弱吸收气溶胶(单次散射反照率～1)主要作用是散射,使进入地气系统的能量减少;而具有吸收性的气溶胶(单次散射反照率<0.85)使得地气系统输入能量增加(丁一汇,2010)。毛节泰等根据地面直接测量气溶胶的散射系数和吸收系数算出的中国气溶胶单次散射反射率在 0.8 左右(毛节泰 等,2005)。江苏地区气溶胶单次散射反照率较大(Lee et al.,2007)。太湖地区的观测结果显示,江苏地区气溶胶单次散射反照率为 0.912,同时有明显季节变化,春夏秋冬四个季节分别为 0.922、0.925、0.917、0.892。春季单次散射反照率随波长增加而增大,这说明春季以吸收性较差的大粒子气溶胶为主,如沙尘类气溶胶等;夏季和初秋的单次散射反照率随波长增加而减小,但单次散射反照率值较大,说明此时以吸收性较差的小粒子气溶胶为主(Liu et al.,2012;徐记亮 等,2011)。

4.3.2 气溶胶的辐射强迫

气溶胶直接和间接辐射效应都将使地气系统吸收的辐射减少，在大气顶产生辐射强迫（王喜红 等，2002）。IPCC 第五次评估报告综合了各种模式和观测进行估算，大气中气溶胶总效应（包括气溶胶造成的云调节）的辐射强迫为－0.9[－1.9 至－0.1] W/m^2，这是将大多数气溶胶产生的负强迫作用和黑碳吸收太阳辐射产生的正贡献合计得出的（IPCC，2013）。这显示气溶胶对气候系统总体上具有冷却效应。气溶胶及其与云的相互作用已抵消了源于充分混合的温室气体引起的全球平均强迫的很大一部分。

气溶胶对辐射收支的影响主要是直接效应的表现。我国太阳总辐射和直接辐射总体呈下降趋势，1965 年到 20 世纪 80 年代后期呈显著下降趋势，每 10 年下降多达 5.43%，但从 1994 年开始总辐射逐渐增加（Che et al.，2005）。江苏省也呈同样变化趋势，1961—1992 年，大气层顶的总太阳辐增加率为 6%/10 a 左右，而到达地面的总太阳辐射每 10 年减少 6%，1990 年以后地表辐射有轻微的增加（Xia，2010；Qian et al.，2007）。

气溶胶在中国地区大气层顶为正辐射强迫，为 0.3±1.6 W/m^2，在大气中的辐射强迫为 16.0±9.2 W/m^2，在地表是负辐射强迫为－15.7±8.9 W/m^2（Li et al.，2010）。太湖站的观测结果显示，该地区气溶胶对地表短波辐射和有效光合辐射产生明显影响，分别为－38.4 W/m^2 和－17.8 W/m^2（Xia et al.，2007）。气溶胶对江苏地区辐射强迫为－1～－5 W/m^2（Qian et al.，2003；Chang et al.，2009；刘红年 等，2012）。

硫酸盐气溶胶的辐射强迫表现为负辐射强迫。中国 100°E 以东地区的硫酸盐气溶胶柱含量超过了 6 mg/m^2，最高值达到 24 mg/m^2（张美根 等，2003）。长江三角洲地区的硫酸盐辐射强迫在冬季为－3.0 W/m^2，在夏季为－2 W/m^2（王喜红 等，2002）。硫酸盐气溶胶对江苏的直接辐射强迫年值为－3 W/m^2 左右，其中冬季最大，春季和秋季次之，夏季最小；间接辐射强迫年值为－4 W/m^2 左右（Wang et al.，2003；王体健 等，2010；吴蓬萍 等，2011）。

硝酸盐气溶胶的辐射强迫表现为负辐射强迫（Li et al.，2009）。在江苏大气顶产生－4～－5 W/m^2 辐射强迫，其中直接辐射强迫－1.5～－2.5 W/m^2，苏北略大；第一间接辐射强迫－3～－4 W/m^2，连云港、盐城、宿迁等地略大（Wang et al.，2010）。

含碳气溶胶是大气中气溶胶的重要组成部分，主要成分是黑碳（BC）和有机碳（OC）。黑碳气溶胶可以吸收从短波到红外的很宽波段的太阳短波辐射和地球长波辐射，其净增温效果在全球气候变化中可能十分重要。它对短波太阳辐射的吸收，使得到达地面的太阳辐射减少，因而造成地面负的辐射强迫。与此同时，吸收了太阳辐射的黑碳气溶胶使其所在的局部大气加热，使得该层大气向下的红外辐射增加，这是造成对流层顶黑碳气溶胶正的辐射强迫的主要原因；此外，黑碳气溶胶也会像温室气体一样吸收由地面向上的红外辐射发射，但是由于大部分黑碳气溶胶的粒径尺度较小，其引起的长波辐射强迫与其引起的短波辐射相比可以忽略。同时黑碳气溶胶的辐射效应和云条件关系密切，气候效应较其他气溶胶复杂（张华 等，2009；李向应 等，2011；王志立 等，2009；Jiang et al.，2013）

黑碳气溶胶主要分布在华南、华北和长江中下游地区，2006 年中国有机碳气溶胶浓度 4.0 mg/m^2，黑碳气溶胶浓度为 0.3 mg/m^2（张美根 等，2005；刘红年 等，2012）。黑碳气溶胶对江苏地区大气层顶有明显的正辐射强迫，其中 4 月和 7 月大气层顶的辐射强迫为 1～1.5 W/m^2；而在地表则表现为负辐射强迫，7 月最大可达－4 W/m^2（Wu et al.，2004）。当含碳气溶胶和硫酸盐气溶胶共同作用，在江苏地区大气层顶造成－3～－4.5 W /m^2 的辐射强迫，在地表造成－6～－8 W/m^2 的辐射强迫(Liu et al.，2010)。

除了硫酸盐气溶胶、硝酸盐气溶胶、含碳气溶胶，沙尘暴气溶胶也是一种重要的气溶胶，它既能吸收又能反射短波和红外辐射，因而在不同条件下对气候产生加热或冷却作用，其直接辐射强迫和间接效应的估算不确定性比较大(石广玉 等，2003；张仁健 等，2002；张小曳 等，2005；牛生杰 等，2005；吴涧 等，2005；陈丽 等，2008；王宏 等，2011)。

4.3.3　气溶胶对气温和降水的影响

大气气溶胶对全球能量平衡与水循环起着关键的作用，会对局地的气温、降水、云产生影响，有时还会对亚洲季风产生影响，进而对气候变化产生直接或者间接的影响(周秀骥 等，1998；王明星 等，2002)。

气溶胶的直接和间接效应减少了地气系统吸收的辐射，使得地表温度降低。气溶胶光学厚度较高的区域，降温效果较明显，如四川盆地是我国气溶胶光学厚度高值区，此处降温也较其他地区显著。在江苏，气溶胶光学厚度有明显空间分布特征，苏南地区高于苏北地区，从而引起降温有地区差异，也就影响了气温的空间分布。气溶胶在江苏地区造成负辐射强迫，使得江苏地区地表平均气温下降－0.3～－0.6℃，最高气温下降－0.6～－0.9℃，且通过信度 0.1 的显著性检验，最低气温下降 0～－0.3℃(Qian et al.，2003)。气温的降低主要和气溶胶引起的日最高气温的降低有关，对最高气温的影响大于对最低气温的影响(Hu et al.，2011)。气溶胶使得江苏地区气温明显降低，降雨减少为主(Wu et al.，2009；Liu et al.，2010)。目前对气溶胶和云之间相互影响的认知还不足够，气溶胶对降水的影响评估不确定性较高，尤其是对区域尺度降水的影响(张小曳 等，2014)。

气溶胶的存在有可能会增强南亚夏季风，减弱东亚夏季风，使西太平洋副高北移西伸，梅雨带向东北移动，会造成中国东南部降水减少，甚至会对中国夏季雨带的南移(南涝北旱)产生影响(Ye et al.，2013；Xu，2001；Wu et al.，2008)。江苏地区受其影响会出现降雨偏少，气温降低现象(Guo et al.，2013；Liu et al.，2009)。南亚地区的黑碳气溶胶也会对东亚季风产生影响，夏季造成亚洲季风区海陆之间气压梯度力和 850 hPa 风矢量的变化，从而增强了南亚夏季风，减弱了东亚西南夏季风，造成中国东南部降水减少。其次，气压的变化使得 5～30°N 的西太平洋上降水明显增多，凝结潜热释放增加，对流层大气垂直上升运动增强，最终导致夏季西太平洋副热带高压北移西伸，造成我国东部大陆降水减少，且梅雨带位置向东北方向转移，江苏地区降雨会明显偏少(王志立 等，2009)。

硫酸盐气溶胶的辐射强迫对大气具有冷却作用，使得地面气温降低，温度响应与辐射强迫之间有较好的对应关系，并会减少长江流域降水(Kim et al.，2007)。江苏夏季地面气温降低，中部和北部约为－0.5 ℃，冬季约降低－0.7 ℃，且通过信度 0.1 的显著性检验(Liu et al.，2009)。一般认为，江苏年平均气温的影响在－0.2～－0.4 ℃(王喜红 等，2002；吴涧等，2002；王体健 等，2010；吴蓬萍 等，2011)。

硫酸盐气溶胶的存在对降水也产生了复杂的影响，在不同地区、不同季节的影响范围及其程度有所不同。一般认为，使得中国地区的降水总体减少，东部地区比较明显，减少的幅度一般在 5%～10%(Giorgi et al.，2003；高学杰 等，2003；孙家仁 等，2008；吉振明 等，2010)。江苏中部(盐城、南通、泰州、扬州)夏季降水减少，幅度为－0.5 mm/d(Liu et al.，2009)。但也有研究认为,硫酸盐气溶胶通过引起负辐射强迫,造成中国中东部的大部分地区地面到对流层中层降温,海陆热力对比减小,使东亚夏季风减弱,雨带容易在长江中下游停留,从而导致该区域降水增多(吴伟 等,2011;吴蓬萍 等,2011)。

硝酸盐气溶胶引起江苏大部分地区气温降低−0.6～−0.9 ℃,其中江苏溧阳、宜兴、高淳等地略大;苏中和苏北降水减少−0.5～−1.0 mm/d,淮安、扬州北部、盐城中部降水可减少−1.0～−1.5 mm/d(Wang et al.,2010)。

黑碳间接效应会在大气层顶产生正辐射强迫,而在地表产生负辐射强迫,可以产生一定的气候效应(Zhuang et al.,2010),对流层大气稳定度增加,抑制对流发生,减小地表蒸发,影响水循环,导致中国夏季北方30°～45°N区域降水明显增加;而中国长江以南地区除了海南和广西的部分城市外,降水均减少(段婧 等,2008)。Lee研究认为,黑碳的吸热效应,会使得在黑碳气溶胶浓度最大的地方产生一个上升运动,增强对流,从而增加孟加拉湾附近的降水,同时减少长江流域和东南亚地区的降水,江苏地区降水也会减少(Lee et al.,2010)。但也有研究得出相反的结论,认为在具有吸收效应的黑碳和具有散射效应的有机碳气溶胶的共同作用下,南方降水增加,北方降水减少(Zhang et al.,2009)。

4.4 土地利用与土地覆盖变化的影响

4.4.1 江苏省土地利用的变化

土地利用和土地覆盖变化会改变下垫面植被的分布,通过改变地表反照率、土壤湿度、地表粗糙度等地表属性,影响地气系统的能量和水分平衡,从而影响局地、区域气候。同时,植被类型、密度和有关土壤特性的变化还可能引起陆地碳存储及其通量的变化,进而使大气温室气体含量发生变化。因此,土地利用与土地覆盖变化也会对气候产生影响(周广胜 等,1999)。

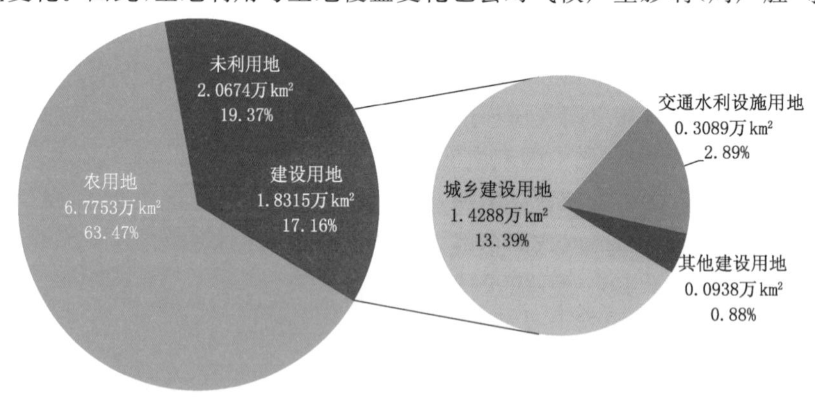

图4.11 江苏土地利用现状(数据来源于《江苏省土地利用总体规划(2006—2020)》)

江苏省土地总面积10.6742万 km^2,占全国的1.06%。其中,农用地6.7753万 km^2,占土地总面积的63.47%;建设用地1.8315万 km^2,占17.16%;未利用地2.0674万 km^2,占19.37%(江苏省人民政府,2009b)(图4.11)。江苏社会经济发展非常迅速,土地开发程度和总体效益高(韩书成 等,2008;刘坚 等,2006)。2005年已开发利用土地高达8.6067万 km^2,土地利用率为80.63%(江苏省人民政府,2009b)。土地利用的区域差异较大,苏南地区已经成为城镇与工业密集区，城市化、工业化速度远高于苏中、苏北地区（吕亚生 等，2007；陈翠芬 等，2007）。在 1985—1995 年、1995—2000 年、2000—2005 年 3 个时间段内，苏南地区城镇用地的年扩张率最大，分别是 6.3%、1.2%、10.4%，苏中地区分别是 2.7%、0.4%、1.1%，苏北地区最小，为 0.4%、0.4%、0.1%（吴秋敏 等，2009）。

江苏省作为沿海经济发达省份之一，城市化率较高。2000 年城市化率为 41.5%，2005 年为 50%，2007 年为 53%，2010 年为 60.6%，2012 年达到 63%，年均提高 1.8%。近 10 年间，江苏特大城市由 5 个增加到 7 个，大城市由 6 个增加到 9 个，中等城市由 15 个增加到 17 个；与此同时，全省城市数量由 44 座减少到 39 座，20 万人口以下的小城市数量则由 18 个骤减至 6 个，全省建制镇也由 1191 个大幅减少到 877 个。随着工业化、城市化与交通基础设施建设进程的加快，建设用地也呈快速扩张的趋势。建设用地面积从 1997 年的 1.5842 万 km^2 扩大到 2005 年 1.8315 万 km^2，增长率达 15.61%（江苏省人民政府，2009b）。根据江苏省历年统计年鉴的数据分析，江苏省城市建成区面积从 2001 年的 1549 km^2 逐步上升，至 2011 年为 3494 km^2，年增长率为 12.6%（图 4.12）。城市的人口密度总体呈增加趋势，2001—2005 年，人口密度在 1300～1500 人/ km^2，人口密度在 2006 年后迅速增加，约为 2000 人/ km^2（图 4.13）。

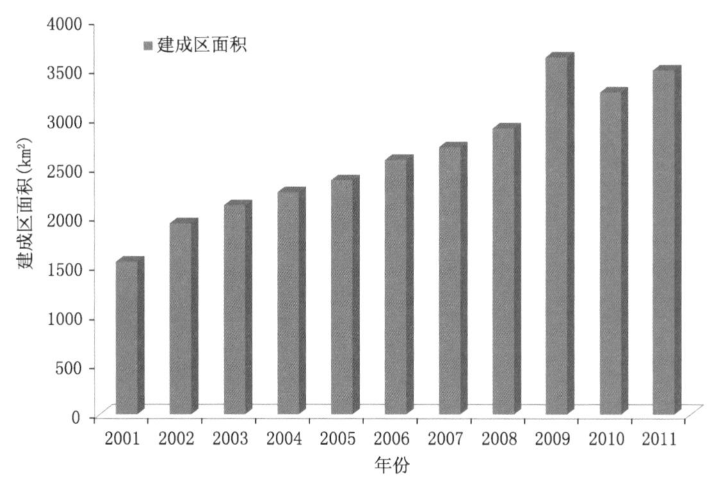

图 4.12　城市建成区面积（数据来源：江苏省统计年鉴）

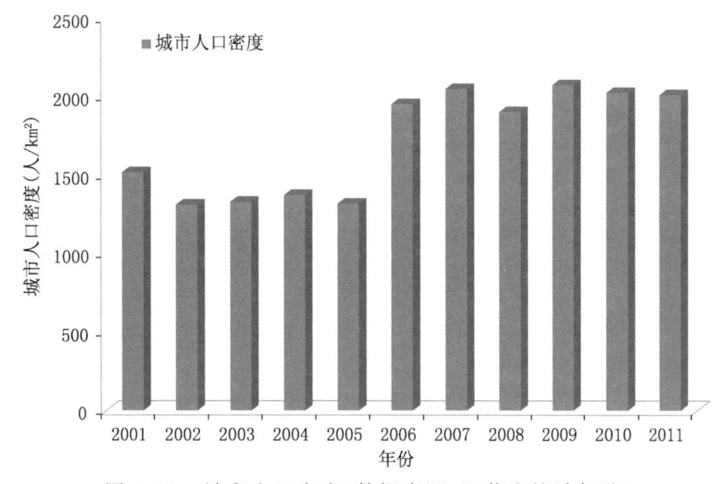

图 4.13　城市人口密度（数据来源：江苏省统计年鉴）

4.4.2 土地利用变化的辐射强迫

自然植被减少、农田增加、城市面积增加等土地利用和土地覆盖的变化会引起不同于自然下垫面的辐射强迫,一个直接表现就是地表反照率发生变化。

地表反照率是地表太阳辐射的反射通量与入射通量的比值,它决定着地球表面与大气之间辐射能量的分配过程,会影响生态系统中如地表温度、蒸腾、能量平衡、光合及呼吸作用等一系列物理、生理和生物化学过程。太阳高度角、地表粗糙度、植被类型、土壤湿度、土壤颜色等均会影响地表反照率。当地表起伏不平,地表粗糙度大时对太阳辐射会产生多次反射,从而造成反照率减小。当下垫面类型为植被时,农田和草地的粗糙度较小,反照率相对较大;林地的粗糙度较大,反照率相对较小;植被茂盛时,反照率较低。湿度较小、颜色较浅的土壤的地表反照率大于湿润、颜色较深的土壤(刘辉志 等,2008;张文君 等,2008;李婧华 等,2013)。IPPC第四评估报告评估由土地利用引起地表反照率变化而产生的辐射强迫为−0.20[±0.20] W/m^2,有研究表明,人类活动造成的土地利用变化导致辐射强迫为−0.15[±0.10] W/m^2(Pongratz,2008;Gaillard,2010)。在人类活动最为密集的城市地区,大量建筑物、不透水道路、人工绿色植被代替了自然下垫面植被,地表反照率发生明显改变,同时城市冠层效应也使得城市截获更多太阳辐射能量,对城市地区的气象、气候条件产生影响(刘宇 等,2006;江晓燕 等,2007;陈燕 等,2007;刘霞 等,2011)。

同时,陆地作为一个重要的碳源和碳汇,其土地利用变化,尤其是森林、湿地和城市的变化也会影响碳循环(潘根兴 等,2005;於琍 等,2014)。在全球尺度上,1750—2011年因毁林和其他土地利用变化估计已释放了180 [100至260] GtC,而同期因化石燃料燃烧和水泥生产释放到大气中的CO_2排放量为375 [345至405] GtC,这使得人为CO_2排放累积量为555 [470至640]GtC,土地利用变化释放量占总数的32.4%。这些人为CO_2排放累积量中,自然陆地生态系统累积了160[70至250] GtC,155 [125至185] GtC被海洋吸收,其余240[230至250] GtC累积在大气中,陆地生态系统吸收了28.8%(IPCC,2013)。江苏自然湿地类型多样,不仅拥有沿海淤泥质滩涂、太湖、洪泽湖及中小型湖泊组成的湖泊湿地,而且有长江、淮河、京杭大运河等河流湿地及里下河水网地区的沼泽湿地。湿地在碳循环中扮演了特殊的角色,一方面具有较高的固碳潜力,另一方面也是重要的CH_4自然排放源。随着城市化和工业化进程加快,自然和人为因素使部分湿地生态功能退化,也必然会对江苏的碳循环产生影响,进而产生辐射强迫(段晓男 等,2008;李杨帆 等,2005;陈俭霖 等,2011;宋洪涛 等,2011)。

城市地区往往也是能源消费高值区。城市化水平、碳排放总量、能源消费强度、能源强度、人均GDP、人口总量之间存在着稳定的长期均衡关系。城市化推进导致碳排放的增加,城市化水平越低,城市化对碳排放的影响越大;城市化发展速度越快,城市化对碳排放的影响也越大(林伯强 等,2010;马辉 等,2013;许泱 等,2011)。李颖等研究江苏省不同土地利用方式的碳排放效应时发现,建设用地产生的碳排放量占总碳排放的一半以上,而且随着建设用地的扩展,碳排放强度呈逐年增加的态势(李颖 等,2008)。大量的温室气体和气溶胶释放至大气中,必然会对江苏地区产生辐射强迫,进而影响局地气候。目前,江苏正在通过优化能源结构,调整产业结构和提高能源利用效率,促进经济社会低碳发展(王迪 等,2011;黄金碧 等,2012;秦军,2012)。

4.4.3　城市化对气温的影响

城市化是土地利用和土地覆盖变化的一种特殊形式，虽然城市只占陆地总面积的 1%～3%，但对局地和中尺度气候的影响高于它们的面积比重(Stone，2009；赵宗慈，1991)。江苏省城市化发展迅速，随着城市面积的不断扩大，城市人口迅速增加、城市下垫面迅速改变、密集的建筑物取代了自然下垫面，地面粗糙度增加，降低了地表反照率，加上城市中工业生产和居民生活释放的大量人为热和人为水汽，改变了地表热量和水分的平衡，使得城市区域的气温、降水、风速、风向等发生明显变化(徐祥德 等，2002；蒋维楣 等，2007；周雅清 等，2009)。

城市热岛现象是城市化对气温影响最明显的体现。长江三角洲地区年均气温、年均最高和最低气温都显著增加，且大城市增温率明显高于小城镇和中等城市，城市化效应对大城市气温基本上都是增温作用(崔林丽 等，2008；穆海振 等，2008；Zhang et al.，2010；顾莹 等，2010；张璐 等，2011)。在同一个城市中，地表气温分布差异大，不同下垫面的地表气温差异明显，植被覆盖密集区地表气温低于植被稀疏地，具有较大水域面积和较密植被的城中各大公园易形成多个局地冷岛(申双和 等，2009；吴凌云 等，2011；纪迪 等，2013)。由上海、杭州、南京、苏州、无锡等城市构成了城市热岛群，城市带区域内 1961—2005 年年平均气温增温速率为 0.28～0.44 ℃/10a，显著高于非城市带区域(谢志清 等，2007；倪敏莉 等，2009)。南京 1951—2012 年的多年平均气温为 15.7 ℃，总体呈上升趋势，变化趋势为 0.225 ℃/10a。从 62 年的逐年变化还可以发现，气温上升趋势在 1991 年以后更加明显，1991—2012 年的上升趋势为 0.35 ℃/10a，是 1951—1990 年变化趋势 0.02 ℃/10a 的 17 倍，这和城市的发展有关。需要注意的是，在全球尺度上，1998—2012 年全球升温速率变缓，即 1998—2012 年全球平均地表升温速率小于 1951—2012 年的速率，这可能是气候系统内部变率的降温作用和外部强迫的减弱趋势所致(胡婷 等，2014)。江苏年平均气温自 2007 年达到最高值后，呈缓慢下降趋势，但是仍然高于近 60 年的平均值，南京的气温也出现了同样的变化趋势。南京 2007 年和 2006 年的年平均气温分别为 17.1 ℃和 16.8 ℃，是近 62 年的最高值和次高值，随后降低。1991—2007 年上升趋势为 0.85 ℃/10a，高于 1991—2012 年的上升趋势，更远高于 1951—2012 年的上升趋势(图 4.14)。

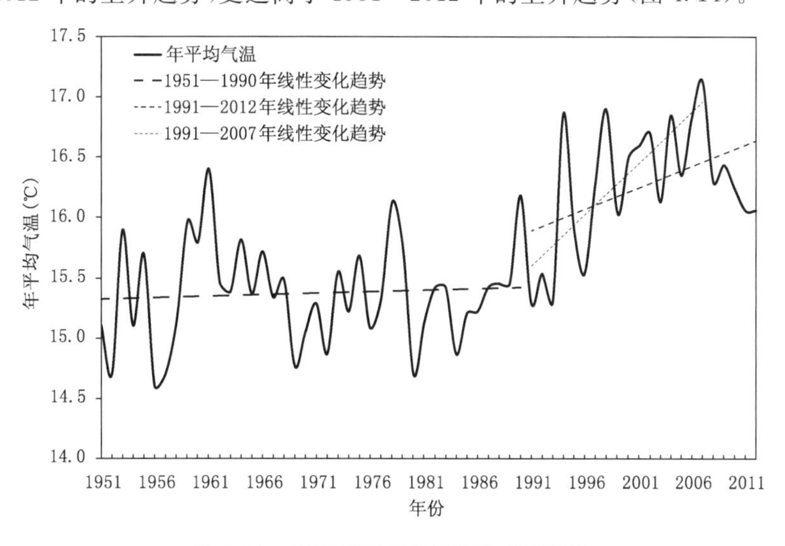

图 4.14　南京年平均气温变化及其趋势

南京城市化与增温呈显著相关，1980—2006 年伴随着快速的城市化进程，城市化与由其造成的增温（热岛强度）之间有很强的相关性，该段时间的城市增温约为 1980—1998 年的 2 倍。这说明近年来南京市人类活动造成的气温变化已超过自然因素造成的变化，城市化增温趋势呈现出的阶段性特征与城市化进程的特点相吻合（周彦丽 等，2010）。苏州市在城市化过程中，热岛面积和热岛强度均在不断增强，1986 年、1995 年及 2004 年的热岛面积指数分别为 4.87%、11.10%和 37.87%，日平均城市热岛强度分别为 1.24 ℃、1.59 ℃和 2.03 ℃（朱焱 等，2010；宋迅殊 等，2011）。

城市化对极端气温也会产生影响，城市地区的极端最高气温和高温日数在市区增加较多，近郊和远郊增加较少，使得市中心比近郊区和远郊区具有更多的高温日数、更高的极端最高气温、更长的高温持续时间；极端最低气温和低温日数市区和近郊减少较多，远郊减少较少（谈建国 等，2008；崔林丽 等，2009；解令运 等，2008；马红云 等，2011）。江苏苏南地区是高温频发地区，高淳的高温日数为全省最多，平均每年为 21.5 d；连云港沿海地区、盐城北部和淮安东北部高温日数较少，小于 5 d，其中西连岛站的 1.9 d 为全省最低。从多年变化趋势来看，城市发展快的地区高温日数增加最明显，无锡—苏州地区尤为明显，已经形成了由靖江、江阴、无锡、张家港、吴中、太仓和昆山等组成的高值区域，该区域的高温日数变化倾向率均大于 3 d/10a，为全省最高。

4.4.4 城市化对降水的影响

城市地区的气温高于郊区，热岛导致午后城市上空产生强烈的局地上升气流，低层大气以补偿流的形式向城市辐合，往往会形成局地环流，将更多的水汽、热量向周围输送；同时，城市不透水的道路和建筑材料取代了天然土壤，减少了蒸发和空气湿度，使得城市地区往往较周围郊区干燥；此外，工业生产和大气污染物的增加会增加云凝结核，影响云物理过程，这些均会影响城市周围的降水（李维亮 等，2003；张朝林 等，2007；黎伟标 等，2009；邹松佐 等，2012；花振飞 等，2013）。

城市地区的降水增长率一般高于郊区，并且这种城郊降水差异呈扩大趋势，城市雨岛效应主要存在于 6—9 月的梅雨和台风雨期间（周丽英 等，2001；梁萍 等，2011）。南京地区发生大雨、暴雨的频率及年降水量均有增加趋势，1970 年后较为明显；同时，城市化造成汛期和全年降水在 1970 年以后分别比郊区增加了 7 mm 和 67 mm（周建康 等，2003）。苏州城市化对年雨量、汛期雨量和最大日雨量都有不同程度的增加作用，并且这种增加作用在城市比在郊区明显，且随着城市化程度的加大而增加（李娜 等，2006）。

由于城市化使得降雨在年内分配有集中的趋势，降水更集中在汛期，暴雨发生次数也明显增加，因此，城市效应对夏半年降水强度空间分布影响更明显。CMORPH 卫星降水资料显示，长三角城市中心和下风向地区的夏半年降水强度比上风向增加 5%～15%，南京城市中心和下风方向降水比上风方向分别增加了 8.1%和 14.7%（江志红 等，2011）。TRMM 卫星资料也显示长江三角洲城市群所在区域与邻近平原地区相比有明显的降水增幅，且夏季降水增幅明显高于其他季节，夏季降水高值中心在城市群下风方向，无锡的降水高值中心位于下风方向约 30 km 处，上海则位于下风方向 60～70 km 处（赵文静 等，2011）。

在无降水的时期，城市地区一般会比郊区干燥，呈现城市干岛效应。南京地区 1951—2012 年相对湿度多年平均值在 76%左右，总体呈减小趋势，变化趋势为−0.8%/10 a。分时段分析可以发现,1951—1990 年相对湿度几乎不变,变化趋势仅为－0.01%/10 a,而 1991 年后相对湿度迅速下降,变化趋势为－3.7%/10 a,这很有可能是受城市化进程的影响。1991—2007 年的变化趋势为－2.7%/10 a,小于 1991—2012 年的变化趋势(图 4.15)。

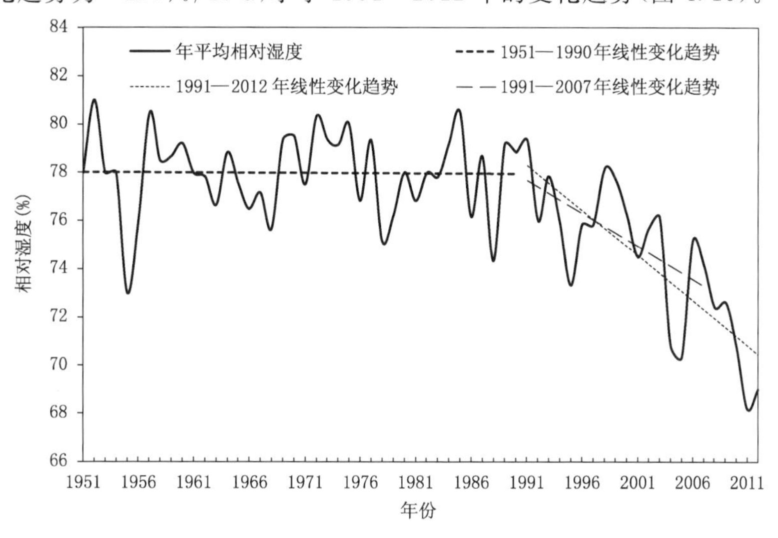

图 4.15 南京年平均相对湿度变化及其趋势

4.5 影响因素的不确定性

气候的变化是受多种因素的影响和驱动,近代气候变化主要是受自然因素和人为因素的共同作用。IPCC 第五次评估报告结合观测数据和模式模拟分析了自然因素的辐射强迫和全球增温的影响。

自然因素和人为因素均会对地气系统造成辐射强迫。相对于 1750 年,2011 年总人为辐射强迫值为 2.29[1.13 至 3.33] W/m^2,自 1970 年以来其增加速率比之前的各个年代更快。这个总人为辐射强迫的最佳估计值比 IPCC 第四次评估报告给出的 2005 年 1.6 W/m^2,高 43%,这是由大多数温室气体浓度的继续增加和气溶胶强迫作用的估算值得到改善共同造成的。相对于 1750 年,2011 年由混合充分的温室气体(CO_2、CH_4、N_2O 和卤代烃)排放产生的辐射强迫为 3.00[2.22 至 3.78] W/m^2,大气中气溶胶总效应(包括气溶胶造成的云调节)的辐射强迫为－0.9[－1.9 至－0.1] W/m^2,太阳辐照度变化产生的辐射强迫估计为 0.05[0.00 至 0.10] W/m^2(图 4.16)。除了几次大规模火山爆发以后的短暂时期以外,太阳辐照度和平流层火山气溶胶产生的总自然辐射强迫在整个过去一个世纪对净辐射强迫的贡献很小,而总人为辐射强迫比自然因素太阳辐照度变化产生的辐射强迫高出 40 多倍(IPCC,2007;IPCC,2013;秦大河 等,2014;张华 等,2014)。

1951—2010 年,温室气体造成的全球平均地表增温可能在 0.5～1.3 ℃,包括气溶胶降温效应在内的其他人为强迫的贡献可能在－0.6～0.1 ℃。自然强迫的贡献可能在－0.1～0.1 ℃,自然内部变率的贡献可能在－0.1～0.1 ℃。综合起来,这些贡献与这个时期所观测到的 0.6～0.7 ℃的变暖相一致。因此,极有可能的是,观测到的 1951—2010 年全球平均地表温度升高的一半以上是由温室气体浓度的人为增加和其他人为强迫共同导致的(IPCC,2013;秦大

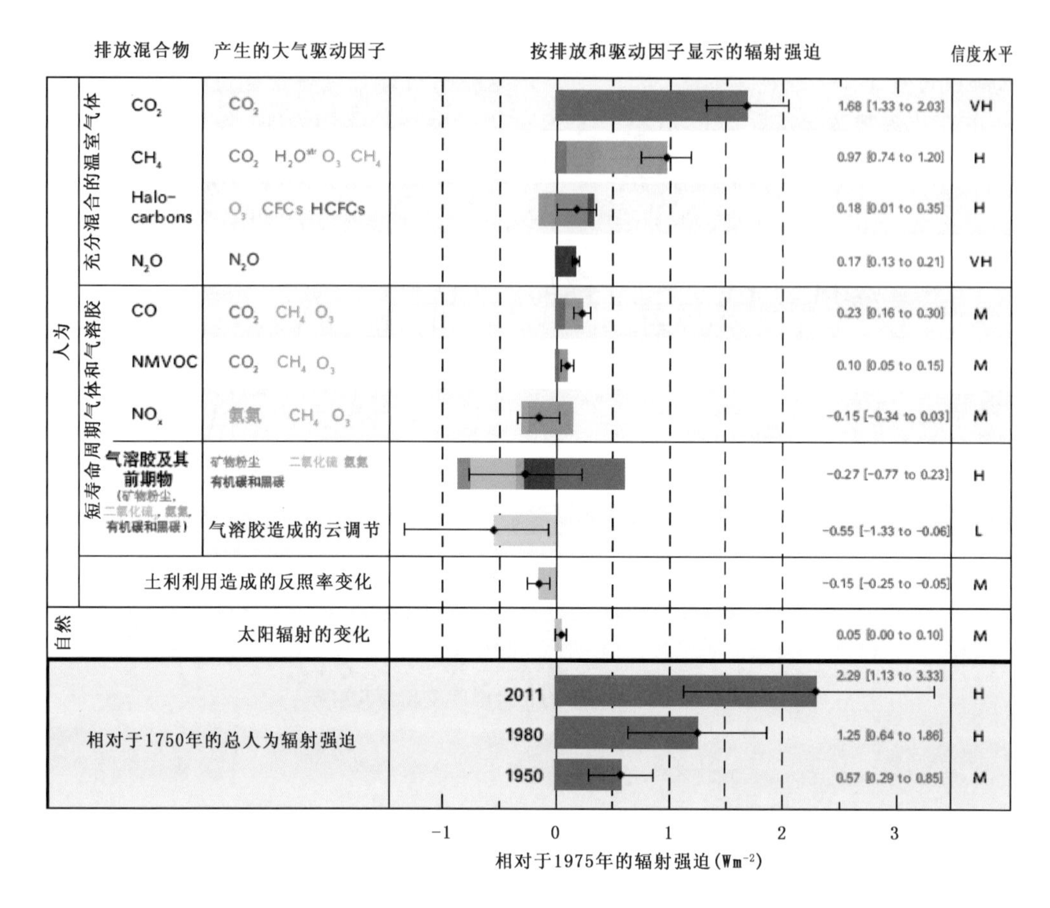

图 4.16 相对于工业化初期 2011 年全球平均辐射强迫估算值(IPCC,2013)

河 等,2014;翟盘茂 等,2014;胡婷 等,2014)。

本报告采用 IPCC 第五次评估报告中推荐的处理不确定性(孙颖 等,2012)方法,对影响江苏气候变化的因子及其作用进行置信度判定。

江苏省近 52 年(1961—2012 年)的气候变化,一方面和全球一样受到全球尺度自然因素的影响,另一方面也和区域尺度的温室气体和气溶胶气体的增加有关,同时,还和江苏局地尺度的土地利用与土地覆盖变化关系密切,尤其是江苏快速的城市化发展。本结论的支持主要来源于已发表的相关研究,有关自然因素影响研究的数量比较多,尤其是气候系统内部活动对东亚、中国地区的研究,这些因素对江苏气候变化产生影响(置信度高);温室气体和气溶胶的研究同样主要是面向中国区域,温室气体对江苏气候变化的影响更明确(置信度高),气溶胶的影响相对更复杂(置信度中等);除了城市化的影响外,江苏省土地利用与土地覆盖变化中的其他变化因素对本省气候变化的影响研究相对较少,土地利用与土地覆盖变化具有很强的局地性,其空间尺度和离散程度的不同均会对气候产生不同时间尺度、空间尺度、程度大小的影响。但是,江苏人口密集,城市化程度高、发展速度快,土地利用与土地覆盖变化对江苏气候变化产生影响(置信度中等),如表 4.2 所示。

表 4.2 影响江苏气候变化的因子、作用和置信度

影响因子		状态	辐射强迫	对气温的影响	对降水的影响	置信度
气候系统内部活动	东亚夏季风	强/弱			偏少/偏多	高
	东亚冬季风	弱		暖冬		
	西太平洋副热带高压	西脊位置偏西、偏南			偏多	
	厄尔尼诺一南方涛动	暖位相(厄尔尼诺)/冷位相(拉尼娜)		暖冬冷夏/相反	偏多/偏少	
	北极涛动	强		暖冬	偏少	
	南极涛动	强			偏多	
	太平洋年代际震荡	暖位相		冬季偏高、夏季偏低	冬季偏少、夏季偏多	
太阳活动	太阳黑子	强	正辐射强迫		偏多	中等
温室气体	二氧化碳	增加;苏州观测值为 423.8 ppm	正辐射强迫	增温效果		很高
	甲烷	较为平稳;苏州观测值为 2097.2 ppb				高
	氧化亚氮	较为平稳				高
	臭氧	季节波动明显				中等
气溶胶	总体	总体增加,2000—2009 年平均气溶胶光学厚度为 0.735。春夏季节大,秋冬季节小。苏南大,苏北小	负辐射强迫为主	冷却效果,并且局地性较强,影响气温分布	以减少为主	中等
	硫酸盐		负辐射强迫		降水减少	中等
	硝酸盐		负辐射强迫		降水减少	中等
	含碳气溶胶		大气层顶正辐射强迫,地面负辐射强迫		降水有增有减	中等
土地利用与土地覆盖	城市化	建设用地占全省面积的 17.16%。2000 年城市化率为 41.5%,2012 年为 63%,年均提高 1.8 个百分点。碳排放增加	正辐射强迫	气温增加,城市及周围区域的增温速率高于远离城市的区域	城市湿度降低,出现城市中心和下风方向降水比上风方向大的城市增雨效应	中等
	湿地	部分湿地生态功能退化	改变碳循环,影响辐射强迫			中等

第5章

江苏省气候变化趋势预估

摘要 本章利用观测资料,8个全球耦合气候系统模式的集合平均以及区域气候模式(RegCM4)的结果,通过方差分析、相关分析、趋势分析、扰动法等方法对模式性能进行了评估,并对未来江苏省在RCP8.5高端排放情景下的气候变化趋势进行了预估。

利用模式对未来江苏省气候变化趋势的预估结果表明,在RCP8.5情景下,至2020年、2030年和2050年,全球模式模拟的年平均气温分别上升1.1 ℃,1.7 ℃和2.6 ℃,而区域模式模拟的年平均气温分别上升1 ℃,1.4 ℃和2.2 ℃。对不同季节而言,区域以及全球模式的预估结果都表明,江苏省夏季及冬季的平均气温比现在偏高,并且冬季增幅大于夏季;北部地区的增幅大于南部地区;全球模式的增幅在夏季及冬季均大于区域模式。对降水而言,全球模式模拟的江苏省年平均降水在未来有逐渐增加的趋势,线性增加率约为7 mm/10 a。至2050年,江苏省年平均降水量将增加2%左右;区域模式模拟的年平均降水在未来线性增加率为1.5 mm/10 a,变化不显著。区域模式模拟的夏季降水在未来有所增加,最多可增加20%~30%,但增幅随时间逐渐减小;全球模式模拟的夏季降水比现在有所减少,至2050年,减少了大约10%。区域模式模拟的冬季降水在未来不同时间段均比现在有所减少,同现在相比,最多可减少30%~40%;而全球模式模拟的冬季降水在未来则是先减少,后增加,至2050年,比现在大约增加10%。对于不同季节,总体而言,南部地区降水量的变化较北部地区显著。

对于高温事件,未来江苏省中部及南部地区的T35D(日最高温大于35 ℃以上的天数)都没有明显增加,而北部地区高温事件有所增加,且随时间增幅逐渐变大。对于低温事件,江苏全省各地区T0D(日最低温小于0 ℃以下的天数)均有明显的减少。对于极端降水事件,未来江苏省小雨日数减少,而暴雨日数则微弱增加。

综合全球模式与区域模式的预估结果来看,两者对气温的模拟结论一致,在未来升温的趋势具有很高的置信度;对降水的模拟则存在不一致性,未来降水增加的趋势具有中等的置信度。虽然上述结论还包含有一定的不确定性,但从更长的时间范围来看,预估的总体气温变化趋势仍具有高的置信度。

5.1 模型情况简介

5.1.1 观测及模式资料

目前,在预估未来气候变化的研究方面,研究者主要依靠气候模式,这是因为它在气候变化预估方面具有不可替代的作用。气候模式从空间范围上分为全球气候模式和区域气候模式。前者主要采用海气耦合的方式,并且由于积分时间长、运算量大,分辨率一般较低,不能很好地表征地形、陆面等区域物理过程。如果要在较小尺度的区域进行气候变化情景预估,则更多地借助于后者,即区域气候模式来进行。本章主要评估的是江苏省这一区域未来气候的变化趋势,因此,除了选用分辨率较高的区域气候模式 RegCM4 的预估结果外,还将同时选用全球气候模式的预估结果对江苏省的未来气候变化进行对比分析与预估。

本章采用 8 个全球模式(BCC－CSM1－1、BNU－ESM、CNRM－CM5、FGOALS－s2、GISS－E2－R、MIROC－ESM、MPI－ESM－LR、MRI－CGCM3)的逐月气温、降水资料,分辨率均为 $1°\times1°$。区域模式采用 RegCM4 的逐日气温、最高气温、最低气温及降水资料,分辨率为 $0.5°\times0.5°$。为方便比较研究,所有资料均统一插值为 $0.5°\times0.5°$的格点资料。在对年平均气温及降水的研究中使用了全球模式及区域模式的输出结果。在对极端事件的研究中,受模式资料所限,使用的为区域气候模式的输出结果。而本章涉及实际观测气象数据为 1961—2012 年江苏省 59 站点逐日最高气温、最低气温、逐日降水资料以及逐月的气温及降水资料。

5.1.2 排放情景说明

在本章中,我们采用了最新的排放情景 RCPs。以往 IPCC 报告中广泛使用的情景说明是 2000 年 IPCC 定义的一套排放情景(SRES)(IPCC,2007)。而在 IPCC 第五次评估周期中,为协调不同科研机构的相关工作,IPCC 又组织专家开发了一套新的典型浓度路径情景(representative concentration pathways,RCPs)(林而达 等,2008;Moss et al.,2010)。RCPs 是指"对辐射活性气体和颗粒物排放量、浓度随时间变化的一致性预测,作为一个集合,它涵盖广泛的人为气候强迫"。

目前,IPCC 已在现有文献中识别了 4 类 RCPs(RCP8.5、RCP6、RCP4.5 和 RCP3－PD)(Moss et al.,2008;Van et al.,2008)。其中,RCP8.5 为 CO_2 排放参考范围 90 百分位数的高端路径,其辐射强迫高于 SRES 中高排放(A2)情景和化石燃料密集型(A1FI)情景。RCP6 和 RCP4.5 都为中间稳定路径,且 RCP4.5 的优先性大于 RCP6。RCP3－PD 为 CO_2 排放参考范围低 10 百分位数的低端路径(目前对 RCP3－PD 有 RCP2.9 和 RCP2.6 两者选择,大多倾向于使用 RCP2.6),它与实现 2100 年相对工业革命之前全球平均温升低于 2 ℃的目标一致(陈敏鹏 等,2010)。

目前的研究中,大家多采用 RCP8.5,RCP4.5 以及 RCP2.6 这三种排放情景(表 5.1)。在 RCP8.5 情景下,2000—2100 年,全球 3 类主要温室气体(即 CO_2、CH_4 和 N_2O)的排放量、浓度和辐射强迫将随时间递增;在 RCP4.5 情景下,3 类温室气体排放量将在 2040 年达到峰值,温室气体浓度和辐射强迫将在 2070 年趋于稳定;在 RCP2.6 情景下,3 类温室气体排放将分别于2010年和2020年跨过峰值，温室气体浓度和辐射强迫则将在2040年左右跨过峰值。在本章中，选用的是RCP8.5这一代表性的高排放情景进行相关的分析研究。

表5.1 RCPs的类型和预计升温(Moss et al.,2008;Van et al.,2008)

名称	辐射强迫	大气温室气体浓度	路径形状	2100年预计升温
RCP8.5	2100年>8.5 W/m²	2100年>1370×10⁻⁶ CO_2当量	上升	4.6～10.3 ℃/6.9 ℃
RCP4.5	2100年之后稳定在4.5 W/m²	2100年之后稳定在650×10⁻⁶ CO_2当量	不超过目标水平达到稳定	2.4～5.5 ℃/3.6 ℃
RCP2.6	2100年之前达到3 W/m²的峰值后下降	2100年之前达到490×10⁻⁶ CO_2当量峰值后下降	达到峰值后下降	1.6～3.6 ℃/2.4 ℃

5.2 气候模型的模拟及评估

5.2.1 全球气候模式的模拟评估

在IPCC第五次气候模式比较计划中，多个国家的全球海气耦合模式参与了比较。我们选取其中的8个模式进行了分析，并对1981—2000年的全球平均气温的空间分布特征进行了分析。与历史观测资料相比，这8个全球模式基本上都能够再现全球年平均气温的空间分布特征(图略)。利用这8个模式继续对其模拟的江苏省区域空间特征进行了分析，并分别计算了这8个模式模拟的历史气温及降水量相对于多年观测的平均气温及降水量的方差分布，如图5.1和图5.2所示。从图5.1可以看出，FGOALS与MIROC两者模拟的历史气温的方差较大，而MPI模拟的方差最小。图5.2中，BCC、BNU、CNRM、FGOALS以及MRI模拟的降水方差均较大。综合二者的方差结果可以发现，MPI与GISS模拟的气温与降水同实际观测相比方差较小，数据的稳定性较好。但进一步的分析发现，MPI模拟的气候态的降水分布型与实际差别较大，而GISS对气温分布型的模拟与实际观测有差异(图略)。因此，使用某个单一全球模式结果来表征区域性的江苏省气候变化特征均具有一定的局限性。据此，在下述的研究中我们将考虑使用这8个模式集合平均的结果来进行分析，以减少由于使用某一单一模式结果而引起的较大误差。

图5.3给出了用8个全球模式分别模拟的1961—2005年历史时段的江苏省区域平均的年平均气温距平(彩色实线)以及它们集合平均的结果(灰色实线)，并将上述结果与该时段实测的气温距平(黑色实线)进行比较。根据图5.3分别计算了各模式模拟的气温年际变化及其集合平均的结果与实际观测的气温年际变化之间的相关系数，得到如表5.2所示的结果，可以看到，8个模式集合平均的气温年际变化与实际观测的气温年际变化二者之间的相关系数最高，它们之间的相关性最好。同样，给出了模式模拟的江苏区域降水量的年际变化与实际观测的降水量的年际变化图，如图5.4所示，并计算了模式结果与观测结果之间的相关系数(表5.2)，可以看到，FGOALS与MIROC两个模式结果与实际观测之间的相关性最好，相关系数为0.19，其次为集合平均(Ensemble)的结果，相关系数达到了0.17。但是综合上述对图5.2的分析结果以及表5.2中气温的相关系数结果可知，选用全球模式的集合平均能够减少使用单一模式结果的缺点，且与实际观测结果更为接近。因此，下面在利用全球模式资料的分析中，

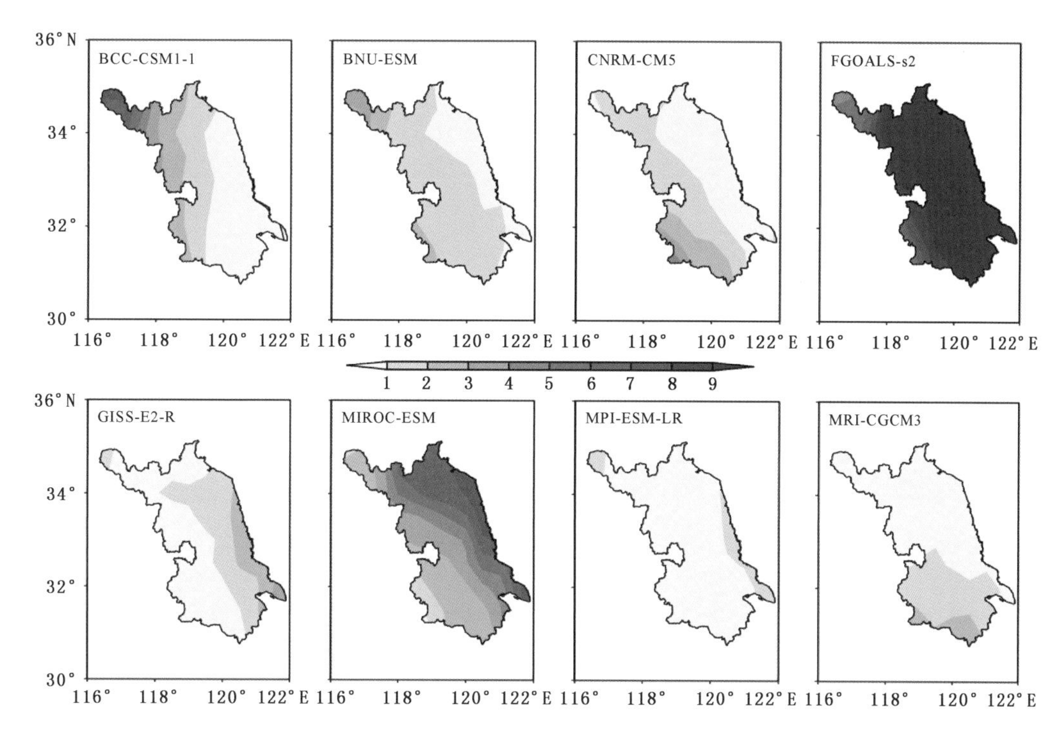

图 5.1　全球模式模拟的历史气温相对于观测的多年平均气温的方差(单位:℃²)

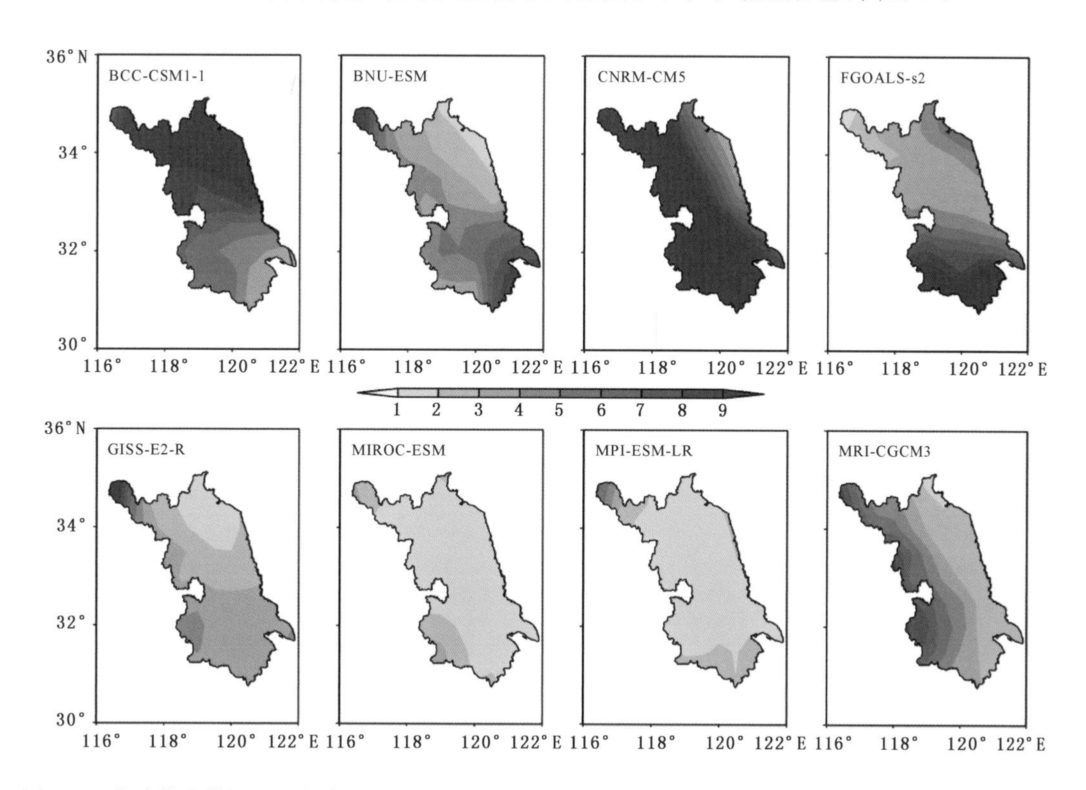

图 5.2　全球模式模拟的历史降水量相对于观测的多年平均降水量的方差(标注缩小 100 倍)(单位:mm²)

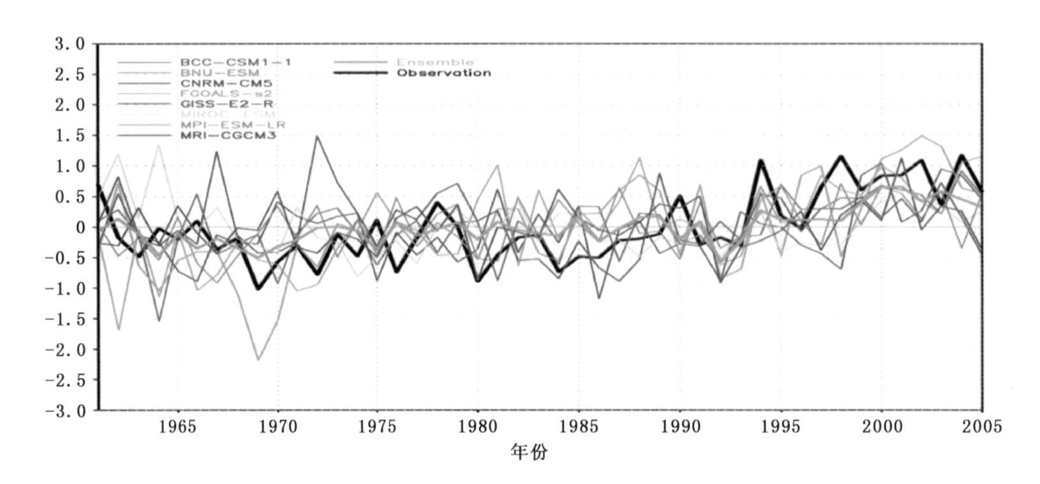

图 5.3　全球模式模拟的 1961—2005 年江苏省区域平均的年平均气温距平(彩色实线)、模式集合平均(灰色实线)以及实际观测(黑色实线)的历史年平均气温距平(单位:℃)

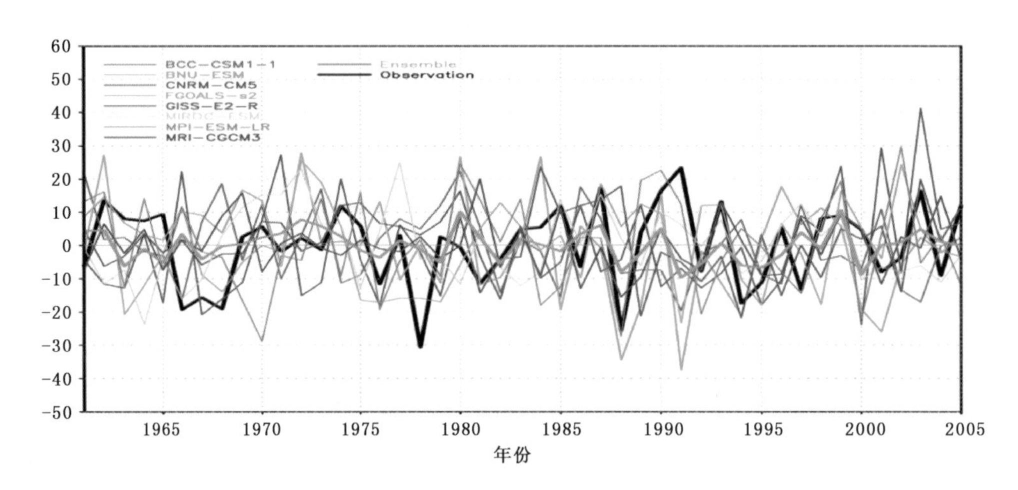

图 5.4　全球模式模拟的 1961—2005 年江苏省区域平均的年平均降水量距平(彩色实线)、模式集合平均(灰色实线)以及实际观测(黑色实线)的历史年平均降水量距平(单位:mm)

表 5.2　实际观测的气温、降水与模式模拟的历史气温、降水的相关系数

	Obs(气温)	Obs(降水)
BCC－CSM1－1	0.44	－0.3
BNU－ESM	0.52	0.07
CNRM－CM5	0.12	0.12
FGOALS－s2	0.44	0.19
GISS－E2－R	0.30	0.04
MIROC－ESM	0.24	0.19
MPI－ESM－LR	0.25	0.11
MRI－CGCM3	0.16	0.06
Ensemble	0.59	0.17

将使用 8 个全球模式集合平均的结果来作进一步的研究。下文中所指出的全球模式也均指的是 8 个全球模式集合平均的结果。

图 5.5 给出的是实际观测与全球模式集合平均模拟的江苏省年平均气温。从空间场的分布来看，实际观测的年平均气温(图 5.5a)由东北向西南逐步升高，其数值大致在 13.5～16 ℃之间。而全球模式模拟的年平均气温(图 5.5b)在空间分布上由北向东南逐渐升高，而其模拟的气温在苏北地区比实际观测偏高 0.5 ℃左右，在全省区域平均偏高了 0.29 ℃左右。整体而言，全球模式集合平均的结果对江苏省年平均气温的范围模拟较好，对气温空间分布的模拟虽然在部分地区与观测稍有差别，但总体上仍与观测接近。图 5.6 给出的是实际观测与全球模式模拟的江苏省年平均降水量。从降水的全省分布来看，无论是实际观测(图 5.6a)，还是模式的模

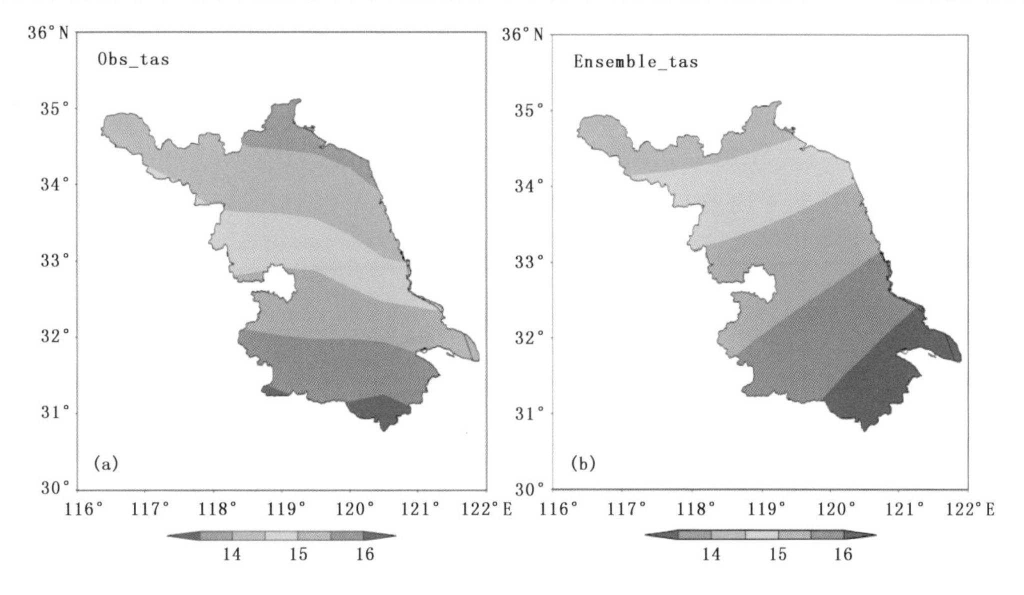

图 5.5　观测(a)与全球模式模拟(b)的江苏省年平均气温(单位:℃)

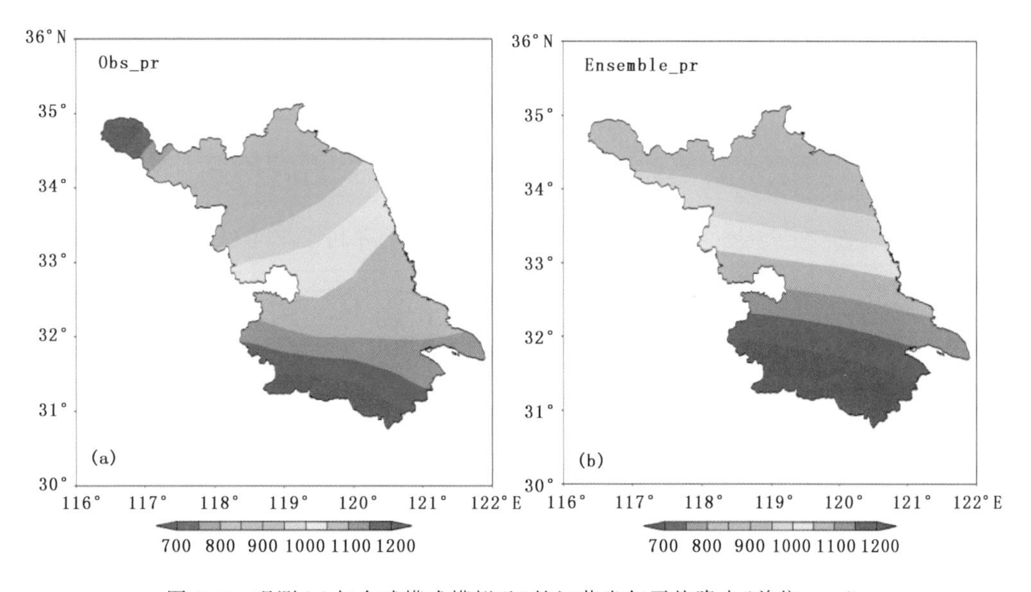

图 5.6　观测(a)与全球模式模拟(b)的江苏省年平均降水(单位:mm)

拟结果(图 5.6b),都反映出了江苏省降水南多北少的特点。模式对苏南地区降水特征的模拟较好,并且模拟出了江苏西南部降水最多的特点;而同实际观测的最小降水区域位于江苏西北部地区相比,模式模拟的最小降水区域则位于江苏东北部,与实际有所偏差。模式对江苏不同地区降水量范围的模拟较好,基本上接近于实际观测。就整体而言,全球模式的集合平均结果无论在对江苏省年平均降水量还是其空间分布的模拟方面均与实际观测接近,模拟效果较好。

5.2.2 区域气候模式的模拟评估

区域气候模式在气候及气候变化研究中有着非常广泛的应用。近年来,区域气候模式在中国区域的应用及发展方面也取得了很大的进展。在各区域气候模式中,RegCM3(Giorgi et al. ,1990;Giorgi et al. ,1993;Pal et al. ,2007)是使用较多和较成熟的一个。此模式在中国区域被广泛应用于当代气候模拟、植被改变和气溶胶的气候效应试验以及气候变化的预估。最近,在 RegCM3 的基础上,又发展出新的版本 RegCM4。本报告中将使用这一新的区域气候模式 RegCM4 进行气候预估。它是通过单向嵌套 BCC_CSM1. 1(Beijing Climate Center _Climate System Model version 1. 1)全球气候系统模式输出结果(Gao et al. ,2013),并对中国地区进行 RCP8. 5 排放情景下,50 km 水平分辨率,1950—2099 年的连续积分模拟。

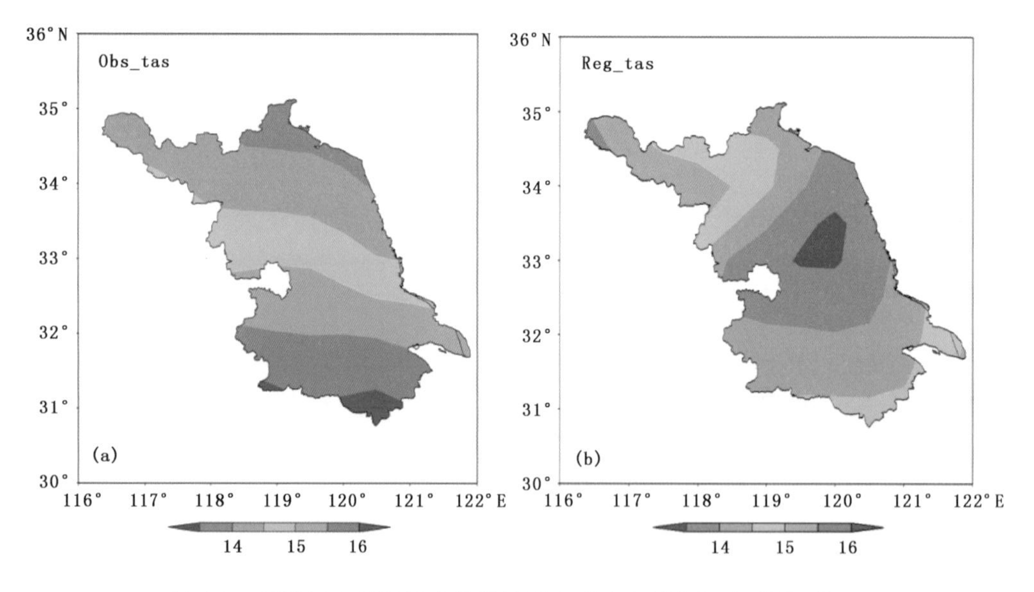

图 5.7 观测(a)与区域模式模拟(b)的江苏省年平均气温(单位:℃)

图 5.7 分别给出了实际观测与区域气候模式 RegCM4 模拟的江苏省年平均气温。比较实际观测(图 5.7a)和区域气候模式模拟(图 5.7b)的结果可以发现,区域气候模式模拟的年平均气温在江苏中部地区偏低,西北地区偏高。从图中可以看出,实际观测的气温低值区位于江苏东北部,而模拟的气温低值区则出现在江苏中部;实际观测的气温高值区与模式模拟大致相当,均位于江苏省南部,但模式模拟的年平均温度则要比实际观测偏低 1.5 ℃左右。就全省而言,模拟的年平均气温比实际观测的大约低 0.5 ℃。在对江苏省年平均降水的模拟方面,实际观测的降水场(图 5.8a)与区域气候模式模拟的降水场(图 5.8b)在空间分布上较为一致,均为北少南多,并且区域模式模拟的降水低值区与高值区与实际观测一致,分别位于江苏省的西北

部和西南部，但模拟的降水量比实际值偏多 5～10 mm 左右。就全省平均而言，模拟的年平均降水量比实际观测大约多 10 mm。

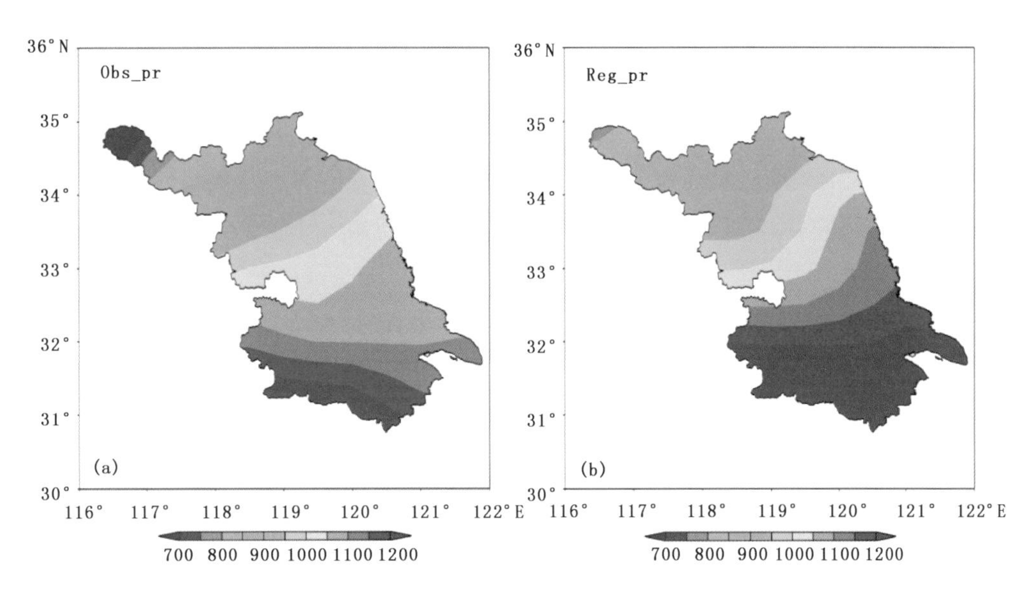

图 5.8　观测(a)与区域模式模拟(b)的江苏省年平均降水(单位：mm)

5.2.3　极端事件的模拟评估

5.2.3.1　高温及低温事件

本节中，利用区域气候模式检验其对极端气候事件的模拟能力。图 5.9(a)，(b)分别给出了江苏全省区域平均的 4—9 月的日最高气温及日最低气温的频率分布图。图中的黑色实线

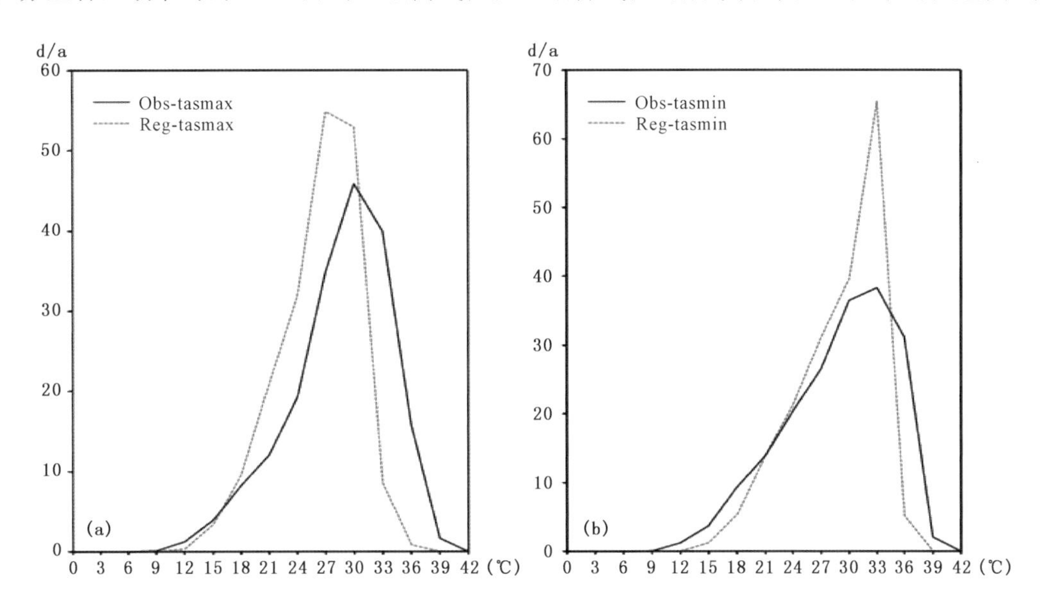

图 5.9　观测与区域模式模拟的江苏省 4—9 月日最高气温(a)及日最低气温(b)的频率分布(单位：d/a)

代表的是实际观测值，红色虚线代表的是区域气候模式模拟的历史值。从图 5.9(a)可以看出，观测与模拟的结果在气温的低值端分布相似，但在气温的高值端，模拟的最高气温偏低，且模拟的 35 ℃以上高温的出现频率比实际观测的偏低。模拟的频率分布峰值处的气温则与实际观测接近，基本分布在 27～30 ℃，实际的峰值主要在 30 ℃附近。模式模拟峰值出现的频率比实际观测偏高，大约为 7 d/a，高出约 15%。从图 5.9(b)日最低气温的频率分布来看，区域气候模式模拟的低值端的气温比实际观测值偏高，而模拟的高值端气温比实际气温偏低，模拟的低值及高值出现的频率比实际观测均偏低。模式模拟的峰值与实际观测值均分布在 30～33 ℃，但模拟峰值出现的频率远高于实际出现的频率，大约比实际的 40 d 高出 40%。

5.2.3.2 极端降水

本节将使用 4 个指标来描述不同强度的降水极端事件，以检验区域气候模式对这些事件的模拟能力。分别用 R10D、R25D、R50D 以及 R>50D 来表示年平均降水量在 1～9.9 mm、10～24.9 mm、25～49.9 mm 以及 50 mm 以上降水的日数，分别代表江苏省小雨、中雨、大雨以及暴雨出现的年平均日数。

图 5.10(a)～(h)分别给出了观测以及模拟的各类降水事件的分布。从图 5.10(a)观测的 R10D 以及图 5.10(b)模拟的 R10D 比较来看，两者在降水空间型上的分布相似，均为北少南多，降水的大值区域均位于江苏省的最南部地区。从全省范围来看，模式模拟的 R10D 均较实际观测值偏高，南部模拟偏多的天数较实际天数多 40 多天，北部模拟的比实际偏多 20 d 左右，全省平均偏多 40 d 左右。图 5.10(c)和(d)分别给出了观测以及模拟的 R25D。观测与模拟的最小值均出现在西北部，模拟的天数比实际观测多 2 d，而观测的最大值主要位于江苏南部，模拟的最大值范围比实际观测范围大，扩展到了江苏的东南部。从江苏全省范围看，整个区域模拟的天数比实际天数偏多 4 d 左右。图 5.10(e)和(f)分别代表观测以及模拟的 R50D。比较两幅图可以发现，两者在空间以及数值的分布上都较为相似，最多天数均出现在江苏南部，为 16 d 左右，但模拟的高值区域出现的范围比实际稍大一些。而观测与模拟的最少天数都出现在北部，大约为 10 d，且模拟的低值区域比实际范围也稍大。整体而言，模式对 R50D 无论是空间分布还是数值上的模拟都较好。而对于图 5.10(g)和(h)所给出的 R>50D 的分布中，观测值在江苏中南部主要为 2～3 d 左右，与模式模拟的一致。但在江苏的东部及北部部分地区，观测值在 3～4 d 左右，而模拟的数值则仍在 2～3 d 左右，全省范围整体模拟的天数稍低一些。通过上述分析，可以发现，区域气候模式在对小雨的模拟方面误差相对较大，模拟的小雨日数比实际值偏高了 40%～60%，但对大雨及暴雨的模拟都与实际观测较为接近。说明它可以较好地模拟出江苏省极端降水事件。

5.3 江苏省气候变化趋势预估

5.3.1 气温变化

前文通过对全球模式模拟的 1961—2005 年历史时段的江苏省气温及降水量的评估，指出多个模式集合平均的结果比单一模式结果具有更高的可信度，确定了用多个全球模式集合平均的结果来表征全球模式的模拟(图 5.3 和图 5.4)。图 5.11 中除了给出 8 个全球模式模拟

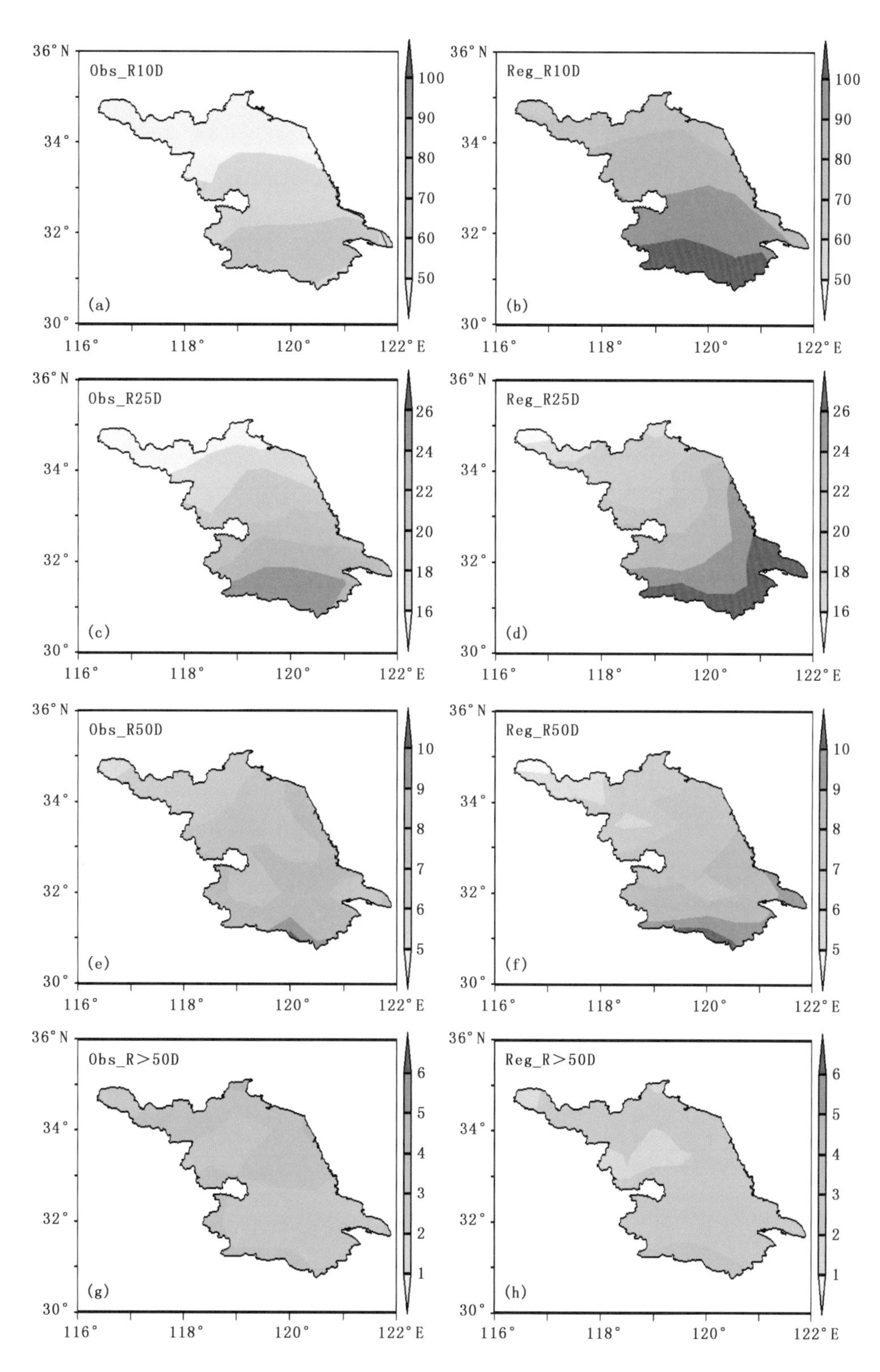

图 5.10　观测(a,c,e,g)和区域模式(b,d,f,h)模拟的 R10(a,b)、R25(c,d)、R50(e,f)和 R>50(g,h)分布(单位:d/a)

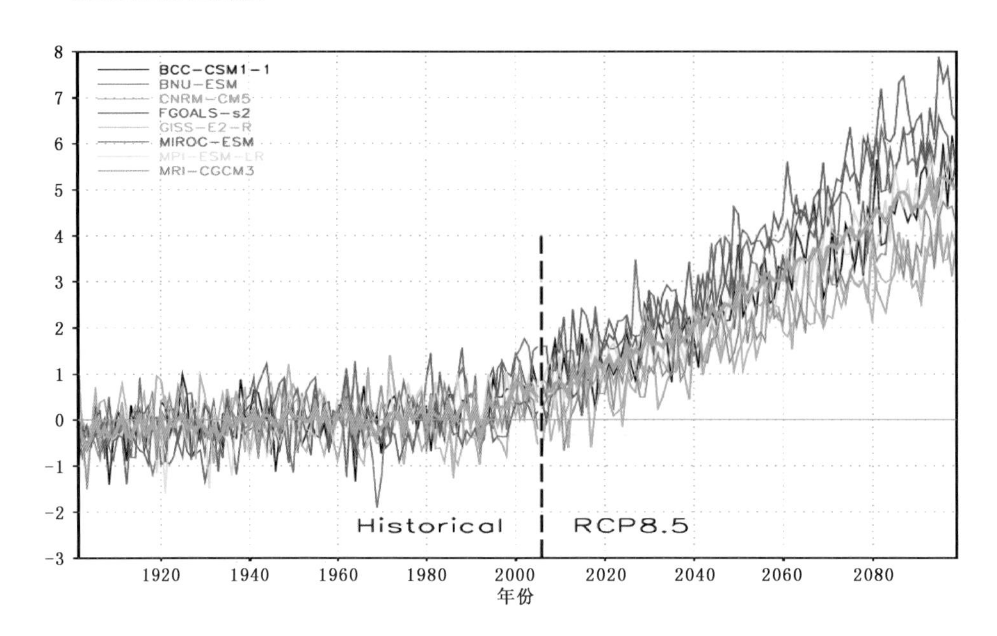

图 5.11 全球模式模拟的江苏省历史(1901—2005 年)及未来(2006—2090 年)RCP8.5 情景下的年平均气温距平随时间的变化(相对于 1961—2005 年)(单位:℃)

的历史气温的变化外,也给出了它们对未来近百年(2006—2090 年)江苏省气温变化的预估(彩色实线)。图中灰色的粗实线即为 8 个全球模式集合平均的结果,表明未来近百年江苏省气温呈上升趋势。图 5.12 中给出的是用全球集合平均结果以及区域模式结果得到的江苏省年平均气温距平在未来近 50 年(2006—2050 年)的变化。

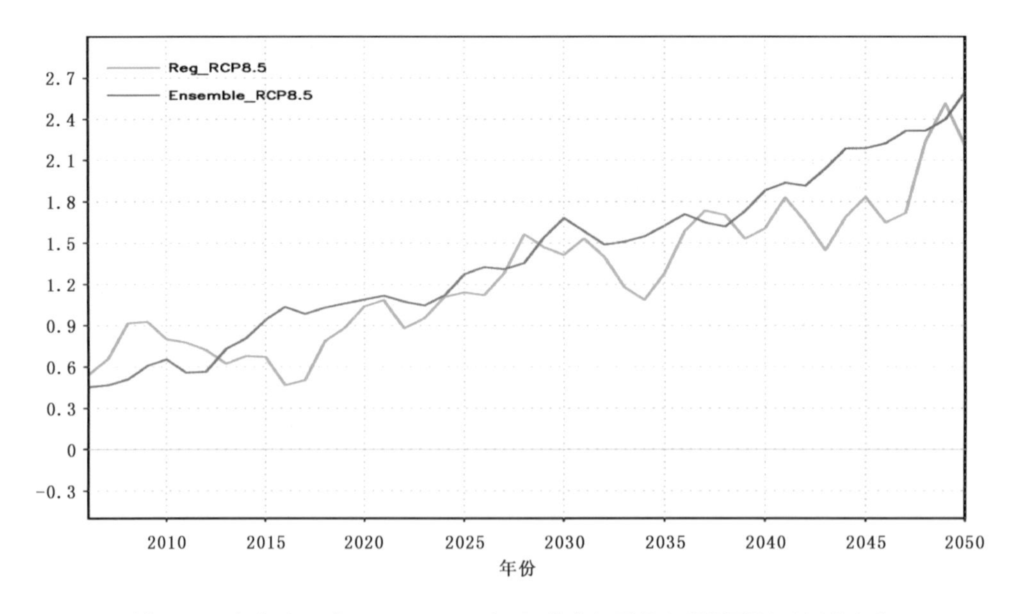

图 5.12 未来近 50 年(2006—2050 年)江苏省年平均气温距平随时间的变化(相对于 1961—2005 年)(单位:℃)

从图 5.12 中可以看到，在 RCP8.5 情景下，区域模式与全球模式模拟的气温变化趋势相似，都随时间增加而逐渐升高，但全球模式模拟的升温幅度要稍高于区域模式的结果。区域模式模拟的江苏省年平均气温（绿线）至 2020 年，2030 年和 2050 年分别增加 1.0 ℃，1.4 ℃和 2.2 ℃左右。而全球模式模拟的年平均气温（红线）至 2020 年，2030 年和 2050 年则分别增加了 1.1 ℃，1.7 ℃和 2.6 ℃左右。

图 5.13～图 5.15 为 RCP8.5 情景下，未来江苏省气温距平分别在 2020 年，2030 年以及 2050 年的变化情况。从图 5.13～图 5.15 可以看到，无论是区域还是全球模式，其模拟的江苏省夏季以及冬季气温在上述三个未来时间段内均是升高的，且全球模式模拟的升温幅度均大于区域模式的模拟结果。图 5.13(a)中区域模式模拟的江苏省夏季升温在 0.4～0.8 ℃，而冬季的最大升温（图 5.13b）可以达到 1.2 ℃，升温幅度较小的区域在江苏省的西南部，为 0.4 ℃左右。全球模式模拟的江苏省气温至 2020 年，在全省大部分范围内的夏季以及冬季平均气温（图 5.13c，d）最大升温幅度分别为 1 ℃和 1.2 ℃。

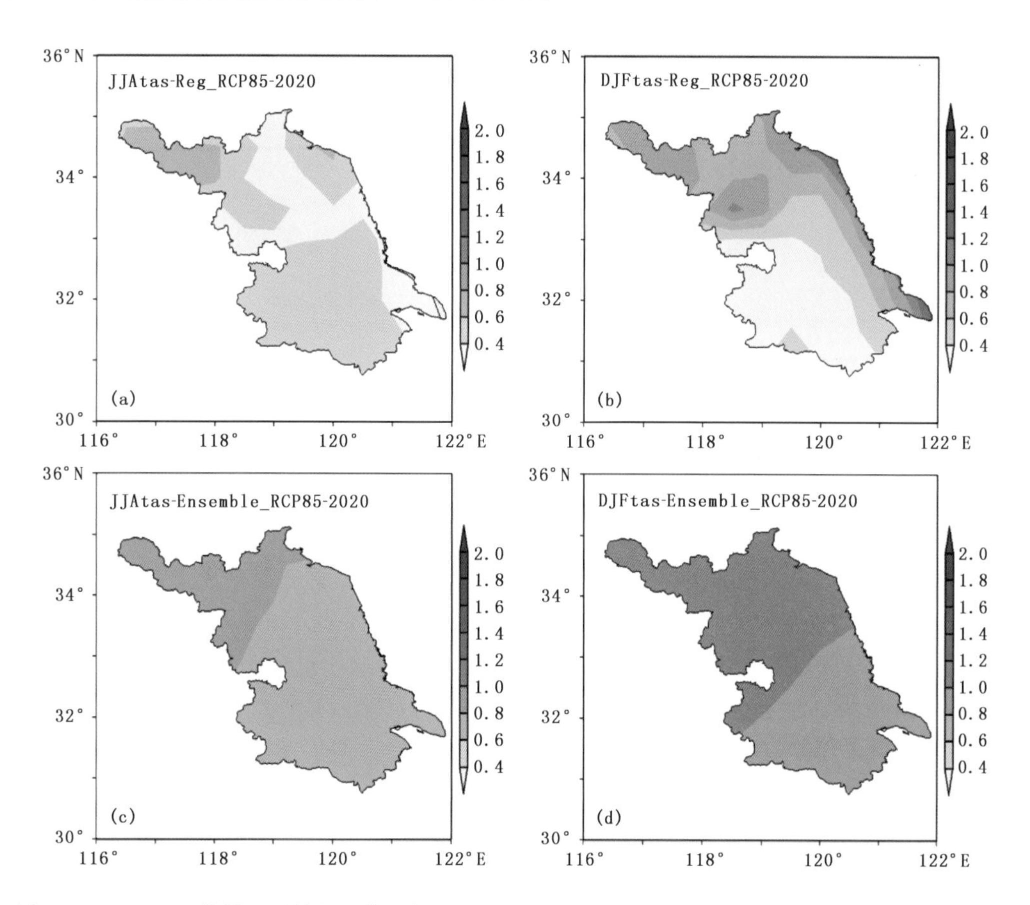

图 5.13　RCP8.5 情景下预估的江苏省气温距平至 2020 年的变化（相对于 1961—2000 年；单位：℃）
(a)区域模式预估的夏季变化；(b)区域模式预估的冬季变化；(c)全球模式预估的夏季变化；
(d)全球模式预估的冬季变化

图 5.14 中，至 2030 年，区域气候模式模拟的夏季以及冬季的最大升温均达到了 1.2 ℃，主要位于江苏省的北部。全球模式模拟的夏季以及冬季的最大升温分别达到了 1.2 ℃和 1.4 ℃，

比区域模式模拟的结果偏高，且涵盖的范围覆盖了江苏省的大部分区域。

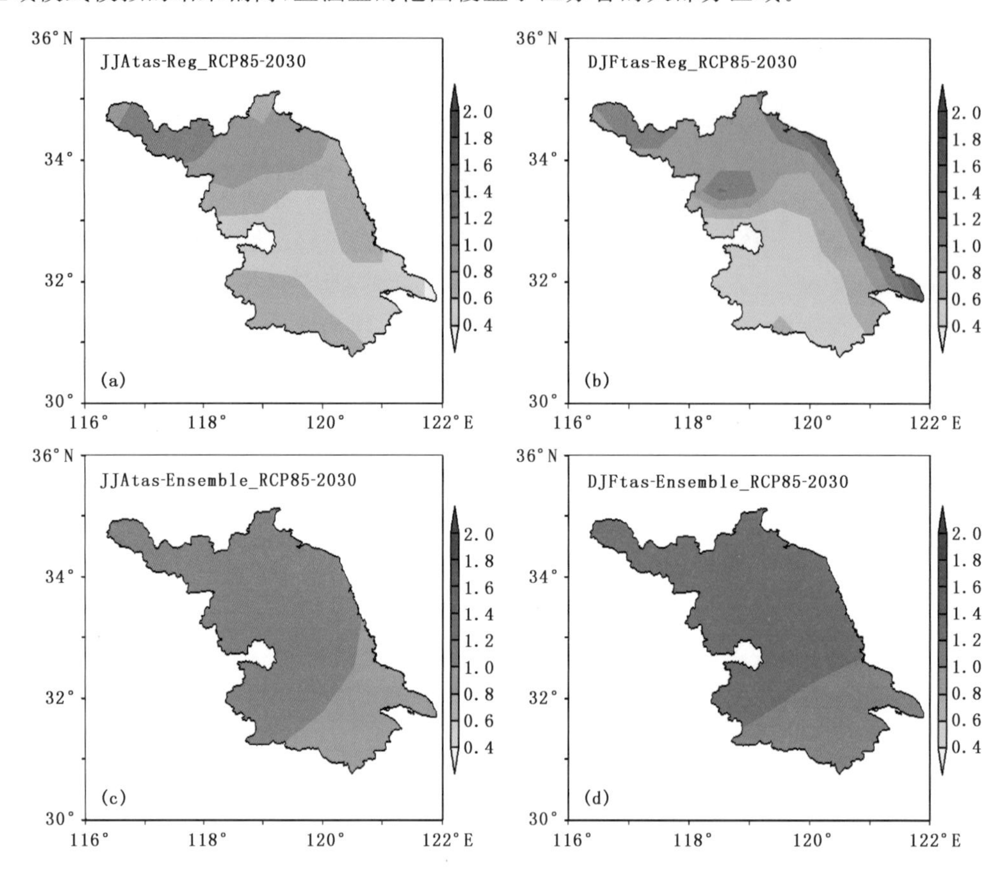

图 5.14　RCP8.5 情景下预估的江苏省气温距平至 2030 年的变化(相对于 1961—2000 年；单位：℃)
(a)区域模式预估的夏季变化；(b)区域模式预估的冬季变化；(c)全球模式预估的夏季变化；
(d)全球模式预估的冬季变化

至 2050 年，区域模式模拟的夏季及冬季(图 5.15a,b)江苏省气温最大升温范围都在江苏北部，最大升温幅度分别为 1.8 ℃和 1.6 ℃；而中部及南部的大部分区域升温都在 0.8～1.2 ℃。全球模式的模拟结果(图 5.15c,d)则表明，江苏南部夏季气温同过去相比升高大约 1.4 ℃，而中部及北部地区升温 1.6～1.8 ℃；对于冬季而言，江苏省南部地区升温 1.6 ℃左右，北部升温达到 1.8 ℃。由上述分析可知，在高端排放情景下，未来江苏省的大部分地区在夏季以及冬季的年平均气温上升都较为显著。

5.3.2　降水变化

根据前文分析，以下有关全球模式对江苏省降水的模拟也均采用全球模式集合平均的结果。图 5.16 为全球模式模拟的江苏省历史及未来近百年年平均降水距平百分率的结果。图中全球模式集合平均的结果(灰色粗实线)显示，未来近百年(2006—2090 年)，江苏省的年平均降水整体呈增加趋势，至 2090 年增加将近 20%。

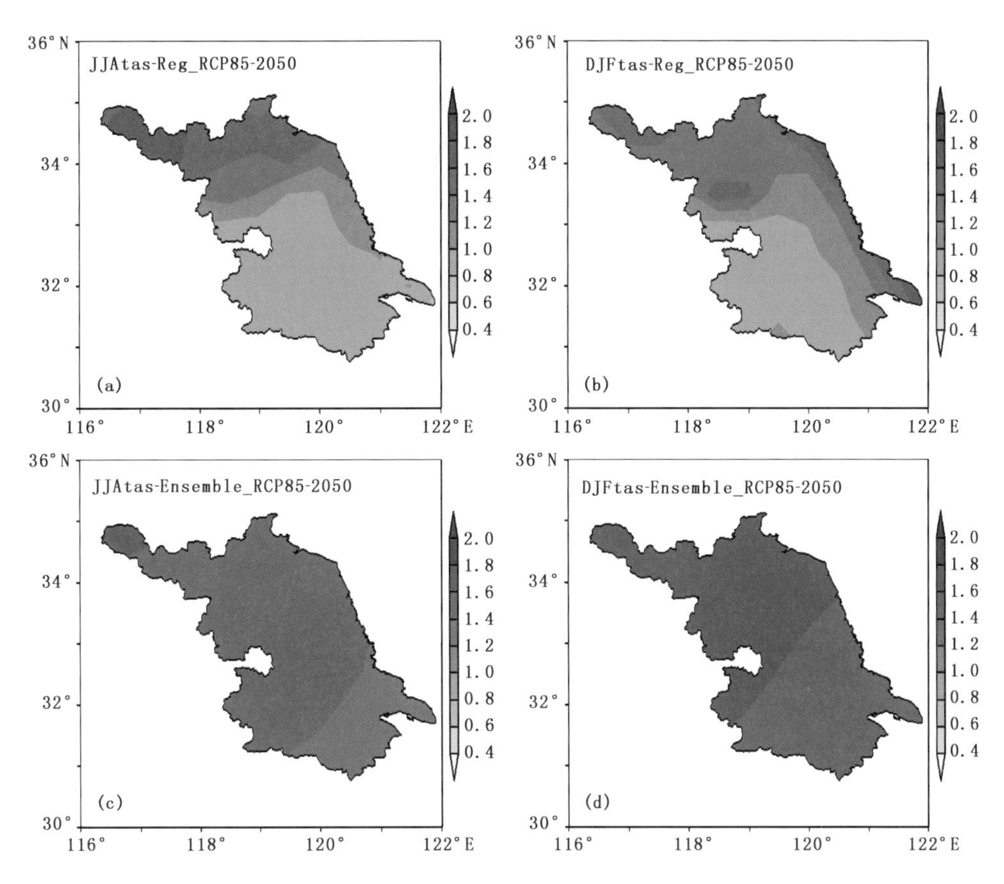

图5.15　RCP8.5情景下预估的江苏省气温距平至2050年的变化(相对于1961—2000年;单位:℃)
(a)区域模式预估的夏季变化;(b)区域模式预估的冬季变化;(c)全球模式预估的夏季变化;
(d)全球模式预估的冬季变化

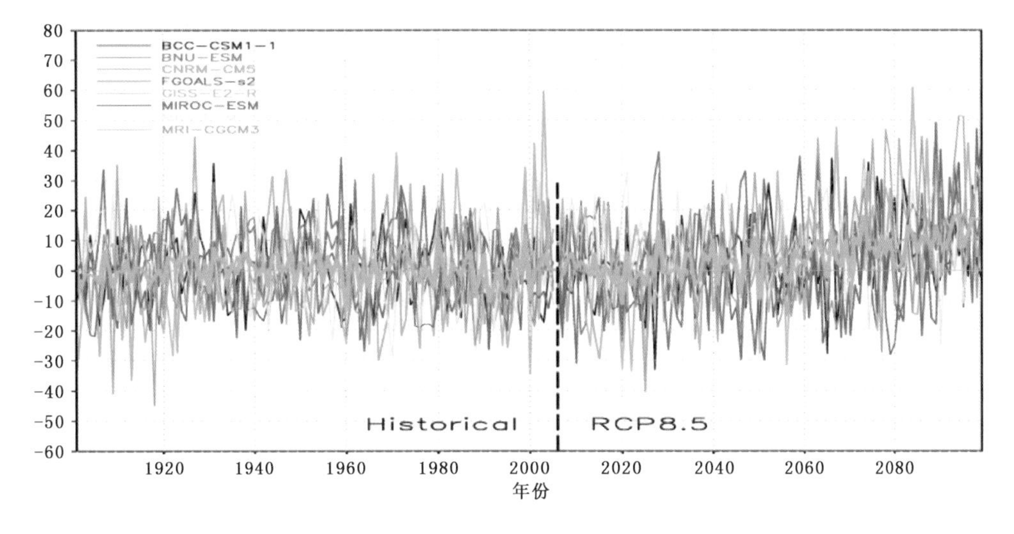

图5.16　全球模式模拟的江苏省历史(1901—2005年)及未来(2006—2090年)RCP8.5情景下的年平均降水距平百分率随时间的变化(相对于1961—2005年)(单位:%)

区域模式(绿线)以及全球模式(红线)模拟的未来近50年(2006—2050年)时段江苏省年平均降水距平百分率的变化如图5.17所示。从图中可以看出,在RCP8.5情景下,无论是区域还是全球模式的结果都表明,未来江苏省的年平均降水具有明显的年际变化特征,但在这一时间段内,两者未来降水量的变化趋势不显著,经计算得知,全球模式模拟的江苏省未来年平均降水至2050年将比目前增加2%左右,线性增加率为7 mm/10 a左右;而区域模式模拟的年平均降水量变化不明显,其线性增加率大约为1.5 mm/10 a。

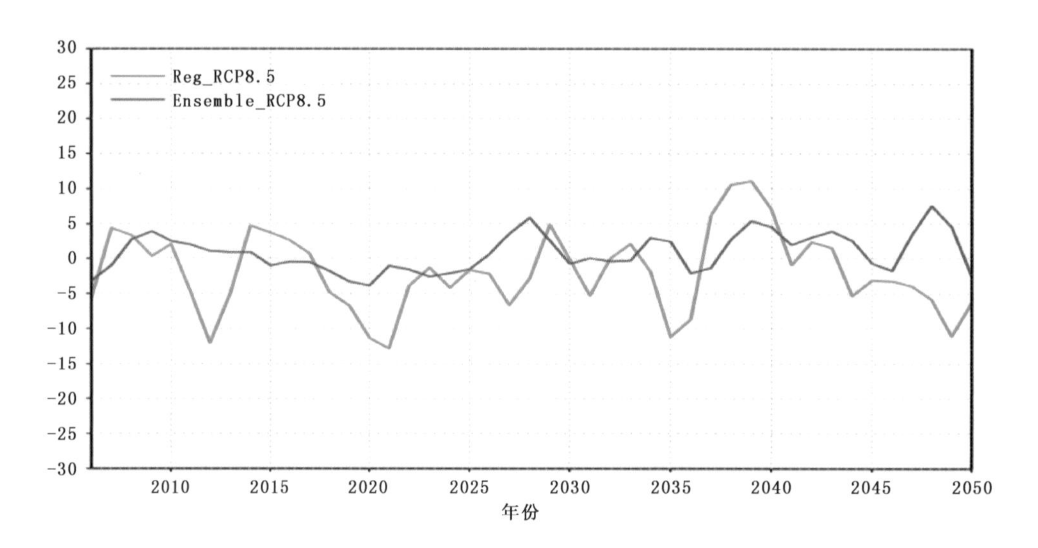

图5.17　未来近50年(2006—2050年)江苏省年平均降水距平百分率随时间的变化(相对于1961—2005年)(单位:%)

图5.18～图5.20给出了RCP8.5情景下,未来江苏省降水距平百分率在2020年,2030年与2050年的变化。该排放情景下,区域模式模拟的2020年江苏省夏季降水(图5.18a)同现在相比,在南部部分区域增加30%多,在中部区域最多可增加20%,而在北部地区最多增加10%;其模拟的冬季江苏全省降水均有减少,绝大部分地区减少量在30%～40%(图5.18b)。全球模式的模拟结果显示,无论夏季还是冬季,江苏全省的降水(图5.18c,d)基本上都减少在10%以内。

到2030年,区域模式模拟的江苏省夏季降水(图5.19a)在南部地区增加20%左右,最多可达24 mm,而在东北以及西北部地区则有微弱减少。其模拟的冬季降水(图5.19b)在全省范围内减少20%～30%,最大减少量超过12 mm。全球模式模拟的全省夏季降水(图5.19c)减少在10%以内,为4～8 mm;而冬季的降水(图5.19d)则呈南北增加、中部减少的特征,变化范围均在10%以内。

区域模式模拟的夏季降水至2050年(图5.20a)在南部最多可增加20%,增量在16 mm左右,在中部及北部大部分地区减少在10%以内;而冬季降水量在南部及北部部分区域减少20%左右,减少量在8～12 mm,其他区域减少在10%以内,减少4 mm左右(图5.20b)。全球模式模拟的夏季降水(图5.20c)在江苏全省范围内均减少,最多可减少10%,在8 mm左右;它所模拟的冬季降水(图5.20d)则在全省范围内增加10%左右,增幅不超过4 mm。

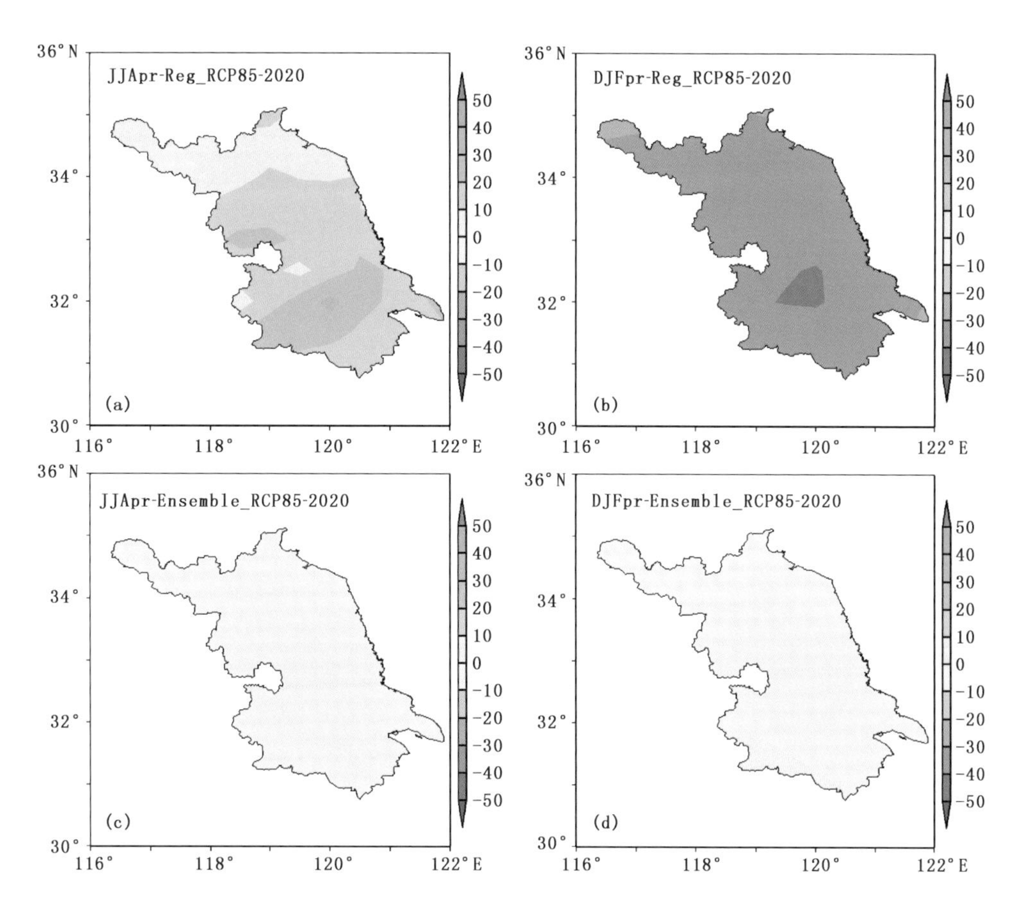

图 5.18　RCP8.5 情景下预估的江苏省降水距平百分率至 2020 年的变化(相对于 1961—2000 年；单位：%)(a)区域模式预估的夏季变化；(b)区域模式预估的冬季变化；(c)全球模式预估的夏季变化；(d)全球模式预估的冬季变化

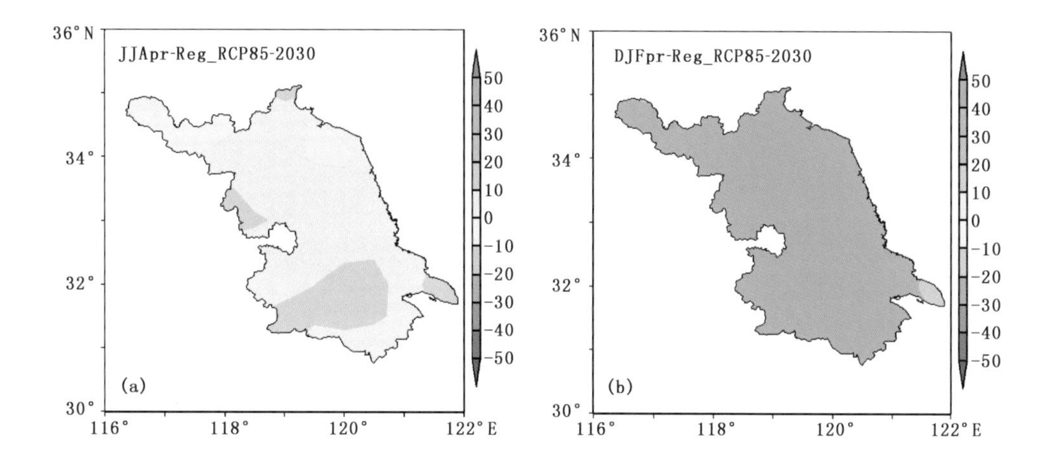

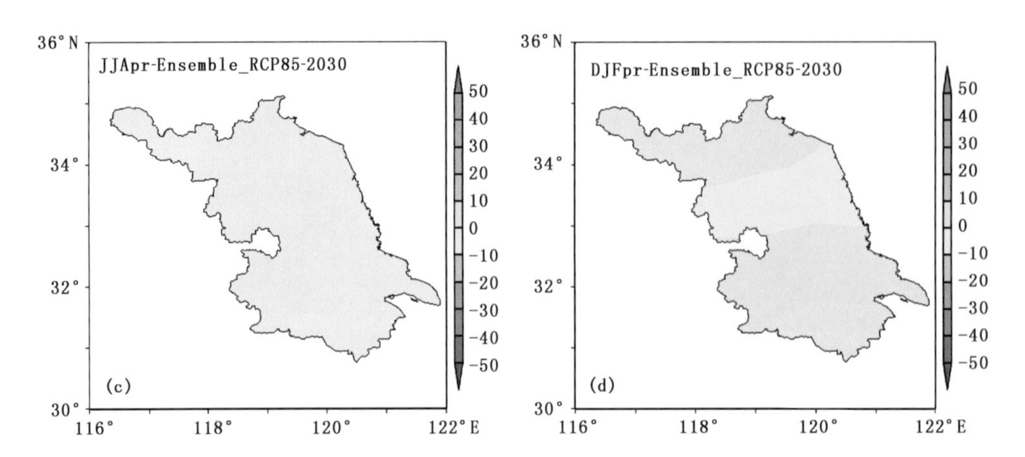

图 5.19 RCP8.5 情景下预估的江苏省降水距平百分率至 2030 年的变化(相对于 1961—2000 年；单位：%)(a)区域模式预估的夏季变化；(b)区域模式预估的冬季变化；(c)全球模式预估的夏季变化；(d)全球模式预估的冬季变化

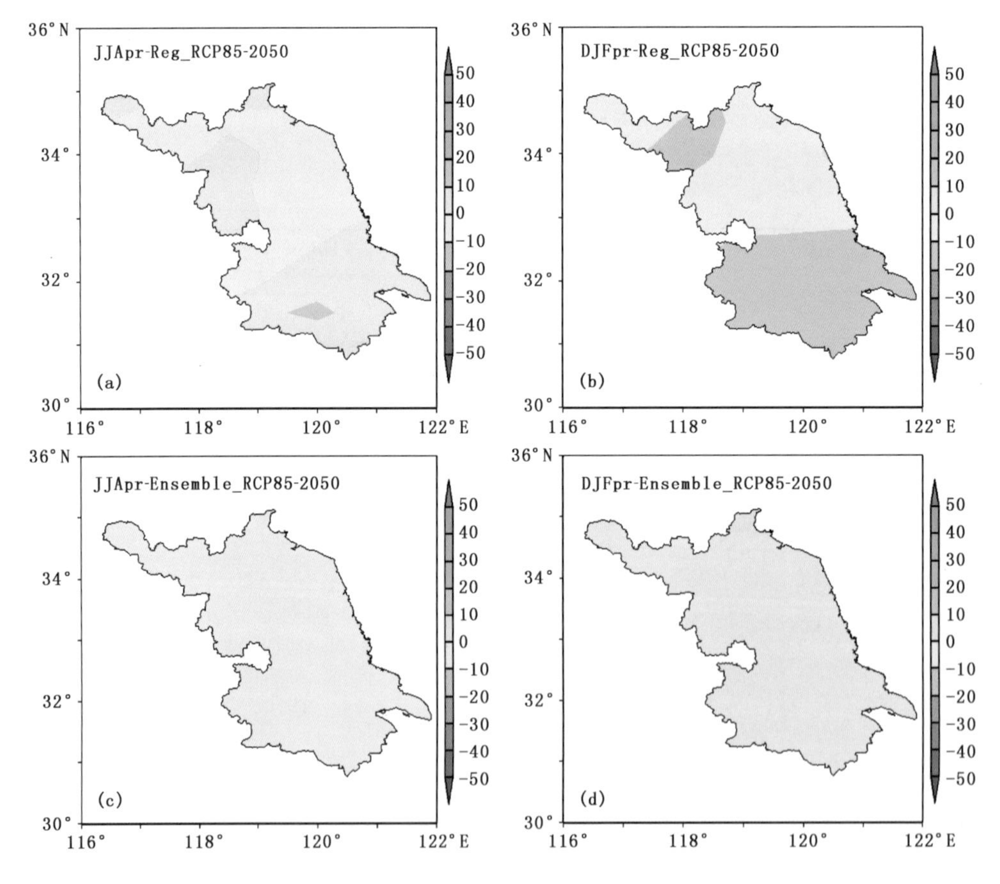

图 5.20 RCP8.5 情景下预估的江苏省降水距平百分率至 2050 年的变化(相对于 1961—2000 年；单位：%)(a)区域模式预估的夏季变化；(b)区域模式预估的冬季变化；(c)全球模式预估的夏季变化；(d)全球模式预估的冬季变化

综合图 5.18～图 5.20，区域气候模式模拟的夏季降水在未来三个时间段里，降水量的增幅逐渐减小，但同现在相比，降水量都增加，并且南部区域的变化大于北部区域；而它模拟的冬季降水量在三个时间段里均减少，减幅也逐渐变小。全球模式模拟的夏季降水均减少，减幅均在 10%以内。其模拟的冬季降水在 2020 年减少，至 2030 年与 2050 年都有不同程度的增加。

5.3.3　极端事件变化

由于模式结果中只有区域气候模式有逐日资料的输出，因此，在讨论下述各类极端事件时，对未来情景的分析均基于区域气候模式的输出结果。

5.3.3.1　高温

在描述高温事件的时候，选用了常用的 35 ℃以上高温天数作为衡量指标(T35D)。图 5.21 给出了实际观测的江苏省气温在 35 ℃以上的天数(图 5.21a)，以及在 RCP8.5 情景下江苏省在 2020 年、2030 年以及 2050 年的 T35D(图 5.21b，c，d)。这里根据“扰动法”(模式模拟得到的变化叠加到实际观测上)计算得到了未来不同时段 T35D 的分布。从图中可以看出，在 RCP8.5 情景下，到 2020 年江苏北部地区的 T35D 就有所增加(图 5.21b)，西北部最多可增加 9 d/a，而在北部大部分地区增加 3 d/a，在中部及南部地区无明显变化。至 2030 年，T35D 与

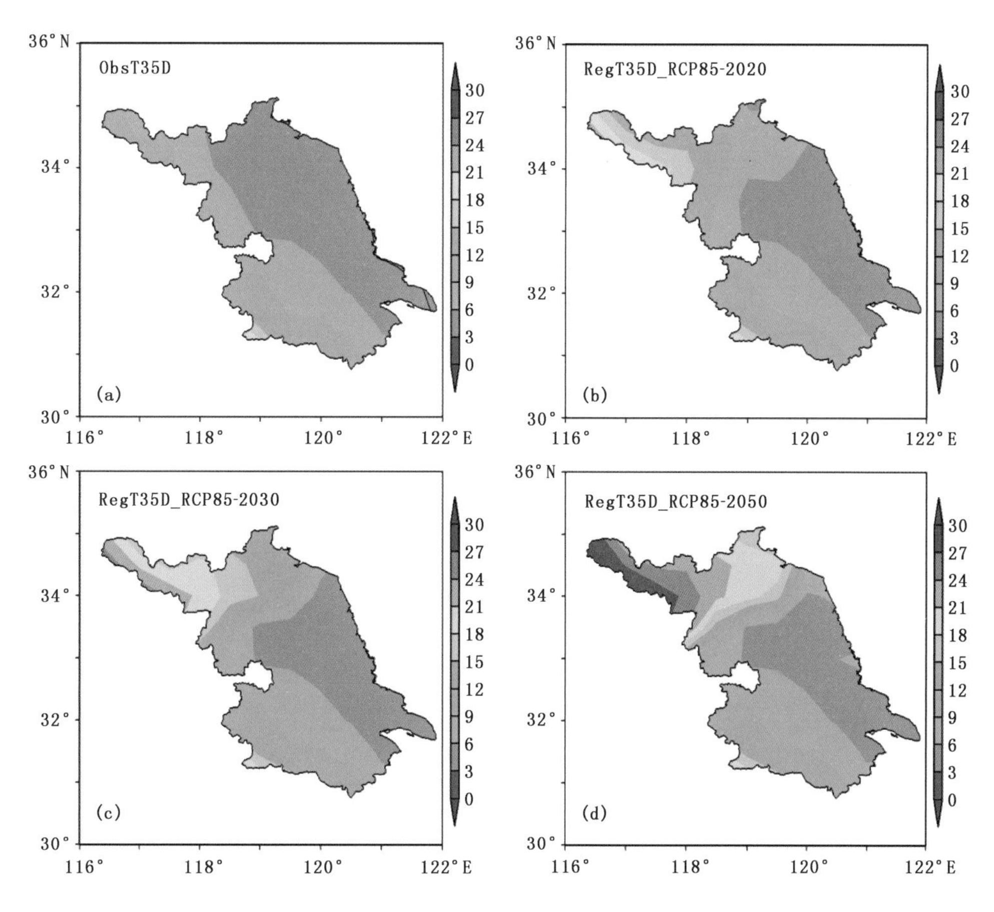

图 5.21　江苏省观测的 T35D(a)，以及在 RCP8.5 情景下至 2020 年(b)，2030 年(c) 和 2050 年(d)对 T35D 的预估(单位：d/a)

观测的 T35D 相比，在西北最多增加 12 d/a，在北部及东北增加 6 d/a(图 5.21c)，到 2050 年，上述地区的增量将继续增加，同观测相比，最大的增量可分别达到 18 d/a 和 12 d/a(图 5.21d)。从图 5.21c,d 可以看出，江苏中部及南部的 T35D 仍没有显著的增加。

5.3.3.2　低温

在描述低温事件时，由于 0℃以下即达到结冰状态，会对交通、农业等造成影响。因此，在描述低温事件时，就用气温在 0℃以下的天数(T0D)来描述，而对未来 T0D 的描述仍然使用“扰动法”。图 5.22 的(a)，(b)，(c)，(d)分别给出了观测的 T0D 以及在 2020 年，2030 年以及 2050 年的 T0D。从观测来看，T0D 在江苏省的分布呈为由北向南逐渐减少的特征。在最北边的 T0D 可以超过 80 d/a，而在最南端则在 20～30 d/a。在 RCP8.5 情景下，图 5.22b 中 2020 年的 T0D 最显著的变化发生在江苏北部，T0D 减小 10 d/a 左右，在中部减少都在 10 d/a 以内，而在南部变化不大。至 2030 年和 2050 年(图 5.22c,d)，北部的 T0D 继续减少，南部的 T0D 同观测(图 5.22a)以及图 5.22b 相比，也有 10 d/a 内的减幅，并且越往后，减少的天数越多。由上述分析可知，在这一情景下，江苏全省 T0D 都有明显的减少趋势。

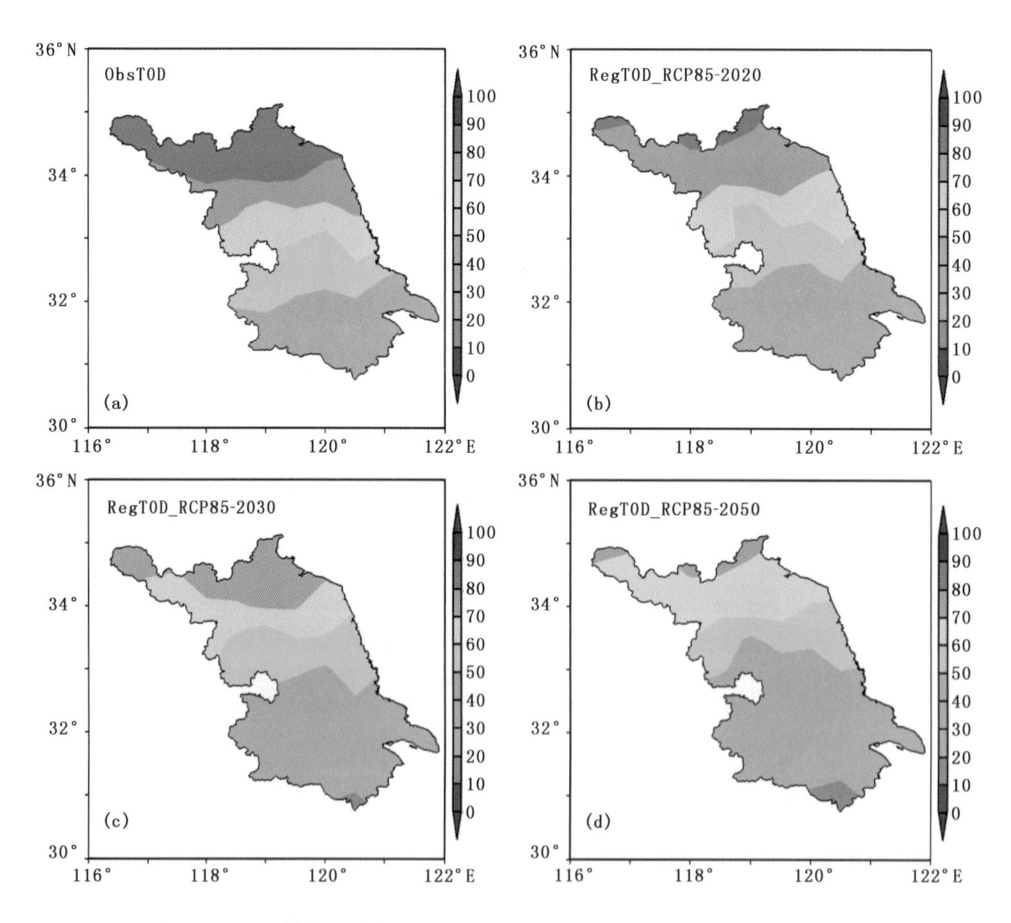

图 5.22　江苏省观测的 T0D(a)，以及在 RCP8.5 情景下至 2020 年(b)，2030 年(c)和 2050 年(d)对 T0D 的预估(单位：d/a)

5.3.3.3　极端降水

在描述极端降水时，仍然使用前面所述的 R10D，R25D，R50D 以及 R＞50D 来表示小雨，中雨，大雨以及暴雨。对未来降水的描述仍然使用了“扰动法”。

实际观测的 R10D(图 5.23a)在南部超过 60 d/a，在中部为 50～60 d/a，在北部为 40～50 d/a，但在 RCP8.5 情景下，在未来的 2020 年(图 5.23b)，南部的 R10D 减小至 50～60 d/a，中部减小至 40～50 d/a，北部则无明显变化。R10D 减小的区域主要位于江苏省中部及南部。到了 2030 年(图 5.23c)，同观测相比，R10D 也主要在江苏中部及南部地区有减少，而北部地区变化不明显。而未来 2050 年 R10D 的分布(图 5.23d)同观测相比，仍然是减少的，减少的区域仍然是在江苏的中部及南部地区。整体来看，未来各时段的中部及南部的 R10D 都比实际观测减少，而在北部无明显变化，并且在 2020 年，同观测相比 R10D 减少的最多。

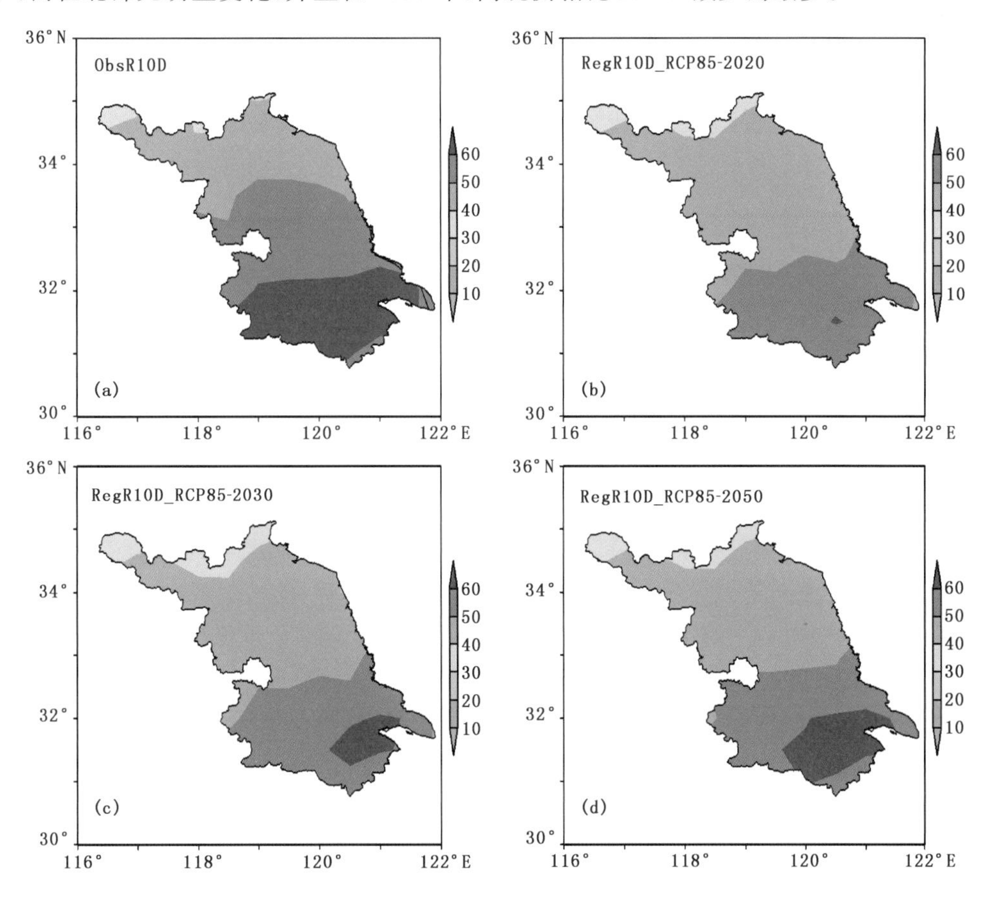

图 5.23　江苏省观测的 R10D(a)，以及在 RCP8.5 情景下至 2020 年(b)，2030 年(c)和 2050 年(d)对 R10D 的预估(单位：d/a)

图 5.24 反映了 RCP8.5 情景下，未来 R25D 的变化情况。无论是在未来的 2020 年(图 5.24b)，2030 年(图 5.24c)，还是 2050 年(图 5.24d)，与实际观测(图 5.24a)相比，北部的 R25D 都减小，且随着时间增长，这种减小的区域逐渐向南扩大，减小的幅度在 2 d/a 左右。在南部，R25D 也由最多 22 d/a 减小至 18 d/a。即在该情景下，江苏省中雨日数的减少主要发生在北部及南部，而中部变化不大。

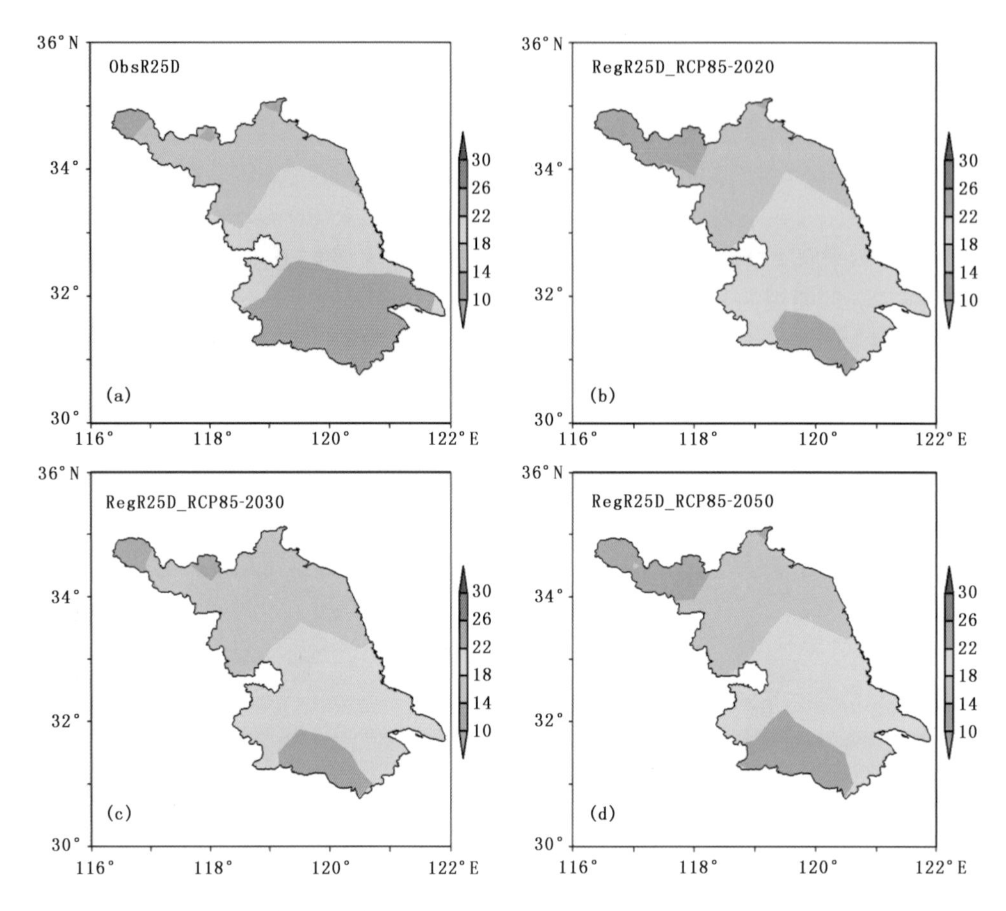

图 5.24 江苏省观测的 R25D(a),以及在 RCP8.5 情景下至 2020 年(b),
2030 年(c)和 2050 年(d)对 R25D 的预估(单位:d/a)

从图 5.25 给出的江苏省未来大雨日数(R50D)的变化来看,同实际观测(图 5.25a)相比,除了最南端的 R50D 没有明显变化外,在江苏北部及江淮之间部分地区的 R50D 都有不同程度的减小,特别是在 2020 年和 2030 年(图 5.25b,c),上述区域的 R50D 都将减小 2 d/a,但在 2050 年(图 5.25d),上述区域同实际观测相比变化不明显,只是在长江流域附近的部分地区同实际相比有所减小。

对于江苏省暴雨日数的变化(图 5.26)而言,未来的 2020 年,2030 年以及 2050 年的 R>50D(图 5.26b,c,d)与实际观测(图 5.26a)相比都没有显著变化。只是在 2020 年,江苏宿迁区域的 R>50D 在 4 d/a 左右,将增加 1 d/a,但在 2030 年和 2050 年,上述区域附近的 R>50D又变为 2～3 d/a。整体而言,在这种情景下,未来江苏省的暴雨日数除在宿迁附近区域有所增加外,其他地区均没有明显的变化。

5.3.4 全球模式与区域模式结果的比较

比较全球以及区域模式的模拟结果发现,总体而言,全球模式的模拟效果更好。全球模式对江苏省气温以及降水的模拟无论在空间分布还是数值方面都较好,能够再现其气候态的分布。就全省平均而言,全球模式模拟的气温比实际气温高大约 0.29 ℃,模拟的年平均降水量

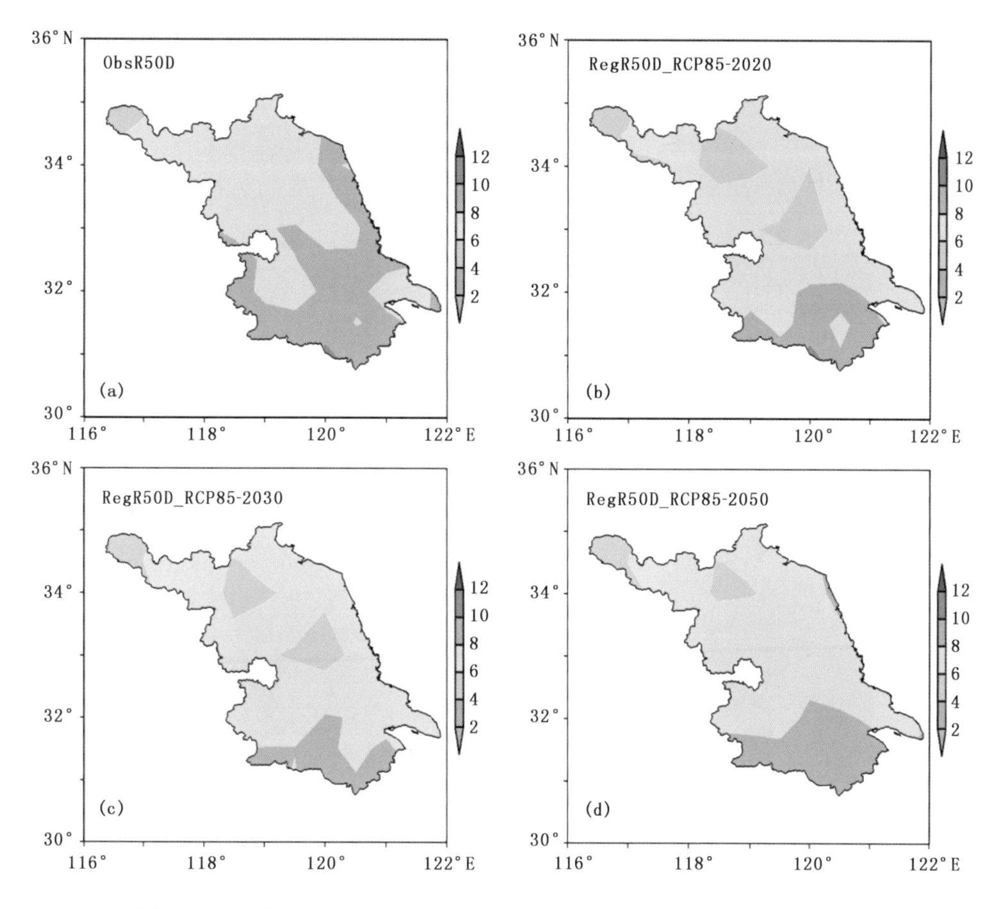

图 5.25 江苏省观测的 R50D(a),以及在 RCP8.5 情景下至 2020 年(b),2030 年(c)和 2050 年(d)对 R50D 的预估(单位:d/a)

比实际降水量高达约 100 mm。而区域气候模式对江苏省年平均降水量的空间分布型模拟较好,但模拟的数值平均高大约 167 mm,对气温空间分布型的模拟相对较弱,对气温的数值模拟比实际观测平均低大约 0.5 ℃。

需要指出的是,虽然整体而言,区域气候模式的模拟效果较弱,但其对苏南地区气温以及江苏中部及北部地区降水模拟较好。并且与全球模式相比,其对气温及降水变化刻画得更细致。

在对极端事件的模拟方面,区域气候模式可以较好地模拟出江苏省的极端降水事件,其模拟的大雨与暴雨日数均与实测较为接近。但在对极端气温的模拟方面,模式对高温及低温出现的频次均有所放大。

通过利用上述的全球气候模式及区域气候模式对未来江苏省气候变化趋势进行预估,可以得出,在 RCP8.5 情景下,至 2020 年、2030 年和 2050 年,全球模式模拟的年平均气温分别上升 1.1 ℃,1.7 ℃和 2.6 ℃,而区域模式模拟的年平均气温分别上升 1 ℃,1.4 ℃和 2.2 ℃。无论全球模式还是区域模式,其结果均表明,在未来,江苏省的年平均气温将随着时间的增加而逐渐升高。而全球模式模拟的年平均降水在未来有所增加,增加率大约 7 mm/10 a,增加大约 2%,但区域模式模拟的年平均降水在未来变化不明显。

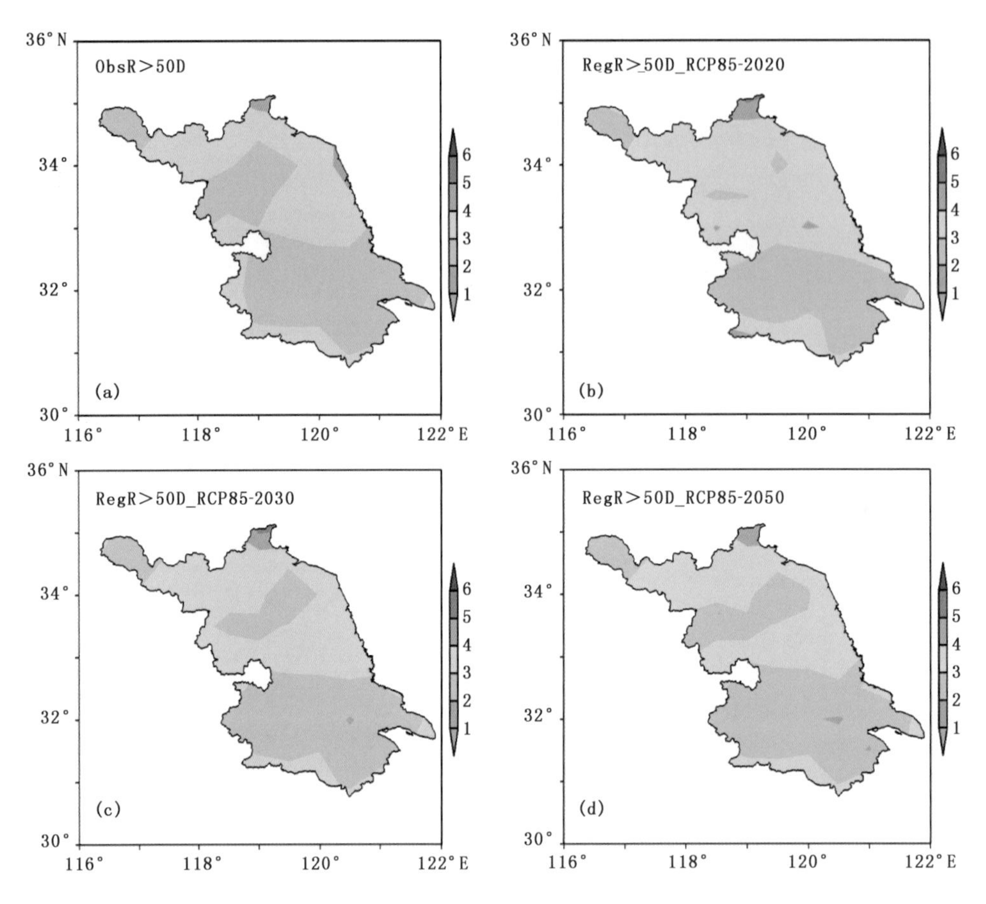

图 5.26 江苏省观测的 R>50D(a),以及在 RCP8.5 情景下至 2020 年(b),2030 年(c)和 2050 年(d)对 R>50D 的预估(单位:d/a)

就季节变化而言,在 RCP8.5 情景下,区域模式与全球模式模拟的夏季气温在三个时间段都是逐渐增加的,且全球模式中气温的增幅大于区域模式的增幅。冬季江苏省在各个时间段的气温仍然随时间逐渐增加,并且仍然是全球模式模拟的气温增幅较大。对于不同季节而言,无论全球模式还是区域模式,其模拟的冬季增温均比夏季增温显著。对于夏季降水而言,区域模式模拟的降水在未来都有所增加,但增幅逐渐减小,同观测相比,最多增加超过 30%,而全球模式的结果则均比现在减少 10%左右,减少 6~8 mm。而在冬季,区域模式模拟的降水同观测在相比最多减少 40%,减少 16 mm 左右,而全球模式模拟的降水在未来则是先减少,后增加,变化量都在 10%以内。

对于极端高温事件,在 RCP8.5 情景下,区域模式模拟的高温至 2020 年、2030 年和 2050 年分别增加 2 d/a,4 d/a 和 6 d/a。而对于极端低温事件,模拟的低温日数随时间逐渐减少,并且至上述三个时间段,低温日数分别减少 5 d/a,8 d/a 和 13 d/a。

对于极端降水事件,在 RCP8.5 情景下,区域模式模拟的未来小雨日数在 2020 年,2030 年和 2050 年分别减少 5 d/a,4 d/a 和 3 d/a,主要发生在江苏南部地区;中雨日数则平均减少 1 d/a;大雨减少的天数不到 1 d;而 50 mm 以上暴雨的天数有微弱增加。因此,模式结果表明,未来江苏省的小雨日数减少,主要位于南部地区;而 50 mm 以上的暴雨日数则有微弱增加，但不显著。

5.4 预估结果的不确定性

尽管模式对气候平均态的模拟接近于实际观测，但在对未来气候变化进行预估时仍具有不确定性。首先，在利用气候模式描述现在及未来的气候变化时，全球模式对大气环流描述的偏差都可能对较小区域的预估结果产生较大的影响，并且全球模式在描述区域气候时无法准确描述较小空间上的地形、植被等特征，即便能较好模拟区域上的基本气候态，但在描述其变化特征时仍可能具有较大不确定性。而对于区域气候模式的模拟，正如前面所述，在描述某些变量的气候态时还具有一定的偏差，并且由它所得到的结果的可靠性很大程度上也要依赖于全球模式提供的侧边界条件的可靠性。此外，现有可利用的区域模式较少，很难对区域模式的结果进行有效的对比，上述这些都增加了区域模式预估结果的不确定性。其次，这种不确定性也可能来自温室气体排放情景的不确定性。在使用IPCC第五次评估报告开发的新情景(RCPs)时，由于对温室气体排放量的估算方法，使用的估计模型及对未来排放情景的构想与假设等方面可能无法与未来的实际情况保持一致，并且RCPs情景只考虑了辐射强迫、温室气体排放等情况，并未考虑大气内部的自然变率，那么依赖于排放情景得到的预估结果本身也可能具有不确定性。

综合全球模式与区域模式的预估结果来看，在对未来江苏省气温变化以及高温低温事件的预估方面，由于结论的一致性较高，具有很高的确定性。而在对未来江苏省降水变化的预估方面，由于模式本身的模拟效果以及全球模式与区域模式对未来模拟的结论具有不一致性，其预估结果具有较高的不确定性。此次的预估结果仅用于报告中的科学研究。综合上述结论，虽然在对江苏省未来气候变化的预估方面还包含有一定的不确定性，但预估的总体气温变化趋势仍具有高的置信度。

第6章

气候变化对江苏省农业的影响

摘要 气候变化对江苏农业的影响客观存在。其主要影响通过气候变化背景下的区域水热要素、作物品种及种植制度、生产结构与地区布局、农业气象灾害、气候对粮食安全等表现出来。

1961—2012年，江苏省光能资源下降，热量资源和水分资源略有增加，复种指数潜力增加。早、中熟种一季籼稻和粳稻适宜种植面积有所缩小，晚熟种一季稻可种植面积逐步扩大。半冬性冬小麦适宜种植区域呈向东北移动趋势，适宜种植面积总体扩大。一季稻抽穗扬花期高温热害减少，冬小麦苗期霜冻害、孕穗期和抽穗灌浆期涝渍减少，苗期和拔节期涝渍增加。江苏沿江及太湖地区冬小麦赤霉病病穗率最高但呈降低趋势，里下河地区其次，但有所升高，宁镇扬地区最低，且呈降低趋势。高邮地区冬小麦白粉病病穗率最高但呈降低趋势，盐都地区冬小麦白粉病病穗率其次，且有所升高，吴县地区冬小麦白粉病病穗率最低，且呈降低趋势。一季稻褐飞虱大发生站点有所减少，白背飞虱大发生站点有所增加。一季稻播种育秧期的限制性条件是光照和温度，移栽至孕穗期光、温、水均有不同程度限制，抽穗灌浆期主要受降水和温度限制。冬小麦苗期光照和降水条件限制较大，返青至孕穗期光、温、水均有较大限制，抽穗灌浆期则以降水条件限制为主。

与基准时段(1961—1990年)相比，RCP8.5未来情景下一季稻光温生产潜力总体增加，稳定性增强；冬小麦气候生产潜力总体减小，不稳定性增强。淮北一季稻和冬小麦增产潜力大于江淮地区，江淮地区大于苏南地区。对于一季稻生产，江苏热量条件向利于一季稻产量形成方向发展，水分条件成为一季稻增产的限制因素；而对于冬小麦生产，大部分地区水分与热量条件配置并不合理，并且热量条件是限制未来江苏冬小麦增产的关键因素。

为适应气候变化，可基于不同情景及不同时段，制定水稻和小麦具体生产对策。具体而言，淮北地区应视具体条件稳定和适当增加小麦和水稻种植面积，积极培育和选种高光效水稻和小麦品种，优化群体结构，确保光能利用率，加强农田水利建设，保障灌溉并积极防御小麦霜冻害。江淮之间可适当扩大现有水稻和小麦种植规模，选种高光效水稻和小麦品种，做好水稻高温热害监测和防御工作。江南地区在土地资源允许条件下可适当增加水稻和小麦种植面积，加强水稻高温热害及冬小麦涝渍监测和防御，增加春性冬小麦种植面积。

6.1　江苏省农业生产概况

6.1.1　农业生产基本现状

6.1.1.1　农业气候资源利用

热量和降水是江苏农作物、渔业丰收的基本保证。江苏省≥10 ℃积温，南部高于北部，相差 400～700 ℃·d，同纬度西部内陆高于东部沿海，相差 100～150 ℃·d 左右。依农作物熟制对积温的要求，江苏种植制度一般为一年两熟制或两年三熟制。江苏具有明显季风气候特征，雨热同期，来自低纬度海洋的夏季风是江苏省的主要降水来源。日平均气温≥10 ℃期间降水量分布总体由南向北递减，同纬度地区山地多于平原，沿海稍多于内陆。江苏省西南部和沿海地区较其他地区更适合农作物生长，具备农作物生长所必需的气温条件，也具备足够的降水条件。

6.1.1.2　主要作物种植结构

江苏在粮食生产结构上形成稻麦为主的稳定结构。全省粮食总量中，夏粮占 1/3，秋粮占 2/3。从品种结构上看，稻、麦、玉米杂粮比例大致为 4∶2∶1。长江沿江和苏南地区属于典型的稻麦两熟轮作制，淮北地区以种植旱谷杂粮为主。20 世纪 60 年代淮北地区大面积旱改水，改变了传统种植制度与轮作方式，粮食总产构成也随之变化。其中，水稻始终是粮食作物中第一大作物，小麦和其他粮食作物(含大麦、蚕豌豆和大豆等)构成份额变化较大。稻麦是江苏优势作物，在江苏省粮食总产构成中占有重要地位和作用，总产已占粮食总产 85%左右(金涛 等，2011；杨四军 等，2010)。

6.1.1.3　耕地及其播种面积

江苏人均耕地资源北丰南歉。西南的丘陵地区及东北的沿海地区相对较高；长江以北的苏中及苏北地区也较高，长江以南的苏南地区相对较少。耕地面积减少南快北慢。1996—2005 年县域尺度人均耕地减少率苏南地区明显高于其余地区。苏南地区的耕地资源在人均相对较少的情况下，大幅减少，势必对粮食生产带来较大影响。

江苏人均粮食播种面积南低北高。苏南地区和苏中沿江地区人均粮食播种面积相对较低，东北沿海地区和长江以北的西部地区相对较高。人均粮食播种面积减少幅度南高北低。1996—2005 年县域单元人均粮食播种面积普遍减少，且苏南地区县市和徐州部分县市减幅较大，长江以北除徐州外区域减幅相对较小。粮食播种面积比的减少幅度南高北低。1996—2005 年苏南地区和徐州部分县市粮食播种面积比减少幅度明显更大，表明该区域以“缩粮扩经”为特征的农业结构调整力度相对较大(李裕瑞，2008)。

6.1.1.4　粮食流通品种结构

江苏粮食年生产量 3.5×10^{10} kg，消费 3.2×10^{10} kg，产需相抵，年余粮约 3.0×10^{9} kg，农产品出口市场较单一。粮食消费总量表现为口粮有余，饲料不足；消费结构表现为稻麦有余，玉米不足；大部分地区居民以大米为主食，稻谷消费中粳稻占 2/3。1998 年稻谷消费量约为 1.7×10^{10} kg，占总消费量的 54.16%，与生产量相比，稻谷约结余 3.0×10^{9} kg；小麦消费量

9.0×10^9 kg，占粮食消费总量 28.12%，与生产量相比，小麦约结余 1.5×10^9 kg；玉米是理想的饲料粮，1985 年以来全省玉米消费量增长了 40%，而生产量增幅为 17%，1998 年玉米生产量约 2.5×10^9 kg，消费量 6.0×10^9 kg，产需相抵缺口一半以上，约达 3.0×10^9 kg（吴进红 等，2003）。

6.1.2 产量形成的制约因素

6.1.2.1 耕地减少致产量下降

耕地减少的重要原因是非农建设用地需求的增加和由此导致的农用地非农化。农用地非农化占用的农用地大多为城市边缘区的优质耕地，使得高质量农用地比例下降，造成区域农用地质量总体水平的下降。2000 年以来，江苏粮食播种面积一直处于递减趋势（仇方道 等，2009）。从江苏省平均水平来看，1990 年以来，工业化、城市化建设占用耕地是导致全省粮食减产的主要原因，在苏南尤为明显。苏南在就地工业化和就地城镇化的发展背景下，耕地非农转化形势严峻。1998—2008 年苏南各地耕地降幅显著高于中北部，进而成为影响粮食减产的重要因素。此外，耕地的减少还在一定程度上导致现有农地利用强度增大，可能引起农地质量退化，进而使农用地平均单产下降。

6.1.2.2 结构调整致产量下降

结构调整对江苏粮食生产影响较为显著，仅次于耕地面积。徐州、南通、南京压粮扩经，粮食结构性调减构成粮食减产的首要因子；淮安、连云港、扬州三市，粮食面积不降反升，其中淮安粮食面积调增成为粮食增产的首要因子。结构分化的原因主要表现如下（金涛 等，2011）：(1)水土资源的差异。如徐州、南通粮食单产水平长期位于全省低位，表明其水土不具备粮食生产优势。(2)城市化对种植结构的影响。由于城市市场对瓜菜等生鲜农产品需求大，都市外围耕地资源稀缺，自然调减土地密集型粮食产品，转为生产力较高的菜地和园地。

6.1.2.3 气候变化致产量波动

社会经济快速发展同时，气温、降水和日照等影响江苏粮食生产的重要气象因素也发生相应变化。江苏年平均气温升高趋势明显。苏北、苏中和苏南地区气温均有增长，苏南增长幅度最大，其中淮北地区 2001—2006 年的年平均气温较 1971—2000 年偏高 0.9 ℃，江淮之间地区偏高 0.9 ℃，苏南地区偏高 1.2 ℃，全省偏高 1.0 ℃。江苏平均气温变化区域差异并不显著，因此，气温并非江苏农用地粮食单产区域差异的形成原因。但从 20 世纪 90 年代中后期开始，尤其是 2000—2006 年间，不同地区夏季降水量变化趋势区域特征明显：其中淮北地区呈增加趋势，苏南地区呈减少趋势，江淮之间基本维持稳定。此外，江苏梅雨期间雨带偏北，淮北地区降水量明显偏多。夏季是农作物的最佳生长期，而限制苏北地区农业生产的一个重要因素是水资源不足，夏季雨带的北移有利于改善灌溉条件，促进农作物生长，但同时苏南地区雨量不足则不利于农作物生长。这可能是造成近年江苏省农用地粮食单产“北增南减”的重要原因（张红富 等，2011）。日照也是作物进行光合作用必不可少的条件，理论上而言，日照的变化会影响农作物产量。但从近年不同区域的日照时数变化来看，苏北、苏中、苏南日照时数变化趋势一致，苏北和苏南年日照时数接近，苏中较低。由于三个地区年日照时数变化特征相似，据此很难反映其对农用地粮食单产区域差异的影响。

6.1.3　数据与方法

6.1.3.1　数据及来源

本部分涉及数据主要包括 6 类，含常规气象站逐日观测数据、辐射站逐月数据、未来情景预估数据、农作物面积产量数据、病虫害数据以及农作物生长发育数据，如表 6.1 所示。

表 6.1　主要数据

数据类别	数据名称	要素	时段	时空分辨率	来源
气象数据	常规气象数据	平均气温(℃)、日最高气温(℃)、日最低气温(℃)、平均相对湿度(%)、20—20 时降水(mm)、平均风速(m/s)、平均本站气压(hPa)、日照时数(h)	1961—2012 年	逐日、站点	江苏省气象信息中心
	辐射数据	太阳总辐射(MJ/m^2/d)	1961—2012 年	逐月、站点	江苏省气象信息中心
	RCP8.5 排放情景预估数据	平均气温(℃)、最高气温(℃)、最低气温(℃)、降水(mm)、风速(m/s)、辐射(W/m^2)、蒸散(mm/d)	1961—2098 年	逐日、0.5°×0.5°	Gao et al.，2013
作物数据	农作物面积产量数据	一季稻种植面积(万 hm^2)和产量(万 t)、冬小麦面积(万 hm^2)和产量(万 t)	1961—2012 年	逐年、省级与地市	中国种植业信息网
	农作物病虫害数据	水稻飞虱(褐飞虱和白背飞虱)日灯诱虫量(头)、冬小麦白粉病和赤霉病病穗率(%)	1977—2010 年	逐年、站点	江苏省植保站
	农作物生长发育数据	一季稻播种期、出苗期、移栽期、抽穗期、成熟期、冬小麦播种期、出苗期、抽穗期、成熟期	1961—2012 年	逐年、站点	中国气象科学数据共享服务网

6.1.3.2　方法与指标

主要方法包括预估资料订正方法、趋势分析方法、光合有效辐射模型、参考作物蒸散模型、复种指数潜力模型以及气候生产潜力估算模型。预估资料订正方法用于 RCP8.5 排放情景模拟所得格点气象数据的误差订正，趋势分析方法用于分离粮食作物趋势产量和气象产量，光合有效辐射模型和参考作物蒸散模型分别用于估算光合有效辐射与参考作物蒸散量，复种指数潜力模型用于估计江苏最大复种指数，气候生产潜力估算模型用于估算未来情景下一季稻和冬小麦生产潜力。主要指标包括作物种植界限指标、作物气象灾害与虫害等级指标。具体见表 6.2。

表 6.2 主要方法与指标

类型	方法与指标	用途	来源
资料订正	双线性插值、最小二乘法	RCP8.5 排放情景预估数据订正	宋叶志 等,2011
趋势分析	正交多项式法	分离作物趋势产量	屠其璞 等,1984
辐射估算	光合有效辐射模型	估算光合有效辐射	曹雯 等,2008;董泰锋 等,2011
蒸散估算	Penman-Monteith 估算模型	估算参考作物蒸散	Allen et al.,1998;曹雯 等,2011;张方敏 等,2009
复种指数潜力估算	MCI 模型	估算最大复种指数潜力	范锦龙 等,2004
生产潜力估算	对光合生产潜力逐步进行温度订正和水分订正方法	估算一季稻光温生产潜力、冬小麦气候生产潜力	郭建平 等,1995;黄明斌 等,2000
种植界限	≥10 ℃活动积温	确定一季稻和冬小麦种植界限	国家气象局展览办公室,1986
气象灾害	高温热害指标 作物霜冻害等级 冬小麦、油菜涝渍等级	辨识一季稻高温热害 辨识冬小麦霜冻害 辨识冬小麦涝渍灾害	高素华 等;2009,杨炳玉 等,2012 中国气象局,2008 中国气象局,2009
虫害	稻飞虱测报调查规范	确定褐飞虱和白背飞虱发生危害程度	中华人民共和国国家质量监督检验检疫总局 等,2009

6.2 气候变化对江苏省农业的影响

6.2.1 气候变化对农业气候资源的影响

6.2.1.1 光合有效辐射

光合有效辐射是能为作物进行光合作用的那部分光谱区,波段范围为 400～700 nm 或 380～710 nm(冯秀藻 等,1991)。光合有效辐射是形成生物量的基本能源,控制着陆地生物有效光合作用的速度,直接影响到植被的生长、发育、产量与产量形成(左大康 等,1991)。光合有效辐射也是重要的气候资源,影响着地表与大气环境物质、能量交换(Li et al.,1997;董泰锋 等,2011)。

日均温≥0 ℃期间光合有效辐射与江苏省年光合有效辐射的分布情况基本一致,呈由东北向西南的递减趋势,如图 6.1(a)所示。日均温≥0 ℃期间光合有效辐射在 1992～2188 MJ/m^2,变化幅度为 196 MJ/m^2。北部地区以及苏南东部普遍较高,在 2100～2188 MJ/m^2。低值区位于西南部,包括南京西部、镇江中南部、常州北部、无锡西部、苏州西部。江苏省大部日均温≥0 ℃期间光合有效辐射呈减少趋势,如图 6.1(b)所示。减少幅度低于 153 MJ/m^2/10 a。光合有效辐射减幅较大地区主要位于徐州北部和南部、连云港西部、宿迁中东部、淮安西部、盐城北部和中部、镇江中部、常州西南部、苏州西部和东部、南通西南部,减幅在 90～153 MJ/m^2/10 a。淮安南部、扬州北部、泰州东南部日均温≥0 ℃期间光合有效辐射略有增加,但增幅低于 51 MJ/m²/10 a。江淮地区大部日均温≥0 ℃期间光合有效辐射在±50 MJ/m²/10 a 范围内变化。

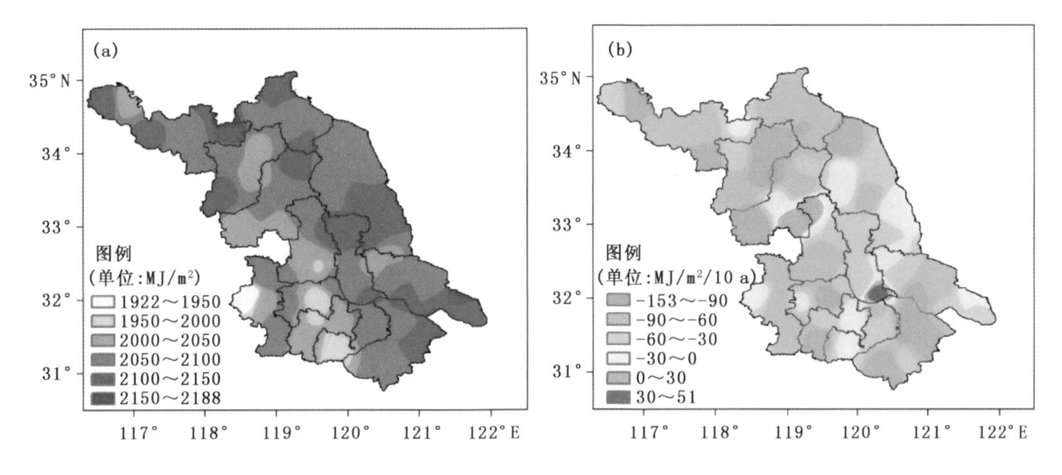

图 6.1 日均温≥0 ℃期间光合有效辐射分布(a)及其变化率(b)

日均温≥10 ℃期间光合有效辐射与日均温≥0 ℃期间光合有效辐射的分布情况存在局部差异,如图 6.2(a)所示。日均温≥10 ℃期间光合有效辐射南北差异较小,在 1518～1703 MJ/m²,变化幅度为 185 MJ/m²。北部地区以及苏南东部较高,多高于 1600 MJ/m²。高值区在徐州中北部和东南部、宿迁西部、泰州西北部和南部、南京南部、苏州南部和南通南部,在 1650～1703 MJ/m²;低值区南京西部和镇江东部,在 1518～1550 MJ/m²。日均温≥10 ℃期间光合有效辐射呈减少趋势,减幅低于 113 MJ/m²/10 a,如图 6.2(b)所示。徐州北部和南部、连云港东北部和南部、宿迁中东部、淮安中部和西部、盐城北部、苏州东部和西南部日均温≥10 ℃期间光合有效辐射减幅可达 60～113 MJ/m²/10 a。淮安南部、扬州西北部、盐城南部、南京西部、镇江东北部、常州中东部、无锡大部、苏州北部、南通北部和西部日均温≥10 ℃期间光合有效辐射略有增加,但增幅在 84 MJ/m²/10 a 以内。

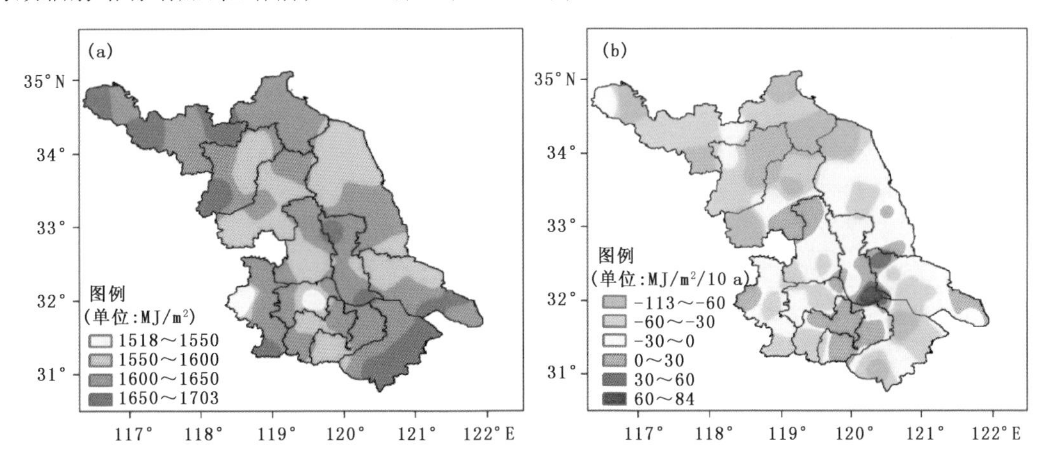

图 6.2 日均温≥10 ℃期间光合有效辐射分布(a)及其变化率(b)

江苏≥0 ℃期间光合有效辐射减小幅度达 153 MJ/m²/10 a,≥10 ℃期间光合有效辐射减小幅度达 113 MJ/m²/10 a,而这些减少区域多在江苏北部和南部,光合生产潜力下降,不利于水稻及冬小麦等作物的产量形成。

6.2.1.2　无霜期

作物生长季内，当地面温度降至 0 ℃或以下时，多数喜温作物会遭受霜冻。秋季出现的第一次霜冻为初霜冻，春季出现的最后一次霜冻为终霜冻；初终霜冻之间日数为无霜期，以衡量喜温作物大田生长期长短。

江苏省无霜期由北向南递增，最短 214 d，最长 265 d，如图 6.3(a)所示。无霜期日数纬向分布显著，江苏北部无霜期短于中部地区，中部地区无霜期短于南部地区。其中，江苏北部地区无霜期多在 214～230 d，江苏南部地区无霜期多为 240～265 d，江苏中部地区无霜期多在 230～240 d。最长无霜期与最短无霜期相差最多可达 51 d。除无锡西南部，全省其余地区无霜期呈延长趋势，如图 6.3(b)所示。江苏徐州北部和东部、连云港东北部、宿迁南部、扬州北部、泰州中南部、南通北部和东南部、南京中部、镇江东部、常州中东部、无锡东部和苏州东部无霜期延长趋势明显，无霜期每 10 年最多可延长达 10 d。连云港西部、宿迁大部、淮安东北部和西南部、盐城大部、泰州东北部、南京西部和南部、镇江西部、苏州南部、南通中部和南部地区无霜期延长幅度也可达 2～6 d/10 a。总之，江苏无霜期的延长，理论上为粮食作物种植提供了更充足的热量资源，若适当调整熟制，可使单位面积周年粮食单产增加。

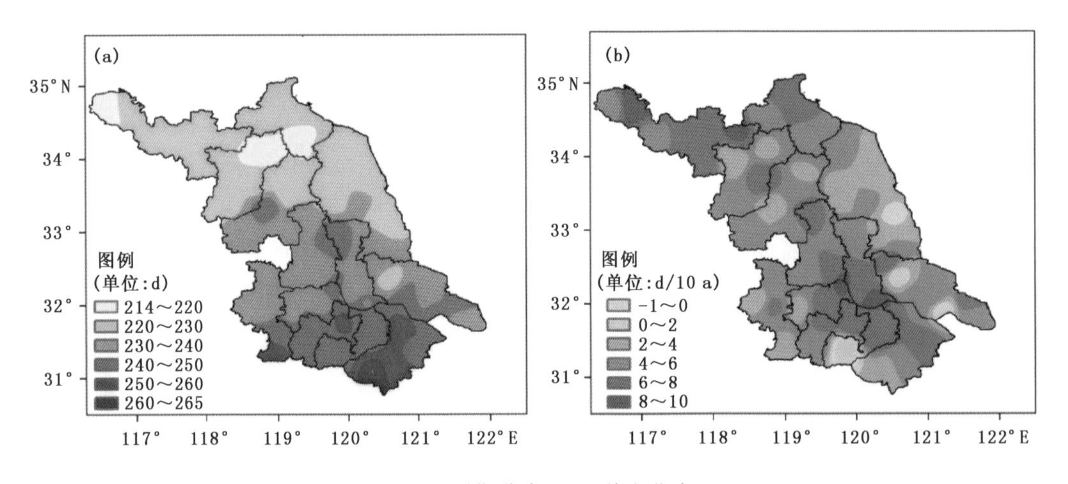

图 6.3　无霜期分布(a)及其变化率(b)

6.2.1.3　最热月与最冷月平均温度

最热月平均温度是重要的热量指标，一方面需满足喜温作物的生长热量需求，另一方面，高温是作物生长的重要威胁。江苏全省最热月平均气温由东北向西南呈递增趋势，如图 6.4(a)所示。温度变化范围在 26.3～28.6 ℃，相差约 2.3 ℃。西南部地区为高值区，最热月平均气温普遍在 28.0 ℃以上；中部地区为次高值区，最热月平均气温在 27.0～27.5 ℃；东北部地区最热月平均气温最低，温度范围为 26.3～26.5 ℃。1961—2012 年全省除淮安西南部和东部最热月平均气温有所下降，但降幅低于 0.1 ℃，其余地区最热月平均气温总体呈上升趋势，如图 6.4(b)所示。江苏省主要以苏南增温比较明显，而江淮东北大部(主要是盐城地区)和淮北南部大部分地区增温较慢。其中以泰州市、扬州市、苏州市、无锡市等地增温速率最高，达 0.3 ℃/10 a。总体而言，扬州南部、泰州西南部、南京、镇江、常州、无锡和苏州地区是该省高温地区，且温度升高趋势较显著。高温天气将严重影响水稻结实率，可引起秕粒、早衰，缩短灌浆持续期。

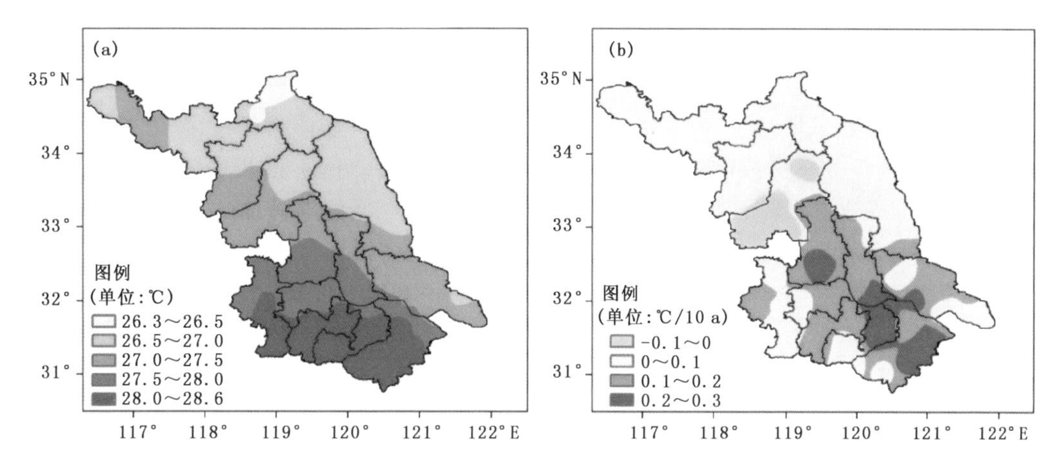

图 6.4　最热月平均气温分布(a)及其变化率(b)

最冷月平均温度表征冬季的严寒程度，对冬小麦等越冬一年生作物的种植有决定性影响，并限制地区热量资源的充分利用，决定农业布局。江苏全省最冷月平均气温由西北向东南呈递增趋势，如图 6.5(a)所示。温度变化范围在−0.4～3.7 ℃，相差约 4.1 ℃。东南部地区为高值区，最冷月平均气温普遍在 3.0 ℃以上；中部地区为次高值区，最冷月平均气温在 1.0～3.0 ℃；西北部地区最冷月平均气温最低，温度范围为−0.4～1.0 ℃。1961−2012 年全省最冷月平均气温呈显著上升趋势，如图 6.5(b)所示。最冷月平均气温升高幅度为 0.1～0.5 ℃/10 a。其中以徐州西北部、淮安南部、扬州北部、泰州南部、无锡东北部、苏州北部和东南部最冷月平均气温增速最高，达 0.4～0.5 ℃/10 a；淮安中部、南京西部、无锡西南部、苏州西南部最冷月平均气温增速最低，速率为 0.1～0.2 ℃/10 a。江苏冬季严寒程度有所减弱，最冷月平均温度呈升高趋势，高于最热月平均温度升高趋势。若单独考虑温度的升高，冬小麦的生育期将缩短，特别是灌浆期长度将明显缩短，干物质产量将减少。

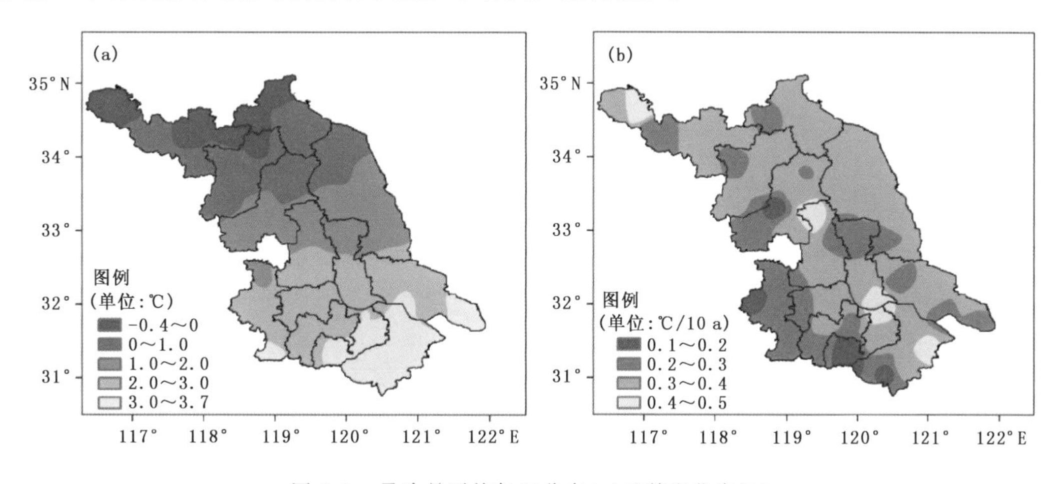

图 6.5　最冷月平均气温分布(a)及其变化率(b)

6.2.1.4 参考作物蒸散量与水分盈亏量

参考作物蒸散量是假定参考作物的高度为 0.12 m，作物冠层阻力为 70 s/m，地表反射率为 0.23 条件下土壤水分蒸发和植物蒸腾量，是土壤水分的主要支出项（曹雯 等，2011）。江苏全省参考作物蒸散量在 909.3～1038.0 mm，北部蒸散较多，东部沿海相对较少，如图 6.6(a)所示。徐州西北部和东部、连云港北部、宿迁西南部、泰州西北部、扬州东部、南京南部、常州东部、苏州南部地区参考作物蒸散量较大，可达 990.0～1038.0 mm。徐州中南部、连云港东北部、宿迁北部、淮安中部、扬州西北部、南京中南部、泰州南部、无锡北部地区参考作物蒸散量也可达 980.0～990.0 mm。宿迁东北部、淮安东北部、盐城东南部、泰州东部、南通中北部、镇江中东部、常州南部参考作物蒸散量较小，为 909.3～950.0 mm。如图 6.6(b)所示，1961—2012 年全省参考作物蒸散量南北差异显著，变化率为－30.3～28.7 mm/10 a。江苏省北部蒸散量呈减少趋势，南部大部分地区为增加趋势。徐州北部和南部、连云港西部和中南大部、宿迁东北部和西南部、淮安西部蒸散量减少趋势显著，减幅为 20.0～30.3 mm/10 a。扬州北部、南京西部、泰州南部、南通北部和东南部、常州中东部、无锡东部和苏州东南部地区蒸散量呈增加趋势，增幅为 10.0～28.7 mm/10 a。

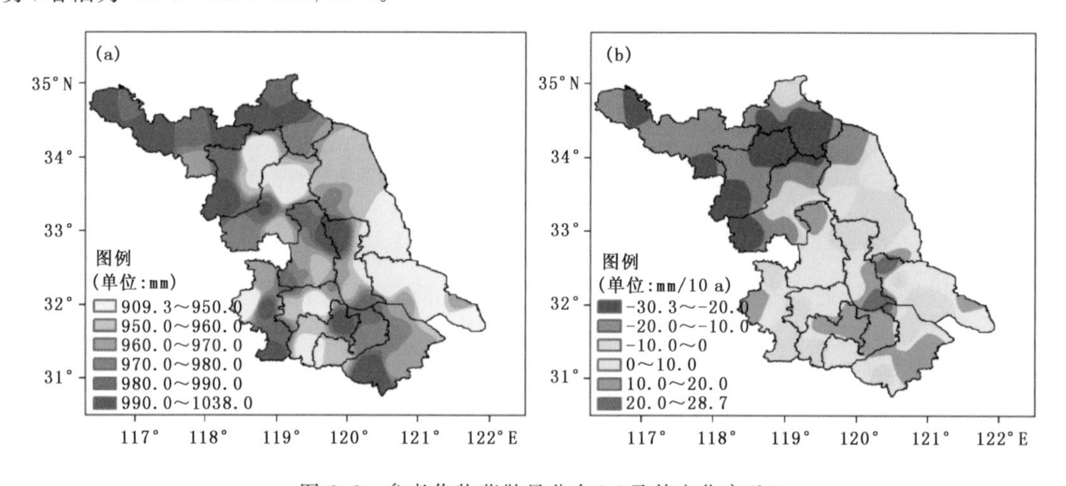

图 6.6 参考作物蒸散量分布(a)及其变化率(b)

水分盈（多余量）亏（短缺量）描述水分盈余和亏缺，其分配情况关系到作物分布。不考虑土壤水分渗透，以降水量(r)和参考作物蒸散(ET_0)之差表征水分盈亏量(V)，即：$V=r-ET_0$。当 V 大于 0 时，表示有水分盈余；V 小于 0 时，表示水分有亏缺；V 等于 0 时，表示水分收支平衡。江苏省水分盈亏状况由西北向东南呈现出由亏缺到盈余的分布规律，变化范围在－270.1～200.0 mm，相差约 470.0 mm，如图 6.7(a)所示。盐城东南部、南通中北部和东南部、南京西部和南部、镇江南部、常州西部、无锡中西部以及苏州大部地区为水分盈余区，盈余量约为 100.0～200.0 mm；盐城中北大部、泰州大部、扬州大部、淮安东部和南部地区水分盈余量最大也达 100.0 mm；西北部地区水分最为亏缺，其中徐州西北部为水分亏缺最严重地区，亏缺量达 150.0～270.1 mm。徐州中部和东部、连云港西部和宿迁西南部水分亏缺也有 50.0～150.0 mm。1961－2012 年江苏省水分盈亏量增减趋势显著，如图 6.7(b)所示。徐州中东部、盐城西部、东部和南部、南通北部、泰州南部水分盈亏量呈较大减少趋势，减幅为 20.0～42.2 mm/10 a，亏缺倾向显著。连云港中部、盐城北部和西南部、扬州南部、常州大部、无锡东部水分有进一步亏缺倾向，减幅小于10.0 mm/10 a。徐州西北部、连云港西北部、宿迁大部、淮安西北部、南京南部、镇江西部、无锡西部、苏州大部、南通西南部水分盈亏量呈增加趋势，增加率为20.0～52.1 mm/10 a，盈余倾向显著。

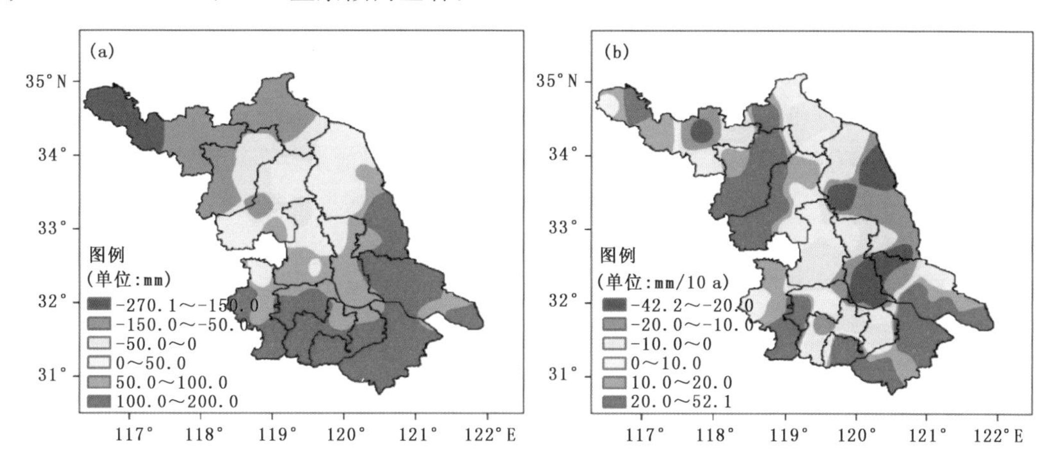

图6.7　年水分盈亏量分布(a)及其变化率(b)

江苏北部地区蒸散量较大，尽管呈减少趋势，依然是全区主要水分亏缺地区，特别是徐州东北部和连云港中部地区依然有显著水分亏缺倾向。泰州、扬州、南通、无锡、常州和镇江地区有100.0 mm的盈余量，但蒸散量呈增加趋势，水分亏缺倾向显著。

6.2.2　气候变化对农业种植制度的影响

6.2.2.1　复种指数及其潜力变化

复种指数指一块地一年内种植作物的次数。在单产一定的情况下，复种指数越高，粮食产量也就越高(Cao et al.，2005；左丽君 等，2009)。复种指数有潜力复种指数和实际复种指数之分。复种指数潜力就是最大复种指数，即在充分利用该地区光、热、水资源时所能达到的最大复种指数(范锦龙 等，2004)。复种指数是耕作制度研究中衡量耕地资源集约化利用程度的基础性指标，也是宏观评价耕地资源利用基本状况的重要技术指标。

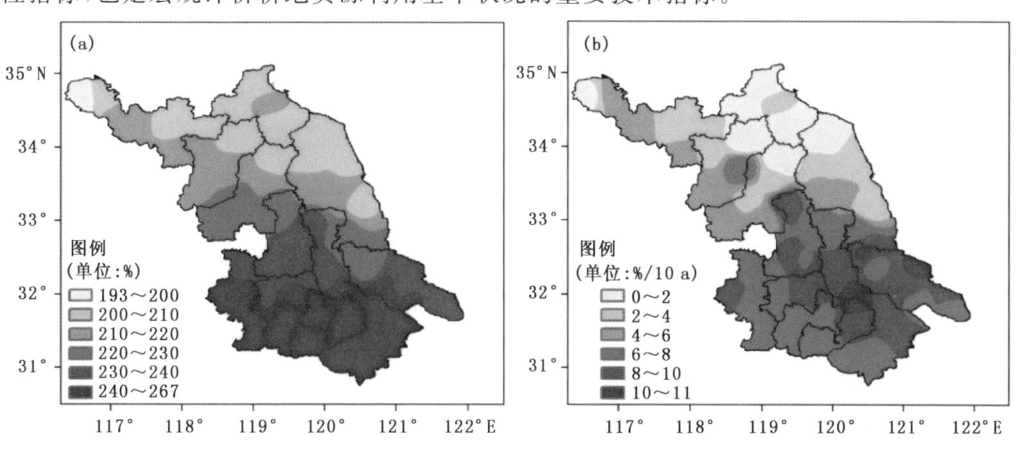

图6.8　复种指数潜力分布(a)及其变化率(b)

江苏省复种指数潜力的分布情况如图 6.8(a)所示。从图中可以看出,江苏省复种指数潜力由东北向西南呈递增趋势,变化范围在 193%～267%,相差约 74%。南京、镇江、常州、无锡和苏州大部、泰州南部、南通西南部复种指数潜力较大,在 240%以上,最大可达 267%。淮安西南部、扬州中南部、泰州中西部、南通中东部地区复种指数潜力也可达 220%～240%。徐州西北部和东部、连云港北部和南部、宿迁东部、淮安东北部和盐城西北部地区复种指数潜力偏低,为 193%～210%。1961—2012 年江苏省复种指数潜力变化率的分布情况如图 6.8(b)所示。江苏省复种指数潜力均呈上升趋势,总体形势与复种指数潜力分布类似,由东北向西南递增。徐州西北部和东部、连云港大部、宿迁东部、淮安东部、盐城北部地区复种指数潜力增加幅度较小,低于 2%/10 a。扬州北部和南部、泰州东南部、盐城南部、南通北部和东部、南京西部、镇江东部、常州东部、无锡北部、苏州北部复种指数潜力增加幅度较大,达 10%～11%/10 a。总体而言,≥0 ℃积温和降水量增加将使得复种指数潜力增加,江苏南部地区有较大的复种指数潜力。但受实际种植布局、人力、作物品种等因素限制,这些区域复种指数实际情况不一定能达到其最大水平。

6.2.2.2 早中晚熟水稻种植界线变化

早、中熟种一季稻品种偏向于早稻;晚熟种一季稻品种则偏向于晚稻。在现有种植制度下,早熟种一季籼稻不适宜种植,晚熟种一季籼稻适宜在江苏全省种植。不同年代气候条件下,中熟种一季籼稻的种植适宜区年代际变化如图 6.9 所示。20 世纪 60 年代,中熟种籼稻的适宜区从连云港的中南部,经由盐城中西部、南通市西南部地区一直向西南延伸至南京中部地区。到 20 世纪 70 年代,中熟种籼稻种植适宜区域的北界、南界均略有南移,适宜面积基本一致。20 世纪 80 年代,中熟种籼稻种植适宜区域北界又回复至 20 世纪 60 年代以北,同样,经由盐城中西部、南通市西南地区一直向西南延伸直至省际边界,适宜面积稍有扩张。到 20 世纪 90 年代,中熟种籼稻种植适宜区域包括了徐州市东部、宿迁市、淮安市、扬州市北部、镇江市、泰州市、苏州市东南部以及以东全部的沿海城市(连云港市、盐城市和南通市),相较于 20 世纪 60 年代,其适宜区北界继续北移,而南界也有所北移。中熟种籼稻的适宜种植南界继续

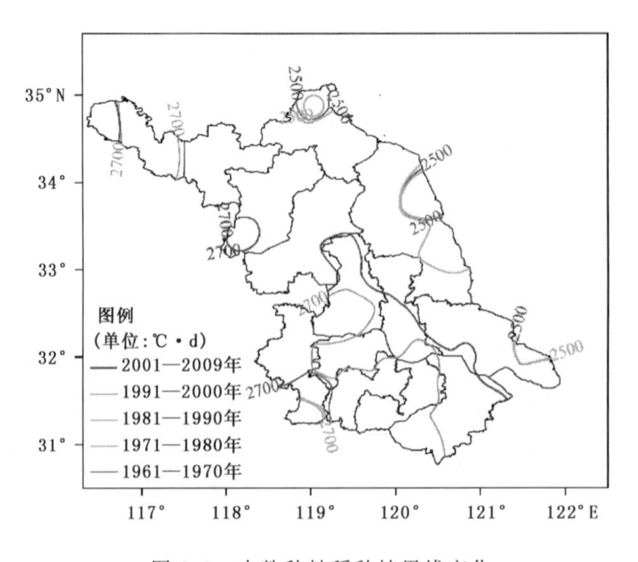

图 6.9 中熟种籼稻种植界线变化

向北移动，直至 21 世纪初，该边界已移出苏州市，穿过南通市，经由泰州中部，沿扬州市边界北上，到达宿迁西部，形成适宜种植的南界。由此可以看出，江苏中熟种籼稻移栽至成熟适宜区的年代际变化具有如下规律，即 20 世纪 70 年代适宜区南界、北界均略有南移，20 世纪 80 年代至 21 世纪初，其南北界持续向北移动，到 20 世纪 90 年代，适宜区北界已移出江苏省。中熟种籼稻适宜种植区南界以外的区域可种植晚熟种籼稻。

早、中熟种一季粳稻适宜种植区均有所缩小，晚熟种一季粳稻可种植面积扩大。不同年代气候条件下，早熟种粳稻的种植适宜区年代际变化如图 6.10(a)所示。20 世纪 60 年代，早熟种粳稻的适宜区从徐州中东部，经由宿迁东北部、淮安东北部、扬州大部分地区、镇江中部南下，沿无锡东北部边界，直至苏州东北部地区，并由此向东北部延伸，直至江苏省边界。到 20 世纪 70 年代，≥10 ℃活动积温等值线向西南方向移动，导致早熟种粳稻种植适宜区域的南界也向西南移动，适宜面积略有增加。20 世纪 80 年代，早熟种粳稻种植适宜区域南界又稍向北移，以徐州市中部、南京市北部、镇江市西南边界、常州市中部以及宜兴市东北部边界为界，向东北方向延伸直至江苏省界。20 世纪 90 年代直至 21 世纪初，早熟种粳稻种植适宜区边界继续东退北上，到 21 世纪初，该适宜区仅包括连云港市、宿迁东北部、淮安东北部、盐城大部分地区以及南通市东南部地区，早熟种粳稻在江苏省内的种植适宜区面积大大减少。由此可以看出，江苏早熟种粳稻种移栽至成熟适宜区的年代际变化规律表现为 20 世纪 70 年代适宜区南界略向西南移动，自 20 世纪 80 年代起，其南界逐渐向东北移动。中熟种粳稻的种植适宜区年代际变化如图 6.10(b)所示。20 世纪 60 年代，中熟种粳稻的适宜区包括连云港的北部，盐城东部、南通市东南部地区。到 20 世纪 70 年代，可以看到，中熟种粳稻种植适宜区域的南界略向西南移动，适宜面积稍有增加。20 世纪 80 年代，中熟种粳稻种植适宜区与 20 世纪 70 年代基本一致。到 20 世纪 90 年代，中熟种粳稻种植适宜区域南界向东北方向大幅移动直至 20 世纪 60 年代适宜区南界以东，中熟种粳稻种植适宜区包括连云港北部小部分区域、盐城东部以及南通东南部地区。中熟种粳稻适宜种植区南界以外的区域可种植晚熟种粳稻。

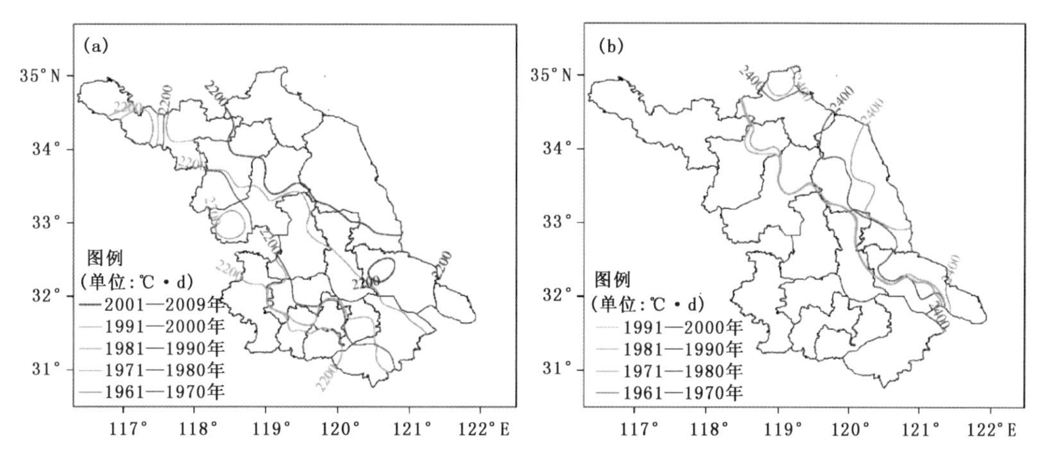

图 6.10　早熟种(a)与中熟种(b)粳稻种植界线变化

6.2.2.3　半冬性冬小麦种植界线变化

不同年代气候条件下，江苏半冬性冬小麦播种至年底的种植适宜区存在年代际变化，如图 6.11(a)所示。20 世纪 60 年代，半冬性冬小麦播种至年底的种植适宜区从江苏省中部地区一直向北延伸至江苏省边界，20 世纪 70 年代适宜区南界南移，适宜面积增大。到 20 世纪 80 年代，适宜区南界与 70 年代基本重合，北界向南移至徐州市沛县地区。20 世纪 90 年代，适宜区南界大幅北移，除盐城东部外，其大部分移至 60 年代南界以北，适宜面积减少。到 21 世纪初，江苏省适宜面积继续减少，南界继续北移，适宜区包括徐州市、宿迁西北部、淮安东北部、连云港市以及盐城西北小部分区域。

江苏半冬性冬小麦年初至成熟的种植适宜区也存在年代际变化，如图 6.11(b)所示。20 世纪 60 年代，半冬性冬小麦年初至成熟适宜区包括徐州市铜山县、南京市西南部、常州市西南部、宜兴市以及苏州市西南部地区。除徐州市铜山县外，20 世纪 70 年代适宜区与 60 年代基本相同。与 20 世纪 70 年代相比，20 世纪 80 年代适宜区北界略向东北移动，适宜面积稍有增大。到 20 世纪 90 年代，适宜区北界继续向东北移至江苏省中部，南界也随之北移至南京南部，适宜面积显著增大。21 世纪初，适宜区南界、北界均向东北方向大幅移动，适宜区域包括徐州丰县、徐州东部、宿迁市、淮安大部分地区、连云港中部、扬州北部及盐城西南小部分地区，经由泰州北部一直向东南延伸至南通市地区。

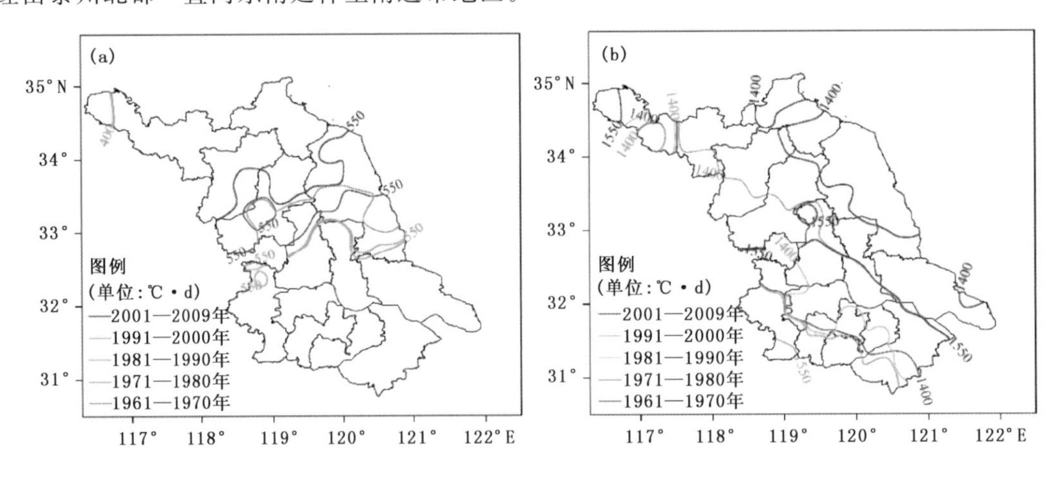

图 6.11 半冬性冬小麦种植界线变化:(a)播种至年底积温界线及(b)年初至成熟积温界线

6.2.3 气候变化对农业气象灾害的影响

6.2.3.1 农业气象灾害变化

影响江苏一季稻生产主要气象灾害是抽穗开花期高温热害。1961—2012 年一季稻抽穗开花期高温热害发生频率为 0～17 次，中西部多、东南部和东北部少，如图 6.12(a)所示。多发区域在扬州西南部、南京中北大部、镇江西部，发生频率为 10～17 次。徐州西南部、宿迁西南部、淮安中西部、扬州西北部、镇江中部、南京南部发生频率也可达 5～10 次。其余地区发生频率相对较少，低于 5 次。1961—2012 年一季稻抽穗开花期高温热害变化率如图 6.12(b)所示。全省一季稻抽穗开花期高温热害总体呈减少趋势。其中，南京北部、扬州西南部、淮安和徐州西南部减幅最大。镇江、常州和无锡东部、苏州东北部、南通中南部、盐城东北部和连云港东南部一季稻抽穗开花期高温热害略有增多。

霜冻害是影响江苏冬小麦生产的重要灾害，且以苗期霜冻害为主。1961—2012 年冬小麦苗期霜冻害发生频率可达 105 次，北部多而南部少，如图 6.13(a)所示。多发区域集中在徐州

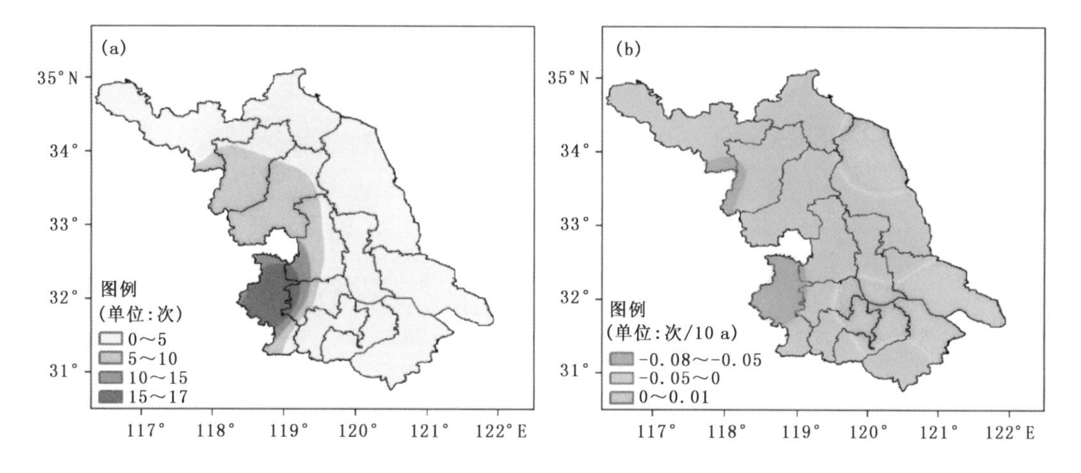

图 6.12 1961—2012 年一季稻抽穗开花期高温热害形势(a)及其变化率(b)

大部,发生频率可达 40～105 次。连云港大部、宿迁北部、淮安东北部地区发生频率也可达 20～40 次。其余地区发生频率相对较少,低于 20 次。1961—2012 年江苏省冬小麦苗期霜冻害变化率如图 6.13(b)所示。江苏省冬小麦苗期霜冻害呈减少趋势,北部区域减少幅度大于中南大部。徐州大部、连云港大部、宿迁东北部、淮安东北部、盐城东北部减幅较大,其余地区减幅较小。

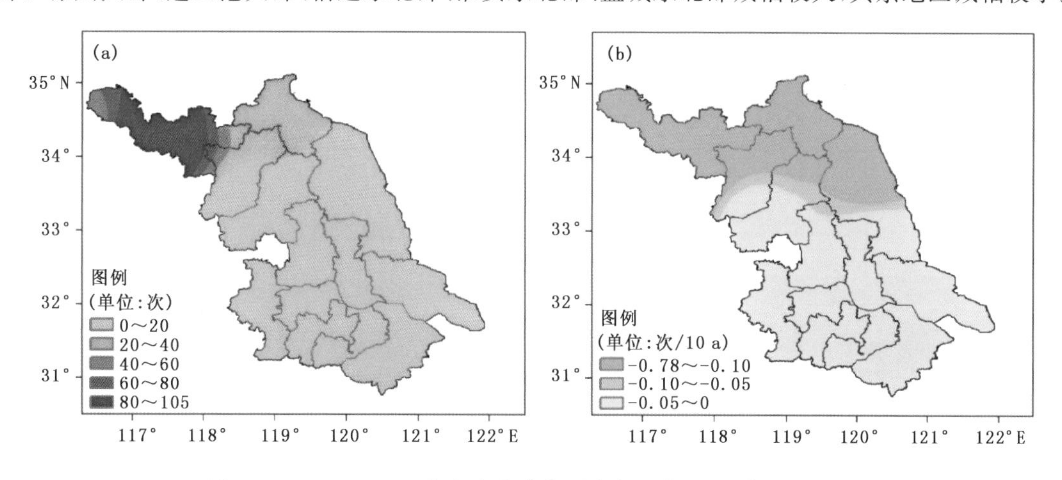

图 6.13 1961—2012 年冬小麦苗期霜冻害形势(a)及其变化率(b)

江苏冬小麦生产还受涝渍威胁,苗期、拔节期和抽穗灌浆期较多,孕穗期较少,如图 6.14 所示。苗期涝渍多发区域在南京南部、镇江东南部、泰州南部、常州、无锡与苏州大部,达 10～15 次;拔节期涝渍多发区域在苏州南部,为 10～12 次;孕穗期涝渍相对较少,最多 4 次;抽穗灌浆期涝渍多发区域在南京南部和西部、扬州和镇江东南部、常州大部、无锡西部、苏州南部和泰州西南部,为 5～11 次。1961—2012 年江苏省冬小麦主要发育期涝渍变化率如图 6.15 所示。苗期涝渍除苏州南部、南通西北部、泰州中北部和盐城南部地区略有减少,其余地区均有小幅增加。徐州、宿迁、淮安和扬州中西部地区冬小麦拔节期涝渍略有减少,其余地区有小幅增加。孕穗期和抽穗灌浆期涝渍总体呈减少趋势。无锡东南部、苏州大部和南通中部孕穗期涝渍和南京中部、镇江西北部、扬州西南部、无锡东南部和苏州西部抽穗灌浆期涝渍均略有增加。

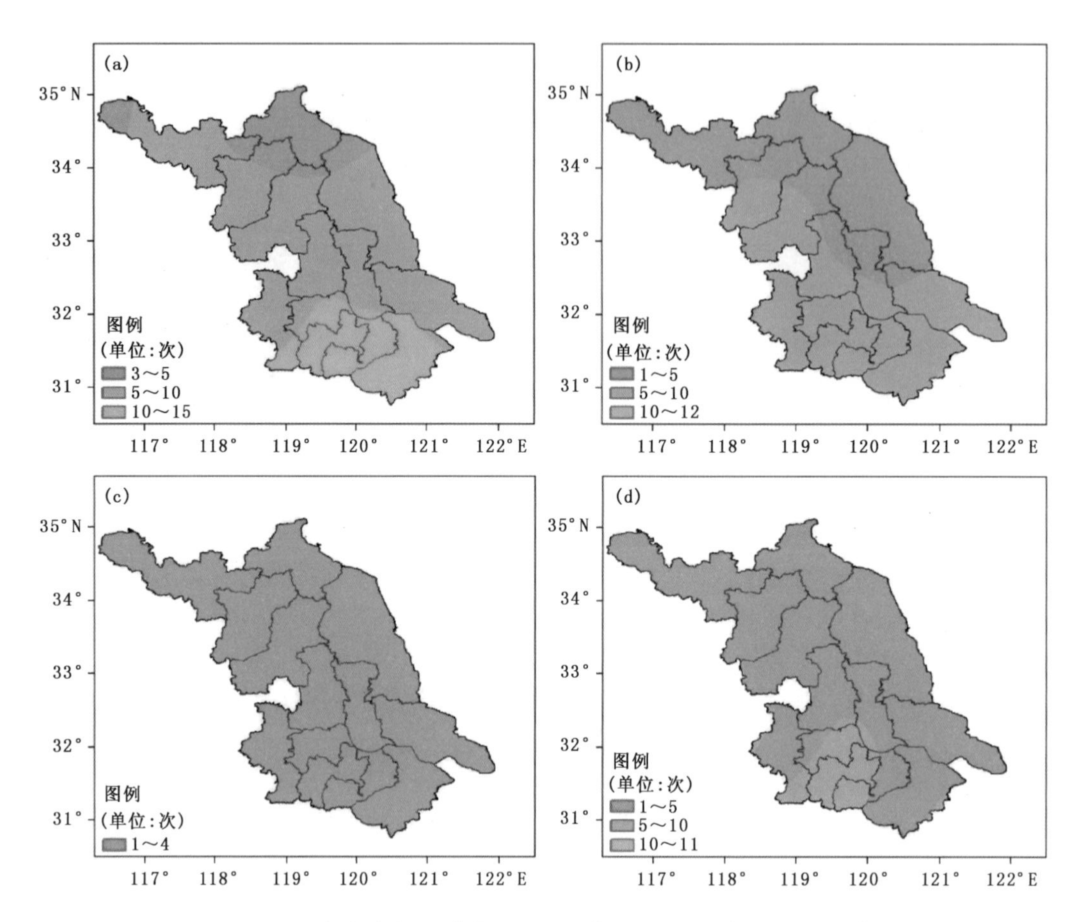

图 6.14　1961—2012 年冬小麦(a)苗期、(b)拔节期、(c)孕穗期与(d)抽穗灌浆期涝渍形势

6.2.3.2　农作物病害变化

江苏冬小麦易发赤霉病和白粉病。赤霉病一般可致冬小麦减产 10%～20%,大流行年份则可减产 50%～60%,甚至绝收。赤霉病主要为害冬小麦穗部,以腐穗为害最大。冬小麦赤霉病是典型的气候型病害,其发生与流行主要取决于当时的气象条件。长时间连续温暖、高湿、多雨是发病重的主要条件。冬小麦抽穗前后如遇阴雨天气,温度和湿度条件配合适宜即可能造成该病害大面积流行。江苏冬小麦抽穗期间,日平均气温一般已达 15.0 ℃,符合发病要求。1961—2012 年江苏主要三个区域冬小麦赤霉病病穗率形势如图 6.16(a)所示。总体而言,3 区沿江及太湖地区冬小麦赤霉病病穗率最高,其次是 1 区里下河地区,2 区宁镇扬地区最低。沿江及太湖地区冬小麦赤霉病病穗率呈减少趋势,减幅为 2.1%/10 a,高病穗率年份为 1973 年、1977 年、1983 年、1989 年和 2003 年,当年冬小麦赤霉病病穗率均超过 50%。里下河地区冬小麦赤霉病病穗率呈增加趋势,增幅为 0.7%/10 a,高病穗率年份为 1977 年和 2003 年,当年冬小麦赤霉病病穗率超过 50%。宁镇扬地区冬小麦赤霉病病穗率略呈减少趋势,减幅为 0.1%/10 a,高病穗率年份为 2003 年,当年冬小麦赤霉病病穗率超过 50%。

冬小麦白粉病在冬小麦各生育期均可发生,典型病状为病部表面覆有一层白色粉状霉层。主要为害叶片,严重时也为害叶鞘、茎秆和穗部。冬小麦受害后,可致叶片早枯,分蘖数减少,成穗率降低,千粒重下降。一般可造成减产 10%左右,严重可达 50%以上。江苏地处冬小麦

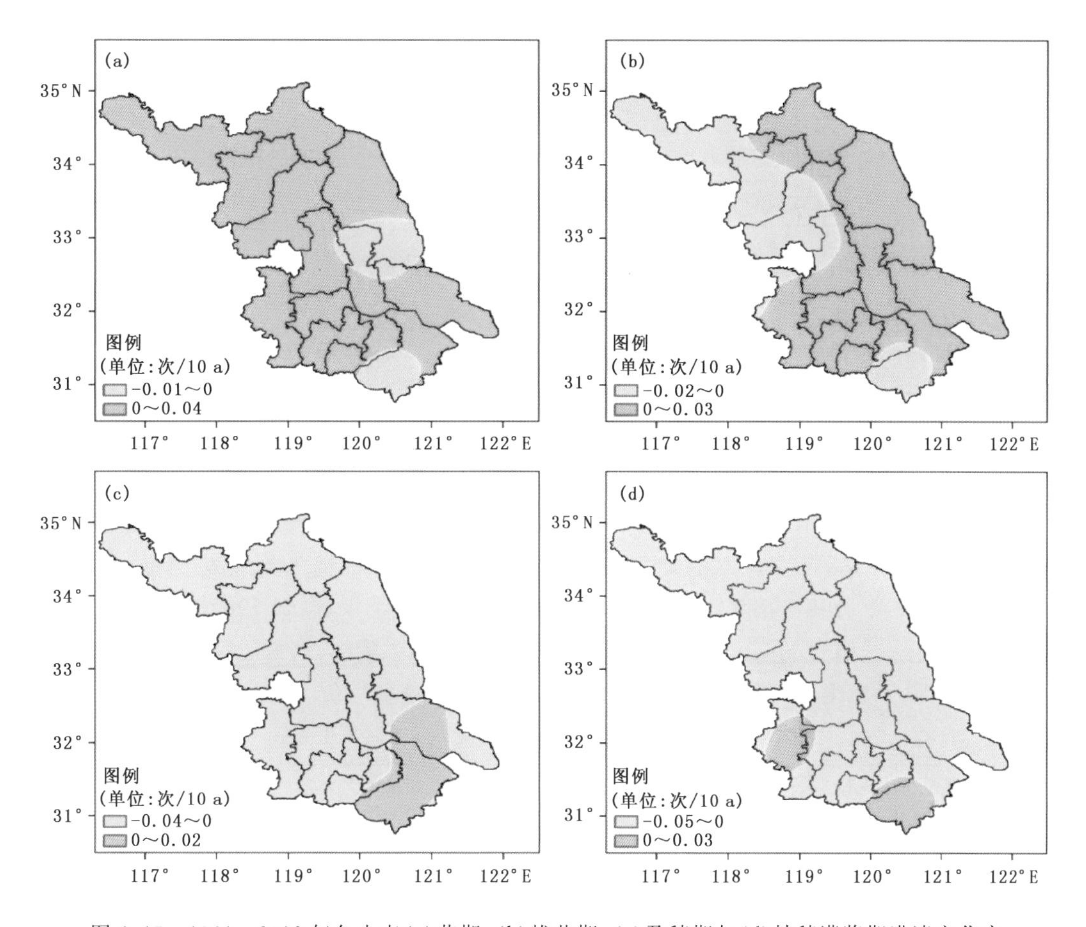

图 6.15　1961—2012 年冬小麦(a)苗期、(b)拔节期、(c)孕穗期与(d)抽穗灌浆期涝渍变化率

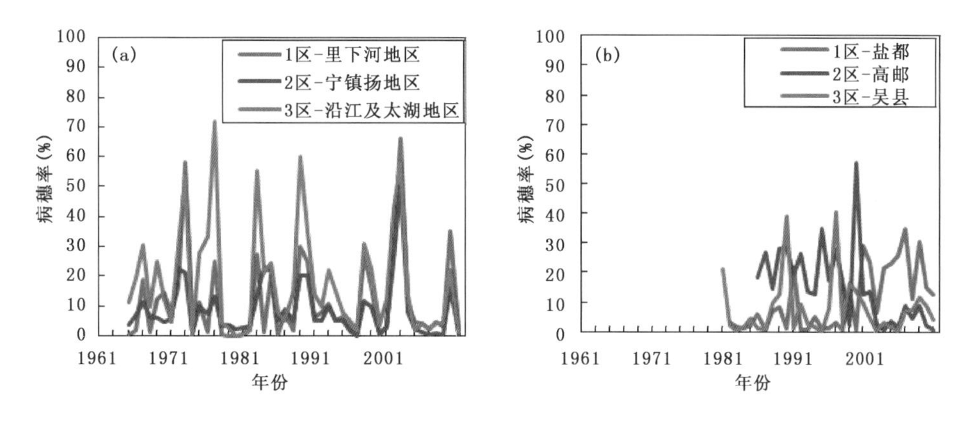

图 6.16　1961—2012 年小麦赤霉病(a)和白粉病(b)形势

白粉病长江流域常发气候区东部，1961—2012 年主要三个区域冬小麦白粉病病穗率形势如图 6.16(b)所示。总体而言，2 区高邮地区冬小麦白粉病病穗率最高，平均病穗率可达 15.7%；1 区盐都地区冬小麦白粉病病穗率次之，平均病穗率为 10.7%；3 区吴县地区冬小麦白粉病病穗率最低，平均病穗率为 8.0%。高邮地区冬小麦白粉病病穗率呈减少趋势，减幅为 9.5%/10a，

高病穗率年份为2002年，当年冬小麦白粉病病穗率达57.2%。盐都地区冬小麦白粉病病穗率呈增加趋势，增幅为7.8%/10a，高病穗率年份为2006年和2008年，当年冬小麦白粉病病穗率超过30%。吴县地区冬小麦白粉病病穗率呈减少趋势，减幅为0.5%/10a，高病穗率年份为1990年和1997年，当年冬小麦白粉病病穗率达40.0%左右。

6.2.3.3　*农作物虫害变化*

威胁江苏水稻的主要飞虱是褐飞虱与白背飞虱，以褐飞虱发生和为害最重。气象环境条件适宜时，稻飞虱繁殖迅速，造成灾害严重，一般为害损失10%～20%，严重为害损失40%～60%，甚至绝收。褐飞虱完成一世代的发育起点温度为11.7 ℃，有效积温为401.5 ℃·d，每年发生代数随迁入期早晚、总有效积温和栽培制度差别而不同。江苏每年可发生4～5代。1977—2012年江苏一季稻褐飞虱单站发生等级如表6.3所示。江苏宜兴和赣榆一季稻褐飞虱大发生年份均达8年，太仓达6年，通州5年，高邮4年。其中，宜兴1979年、1980年、1982年、1983年、1985年、1987年、1991年和2006年均为一季稻褐飞虱大发生年份；赣榆1979—1982年连续4年、1985年、1987年、1988年和2006年为一季稻褐飞虱大发生年；通州1983年、1985年、1987年、1991年和2006年为一季稻褐飞虱大发生年；高邮1983年、1987年、2006年和2007年为一季稻褐飞虱大发生年。1987年和2006年，赣榆、高邮、太仓、宜兴和通州同为一季稻褐飞虱大发生年，成为江苏全省范围褐飞虱发生较多年份。

表6.3　1977—2012年江苏一季稻褐飞虱单站发生等级

年份	赣榆	高邮	太仓	宜兴	通州	年份	赣榆	高邮	太仓	宜兴	通州
1977	1	1	1	1		1995	1	4	2	1	3
1978	1	1	5	4		1996	1	1	1	1	1
1979	5	1	1	5		1997	1	1	1	3	1
1980	5	1	4	5		1998	1	1	1	2	1
1981	5	2	1	3		1999	1	1	1	2	1
1982	5	2	2	5		2000	1	1	1	1	1
1983	2	5	1	5	5	2001	1	1	1	1	1
1984	1	1	1	1	1	2002	1	1	1	1	1
1985	5	3	2	5	5	2003	2	1	1	1	2
1986	1	1	1	2	1	2004	1	1	1	1	1
1987	5	5	5	5	5	2005	1	1	1	1	1
1988	5	1	4	1	2	2006	5	5	5	5	5
1989	1	1	1	1	1	2007	1	5	4	3	3
1990	1	2	1	4	1	2008	1	1	4	1	1
1991	1	4	5	5	5	2009	1	1	5	1	1
1992	1	1	2	1	2	2010	1	1	5	2	1
1993	1	1	1	2	3	2011				1	
1994	1	1	1	1	2	2012				1	

1977—2012年江苏一季稻白背飞虱单站发生等级如表6.4所示。江苏赣榆一季稻白背

飞虱大发生年份达 16 年，通州达 7 年，太仓 6 年，高邮和宜兴 3 年。其中，赣榆 1977 年、1979—1988 年连续 10 年、1990—1992 年连续 3 年、1994 年和 2005 年为一季稻白背飞虱大发生年；通州 1991 年、2003 年、2005—2007 年连续 3 年、2009 年和 2010 年为一季稻白背飞虱大发生年；太仓 1987 年、1991 年、2003 年、2005—2007 年连续 3 年为一季稻白背飞虱大发生年；高邮 1991 年、1995 年和 2010 年为一季稻白背飞虱大发生年；宜兴 2000 年、2003 年和 2007 年均为一季稻白背飞虱大发生年份；1991 年，赣榆、高邮、太仓和通州同为一季稻白背飞虱大发生年，成为江苏全省范围白背飞虱发生较多年份。

表 6.4　1977—2012 年江苏一季稻白背飞虱单站发生等级

年份	赣榆	高邮	太仓	宜兴	通州	年份	赣榆	高邮	太仓	宜兴	通州
1977	5	1	1	1		1995		5	3	1	2
1978	1	1	2	1		1996		1	2	1	1
1979	5	1	2	1		1997		1	2	3	2
1980	5	1	4	1		1998		1	1	4	1
1981	5	1	2	1		1999	1	1	2	3	1
1982	5	1	1	1		2000		2	1	5	4
1983	5	3	1	1		2001		1	1	1	1
1984	5	4	1	1		2002		3	2	2	1
1985	5	2	1	1		2003		1	5	5	5
1986	5	1	1	1		2004		1	1	1	2
1987	5	1	5	1		2005	5	1	5	1	5
1988	5	1	2	1	3	2006		1	5		5
1989	3	2	1	1	2	2007		2	5	5	5
1990	5	3	2	1	2	2008	4	1	3	2	4
1991	5	5	5	1	5	2009		1	3	1	5
1992	5	1	1	1	1	2010		5		4	5
1993	3	1	2	1	2	2011				1	
1994	5	1	2	1	1	2012					

6.2.4　气候变化对主要农作物产量的影响

以稻麦为主是江苏粮食生产结构的主要特征。这两种作物产量已占粮食总产 85%左右，构成江苏优势作物，在江苏省粮食总产构成中占有重要地位和作用。两种主要作物产量受气候变化的影响关系全省粮食安全。

6.2.4.1　气候变化对水稻产量影响

江苏省 1961—2012 年一季稻气象产量年际波动显著，如图 6.17 所示。其中，最大气象产量是 1984 年的 85.8 kg/hm^2，最小气象产量为 1977 年的 −73.2 kg/hm^2。20 世纪 70 年代至 80 年代初、80 年代末至 90 年代初以及 21 世纪前 10 年初一季稻气象产量有显著下降，对其生产负贡献分别达 34.1 kg/hm^2、28.6 kg/hm^2 和 23.1 kg/hm^2。

江苏省一季稻气象产量受气象条件的影响见图 6.18。播种育秧期(12－16 旬)对一季稻气象产量有较大负贡献的是日照时数(16 旬，−0.237)、日最高气温(16 旬，−0.315)以及日平

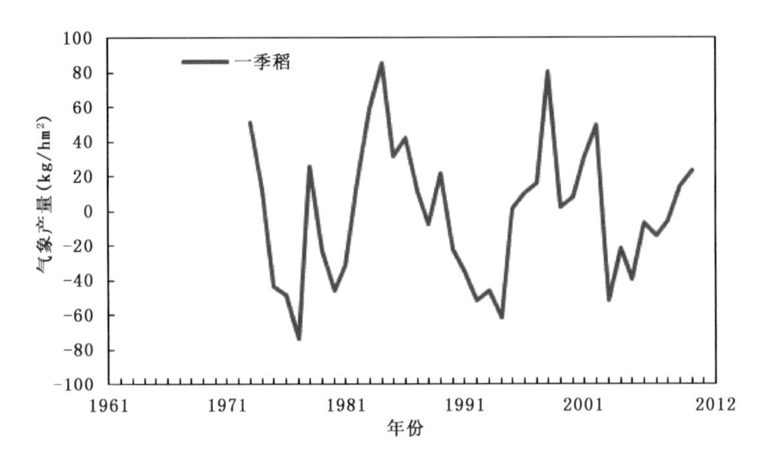

图 6.17 一季稻气象产量变化

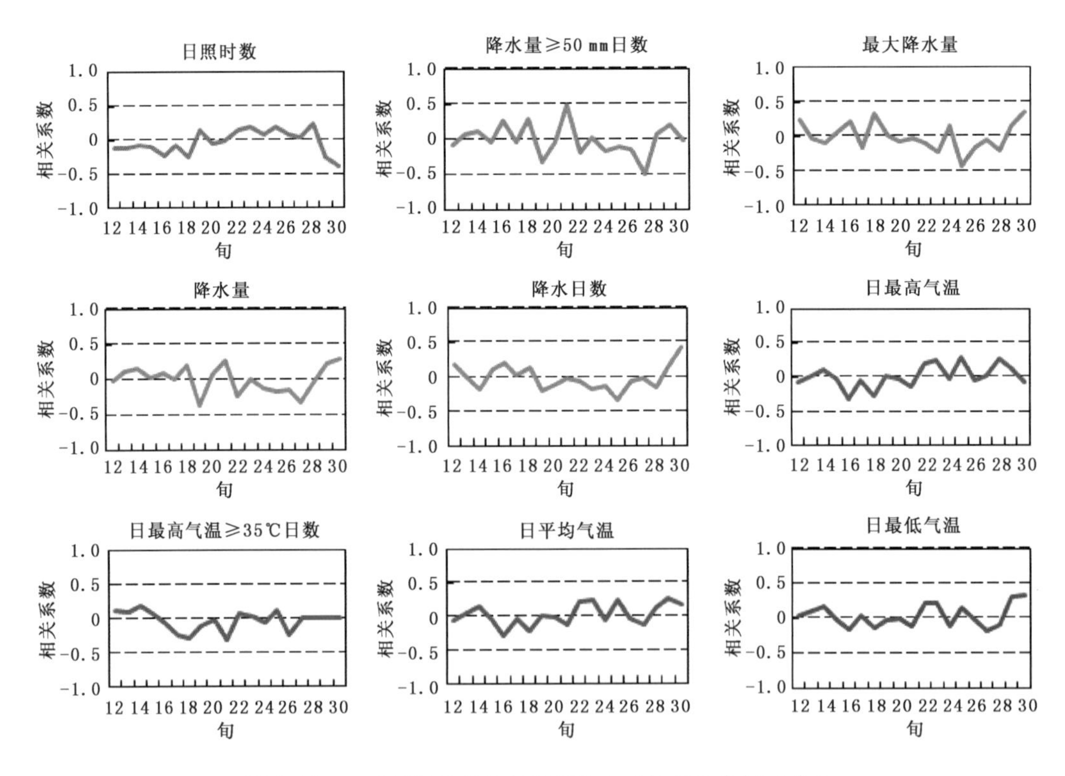

图 6.18 一季稻气象产量与发育期主要气象要素相互关系

均气温(16 旬,—0.295),移栽至孕穗期(17—23 旬)对一季稻气象产量有较大负贡献的是日照时数(18 旬,—0.257)、旬降水量≥50 mm 日数(19 旬,—0.327)、旬最大降水量(23 旬,—0.229)、旬降水量(19 旬,—0.360、22 旬,—0.226)、旬降水日数(19 旬,—0.200)、日最高气温(19 旬,—0.272)以及日最高气温≥35 ℃日数(17 旬,—0.253、18 旬,—0.300、21 旬,—0.317),抽穗灌浆期(24—28 旬)对一季稻气象产量有较大负贡献的是旬降水量≥50 mm 日数(27 旬,—0.503)、旬最大降水量(25 旬,—0.426、28 旬,—0.208)、旬降水量(27 旬,—0.316)、旬降水日数(25 旬,—0.333)以及日最高气温≥35 ℃日数(26 旬,—0.251)。对于江苏一季稻生产，播种育秧期的限制性条件是光照和温度，移栽至孕穗期光、温、水均有不同程度限制，抽穗灌浆期主要受降水和温度限制。

6.2.4.2　气候变化对小麦产量影响

1961—2012 年冬小麦气象产量年际波动也很显著，如图 6.19 所示。其中，最大气象产量是 1979 年的 71.1 kg/hm^2，最小气象产量为 1998 年的－108.1 kg/hm^2。20 世纪 60 年代末至 70 年代初、90 年代末至 21 世纪前 10 年初冬小麦气象产量均有较大幅度下降，对冬小麦生产负贡献分别达 34.5 kg/hm^2 和 41.3 kg/hm^2。此外，1967—1977 年连续 11 年、2000 年至 2005 年连续 6 年气候因素对江苏省冬小麦生产呈负面影响。

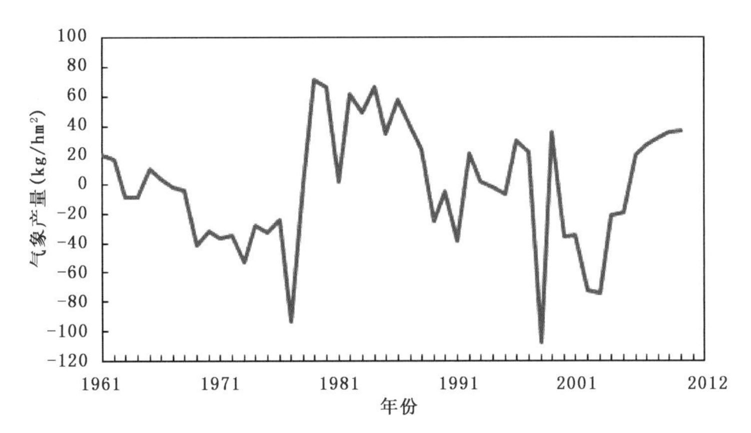

图 6.19　冬小麦气象产量的变化

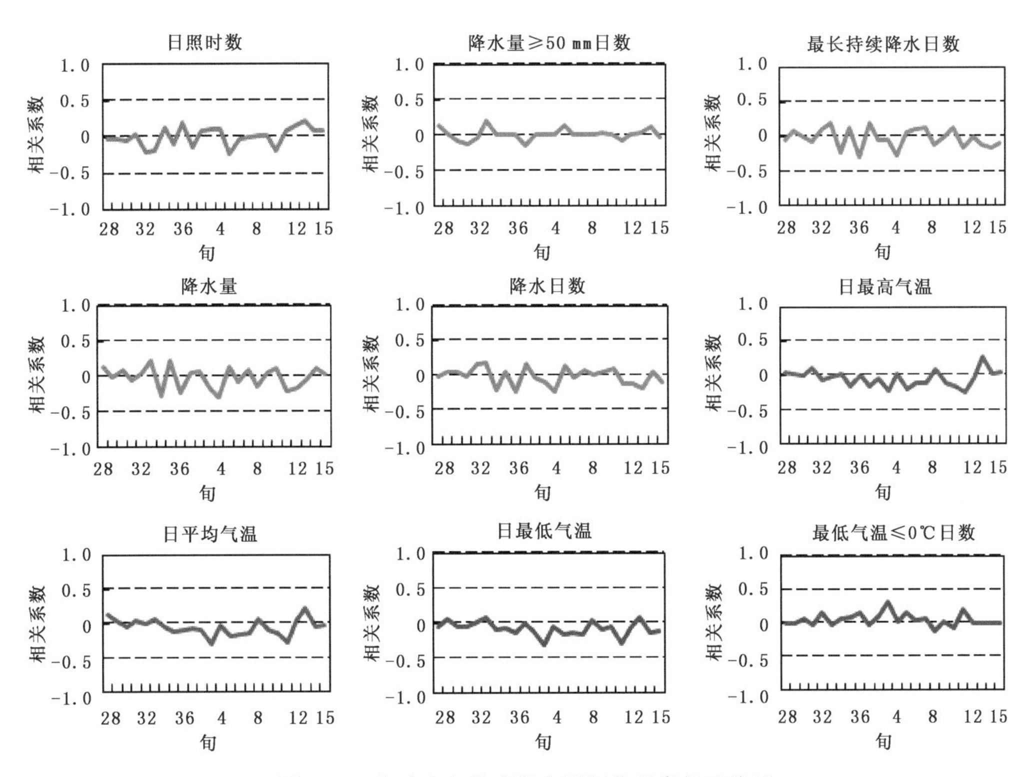

图 6.20　冬小麦与发育期主要气象要素相互关系

江苏省冬小麦气象产量受气象条件的影响如图 6.20 所示。苗期(30—35 旬)对冬小麦气象产量有较大负贡献的是日照时数(32 旬,−0.208)、最长持续降水日数(34 旬,−0.238)、降水量(34 旬,−0.272)以及降水日数(34 旬,−0.231),返青至孕穗期(4—11 旬)对冬小麦气象产量有较大负贡献的是日照时数(5 旬,−0.222)、最长持续降水日数(4 旬,−0.274)、降水量(4 旬,−0.292、11 旬,−0.202)、降水日数(4 旬,−0.241)、日最高气温(5 旬,−0.220、11 旬,−0.246)、日平均气温(11 旬,−0.281)、日最低气温(11 旬,−0.287),抽穗灌浆期(12—14 旬)冬小麦气象产量有较大负贡献的是降水日数(13 旬,−0.210)。对于江苏冬小麦生产,苗期光照和降水条件限制较大,返青至孕穗期光、温、水均有较大限制,抽穗灌浆期则以降水条件限制为主。

6.3 未来气候变化对江苏省农业的影响预估

粮食生产的空间分布格局与产量波动受气候条件变化影响,并且光照、温度和水分等对粮食生产的影响并非相互独立。气候的波动或变化,光、热、水匹配的农业气候资源亦发生相应变化,特别是季风气候波动性强,年际变率大,气候资源的不稳定性强。平均的光热水组合计算的生产潜力仅反映气候资源的背景值,而实际的光热水匹配随时间和空间变化,影响作物生产潜力。采用预估时段(2013—2050 年)IPCC AR5 RCP8.5 情景资料和基准时段(1961—1990 年)逐日资料估算未来气候情景下江苏主要粮食作物一季稻光温生产潜力和冬小麦气候生产潜力。

6.3.1 基准时段气候生产潜力

基准时段(1961—1990 年)江苏一季稻光温生产潜力为 13334 kg/hm^2,波动区间为 11870～15154 kg/hm^2,变异系数为 6.7%,如图 6.21(a)所示。一季稻光温生产潜力较高区域在泰州西部、扬州中南大部、南京南部、镇江、常州、无锡大部和苏州中西大部,可达 14000～15154 kg/hm^2;光温生产潜力较低区域在徐州东南部、连云港中南大部、宿迁和淮安中东部、盐城北部和南通东南部,最低为 11870 kg/hm^2。冬小麦平均气候生产潜力为 6599 kg/hm^2,波动区间为 4731～11990 kg/hm^2,变异系数为 23.1%,如图 6.21(b)所示。冬小麦气候生产潜力较高区域在徐州大部、连云港东北部和宿迁西部,可达 8000～11990 kg/hm^2;气候生产潜力较低区域在南通东南部,最低为 4731 kg/hm^2。

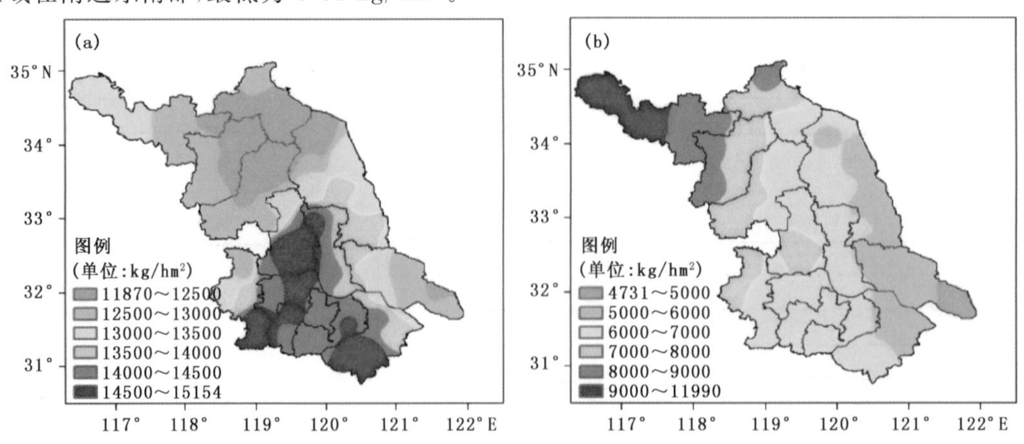

图 6.21 基准时段(1961—1990 年)(a)一季稻光温生产潜力与(b)冬小麦气候生产潜力

6.3.2　主要粮食作物生产潜力

6.3.2.1　一季稻光温生产潜力

以基准时段资料估算所得一季稻光温生产潜力为参照，获得 RCP8.5 排放情景下 2013—2020 年、2021—2030 年、2031—2040 年和 2041—2050 年一季稻光温生产潜力变化。

2013—2020 年较基准时段一季稻光温生产潜力总体增大，如图 6.22(a)所示。一季稻光温生产潜力变化幅度为 11.5%～36.0%，变异系数减小 4.0%，生产潜力更趋稳定。南通东南部一季稻光温生产潜力增幅最大，可达 30.0%～36.0%；无锡东南部、苏州东南部和西部增幅较小。

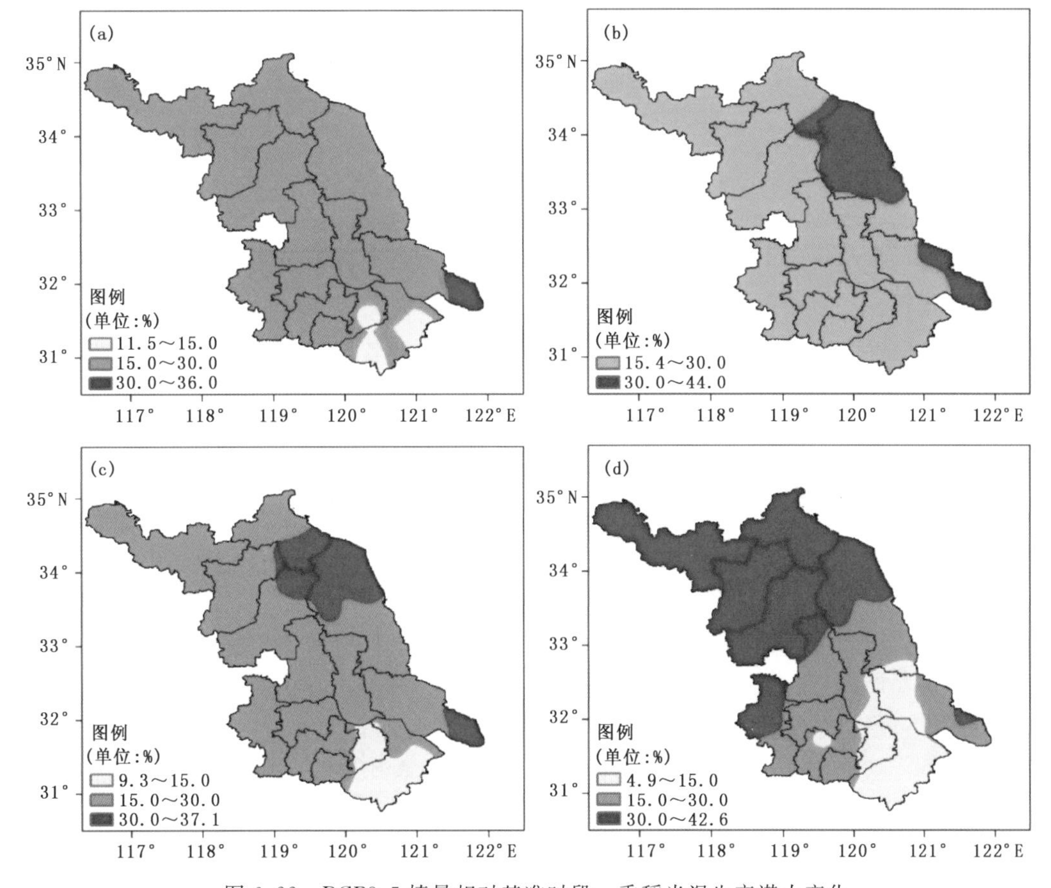

图 6.22　RCP8.5 情景相对基准时段一季稻光温生产潜力变化

(a)2013—2020 年、(b)2021—2030 年、(c)2031—2040 年和(d)2041—2050 年

2021—2030 年较基准时段一季稻光温生产潜力总体增大，东部增幅高于西部，如图 6.22(b)所示。一季稻光温生产潜力变化幅度为 15.4%～44.0%，变异系数减小 4.3%，生产潜力更趋稳定。南通东部、盐城中北大部、连云港南部和淮安东部一季稻光温生产潜力增幅较大，可达 30.0%～40.0%。

2031—2040 年较基准时段一季稻光温生产潜力总体增大，东北部和东南部增幅高于其余地区，如图 6.22(c)所示。一季稻光温生产潜力变化幅度为 9.3%～37.1%，变异系数减小

2.3%，生产潜力更趋稳定。连云港南部、宿迁东部、淮安东部、盐城北部和南通东南部增幅较大，为30.0%～37.1%；无锡东部和苏州南部增幅较小，为9.3%～15.0%。

2041—2050年较基准时段一季稻光温生产潜力总体增加，北部增幅普遍高于南部，如图6.22(d)所示。一季稻光温生产潜力变化幅度为4.9%～42.6%，变异系数增加1.9%，生产潜力不稳定性有所增强。增幅较大区域增幅可达30.0%～42.6%；增幅较小区域有所差异，主要在盐城南部、泰州东南部、常州中部和东部、无锡东部和苏州大部，增幅为4.9%～15.0%。

2013—2050年较基准时段一季稻光温生产潜力总体增加，最大增幅可达44.0%。2013—2040年变异系数有所减小，生产潜力更趋稳定，但2041—2050年变异系数有所增加，生产潜力不稳定性增强。淮北地区相比江淮和江南地区一季稻光温生产潜力有更高的增加幅度，江南地区增幅普遍较小。2031—2040年和2041—2050年一季稻光温生产潜力普遍高于2013—2020年和2021—2030年，但南北增幅差异增大。

6.3.2.2 冬小麦气候生产潜力

以基准条件估算所得冬小麦气候生产潜力为参照，获得RCP8.5排放情景下2013—2020年、2021—2030年、2031—2040年和2041—2050年江苏冬小麦气候生产潜力变化。

2013—2020年较基准时段冬小麦气候生产潜力，南部减幅大、北部减幅小，如图6.23(a)所示。冬小麦气候生产潜力变化幅度为−46.2%～12.7%，变异系数增加9.6%，生产潜力不稳定性有所增强。盐城西南部、泰州大部、扬州和南京南部、镇江、常州、无锡、苏州和南通大部减幅较大，可达30.0%～46.2%。连云港西南部、宿迁东部和西北部、盐城北部呈增加趋势，增幅最大为12.7%。

2021—2030年较基准时段冬小麦气候生产潜力变化差异显著，总体减小，如图6.23(b)所示。冬小麦气候生产潜力变化幅度为−46.1%～5.5%，变异系数减小7.5%，生产潜力稳定性有所增强。盐城南部、泰州大部、扬州东部、南京南部、镇江、常州和无锡大部、苏州西部以及南通西北部减幅较大，为30.0%～46.1%。连云港东北部有小幅增加，最大增幅为5.5%。

2031—2040年较基准时段冬小麦气候生产潜力总体呈南减北增态势，如图6.23(c)所示。冬小麦气候生产潜力变化幅度为−35.8%～35.9%，变异系数增加2.4%，生产潜力不稳定性有所增强。泰州南部、常州南部和东部以及无锡西部减幅较大，达30.0%～35.8%。淮安西南部增幅较大，可达30.0%～35.9%。

2041—2050年较基准时段冬小麦气候生产潜力总体呈南减北增态势，如图6.23(d)所示。冬小麦气候生产潜力变化幅度为−35.9%～18.5%，变异系数减小11.3%，生产潜力稳定性有大幅增强。盐城西南部、泰州南部、镇江东部、常州和无锡大部、苏州西部有较大减幅，为30.0%～35.9%。连云港南部、宿迁东南部、淮安东北部增幅较大，为15.0%～18.5%。

2013—2050年较基准时段冬小麦气候生产潜力总体减小，最大减幅可达46.2%。RCP8.5情景下生产潜力变异系数年代际变化较大，总体不稳定性较强。淮北地区相比江淮和江南地区冬小麦气候生产潜力有更高的增加幅度，江南地区增幅普遍较小。2031—2040年和2041—2050年冬小麦气候生产潜力高于2013—2020年和2021—2030年，但南北增幅差异增大。

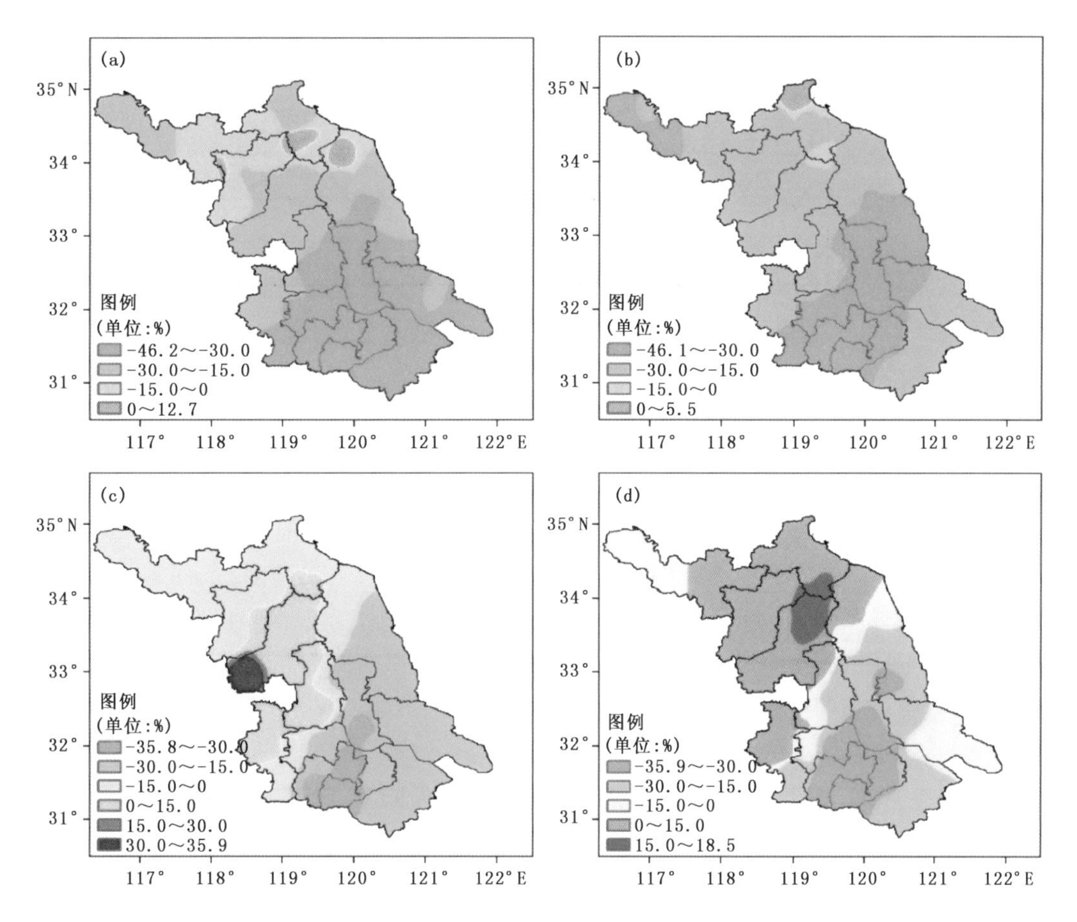

图 6.23　RCP8.5 情景相对基准时段冬小麦平均气候生产潜力变化
(a)2013—2020 年、(b)2021—2030 年、(c)2031—2040 年和(d)2041—2050 年

6.3.3　作物增产主要影响因素

未来气候情景下江苏一季稻和冬小麦均有较大增产潜力。淮北一季稻和冬小麦增产潜力大于江淮地区，江淮地区大于苏南地区一季稻和冬小麦增产潜力。不考虑一季稻和冬小麦种植品种、肥料施用等问题，这种增产潜力形势形成影响因素主要来自光照、热量和水分资源的配置。

2013—2050 年一季稻在 RCP8.5 情景下光温潜力占光合潜力比例(Yt/Yp)变化如图 6.24 所示。一季稻光温潜力占光合潜力比例呈增加趋势，增幅为 0.0473%/a，表明热量条件向利于产量形成方向发展。但这种增幅不显著，表明热量条件不是决定未来江苏一季稻增产形势的关键因素。进一步分析气候潜力占光温潜力比例(Yc/Yt)变化发现一季稻气候潜力占光温潜力比例呈减小趋势，减幅为 0.1717%/a，并且减幅显著高于光温潜力占光合潜力比例增幅，表明水分条件向不利于一季稻产量形成方向发展。若不考虑灌溉，未来情景下江苏一季稻热量条件较优，但水分条件逐渐成为一季稻增产的限制因素。

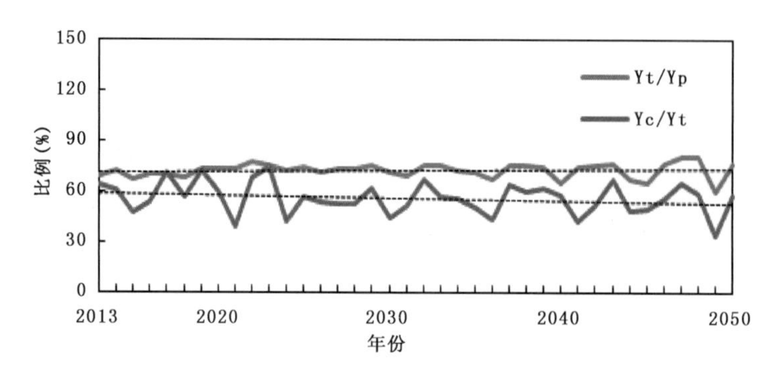

图 6.24 RCP8.5 情景 2013—2050 年一季稻光温潜力占光合潜力比例、气候潜力占光温潜力比例变化

2013—2050 年冬小麦在 RCP8.5 情景下光温潜力占光合潜力比例(Yt/Yp)、气候潜力占光温潜力比例(Yc/Yt)变化如图 6.25 所示。冬小麦光温潜力占光合潜力比例呈增加趋势，增幅为 0.1783%/a，表明热量条件向利于产量形成方向发展。但一方面这种增幅不显著，另一方面冬小麦光温潜力占光合潜力比例总体水平偏低，为 34.3%，表明热量条件是限制未来江苏冬小麦增产的关键因素。未来情景下江苏冬小麦气候潜力占光温潜力比例也呈增加趋势，但增幅较小，为 0.0768%/a，水分条件总体没有较大改变，但波动性较大。冬小麦气候潜力占光温潜力比例总体水平较高，为 69.1%，表明水分条件不会成为限制未来江苏冬小麦增产的因素。

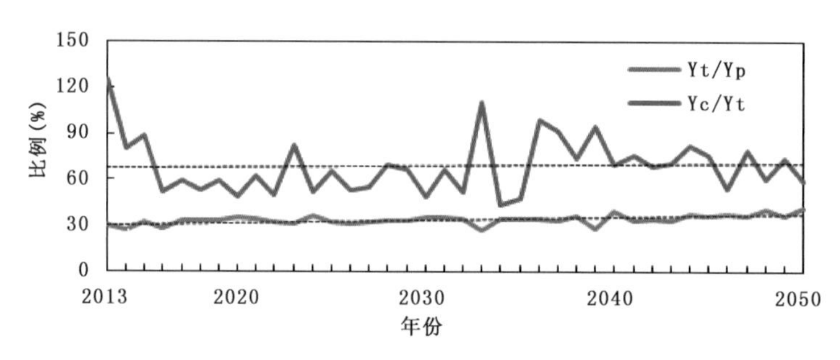

图 6.25 RCP8.5 情景 2013—2050 年冬小麦光温潜力占光合潜力比例、气候潜力占光温潜力比例变化

6.4 不确定性分析

气候变化对江苏农业的影响评估方法和结果尚存诸多不确定性，主要包括气候情景的不确定性，气象因素与非气象因素分离的不确定性，评估指标的适用性以及模型(气候模型、作物模型)的不确定性。

6.4.1 气候情景的不确定性

未来温室气体排放预测的不确定性，气候系统对排放反应的不确定性以及自然系统自身的不确定性等共同构成了气候情景的不确定性。未来温室气体排放预测的不确定性主要来源于不能准确地描述未来社会经济、环境变化、土地利用变化和技术进步等的非气候情景，可以通过模拟所有不同排放情景来解决。IPCC 气体排放方案涵盖了未来排放的所有可能方案，在这些排放方案下，未来气温升高幅度为2.0～5.0 ℃（熊伟，2009）。运行所有排放方案可以有效地解决温室气体排放的不确定性问题。气候系统对排放反应的不确定性主要是由于在目前科技水平下，尚不能完全界定气候系统对温室气体的浓度升高的反应，但可通过多种环流模式的运行一定程度上抑制这种不确定性。自然系统的不确定性是来自天气系统本身的可变性。在未来某个阶段，自然本身的变化与人为引起的气候变化共同作用引起更大程度和更加复杂的气候变化，或者自然本身的变化可以很容易地从人为的气候变化中分离开来。目前的技术水平还不能预测未来自然的变化，这种不确定性尚不能有效解决，仅可通过设置多种初始条件在某种程度上减小这种不确定性。

6.4.2 因素分离的不确定性

气象因素与非气象因素分离的不确定性存在于气候变化对农业影响评估多方面。作物品种更新、技术手段更新、施肥肥效变化等各种非气象因素存在于作物产量的形成过程，并与气象因素等共同作用形成最终产量。这些“共同作用”具有高度复杂性，应用非线性关系可以描述。气象产量与趋势产量的分离，常常是通过拟合、滑动平均等方法获得趋势产量，并以实际产量与趋势产量的差为气象产量。显然，趋势产量的获得存在极大不确定性，并且认为实际产量仅是趋势产量与气象产量的简单线性关系，也是不确定性的重要来源。

6.4.3 评估指标的适用性

评估指标的适用性，也构成气候变化对农业的影响评估重要的不确定因素，而形成这种不确定性的重要原因是作物品种抗逆性变化。未来若抗高温、抗旱、抗病虫害能力更强品种得以应用，基于现有指标进行的评估将使未来情景下农业实际受到的灾害形势优于目前的受害估计形势。目前这种不确定性尚无有效解决方法。

6.4.4 模型模拟的不确定性

气候模式和作物生产潜力估算模型的不确定性也是无法规避的。本章涉及的未来情景下模拟气象数据就是气候模式的输出结果，基于该结果模拟所得作物生产潜力也存在较大不确定性。图6.26对模式模拟的未来情景下气候资料不确定性进行说明。

基准时段模拟序列经订正后与同期观测序列偏差显著减小。总体而言，订正前区域气候模型模拟的冬季和春季气候要素显著高于同期实测值。这种较大偏差特别体现于日平均气温、日最低气温与降水（图6.26a，c，d）。日最高气温也有类似较大幅度偏差，但相对误差总体低于0.6（图6.26b）。订正后的日平均气温、日最低气温以及降水模拟值与实测偏差大幅减小，特别在冬春季节（图6.26a，c，d）。日最高气温模拟值经订正，与实测偏差也得到明显减小，相对误差基本在0.2左右（图6.26b）。但区域模型模拟结果与实测气象要素间的差异通过订正仍难以得到有效解决。此外，模型对于实际的表达能力、模型参数获取的准确性等构成气候生产潜力估算模型的不确定性。大气、作物与土壤间的物质能量交换呈高度非线性，并且气候多因子对作物产量形成的影响不是相互独立的；模型所需资料，参数获得又受实际观测条件限制。

因此，对于未来情景下的生产潜力预估均采用较基准时段生产潜力相对变化形势进行表述，一定程度上可规避模型的系统误差。并且对区域气候模型模拟结果的订正，也在一定程度上改善了冬季气温偏高、夏季气温偏低的情形，使得一季稻和冬小麦生产潜力预估可信度得到提高。

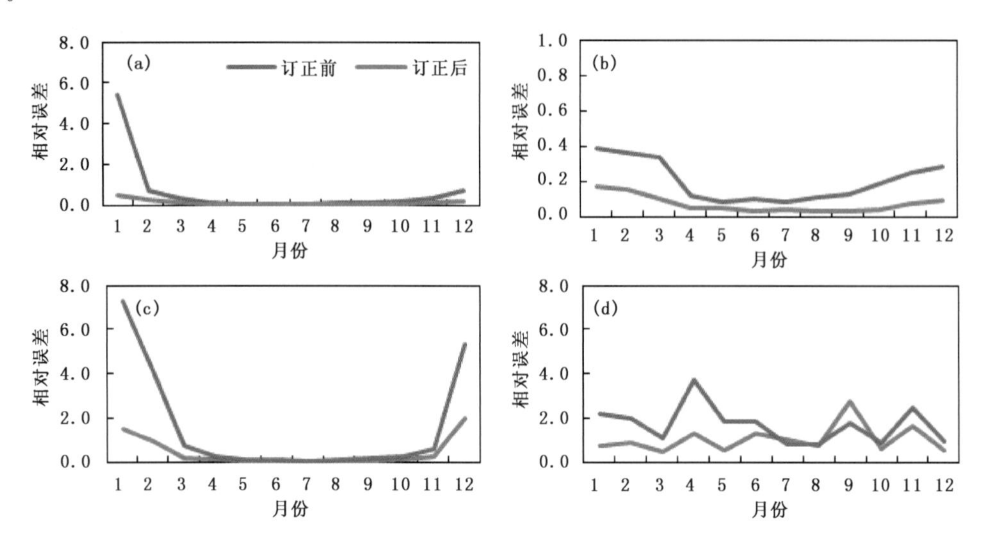

图 6.26　基准时段气候变化情景模拟要素与实测要素相对误差
(a)日平均气温、(b)日最高气温、(c)日最低气温和(d)降水

6.5　应对气候变化的对策与建议

气候变化对江苏省农业的影响客观存在，有利有弊、弊多利少。江苏省各级农业部门、农业科技界和广大农民仍面临严峻挑战。如何根据江苏省各地农业生产和气候变化特点，采取适当的策略应对气候变化，对未来农业生产的发展至关重要。

6.5.1　加强土地集约利用，发展高标准农田

由于受耕地和降水的限制，在已有产量的基础上实现粮食增产，往往需要投入更高的成本，付出更大的环境负载，因此，加强土地集约利用、缓解人地矛盾，建立健全耕地保障制度，优化耕地和基本农田布局，强化耕地数量和质量占补平衡。完善利于耕地保护和土地集约利用的政策法规，保障基本农田、发展高标准农田，以适应气候变化。大力支持高效设施农业、无公害清洁农业，推进农业产业化及集约化，推广农业金融保险，建立和完善农业保险制度，以增加农业生产积极性。

6.5.2　加强科技支撑，建设农业监测网络

强化现代农业气象监测预报能力，围绕现代农业生产各个环节和农作物生长发育的具体需求，优化农业气象观测站网布局和观测项目设置，重点增强主要粮食产区的农作物、土壤墒情和农田小气候观测能力。农业气象监测网络要进行调整和完善，要增设观测项目和时次。更新农业气象监测仪器，改变目前以手工操作为主，向自动监测为主及数据信息传输自动化的转变。

加强农业气象试验工作，为业务发展提供科技支撑。进一步加强农业气象灾害类型和指

标研究，农业气象灾害的发生发展规律探究以及农业气象灾害风险科学评估。建立多元化、多时效、精准化的现代农业气象预报业务，重点发展农用天气预报。同时，要提高农业气象灾害监测预报评估水平，建立和完善农业气象灾害监测、预报和预警业务，提高针对关键农事季节和具体农业生产活动的农业防灾减灾服务能力。

6.5.3　积极倡导公众参与

构建省、市、县三级现代农业气象业务服务体系。重点发展面向服务一线的市县级现代农业气象业务，强化市县现代农业气象观测基础，提高基层现代农业气象情报、现代农业气象预报和现代农业气象灾害监测预警与评估水平。拓展服务领域，完善服务方式。重点做好面向农村基层组织和农民的气象服务，密切关注与联系当地主导农业、特色农业、设施农业等现代农业的主体农户，提高农业气象服务信息传播能力，实现气象服务进村进户。加强面向农民的气象知识培训，提高农民使用农业气象信息的水平。

6.5.4　强化区域应对策略

6.5.4.1　淮北地区

水稻生产应注重如下方面：①徐州东南部、连云港西部和南部、宿迁东南部、西部和南部复种指数潜力及其增幅均较小，不建议大幅增加轮作，片面追求复种指数提高。宿迁中东部复种指数潜力较小但增幅较大，可以考虑适当增加轮作，以提高土地利用效率。②宿迁东南部、西部和中东部年光合有效辐射资源较少并且减少幅度较大，应注意提高一季稻光能利用率，可减缓或避免减产情况的发生，可考虑培育和选用高光效品种、优化一季稻群体结构等方法。徐州东南部、连云港西部和南部、宿迁南部年光合有效辐射资源较充沛，但减少趋势显著，注意加强现有品种与更高光效品种的对比甄选。③徐州、连云港中部和西部、宿迁西部水分亏缺量较大，其中以徐州西北部最为严重。徐州中东部亏缺倾向显著，连云港中部也呈现出进一步的亏缺倾向。应加强土壤墒情监测、优化灌溉方案，以免遭遇干旱灾害。④2013—2020 年淮北地区较基准时段一季稻光温生产潜力总体增大，2021—2030 年连云港的东南部光温生产潜力增幅较大，2031—2040 年连云港的东南部较基准时段增幅较大，2041—2050 年整个淮北地区一季稻光温生产潜力呈现出更高的增加幅度。因此，淮北地区应视具体条件稳定和适当增加一季稻种植规模。

冬小麦生产应注重如下方面：①连云港北部复种指数潜力及其增幅均较小，建议不宜大幅增加轮作，片面追求复种指数提高。②连云港北部年光合有效辐射资源较充沛且有小幅增加趋势，可通过现有品种产量表现考虑培育和选用更高光效品种、优化冬小麦群体结构等确保充分利用光能资源。③无霜期较短，未来无霜期延长趋势明显，但历史时期苗期霜冻害发生频次较多。应加强冬小麦冻害的防御工作及监测预报服务，可调整作物播种期或采用覆盖技术，以减少或避免冻害对冬小麦产量的影响。④2013—2020 年连云港西南部、宿迁东部和西北部冬小麦气候生产潜力呈增加趋势，2021—2030 年冬小麦气候生产潜力总体减小，仅连云港东北部有小幅增加，2031—2040 年总体呈增加态势，2041—2050 年连云港南部、宿迁东南部增幅较大，可考虑适当增加冬小麦种植面积。

6.5.4.2　江淮地区

水稻生产应注重如下方面：①淮安大部、盐城大部复种指数潜力及其增幅均较小，不建议大幅增加轮作。扬州大部、南通中北部复种指数潜力较小但增幅较大，可考虑适当增加轮作，提高土地利用效率。泰州大部、南通东南部、中部、市区附近及西北部复种指数潜力及其增幅均较大，可增加轮作，提高有限面积的土地利用效率。②淮安南部、扬州大部、泰州南部、南通西北和中北部年光合有效辐射资源较少并且减少幅度较大，应注意提高一季稻光能利用率可减缓或避免减产情况的发生。淮安北部、盐城大部、泰州北部、南通东南部和中部年光合有效辐射资源较充沛，但减少趋势显著，注意更高光效品种的培育。③南通东南部在2013—2020年和2021—2030年、盐城中北部在2021—2030年和2031—2040年、淮安东北部在2031—2040年、淮安和扬州北部在2041—2050年一季稻光温生产潜力增幅较大，可考虑适当增加种植面积。南通东南部、西北部、泰州东南部在2041—2050年一季稻光温生产潜力增幅较小，可维持现有种植规模或综合考虑土地利用效率，也可注意培育新品种，因此，江淮地区水稻种植面积也应在增加种植面积的基础上提高土地利用效率。

冬小麦生产应注重如下方面：①盐城东南部复种指数潜力及其增幅均较小，建议不宜大幅增加轮作。南通西北部复种指数潜力较小但增幅较大，可考虑适当增加轮作，提高土地利用效率。扬州东南部、泰州大部复种指数潜力及其增幅均较大，可增加轮作，提高有限面积的土地利用效率。②淮安南部、扬州大部、泰州南部、南通西北和中北部年光合有效辐射资源较少并且减幅较大，应注意提高冬小麦光能利用率，以减缓或避免减产情况的发生。扬州东南部、泰州南部、南通西北部年光合有效辐射资源较少但有小幅增加趋势，注意保持现有种植规模，根据冬小麦实际产量表现调整未来种植规模。淮安北部、盐城大部、泰州北部、南通东南部和中部年光合有效辐射资源较充沛，但减少趋势显著，注意更高光效品种的培育。盐城东南部、泰州北部年光合有效辐射资源充沛且有小幅增加趋势，在现有冬小麦品种种植基础上培育更高光能转化能力的冬小麦品种，适当增加优质冬小麦品种种植。③盐城大部、淮安东北部无霜期较短，延长趋势明显，且整个江淮地区苗期霜冻害发生次数较少，可适当增加半冬性冬小麦种植。扬州东部、泰州南部和西北部、南通西南部无霜期较长，延长趋势较明显，苗期霜冻害发生次数较少，冬季增温明显，适宜种植春性冬小麦。④整个江淮地区在2013—2030年冬小麦平均气候生产潜力有较大减幅，尤以扬州东南部、泰州大部、盐城西南部、南通西北部减幅最大，泰州大部、盐城南部、南通大部在2031—2050年仍有减幅。应注意培育新品种，以增强适应性或将现有冬小麦种植规模适当缩小。淮安大部、扬州西北部、盐城北部在2031—2050年冬小麦平均气候生产潜力有小幅上升，尤以淮安西南部、东北部最为明显，可适当增加冬小麦种植面积。

6.5.4.3 江南地区

水稻生产应注重如下方面：①南京西北部和中东部、镇江东部、常州大部、无锡大部、苏州大部复种指数潜力及其增幅均较大，在耕地资源有限形势下可增加轮作，提高有限面积的土地利用效率。②南京西北部和中东部、镇江东部、常州大部、无锡大部、苏州中西部年光合有效辐射资源较少并且减少幅度较大，应注意提高一季稻光能利用率，可减缓或避免减产情况的发生。苏州东部年光合有效辐射资源较充沛，但减少趋势显著，注意更高光效品种的培育。③南京中北部在2041—2050年一季稻光温生产潜力有大幅增加趋势，可适当扩大现有品种种植规模，无锡东南部、苏州西南、东部在2013—2020、2031—2040年一季稻光温生产潜力增幅较小，在2041—2050年无锡东部、苏州大部一季稻光温生产潜力增幅较小，可维持现有种植规模或综合考虑土地利用效率。

冬小麦生产应注重如下方面：①南京南部、镇江大部、常州大部、无锡大部、苏州西北部、中西部及西南部复种指数潜力及其增幅均较大，可增加轮作，提高有限面积的土地利用效率。②南京南部、镇江东北部、常州大部、无锡大部、苏州西北部、中西部及西南部年光合有效辐射资源较少但有小幅增加趋势，注意保持现有种植规模，根据冬小麦实际产量表现调整未来种植规模。③南京南部、常州东部、无锡东部、苏州大部无霜期较长，其中常州东部、无锡东部和苏州东部无霜期延长趋势明显，苗期冻害发生次数较少，冬季增温较明显，适宜种植春性冬小麦；南京西部和南部、镇江西部、苏州南部无霜期延长幅度不明显，可维持现有冬小麦种植和管理方式。无锡西南部无霜期较长，但是有减短趋势，应注意适当缩小现有品种冬小麦种植规模。④南京南部、镇江、常州、无锡、苏州在 2013—2030 年冬小麦平均气候生产潜力有较大减幅，常州南部和东部以及无锡西部在 2031—2040 年冬小麦平均气候生产潜力减幅较大，镇江东部、常州和无锡大部、苏州西部在 2041—2050 年冬小麦平均气候生产潜力有较大减幅，应注意培育新品种，以增强适应性或将现有冬小麦种植规模适当缩小。南京西北部在 2031—2050 年冬小麦平均气候生产潜力有一定增幅，可适当增加现有品种种植规模。

第7章

气候变化对江苏省水资源的影响

摘要 江苏地处我国大陆东部、沿海地区中部，长江、淮河下游，水资源具有一定的脆弱性，气候变化在一定程度上又加剧了其脆弱性。基于常规气象资料、未来情景预估模式以及水文数据，利用文献分析和统计分析等方法，从降水的年际变化、年代际变化、极端事件等角度，分析已有气候变化对水资源的影响及带来的灾害，以及未来情景下气候变化对降水、径流的影响，提出科学应对气候变化的对策与建议。

江苏年降水量南丰北枯，年际波动很大，淮河流域甚于长江流域。年内降水量分布不均匀，淮河流域汛期降水较长江流域的更为集中，且主汛期降水量大多年份多于长江流域。江苏省长江流域、淮河流域多年平均暴雨日数分别为 3 d 及 3.5 d，年平均暴雨量分别为 233 mm 及 271 mm，分别占总降水量的 21%及 28%。长江流域汛期降水具有年代际变化，20 世纪 70 年代中期以前为少雨期，之后进入多雨期，并在 20 世纪 90 年代达到高峰，洪水多发，2000 年以后为长江流域少雨期，干旱明显增多；江苏省长江流域极端降水的增多和太湖流域洪水相联系。由于承接上游来水，该地区的洪涝现象增加还和长江中下游地区雨情变化相联系。淮河流域汛期降水、暴雨均具有年代际变化，淮河 20 世纪 70 年代中后期以前为多雨期，暴雨雨量较大，之后进入少雨期，直到 2000 年以来又进入多雨期，极端降水发生频次有显著的增多趋势。尤其是 2003 年及 2007 年的暴雨量大约占当年总雨量的三分之一，这两年江苏省境内淮河流域均发生大洪灾。江苏水害灾害严重，旱涝交错，时旱时涝，甚至旱涝急转。

未来江苏地区降水变率增大，年内分配更为集中，旱涝灾害风险增大，水资源更为脆弱。在高排放情景下降水偏少的年份较多，尤其是宁镇扬地区出现干旱的概率较大；2035 年后，长江流域省内径流偏少。江苏地区降水对不同情景的变化十分敏感，不仅会在空间上改变降水分布格局，同时也在时间上改变降水的年际变率，未来预估结果具有很大的不确定性。

7.1 江苏省水资源基本特征和现状

7.1.1 自然地理与河流水系概况

7.1.1.1 自然地理环境

江苏地处我国大陆东部沿海地区中部，长江、淮河下游、东濒黄海，北接山东、西连安徽，东南与上海、浙江接壤，是长江三角洲地区重要组成部分。地跨东经 116°21′～121°55′，北纬 30°45′～35°05′，面积 10.26 万 km^2，占全国土地总面积 1.06%。

江苏地势平坦，平原辽阔，河湖众多，水网密布。平原面积约占全省总面积 69%，主要由苏北黄淮平原和长江三角洲平原组成，其高程绝大部分在 50 m 以下。水域面积占 17%，低山、丘陵岗地约占 14%，南北错落分布。

7.1.1.2　水资源组成结构

江苏省地处江淮沂沭泗下游，水域面积占全省面积 17%，列入省湖泊保护名录的重要湖泊 137 个，太湖及洪泽湖居全国 5 大淡水湖第三、四位；列入省骨干河道名录的重要河道 727 条，长江横穿东西，大运河纵贯南北。

江苏南部为长江流域，又分为长江干流和太湖水系，其中长江南岸茅山山脉以东、宜溧山地以北为相对独立的太湖水系。长江水系境内面积 1.91 万 km^2，可分为石臼湖固城湖、秦淮河、滁河和江北等区域性水系。石臼湖固城湖水系，境内有石臼湖、固城湖、由天生桥河连接秦淮河水系，由胥河连接太湖水系；秦淮河水系，上游有句容河、溧水河两源，秦淮河干流至东山分为秦淮新河和外秦淮河两支分别入江；滁河是长江下游北岸的一条支流，境内有驷马山河、马汊河等分流入江；江北水系位于江淮分水岭以南，可分为仪六水系、通扬水系和通吕通启水系。太湖水系境内面积 1.94 万 km^2，以太湖为中心，湖西南河水系、洮滆水系等主要水系向东注入太湖；武澄锡虞、阳澄淀泖、浦南等区域性水系主要经内部河网和望虞河北排入江、太浦河东排黄浦江入海；江南运河穿越腹地(江苏省地方志编纂委员会，2011)。

江苏中部为淮河流域。以仪六丘陵经江都、328 国道至如泰运河一线与长江流域分界，北以废黄河与沂沭泗水系分界，境内面积 3.82 万 km^2，可分为洪泽湖周边及以上、白马湖高宝湖、渠北、里下河等区域性水系。淮河上中游来水入洪泽湖，经淮河入海水道、苏北灌溉总渠、废黄河等排泄入海。里下河区域由射阳河、黄沙港、新洋港、斗龙港等主要河道独立入海(江苏省地方志编纂委员会，2014)。

江苏北部为沂沭泗水系，境内面积 2.59 万 km^2，可分为沂河(新沂河)、沭河(新沭河)、中运河等干河水系以及南四湖湖西、骆马湖以上中运河两岸、沂北(含沭北)、沂南、废黄河等区域性水系。上游来水由沂河、沭河、邳苍分洪道、中运河等主要河道及南四湖、骆马湖、石梁河水库调蓄后，由新沂河及新沭河排泄入海(江苏省地方志编纂委员会，2014)。

7.1.2　水资源利用的现状和问题

7.1.2.1　水资源开发利用现状

江苏省围绕以水资源可持续利用保障经济社会可持续发展，强化水资源管理与保护各项措施。落实最严格的水资源管理制度，出台《水资源管理示范县建设标准》、《饮用水源地达标建设及地源热泵系统取水许可和水资源费征收管理办法》等政策性文件。全省建成水资源管理信息系统工程，突出节水型社会建设，完成创建节水型社会试点任务。实施 15 个饮用水水源地达标建设。

加强水功能区管理，水功能区监测实现全覆盖，各地完成饮用水源地一、二级保护区和准保护区划分，编制水源地"一地一策"应急预案，提高饮用水水源地安全保障水平和应对突发性事件能力。在备用水源地建设方面，初步形成河道可控、湖库调节、地下水备用、工业水厂深度处理等备用水源地建设模式。

在治水实践中，确立扎根长江、跨流域调水思路，进行科学规划和持续建设，形成引江济太、江水北调、江水东引的水资源调配格局。截至 2010 年，淮河片区已修建各类水库 394 座、建设大中型水闸 282 座、大中型灌排泵站 166 座，已经形成了由洪泽湖调蓄淮河洪水，入江水道，入海水道，分淮入沂、灌溉总渠分排洪水入江入海的防洪工程体系，初步构建了较为完善的防洪、挡潮、除涝、灌溉、调水工程体系（黄莉新，2010）。到目前为止，持续推进淮河治理、太湖治理、长江治理、沿海水利等重大工程建设，淮河下游防洪标准基本达到 100 年一遇，太湖、沂沭泗流域、长江堤防、沿海堤防基本达到 50 年一遇。新中国成立以来，经过 60 多年的规划建设，先后建成江水北调、江水东引、引江济太三大跨流域调水工程体系，实现了长江、淮河和太湖三大水系的互调互济。目前江水北调、江水东引和引江济太三大调水系统年均跨流域调水规模达 120 亿立方米以上，相当于全省用水总量的 1/4。近年来，陆续实施了南水北调东线一期、泰州引江河二期、新沟河、走马塘拓浚延伸等一批调水工程，进一步完善了水资源配置工程体系，全省工业、生活供水保证率基本达到规划目标。

7.1.2.2　水资源利用中的问题

（1）自然降水可利用水平低　江苏省以占全国 1%的国土面积，承载着占全国 6%的人口，本地水资源人均占有量仅为全国 24 位，特别是沿海地区、淮北地区、丘陵山区的水资源量不足的矛盾比较突出，沿海地区供水能力不能满足战略性开发需要。江苏省降水集中在夏季，冬季降水稀少。降水量南部多于北部，沿海多于内陆，丘陵山地多于平原，迎风坡地多于背风坡地。但是淮北夏季降水集中，降水强度较大，是全省暴雨较多的地区。由于大量降水地表径流量大，不易被土壤和农作物吸收利用，大量的径流流入江河及低洼地，洪涝灾害的概率比其他地区高。春、秋、冬三季淮北比苏南又明显少雨，故常有春旱、初夏旱、秋旱、秋冬连旱等现象出现，冬小麦有时要通过灌水才能取得丰收。江淮之间有春旱出现，小麦生育期仍感水分不足；但因地势低洼，地下水位高，春季又易涝渍。夏季降水集中，加上客水流入，里下河地区涝害较重。苏南四季雨水较淮北调匀，能满足作物的需要。但春季的低温阴雨易使三麦发生赤霉病。盛夏时高温少雨常有伏旱生成。

（2）过境水资源浪费　江苏本地水资源不足，过境水丰沛。全省多年平均过境水量是多年本地水资源平均总量 30 倍。其中，长江流域过境水总量占全省过境水总量 90%以上。丰富的过境水资源，特别是长江过境水资源，为全省水资源开发利用提供了得天独厚的条件。但流域上中游来水主要集中在汛期，大部分排泄入江入海，形成弃水而不能利用（江苏省地方志编纂委员会，2011）。

（3）水资源质量较差　江苏省水资源质量整体较差。全省主要超标项目为氨氮、化学需氧量、高锰酸盐指数。2010 年，河流水质超地表水Ⅲ类占 64%，湖泊水体普遍富营养化，部分湖体达到重富营养化，氨氮和化学需氧量超标严重（江苏省地方志编纂委员会，2011）。水库大多数维持在中营养化水平，水质状况良好，少数受到污染。全省 91 个地表水集中式饮用水源地水质达标率为 98.9%，5 个地下水源地水质全部达标。太湖湖体高锰酸盐指数和总磷指标分别达到Ⅲ类、Ⅳ类标准限值要求，受总氮指标影响，全湖总体水质仍劣于Ⅴ类标准。淮河流域水质较好，4 个断面均符合Ⅲ类标准。主要支流水质总体处于轻度污染。南水北调东线江苏段 14 个控制断面水质达标率为 100%。长江流域水质较好，10 个断面水质均达Ⅱ类标准。水质综合污染指数分析，镇江外江段污染相对较重，其次为泰州段和南京段，扬州段和南通段水质相对较好。主要入江支流水质总体处于轻度污染。

(4)城市化加重了水资源危机　随着经济的发展,江苏省城市化进程继续加快,对水资源供给的保证程度也要求越来越高,防洪问题日趋严重。一方面,在城市化的建设过程中,农田变为城市街区而使降水下渗减弱,地表径流增加,汇流速度加快,洪峰出现时间提前,易出现洪灾。另一方面,城市的扩大和增加使得用水量剧增。此外,城市化也加大了水污染的程度。

7.2　气候变化对江苏省水资源的影响

气象资料包括 1961—2012 年的各类气象要素,来自于江苏省气象信息中心。水资源方面的数据包括长江流域江苏省地表水资源量、淮河流域江苏省地表水资源量、南京下关站最高水位、淮河流域江苏省水灾和旱灾成灾数据。长江流域江苏省地表水资源量来自于历年《江苏省统计年鉴》,淮河流域江苏省地表水资源量来自于历年《治淮汇刊》和《江苏省统计年鉴》,南京下关站最高水位来自于江苏省水文局,淮河流域江苏省水灾、旱灾成灾数据来自于历年《治淮汇刊》和李柏年(2005)。

7.2.1　降水年际变化及其对地表水资源的影响

江苏地处长江、淮河的下游,我国南北交界处,雨量较丰。根据历年统计资料(1961—2012 年),各县市年平均降水量在 700～1200 mm,自西北向东南渐增。江苏全省多年平均降水量为 1076 mm,在全国各省区中属于适中,多于北方,少于南方,多于全国平均降水量,也略多于全球陆面平均降水量。在各年之间的变幅,除新疆、西藏、内蒙古、青海以外,特别与南方诸省区相比,则又是偏大的,其变差系数(标准差与平均值之比)在 0.17～0.28。历年最大降水量与最小降水量之比在 2.2～5.3。降水量一般年份较丰,但产生的径流量很低,约为降水量的 1/4。全省多年平均年地表水资源量为 266.3 亿 m^3,折合径流深 259.8 mm,其中淮河片 150.6 亿 m^3,占全省的 58%,折合径流深 237.3 mm;长江片 49.7 亿 m^3,占全省的 19%,折合径流深 260.3 mm;太湖片 66 亿 m^3,占全省的 24%,折合径流深 332.9 mm。全省过境水量多年平均为 9492 亿 m^3,其中:长江片 9114 亿 m^3,占总数的 96%;淮河片为 352.2 亿 m^3,占总数的 3.7%,太湖片为 25.8 亿 m^3,占总数的 0.3%。近十几年来,淮河流域的产水系数(水资源总量除以年降水量)为 0.18～0.45(根据 1998—2011 年的数据),长江流域的产水系数为 0.28～0.51(根据 2000—2011 年的数据)。淮河流域的产水模数(水资源总量除以地区面积,可作为一地天然可供水状况的指标)为 14～72 万 m^3/km^2(根据 1998—2011 年的数据),长江流域的产水模数为 32～66 万 m^3/km^2(根据 2000—2011 年的数据)。江苏省降水量较大,但蒸发量较大,使得产水率较低。全省陆地蒸发量大体在 700～800 mm,大于全国大部分地区,在东南及南部诸省区中也是偏高的,水面蒸发量大体在 900～1100 mm,在全国为适中,因而产生的径流量很低,低于全国、长江流域及淮河流域的平均产水模数,更低于南方各省区的产水模数,不到南方诸流域平均数的 40%(左东启,1991;黄莉新,2003)。

下面将江苏省分为淮河流域和长江流域两个地区来分析。由图 7.1 可见,江苏省长江流域年降水量有明显的年际变化,最大降水量为 1680 mm,出现在 1991 年,最小降水量为 532 mm,出现在 1978 年,相差了 2 倍。长江流域年降水量呈增加趋势,为 17.68 mm/10a,没有通过 5%的显著性检验。同时长江流域整个流域年降水量呈微弱增加趋势(任国玉,2007;宋晓

猛 等,2013)。

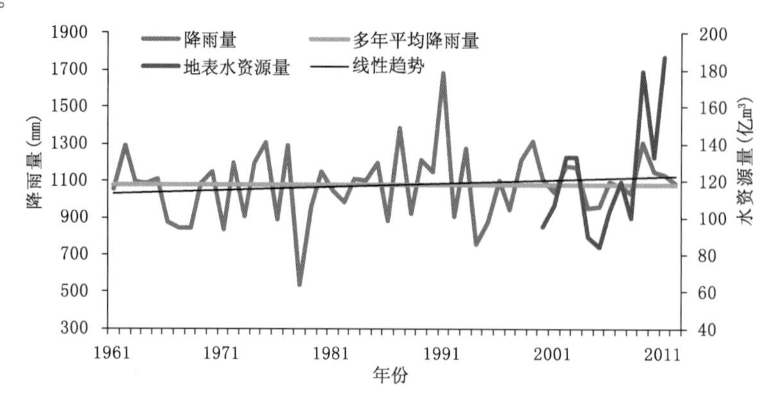

图 7.1 江苏省长江流域 1961—2012 年年降雨量(蓝色,纵坐标在左边)和地表水资源量(红色,纵坐标在右边)

近十多年来,江苏省长江流域的地表水资源量也有很明显的年际变化,总量在 83～187 亿 m^3,与当地降水的相关系数达到了 0.84。同时江苏省长江流域的地表水资源量还和上游的入境水量有关,该地区承受上游面积达 200 多万 km^2 的来水,是该地区地表水资源的主要来源。

近百年来长江流域径流没有明显趋势变化,仅 20 世纪 90 年代以来年径流表现出了微弱增加趋势,增加趋势不明显且地区差异大。上中游径流减少,下游地区径流增加(张建云 等,2008),大通站年径流量呈增加趋势(戴仕宝 等,2006;张建云 等,2007)。近 50 年长江流域水资源总量的变化主要受控于气候变化,汉口以下长江中下游流域降水量的增加以及蒸发量的减少导致了大通站径流量的增加(戴仕宝 等,2006;张建云 等,2007)。

图 7.2 反映了江苏省淮河流域年降水量(蓝线)及相应的地表水资源量(红线)。由图可见,该地区一般年份降水较丰,基本在 730～1020 mm,与我国季风区其他地区一样,年降水量有十分明显的年际变率,最大降水量为 1351 mm,出现在 2003 年,最小降水量为 570 mm,出现在 1978 年。

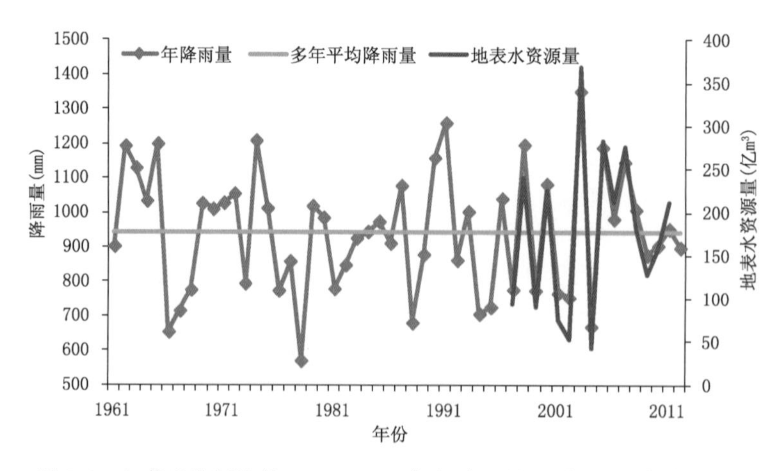

图 7.2 江苏省淮河流域 1961—2012 年年降雨量(蓝色,纵坐标在左边)和地表水资源量(红色,纵坐标在右边)

该地区的地表水资源量也有很明显的年际变化。根据近十多年的地表水资源量来看，最多年份的地表水资源量是最少年份的7倍，变幅很大，高于降水量的变幅；同时，它和当地的降水量有很好的相关关系，用1997—2011年两者的数据做相关，相关系数为0.98。江苏省淮河流域承受了上游来自河南和安徽的来水，地表水资源量不仅与局地的降水量有关，还与过境水有关，地表水资源量和当地降水量相关性很高，表明本地降水是地表水资源量的重要来源。

根据1950—2004年观测资料，淮河流域中下游径流呈减少趋势（张建云 等，2007），这和整个淮河流域降水呈明显下降趋势有关（宋晓猛 等，2013）。

7.2.2　降水的年代际变化对地表水资源的影响

江苏省长江流域处于东亚季风区，年内降水分布不均匀，如图7.3所示。汛期（5—9月）集中了全年降水的63%，6月和7月降水最多，大致为163 mm和183 mm，冬季降水最少，各月降水只有30～50 mm。

江苏省淮河流域降水的年内分布更加不均匀，5—9月汛期降水约占全年降水的73%，且集中在7月，达到238 mm，6月、8月和9月次之，约为100 mm，冬季（12月，1月，2月）降水只有20 mm左右。

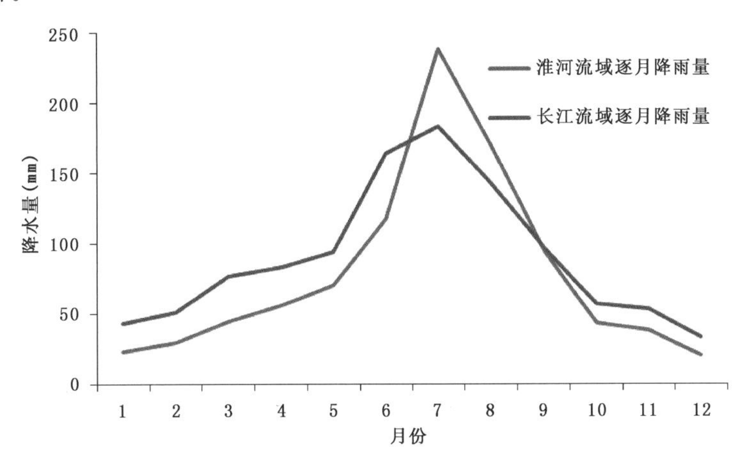

图7.3　江苏省长江流域和淮河流域1961—2012年平均的逐月降雨量

梅雨发生在主汛期内，下面以主汛期降水的年代际变率说明降水的较长尺度的变化对江苏水资源的影响。江苏处于东亚季风区，东亚季风区降水的变率具有多尺度的特点，不仅具有前面提到的年际、年内变率，同时还具有明显的年代际分布，其中受到较多关注同时影响程度显著和影响范围广泛的年代际变化是20世纪70年代末期的一次夏季降水型跃变。自此以后华北汛期降水持续减少，进入了持续的严重干旱期（戴新刚 等，2003；Ding et al.，2007；Ding et al.，2009；Han et al.，2009）。长江中下游持续较强的降水（Han et al.，2009），伴随着降水的改变，旱涝形势发生了一次显著的年代际转换，就是所谓的“南涝北旱”，直到20世纪90年代末，我国降水又发生了一次显著的年代际变化。在1999年以后，淮河流域梅雨降水开始增多，连续几年都出现了严重的洪涝，例如，2000年、2003年、2005年和2007年。而长江中下游地区梅雨量进入一个相对偏少的时期，梅雨强度偏弱，2000—2005年空梅年集中出现，枯梅年出现的概率大大增加，被称为“梅雨带北移”（Zhu et al.，2011；司东 等，2010；Sun et al.，2011）。

江苏夏季降水的年代际变化与我国东部的总体形势大致一致。图7.4反映了江苏省长江流域夏季(6—8月)降水的时间序列。从图中可以看出,20世纪70年代中后期开始,江苏省长江流域的夏季降水偏多的年份较多,尤其是在20世纪90年代,绝大多数的年份降水偏多、强度偏强,与"南涝北旱"的分布相一致,这种趋势一直持续到20世纪90年代末。直到21世纪以来,长江流域的夏季降水明显减少,同时江淮地区夏季降水增多(图7.5),符合"梅雨带北移"的特征,并且淮河地区全年降水量也随之增多(图7.2)。

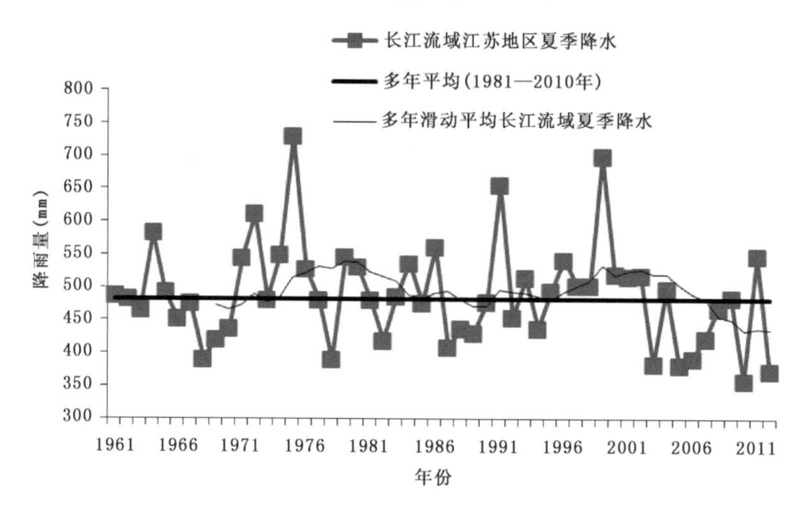

图7.4　江苏省长江流域1961—2012年夏季(6—8月)降雨量

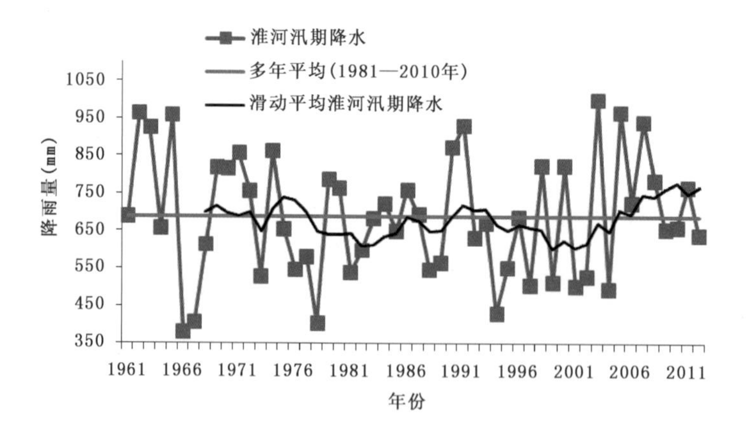

图7.5　江苏省淮河1961—2012年汛期(5—9月)降雨量(红线)及其8年滑动平均(黑线)

相较于1956—1979年,1980—2000年期间长江区整个区域,无论是地表水资源量还是地下水资源量变化不大,但是太湖流域,地表水资源变化达到34%;这可能是因为近20多年来中国气候和下垫面状况的变化所致,即下垫面变化使流域产流汇流过程发生改变,而且还会改变流域水资源的空间分布;以增暖为主的气候变化特征,使得蒸散发增加,改变了降水的时空分布,进而影响流域的产流汇流机制(张建云 等,2013)。江苏省许多地区水资源情势亦发生了一定的改变,对比1980—2000年与1956—1979年两个时段,降水量多年均值基本稳定,南多北少趋势明显;地表水资源量有所增加,南多北少的差异更趋明显,太湖片增加17.0亿m^3,

淮河片减少 8.0 亿 m³。

长江流域夏季径流增加，20 世纪 70 年代以来增加趋势更为突出。20 世纪 90 年代以来长江流域径流量，尤其是汛期径流量的增加，最主要原因应归因于长江流域 90 年代以来降水量的增加，以及汛期大降水事件的增多(张建云 等，2008)。

图 7.6 反映了南京下关站 1954—2007 年逐年汛期的最高水位变化特征。南京逐年汛期最高水位略微成线性增加趋势，但其增加趋势没有达到 5%的显著性水平。南京下关的警戒水位为 8.5 m，1954 年达到历史最高水位 10.22 m，20 世纪 90 年代南京站年年最高水位都超过警戒水位。这和汛期的局地降水(图 7.4)和上游来水有关。和局地降水类似，年最高水位既有明显的年际变化也有年代际变化。尤其是在 20 世纪 70 年代和 90 年代，江苏地区长江流域的主汛期降水量大部分年份超过多年平均值，相应地，南京下关水位频繁超过警戒水位。同时，这也和上游来水有关。1954—2003 年 5 至 9 月这 50 年来，长江江苏段的南京下关和镇江站最高水位有持续升高的趋势(魏建苏 等，2008；许继军 等，2006)。当地降水量的多少，特别是在 6 月和 7 月，对最高水位的出现也有比较显著的影响，是造成最高水位出现的主要原因；当结合了天文潮位和上游来水，会使水位非常高，甚至超过警戒水位(魏建苏 等，2008；黄兰心，1999)。

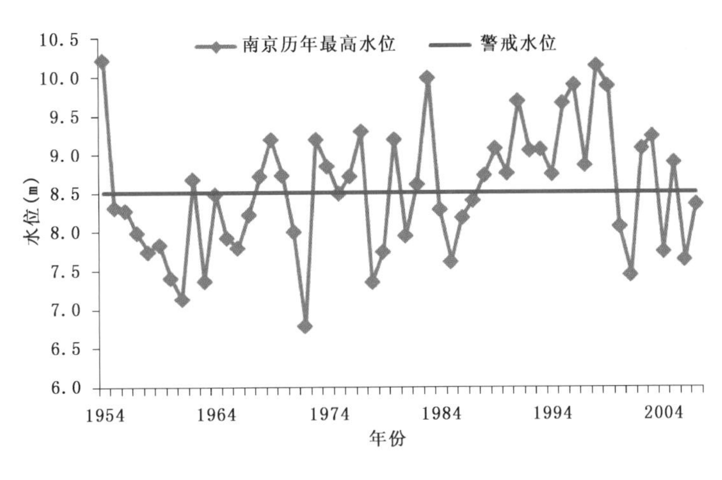

图 7.6　南京 1954—2007 年汛期最高水位

太湖最高水位与梅雨期雨量、长度、热带气旋次数、西北太平洋夏季风指数之间具有很高的一致性。因此，太湖水位变化仍然主要受控于气候变化因子(尹义星 等，2009)。太湖流域核心区近 50 年来强降水事件在增加，而较弱等级的降水有所减弱。水位的变化特征与其类似，然而高等级水位事件增加更加显著，较低等级水位的减弱也更加明显。研究区水位上升与降水集中程度的增加是一致的(尹义星 等，2011)。

与之对应的是，江苏省淮河流域在 20 世纪 70 年代中后期以前主汛期降水较强，为多雨期；之后经历了较长一段时间主汛期降水偏弱，直到 21 世纪以来，淮河流域地区多次发生了强降水使得主汛期降水偏多，2000 年以来的 13 年中 7 年降水偏多，特别 2003 年、2005 年和 2007 年主汛期降水量大致是常年全年总降水量，尤其是在 2003 年甚至达到了 1000 mm，比常年全年降水还多，造成了多年不遇的洪灾。

虽然中国东部夏季降水存在着明显的年代际变化，但是各季节降水的变化趋势并不完全一致。1956—2002 年期间，长江流域年降水量呈增加趋势，夏季和冬季降水呈显著的增加趋势，春季和秋季呈减少趋势（苏布达 等，2003；任国玉，2007）。2001 年以前，淮河流域除冬季降水呈增加趋势外，年降水量和其他各季节降水量均呈减少趋势（任国玉，2007）。

长江流域径流的季节变化明显，表现在春、秋季节径流减少，夏、冬季节径流增加，20 世纪 70 年代以来增加趋势更为突出（张建云 等，2008）。

7.2.3 极端气候事件的变化对干旱洪涝的影响

如前所述，江苏省降水时空分布极不均匀，时枯时丰，汛期集中了全年 60%～75%的雨量。在空间分布上也不均匀，苏南多雨湿润，苏北则少雨偏旱。江苏省无论是淮河流域还是长江流域，都是夏季暴雨发生较多的地区，大多数年份下，淮河流域略多于长江流域，平均每年夏季所发生的暴雨日可达 3 d 以上（图 7.7）。这些地区汛期降水主要是以暴雨形式出现。

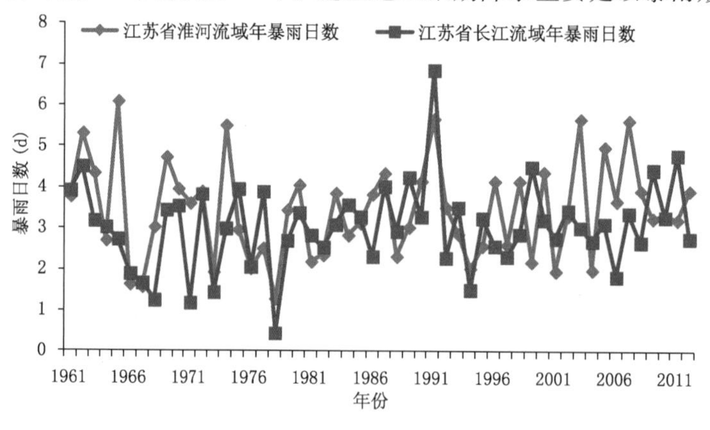

图 7.7　江苏省淮河流域（蓝色）、长江流域（红色）1961—2012 年站点平均年暴雨日数

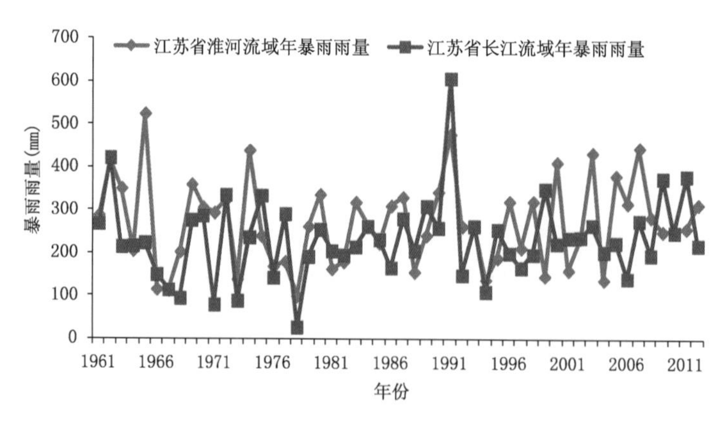

图 7.8　江苏省淮河流域（蓝色）、长江流域（红色）1961—2012 年站点平均年暴雨雨量

江苏省长江流域暴雨日数多年平均为 3 d，暴雨雨量多年平均为 233 mm，占多年平均总降水量 21%。1991 年，长江流域暴雨日数达到 7 d，暴雨雨量达到 608 mm，暴雨雨量占全年降水量的 36%，均为历年之最高，该年总降水量也是历年最多，达到 1680 mm。1978 年，长江流域站点平均暴雨日数不足 1 d，这表明该年部分站点全年都没有暴雨，暴雨雨量仅占全年降水量的 5%，均为历年最低，该年总降水量为历年最少，仅有 532 mm。

洪灾总是和持续性暴雨相联系。江苏省长江流域极端降水的增多和太湖流域洪水相联系。如图7.7和图7.8所示，1991年及1999年为江苏省长江流域暴雨最多的两个年份，均发生了太湖流域特大洪水；同时，由于承接上游来水，该地区的洪涝现象增加还和长江中下游地区雨情变化相联系（任国玉，2007）。尤其是在20世纪90年代，长江中下游暴雨对汛期总降水量的贡献率显著增大，增强了暴雨对洪涝发生所起的作用（鲍名 等，2006）。截至2000年以前，长江中下游的暴雨日数和暴雨强度都有增加的趋势（杨宏青 等，2005；苏布达 等，2007；王胜 等，2012）。1954年长江流域持续性特大暴雨使得1954年8月长江流域发生特大洪水，1998年长江全流域性特大暴雨造成长江流域特大洪水（丁一汇 等，2009）。其中20世纪90年代长江中下游地区的大暴雨频率为60年代以来的第一位，同时夏季降水量为近120年的第一位，尤其是在鄱阳湖水系和太湖水系（苏布达 等，2003；施雅风 等，2004）。洪峰流量主要取决于暴雨量，大洪水高频出现的直接原因在于长江流域汛期降水量主要是夏季6月、7月和8月降水量的增加，这和全球的显著变暖以及季风的年代际振荡有关（施雅风 等，2004）。

江苏省淮河流域暴雨日数多年平均为3.5 d，暴雨雨量多年平均为271 mm，占多年平均总降水量的28%。1965年，淮河流域暴雨日数达到6 d，暴雨雨量达到524 mm，暴雨雨量占全年降水量的44%，均为历年之最高。1978年，淮河流域站点平均暴雨日数1.3 d，暴雨雨量仅为99 mm，占全年降水量的17%，暴雨日数和暴雨雨量均为历年最低，该年总降水量为历年最少，仅有570 mm。

淮河流域主汛期极端降水具有显著的年代际变化，20世纪60年代至70年代中期和2000年以后暴雨雨量较大，多年降雨量在300 mm以上。江淮地区2003年左右发生一次突变，2003—2008年极端降水发生频次有显著的增多趋势（王胜 等，2012）。2003年、2005年和2007年的暴雨雨量分别为434 mm、381 mm和446 mm，大致占当年总雨量的三分之一。2003年6—7月淮河流域持续性特大暴雨引起2003年淮河全流域特大洪灾。2005年及2007年也发生了流域洪灾。

下面从江苏省淮河流域的水旱灾害的受灾数据说明该地区的干旱、洪涝灾害的特点。图7.9反映了自1986年以来淮河流域江苏范围的旱灾受灾及成灾面积。除少数几年（1988年和1995年）缺乏数据外，几乎每年都有旱灾。最严重的一次旱情发生在1994年，成灾面积达到229.47万 hm^2，占该地区面积的三分之一。该年无论年降水量还是汛期降水量都明显偏少。自2000年以后，旱情明显地减弱。

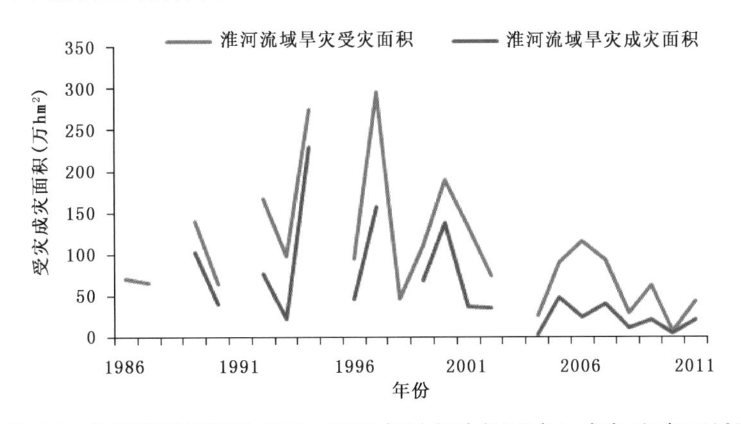

图7.9　江苏省淮河流域1986—2011年旱灾受灾（蓝色）、成灾（红色）面积

图 7.10 反映了自 1949 年以来江苏省淮河流域的水灾成灾面积，除了某些年份(1959 年，1966 年，1967 年，1968 年，1969 年，1977 年，1995 年和 2008 年)外，大部分年份都受到水灾的影响。水灾成灾面积较大的年份分别为 1962 年、1983 年、1989 年、1991 年、1993 年、2003 年和 2006 年，其中 1962 年、1991 年、1993 年和 2003 年都是全年降水和汛期降水较多的年份，汛期出现持续暴雨。特别是 1991 年和 2003 年的水灾成灾面积达到了 140.69 万 hm^2 和 131.08 万 hm^2，是自 1949 年以来受灾最严重的两年，这两年该地区暴雨雨量是历年暴雨雨量的头两位。20 世纪 60 年代中期以前，每年都发生水灾，且成灾面积较大。自此以后至 20 世纪 80 年代末受灾面积较小。直到 20 世纪 90 年代以来，特别是 2000 年以后，出现了数次比较严重的水灾。这和该地区的降水量、暴雨日数、暴雨雨量的年代际变化相一致。

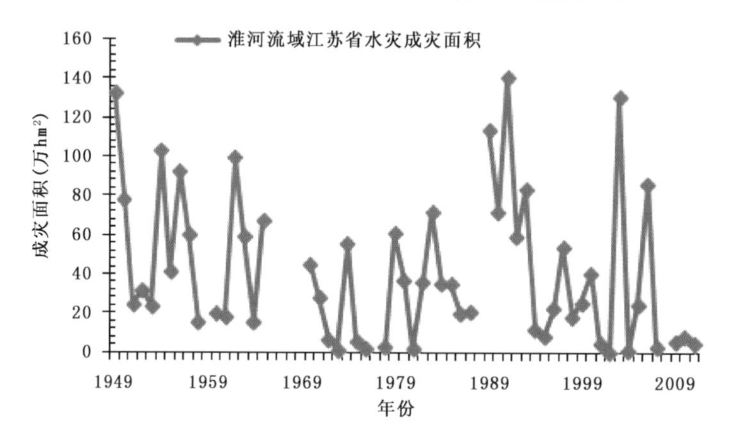

图 7.10　江苏省淮河流域 1949—2011 年水灾成灾(红色)面积

里下河地区因其独特的地形条件，极易引发涝灾。由于淮水很少进入里下河地区，因此，该地区的洪涝几乎由本地的暴雨形成(陈锡林 等，2008；叶正伟 等，2011)。梅雨是里下河地区致涝的主要因子(陈锡林 等，2008；陈锡林 等，2007)。另外，发生在 8 月或 9 月、特别是紧接梅雨过后的台风雨是突发致涝或涝后加灾的重要因子。长时段雨量对水位变化的累积效应显著，最大 15 日雨量是里下河地区水位变化的敏感性时段雨量(叶正伟 等，2011；陈锡林 等，2008)。

江苏经过多年大规模水利建设取得了巨大成绩，抗灾能力也大为加强，但每年仍有相当数量的灾害，许多年份既受到水灾的影响、也受到旱灾的影响，旱涝交替，甚至是旱涝急转。从江苏省多年的实际情况来看，在各类水旱灾害中，洪涝灾害发生频率最高，次数最多，威胁也最为严重。截至 2002 年，江苏只有 6 年为风调雨顺年，有 14 个洪涝灾害年，12 个干旱灾害年，21 年旱涝交错年(黄莉新，2003)。

江苏省水旱灾害的特点是与其地处长江、淮河几大流域的下游，地势低平，东面滨海等特点分不开的。江苏省地势低洼，河湖密布，是一个拥有大江、大湖、大河的沿海省份，10 余万平方千米面积承接上中游 200 多万平方千米的来水，85%的地面处于洪水的威胁之下，素有“洪水走廊”之称(黄莉新，2003)。与此同时，干旱事件也不断发生，表 7.1 反映了区域性旱涝等级状况。

表 7.1　标准化降水指数 *SPI* 的旱涝等级

类型	*SPI* 值	出现频率
特涝	2.0≤*SPI*	2%
重涝	1.5<*SPI*≤2	5%
中涝	1<*SPI*≤1.5	10%
轻涝	0.5<*SPI*≤1	15%
正常	−0.5<*SPI*≤0.5	36%
轻旱	−1.0<*SPI*≤−0.5	15%
中旱	−1.5<*SPI*≤−1.0	10%
重旱	−2.0<*SPI*≤−1.5	5%
特旱	*SPI*≤−2.0	2%

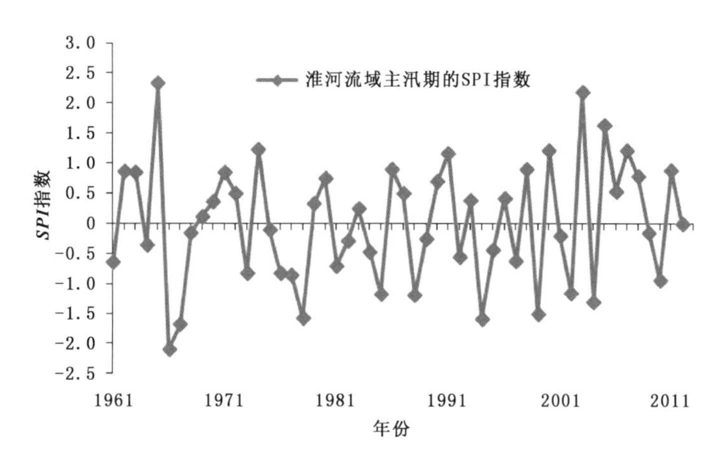

图 7.11　江苏省淮河流域 1961—2012 年主汛期的 *SPI* 指数

按照标准化降水指数(SPI)定义的气象旱涝分级指标(表 7.1),自 1961 年以来,淮河流域江苏范围主汛期(图 7.11)达到重旱级别及其以上(*SPI*≤−1.5)的有 5 年,分别为 1966 年(特旱)、1967 年(重旱)、1978 年(重旱)、1994 年(重旱)、1997 年(重旱)。达到中涝级别及其以上(*SPI*≥1.0)的有 7 年,分别为 1965 年(特涝)、1974 年(中涝)、1991 年(中涝)、2000 年(中涝)、2003 年(特涝)、2005 年(重涝)、2007 年(中涝)。由此可以看出,自 2000 年以来,12 年中有 4 年涝,江苏地区淮河流域出现旱涝的概率大大增加,甚至出现特涝、重涝。这和旱灾涝灾成灾情况基本一致,说明用 SPI 指标监测淮河流域旱涝是有效的。需要说明的是,其他时期也可能发生干旱,这里仅给出主汛期的情况。由于计算资料范围的差别,仅仅取决于降水量的多寡,事实上,其他一些因素,包括降水的集中程度以及水利调度也起到一定的作用。

7.3　未来气候变化对江苏省水资源的影响预估

主要采用基于 RCP8.5 情景下全球环流模式 BCC_CSM1.1 嵌套区域模式 RegCM4.0(Gao et al.,2013)的结果来分析未来气候变化对水资源的可能影响。

7.3.1 未来气候变化对降水的影响

图 7.12 反映了全年和夏季 RCP8.5 情景下 2020—2030 年降水距平百分率(%)。如图所示,2020—2030 年江苏大部分地区的降水偏少,出现干旱的可能性较大。淮河流域夏季降水也偏少,尤其是江淮沿海地区,达到 12%以上。如前所述,淮河流域的降水大部集中在夏季,因而干旱很可能出现在夏季,甚至是全年。而长江流域夏季降水总体处于正常水平,宁镇扬地区全年降水偏少。

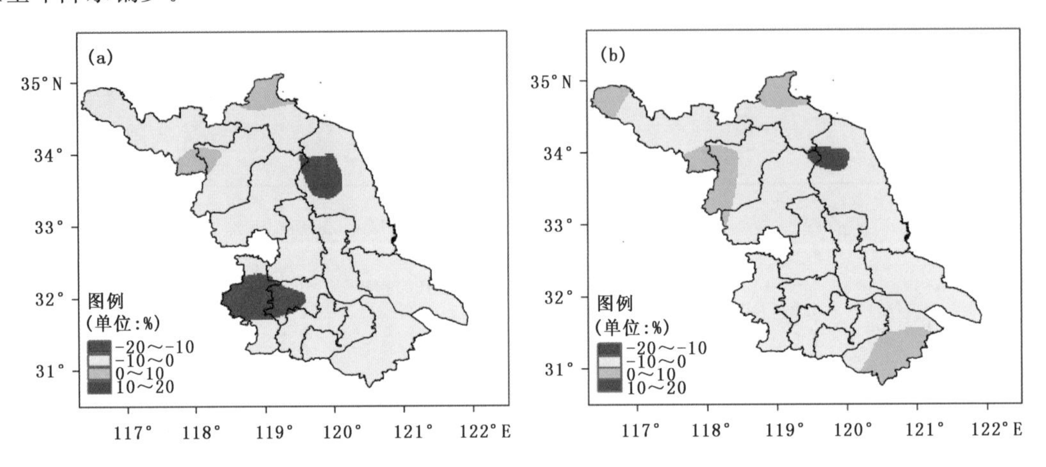

图 7.12 (a)RCP8.5 情景下江苏地区 2020—2030 年全年降水距平百分率和(b)夏天降水距平百分率

前面只给出了 2020—2030 年的平均情况。图 7.13 给出 2020—2050 年江苏省长江和淮河流域在 RCP8.5 情景下降水距平百分率。长江流域江苏地区的降水异常幅度年际变化十分显著,2020—2030 年大部分年份处于正常水平,2035 年以后,大部分年份降水偏少,出现降水异常明显减少(减少超过 20%)的年份较多,干旱的年份较多。2030 年以前,淮河流域几乎每年降水都偏少,之后,则降水异常幅度增大,降水偏多与偏少年份均存在,旱涝均可能发生。

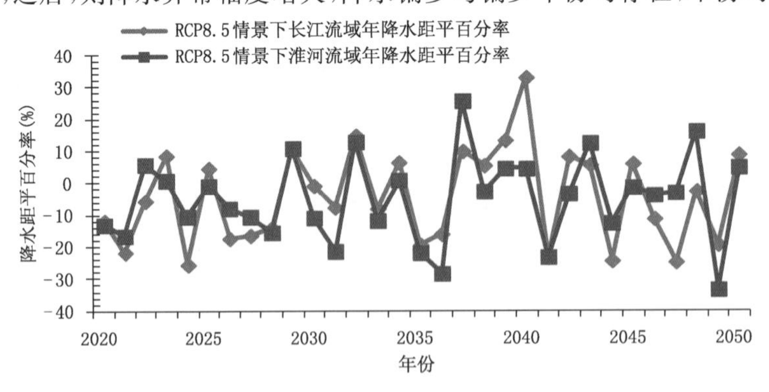

图 7.13 江苏省长江流域(蓝线)和淮河流域(红线)在 RCP8.5 情景下 2020—2050 年年降水距平百分率

以上仅给出未来情景 RCP8.5 下,江苏省降水变化的模拟结果。考虑到江苏河流承接上游客水,模式结果的不确定性,下面分别给出长江、淮河流域降水变化在其他未来情景下的模拟结果:

(1)根据ECHAM5/MPI－OM模式模拟SRES A2(高排放)、SRES A1B(中等排放)、SRES B1(低排放)三种情景,淮河流域未来年降水量有微弱增加趋势,但不显著,A2情景下极端降水年份增多(高超 等,2012)。未来淮河流域季节分配上春夏增加最大,年内分配更不均匀(高歌 等,2008)。基于IPCC第4次评估报告的22个模式结果,结合新安江月分布式水文模型,A2情景下淮河流域降水呈显著增加趋势,A1B情景次之,B1最小。相应地,A2情景下发生极端洪水的可能性最大,且2035—2065年及2085年以后是极端洪水发生较为集中的时期;A1B情景次之,B1情景最小(郝振纯 等,2011)。

(2)基于ECHAM5/MPI－OM模式模拟SRES A2、SRES A1B、SRES B1三种情景的结果,21世纪前半叶长江中下游地区降水量变化不显著,但变率较大,极有可能在未来发生更多降水极端事件;7月降水呈增加趋势,8月和9月降水有减少趋势,时间分布更不均匀,不仅会增加洪涝灾害的发生概率,也有可能导致旱灾的发生(曾小凡 等,2007)。

7.3.2　未来气候变化对径流的影响

与前面的降水距平百分率分布类似,在RCP8.5情景(图7.14)下,江苏省长江流域尤其是长江下游干流径流明显偏少,与前面的图相联系,局地降水减少有相当的贡献,造成该处干旱的风险大大增加。在RCP8.5情景下,由2020—2030年夏季径流深距平可知,干旱发生在汛期的机会的可能性比较大,此时上游来水较少,干旱的风险更高,造成的危害可能更严重。

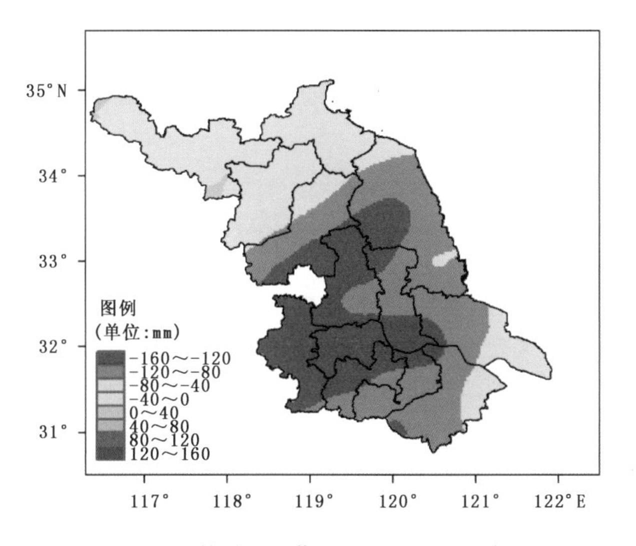

图7.14　RCP8.5情景下江苏地区2020—2030年径流深距平

从图7.15可以看出,RCP8.5情景下径流深的年际变率较大,出现偏少年份较多,尤其是在2035—2050年,很可能造成该地的干旱,甚至是重度的干旱。

以上仅给出未来情景RCP8.5下,江苏省径流深变化的模拟结果。考虑到江苏河流承接上中游客水、模式结果的不确定性,下面分别给出长江、淮河流域径流变化在其他未来情景下的模拟结果:

(1)根据1960—2005年长江流域气象站逐日降水,以及ECHAM5/MPI－OM气候模式模拟的长江流域历史及未来三种排放情景下的逐日降水结果,长江流域,尤其是中下游大部分

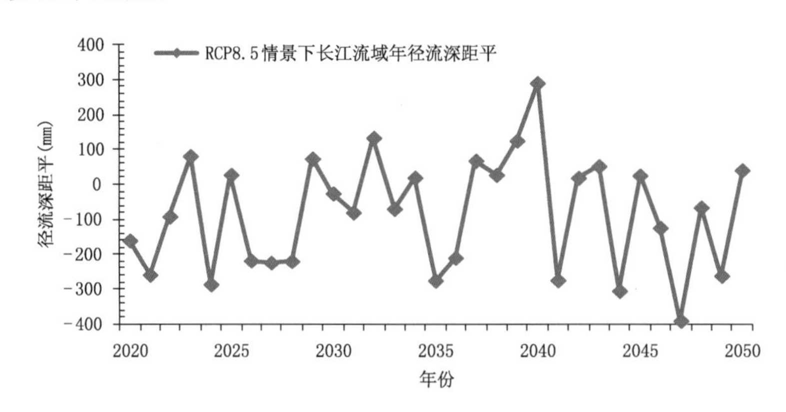

图 7.15　江苏省长江流域在 RCP8.5 情景下年径流深距平的变化(2020—2050 年)

地区，1951—2000 年间的 50 年一遇强降水和干旱事件，在 2001—2050 年间发展成为 25 年一遇降水极端事件。未来气候变暖条件下，降水极值重现期的这种变化趋势，将会对水资源趋势产生重要影响(姜彤 等，2008)。以径流深作为衡量地表水资源量的特征变量，A2 排放情景下，长江中下游大部分地区年地表水资源量呈现出增加的趋势；A1B 情景下，长三角地区减小趋势十分显著；B1 情景下，长江下游干流年径流深显著增加(刘波 等，2008)。

(2)根据淮河流域 11 个模式不同排放情景下的结果，2040 年以前径流量可能以减少为主(高歌 等，2008)。

(3)利用英国 Hadley 中心 GCMs 提出的区域气候模式 RCM－PRECIS 的降水结果，以 1961—1990 年作为基准年，利用 VIC 模型计算了不同排放情景下的径流情势，结果表明，1991—2100 年江苏在 A1，A2，B1 和 B2 四种情景下降水量和径流深变化不明显(张建云 等，2007)。

7.3.3　模式预估结果的不确定性

需要指出的是，预估结果存在一定的不确定性。(1)气候系统是一个非线性、具有混沌特征的复杂系统，加之人类对其认识不足，大气环流模式不能完全刻画出真实大气的状态，如各种参数化方案存在很大的不确定性；全球环流模式的空间分辨率较粗，嵌套区域模式的降尺度技术也存在不确定性(张建云 等，2007；贺瑞敏 等，2008)。(2)近年来人为因素对气候系统的影响逐步加剧，而人为因素往往很难被定量化。(3)未来气候变化的预估结果很大程度上也依赖于情景，RCP 情景主要考虑了温室气体的排放，没有考虑自然因素的影响带来了一定的不确定性，而且情景描述也存在一定的不确定性(张建云 等，2007)。在上文中，对于同一个研究区域，同一时期，不同的情景下同一要素的预估结果，有些结果是类似的，有些结果是相反的。(4)评价过程的不确定性。气候模式对陆面过程的描述比较粗糙、产流计算简化，计算的径流过程误差很大。前面提到有些学者采用了气候模式结合水文模型计算水资源情景，优于直接采用气候模式的结果，因为这样考虑下垫面不均匀性对模型参数的影响。但是它对物理过程的描述仍然薄弱，尚未实现水文过程的动力模型，也存在不确定的因素(陈宜瑜，2001；张建云 等，2007；贺瑞敏 等，2008)。

7.4 应对气候变化的对策与建议

7.4.1 实施多种水源的统一配置和调度

强化非常规水源利用，加强基础建设，实现多种水源的统一配置和调度系统，增强抵御水旱灾害的能力。气候变化加剧了水资源时空分布的不均性，极端降水事件增加，干旱甚至极端干旱出现概率增大，同时海平面上升，将会威胁到未来的防洪安全和供水安全，要完善水资源配置工程体系。如继续完善南水北调、江水东引、引江济太"三大调水"体系，加快实施泰州引江河二期工程等骨干输水通道建设，推进南水北调东线后续工程规划与建设，疏浚整治区域性供水干河。加大空中云水资源开发力度，提高空中云水资源开发效益。江苏空中云水资源平均降水效率（地面降水总量占空中云水资源总量的比例）仅 9.7%，开发潜力巨大。时间上空中云水资源冬春匮乏，秋季降水效率偏低。如通过覆盖全省的人工增雨等干预，只要综合提高降水效率 1%（相当于人工增雨效率 10.3%），就可获取可观的自然降水，有望缓解全省水资源区域及季节性短缺。因此，要提高生态服务型人工干预气象能力，包括完善人工影响天气业务体系，建设人工影响天气作业基地，加强人工增雨保障服务。污水具有巨大的利用潜力，如果处理后达到环境允许的排放标准或污水灌溉标准，努力实现污水资源化，增加可用水源，就在一定程度上可以解决农业缺水问题；同时，也可加强海水淡化技术开发和利用。另外，还要加强洪水的预测分析和优化调度，加大对洪水的科学疏导和利用力度，在洪水期，利用流域防洪工程体系，将洪水拦蓄应用。注重城乡地下水涵养保护，通过工程措施最大限度增加雨水利用。

极端低温，持续高温，江河径流的减少和海平面上升，将会影响水利工程的安全性。应加强对已有水利工程的维护和管理；气候变化还影响到水利工程的设计，例如气候变化引起流域降雨和径流的变化，将影响流域的设计暴雨和设计洪水，需适当提高水利工程防洪的设计标准；气候变化可能加剧干旱发生的频率及其范围和程度，影响到水利工程的洪水保证率。

7.4.2 增强气象水文联合的观测与监测

做好气象水文的观测与监测，增强跨部门联合应对水旱灾害等事件的能力。气候变化背景下，极端天气气候事件增多，强度增强，应增强各部门联合应对水旱灾害等事件的能力。尤其是洪水预见期短，直接影响到水利工程效益的发挥，应该重视江河洪水预警预报系统等非工程措施的建设。从未来气候变化情景下江苏省水资源的变化趋势来看，洪涝与干旱事件的频率都会增加，应加强防洪抗旱应急预案的编制和执行，依托短期气候预测和天气预报，做好水资源规划和调度，跨部门做好洪涝和干旱的监测和预警。目前气候变化研究已有较多成果，短期气候预测有明显提高，气候预测、预估结果也有一定的参考价值，科学利用这些成果和信息，将给水资源的合理调配提供有意义的指导。

7.4.3 提高各行业和公众生活用水效率

应通过法律、行政、经济、技术等措施，结合社会经济结构的调整，实现全社会用水在生产和消费上的高效合理配置，保持区域经济社会的可持续发展。按需分配水资源是一种水资源管理的尝试，基于社会经济发展以及可持续发展战略，可以应对日益严峻的干旱、人口增长、经济发展以及可能的气候变化的挑战。同时实施最严格的水资源管理制度。通过各类节水工程措施，持续推进农业节水工作；推进节水型社会建设，推进节水工程建设，扶持节水型产品和节水型器具推广。

7.4.4 深化气候变化对水资源影响研究

21 世纪以来，江苏省淮河流域多次发生特大洪灾，旱灾也时有发生，长江流域干旱增多。但气候变化对水资源评价过程仍存在一定的问题，如大气环流模式不能完全刻画出真实大气的状态，各种参数化方案存在很大的不确定性，气候模式对陆面过程的描述还不深入，产流计算简化。因此，亟须加强气候变化对水资源影响机理的研究与认识，保障江苏未来水资源安全。

江苏是经济较发达地区，城镇化程度较高，城镇化、围垦、工程造成的河网的改变、下垫面的剧烈改变等人类活动，对水文过程可能造成十分广泛的影响，一般造成水位上升、加剧洪涝灾害，气候变化和人类活动的双重影响，使得水资源形势更加严峻，对区域水情优化调度，水利工程综合治理和涉水事务管理的要求更高。现有研究和应对措施对人类活动影响的关注还较少，应加强此方面的研究并积极应对。

7.4.5 全面控制和治理区域性水体污染

随着经济社会发展，水体富营养化，出现蓝藻水华，长江水域许多岸边区域水质污染严重，主要河湖Ⅱ类水已基本不存在。加强水土保持，保护湖泊和湿地，可以增加碳汇，减少二氧化碳的影响。加快产业结构调整、深化工业污染治理，减少和消除污染物导致的废水量。保持一定的生态用水，优先保护饮用水源地水质。进一步健全水污染防治的法规、制定保护水体措施，实施水资源补偿策略，控制水体污染的具体条例。完善应急机制，加强预警监测，做好应急处理预案。坚持环保优先方针，按照预防为主、防治结合、统一规划、综合治理原则，严格执行环保标准，采取有效治理措施，建立科学监控体系，积极防治工业污染、生活污染和农业面源污染，控制和减轻区域性水体污染。

第 8 章

气候变化对江苏省能源活动的影响

摘要　气候变化与能源生产及消费具有密切的联系。利用 2002—2011 年江苏省能源消费、生产资料和 1995—2011 年江苏省地区生产总值(GDP)、江苏省总人口数据以及 59 个气象台站 1961—2012 年的气象观测数据，采用统计分析法研究江苏省能源生产和消费的现状、气象条件与能源活动的关系、气候变化对能源活动的影响等，利用未来情景的区域预估数据，分析气候变化对未来能源活动的影响，提出了对策和建议。

江苏省能源生产和消费的主要特点表现为消费总量大，自给率低，消费需求增加迅速，化石能源比重高以及外部约束和限制较大等。近几年来，江苏能源消费呈急剧上升的趋势，其中 2011 年能源消费总量为 27000 多万 tce，为 2002 年的 2.87 倍，80%以上的能源靠外部输入。江苏省能源消费仍以煤炭为主，占一次能源消费的 70%以上。1995 年以来，全省单位 GDP 能耗下降明显，2011 年仅为 1995 年的 35.9%；而人均能耗迅速增加，2011 年为 2001 年的 2.88 倍。能源活动产生的排放占总排放的近 80%，2005—2010 年，江苏省年均单位 GDP 二氧化碳排放强度下降 6%左右，但要完成减排目标仍有较大的压力。

气温变化与能源消费密切相关。近 50 多年来，江苏省高温日数增加，导致夏季用能和电力负荷增加，同时低温日数明显减少，采暖需求下降。江苏省大雾频次增多，大风、电线覆冰和易覆冰日数减少，给电网的安全运行带来一系列负面影响。气温上升引起江苏省采暖耗能减少，但降温耗能增加。与 20 世纪 60 年代相比，2000 年以后全省的采暖度日减少了 12.4%，而降温度日则增加了 13.4%，苏南地区尤为明显。近 12 年来，采暖期初日推迟，终日提前，采暖期明显变短；降温期长度变长，初日明显提前。在未来 RCP8.5 排放情景下，江苏省采暖度日呈下降趋势，下降速率为 68.7 ℃ • d/10 a，降温度日呈上升趋势，上升速率达 23.3 ℃ • d/10 a。全省采暖能耗将会明显减少，而降温能耗则呈增加趋势。

气候模式对未来气候的预估中包含了诸多的不确定性，其主要可以归结为气候模式本身的不确定性，温室气体排放量估算的不确定性以及气候资料的不确定性。经济增长的不确定性是影响未来能源消费与碳排放不确定性最关键的因素，未来 GDP 能源强度或 GDP 二氧化碳强度的不确定性要低于能源消费量或 CO_2 排放量的不确定性。基于 RegCM4 模式模拟的 2020—2050 年日平均气温资料，江苏省采暖度日可能会继续减少，降温度日可能会继续增加，即采暖能耗将会明显减少，而降温能耗则呈增加趋势。目前气候模式是预测未来气候变化和影响的最主要的工具，但由于科学技术水平的局限，气候模式的预测存在不确定性，随着相关领域研发的进展，有望减少不确定性，增强人们的认识水平及应对能力。

8.1 江苏省能源现状

8.1.1 能源生产与供应和消费特点

自改革开放以来，江苏经济快速发展，能源需求与消耗也在不断增加。江苏是能源消耗大省，又是传统化石能源资源小省，化石能源资源十分匮乏，是典型的能源输入型省份。由于缺乏化石能源资源，江苏2002—2012年的一次能源生产量增长并不明显，而能源消费总量快速增长（图8.1），能源缺口逐渐增大。截至2011年，江苏一次能源的生产量约为2630万tce，而全省能源消费总量为27000多万tce，江苏省一次能源生产量远不能满足江苏日益增长的能源消费需求，因此，大部分能源及能源产品需要从省外调入或从国外进口（李红，2008）。江苏省能源消耗总量大，供需矛盾十分突出，92%以上的煤炭、93%以上的原油和99%以上的天然气依靠外省或者进口，能源的外部约束大，江苏的经济社会发展对外来能源的依赖程度很高。另外，随着中国甚至全球化石能源资源的不断减少，江苏省的能源供应将面临严峻的挑战。

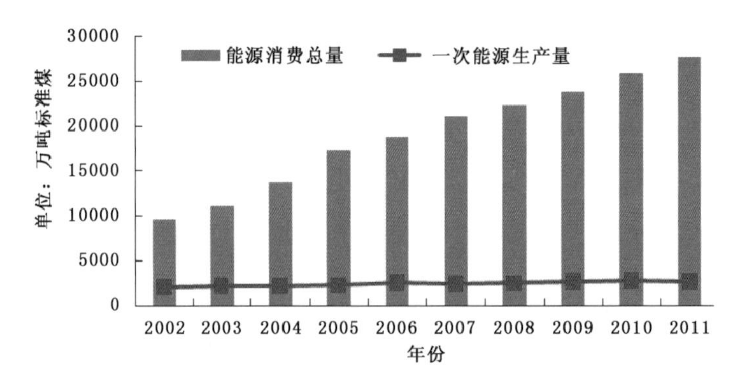

图8.1 江苏省2002—2011年能源消费总量和一次能源生产量

能源与地区生产总值（GDP）是一种投入产出的关系（朱健 等，2009）。2000—2011年间，江苏省GDP年平均增长16.8%，而能源消费总量平均增长达10.9%（图8.2）。从增长趋势来看，江苏省GDP与能源消费增长趋势基本保持一致，2000—2005年均呈迅速增加的趋势，在2005年达到增速的最高点，分别为23.96%和23.75%；自2006年增速都开始减缓，在2009年增速为近几年最低，分别为11.2%和6.6%。整体来看，江苏GDP增速较为平稳，近几年维持在较高水平，而能源消费增速近几年也趋于平稳，并且自2007年增速都在10%以下。

江苏省GDP的快速增长带动了能源消费量的增加。2001—2004年间，GDP年增速逐年递增，能源消费弹性系数快速增大，GDP增长对能源消费有着明显的带动作用。2005年以后，随着产业结构的调整，GDP增长对能源消费的依存度呈下降趋势。

从1991—2009年能源生产结构来看，江苏省能源生产以原煤和发电量为主，其变化亦最明显（图8.3）。2004年以前，江苏省原煤生产量所占比重虽然呈不断下降的趋势，但所占比重

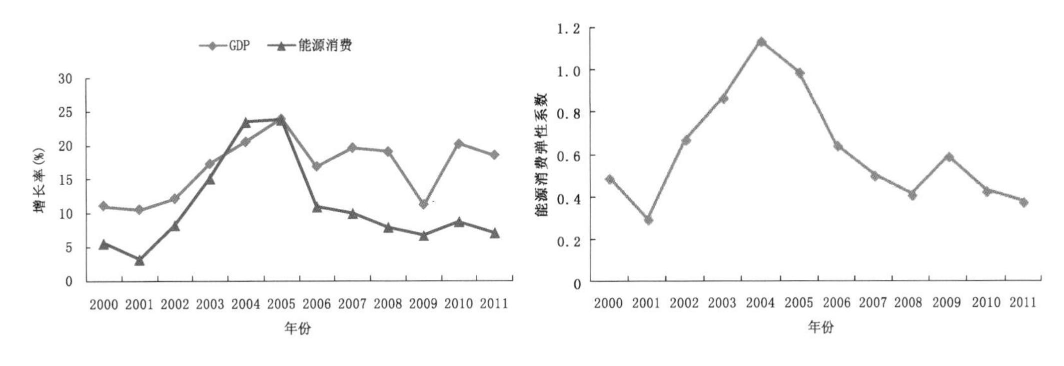

图 8.2　江苏省 2000—2011 年 GDP 与能源消费增长曲线(左)和能源消费弹性系数(右)

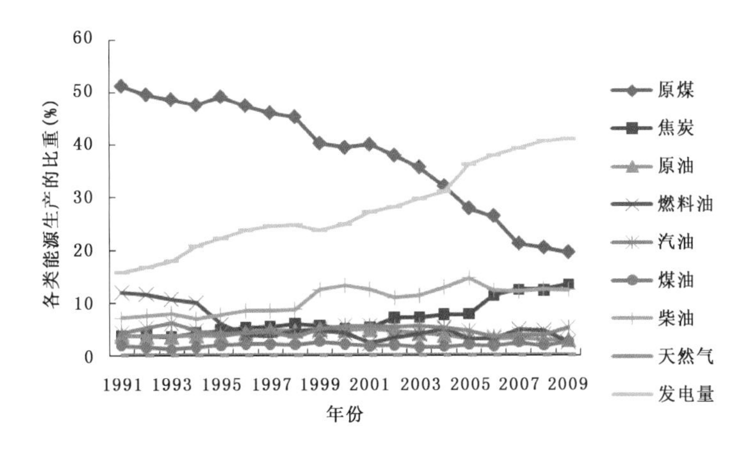

图 8.3　江苏省 1991—2009 年能源生产结构图

是最高的。江苏省发电量呈不断上升的趋势,2004 年所占比重已上升至 31.13%,与原煤所占 32.15%的比重较为接近;2005 年,发电量开始超过原煤生产量,位居能源生产结构的首位,且一直保持上升的势头,到 2009 年,所占比重已达到 41.01%,而原煤生产量一路下跌至 2009 年比重为 19.52%。近几年焦炭和柴油的生产量也上升较快,而其他能源生产量则一直比重较低。

从能源消费结构来看,江苏能源消费主要以煤炭为主,呈现多能互补特征。能源消费结构不够合理,化石能源消费比例偏高,煤炭和石油分别占一次能源消费的 75%和 16%。1995—2011 年,各类能源消费中,以煤炭消费量比重最高,一直高于 50%,其中 1995 年最高为 64.91%,2010 年最低为 52.36%,2011 年略有回升(图 8.4)。虽然煤炭消费占比不断下降,但是随着能源消费总量的增加,其消费总量呈增加的趋势,至 2011 年已达 19546 万 tce。能源消费中,原油和电力消费所占比重较高,尤其是电力消费不断上升,1995—2006 年低于原油消费量,2007 年以后比重高于原油位居第二。近几年焦炭消费量也呈上升趋势,其他能源消费所占比重较低。

1995—2011 年,江苏省单位 GDP 能耗变化整体呈大幅减少的趋势(图 8.5)。1995 年单位 GDP 能耗最高为 1.56 tce/万元,2004—2005 年由于高耗能行业生产增长,单位 GDP 能耗也略有回升。近几年来,随着江苏实施了一系列节约能源和节能减排的政策和措施(朱健 等,2009),江苏单位 GDP 能耗不断下降,2011 年降至 0.56 tce/万元。

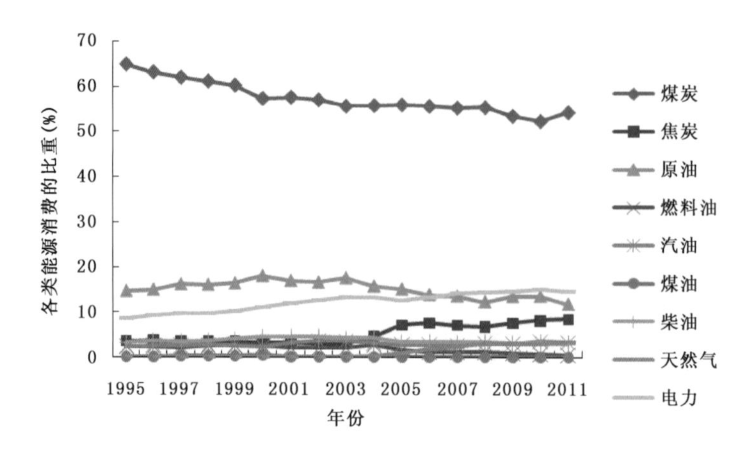

图 8.4 江苏省 1995—2011 年能源消费结构图

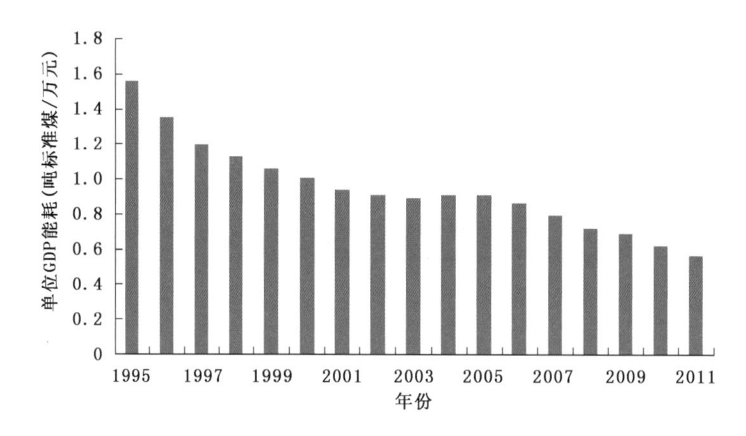

图 8.5 江苏省 1995—2011 年单位 GDP 能耗年变化

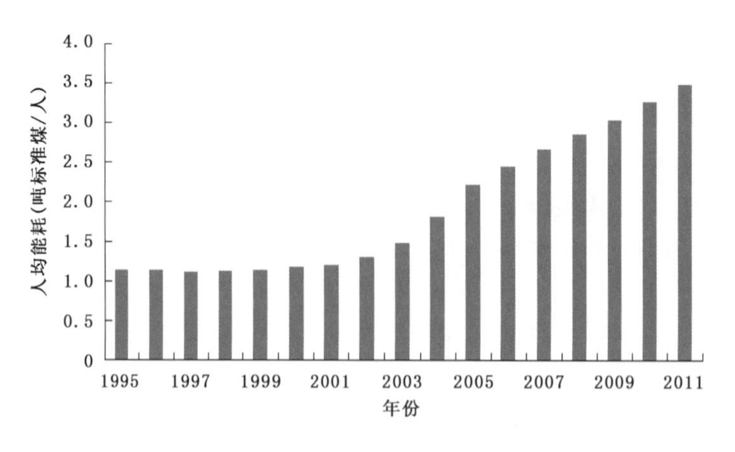

图 8.6 江苏省 1995—2011 年人均能耗年变化

随着社会经济的发展和人民生活水平的提高，江苏省人均能耗总体呈大幅增长的趋势(图 8.6)。1995—1999 年间变化趋势较为平稳，1997 年还略有下降，但随后不断增长，尤其是 2001 年以后人均能耗急剧增长。2001 年江苏省的人均能耗为 1.21 tce/人，但 2011 年江苏省的人均能耗增至 3.49 tce/人，为 2001 年的 2.88 倍。可以预见，随着能源消费总量的增加和人口总数的稳定，未来江苏省的人均能耗仍将呈上升趋势。

从 2002—2011 年不同产业和行业的能源消费来看，江苏省的能源消耗主要以工业为主(图 8.7)，历年所占比重均在 75%以上，以 2007 年比重最高为 82.62%。而其他产业消耗比重较低，均不足 10%，其中生活消费所占比重较高，平均为 6.72%。

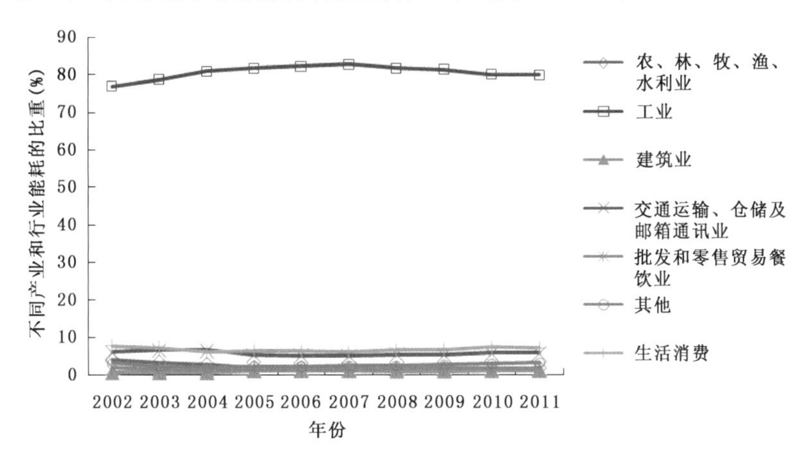

图 8.7　江苏省 2002—2011 年能源消耗的产业分布

江苏省 2000—2011 年全社会用电量和发电量均呈急剧增长的趋势(图 8.8)，用电量增速快于发电量。2000 年江苏省发电量为 972.6 亿 kW·h，2011 年增长至 3932.9 亿 kW·h，约为 2000 年的 4 倍。2000 年全省全社会用电量为 971.3 亿 kW·h，2011 年增长至 4281.6 亿 kW·h，约为 2000 年的 4.4 倍。12 年间除了 2000 年发电量基本能够满足全社会用电外，其他年份均低于全社会用电量，差额部分依靠省外电力输送。

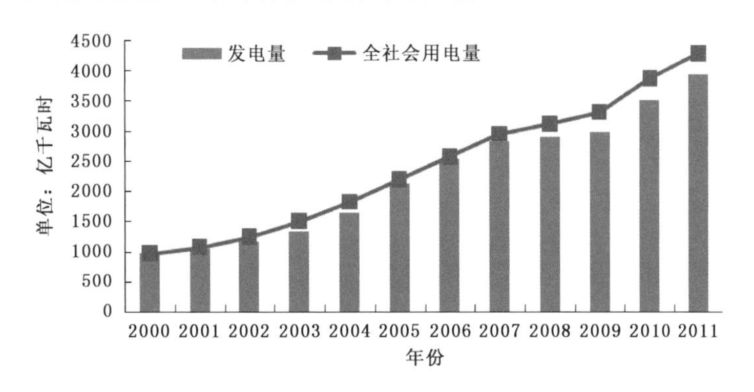

图 8.8　江苏省 2000—2011 年年发电量和全社会用电量的变化

至 2014 年 6 月，江苏省发电总装机容量已达 8445 万 kW，位居全国各省份之首。其中，火电装机超过 7700 万 kW，占 90%以上。全省发电仍以传统化石能源为主，在促进节能减排、建设生态文明等方面仍存在巨大压力。调整能源结构、提高能源使用效率、开发和利用清洁可再生能源势在必行。

8.1.2 能源活动与碳排放的关系

1992 年,巴西里约热内卢环境与发展大会签署了《气候变化框架公约》,其核心即是控制人为温室气体的排放,其中主要是指燃烧矿物燃料产生的 CO_2(陈长虹 等,1999)。而随着 2009 年联合国气候变化框架公约第 15 次缔约方大会在丹麦哥本哈根的召开,碳排放问题再次成为各国关注的焦点问题。为应对全球气候变暖,保持经济的可持续发展,中国政府已郑重承诺,到 2020 年碳强度(单位 GDP 二氧化碳排放量)比 2005 年下降 40%～45%。

研究表明,碳排放主要集中在人口、工业、交通、建筑相对集中的城镇地区,城市正在逐渐成为温室气体和"热岛效应"的主要产出地,城市的不断膨胀带来能源消费和碳排放的激增。而我国城市化的推进导致我国碳排放量的增加,城市化导致碳排放增加的速度大于城市化本身的增加速度。同时,产业结构和能源强度也是碳排放的重要决定因素(许泱 等,2011)。居民生活能源消费的 CO_2 排放量在全部碳排放中占有很高的比例。1991—2009 年我国城镇居民和农村居民生活能源消费 CO_2 排放量年均增长 2249.44 万 t,年均增长率为 3.93%,尤其是 2000 年以后处于快速增长态势,而人均生活能源消费的 CO_2 排放量也呈不断增长的趋势(汪东 等,2012)。

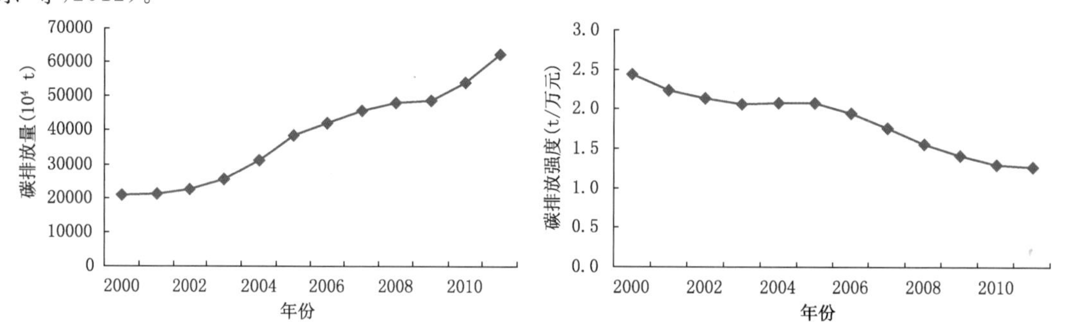

图 8.9 江苏省 2000—2011 年能源碳排放量和碳排放强度

从江苏省的排放结构来看,能源活动产生的排放占总排放量的近 80%,为最主要排放领域。随着能源消费的不断增加,江苏省的碳排放量总体呈不断上升趋势(图 8.9)。2005 年江苏省煤炭、石油和天然气等燃料产生的碳排放量为 38621.9 万 t,2011 年达到了 62510.6 万 t,是 2005 年的 1.62 倍,年平均增长率为 8.4%。从排放强度来看,2005—2010 年江苏省温室气体排放总量以年均 5.6%的增速支撑了 12%以上的经济增长速度,全省单位 GDP 二氧化碳排放强度稳步下降,2005—2010 年年均下降 6%左右,相当于年均少排放 5000 多万 t 二氧化碳当量。

为了促进节能减排,江苏省制定了《江苏省"十二五"能源发展规划》、《江苏省生态文明建设规划(2013—2022)》。根据规划,能源行业碳排放强度到 2015 年,力争比 2005 年下降 30%以上。其中,单位地区生产总值能耗比 2010 年下降 18%;非化石能源占一次能源消费比重达到 7%左右。根据规划,至 2015 年全省一次能源消费总量将控制在 3.36 亿 tce(包括国家政策允许的非化石能源"增量"),年均增长 5.44%;非化石能源达到 2350 万 tce,年均增长 10.65%;可再生能源达到 1706 万 tce,占 5.08%,年均增长 17.16%。到 2015 年,江苏省全部电力可供装机容量达到 11000 万 kW(包括风电 600 万 kW 等省内可再生能源发电装机以及各类区外来电装机)。

根据《江苏省"十二五"能源发展规划》，2015 年能源碳排放量为 76576.19 万 t，碳排放强度为 1.164 t/万元，比 2005 年减少 43.96%。根据能源发展规划，至 2015 年江苏省煤炭、石油、天然气的使用量将分别为 22867 万 t、5143 万 t 和 3240 万 tce，占比分别为 68.06%、15.31%和 9.64%。为了完成 2020 年节能减排目标，必须提高能源使用效率，优化能源消费结构，同时大力开发风能、太阳能和生物质能等非化石能源。

8.1.3　可再生能源发展潜力分析

江苏省具有丰富的风能资源，根据《江苏省风能资源详查和评估报告》(2011)的结果，沿海大部分地区 50 m 高度年平均风功率密度在 200～300 W/m^2，属于二类风资源等级。内陆地区风能资源较少，大部分地区 50 m 高度年平均风功率密度在 150～200 W/m^2，属于一类风资源等级。内陆太湖、洪泽湖等大型水体周围风能资源相对丰富，50 m 高度年平均风功率密度在 200～250 W/m^2，属于二类风资源等级。

仅在江苏省沿海地区，70 m 高度 200 W/m^2 以上的技术开发量达 1470 万 kW，技术开发面积达 3535 km^2，70 m 高度有效风速(3～25 m/s)百分率达到 90%以上，满发时数达 1800～2500 h(表 8.1)。另外，江苏拥有滩涂面积 6500 km^2，占全国滩涂总面积的 1/4。海域面积广阔，海底地形平缓，离岸 100 km 范围内水深不超过 25 m。全省拥有约 2667 km^2 的潮间带和 1267 km^2 的辐射沙洲，这些地区蕴藏着丰富的风能资源，风资源等级可达二类或者更高，将是江苏省未来风能资源开发利用的重点地区之一。海上风电由于技术等原因的限制，起步较晚，但海上风电的发展前景广阔，能带来显著的经济效益和环境效益(邹一琴 等，2012)。

表 8.1　江苏省沿海地区 70 m 高度风能资源技术开发量表

风功率密度	技术开发量(万 kW)	技术开发面积(km^2)
≥200 W/m^2	636	1511
≥250 W/m^2	463	1094
≥300 W/m^2	371	930

近年来，江苏省风电开发发展迅速，至 2014 年 6 月底，江苏省风电装机已达 2780 MW，占全省发电总装机的 3.3%。江苏将建设千万千瓦级风电基地，根据《江苏省千万千瓦级风电基地规划》，至 2020 年全省风电装机将达 10000 MW，将占全省发电总装机的 8%。若按风电平均年满发时数 2000～2500 h 计算，至 2020 年，可提供 245.7 万～307.1 万 tce 的能源量。

江苏省属于太阳能资源较稳定区域，太阳总辐射年总量在 4380～5130 MJ/m^2，大部分地区太阳能资源丰富，为 3 类丰富区，部分地区为 2 类丰富区(图 8.10)。空间分布特征为北多南少，苏北地区大部分在 4700 MJ/m^2 以上，苏南地区大部分在 4500 MJ/m^2 以下。江苏的北部地区属于太阳能资源较丰富地区，年总量在 4700～5200 MJ/m^2，相当于 170～200 kg 标准煤燃烧所发出的热量，具有利用太阳能的良好条件。按江苏总面积的 1/10 粗略计算，可以得到的太阳能年辐射量相当于 1.7 亿～2 亿 tce 煤燃烧所发出的热量，基本达到江苏省 2007 年全年的一次性能源消费量(1.76 亿 tce)，江苏省太阳能资源开发利用前景广阔。

近年来，江苏省加快了太阳能资源开发利用的步伐。2009 年 12 月 31 日，由江苏省发改委核准的首个兆瓦级并网型太阳能光伏发电项目在楚州竣工投产，该项目每年可节省、减少燃煤和温室气体排放数千吨，是江苏省"阳光屋顶计划"的示范工程。到 2011 年初，江苏省拥有

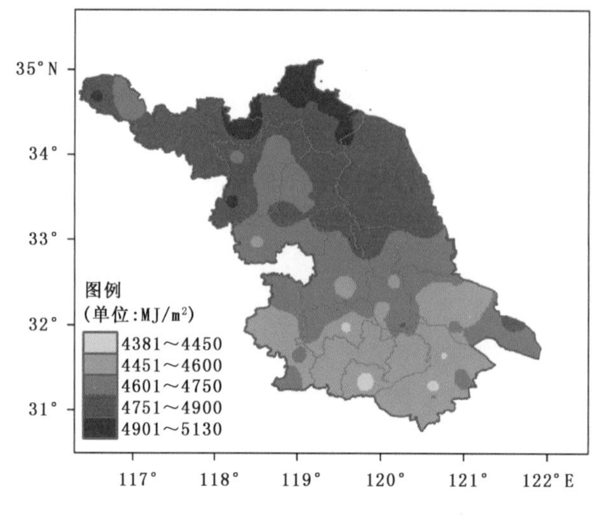

图 8.10 江苏省年太阳总辐射量分布

光伏企业 600 多家,从业人员 12 万人,形成了完整的产业链条。至 2014 年 6 月底,全省太阳能发电已达 1200 MW。在江苏省《新能源产业调整和振兴规划纲要》中,明确将重点发展光伏产业。同时在国家太阳能屋顶计划以及金太阳示范工程等政策的支持下,江苏光伏发电产业将得以加速发展。

江苏省生物质能资源种类繁多,可供开发利用的有农作物秸秆、芦苇、稻壳、谷壳、花生壳、林木、树皮、锯木屑、畜禽粪便、酒厂废水、造纸污泥、城市生活垃圾等(许瑞林,2007)。至 2014 年 6 月底,全省已拥有沼气、秸秆发电达 41 万 kW。据估计,若江苏秸秆全部用于直接燃烧发电,每年可提供 74 亿 kW·h,如果全部变成固体成型燃料,相当于全省原煤消费量的 1/3(李荣刚,2008)。

8.2 江苏省气象条件与能源的关系

8.2.1 气温变化与能源消费的关系

气候变化对能源生产、供应、消费等有着广泛的影响,能源的需求和消耗也是随着气候变化如气温等而变化的。气温对能源消费的影响主要表现在生产、生活中的冬季取暖和夏季降温的能源消耗上,冬季取暖所消耗的能源主要是煤炭,夏季降温消耗的能源主要是电力。生活能源消费中的煤炭消费量与同期采暖度日值之间有很好的相关性,而电力消费与降温度日之间亦有很好的相关性(袁顺全 等,2003)。

研究表明气温与能源有着密切的关系,江苏省能源消费与南京市年平均气温变化呈现出较强的相关性(牛强 等,2010)。这种相关性受能源消费量的影响,能源消费量越大,相关性越强。我国大部分地区平均气温变化趋势与有效能源消费量都呈良好的正相关。相关系数最大地区主要集中在东部沿海发达地区和山西、河南、河北等少数内陆省份以及环渤海区、长三角区和珠三角地区。相关性较好的地区,大都是经济发达地区,重工业省份以及城市化密集地区(李芬 等,2012)。

20 世纪 80 年代中期以来，我国气候变暖，尤其是 90 年代中期以来的显著变暖，对我国冬季采暖气候条件和能源需求产生了很大影响。气候变暖理论上使我国冬季采暖耗能需求降低的比率不断增大，尤其是江淮地区、长江中下游地区降低 40%以上(陈莉 等，2006)。

江苏省是一个能源资源有限的省份。随着社会经济快速发展及人民生活水平的不断提高，在电力供应有限的情况下，气候变化加剧了电力需求的紧张局面。气温变化是影响全社会用电量和居民用电量的重要因素之一。通过江苏电网 2004 年夏季高温时段用电量与气温的资料，对江苏电网的用电量与气温之间的敏感度进行了分析，在研究时间段内江苏电网的用电量与气温基本呈同步增长的态势，期间由于台风的影响，气温有所回落，但用电量回落幅度远小于气温增长阶段的用电量等比增长幅度(赵彤 等，2004)(图 8.11)。

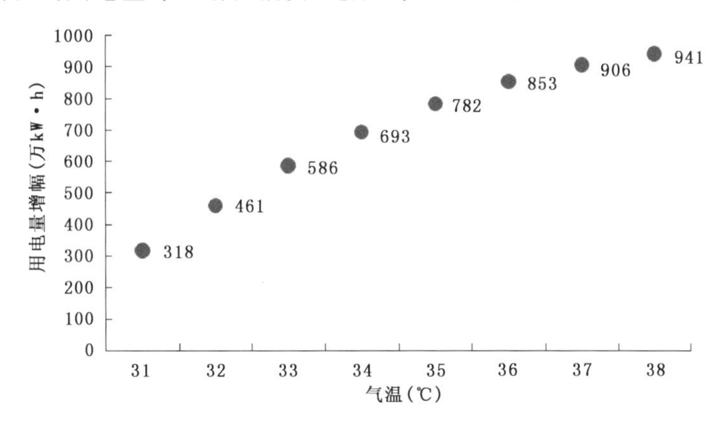

图 8.11　用电量与气温的敏感曲线图(赵彤等，2004)

江苏省居民用电量和城市系统用电量对夏季高温异常敏感，夏季平均气温增加 1 ℃时，居民和城市系统用电量的百分比就将分别增加 0.32%和 0.41%。若气温距平达到 2 ℃以上，则城市系统用电量就有可能达到全社会用电量的 1%。夏季平均气温升高所造成的城市系统用电量的增加在整个电力需求中占有相当大的比例(刘健 等，2005)。

8.2.2　极端事件对能源生产与供应的影响

气候变化背景下，极端天气气候事件频率增大、极端性增强，极端高温、极端低温、大雾等事件的增多，对能源生产和供应有着显著的影响。

江苏地处长江下游，夏季常有高温出现，给人民生活和工农业生产带来一系列负面影响，尤其是用水、用电等的需求量急剧上升，电力负荷增加，造成供需矛盾加剧。江苏省 1961—2012 年≥35 ℃的平均高温日数基本呈增多趋势，递增速率为 0.85 d/10a(图 3.2)。20 世纪 60 年代大部分年份偏多，70 年代至 80 年代初总体偏少，自 80 年代末开始上升趋势比较明显。近 52 年平均高温日数为 8.2 d，其中 1966 年高温日数最多为 19.1 d，1982 年最少为 1.0 d，自 2001 年以来高温日数始终居高不下。气候变化对长江三角洲地区工业及能源带来一定影响，高温天气将使夏季生产效率下降，能耗增加，对工业生产尤其是重工业生产不利，同时气温升高将使本地区居民生活耗电增加(吴息 等，1999)。

低温雨雪天气会对通讯、交通、电力、煤炭和其他物资运送等造成重大损失，给人民群众的生产、生活造成极大的影响(李永平，2008)。作为能源输入型省份，低温雨雪对煤炭、石油等运输带来不利,直接影响能源的生产和供应。低温空气密度增大,导致风电场风电机组特别是失速型风电机组的额定出力增加,出现过载现象;同时也会引起风轮叶片产生空气弹性振动,导致叶片后缘结构失效而产生裂纹,从而影响风电场的安全运营(张礼达 等,2009)。江苏省1961—2012年低温日数(日最低气温≤0 ℃)呈明显减少趋势,递减速率为5.6 d/10 a,近52年平均低温日数为55.1 d,其中1967年低温日数最多为82.7 d,2007年低温日数最少为29.3 d,近5年低温日数略有回升。从理论上讲,低温日数的减少可使采暖能源需求降低,有利于采暖耗能的减少,从能源消费的角度看是一个有利的因素(陈莉 等,2006)。

江苏省滨江临海,空气湿度相对较大,大雾是较为常见的灾害性天气之一,它具有出现概率高、发生范围广、危害程度大等特点。雾天空气潮湿,输电线路会发生"雾闪"而掉闸,引起大面积停电。有时冬季过冷雾在输电线上结成雾凇,也可造成折断电线事故(胡辛陵 等,2001)。大雾天气会使公路、航船、航空等交通运输受阻,造成能源原料、燃料等供应不上,从而影响到工厂的正常生产和人民生活。

江苏省1961—2012年平均雾日数为32.5 d,其中江淮大部分地区、淮北中部雾日数较多,在30～50 d,部分地区甚至达到50 d以上,而苏南大部分地区、淮北地区西部和东北部则相对较少,在10～30 d。各站中以南通市如皋站最多为55.8 d,而南京市高淳站雾日数最少为15.8 d。

2001—2012年平均雾日数为25.3 d,比近52年平均雾日数减少7.2 d。总体分布趋势与近52年雾日数空间分布类似,但各地区存在着不同程度的增加或减少。江淮大部分地区雾日数为30～40 d,而原本雾日数为40～50 d的地区大幅减少,江淮东部、苏南大部分地区减少较多,全省主要是淮北部分地区呈增加趋势。

8.2.3 极端天气气候对电力设施的影响

在引发电力系统的自然灾害中,风灾是最为严重的一种(谢强 等,2006)。强风(包括飑线风、龙卷和台风)会导致输电塔、输电线路倒塌以及其他电力设施的故障和损坏,从而对电网运行造成较大的负面影响。

近年来,江苏省发生多次风灾致倒塔事故,不仅威胁了电网的安全运行,还影响到用户的可靠供电。2005年4月20日,位于江苏盱眙的同塔双回路500 kV双北线发生风致倒塔事故,一次倒塌8基,造成非常严重的经济损失;2005年6月14日,江苏泗阳500 kV任上5237线发生风致倒塔事故,一次性串倒10基输电塔,造成大面积的停电。这两次500 kV输电塔的风毁事故,对于华东电网造成了非常严重的不利影响(张勇,2006)。

江苏省1961—2012年大风日数呈大幅度减少趋势,近52年年平均大风日数为9.1 d,其中20世纪60年代全省大风日数最多为21.9 d,70年代迅速减少为10.2 d,80年代继续减少为5.6 d,90年代为4.7 d,2001—2012年减少到最少为4.2 d。尤其是近6年以来,年大风日数都比较少,平均仅为3.5 d。江苏省2004—2011年极大风速平均为21.0 m/s,总体呈不断下降的趋势,其中2005年极大风速最大为23.5 m/s,2008年最小为19.6 m/s(图8.12)。

江苏省地势平坦,水网众多,为龙卷多发地区。龙卷的破坏力主要来自强烈的旋转风速、剧烈的气压下降和产生的飞射物三个方面。强风容易造成输电线路的中断、影响能源的供应,短时快速的气压下降容易引起核电反应堆、锅炉等巨大的内外气压差,给能源生产带来威胁,而飞射物则影响能源设施的安全稳定运行,从而影响能源供应。许遐祯等在分析江苏省龙卷

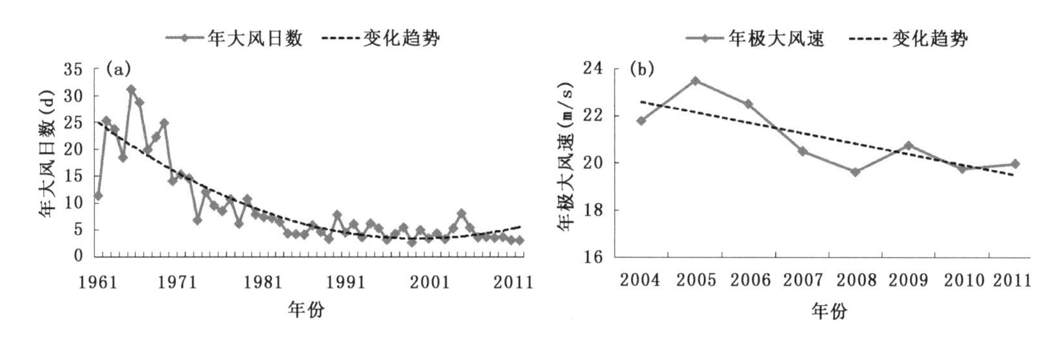

图 8.12　江苏省 1961—2012 年年大风日数变化(a)和 2004—2011 年年极大风速变化(b)

气候特征的基础上对各市易损度进行了分级区划(图 8.13),表明徐州为龙卷灾害极高易损区,泰州、南通、苏州为高易损区,盐城、镇江、扬州为中易损区,淮安、宿迁、南京、无锡、常州和连云港为低易损区(许遐祯 等,2010)。

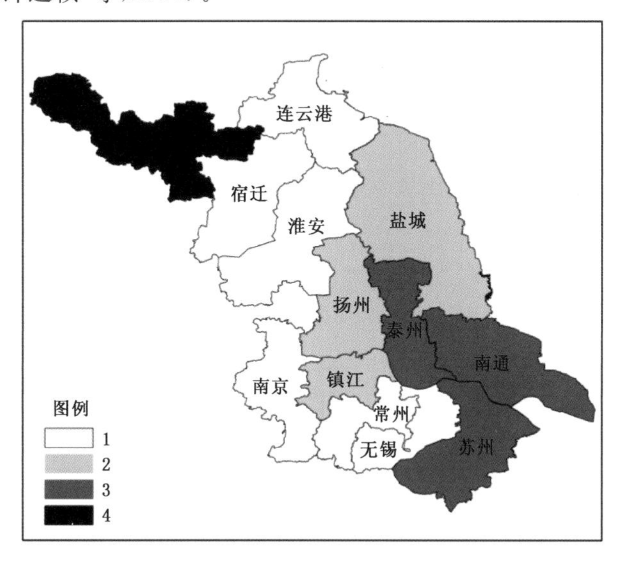

图 8.13　江苏省龙卷灾害易损度区划图(许遐祯 等,2010)

在冬半年,雨凇、雾凇凝附在导线上或湿雪冻结在导线上,形成电线结冰。覆冰事故会严重危及电力系统的安全运行,造成电线承重增加,发生倒塔和线路中断,严重影响电力的正常供应。电力系统的冰灾事故在全国各地都有不同程度的发生,尤其是 2008 年 1 月,我国南方长时间持续低温雨雪冰冻天气过程,对湖南、江西、浙江、安徽、湖北等地的电网造成了巨大危害,大面积的停电给人民生活带来了非常不利的影响,并造成国民经济的重大损失。特别是输电线路发生的覆冰现象,对电力设施损毁严重(杨靖波 等,2008)。

江苏省 1962—2011 年年平均雾凇日数为 0.70 d,年平均雨凇日数为 0.16 d,总体来看,雾凇日数多于雨凇日数(图 8.14)。年雾凇日数最多出现在 1992 年,为 3.28 d,自 2005 年以来较少,均不超过 0.18 d,而 2010 年则无雾凇出现。近 52 年中有 22 年雨凇日数为 0,即将近一半的年份未出现雨凇,而出现雨凇的年份平均总日数也比较少,只有在 1969 年雨凇日数最多为 2.50 d,其他年份均不足 1 d。

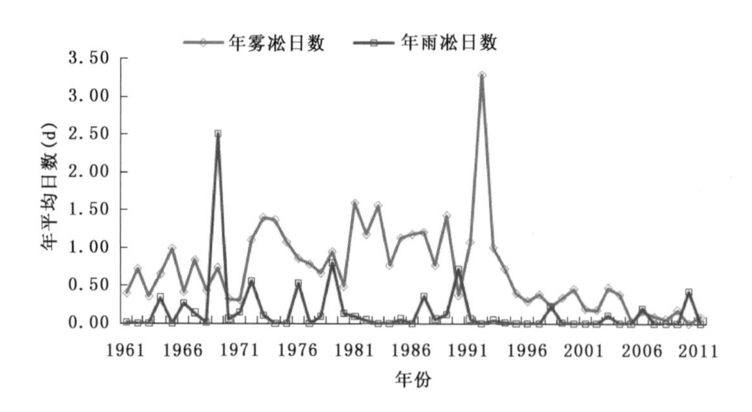

图 8.14　江苏省 1961—2011 年年雾凇日数和年雨凇日数变化

江苏省 1961—2011 年平均雾凇日数，总体来看，从南往北逐渐增多（图 8.15a），其中以徐州、连云港、宿迁西北部以及盐城西部地区最多，而江淮之间东南部和苏南地区较少。年平均雾凇日数最多出现在宿迁市泗洪站为 2.31 d，最少出现在无锡市宜兴站为 0.02 d。

江苏省 1961—2011 年平均雨凇日数总体为明显的北多南少趋势（图 8.15b），其中以徐州、连云港北部以及宿迁西北部最多，而苏中和苏南地区明显较少。年平均雨凇日数最多出现在徐州市睢宁站，为 0.90 d，而全省绝大多数台站年平均雨凇日数都在 0～0.1 d。

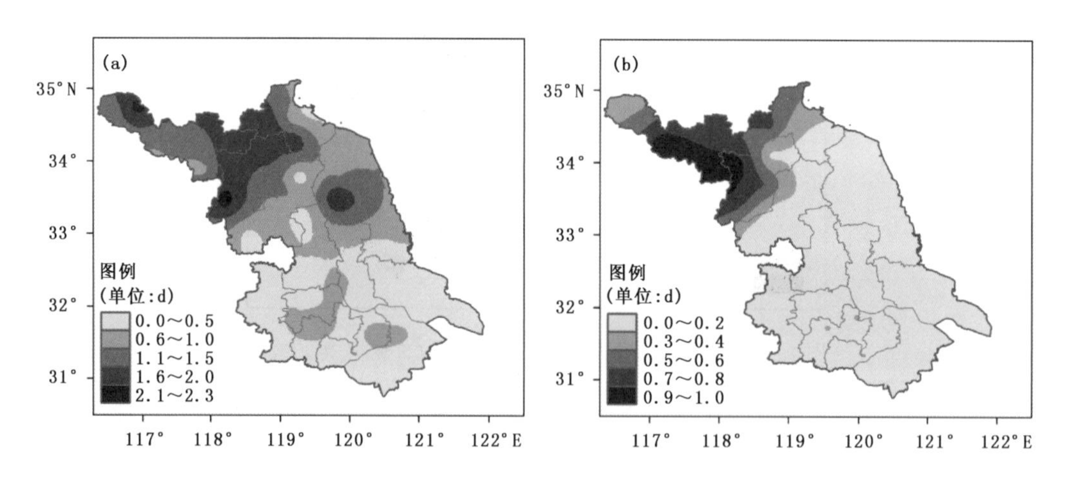

图 8.15　江苏省 1961—2011 年平均雾凇日数(a)和平均雨凇日数(b)的空间分布

地面日最低气温在－10～1 ℃，相对湿度≥80%，日照时数≤2 h 这 3 个条件同时满足时易形成覆冰。即这 3 个条件相互配合，低温高湿寡照，容易形成覆冰（赵晓萌 等，2012）。据此计算了 1961—2012 年全省同时满足这 3 个条件的平均易覆冰天数（图 8.16）。1961—2012 年全省平均易覆冰天数为 7.52 d，总体来看，从东南往西北逐渐增多，其中以徐州西北部、宿迁西部以及淮安西南部地区最多，而江淮之间东南部和苏南地区东南部较少。年平均易覆冰天数最多出现在徐州市丰县站为 10.79 d，最少出现在南通市吕泗站为 3.65 d。

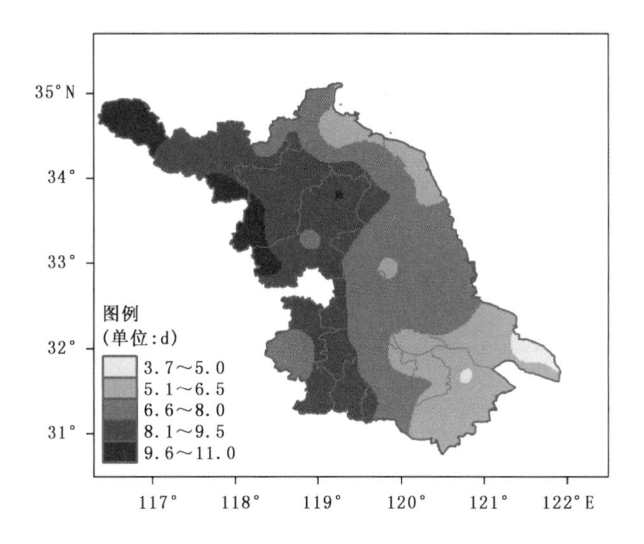

图 8.16　江苏省 1961—2012 年平均易覆冰天数的空间分布

8.3　气候变化对江苏省能源活动的影响

8.3.1　对采暖和降温耗能的影响

由于人类经济活动与气温存在明显的相关性，尤其在城市采暖与降温的能源消耗上，气候变化的影响将会非常巨大(王丽媚，2012；陈莉 等，2009)。度日即是反映房屋和商业的供暖和降温而对能源需求的定量指标(谢庄 等，2007)。

根据《夏热冬冷地区居住建筑节能设计标准(JGJ134－2001)》定义，分别计算和分析江苏省采暖度日和降温度日。采暖度日的变化，可以直接反映采暖需求的变化。HDD 越大，说明采暖期温度低，采暖所需能耗要多，采暖强度大，也即采暖需求大。采暖期长度也可用作反映采暖期耗能的度量指标，采暖期越长耗能越多，采暖期越短耗能越少(陈莉 等，2006)。同样，降温度日数可以反映降温能耗的变化，CDD 越大，表明夏季气温高，开空调降温需要消耗的能源就多(陈峪 等，2005)。

随着气温上升，江苏省采暖度日呈减少趋势(图 8.17)，20 世纪 90 年代开始迅速减少。其中 1969 年采暖度日最多为 2415.5 ℃・d，2007 年采暖度日达到历史最低为 1719.1 ℃・d。而降温度日呈先减少后增加的变化趋势，以 1994 年最高，为 225.3 ℃・d，以 1980 年最低，为 49.6 ℃・d。

从 1961—2012 年江苏省采暖度日和降温度日的年平均空间分布图看出，全省平均采暖度日和降温度日均呈条带状分布，采暖度日由南往北呈逐渐增加的趋势，而降温度日由南往北呈逐渐减少的趋势(图 8.18)。采暖度日以淮北大部分地区以及盐城北部地区最多，而苏南地区最少，其中全省最多出现在连云港市赣榆站为 2430.6 ℃・d，最少出现在苏州市东山站为 1753.0 ℃・d。降温度日以苏南地区最多，而淮北东北部和盐城北部地区最少，其中全省最多出现在南京市高淳站为 200.8 ℃・d，最少出现在连云港市赣榆站为 71.3 ℃・d。

1961—2012 年，随着气温的升高，全省的采暖及降温耗能发生了明显的变化(图 8.19)，具

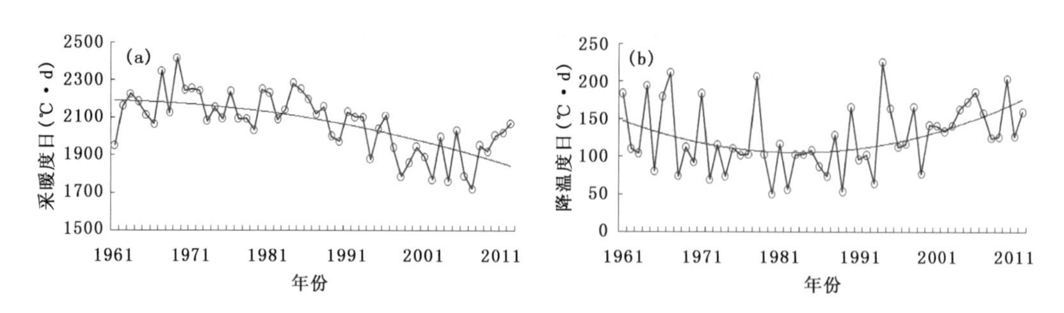

图 8.17 江苏省 1961—2012 年年采暖度日(a)和年降温度日(b)的变化

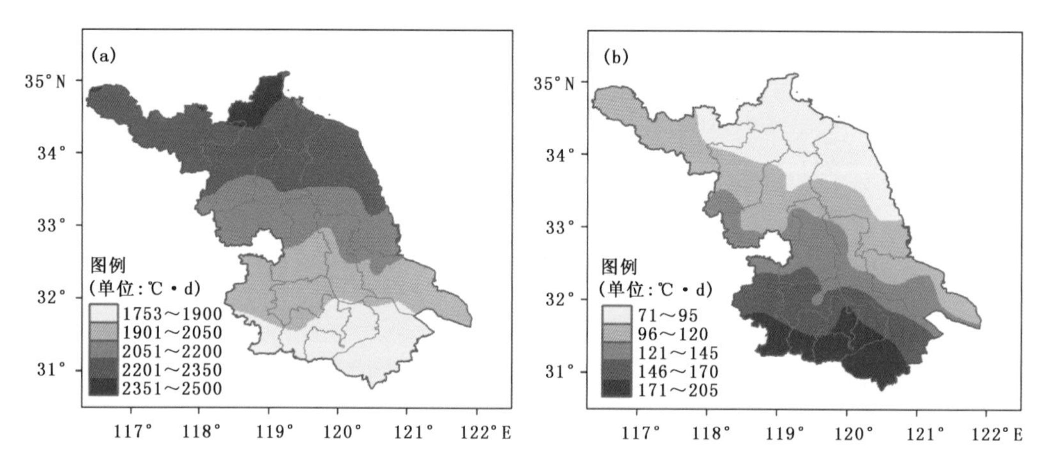

图 8.18 江苏省 1961—2012 年采暖度日(a)和降温度日(b)的空间分布

体表现为采暖度日减少和降温度日的增加。与 20 世纪 60 年代相比，2000 年以后全省的采暖度日减少了 12.4%，而降温度日增加了 13.4%，苏南地区尤为明显。全省平均采暖度日均呈减少趋势，以苏南中部和江淮南部大部分地区减少趋势最为明显，其中全省减少速率最大的是苏州市张家港站，平均每 10 年减少 103.0 ℃·d。降温度日主要以淮北东部和江淮北部呈减少趋势，减少最多的是淮安市洪泽站，平均每 10 年减少 3.9 ℃·d；其他大部分地区有增多趋势，增加最多的为泰州市靖江站，平均每 10 年增加 21.5 ℃·d。

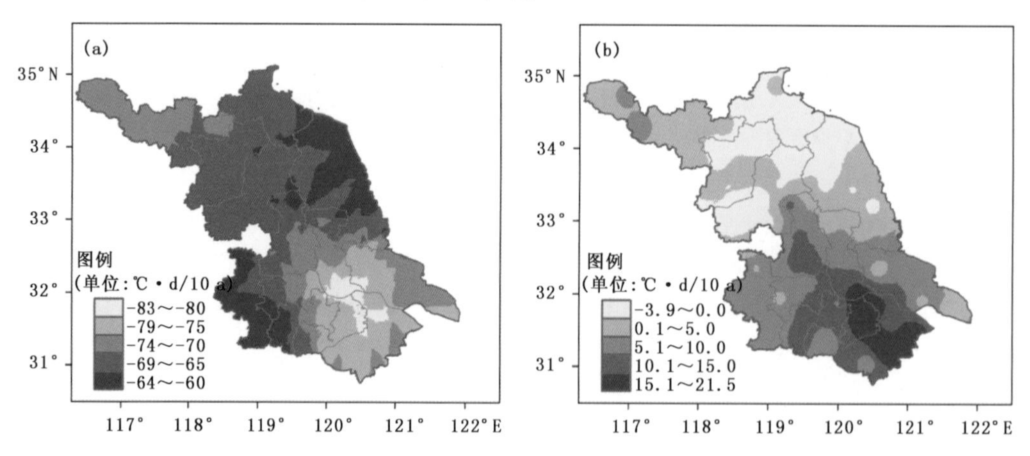

图 8.19 江苏省 1961—2012 年采暖度日(a)和降温度日(b)变化率的空间分布

随着气温的升高，全省的采暖初日推迟、终日提前，采暖期变短。相对于 20 世纪 70 年代，近年来采暖期初日推迟了 11 d，而终日提前了 12 d，采暖期明显变短；相对于 80 年代，近年来降温期长度变长，增加了 12 d，而初日明显提前，提前了 14 d。1961—2012 年采暖期的初日最早出现在 1971—1980 年(图 8.20)，为 10 月 11 日，最晚出现在 2001—2012 年，为 10 月 22 日；终日最早出现在 1991—2000 年，为 4 月 26 日，最晚出现在 1971—1980 年，为 5 月 9 日；采暖期长度最长出现在 1971—1980 年，为 211 d，最短出现在 2001—2012 年，为 188 d。近 12 年来采暖期终日出现在 4 月 27 日，仅比终日最早的年代晚一天，而初日推后较多，采暖期长度明显变短。采暖期缩短，有利于减少冬季采暖耗能。

在气温升高的背景下，降温初日提前，全省降温期变长。江苏省 1961—2012 年降温期的初日最早出现在 2001—2012 年，为 6 月 20 日，最晚出现在 1981—1990 年，为 7 月 3 日；终日最早出现在 1971—1980 年，为 8 月 27 日，最晚出现在 1961—1970 年和 1991—2000 年，均为 9 月 3 日；降温期长度最长出现在 2001—2012 年，为 71 d，最短出现在 1981—1990 年，为 59 d。由此可见，近 12 年来降温期长度变长，初日明显提前。降温期变长，将会导致夏季降温耗能的增加。

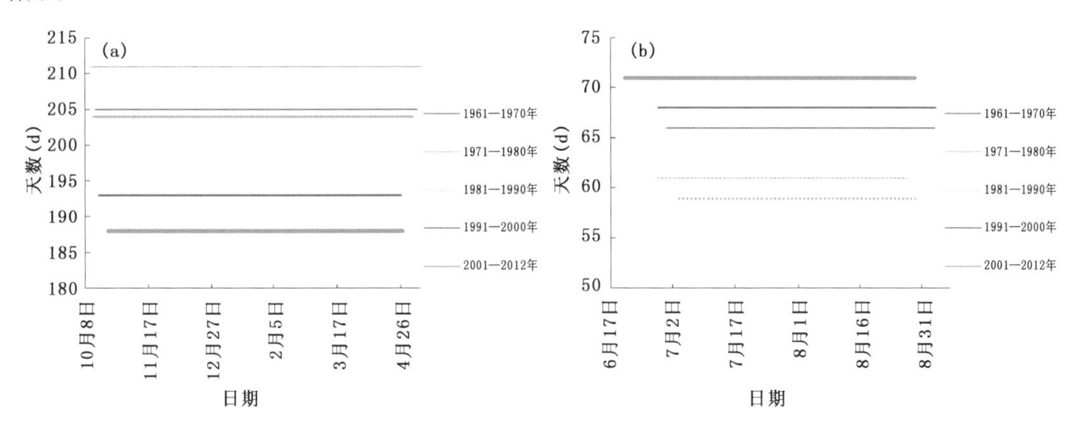

图 8.20　江苏省 1961—2012 年采暖期(a)和降温期(b)的初、终日及长度的年代际变化

8.3.2　对电力负荷和电力供应的影响

随着社会经济的发展和人们生活水平的提高，生活能源消耗呈增长趋势，居民生活用电比重上升。这种变化主要是由于冬季取暖和夏季制冷设备的广泛使用，空调性负荷高峰加剧了气候变化对电力供需平衡的影响。

2003 年入夏以后，江苏省大部分地区出现了罕见的高温天气，尤其是苏南地区最高气温达到 40 ℃以上。持续 10 多天的高温引发电力负荷不断攀升，江苏省最高用电负荷和日用电量屡创新高。7 月 4 日，全省最高用电负荷首次突破 2000 万 kW；7 月 25 日达到 2210.7 万 kW，已经达到当时江苏电网的极限供电能力，错峰容量达到 210 万 kW；8 月 1 日最高负荷和用电需求分别达到 2215.4 万 kW 和 2605.3 万 kW 的历史最高纪录(朱斌 等，2004)。

在持续炎热的高温天气下，江苏省夏季负荷增长较快，季节性负荷形势相当严峻(王治华 等，2002)。气温在开始变热时，空调负荷会有滞后性，在气温下降时，负荷也会出现滞后现象。在上升期表现在高负荷会迟一天出现，下降期表现为气温敏感系数下降。相对湿度在 80％以上时，对空调负荷有重大影响，其影响度相当于增加5%湿度时气温提高1 ℃左右。因此，在梅雨季节，在同样气温条件下，随着相对湿度的上升，地区最大负荷也随之上升。而冬季采暖负荷明显小于夏季空调负荷，约仅为空调负荷的1/3(姜学宝 等，2009)。夏季最大、最小及平均耗电量均与每天的最高气温、最低气温和风有关，其中最高气温、最低气温越高，耗电量越大，而与风速是成反比的，即夏季风的增大有利于通风散热而降低负荷(张小玲 等，2002)。

针对江苏省2003年夏季气温对电力负荷的影响研究表明(朱斌 等，2004)，电力最大负荷对最高气温的敏感区间大致分为三个区段：

①26～30 ℃为弱敏感区，最高气温每升高1 ℃，最大需求上升114.25 MW，负荷增长率为0.64%；

②30～36 ℃为强敏感区，最高气温每升高1 ℃，最大需求上升762.2 MW，负荷增长率为4.17%；

③36 ℃以上为强敏感区，最高气温每升高1 ℃，最大需求上升796.48 MW，负荷增长率为3.49%。

夏季最高气温与最低气温的变化都直接影响最大负荷的变化，而最低气温更为明显。最大负荷对最低气温的敏感区间大致分为三个区段：

①20～24 ℃为较强敏感区，最低气温每升高1 ℃，最大需求上升303.2 MW，负荷增长率为1.74%；

②24～27 ℃为强敏感区，最低气温每升高1 ℃，最大需求上升873.03 MW，负荷增长率为4.73%；

③27～31 ℃为强敏感区，最低气温每升高1 ℃，最大需求上升729.1 MW，负荷增长率为3.32%。

由此可见，在日最高气温≥30 ℃且最低气温≥24 ℃的情况下，气温对电力负荷的影响非常大。从1961—2012年江苏省日最高气温≥30 ℃且日最低气温≥24 ℃日数时间分布来看，呈先减少后增加的变化趋势(图8.21)，20世纪60年代初高于平均值，自60年代末开始下降，80年代最低，进入90年代开始呈上升趋势。各站多年平均为36.3 d，1994年最多为60.3 d，1980年最少为12.3 d。近12年平均日数是42.4 d，为各年代最多，80年代年平均日数是30.5 d，为历年最少。

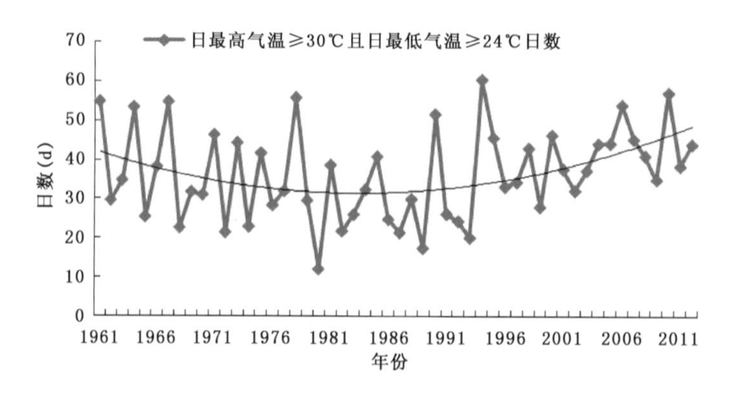

图8.21 江苏省1961—2012年日最高气温≥30 ℃且日最低气温≥24 ℃年日数变化

通过对不同季节、不同时段江苏全省各类用电负荷的解析，分析了不同行业及居民用电负荷的构成及其季节性变化。其中第二产业和第三产业负荷率、峰谷差率等指标四季基本稳定；城镇及农村居民用电负荷的负荷率、峰谷差率等指标则受季节变化影响明显，夏季负荷率明显提高，峰谷差率明显减小，而夏季过后居民用电负荷回调尤其明显。负荷的季节性波动远大于同一季节内日负荷的波动(陆燕 等，2007)。空调负荷随气温的变化对电网运行会产生许多不良的影响，主要包括严重威胁电网设备的安全运行、严重影响电网的运行经济性、使电网峰谷差增大、使设备利用率降低等(施旭军 等，2008)。

8.3.3　对典型城市能源消费的影响

以地处不同地理位置的代表性城市为例，阐述气候与能源消费的关系。

南京地处中纬度地区，该地属北亚热带季风气候区，四季分明，雨量充沛，光照充足，热量丰富，雨热同季。年平均气温 15.5 ℃，年平均降水量 1019.5 mm，适宜植物生长的无霜期达 225 d，属于湿润地区。每年初夏，受锋面雨带影响，进入梅雨季节。梅雨过后，天气晴燥，常会形成伏旱。连云港市地处中国沿海中部，位于江苏省东北部，地处暖温带南部，常年平均气温 14 ℃，1 月平均气温－0.4 ℃，极端低温－19.5 ℃；7 月平均气温 26.5 ℃，极端高温 39.9 ℃。历年平均降水量 920 mm，常年无霜期为 220 d。主导风向为东南风。由于受海洋的调节，气候类型为湿润的季风气候，略有海洋性气候特征。淮安市地处苏北腹地、淮河下游，地处南暖温带和北亚热带的过渡地区，兼具有南北气候特征，光热水整体配合较好。光能资源潜力较大，年日照数在 2060～2261 h。全市热量资源充裕，年平均气温 14.1～14.9 ℃，无霜期为 207～242 d。自然降水丰富但分布不均，年平均降水量 913～1030 mm。

不同典型城市的采暖度日呈北多南少分布，与气温的分布较为一致(图 8.22)。1961—2012 年南京平均采暖度日为 1938.5 ℃・d，连云港平均采暖度日为 2273.4 ℃・d，淮安平均采暖度日为 2202.4 ℃・d。南京采暖度日明显少于连云港和淮安；而大部分年份连云港采暖度日略多于淮安。随着气温的上升，3 座城市的采暖度日总体均呈减少趋势。20 世纪 70 年代至 2006 年，下降明显；2007 年以后，随着平均气温的下降，3 座城市采暖度日均出现了明显的上升。从近 52 年的采暖度日变化速率来看，淮安减少最快，速率为 76.4 ℃・d/10a，52 年来减少了 10.5%。其次为连云港，减少速率为 69.1 ℃・d/10a，减少了 7.9%。南京减少最慢，下降速率为 68.8 ℃・d/10a，减少了 7.4%。从降温度日来看，则呈现出与采暖度日相反的分

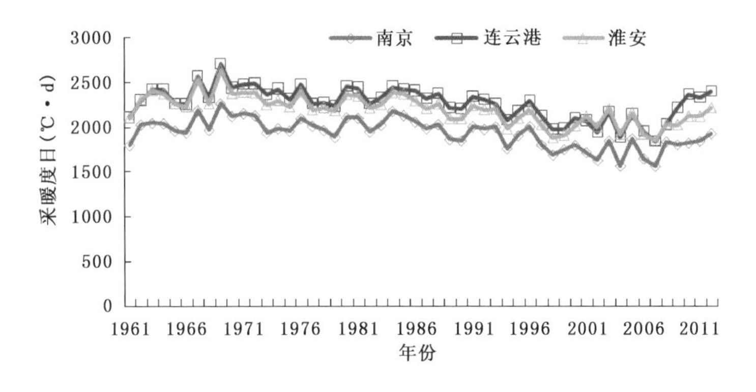

图 8.22　江苏省典型城市 1961—2012 年年采暖度日变化曲线

布态势。1961—2012 年南京平均降温度日为 166.1 ℃·d,连云港平均降温度日为 93.0 ℃·d,淮安平均降温度日为 103.8 ℃·d(图 8.23)。南京降温度日明显多于连云港和淮安;而大部分年份连云港降温度日略少于淮安。

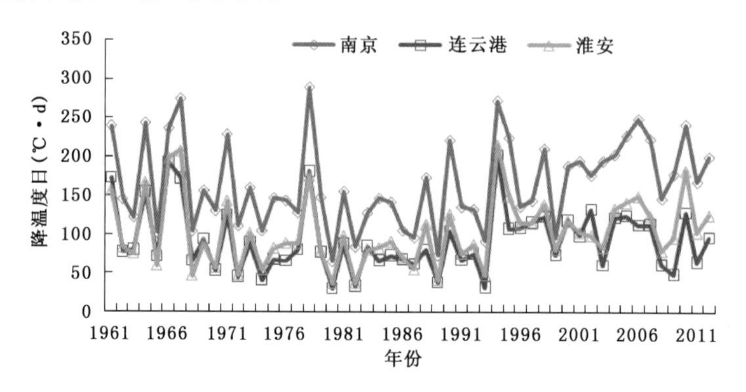

图 8.23　江苏省典型城市 1961—2012 年年降温度日变化曲线

近 52 年来,南京、淮安、连云港的降温度日均呈先减少后增多趋势,20 世纪 60 年代至 80 年代,降温度日下降明显,90 年代以后,呈较为显著的上升趋势。总体而言,3 座城市的降温度日呈增加趋势,近 52 年分别增加了 28.8%、6.8%和 6.1%。研究表明,气温相对较低的地区降温耗能对气温变化更为敏感,而气温较高的地区气温升高相同幅度,对降温耗能的影响相对要小些(张天宇 等,2012)。

2004—2011 年 3 座城市的全社会用电量均呈不断增多趋势,南京的全社会用电量远远超过连云港和淮安(图 8.24)。2004 年南京全社会用电量为 207.3 亿 kW·h,分别是连云港(35.13 亿 kW·h)和淮安(49.29 亿 kW·h)的 5.9 倍和 4.2 倍。2011 年南京全社会用电量为 399.74 亿 kW·h,约为 2004 年的 1.9 倍;而连云港和淮安 2011 年的全社会用电量增多至 103.71 和 126.37 亿 kW·h,分别约为 2004 年的 3.0 倍和 2.6 倍,可见随着城市社会和经济的不断发展,用电量也随之增多。

研究表明,南京日平均气温与日最大电力负荷、日用电量之间存在着较显著的相关性,其中 7—9 月气温变化对电力负荷的影响较为显著,7—9 月日平均气温每增加 0.1 ℃,该月平均日最高电力负荷分别会相应增长 2.3 万 kW、4.1 万 kW、2.5 万 kW(张海东 等,2009)。

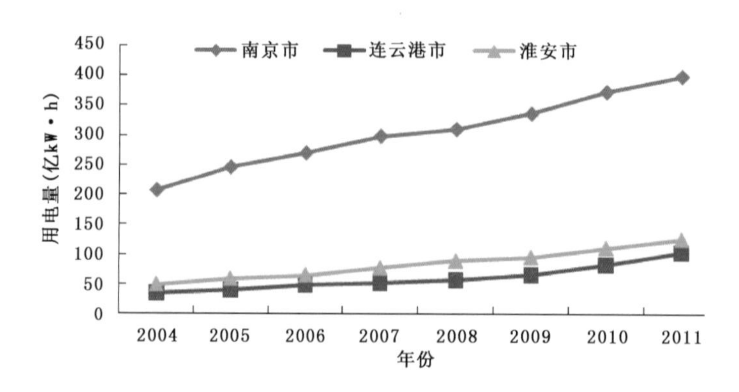

图 8.24　江苏省典型城市 2004—2011 年全社会年用电量

8.3.4 对风能资源的影响

风能资源是一种无污染可再生的绿色能源。江苏省位于我国东南沿海地区，是我国风能资源较为丰富的地区之一，同时经济发展迅速，能源需求大，因此，合理开发利用风能资源，可以很好地增加和保障能源供应，对江苏经济的可持续发展与环境保护具有长远意义。

江苏省1961—2012年年平均风速呈明显的线性减少趋势，平均每10年减少0.29 m/s。近52年年平均风速为2.89 m/s，其中1962年平均风速最大为3.74 m/s，2011年最小为2.20 m/s。

江苏省1975—2011年最大风速平均为13.10 m/s，总体也呈不断减少的趋势，平均每10年减少1.10 m/s，其中1977年最大风速最大为16.46 m/s，2011年最小为10.95 m/s。有研究表明，虽然大风减小，但是小风日数增加了，因此，可利用的风力发电日数有所增加，有利于风能的开发利用(赵宗慈 等，2008)。

从江苏省1961—2012年年平均风速空间分布图可以看出，全省年平均风速总体呈由沿海往内陆逐渐减少的趋势(图8.25)，以淮北东部风速最大，而内陆大部分地区风速均比较小。其中年平均风速最大出现在连云港市西连岛站为5.36 m/s，最小出现在宿迁市沭阳站为2.24 m/s。

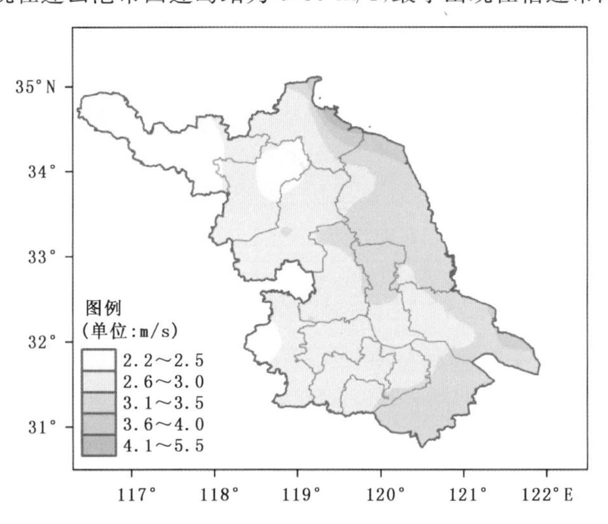

图8.25　江苏省1961—2012年年平均风速的空间分布

从1961—2012年江苏省10 m高度年平均风功率密度的空间分布图可以看出，全省10 m高度年平均风功率密度呈从沿海往内陆减少的趋势(图8.26)，以盐城、南通东部、苏州南部地区最多，而徐州地区最少，其中全省最多出现在南通市吕泗站，为70.1 W/m^2，最少出现在徐州市丰县站，为22.2 W/m^2。

江苏省属于东亚季风区，深秋至春末经常受到北方冷空气的影响，带来大风、雨雪天气，这也是江苏省冬春风速较大的原因。因此，江苏省冬季和春季风能资源丰富，夏季和秋季的风能资源相对较少。而风向也有明显的季节性变化，春季各地以东南风为主，夏季各地最多风向与春季基本一致，以东南风为主，但比春季更占优势；秋季多数地区以东北风为主，但不及冬季稳定；冬季沿海、沿江地区及太湖以东地区多西北风，其余地区则以东北风最盛。

依据江苏省风能资源详查成果，江苏省沿海岸线地区风能资源丰富，适宜大规模风电开

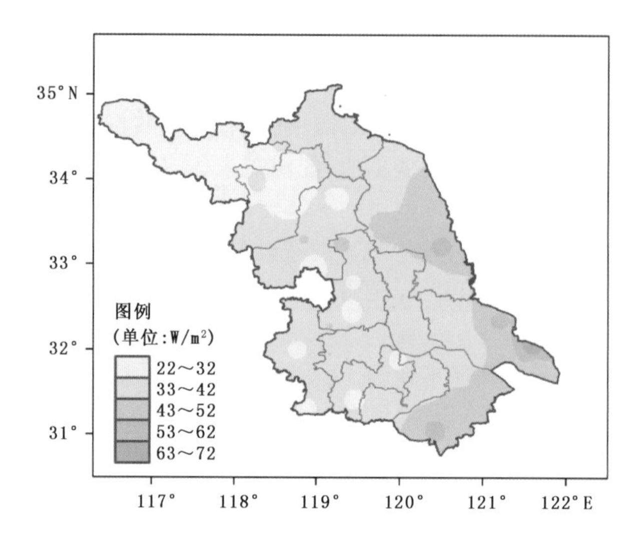

图 8.26 江苏省 1961—2012 年 10 m 高度年风功率密度的空间分布

发;太湖、洪泽湖等大型水体区域风能资源也较为丰富,具有开发潜力;内陆其他地区,风能资源较少,可以考虑进行中小型风电开发;江苏省具有广阔的海域,海上风能资源比陆地丰富,是未来大规模风电开发的重点区域。根据风能资源的丰富程度,建议优先开发沿海陆地及海上区域,适当开发大型水体周边地区,暂缓开发内陆平原地区。

8.3.5 对太阳能资源的影响

江苏省太阳能资源较稳定,大部分地区太阳能资源丰富,其丰富和稳定程度由南往北呈递增趋势。江苏省太阳总辐射年总量在 4380～5130 MJ/m²(图 8.10),按照《太阳能资源评估方法(QX/T 89—2008)》的评估标准,东北部属于太阳能资源很丰富区,具有较好的利用潜力;东北部赣榆县为全省最高,年太阳总辐射量在 5040 MJ/m² 以上,是太阳能资源很丰富区;中部淮安、宿迁、盐城、扬州北部、泰州北部等地为次高值区,年太阳总辐射量在 4650～5040 MJ/m²,南京、镇江、苏州、无锡、常州、南通中北部地区最小,年太阳总辐射量在 4650 MJ/m² 以下。

图 8.27 反映了南京、淮安、吕泗等太阳总辐射的年际变化。南京太阳总辐射在 20 世纪 60 年代呈下降趋势,1980 年太阳总辐射为历史最低值 3880.5 MJ/m²,从 90 年代开始呈逐渐升高的趋势,2005 年太阳总辐射为历年最高值 5433.6 MJ/m²。而吕泗和淮安总体略微下降,但趋势不明显。1993—2012 年间吕泗太阳总辐射最多为 4904.1 MJ/m²,淮安次之为 4748.3 MJ/m²,南京最少为 4507.7 MJ/m²。

日照时数同样也是表征太阳能丰富程度的重要指标(刘可群 等,2007)。江苏省 1961—2012 年年日照时数平均为 2115.1 h,总体也呈明显减少的趋势,平均每 10 年减少 66.8 h,其中 1978 年日照时数最大为 2440.5 h,2003 年最小为 1887.7 h。近十几年日照时数减少趋势较明显,可能是由于近年来城市化建设迅速发展使得空气污染加重(丁一汇 等,2009)。

从江苏省 1961—2012 年日照时数空间分布图可以看出(图 8.28),全省日照时数总体呈由南往北增加的趋势,以苏北连云港地区最多,而苏南大部分地区都较少。其中全省最多出现在连云港市赣榆站为 2468.7 h,最少出现在苏州站为 1860.0 h。

江苏太阳能多年平均辐射总量在全国省区中属于中等水平。江苏太阳能资源开发利用可

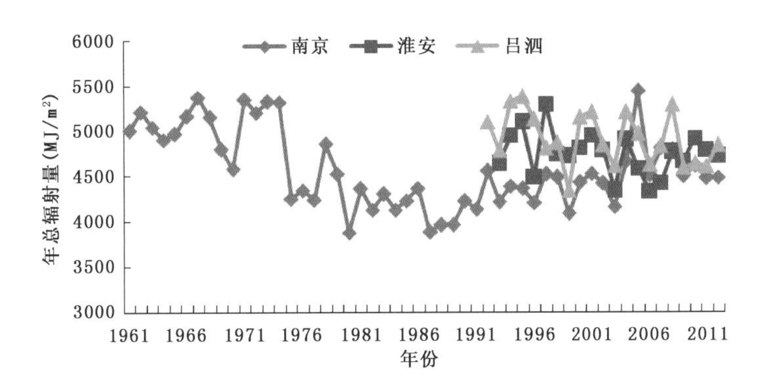

图 8.27　江苏省 1961—2012 年年太阳总辐射变化

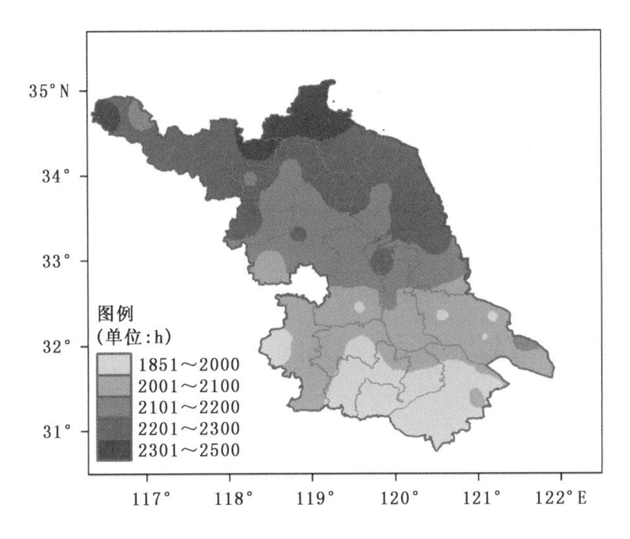

图 8.28　江苏省 1961—2012 年日照时数的空间分布

以考虑划分为 3 个区域:江苏北部沿海的连云港和盐城市属于太阳能资源较丰富区,可开发量潜力比较大;江苏北部的徐州、宿迁和扬州、泰州以及南通东南部地区属于太阳能资源适宜区,可开发量潜力中等;江南中部地区属于太阳能资源一般区,可开发量潜力较小。太阳能资源是江苏主要气候资源之一,江苏省太阳能资源相对比较丰富,开发利用前景广阔。

8.4　未来气候变化对江苏省能源活动的影响预估

8.4.1　对采暖和降温耗能的影响

在 RCP8.5 排放情景下,基于区域气候模式预估的江苏区域平均气温计算的年平均采暖度日和降温度日的变化趋势,具有如下一系列特征。

在未来 RCP8.5 排放情景下,江苏省年平均采暖度日呈总体下降的变化趋势,下降速率为 −68.7 ℃·d/10 a。到 2020 年,下降为 1934.5 ℃·d,2030 年下降为 1874.1 ℃·d,2050 年下降为 1847.9 ℃·d(图 8.29)。

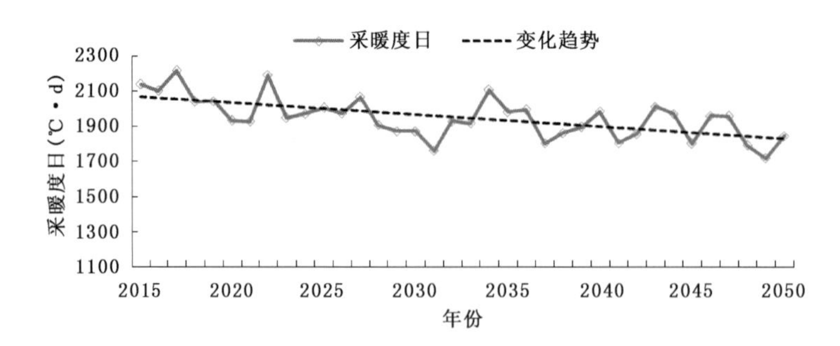

图 8.29　RCP8.5 情景下预估的江苏省年采暖度日及变化趋势

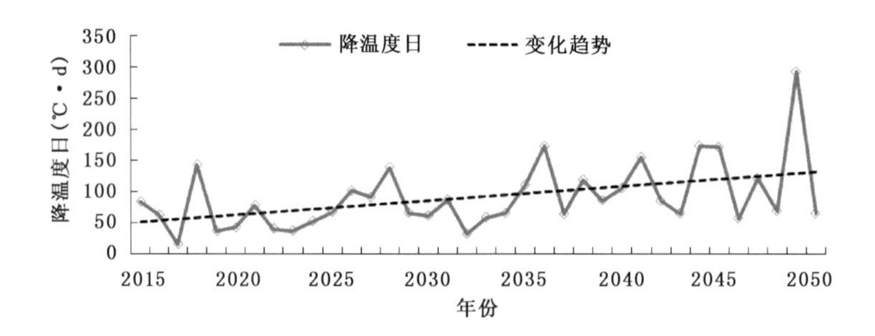

图 8.30　RCP8.5 情景下预估的江苏省年降温度日及变化趋势

在未来 RCP8.5 排放情景下，江苏省年平均降温度日呈总体略微上升的变化趋势，上升率为 23.3 ℃·d/10 a。虽然在 2020 年下降到 43.0 ℃·d，但绝大多数年份呈上升趋势，2030 年上升为 62.0 ℃·d，2050 年上升为 65.9 ℃·d(图 8.30)。

在未来 RCP8.5 排放情景下，江苏省不同区域的采暖度日变化具有差异性。对年平均采暖度日距平百分率，均呈总体下降的变化趋势，苏北地区下降最快，达－2.8%/10 a，苏中地区次之，达－2.2%/10 a，苏南下降最慢，为－2.1%/10 a，苏南和苏中地区下降速率较为接近。但不同年代、不同地区的采暖度日下降速率有着明显的差异，到 2020 年，苏北、苏中、苏南各地分别下降 5.0%、6.3% 和 7.3%；到 2030 年，苏北、苏中、苏南各地分别下降 6.2%、9.4%、11.9%；而到了 2050 年，苏北、苏中、苏南各地分别下降 13.1%、9.3% 和 8.7%(图 8.31)。

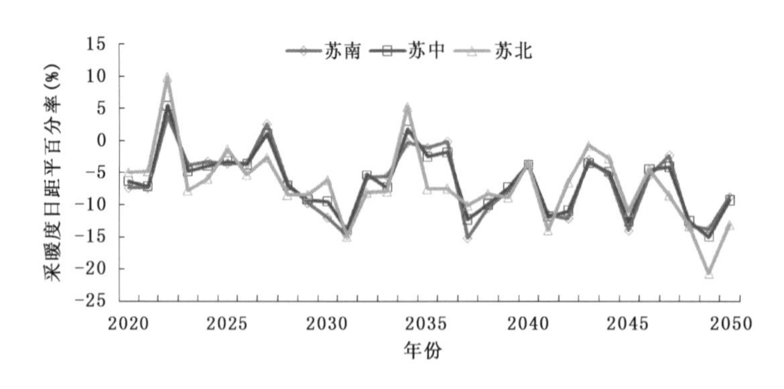

图 8.31　RCP8.5 情景下预估的江苏省不同区域年采暖度日距平百分率变化

在未来 RCP8.5 排放情景下，江苏省年平均降温度日呈总体上升的变化趋势。各地的降温度日距平百分率上升速率呈现出明显的差异性，其中，苏南地区上升最快，达 87.4%/10 a，苏中地区次之，达 66.0%/10 a，苏北上升最慢，为 38.3%/10 a(图 8.32)。

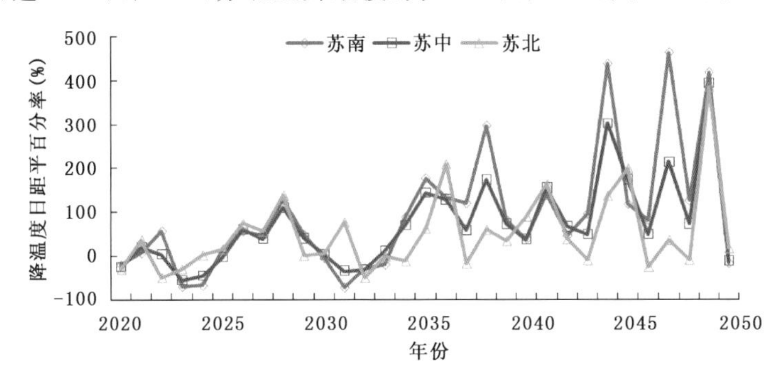

图 8.32　RCP8.5 情景下预估的江苏省不同区域年降温度日距平百分率变化

8.4.2　对典型城市能源消费的影响

在未来 RCP8.5 排放情景下，对南京、淮安、连云港 3 座城市而言，年平均采暖度日距平百分率均呈明显下降趋势(图 8.33)。各市的下降速率存在一定的差异，其中连云港下降最快，达−3.1%/10 a，淮安次之，达−2.8%/10 a，南京下降最慢，达−2.1%/10 a。到 2020 年，南京、淮安、连云港分别下降 7.1%、3.8% 和 4.6%；到 2030 年，南京、淮安、连云港分别下降 10.4%、9.0% 和 5.0%；到 2050 年，南京、淮安、连云港分别下降 8.5%、12.1% 和 13.0%。

在未来 RCP8.5 排放情景下，3 座典型城市年平均降温度日距平百分率均总体呈较为明显上升趋势(图 8.34)。其中南京上升最快，达 81.4%/10 a，连云港次之，达 51.2%/10 a，淮安上升最慢，为 35.6%/10 a。

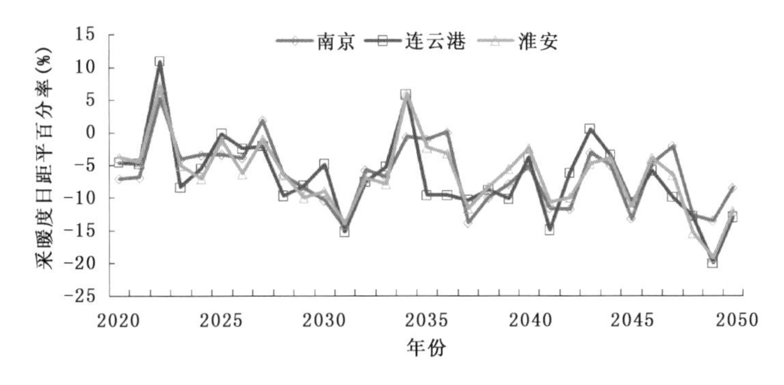

图 8.33　RCP8.5 情景下预估的江苏省典型城市年采暖度日距平百分率变化

8.4.3　对能源政策的影响

能源是碳排放的主要领域，为了完成 2020 年碳强度(单位 GDP 二氧化碳排放量)比 2005 年下降 40%～45% 的减排目标，在“十二五”、“十三五”期间，中国必须从政策上控制化石能源的使用。2020 年和 2030 年，中国的 CO_2 排放强度将大幅降低，从而为减缓温室气体排放做出突出贡献(李晓明 等，2010)。

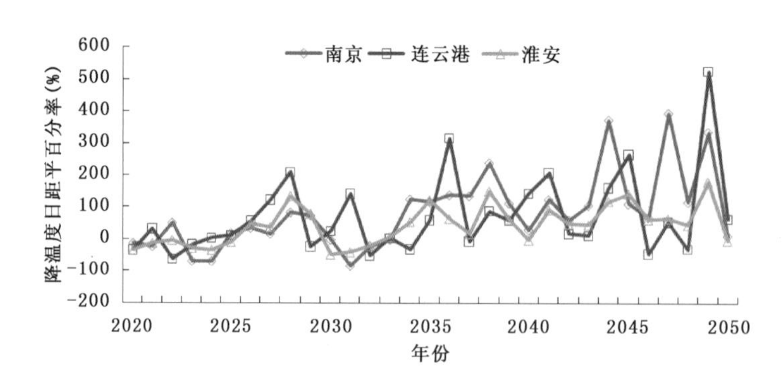

图 8.34　RCP8.5 情景下预估的江苏省典型城市年降温度日距平百分率变化

目前，江苏能源供需矛盾突出，在原煤、原油、天然气、水能、核能、风能、太阳能、地热能、生物质能等一次能源中，原煤、原油、天然气等主要一次能源储量少、产量低。全省主要一次能源资源以外调为主，能源外部约束大。能源效率尚待提高，虽然全省能源效率已达到全国平均水平的 1.41 倍，但能源强度仍高于北京、广东、浙江和上海，与发达国家相比差距更大。按现行汇率计算，能耗水平约为美国的 3 倍、欧盟的 4 倍、日本的 8 倍。因此，为了完成节能减排目标，必然要制定较为严格的能源发展和控制目标。作为经济和能源消费大省，在 2020 年以前，江苏将承担更多的减排任务。

表 8.2 给出了不同 GDP 增速条件下，碳强度下降 40%～50%的碳排放量及煤炭使用量控制估算。从表中可以看出，要达到 2020 年碳强度下降 40%以上的目标，在年均 GDP 增速不高于 10%的前提下，碳排放量必须控制在 11 亿 t 以内，而煤炭使用量则要低于 4.14 亿 tce。若按年均 5%的能源消费增长速度计算，至 2020 年，全省能源消费总量将达 4.288 亿 tce，碳排放将接近 11 亿 t。因此，必须提高能源使用效率，控制能源消费总量的增长，提高非化石能源的使用比例。

长三角地区能源消费碳排放量正处于而且还将处于持续增长阶段，短期内难以达到峰值；长三角地区应积极发展新能源，如风能、生物质能、太阳能、核能、地热能、潮汐能等，提高低碳或非碳能源比重；同时加快产业结构调整和技术改造升级，进一步优化能源消费结构，逐步降低煤炭在能源消费中的比重，从根本上控制和降低能源消费碳排放量(葛昕明 等，2012)。

表 8.2　江苏省不同减排目标和 GDP 增速情景下碳排放及煤炭控制估算(2020 年)

碳强度减排目标	碳强度(tce/万元)	碳排放量(亿 t)			煤炭控制量(亿 tce)		
		GDP 增速 5%	GDP 增速 7%	GDP 增速 10%	GDP 增速 5%	GDP 增速 7%	GDP 增速 10%
40%	1.246	10.46	10.66	10.96	3.99	4.02	4.14
45%	1.142	9.59	9.77	10.05	3.66	3.69	3.79
50%	1.038	8.72	8.89	9.13	3.33	3.35	3.45

江苏省能源结构由以煤为主逐渐发展为多元结构并重的趋势，高碳能源结构不断减小，低碳能源比重不断增加，能耗总量呈递增的发展趋势。石油消费量在总体趋势上逐渐增长，但增长幅度不大，天然气与低碳能源在总量和结构上均呈上升趋势。天然气作为高效清洁的能源，在未来江苏能耗结构优化过程中发挥着越来越重要的作用。而江苏省低碳能源的结构比重不

断提高，从 2010 年的 10%左右上升到 2030 年的 25.7%。提高低碳能源的消费结构比重，将有利于社会经济和环境的可持续发展(王迪 等，2011)。

总之，未来江苏省能源消费结构的优化应以煤炭资源的清洁、高效利用为主，同时加快风能、太阳能、生物质能等新能源资源的产业化、规模化发展。根据《江苏省生态文明建设规划(2013—2022)》的规划目标，到 2017 年非化石能源占一次能源消费比例提高到 7.5%，到 2022 年非化石能源占一次能源消费比例提高到 9%。非化石能源消费比例的提高，将有力促进节能减排，降低碳强度，从而达到减排目标。

8.5　应对气候变化的对策与建议

8.5.1　加强清洁能源的开发利用

江苏省经济发达，能源需求高，化石能源匮乏，能源自给率低，能源供应的外部约束大，经济社会发展对能源的依赖程度仍然很高。同时，煤炭占全省能源消费的 70%以上，在未来一段时期内，可持续发展与能源短缺、节能减排仍然面临严峻的挑战。在短时间内，经济社会的快速发展和气候变化的双重作用下，能源需求将持续增加，在应对气候变化、完成减排目标方面将面临更大的压力。因此，加强风能、太阳能资源等非化石能源的开发利用势在必行。

江苏省地势平坦，缺乏水电资源。同时，江苏省人口密集，海岸线大部分为淤积型海岸，长江沿岸为人口密集的城市带，缺乏核电开发的地理、地质等基本条件，严重约束核能的开发。同时，江苏省又是风能、太阳能和生物质能较为丰富的地区。因此，应加快风能、太阳能和生物质能的开发利用，进一步优化能源消费结构。

(1)加大风电开发的力度，努力提高风电占比。根据规划估算，至 2020 年，全省风电所占能源消费的比例仍不足 1%，为了达到 8%左右的能源消费占比，应继续大力推进风电项目的建设。江苏省风能资源的分布特征是近海比沿海陆地丰富、沿海比内陆丰富，在同样的装机规模下，近海、沿海的年发电量远高于内陆，因此，应优先开发近海和沿海地区的风能资源。应有序开发陆地风电，重点开发近海和沿海地区的风能资源，加快推进海上风电项目建设，打造沿海和近海风电基地。同时，应加强内陆丘陵山地、大型水体等地区的风能资源开发，推进内陆分散式风电场建设，努力提高风电占比。

(2)推动太阳能光热利用，提高太阳能利用规模。鉴于江苏省是能源输入型省份，而本省太阳能资源丰富，太阳能光伏、光热利用潜力巨大，为此，应积极推动光热利用，因地制宜、多途径扩大光热利用建筑面积，降低对外来能源的依赖性。将太阳能光热利用纳入建筑设计标准规范，对低层住宅以及有热水需求的公共建筑，统一设计、建设太阳能热水系统，加快普及太阳能热水器。结合新农村建设，引导和鼓励建设太阳能热水器、太阳能暖房、太阳能暖棚、太阳能暖圈，并通过聚焦、聚热实现太阳能炊事利用，优化农村用能结构。同时，加快光伏发电建设，以校区、园区、成片公共建筑、成片厂房、沿海滩涂等设施和场地为重点，建设太阳能光伏发电示范工程，着力提高光伏发电规模。

(3)加强生物质能的综合利用，建立生物质能利用体系。着力推动生物质直燃发电、沼气发电、沼气直接利用等多种形式的综合应用，建立和完善收储流通机制，结合城乡生活环境整治，完善垃圾收集、处置体系，开展资源化、能源化利用。结合餐饮行业废弃油脂清理整治，建立废弃油脂收储流通体系,促进生物柴油稳定发展和推广利用。加强资源调查评估,科学规划布局,有序建设生物质直燃发电、生物质气化发电和垃圾焚烧发电项目。在继续稳步推进农村家庭户用沼气的同时,积极创新秸秆沼气发展模式。充分发挥村级秸秆集中气化供气投资省、运行稳、见效快、收益大的优势,结合规划建设社会主义新农村,通过政府引导、政策扶持,采取秸秆代收、秸秆换气等方式,加快秸秆集中气化应用。

8.5.2 继续提高能源使用效率,推进节能减排

江苏是经济发达但能源短缺的地区,在短时间内,大量减少煤炭的消费是不现实的。因此,需要继续努力提高能源利用效率,促进节能减排,从而有效地缓解能源消费对资源环境的压力。

(1)加快产业转型升级,提高能效。淘汰高耗能落后产业,推动低能耗的新兴产业和现代服务业的发展,实现"转型提效"。重点发展新能源、新材料、生物技术和新医药、节能环保、新一代信息技术和软件、物联网和云计算、高端装备制造、新能源汽车、智能电网等新兴产业,推动金融、现代物流、科技服务、软件和信息服务、服务外包、商务服务、文化创意、商贸流通、旅游、家庭服务等现代服务业加速发展,达到节能降耗的目的。

(2)加强管理和创新,提高能效。工业耗能占全社会比重的70%以上,是提高能效的重点领域。通过加强能源消费准入管理和能源消耗过程监督,严格控制"两高"和产能过剩行业新项目的上马建设。加强和改进电力调度,优先调度可再生能源和大容量、高效率以及脱硫脱硝设施建设早、运行好的燃煤机组发电上网,降低发电煤耗和环境影响。依靠科技创新,坚持变革供能方式,以分布式能源、热电联产、新能源汽车供能(电力、天然气等)设施、智能电网为重点,全面推动供能方式变革,努力提高电力、天然气、可再生能源等清洁能源比重,提高能源使用效率。积极推广和采用节能新技术、节能新产品、节能新装备。

(3)加强预警调控,淘汰落后产能。继续推进煤电"上大压小",有序推进区域热源新老替代。逐步采用楼宇型、区域型天然气分布式能源系统,替代原有的小锅炉、小油炉,通过燃煤电厂技术改造,逐步替代原有燃煤小锅炉。从脱硫脱硝设施建设、脱硫脱硝电价上加强管理,确保燃煤电厂和热电企业实现100%脱硫。在全省范围内持续开展节能预警调控,将"两高一低"企业和重点调控目标纳入预警调控范围,实施负荷控制,实现有序用电。对减排工程实施缓慢、减排设施运行不正常的地区和单位,依照规定及时预警,开展应急控制。

8.5.3 强化能源生产供应及消费安全

在气候变化背景下,气象灾害发生更为频繁,极端性增强,能源的安全供应面临越来越严峻的挑战。随着气温的上升,夏季极端气温增多、持续性增强,电力负荷越来越大,给能源供应、电网运行带来巨大的压力。因此,加强气候变化背景下的能源安全保障势在必行。

(1)应加强气候变化及极端天气气候事件的监测。进一步建立健全气候变化监测网络,提高监测能力。提高监测的空间分辨率和覆盖率。在沿海、沿江、沿湖、丘陵山地建立风梯度观测系统,加快近海风资源梯度观测网的建设,为大规模风电开发提供基础数据支撑。根据全省太阳能资源分布和开发利用规划,增设太阳辐射观测站点,为太阳能资源开发提供支持。建立电网、交通等特种气象观测,为能源安全输送、电网安全运行的极端气象灾害预警和服务提供数据支撑。

(2)加强气候变化的定量化影响评估。加强气温变化对电力生产、消费和供应的影响评估,建立定量影响评估业务。研究极端高温、极端低温及其持续性对能源生产供应、消费以及电力负荷的定量影响,建立定量化影响评估系统。开展大风、电线覆冰和舞动、低温冰冻雨雪、雷电、大雾等对能源供应、电网安全运行的影响评估。建立能源安全保障预警系统,分类、分层次、分地区构建临界预警指标,建立预警流程,制定应对措施,开展能源供应、电网安全运行等预警和应对,从而保障能源的安全供应。

(3)加强能源生产、供应设施的防灾减灾能力建设。目前,部分能源生产、供应设施的设计标准偏低,已不能满足防灾减灾的需要。例如,500 kV、220 kV 输电线路的设计标准仅为 30 年一遇和 50 年一遇,难以抗击气候变化背景下的抗风、防低温冰冻等灾害,严重影响电力的安全供应。应加强极端天气气候事件对电网、发电厂等能源基础设施的影响评估,新建能源工程,应进行工程选址和工程设计论证,提高工程设计标准;针对已有的能源基础设施,应加强抗灾能力建设,切实提升防灾减灾能力。

8.5.4 拓展能源接入的基础设施建设

江苏省 80%的能源靠外来输入,在短时间内,能源的外部依赖性不可能大幅降低。因此,应加强能源接入的基础设施建设,同时应加强风电、光伏发电等接入基础设施建设,从而提高能源的安全供应保障水平。

加强骨干电网及油气输送通道等主要能源接入基础设施建设。随着经济社会的发展,能源的需求将持续增加,电力消费也将明显增加,应加快特高压、500 kV 骨干电网的建设,进一步扩大电网容量,提高电网的接入和消纳能力。应加快油气管道的建设,提高西气东输的本地消纳能力,减少煤炭的使用。

加强风电及光伏发电的接入能力建设。风电、光伏发电具有不稳定性的特点,应提高其并网能力,从而降低对区域外来电的依赖性。加大可再生能源(太阳能、风能等)的基础设施建设,为风电、光伏发电规模化发展提供基础保障。

加强电网建设及优化电网结构。进一步扩充电网容量,大力发展以热电联产及燃料电池为基础的分布式电源,以逐步缓解电力紧缺现象。加强对能源装备引进技术的消化吸收和再创新。

8.5.5 引导实施绿色低碳战略

大力推进生态文明建设,建设“强富美高”新江苏,实施绿色低碳发展战略。加强政策引导,加快经济结构向能源节约型和集约型转变,大力发展低耗能、高附加值的高新技术产业、环保产业,不断提高第三产业在国民经济中的比重,有效引导江苏省低碳经济发展。加大政策倾斜力度以及制定颁布节能产品和建筑标准,加强低碳能源、低碳技术和低碳产品的开发和利用。

准确把握绿色低碳的丰富内涵,努力达到以下三个目标:一是能源系统内部各种能源开发、转化、运输、储存、利用等环节,要努力做到环境投入小、过程损耗低、污染排放少、利用程度高。二是在能源系统与其他系统之间,努力构建耦合关系,充分利用能源系统固有条件,全面参与污泥处置、生活垃圾利用等,促进循环经济发展和生态环境改善。三是在能源供给结构上,要努力提高绿色、低碳能源比重,特别是可再生能源比重。

准确把握绿色低碳的实现途径。要紧紧抓住改革机遇，积极借鉴先进经验，重点在“两调整一提高两优化”上做文章，求突破。一是调整能源生产结构，按照安全第一的原则，逐步减少省内煤炭产量，积极发展风电，大力发展太阳能发电，安全发展核电，努力扩大生物质能利用。二是调整能源消费结构，在积极调整省内能源生产结构的同时，继续扩大天然气利用规模，继续扩大区外来电。三是提高能源转化技术，加强风能、太阳能技术装备研发应用，提高风能、太阳能转化率，着力降低发供电煤耗。四是优化供能方式，推进新能源城市试点，以天然气和太阳能为重点，积极发展各类分布式能源，实现就地接入、就地消纳、减少损失、梯级利用。五是优化输送方式，继续加快石油、天然气管道运输发展步伐，减少跑冒滴漏，避免损坏环境。

8.5.6 实施能源创新驱动战略

按照支撑发展、引领未来、立足自主、重点跨越、多元发展、整体推进的原则，通过跟进前沿技术，加强基础研究，突破先进技术和重大装备，为构建清洁、高效、安全、可持续的现代能源体系提供有力的科技支撑。重点跟进高转化率、低成本光伏及光热发电技术、远海风能发电技术等前沿技术，重点加强太阳能电池、燃料电池、高容量储氢、超级电容器、重大动力装备热端部件等关键材料基础研究，加快构建高效能量转换与储能材料体系。

加强节能技术和能源使用新技术的研发。以高效清洁燃烧技术、低温强化换热、变频调速、半导体照明等为重点，研发、推广应用节能技术，组织实施节能技术推广应用示范项目。研究开发直流输变电电网节能、半导体照明、有机发光二极管(OLED)照明、高压变频工业节能等新一代节能技术。加强低损耗电网技术、温度调节等技术研究，加强轨道交通、新能源汽车等节能环保交通技术研发。

加强气候变化背景下的能源安全运行保障技术研发。加强气象灾害风险评估和风险区划，强化能源工程规划、设计的气象条件适宜性、气象灾害风险性论证，降低能源生产和消费活动对环境的影响。加强风电、光伏发电功率预报技术、电网安全运行保障技术研究，为大规模开发后的电网安全运行提供保障。

第 9 章

气候变化对江苏省交通的影响

摘要　气候变化与交通具有一系列直接或间接的联系。江苏交通运输网络发达，以浓雾为主的交通气象灾害频发，不良气象条件或恶劣天气影响到交通运输的建设和营运全过程，极端天气气候事件已成为影响重大交通工程的规划设计和建设的关键因素。

基于江苏 1961—2012 年常规气象资料以及 2010—2012 年全省交通气象监测资料，采用统计分析方法，评价气候变化对江苏交通的影响，得到如下主要结论：(1)江淮之间的中部和东部地区是雾的多发区域，全省年平均大雾日数分布总趋势是东南沿海多，西部北部少。在射阳、盐城、高邮、江都、江阴、张家港、如东一线以东地区的年平均雾日数≥40 d，高值中心在海安和如皋(≥60 d)，沈海高速江苏段、启扬高速公路等受雾天影响概率较大。在出现大雾(能见度＜1000 m)时，其中为浓雾、强浓雾、特强浓雾(能见度＜500 m、＜200 m、＜50 m)的占 50%～60%、20%～30%、10%。(2)江苏年平均道路湿滑日数频率分布呈北少南多特点，其中沿江及苏南地区均在 30%以上。降水是造成路面湿滑的主要原因，也是引发交通事故的重要诱因，约占 70%以上的交通事故与降水有关。(3)在低温条件下(气温低于 0 ℃时)，全省道路结冰潜势条件和道路结冰风险均呈北高南低的特点，其中淮北地区的道路结冰潜势条件在 25%以上，同时道路结冰风险达 20%以上。(4)作为对江苏沿江交通工程(如大型桥梁设计风速)的重要依据，江苏沿江地区百年一遇最大风速达 21～33 m/s，其中南京—镇江段和南通—崇明段是长江江苏段的两个大风区(≥24 m/s)，入海口附近可达 30 m/s 以上。

交通是指在相距较远的不同地域间人员的流动或物资的运输，故在交通气象领域讨论气候变化，包含着气候条件在空间和时间上的变化，江苏南北跨距 4 个多纬度，东西间隔 5 个多经度，加上距海远近及海拔高度的不同等因素，导致江苏各地气候在地域上的差异，对交通的影响、危害和利弊也不尽相同。应该了解各种气候因子，特别是有危害的气象因子在地域上的变化。气候变化在时间尺度上既反映在季节变化方面，又反映在大气长时期统计状态的特征方面。认识这些变化的成因、分布和对交通带来的影响与危害，对做好交通气象服务是一项基础性的工作。

江苏是一个交通支撑型、交通促进型、交通依赖型和交通引领型的经济大省，全省公路、铁路、水运、航空等交通网络发达，其中高速公路网密度一直居全国各省(自治区、直辖市)首位；江苏水域面积占全省总面积的 17%，等级航道里程也居全国第一。鉴于交通与气象、交通与整个社会(特别是人)的关系密切，交通气象日益受到社会的广泛关注和重视。而极端气候事件已成为影响重大交通工程的规划设计和建设的关键因素，不良气象条件或恶劣天气影响到交通运输的建设和营运全过程，其中浓雾、强风、强降水、雷电、积雪、冰冻等是影响江苏省交通安全和通行能力的主要气象灾害。随着全省交通运输业的高速发展，对交通气象服务的需求更加迫切，气候变化对江苏省交通的影响问题亦更加突出。

未来江苏交通运输总量将呈逐年大幅上升趋势，对交通运输的规划建设、营运管理、保障服务也提出了更高的要求。加强气候变化对江苏交通的影响研究，对正确认识和全面实施江苏交通气象保障服务工作的重要性具有现实意义。为应对气候变化对江苏交通的影响，应进一步加强全省交通气象监测系统建设，建立交通气象科技创新示范基地，建立多部门交通气象保障联动机制，加强交通气象科普宣传和应用。

9.1 江苏省交通发展概况

9.1.1 江苏交通发展现状

江苏交通基础设施建设成就显著，至“十一五”末，全省公路总规模达 14.8 万 km，铁路 2008 km，航道 2.42 万 km，管道交通 1773 km，民用机场 9 个，生产性码头泊位 7440 个。其中公路交通已形成了高速公路、普通国省干线公路、农村公路三网并举、协调发展的局面，公路网络技术等级结构逐步优化，高速公路通车里程达到 4059 km，一级公路 9514 km，二级公路 21328 km。二级以上公路占总里程比重达 23.2%。高速公路已联通所有省辖市和 48 个县(市、区)，覆盖全省重要机场、港口，重要交通通道和经济发达地区的高速公路，容量得到有效扩充，与长三角其他省市的高速公路网实现有效衔接。86%的市县之间和 70%的相邻县之间实现了一级公路连接，全面实现了县到乡通二级、乡到乡通三级、乡到村通四级公路的目标。

江苏交通网络为全省社会经济高速发展和人们快速便捷出行提供了重要基础保障。“十一五”期间，全省累计完成客运量 23 亿人次、旅客周转量 1600 亿人千米，货运量 17 亿 t、货物周转量 5200 亿吨千米；全省联网高速公路入口流量年均增幅达 15.63%，2010 年客货车入口流量达 69.01 万辆/d，沪宁高速公路最大断面流量达 55962 辆/d。

9.1.2 江苏交通发展规划

“十二五”期间，江苏公路交通要率先实现基本现代化，全省铁路总里程 3300 km，公路路网总规模达 15.8 万 km，公路网面积密度达到 154 km/百 km^2，路网服务能力进一步提高，其中高速公路规划总里程达 5200 km(2020 年将达 5800 km)，实现高速公路县县通达、省域内国家高速公路全部建成、省际高速公路和过江通道基本建成的新格局。

根据《江苏省轨道交通“十二五”及中长期发展规划》统计预测，以 2015 年、2020 年、2030 年为三个关键时间节点，江苏省社会客运总量分别达 37 亿人次、54 亿人次、89 亿人次，其中公路将分别达 34 亿人次、48 亿人次、75 亿人次，铁路将分别达 27000 万人次、56000 万人次、128000 万人次，航空将分别达 2060 万人次、4000 万人次、8600 万人次。因此，江苏省社会客运总量将呈逐年大幅上升趋势，对未来全省交通运输的规划建设、营运管理、保障服务等也提出了更高的要求。

9.1.3　江苏交通发展进程中面临的新问题

“保安全、保畅通”是现代交通运输中的两个重要目标，在危及安全和畅通的诸多因素中，恶劣的气象条件是导致交通事故发生的自然因素之一。2012 年 6 月 3 日沈海高速江苏盐城段因浓雾相继发生 7 起共 60 多辆机动车追尾事故，造成 11 人死亡，30 人受伤。根据 2010 年统计，江苏省联网高速公路及过江通道共发生特重大交通事故 325 起，死亡 427 人，实施路段特级管制 658 起，管制时间累计为 3042 h，其中因恶劣天气管制 2363 h，占总管制时间的 78%。因此，恶劣天气已成为影响江苏公路交通安全和畅通的重要因素。

气象信息是正在实施中的江苏省交通信息化工程建设的重要信息源之一，也是未来江苏智能交通的建设与发展的一项基础工作，通过研究气候变化对江苏省交通的影响，加强气象与交通信息的有效融合，实现气象防灾减灾和交通安全与高效营运的目标。

科学技术的发展是多方位的，在交通迅速发展的同时，交通气象正是因为有了探测（传感技术）、通信和计算机的数据处理、存储、显示等多方面的技术支撑才得以实现的。然而，现在的探测手段、时次及具体的要求与以往常规的气象资料有着诸多的差异，在统计上如何使为期较短的、在交通沿线获取的气象信息得到延伸，演化成在气候意义上的资料，以适应交通气象气候分析的需要，是气候工作中的新课题。

30 年前我们很难想象我国交通发生如此大的变化，同样，现在也还难想象未来 30 年、100 年我国及世界上交通会发生怎样的变化。相对于交通的发展，气候的变化是缓慢的，但人们已经关注到人类活动对气候变化的影响，例如极端天气气候事件的增多增强，会影响到交通的安全与畅通。同时，交通的发展变化也在影响着气候，最突出的例子是我国东部冬季雾、霾天气的明显增加。又如大量公路、铁路路基对生态的阻隔，对空气、热量、水分的流动进而对气候产生影响，都值得人们进行系统监测与综合研究。

9.2　气候变化对江苏省交通的影响

为便于认识气候变化对交通的影响，此处讨论的“交通”范畴主要是指公路、内河水上航运和城市交通（航空气象和远洋航运气象有专门的机构承担）；在江苏境内，铁路运营受天气因素的危害较少。气象条件危害公路和水上交通安全与畅通，主要分为以下 4 个方面，即视程障碍，公路下垫面状况的改变，强外力作用和雷电（刘聪 等，2009）。

9.2.1　影响江苏交通的天气气候要素

9.2.1.1　雾与交通的关系

雾对交通的危害不仅仅造成严重的视程障碍，还由于雾的生成（及扩散）具有突发性、雾的分布具有局地性（袁成松 等，2007），使人们缺少心理和应对的准备，因而突发的浓雾被称为高速公路上的“最大杀手”，也是造成水上航运中的沉船、搁浅、触礁的主要原因之一。

秋、冬、春季节因冷空气活动频繁，在冷空气影响时，平流降温明显，加之夜长昼短，夜间地面辐射累积降温量大，容易形成雾，尤其在中秋—晚秋和初春时节是江苏省一年中浓雾多发时段。隆冬季节原本是江苏浓雾较少的时段，但近年来由于外来及本地的空气污染物增多，大气层结比较稳定，雾、霾天气增多的趋势明显。初春冷暖空气更替频繁，天气时晴时雨，雨后晴天的夜晚也易生成浓雾。夏季，地面和近地层空气的温度较高，夜短，累积地面辐射量小，所以江苏夏季雾少。沿海地区受黄海平流雾的影响，是江苏夏季雾较多的地域。

根据 1961—2012 年大雾日数统计(图 9.1)，全省大雾分布的总趋势是东南沿海多，西部北部少，大值中心在海安、如皋，平均年雾日(能见度＜1000 m)超过 60 d，年雾日＞40 d 的分界线从射阳、盐城伸向高邮、江都、再向东南至江阴、张家港和如东，此外，丹阳、溧阳、金坛、昆山、太仓的雾日也较多，其他地区年雾日数在 20～40 d。从雾日数年代变化来看(图 9.2)，平均年雾日数≥50 d 区域随时间推移不断减小，由盐城沿海、南通北部及泰州南部(1961—1990 年)缩小到盐城中部沿海及南通北部部分地区(1981—2010 年)。而平均年雾日数在 40～50 d 区域在徐州、连云港和宿迁交界地区却从无到有。因此，沿江高速、启扬高速公路等受雾天影响概率最大。但随年代推移，沈海高速、启扬高速公路雾天影响概率减少，连霍高速和新扬高速受雾天影响概率增加。

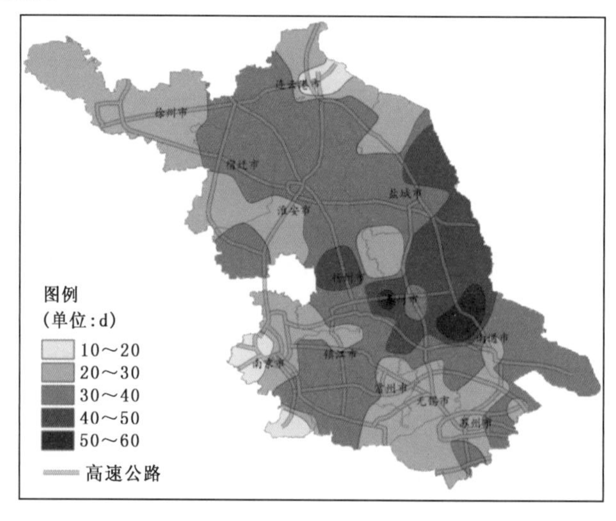

图 9.1　江苏省 1961—2012 年大雾日数的空间分布

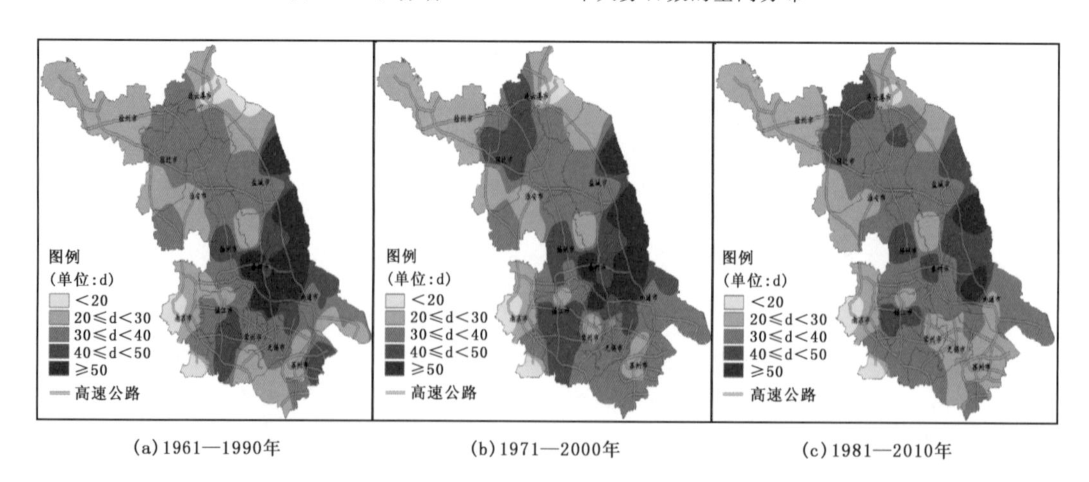

图 9.2　江苏省 1961—2010 每 30 年大雾日数变化的空间分布

在公路交通方面，以高速公路为例，以出现低能见度浓雾为受灾指标(卞光辉 等,2007)，即当能见度为200～500 m时应及时警示，当能见度为50～200 m时采取限速措施，当能见度≤50 m时可采取更严格的管制措施，甚至采取封路等强管制措施。

因历史观测资料多为大雾现象观测并以此统计大雾日数，缺乏精细化的能见度历史观测资料，为便于判别应用，经近年来积累的能见度监测资料统计，有以下对比数据可供参考：在<1000 m雾的区域出现次数中，能见度<500 m的占50%～60%；<200 m的占20%～30%；能见度<50 m的约占10%。

根据2012年江苏省已建成的交通气象监测站观测资料统计表明：能见度≤200 m日数分布(图9.3)呈现北多南少、沿海多于内陆的分布特征，以江苏东北部地区≥20 d为最多；能见度≤50 m日数分布(图9.4)存在与前述相似的分布特征，江苏东北部地区可达5 d。

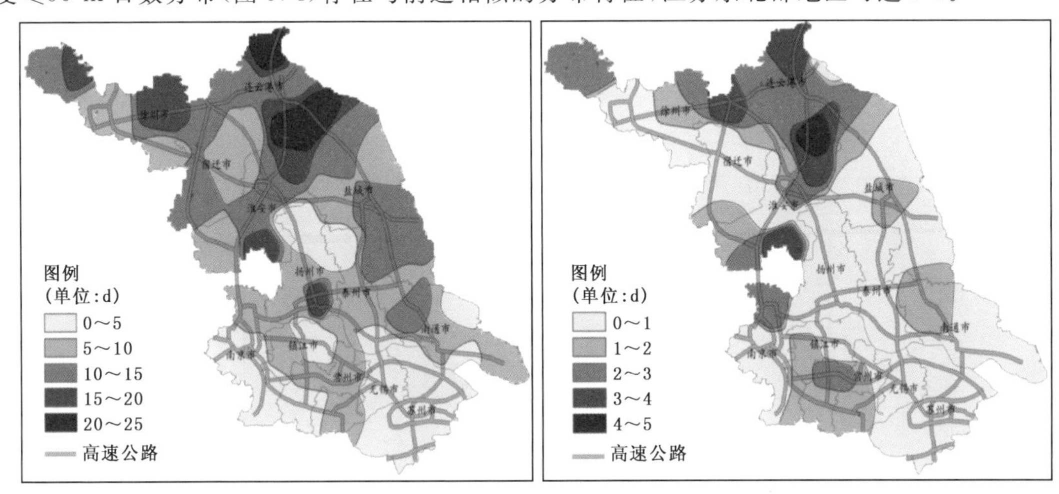

图9.3 江苏2012年能见度≤200 m日数的空间分布　　图9.4 2012年江苏能见度≤50 m日数的空间分布

在内河航运方面，江面上的船只除受吨位和机械因素影响外，还受风速、水速、涨潮退潮的影响，因而水上交通的不确定因素更多一些，对能见度的要求也更高一些。江面上能见度在1000～1500 m应发布警示，500～1000 m采取限速措施，≤500 m采取封航措施。有时为确保安全，在<1000 m时，即应采取封航措施。

在航空运输方面，大雾天气严重影响机场航班的起降，目前江苏省有9个民航机场，根据1961—2012年大雾日数统计，以扬州泰州机场所在地年平均大雾日数≥40 d为最多，连云港白塔埠机场次之，徐州观音机场和无锡硕放机场最少(图9.5)。

9.2.1.2 雨雪与交通

雨、雪、雨凇、路面结冰、冰雹等天气因素使下垫面摩擦系数减小，易形成交通事故、交通阻塞甚至瘫痪。江苏雨多雪少，出现雨凇的概率极小；路面结冰须是路面有水或雪与低温的交集，冬季在高速公路和高架桥的风口、迎风坡、背阴坡，雨雪天低温时段更应警觉。

天气原因使下垫面状态发生变化，主要是路面出现湿滑、积雪和结冰现象时，对以公路为主的交通运输影响甚大。

降水是造成路面湿滑的主要原因。根据1961—2012年江苏省降水日数统计，换算为年平均道路湿滑日数频率(Ws)，并划分为4个等级(图9.6)。全省道路湿滑日数频率分布呈北少

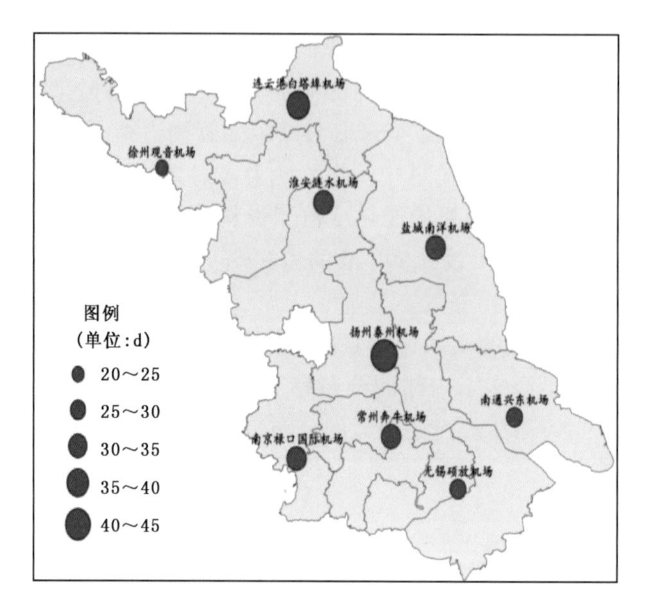

图 9.5　江苏省 1961—2012 年各机场的大雾日数的空间分布

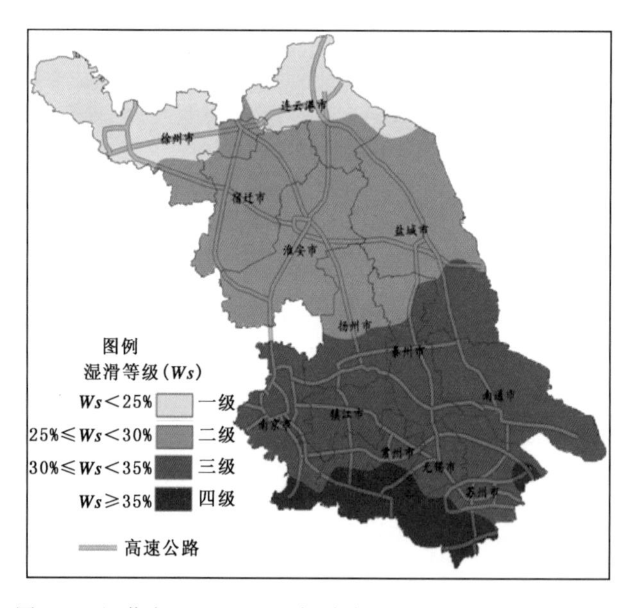

图 9.6　江苏省 1961—2012 年道路湿滑日数频率的空间分布

南多特点，沿江及苏南地区道路湿滑年平均日数出现频率均在 30％以上。随着年代的推移（图 9.7），二级和三级道路湿滑区域整体均呈现南落特征，道路湿滑日数频率≥25％区域由淮北北部地区（1961—1990 年）退缩到沿淮地区（1981—2000 年），道路湿滑日数频率≥30％区域由江淮北部地区（1961—1990 年）退缩到江淮南部地区（1981—2000 年）。四级道路湿滑区域呈现先增加后减小的特征，道路湿滑日数频率≥35％区域退缩到苏南西南地区（1981—2000 年）。

降雨天气是影响交通最频繁的气象因素，江苏的平均年雨量为 800～1200 mm，雨日数为 90～130 d，其分布均为北少南多。降雨对江苏交通的影响主要使路面湿滑，降低车辆制动效果；同时，短时强降雨使能见度骤降（吴建军 等，2010）；降雨量大时，造成路面和隧道积水或车窗雨刮器失效。

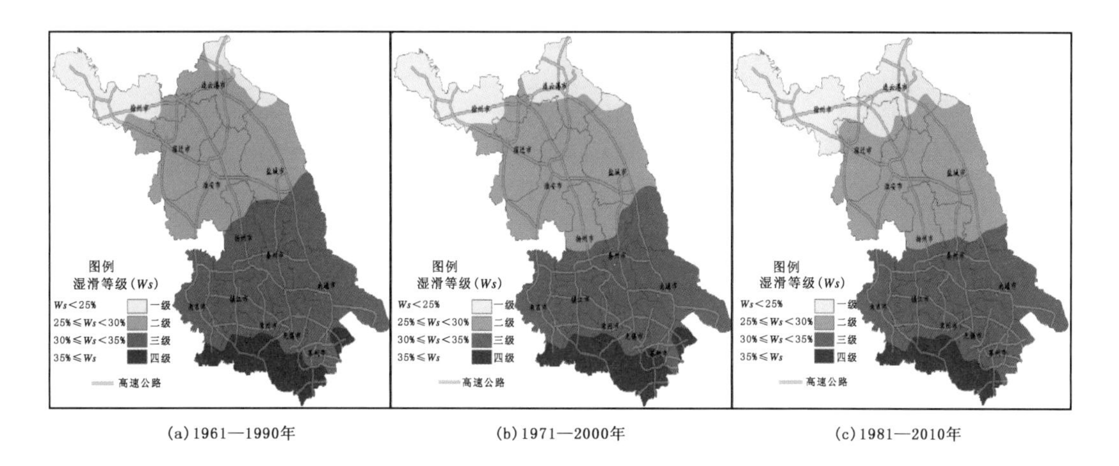

图 9.7　江苏省 1961—2010 每 30 年道路湿滑日数频率的空间分布

降雨是江苏常见的天气现象，和其他天气现象造成的交通事故相比，频次约占总量的 70%；但在危害的程度上远不及浓雾、积雪、路面结冰等严重。

当路面潮湿、积水、积雪并伴有低温时，就极易形成路面结冰。由于道路交通设施建设的动态发展和路面观测资料的欠缺，目前仅以年结冰日的占比作为道路结冰风险(Ir)的划分依据，根据 1981—2012 年江苏省结冰资料统计共划分为 4 个等级(图 9.8)。全省道路结冰风险呈北高南低的特点，其中淮北地区的道路结冰风险可达三至四级(年平均结冰日数占全年的百分比≥20%)。随着年代的推移(图 9.9)，二至四级道路结冰风险区域呈现北收特征，道路结冰日数频率≥15%区域由沿江地区(1981—1990 年)退缩到江淮北部地区(2001—2010 年)，道路结冰日数频率≥20%区域由江淮大部分地区(1981—1990)退缩到淮北北部地区(2001—2010 年)。道路结冰日数频率≥25%区域逐年代减少，到 2001—2010 年代消失。

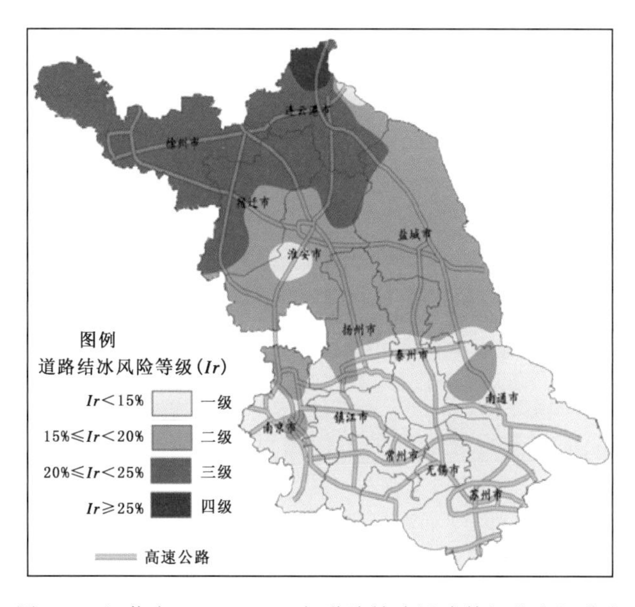

图 9.8　江苏省 1961—2012 年道路结冰风险等级的空间分布

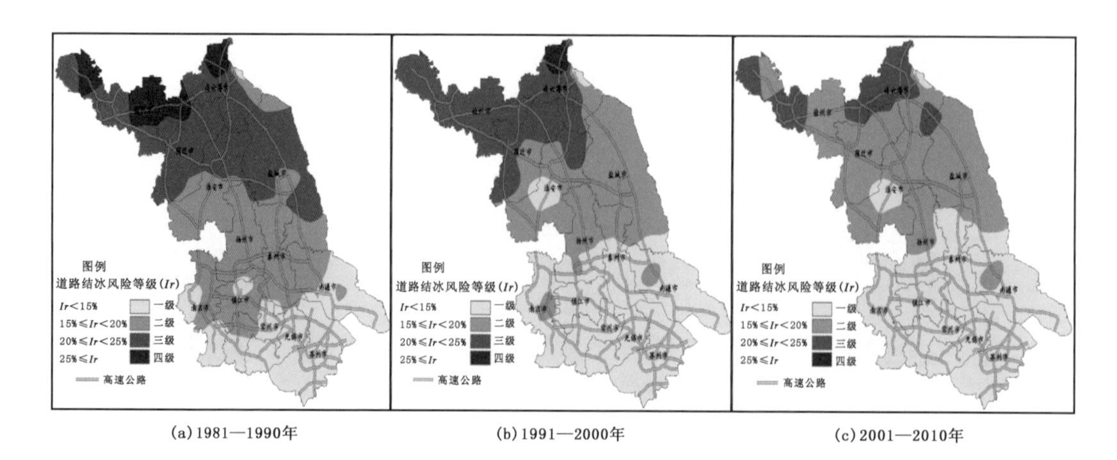

图 9.9 江苏省 1981—2010 年道路结冰风险等级的空间分布年代际变化

江苏最早的初雪 11 月 10 日前后即可发生，最迟的终雪在 4 月上旬。对交通危害的降雪和积雪主要在 12 月、1 月和 2 月。年平均降雪日数 6～8 d，总体分布是西多东少，南北差异不大(北部温度低、南部湿度大)；平均年积雪日数 4～12 d，自东南向西北递增。最大积雪深度的分布也是西大东小、南大北小，＞30 cm 积雪深度的地域在 34°N 以南、120°E 以西的范围内。降雪与积雪对交通的影响主要表现如下：路面摩擦系数减小，制动效果降低甚至失灵；大雪暴雪时能见度低；积雪深时车辆无法运行，使交通瘫痪；积雪被碾压成冰，或因日融夜冻路面成冰面；大雪暴雪往往与寒潮大风、大幅降温、严寒低温相伴发生，一旦发生雪阻，被困人员的饥饿寒冷又成了新的问题。

此外，雪崩、泥石流、山体滑坡、决堤垮坝、沙丘雪堆移至路面等都能造成交通阻隔，江苏大抵不会出现。只是在暴雨时，有隧道、桥梁涵洞积水，汛期长江沿岸部分岸段的崩岸对交通的畅通有一定的影响。

9.2.1.3 冰雹、龙卷与交通

冰雹和龙卷虽然是局地偶发性的，但因突发性强，一旦遇上易造成交通灾害。

江苏 3 月进入初雹期，主要发生在 4—7 月，平均年雹日数 0.1～2.6 d，由近海向内陆递减。江苏有两个多雹区，北部以响水、灌云、灌南、赣榆为中心的淮北多雹区，南部以如皋为中心的多雹区，在这两个多雹区之间的里下河则为相对少雹区。

6 月、7 月和 8 月三个月是江苏龙卷发生的主要时段，频峰在 7 月中、下旬。地域分布特点为：沿海多、内陆少；南部多、北部少。多发区在如东、南通一带(平均年龙卷 1.2 次)；长江沿线：张家港以东 0.4～0.6 次，南京至张家港 0.2～0.4 次，南京以西＜0.2 次。

9.2.1.4 大风对交通影响

强风、巨浪、风暴潮、龙卷等形成的强外力作用可使车船掀翻甚至被吞噬。台风、寒潮、强对流、飑线过境、气旋等在江苏均可产生强外力作用，危及交通安全。因台风和高潮位共同作用引发的风暴潮对沿海、长江口地区的交通影响虽然极少出现，但危害很大，值得警惕。

江苏的年平均大风日数 8～20 d，有 3 个年大风日数在 20 d 左右的大风易发区，即连云港—滨海的沿海区、如东和扬中。苏南的大风日数大多不足 10 d。

寒潮南下时常出现偏北大风。沿海出现寒潮大风(8 级以上)的频率高于内陆。江苏省出现寒潮大风的频次最多的月份，北部为3月、南部为11月和12月。

影响江苏的台风平均每年有3.2次，集中期在7—9月，台风影响时出现8级以上大风的区域分布特点为，东部多于西部，南部多于北部，太湖流域和沿海东南部最多，平均每年2.6次，最多的一年5次。

春夏季节强对流天气形成的大风，虽然历时不长，但突发性强、风力大、发生概率高，且局地性明显。范围较大且发展强大的江淮气旋会形成强风，风力大小取决于气压梯度和移动路径，强风持续的时间取决于气旋的范围和移动速度。范围大且深厚的江淮气旋，若移动缓慢，强风可持续10 h左右，风向先是偏南风、气旋中心过后转为偏北大风。春末夏初，江苏受西一西南大风的影响，尤其是当中低空西南风速很大，因动量下传而出现强风，出现时间一般在10—16时，日变化明显，且会持续数日反复出现。

强风的危害主要是与航道成夹角的侧风为主，受强侧风袭击时会吹翻车船或迫使车船偏离行驶路线而诱发交通事故。

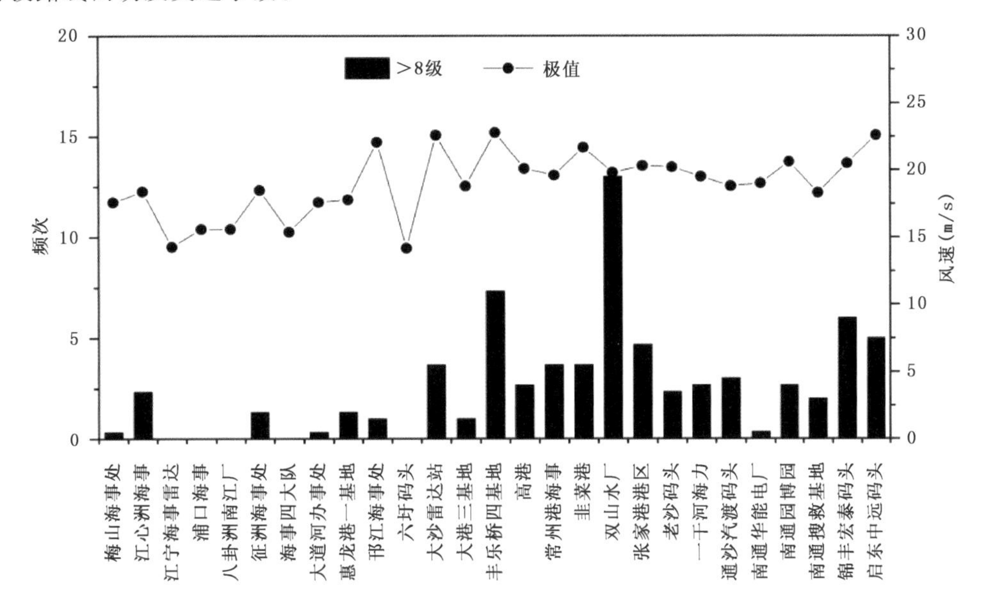

图9.10 2010—2012长江江苏段年沿线大风出现频次及极大风速

根据长江江苏段沿线布设的水上交通气象监测站2010—2012年风的观测资料统计表明(图9.10)：大风出现频次分布东段明显多于西段，以江阴段为最多(双山水厂可达13次/a)，镇江以东的江段均可出现极大风速≥17 m/s的大风。由于长江在江苏境内基本上是呈东西向，所以遇到偏北或偏南强风时，对长江航运的安全造成很大的影响。

9.2.1.5 极端气温与交通

路面作为一种特殊的下垫面，白天吸收太阳辐射易升温，夜间释放地面辐射易降温。江苏高速公路的路面多为沥青或水泥材质，路面温度的变化幅度比一般土壤温度变幅更大。经对比观测和统计分析表明，夏季路面最高温度比自然状态下的地表面最高温度高，而冬季路面最低温度比自然状态下的地表最低温度低。

在夏季的晴天，随着太阳高度角的升高，路面温度迅速上升，12时前后达到最高值，常可超过60 ℃，16时后路面温度迅速下降(袁成松 等，2012；朱承瑛 等，2009)。路面高温不仅会导致沥青路面软化变形、爆胎、车辆自燃、易燃易爆物品燃烧爆炸等，还会造成驾驶员疲劳或中暑，影响驾驶员情绪等，从而引发交通事故。江苏的高温日（日最高气温≥35 ℃）西多东少，平均 8 d 的分界线在邳州—盱眙—镇江—太湖，高温日最多的区域在江苏省西南角（高淳），均值大于 18 d。

冬季的低温对于干燥路面不产生行车方面的危害，但在雨雪后的潮湿路面，路面温度则决定了路面是水、雪水混合物、雪还是冰，同时还影响到蒸发的速度和融冰融雪的速度。在江苏的冬季，北部的温度较低，1 月平均气温在 0 ℃左右，但降水量少，1 月的平均降水量不足 20 mm；江苏的南部降水量较多，1 月平均降水量 30～40 mm，但 1 月平均气温在 2.5 ℃左右。这样的温湿条件有利于江苏减少冬季的交通气象灾害。当然，雨雪天气时的低温仍然是值得重视的问题，在迎风坡、背阴坡和风口地段的路面温度往往比一般地面温度要低 2～4 ℃。

江苏的冷冻日（日最低气温≤0 ℃）的分布主要受纬度影响，且相差悬殊。江苏的最南端平均冷冻日数 30 d 左右；而江苏的最北端冷冻日数超过 90 d；60 d 的分界线在扬州—如皋，与纬度线大体平行。严寒日（日最低气温≤−10 ℃）淮河以北 2～6 d，淮河以南 0～2 d，所以微山湖、骆马湖湖面封冻的概率相对较高，洪泽湖少有封冻（约 15 年一遇），太湖、石臼湖极少封冻。

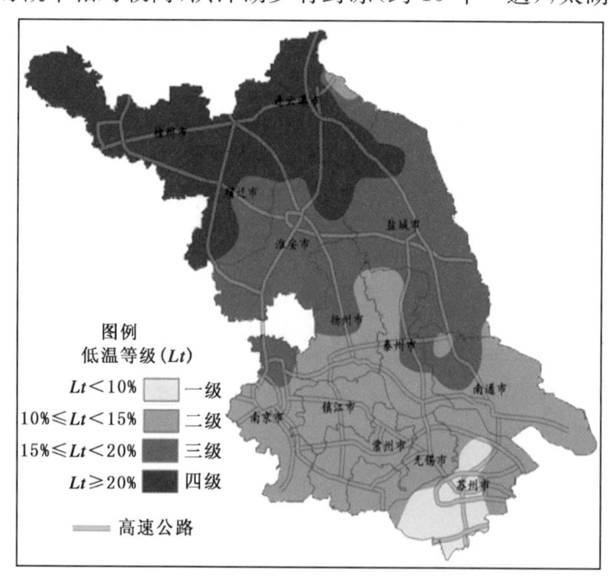

图 9.11　江苏省 1961—2012 年低温等级划分（路面结冰潜势条件）

低温冰冻对公路交通运输的影响极大，当日最低气温≤0 ℃时，尤其是高架桥面、背阴路面等温度更低，路面一旦处于潮湿、积水或积雪状态下（包括车辆洒漏水、水管漏水等非降水原因），路面就极易形成结冰，因此，低温日数的多少可以作为路面结冰的潜势预警条件。根据 1961—2012 年江苏省日最低气温≤0 ℃的日数占比作为路面结冰的潜势预警条件（Lt）的划分依据，共划分为 4 个等级（图 9.11）。全省道路结冰潜势条件呈北高南低的特点，其中淮北地区（除沿海地区）的道路结冰潜势条件达四级（年平均最低温度日数占全年的百分比≥20%）。随着年代的推移（图 9.12），二至四级低温区域整体均呈现北收特征，道路低温日数频率＜10%的区域由苏州西南部扩大到苏州、无锡和常州东部地区，道路低温日数频率≥15%区域由沿江地区（1961—1990 年）收缩到江淮地区（1981—2000 年），道路低温日数频率≥20%区域由江淮中部地区（1961—1990 年）收缩到淮北部分地区（1981—2000 年）。

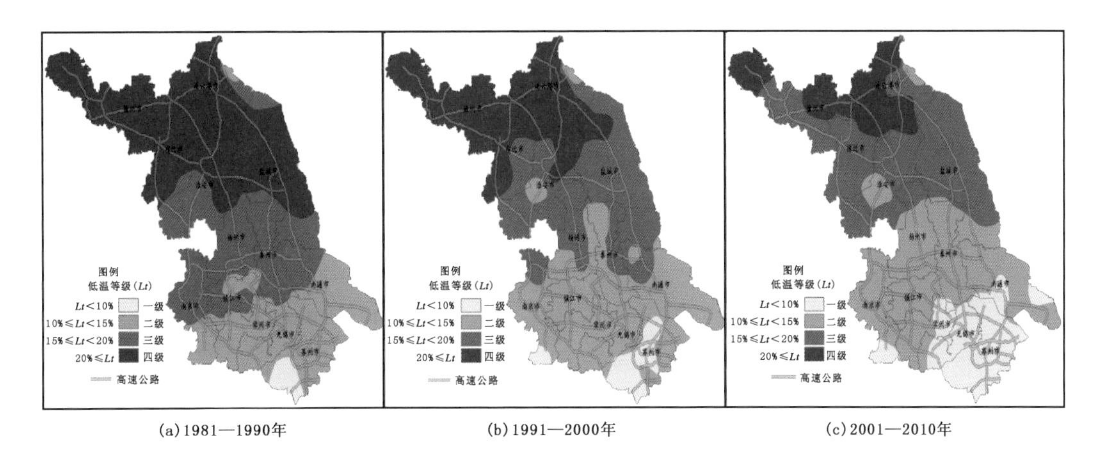

图 9.12　江苏省 1981—2010 每 10 年道路低温等级变化

9.2.1.6　雷电对交通的影响

雷电除直击造成人员伤亡外，还会对电力设施、导体、电器造成损毁。雷电出现时往往与大风、暴雨甚至冰雹、龙卷相伴发生，使危害加重，江苏夏季多雷电现象。

江苏省雷暴日数地域分布的总趋势是：南部比北部多，丘陵、湖区比平原地区多。两个年平均雷暴日大于 35 d 的区域分别是太湖－石臼湖的宜溧丘陵区、泗洪－泰兴的洪泽湖高邮湖周边地区。

江苏的气温 3 月开始明显回升，雷暴日数逐月增加，7 月和 8 月最多，9 月起明显减少。96%～98%的雷暴日出现在 3—9 月，夏季(6—8 月)雷暴日占全年的 65%～75%。

一天中闪电次数在江苏呈单峰偏态分布，23 时至次日 11 时为低值段，12 时起增加，15—16 时达高峰，16—23 时呈阶梯状下降，表明午后热雷雨是江苏雷电现象的主要成因。省内各地雷电的日分布因地理位置、地形、地貌的不同而略有差异。

9.2.2　江苏交通气象灾害对应指标

气象条件对公路、铁路、航运、航空等不同的交通运输方式的影响等级划分差异很大，根据交通运输营运管理和社会大众服务需求，建立分级指标体系(表 9.1)，在开展气候变化评估对江苏交通的影响中应与相应的分级指标相一致，依此确定交通气象服务业务指标(卞光辉 等，2010)、业务流程、服务产品等。现以江苏省高速公路为例。

表 9.1　气象行业关于影响江苏高速公路的主要气象条件等级划分

气象灾害类型	稍有影响	有一定影响	有较大影响	有严重影响
遇有大雾、沙尘暴、暴雨等影响能见度(L)的天气	200 m<L≤500 m	100 m<L≤200 m	50 m<L≤100 m	L≤50 m
遇有大风天气(根据实测平均风力大小)	平均 5～6 级(8.0～13.8 m/s)或阵风 7 级(13.9～17.1 m/s)	平均 7 级(13.9～17.1 m/s)或阵风 8 级(17.2～20.7 m/s)	平均 8 级(17.2～20.7 m/s)或阵风 9～10 级(20.8～28.4 m/s)	平均≥9 级(≥20.8 m/s)或阵风≥11 级(≥28.5 m/s)

续表

气象灾害类型	稍有影响	有一定影响	有较大影响	有严重影响
降雨	1 h 降雨强度 10.0～19.9 mm/h，或 1 分钟降雨强度 0.8～1.2 mm/min 且能见度降到 500 m 左右。	1 h 降雨强度 20.0～29.9 mm/h，或 1 分钟降雨强度 1.3～2.0 mm/min 且能见度降到 200 m 左右。	1 h 降雨强度 30.0～49.9 mm/h，或 1 分钟降雨强度 2.1～3.0 mm/min 且能见度降到 100～150 m。	1 h 降雨强度≥50.0 mm/h，或 1 分钟降雨强度＞3.0 mm/min 且能见度降到＜100 m。
降雪	小雪或雨夹雪	中雪	大雪	暴雪
积雪深度(H)	H＜1.0 cm	1.0 cm≤H＜2.9 cm	3.0 cm≤H＜4.9 cm	H≥5.0 cm
路面高温(T)	55 ℃≤T＜62 ℃	62 ℃≤T＜68 ℃	68 ℃≤T＜72 ℃	T≥72 ℃

江苏省公安厅 2009 年颁布《恶劣天气条件下高速公路交通管制工作规范(试行)》，重点对遇有大雾、冰雪、大风等恶劣天气时制定的交通管制(表 9.2)。

表 9.2　江苏省公安厅公路交通管制规范

气象灾害类型	三级管制	二级管制	一级管制	特级管制
遇有大雾、沙尘暴、暴雨等影响能见度的天气	能见度在 100 m 以上、200 m 以下	能见度在 50 m 以上、100 m 以下	能见度在 30 m 以上、50 m 以下	能见度不足 30 m
遇有冰雪天气(根据路面积雪结冰情况)	正在下雪但路段(桥面)尚未积雪、结冰	路段(桥面)积雪尚未结冰	高速公路部分路段(桥面)结冰	高速公路某路段全线结冰时
平均风力	6 级	7～8 级	9～10 级	超过 10 级

9.2.3　气候变化对江苏省交通可能影响

9.2.3.1　基本气候要素气候变化对交通的影响

气温的升高尤其是冬季气温的增高，对减少积雪和低温冰冻危害的作用是显而易见的。对公路而言，增温可延迟积雪冰冻的形成，降低积雪冰冻的厚度，也能使积雪冰冻加快融化，从而减少事故的发生。冬季温度升高降低了河湖封冻的概率，也降低了火车运行及飞机起降受阻滞的可能。

从 1961—2012 年变化趋势来看，高温日数略有增加，尤其是沿江苏南城市带增多趋势最为显著，因此，江苏的南部更应提防高温对交通的影响。

江苏年降水量年际变幅相对平稳，其中夏季降水增多和秋季降水减少明显。秋季降水减少对秋雾的减少是有利的，而夏季降水增多、暴雨日数的增多和最大日降雨量呈增加的趋势，对公路交通尤其城市交通的危害亦将增多。

江苏年内台风影响日数呈明显减少趋势，加上地面建筑物迅速增多增高的影响，近地层风速显著下降。

各地雷暴日数均呈减少的趋势。

年雾日 20 世纪 60 年代相对偏少，70 年代中期开始随着工业化(包括乡镇工业)发展的进程加快，引发的空气污染导致大气中凝结核增多，雾日数呈明显上升趋势，至 90 年代初为一段偏多时期。90 年代起我国东部地区空气污染加重，江苏各地霾日数明显增加，霾对能见度有一定的影响，但一般不会非常恶劣；同时，霾又阻挡了部分地面长波辐射，抑制了近地层空气的降温，减少了导致能见度突然剧降及能见度很低的辐射浓雾形成，所以近十几年大多年份极强浓雾相对偏少。值得注意的是，今后随着我国环境治理成效的提升，大范围空气清洁度的提高，严重危害交通安全畅通的突发性浓雾日数有可能再次回升。

9.2.3.2 几个与交通相关的气候变化事实

根据江苏省 1961 年以来的气候资料和近年来开展交通气象专项监测所获资料的统计和综合分析，在全球气候变暖的背景下，交通气象灾害的发生与变化有以下一些较为突出的事实。

(1)对交通运行有严重影响的浓雾：具有明显的地区浓雾特征，呈现出持续性，连续多日发生浓雾的概率增多。对最近 3 年全省能见度监测资料进行统计分析表明，连续 2 d 以上的浓雾在 2010 年、2012 年各有一次，但 2013 年上半年苏北地区(部分全省性)已发生 6 次，持续最长的有 4 d(2013 年 1 月 12—15 日)，前 2 d 为苏北地区、后 2 d 为全省性浓雾。这一事实可通过江苏省近 52 年来雾日数的气候变化倾向(图 3.21)得到证明：苏北 28 个基本站中有 19 个站点的雾日数气候趋势系数大于 0，其中新沂、东海、洪泽和金湖雾日数呈较大的上升态势，气候倾向率超过了 3 d/10a；而在苏中、苏南 40 个基本站中，雾日数气候趋势系数小于 0 的站点占了 29 个，其中泰兴和昆山雾日数的气候倾向率甚至超过了－8 d/10a。究其原因，苏北地区雾日的增多可能与华北雾霾向南扩散、苏南地区部分工厂北迁、苏北工业的发展及汽车拥有量剧增有关，而苏中、苏南多为建市较早的发达城市，且城市规模逐渐扩大联合形成城市群，城市化所造成的城市热岛效应及森林覆盖率下降均不利于大雾的形成和发展。

(2)对交通运行有较严重影响的强降水：强降水和暴雨可导致人的视程障碍、路面湿滑和积水等。从自动气象站降水资料统计分析表明，针对 1 min、10 min、1 h 的降水强度而言，有增强或接近历史极值的趋势。1 min 降水量，在 2011 年 6 月 24 日沪宁高速公路无锡段的梅村站曾监测到 6.4 mm/min 的极值，并在沪宁线多次测到 4.0～4.6 mm/min 的强降水记录。10 min 降水量，2009 年 7 月 12 日 18:14—18:23 沪宁高速公路花桥站曾测得 10 min 降水量达 30.0 mm，南京观测站 1989 年 8 月 13 日曾测得 10 min 降水量达 31.5 mm，突破了 1970 年 10 min 降水量 30.4 mm 的记录。1 h 降水量，在 2009 年 7 月 12 日沪宁高速无锡段的花桥站曾测得极值为 74.8 mm(18:00—19:00)，南京观测站在 2008 年 7 月 11 日测得每小时降水量达 65.6 mm(1966 年以来的极值)。

(3)对交通运行有较大影响的暴雨：江苏大暴雨日数有每 10 年递增的态势，以南京为例，1961—1990 年日降水量≥100 mm 的年平均日数为 0.5 d。但 1991—2010 年近 20 年的年平均日数增至 0.75 d，尤其从 2009—2012 年，年平均日数已增至 1.5 d。其中 2003 年 7 月 5 日最大日降水量还突破了南京保持了 100 多年的记录达 207.2 mm(历史极值：1931 年 7 月 24 日 198.5 mm)。

(4)对交通运行安全有严重隐患的盛夏高温(路面高温)有季节性提早趋势。以南京为例，统计资料表明，自 1961 年以来的≥35 ℃的高温日数没有明显增加，但出现≥35 ℃的初日有提早之势。南京历史上 5 月 22—31 日个别年份有出现≥35 ℃高温纪录，但 2011 年 5 月 19—20 日分别出现 35.3 ℃和 37.5 ℃的高温天气。同时，路面高温也有季节性提早，据沪宁高速公路 2006—2007 年资料统计，在盛夏 7—8 月路面高温达到 61～64 ℃(相应气温在 35 ℃以上)，但 2013 年 6 月 17 日路面最高温度达 61.6 ℃(河阳站)，同日宁常高速路面最高温度达 65.5 ℃

(天王站)、宁杭高速江苏段路面最高温度达 64 ℃(溧阳站),以致在宁杭高速公路一天发生了 15 辆车爆胎。

(5)江苏的盛夏高温(路面高温)有苏南增多、苏北减少趋势。经统计分析,全省高温日数的气候变化趋势如图 3.3 所示,全省高温日数呈南北不同的变化趋势,总体上呈苏北减少、苏南增多的明显不同的变化趋势。高温日数减少较明显的基本站主要集中在苏北的徐州、邳州、宿豫、泗洪及灌云,高温日的气候倾向率均小于−1 d/10 a。高温日数增加最为明显的基本站为泰州的靖江和苏州的吴江,高温日的气候倾向率均大于 3 d/10 a。

9.2.3.3 气候变化趋势预估对交通的可能影响

利用区域及全球模式对江苏省未来气候变化趋势预估,结果都表明,江苏夏季及冬季的平均气温比现在偏高,并且冬季增幅大于夏季,北部地区的增幅大于南部地区;日最高温度大于 35 ℃以上的天数,中部及南部地区都没有明显增加,而北部地区明显增多;对于低温事件,均有明显的减少。未来江苏气温的这些预估对交通灾害的减少应该是利多弊少。值得指出的是,不同模式对气温模拟的结论一致,因而具有高的置信度。

对于降水,全球模式模拟江苏年降水量未来有增加的趋势,增率为 7 mm/10 a;区域模式模拟降水量的增率为 1.5 mm/10 a,变化不显著。模拟结果指出,江苏未来降水略有增加的趋势,中度可信。按上述 1.5～7 mm/10 a 的增率预估结果,对交通的影响应该是不大的,在设计、施工、维护、运营和交通气象服务中,可大体沿用已有的资料和研究成果。

相对于比较稳定的气候变化而言,交通的变化就大得多且快得多,因此,要关注交通变化过程中对气象条件需求的变化,及时研究并解决各类交通气象问题,提高交通气象工作的实效,促进交通的安全和畅通。

9.3 江苏省交通气象发展的气候背景

大自然的本质属性无所谓利弊优劣,气候条件也是如此,只是针对具体人、事、行业才有利弊优劣之分。现代交通的发展对交通气象服务有着迫切的需求,交通气象服务的日常工作是对交通沿线不利天气条件的预警和临近预报,但一地的气候条件是出现各种具体天气的背景,是明确开展交通气象服务的范畴和重点的依据。在分析气候与交通的关系时,除了两者的直接关系外,经济、文化条件等也很重要。例如干旱地区雨雪等不利天气少,但因物产欠丰,经济和文化相对落后,对交通的依存程度就不会太高。所以气候条件、经济发展和交通的需求与保障是紧密关联的。总体而言,气候变化对现代交通的利弊影响分析在近几年才受到关注,研究的方法、资料的扩充、成果的应用等还不能与交通的快速发展相适应。

9.3.1 气候背景在重大交通工程设计和建设的应用

气候背景对公路、桥梁、涵洞等重大交通工程规划设计、施工建设和营运管理等至关重要。以大型桥梁为例,近年来长江江苏段先后建成了长江二桥、三桥、四桥、润扬大桥、江阴大桥、苏通大桥等,规划设计时必须充分考虑当地的气候变化事实(黄世成 等,2009),尤其是基本风参数计算及应用。桥梁抗风设计前需要有桥址处的风速观测数据来推算和确定基本风速和设计基准风速,风参数计算涉及 10 年、50 年、100 年的基本风压、阵风系数、地面粗糙度类别和梯度风的风速随高度变化修正系数等。但在大多数情况下,桥址处没有或缺少足够的风速观测资料，无法直接推算桥梁的设计风速值，这需要通过间接的风速资料来确定桥梁的设计风速。因而，桥梁所在地区的气象台站长期积累的气象（气候）资料是最重要及可靠的。

气候资料的年代际变化，很大程度地影响了交通工程设计标准和规范。研究表明，在距地面500～1000 m以上的高空，风速已几乎不受地表情况的影响。但在距地面500 m以内的范围亦即大气边界层内，风速受到地理位置、地形条件、地面粗糙度、高度、温度变化等因素的影响。值得注意的是，当前我国通用的标准规范（如JTG/T D60—2004等）中的百年一遇的最大风速值，采用的是1961—1995年的风速资料，按极值分布曲线拟合的100年重现期并做修正而得，也反映了长江下游水道重现期极值大风的一般规律。但随着气候环境、观测方法（过去用维尔达风压板，70年代中后期起改用EL型风向风速计）、观测环境的变化以及近年来城市建设的快速发展，气象台站风速观测资料存在明显受人为因素的影响而偏小，简单应用很有可能导致安全隐患。为此，江苏省利用1971—2000年长江下游气象站风速资料，结合沿江8个风速风向观测点与邻近气象站的短期同步观测资料，依据数理重构方案，采用极值拟合出了100年一遇最大风速（表9.3）。

表9.3 长江江苏段主要气象台站重现期最大风速

地名	海拔(m)	重现期最大风速(m/s)		
		10年一遇	50年一遇	100年一遇
南京	8.9	20.2	25.6	27.1
南通	5.3	22.1	27.1	28.6
常州	4.9	20.2	25.6	27.1
泰州	6.6	20.2	25.6	27.1
镇江	26.4	22.2	25.6	27.1
无锡	6.7	22.1	27.1	28.6
苏州	7.1	22.1	27.1	28.6
上海	2.8	23.9	31.3	33.8

9.3.2 江苏交通气象发展的需求分析

改革开放30多年来，我国经济获得了快速发展，交通作为国民经济的基础产业，与国民经济的其他产业相互依存，交通的发展也促进了其他产业的发展。研究表明，在我国经济社会总量中，包括江苏省在内的东部地区以其雄厚的经济基础，对经济贡献和就业吸纳能力均较高，东部地区公路运输业对全国经济的支撑作用最强。无论是从规模、速度，还是结构层面，交通发展与国民经济发展水平密切相关，其中公路水路交通投资与国民经济各指标之间的相关性最高（刘芳 等，2008）。对全国28个省份3个不同时期（1985年、1995年和2005年）交通投资、公路交通基础设施与国民经济的相关分析表明，公路交通投资、公路网密度与国民经济各重要指标之间的相关关系一直较强，其中交通投资与经济指标之间的相关关系更为显著，分别达到0.81、0.86和0.74（显著性水平均达到1%），相关系数表现出"先增后减"的变化趋势。一方面，表明当经济要素流通从20世纪80年代末的"走得了、运得出"的初级目标向更高级的"走得好、运得好"转换时，交通与国民经济间的相互促进与相互依赖作用得以加强；另一方面，则表明当交通基础设施资本发展到相当规模后，公路交通投资规模与发展速度对经济增长的促进作用有所回落。尽管各时期相关系数变化存在着增减趋势，其较高的相关显著性水平，反映了公路交通投资一直是影响区域经济增长的重要因素。作为影响经济社会活动规模和活动空间范畴的主要因素，包含陆路、水路和航空在内的交通领域无一例外地与当地的天气气候条件密切相关；当经济的快速发展对交通运输提出规模化、技术化、现代化的交通运输需求时，作为交通运输业技术服务支撑的交通气象相应地也迎来了挑战和机遇。

江苏省处于中纬度地带、海陆相过渡带和气候过渡带，由于兼受西风带、副热带和热带辐合带天气系统的影响，天气气候复杂，灾害性天气频繁，这样的自然环境和气候背景对交通气象的研究与服务有着迫切的需求(黄世成 等,2009)。

在全球气候变化背景下，江苏各类天气气候灾害发生频率增加。根据江苏省气象科学研究所对交通行业某公司为期 5 年的调查，剔除生产力发展因素，单就气象环境因素一项占公司 5 年平均产值的比值达到 1.7%。因此，有效保障恶劣天气气候条件下的交通安全，是交通气象发展的宗旨和动力，根据交通运输部和中国气象局相关交通行业气象服务效益评估报告，交通行业最需要的气象服务产品是相关的气象灾害预警类产品，其次是专业气象预报和基本天气预报产品。江苏交通气象可以服务于交通行业的各主要生产环节中，包括运输和运营管理，其次是应急救援、维护和建设。研究表明，现阶段交通部门对气象的投资效益比为 1:8.3，每年可减少 17.6%的损失。

9.3.3 气候变化对江苏交通的影响评估

交通业作为国民经济的重要组成部分，是集水、陆、空一体的高密度的多维服务行业，涵盖了铁道、水道、公路、航空和管道 5 大类，并在经济社会发展中扮演着重要的角色。交通行业与自然环境有着密切的关系，特别是对气候变化的反应比较敏感。从交通工程的勘测设计与可行性论证到建设施工与运营生产，交通运输的各个环节不可避免地与气候条件、气候变化息息相关。

目前，全球气候变暖已是不争的事实，在这样的大背景下，极端天气气候事件频发。一方面，近十几年来由于中国经济的快速发展，对交通运输的要求越来越高，气候异常对交通运输的影响也就越来越明显，依据过去的气候极值进行的工程设计逐渐显露出一定的局限性，由此所造成的交通运输的损失也越来越大。例如 2008 年的雨雪冰冻事件，造成了华东华南乃至全国大部的交通瘫痪，这次气象灾害具有范围广、强度大、持续时间长、灾害影响重的特点，很多地区为 50 年一遇，部分地区百年一遇，属历史罕见。这次低温雨雪冰冻灾害中，农作物受灾面积 1.78 亿亩[①]；倒塌房屋 48.5 万间；因灾直接经济损失 1516.5 亿元，129 人死亡。特别要提及的是，一些建筑工程按照正常的设计标准和国际通行的做法，即按 30 年一遇的自然灾害来进行设防，在此次气象灾害中不堪一击。另一方面，在过去几十年内，全国的平均降水量是增加，强降水日数呈上升趋势(图 9.13)(黄世成 等,2007；杨秋明 等,2010)，但降雨量分布不均，预示未来由强降雨引起的洪涝，泥石流等灾害可能会更加频繁，这对于公路交通基础设施会造成较大的破坏，道面排水标准需要进一步提高。在华东地区，由于人口密集、经济发达，灾害性天气气候事件也将伴随更大的灾损，同时也增加了交通事故发生的频率(黄世成 等,2009)；台风，龙卷等极端天气将会毁坏道路，增加海岸侵蚀，削弱港口功能，同时台风等极端天气的发生

① 1 亩=1/15 公顷，下同。

又会增加水路运输的危险；海平面的上升，将会淹没沿海低洼公路；干旱范围的扩大将可能使境内河流水位降低，甚至出现断流的现象，增加内河运输的成本；雾、霾等恶劣天气的频繁发生，极易造成公路客运及航班延误，引起旅客滞留，增加交通运输成本。

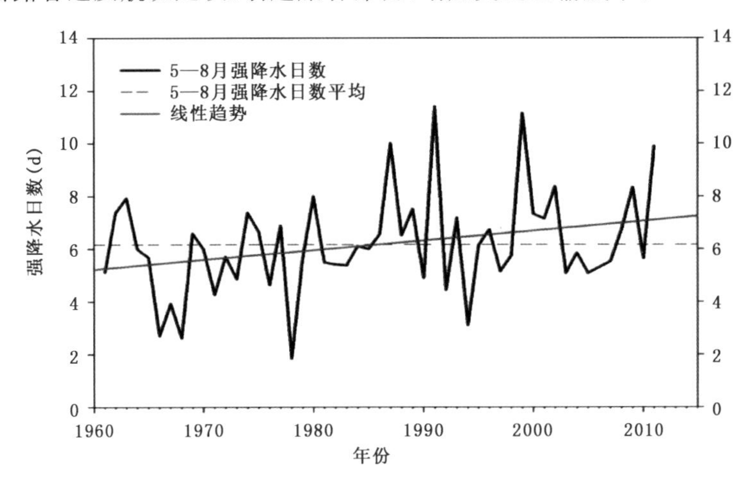

图 9.13　长江下游 1961—2011 年汛期 5—8 月强降水日数

按照江苏省气候变化趋势预估结果(详见第 5 章)，未来至 2020 年、2030 年、2050 年的总体趋势是气温升高，高温、暴雨等气候极端事件增多，但是，由于气候变化预测具有较大的不确定性，对未来江苏省交通工程的规划设计、建设、营运必将产生一定的影响，气候变化对交通的影响以及交通对气候变化的适应性，终将推动交通行业技术的革新与发展。

9.4　应对气候变化的对策与建议

据 2013 年 IPCC 第 5 次评估报告称：过去 130 年全球升温 0.85 ℃。过去 50 年全球地表气温变化很可能是由于人类活动所排放的温室气体产生的增温效应造成的，预计到 21 世纪末全球平均气温将升高 4～6 ℃。由气候变暖引起的一系列气候和环境问题日益突出，这是交通规模发展不得不面对的问题。2000 年以来，江苏省交通行业投资、交通里程及车辆总数倍增，根据 WMO 的有关研究，交通部门与能源相关的 CO_2 排放量占所有温室气体排放量的 20%左右，因此，如此高密度路面铺设导致下垫面的变化、大交通流量中反映出的污染问题、路网对生态环境的影响等，不可避免地对气象环境和气候产生长久的影响。

随着气候变化以及交通运输在社会发展中的作用的进一步增大，这一影响还将日趋加剧。因此，为适应气候变化对江苏交通的可能影响，提出一些有针对性的科学对策与建议。

9.4.1　加强全省气候变化对交通安全保障监测网络建设

目前，在全省交通沿线已布设了大量的视频图像、车流量和车速监控设施，但对交通沿线的气象环境和路面(水面)状况的监测能力明显不足，虽然江苏省高速公路交通气象监测站网已开始布设，并形成了一定的规模和分布密度，但仍未开展其他交通运输方式下的交通气象监测站布设，这是制约实现江苏省交通沿线气象环境监控和交通气象精细化预报服务目标的根本原因。因此，应对气候变化对江苏交通可能的影响，其有效的对策之一就是需要建立可覆盖全省公路、铁路、航运、航空港、城市等交通网的交通气象实时监测系统。

建立一个智能型、广覆盖的全省交通气象监测系统，一方面，可为交通营运管理提供交通沿线的实时气象环境和路面状况的监控，针对交通运管对气象条件的等级划分实现自动报警，成为交通信息工程的重要信息源；另一方面，也为气象部门开展交通气象预警预报提供更加丰富而准确的基础资料。

江苏省交通气象监测站网建设需要气象、交通、公安、海事等部门合作完成，需要多部门统筹规划设计和建设，同时还应建立配套的长效运行保障机制。

9.4.2 开展高影响天气对交通安全风险性评估

为应对气候变化带来的高影响天气对交通危害应加强各类交通气象预警预报关键技术的研究。

(1)开展全省自然灾害风险区划和评估。与交通、公安、海事等部门密切合作，针对全省各种交通运输方式下危及交通安全和通行的气象灾害，全面深入地开展全省交通气象灾害风险普查和区划研究，制定风险等级，研究应对模式，为全省交通规划设计和建设提供科学依据，也为制定应急防灾减灾预案提供基础信息。

(2)建立灾害服务保障应急救援体系。鉴于全省各地气候特征和不同交通运输方式对气象服务需求的差异性，以目前在江苏苏南地区高速公路的试验成果，结合未来气候变化对江苏交通的影响，进一步细化交通气象预警预报业务流程、指标体系、服务产品和发布方式，交通气象服务保障工作不仅是面向全省公路交通运输体系，还应尽快扩展到其他交通运输领域，积极应对气候变化对全省交通的可能影响。

(3)加强自然灾害机理预警应急关键技术研究。从事交通气象工作的人员要及时深入地了解交通方面的需求和变化，探寻解决问题的途径；同时也要分析研究天气与气候变化的特征和趋势，进一步研发和引进交通气象预警、临近预报的新技术和新方法，重点加强交通气象灾害的持续跟踪监测技术和服务应用，以及精细化数值预报产品的开发应用，建立中尺度数值模式本地化和交通气象专用气象要素场的分析、预报和经验指标相结合的预警预报平台，以适用于交通气象定时定段及定量的短临预报服务要求，为交通气象服务业务和应对气候变化提供科技支撑。

9.4.3 推进政府主导及多部门的合作

加强交通气象保障服务是积极应对气候变化的重要举措，政府主导、多部门联动是彰显交通气象服务成效的重要环节。通过政府主导，把交通气象与安全生产紧密结合起来，共同做好出现交通气象灾害时的应急管理，明确应急管理相关单位的职责任务分工，建立联席会议和会商制度，共同制定恶劣天气条件下的交通应急处置预案。通过政府主导和部门合作，加大全省交通气象防灾减灾和业务服务系统建设的力度，建立长效的可操作的一体化的交通气象保障服务体系。

9.4.4 倡导交通气象科普宣传和应用

现代交通条件下，“人一交通一气象”三者关系日益密切，我国交通运输还在高速发展的上升期，私家车拥有量更是呈快速递增态势，做好应对交通气象灾害工作就不仅仅是交通与公安等部门的事务，交管及驾乘人员的素质和行为在交通中具有关键性作用，提高人们在驾乘出行时应对气象灾害的能力，要持续而广泛地开展交通气象科普宣传工作。

(1)增强管理和执法人员对交通气象灾害的处置能力。针对交通、公安、路政、海事等有关部门管理人员和执法人员，把学习和掌握交通气象有关知识作为一项常规工作，以利于在本职工作中，不断提高在不同气象条件下的应对处置能力，提高交通运输效益；不断完善和及时实施交通气象灾害应急处置预案，提高交通安全生产能力。

(2)增强驾乘出行人员对交通气象灾害的认知能力。基于交通气象科学知识、典型事例及防范措施，编写交通气象科普读物，增强人们对交通气象的认知能力；利用广播、电视、网络等发布渠道，宣传交通气象知识和气象灾害条件下的驾乘应对策略；要让更多的人认识到科学安排驾乘出行计划，避开灾害可能出现的时段、路段，是最有效防范交通气象灾害的途径。

第10章

气候变化对江苏省生态系统的影响

摘要 气候变化对江苏生态系统结构与功能产生了多方面的影响。近50年来，江苏气候变暖、降水增多、日照时数下降、极端天气气候频繁暴发，是气候变化的主要特征。监测与评估气候变化对江苏生态系统的影响，对于科学认识生态系统对气候变化的响应机制，维护生态系统健康，具有重要的现实意义。基于江苏省24个气象站点的气象数据资料以及相关遥感数据，综合性地进行了不同生态系统类型的气候效应评价及质量分析。主要结论如下：(1)江苏生态系统类型可以划分为农田生态系统、森林生态系统、草地生态系统、水域湿地生态系统及城镇生态系统5大类，其中农田生态系统面积最大，占46%。(2)植被覆盖度主要受自然因素和人为因素的双重作用，气象因子中的气温因子，是自然因素中对植被覆盖影响最大的因素；不同生态系统对气候因子的响应具有一定的差异性，江苏生态系统植被NPP对气温的响应程度更强于降水量。(3)通过对江苏生态系统服务价值估算得知，水域湿地生态系统的贡献量最大，并呈增长趋势；2010年其生态服务价值为1025.97亿元，森林生态系统和农田生态系统的生态服务价值分别为287.36亿元和289.22亿元。(4)江苏省植被面积在2000—2012年基本保持稳定，生态系统的稳定面积比例为58.40%，退化面积与改善面积基本持平；农田生态系统、森林生态系统质量基本保持稳定，草地生态系统、城镇生态系统质量存在退化现象，水域湿地生态系统质量则有明显的改善；增加江苏省森林生态系统、草地生态系统和水域湿地生态系统的面积，对增强生态系统碳汇效应具有重要作用。

由于生态系统变化的综合性，特别是气候变化对生态系统影响的滞后性、复杂性与人为活动影响的严重性，使得区分人为活动和气候变化对生态系统的具体影响具有诸多难度。气候变化对江苏生态系统的影响还具有诸多不确定性，提升生态系统的增汇能力是未来江苏应对气候变化的重要策略。

10.1 江苏省生态系统类型及其影响要素分析

生态系统是生物群落及其环境构成的统一整体。基于江苏的生物与环境要素，根据其地形、地貌、气候等特征并结合野外实地调查，利用ENVI、ArcGIS等软件在江苏省土地利用格局分析的基础上对生态系统类型进行划分，并估算各生态系统类型所占的比例。

10.1.1　基于土地利用的江苏生态系统类型划分

利用来源于中国科学院遥感与数字地球研究所对地观测数据共享计划数据集(中国科学院对地观测与数字地球科学中心,2010)的 Landsat5 TM 数据,以全国基础矢量数据为信息源,数据格式为“.shp”,数据坐标系统为 WGS84,对时间序列为 2010 年 3—11 月的遥感数据进行处理分析。首先进行各地物影像特征的判识,通过野外验证,最后确定各生态系统类型的解译标志。表 10.1 为江苏主要生态系统类型遥感解译标志。

遥感影像分类采用的是国家一级土地利用分类标准,根据江苏省土地利用及植被物候特点,依据实用、简洁、科学、合理的原则,把江苏省内的生态系统划分为农田生态系统、森林生态系统、草地生态系统、水域湿地生态系统,城镇生态系统 5 大类,并分别用 1,2,3,4 及 5 代替。图 10.1 为江苏 2010 年生态系统类型分布图。

将分类结果在 ENVI 的 Class Statistics 中进行结果计算及信息统计,如表 10.2 所示。

表 10.1　基于土地利用分类的江苏生态系统图谱特征

类型名称	遥感解译标志(TM5、4、3 彩色合成)	TM 影像图示
农田生态系统	以绿色、淡绿色为主,纹理细密,边界清晰,中间有清晰的防护林和田埂,颜色比林地稍淡,色调均匀,形状规则。	
森林生态系统	以深绿色为主,纹理细腻,边界清晰,人工林、防护林形状规则,有较强的立体感,呈明暗交错。	
草地生态系统	以浅绿色、黄绿色为主,一般位于山坡上,形状不规则,内部基本无纹理,疏林地较多。	
水域湿地生态系统	以蓝色或深蓝色为主,或呈黑色,色调均匀,影纹细密,边缘清晰,水田湿地呈块状分布,湖泊多成块状,河流呈条带状。	
城镇生态系统	以暗红色为主,有红色点状,以及零星白色。城市建设用地内部可见交通道路纵横交错;农村居民地在整幅图像上零星排列,周围一般为耕地。	

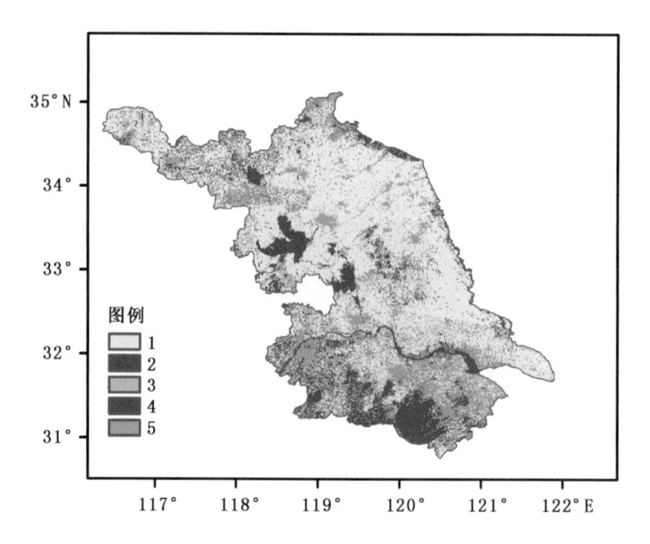

图 10.1　江苏 2010 年基于 TM 数据生态系统类型分布图

表 10.2　研究区 2010 年生态系统类型划分

代码	生态系统类型	含义	面积(km²)	百分比(%)
1	农田生态系统	包括农作物以及地表有农作物在生长的田地及地表暂处于闲置的土地	47302.72	46
2	森林生态系统	包括高覆盖度的植被山、灌木丛、山体裸露岩石	14862.93	15
3	草地生态系统	包括生长草和灌木植物以及生长草和灌木植物为主的土地	2049.24	2
4	水域湿地生态系统	包括水生植物以及洪泽湖、太湖、长江、水库等水体、沿海滩涂及其他有水覆盖的水域	18489.66	18
5	城镇生态系统	包括居民以及居民地及建筑用地及道路系统、未开发利用的区域	19495.34	19
6	整个生态系统	以上五种生态系统的总面积	102199.89	100

如图 10.2 所示，农田生态系统总面积约为 47302.72 km^2，森林生态系统总面积约为 14862.93 km^2，草地生态系统总面积约为 2049.24 km^2，水域湿地生态系统总面积约为 18489.66 km^2，城镇生态系统总面积约为 19495.34 km^2，其中草地生态系统总面积较少，占江苏省总面积的百分比约为 2%(图 10.3)。

10.1.2　影响江苏生态系统分布的主要因素分析

生态系统是在一定的空间和时间尺度内，各种生物之间以及生物群落与其无机环境之间，通过物质循环、能量流动和信息传递相互作用的统一整体，因此，一种生态系统的形成主要是生物因素和环境因素相互作用的结果(王让会，2008)。前已述及，江苏生态系统类型主要包括农田生态系统、森林生态系统、水域湿地生态系统及城镇生态系统。各生态系统的生物成分不同，环境要素不同，其结构与功能也就不同。

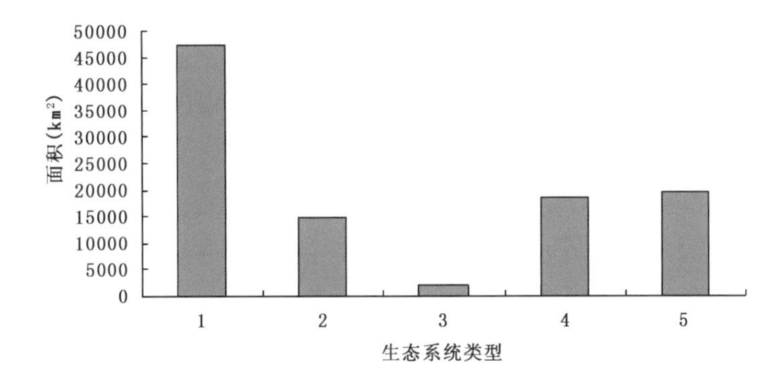

图 10.2　江苏省 2010 年生态系统类型面积图

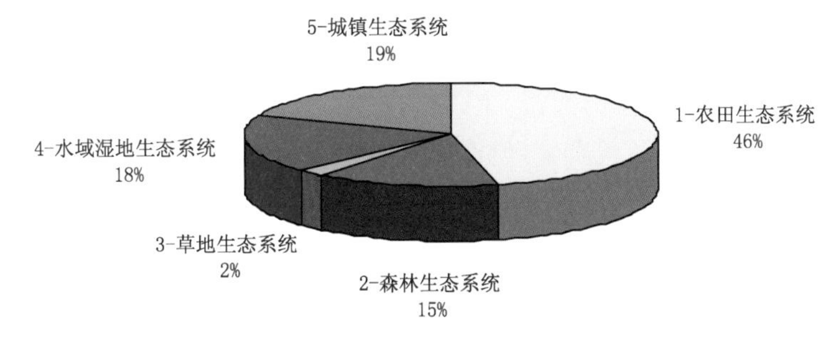

图 10.3　江苏省 2010 年生态系统类型面积比例图

不同生态系统都离不开生物种群的存在，生态系统的生物多样性为人类的生存与发展提供了丰富的食物、药物、燃料等生活必需品以及大量的工业原料。生态系统中物种越丰富，其结构就越复杂，功能就越大。江苏省植物资源非常丰富，约有 850 多种。水生动物资源也极为丰富，具有淡水鱼类 140 余种。2010 年，江苏主要河流底栖动物多样性评价等级为丰富和较丰富的断面占 50.0%。水域湿地生态系统占江苏生态系统的 18%，生物多样性的增加直接反映了生态系统质量的改善。江苏农田生态系统占江苏整体生态系统的 46%，主要农作物小麦，水稻，玉米，大豆等农作物遍布江苏全省，一定程度上反映了农田生态系统的生物状况。

江苏地形以平原为主，江苏省的平原面积占江苏省面积的 70%以上，主要由苏南平原、苏中江淮平原、苏北黄淮平原组成。江苏地形地势低平，河湖较多，平原与水域所占比例较大。同时，江苏沿海地区海岸类型以粉砂淤泥质海岸为主，中南部海岸外有辐射状沙洲，形成独特的海岸和海底地形。江苏绝大部分地区在海拔 50 m 以下，低山丘陵集中在北部和西南部，占江苏省总面积的 14%。由于平原地形适于发展农业，农田生态系统占江苏省面积的 46%，同样，由于平原地势的开阔，江苏的城镇人工生态系统建设亦具有先天优势，从遥感影像分析可知，城镇生态系统占江苏省面积的 19%，可见平原地势也是影响江苏城镇生态系统的重要因素。江苏跨江滨海，境内有太湖、洪泽湖、高邮湖、骆马湖等大中型湖泊，以及大运河、淮沭河、串场河、灌河等，河渠纵横，水网稠密。这种环境特征，是形成水域湿地生态系统的重要地理背景。与此同时，江苏亦具有多种多样的土壤类型。地带性土壤有褐土、棕壤、黄棕壤和黄壤，非地带性土壤有盐渍土、草甸土和沼泽土等。因此，江苏农业发展具有得天独厚的优势，极大程度上有助于江苏农田生态系统的形成和发展。由于江苏海岸环境以及平原地形，丰富的水域环境，土壤性质的综合因素，水域湿地生态系统比重达到了江苏省面积的 18%。

江苏省位于亚洲大陆东岸中纬度地带，属东亚季风气候区，处在亚热带和暖温带的气候过渡地带。内陆具有大陆性气候的特征，夏季湿热多雨，冬季寒冷干燥，沿海地区具有海洋性气候特点，降水多于内陆地区，气温冬夏之差比内陆小。江苏以淮河及苏北灌溉总渠一线为界，以北地区属暖温带湿润、半湿润季风气候；以南地区属亚热带湿润季风气候。据江苏省气候中心对1961—2007年江苏省气象观测资料综合分析，江苏省年气温每10年上升0.16～0.45 ℃。由北向南增加的幅度加大，苏北每10年上升0.16～0.39 ℃，苏中每10年上升0.19～0.45 ℃，苏南每10年上升0.21～0.43 ℃。气温的上升产生的气候变化极大地影响着生态系统中生物的生存状况，也必然影响生态系统功能的正常发挥。气候变化导致极端天气气候事件增加，对生态系统造成负面影响。强降水引发地质灾害，里下河地区常因暴雨形成涝灾，沿海地区多受台风和龙卷等灾害性天气影响。春季气候变暖会导致蓝藻大规模暴发，影响生态系统平衡。气候变化还直接影响了生态修复工程的应用效果，气温持续偏高、日照偏多、风速偏小、气压偏低是诱发太湖蓝藻暴发的直接原因，治理太湖工程能否发挥作用受到气象条件的影响。

人是影响生态环境的最直接的因素（丁一汇，2008）。虽然人们试图通过科学技术来改变环境，提高生态环境的多样性及其质量，但许多人类活动，却导致了各种自然生态系统遭受了不同程度的破坏。近年来，由于经济发展等原因，江苏常住人口不断增加，资源消耗不断增加。2007年，太湖蓝藻暴发；同年江苏沭阳水污染事件，20万人饮用水受到影响。大量的城市建设，是导致城市生态系统不断扩展的诱因。实施节能减排策略，大力推进低碳生活方式，倡导绿色城市发展模式，是维护生态系统健康的重要途径。

10.2 气候变化对江苏省生态系统的宏观影响

10.2.1 气候变化与江苏植被覆盖度关系的分析

10.2.1.1 基于航天遥感监测的植被覆盖度变化

植被覆盖度（PC）在提示地表植被分布规律，探讨植被分布影响因子，分析评价区域生态环境，及时准确地掌握其动态变化，分析其发展趋势对维护生态系统稳定性等方面都具有重要意义。植被覆盖与气候因子关系极为密切（赵茂盛 等，2001），研究植被覆盖变化对气候的影响是气候变化研究的主要内容之一（陈效逑 等，2009）。植被覆盖度的估算可以采用如下公式：

$$PC = \frac{NDVI - NDVI_{soil}}{NDVI_{veg} - NDVI_{soil}} \tag{10.1}$$

式中，$NDVI_{soil}$为裸土或无植被覆盖像元的$NDVI$值，$NDVI_{veg}$则代表完全由植被所覆盖的像元的$NDVI$值，即纯植被像元的$NDVI$值。由于水体在植被指数图像上大多显示为负值，为进行植被覆盖度的估算，先要进行水体信息的剔除，然后再对遥感影像进行植被覆盖度的估算，并根据整幅影像$NDVI$的灰度分布，以5%和95%的上下限阈值截取$NDVI$分别近似代表$NDVI_{veg}$和$NDVI_{soil}$。

利用基于美国NASA的MODIS/Terra月合成的2000—2012年江苏省无云覆盖的植被指数产品MOD13A3，分辨率为1 km的数据进行植被覆盖研究，结合归一化植被指数法与像元二分模型进行植被覆盖度的反演，最终获得2000年和2012年江苏省基本植被覆盖变化状况，为了解江苏生态系统对气候变化的响应提供科学依据。

采用 ArcGIS 软件的栅格计算器，计算所有影像的植被覆盖度分布情况。将计算得到的植被覆盖度（pc）分为 5 级：1 代表低植被覆盖度（$pc \leqslant 20\%$）、2 代表较低植被覆盖度（$20\% < pc \leqslant 40\%$）、3 代表中度植被覆盖度（$40\% < pc \leqslant 60\%$）、4 代表较高植被覆盖度（$60\% < pc \leqslant 80\%$）、5 代表高植被覆盖度（$pc > 80\%$），其中 0 代表无植被覆盖区域。

图 10.4 为 2000 年和 2012 年江苏省植被覆盖度空间分布状况，表 10.3 为 2000 年和 2012 年江苏省不同等级植被覆盖面积数据。

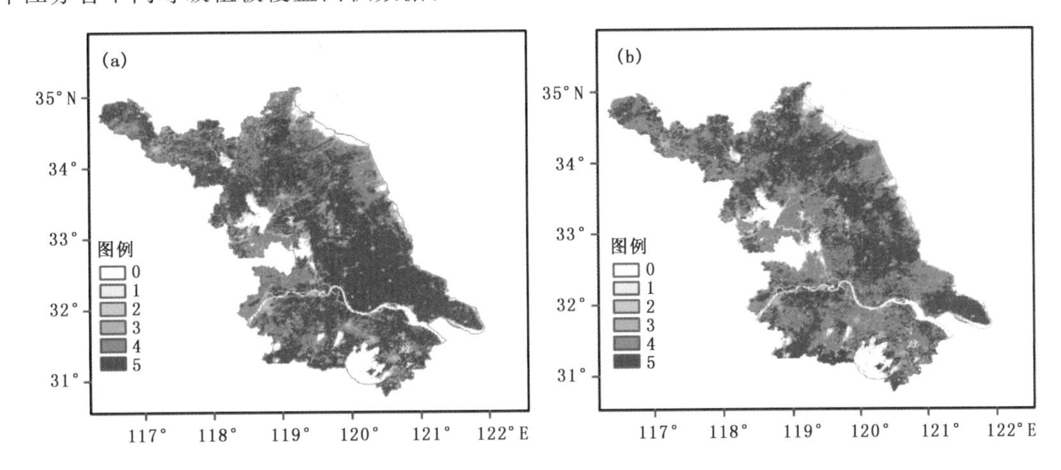

图 10.4　江苏省 2000 年(a)和 2012 年(b)基于 MODIS 数据的植被覆盖度的空间分布

表 10.3　江苏省植被覆盖面积汇总

植被覆盖度等级	面积（km^2）	
	2000 年	2012 年
低植被覆盖度（$0 < pc \leqslant 20\%$）	885	1039
较低植被覆盖度（$20\% < pc \leqslant 40\%$）	2010	1746
中度植被覆盖度（$40\% < pc \leqslant 60\%$）	5283	9120
较高植被覆盖度（$60\% < pc \leqslant 80\%$）	29098	36358
高植被覆盖度（$pc > 80\%$）	46566	35580

据表 10.3 数据进一步核算可知，2000 年江苏省平均植被覆盖度为 73.3%，植被覆盖度总体特征表现为北部、中部较高，而南部较低；2012 年江苏省平均植被覆盖度为 71.1%，植被覆盖度总体特征表现为西北部、中部较高，而东南部较低。具体各覆盖度级别中，除高植被覆盖度和较低植被覆盖度的植被面积有所减少外，其他各植被覆盖度级别的面积比 2000 年都有所上升，其中中度植被覆盖度上升近一倍。据江苏省林业与生态文明建设成果资料，发现各植被覆盖度级别面积的变化主要由两方面要素引起，一方面城市化建设对草地、林地的占用和自然资源的开发导致的原生自然生态系统面积的减少，而这类生态系统植被覆盖多属于高植被覆盖度级别；另一方面，江苏省近年来重视生态建设，加强了对自然生态系统的保护以及退化生态系统的修复工程，产生了一系列的正效应，导致了中度及较高植被覆盖度级别的生态植被增加明显。2000 年和 2012 年江苏省的 13 市平均植被覆盖度情况如图 10.5 所示。

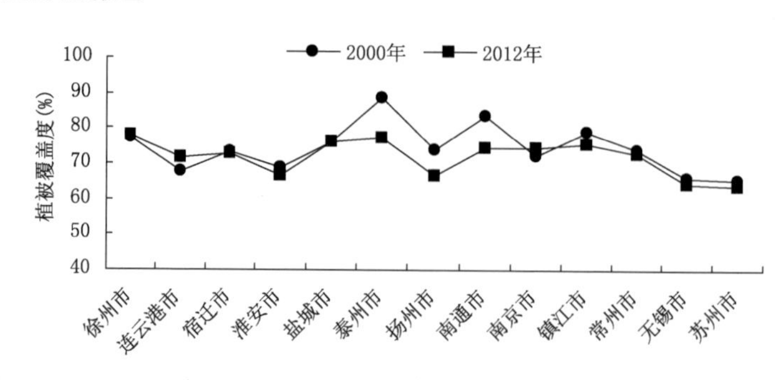

图 10.5 江苏十三市 2000 年及 2012 年平均植被覆盖度

江苏省 2012 年较 2000 年植被覆盖度略有下降。其中，2000 年徐州、盐城、泰州、南通、镇江这五市平均植被覆盖度较高，分别为 77.4%、76.3%、88.4%、83.4%及 78.9%，而苏南的无锡和苏州最低，分别为 66.1%及 65.7%。2012 年徐州、盐城、泰州、南京、镇江这五市平均植被覆盖度较高，分别为 77.7%、76.5%、77.6%、75.6%及 75.8%，无锡和苏州两市在江苏省植被覆盖度最低，分别为 64.6%和 63.8%。其中位于苏北的徐州、连云港、盐城以及苏南的南京这四市 2012 年的植被覆盖度较 2000 年有所升高。

总体而言，江苏省植被覆盖在时空尺度上存在明显差异。时间尺度上，2000 年江苏省平均植被覆盖度略高于 2012 年。空间尺度上，平均植被覆盖度总体特征表现为苏北及苏中高，苏南低，同时苏南的东部地区平均植被覆盖度最低。这是由于江苏苏南城市化进程不断加快，人为活动比较频繁，对植被的干扰程度较大，从而造成了高植被覆盖度的植被面积减少。

10.2.1.2 植被覆盖度与气候要素的关联性分析

植被覆盖度主要受自然因素和人为因素的双重作用。一般而言，在以林地、灌丛、萌生矮林为主的自然植被区植被覆盖变化主要受气候因素的驱动，而在农作物和稀树灌木区，植被覆盖则受气候和社会经济因子的共同驱动，并以人文因素影响为主。分析得知，自然因素中气象因子对植被覆盖的影响最大，这种影响随着植被覆盖类型、纬度、经度、高程以及气候本身的变化而呈现出极大的空间异质性。因此，在植被覆盖变化的驱动力研究中，自然因素(气候变化等)对植被覆盖度的影响不容忽视。

(1)植被覆盖度与气温的关系

对 2000—2012 年的年均气温和植被覆盖度的关系以及春夏秋冬四季气温和植被覆盖度的关系的分析可知，气象因子是江苏省植被覆盖的主要影响因素，人类活动协同气象因子产生影响。

数据分析发现，植被覆盖度与气温呈极显著的正相关关系，同时与春夏秋冬四季气温呈正相关关系(图 10.6 和图 10.7)。四季气温是植被覆盖的主要驱动因子，其中植被覆盖度与夏季气温的趋势线斜率最大，同时与秋季气温的相关性最高，达到极显著水平，说明植被覆盖对秋季气温变化的响应最明显。夏季江苏省雨热同期，高温能加快植物光合作用，促进根系生长，暖春和暖冬为植被生长提供适宜的积温。

(2)植被覆盖度与年降水量的关系

江苏省植被覆盖度与年降水量相关性不高。由于 2000—2012 年江苏省年降水量保持相对稳定，维持在 800～1100 mm，自然降水能够满足植被的生长需求，水分对植被的限制作用不显著，反而因降水量过大而造成地表径流冲刷植被根系，导致土壤肥力下降和水土流失，在

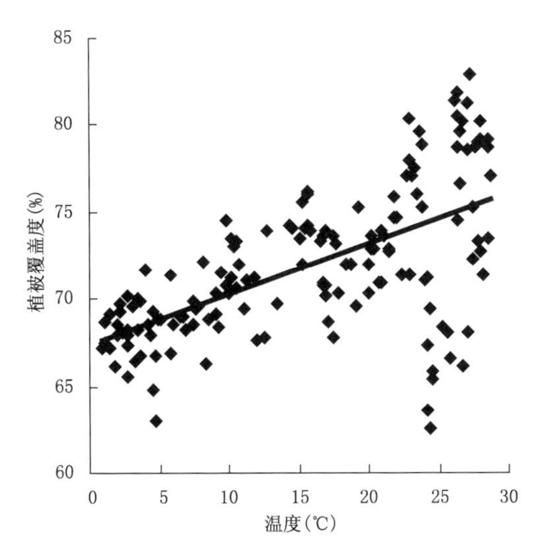

图 10.6　江苏省植被覆盖度与气温的关系

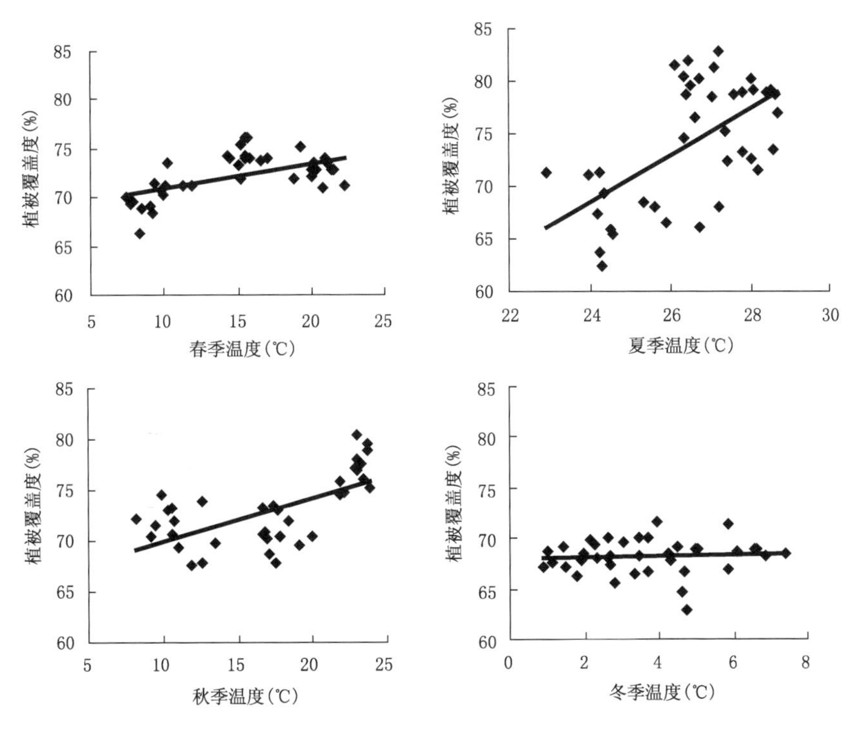

图 10.7　江苏省植被覆盖度与四季气温的关系

一定程度上不利于植被生长。因此，确定最适宜年降水量，对农业区利用灌溉沟渠，调控作物生长十分有利(图 10.8)。

对 2000—2012 年的 155 个月份的植被覆盖度与 2000—2012 年气温和降水进行相关性分析表明：植被覆盖度与气温的相关系数为 0.605；植被覆盖度与降水的相关系数为 0.407，均达 0.01 水平(双侧)显著相关，可见气温的相关性更高，在江苏地区气温对植被覆盖度的影响要大于降水对植被覆盖度的影响。

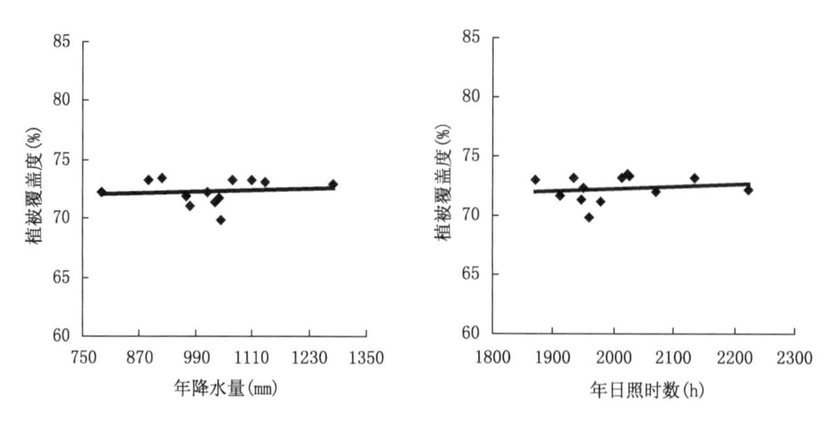

图 10.8 江苏省植被覆盖度与年降水量、年日照时数的关系

(3)植被覆盖度与日照的关系

监测数据表明，植物覆盖度与年日照时数相关性也不高(图 10.8)。在植物生长过程中，如果日照时数过多，降水日数则减少，植被正常生长所需水分得不到满足，还会导致土壤水分散失和最大潜热蒸发的增大，抑制植被生长。如果日照时数过少，达不到一定的太阳照射，也会抑制植被的生长。适宜的日照时数，植物才会良好生长，所以日照时数与植被覆盖度之间相关性不高。

(4)灾害性天气对植被覆盖度的影响

近年来，江苏省的降雨量不均导致冬季干旱少雨，容易引发森林火灾，从而对植被覆盖度产生明显负面影响。以连云港市 1987—1993 年的 111 次森林火灾为例，森林火灾大多集中在冬末和春季(12 月—次年的 4 月份左右)。主要是由于天气少雨多晴，气温较高，加之冬季森林富集丰富的枯枝落叶，极易引发森林火灾(冯家沛 等，1998)。这说明气候变化(特别是气候变暖、干旱、少雨)对森林火灾的发生有一定程度的影响。干旱少雨，林火发生，这样对植被的覆盖度会造成一定的负面影响。另外，气候变暖，地球表面增温现象严重，加之降雨量减少，天气极端干旱，不利于植物的呼吸及光合作用，植物在生长期生长速度减缓，又会直接导致植物的覆盖度降低。

10.2.2 气候变化背景下的江苏生态系统功能分析

10.2.2.1 江苏生态系统 NPP 及其固碳特征

陆地生态系统碳水循环是两个相互耦合的生态学过程，二者及其相互作用均受气候、大气成分和人类活动的影响，并对气候系统具有强烈的反馈作用，因而成为当前全球变化研究的热点。近年来，国内外开展了大量观测和模拟研究，分析了碳循环和水循环在不同时空尺度上的相互作用及其对环境因子和土地利用/覆被变化的响应，发现土壤水分条件对陆地生态系统碳循环的主要分量(光合和呼吸)均具有显著作用，但作用的强度在不同的生态系统存在差异(陈新芳 等，2009)。研究表明，陆地植被具有强大的固碳功能，并且陆地植被的固碳功能是自然的碳封存过程，比起人工固碳不需提纯 CO_2，从而可节省分离、捕获、压缩 CO_2 气体的成本。按照平均水平估计，中国陆地植被生物量合计为 35.23×10^9 tC，土壤有机碳库为 119.76×10^9 tC。在森林生态系统中发生的碳交换非常活跃，增加全球的森林面积，将会增加陆域的碳沉降，进一步减少大气中 CO_2 浓度(李新宇 等，2006)。农田生态系统能将碳保留在土壤中，

减少 CO_2 等温室气体的产生。并且土壤有机碳又是缓解工业发展中 CO_2 排放的汇。固碳不但是农业稳产的需要，而且是一种粮食生产的剩余生物能再利用的循环经济生产方式（李新宇等，2006）。水域湿地生态系统是介于陆地和水体之间的一种特殊的生态类型，在陆地碳循环中起着重要的作用。水域湿地生态系统由于地表经常处于湿润或过湿状态，导致植物残体分解十分缓慢，在气体交换中净吸收 CO_2，成为碳的重要储存场所。同时，由于水域湿地生态系统的特殊性，其对气候变化相当敏感。通过气温和湿度的变化，影响水域湿地生态系统中 CH_4 等温室气体的产生量，导致水域湿地生态系统由"碳汇"转变为"碳源"；江苏目前实施的沿江及沿海开发，人为干扰也对水域湿地生态系统的碳汇量产生一定影响。江苏陆地固碳主要表现在森林生态系统、农田生态系统和水域湿地生态系统固碳等方面。

NPP 是植物在单位时间单位面积，由光合作用产生的有机物质总量中扣除自养呼吸后的剩余部分，它不仅反映了植被在自然环境中的生产能力，也是评价生态系统结构与功能的重要指标。为掌握江苏生态系统的 NPP，基于 CASA 模型，针对生态系统现状对植被 NPP 进行空间分布特征分析。植被 NPP 估算采用 ENVI 和 ArcGIS 软件，主要利用 MODIS/Terra 合成的江苏省 2000—2012 年 12 个月的无云覆盖的植被指数产品 MOD13A3，对分辨率为 1 km 的数据进行植被 NPP 空间分布的估算，并获得 2000—2012 年江苏植被 NPP 空间分布结果，如图 10.9 所示。

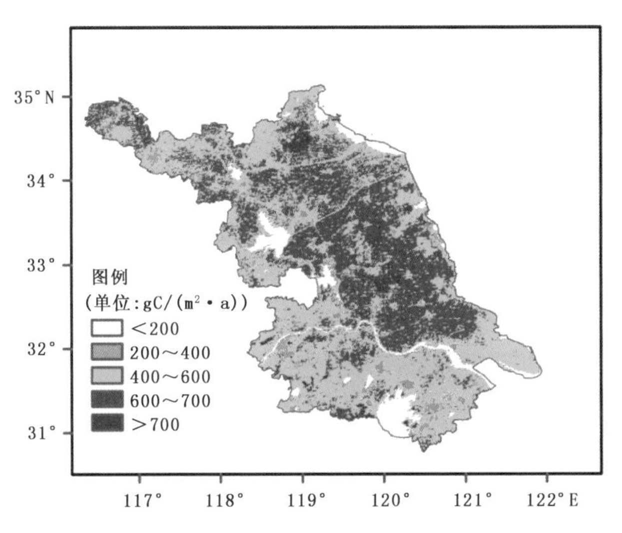

图 10.9　江苏省 2000—2012 年植被年均 NPP 空间分布

结果表明，2000—2012 年江苏省植被年均 NPP 为 529.2gC/(m^2·a)。空间分布由南向北呈逐渐增加的趋势。年均 NPP 值为 600～700 gC/(m^2·a)的主要分布集中在长江以北地区。2002 年之后，江苏省大力发展工业，逐步加快了城市化进程，因此，长江以南地区植被 NPP 不高，主要为 400～600 gC/(m^2·a)。基于此，江苏省应该分区域加强生态文明建设，根据苏南和苏北的不同经济状况，制定相应的生态整治策略。

植被 NPP 是由植物的生理生态特征和气候因子的相互作用决定的。气候环境的变化会引起植被 NPP 的变化。气温、水分、太阳辐射等气候因子相互作用，对植被产生各种复杂的综合效应。由江苏省植被 NPP 与气候因子时间序列曲线图可以看出（图 10.10），气候因子对 NPP 的年际变化具有重要影响。其中年均 NPP 与气温存在较为一致的时间变化趋势。年均气温高的年份，相应的植被 NPP 值也较高。年均气温低的年份，相应的植被 NPP 值也较低。植被年均 NPP 与日照时数呈一致的变化趋势，与年降水量变化呈相反趋势。

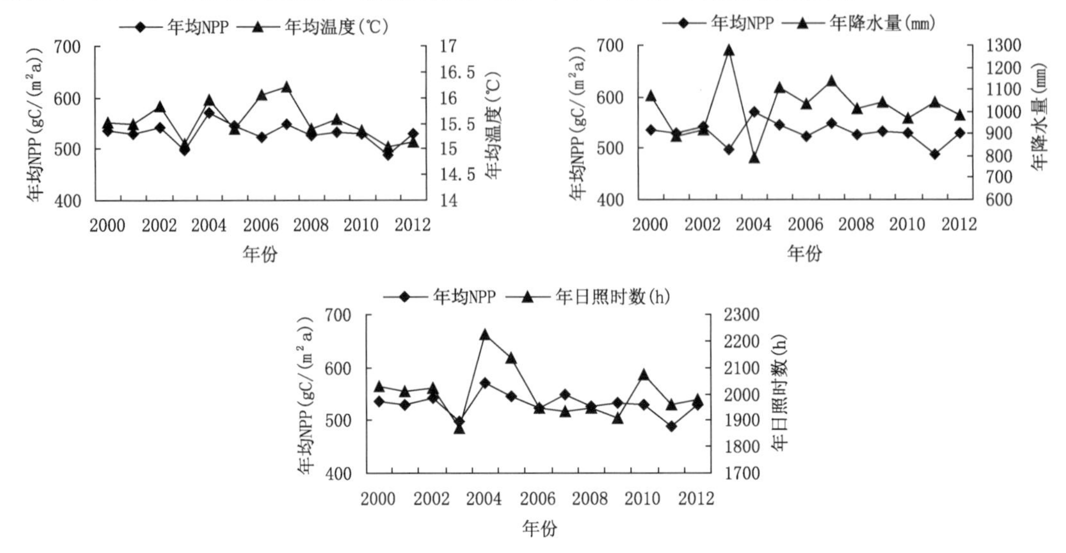

图 10.10　江苏省 2000—2012 年植被年均 NPP 与气候因子年际变化曲线

可以看出，植被年均 NPP 与气候因子的年际变化趋势不太明显，由于气候因子对江苏植被 NPP 的影响因生态系统的不同而有所差异，要准确地评估气候变化后植被 NPP 的变化有必要进行更为深入细致的分类分析。

在 ArcGIS 平台上，采用最邻近法对江苏植被 NPP 与气温、降水的相关系数栅格图进行分辨率为 5 km×5 km 的重采样设置，获得 2000—2012 年江苏植被年均 NPP 与年均气温和年降水量的相关系数(图 10.11)。植被 NPP 与气温的相关性较高，相关系数多为 0.5～0.8；植被 NPP 与降水的相关性也较高，相关系数主要在－0.8～－0.5。从图 10.11 可以看出，江苏植被 NPP 与年均气温的相关性存在明显的生态系统的差异，苏北平原农田生态系统的植被 NPP 与气温呈显著正相关，与降水呈负相关；江苏东北部以及长江下游水域湿地生态系统植被 NPP 与气温呈现显著负相关，与降水呈正相关。

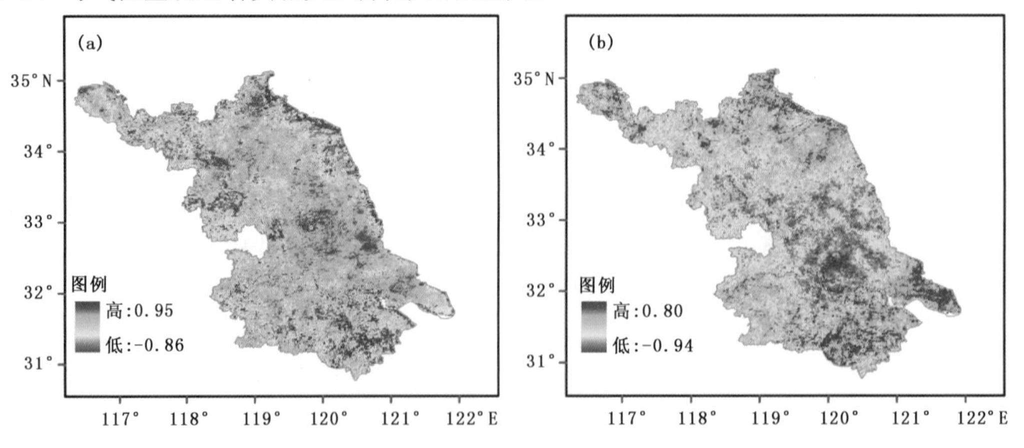

图 10.11　江苏省 2000—2012 年植被 NPP 对年均气温(a)和年降水量(b)变化的响应

表 10.4　江苏不同生态系统植被 NPP 与气温和降水量的相关系数分布(%)

象限	含义	农田生态系统	森林生态系统	草地生态系统	水域湿地生态系统
1	与气温、降水量呈正相关	11.59	18.77	15.96	24.54
2	与气温呈负相关、与降水量呈正相关	2.13	5.83	2.13	11.96
3	与气温、降水量呈负相关	6.15	10.03	5.32	24.85
4	与气温呈正相关、与降水量呈负相关	80.12	65.37	76.60	38.65

从表 10.4 可以看出，江苏农田生态系统主要受气温的影响，与气温呈正相关的像元数占 91.71%，其中 11.59%与气温及降水量均呈正相关，80.12%则与降水量呈负相关；江苏森林生态系统主要也是受气温控制，约 84.14%的像元与气温呈正相关，其中与降水量呈负相关的像元较多，占总像元数的 75.40%；草地生态系统中，与气温呈正相关像元数占 92.56%，是各生态系统中受气温影响最大的生态系统；水域湿地生态系统中，与气温、降水量呈正相关和与气温、降水量均呈负相关的像元数分别占 24.54%和 24.85%，与气温呈正相关、与降水量呈负相关的像元数占 38.65%。

不同生态系统对气候因子的响应不同，受气温、降水量或者水热组合的影响有一定程度的差异。总体而言，江苏生态系统植被 NPP 对气温的响应程度更强于降水量，植被 NPP 与某一气候因子呈正相关时，与另一气候因子呈负相关的现象，可能是由于生态系统植被 NPP 与某一气候因子存在更为紧密的联系，导致和另一气候因子相关性较低所致。另外，水域湿地生态系统与气温、降水量均呈负相关则占比例最大，可能是由于江苏水域湿地生态系统中人为因素所致。在江苏省气候变化背景下，增加森林生态系统、草地生态系统和水域湿地生态系统对增强碳的固定作用明显。

10.2.2.2　江苏生态系统服务价值主要特点

目前，生态系统和生态系统服务与人类福祉相互关系研究是现代生态学研究的重要内容。生态系统服务功能的维持与保育既是人类生存与现代文明的基础，也是实现可持续发展的前提。现代科学技术能影响生态系统服务功能，但不能替代自然生态系统服务功能。因此，探索生态系统服务功能的内涵与服务机制，分析和探讨人为影响下生态系统发展演化的趋势，有利于更好地维持和保育生态系统服务功能。采用中国生态系统单位面积生态服务价值当量因子法（张思锋 等，2007），估算江苏省生态系统服务价值。生态系统生态服务价值当量因子是指生态系统产生的生态服务的相对贡献大小的潜在能力，定义为 1 hm^2 全国平均产量的农田每年自然粮食产量的经济价值。生态服务价值的估算方法如下：

$$ESV = \sum_{i=1}^{6} VC_i \times A_i \tag{10.2}$$

式中，ESV 为生态系统服务价值（元），VC_i 为第 i 种土地的生态价值系数，即单位面积的第 i 种土地类型的生态系统服务的价值，A_i 是研究地区第 i 种土地类型分布面积。

以谢高地等制定的生态系统生态服务价值当量因子表为基础（表 10.5），核算江苏省生态系统服务价值。根据土地利用类型和生态系统的对应关系，把每种土地利用类型和最接近的生态系统类型联系起来，获得江苏省不同土地类型生态系统服务价值体系表（谢高地 等，2003）。森林生态系统对应森林，农田生态系统对应农田，水域湿地生态系统对应湿地和水体，城镇生态系统对应未利用地和建筑用地，得到江苏省生态系统的单位面积生态服务价值系数，如表 10.6 所示。

表 10.5　中国生态系统单位面积生态服务价值当量（谢高地 等，2003）

一级类型	二级类型	森林	草地	农田	湿地	水体	荒地
供给服务	食物生产	0.1	0.3	1.00	0.3	0.1	0.01
	原材料	2.6	0.05	0.1	0.07	0.01	0
调节服务	气体调节	3.5	0.8	0.5	1.8	0	0
	气候调节	2.7	0.9	0.89	17.1	0.46	0
	水文调节	3.2	0.8	0.6	15.5	20.38	0.03
	废物处理	1.31	1.31	1.64	18.8	18.18	0.01
支持服务	保持土壤	3.9	1.95	1.46	1.71	0.01	0.02
	维持生物多样性	3.26	1.09	0.71	2.5	2.49	0.34
文化服务	提供美学景观	1.28	0.04	0.01	5.55	4.34	0.01
	总计	21.85	7.24	6.91	63.33	45.97	0.42

表 10.6　江苏不同生态系统单位面积生态服务价值表（元/hm^2）

一级类型	二级类型	森林生态系统	草地生态系统	农田生态系统	水域湿地生态系统	城镇生态系统
供给服务	食物生产	88.5	265.5	884.9	265.5	8.8
	原材料	2300.6	44.2	88.5	61.9	0
调节服务	气体调节	3097.0	707.9	442.4	1592.7	0
	气候调节	2389.1	796.4	787.5	15130.9	0
	水文调节	2831.5	707.9	530.9	13715.2	26.5
	废物处理	1159.2	1159.2	1451.2	16086.6	8.8
支持服务	保持土壤	3450.9	1725.5	1291.9	1513.1	17.7
	维持生物多样性	2884.6	964.5	628.2	2212.2	300.8
文化服务	提供美学景观	1132.6	35.4	8.8	4910.9	8.8
	总计	19334	6406.5	6114.3	55489	371.4

根据采用的生态系统经济价值，以及基于 2010 年江苏省遥感影像提取的生态系统类型面积，可以估算出 2010 年江苏省生态系统服务价值，如表 10.7 所示。从价值贡献来看，水域湿地生态系统的贡献量最大，其次是农田生态系统和森林生态系统，草地生态系统和城镇生态系统的生态服务价值较低。江苏省生态服务价值由 1996 年的 2080.66 亿元下降到 2004 年 2007.29 亿元，2010 生态服务价值为 1622.92 亿元（徐庭慎 等，2010）。从 2010 年的江苏省生态系统服务价值总量来看，较过去还是呈减少趋势。因此，应进一步加强生态系统服务功能建设。

表 10.7 江苏省 2010 年生态系统服务价值表(亿元)

一级类型	二级类型	森林生态系统	草地生态系统	农田生态系统	水域湿地生态系统	城镇生态系统
供给服务	食物生产	1.32	0.54	41.86	4.91	0.17
	原材料	34.19	0.09	4.19	1.14	0
调节服务	气体调节	46.03	1.45	20.93	29.45	0
	气候调节	35.51	1.63	37.25	279.77	0
	水文调节	42.08	1.45	25.11	253.59	0.52
	废物处理	17.23	2.38	68.65	297.44	0.17
支持服务	保持土壤	51.29	3.54	61.11	27.98	0.35
	维持生物多样性	42.87	1.98	29.72	40.90	5.86
文化服务	提供美学景观	16.83	0.07	0.42	90.80	0.17
	总计	287.36	13.13	289.22	1025.97	7.24

图 10.12 给出了江苏省不同生态系统的供给、调节、支持和文化服务的 9 大服务的服务价值特征。显而易见,生态系统服务价值主要分布在水域湿地及农田和森林生态系统。草地生态系统和城镇生态系统最低,其中草地生态系统的文化服务是最低的,城镇生态系统中的供给服务也最低。由于人们对生态系统服务功能价值的认识不足,重利用,轻建设,轻管理,使得生态系统服务功能降低。因此,江苏未来要不断地加强对生态系统功能的保育工作,维持生态系统稳定性。

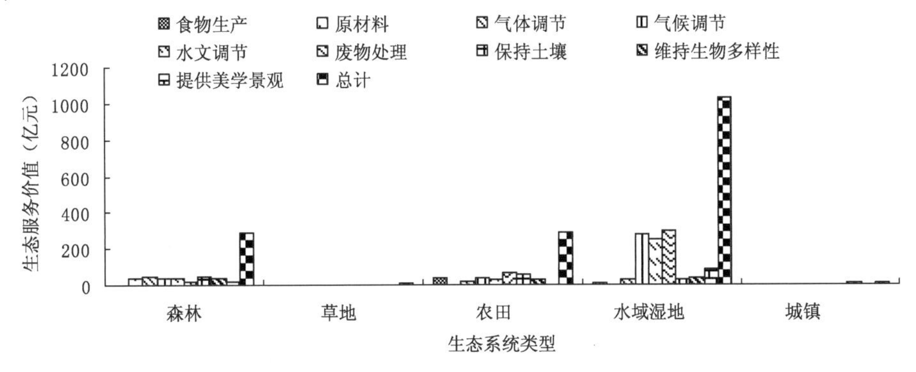

图 10.12 江苏省 2010 年生态系统服务价值图

10.2.2.3 江苏生态系统的质量特征及变化

对植被的动态监测可以从一定程度上反映气候变化的趋势。结合江苏气候特点,特别是雨热同期的夏季为植被旺盛生长期的客观状况,主要利用 MODIS/Terra 合成的 6—8 月江苏省 2000—2012 年无云覆盖的分辨率为 1 km 的植被指数产品 MOD13A3,进行植被覆盖动态分析。同时,采用一元线性回归模型模拟趋势线(马明国 等,2003),应用 NDVI 差值范围界定同一地域植被退化或改善的程度,评价气候变化对江苏生态系统质量的影响。把评价结果分为 5 个等级,1 级为生态系统重度退化(－0.8≤NDVI＜－0.2),2 级为生态系统轻微退化(－0.2≤NDVI＜－0.06),3 级为生态系统保持稳定(－0.06≤NDVI＜0.03),4 级为生态系统轻微改善(0.03≤NDVI<0.2),5 级为生态系统中度改善(0.2≤NDVI<0.8)。

图 10.13 为江苏省年际间最大化 NDVI 差值平均统计,从线性回归趋势线可以看出,江苏省 2000—2012 年间 NDVI 值基本处于相对稳定趋势,斜率仅为－0.0022,表明江苏植被覆盖在 13 年间基本保持稳定,生态系统质量总体上基本保持平稳趋势。

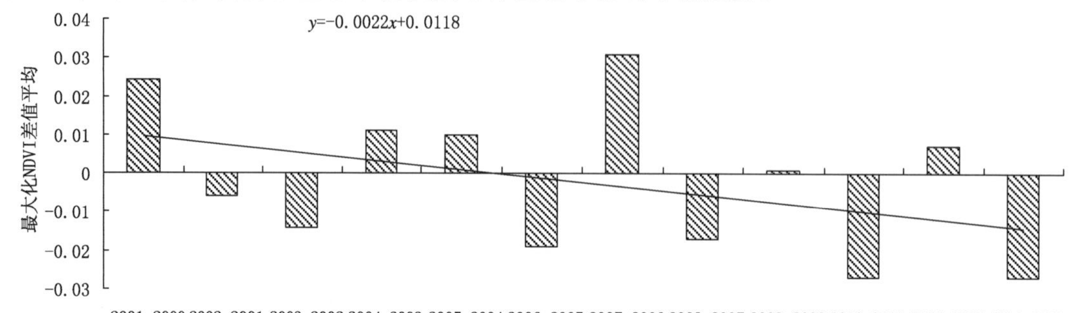

图 10.13　江苏省 2000—2012 年年际间 NDVI 差值平均变化趋势

由图 10.14 可知,江苏省 2000—2012 年间苏中及苏南生态系统退化相比苏北范围广,苏北的宿迁、淮安和盐城生态系统相较其他区域均有明显的改善趋势。无锡太湖周边的植被改善明显与 6—8 月正是太湖蓝藻暴发时段有一定关联性。

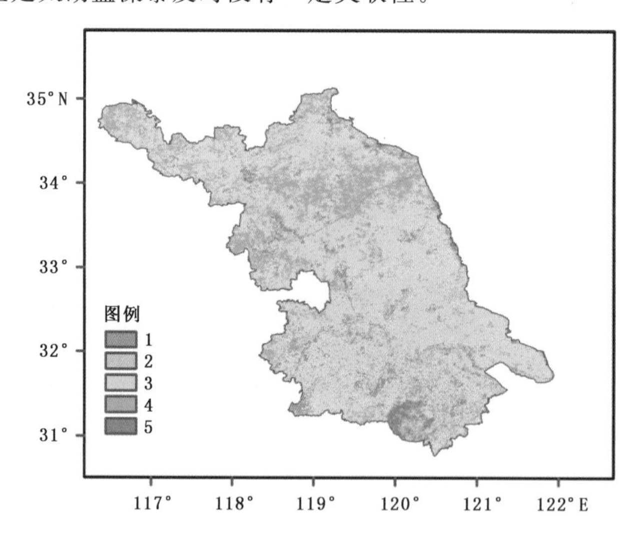

图 10.14　江苏省 2000—2012 年 NDVI 的空间分布

由表 10.8 可知,江苏省 2000－2012 年 NDVI 变化基本保持稳定,13 年间退化面积占总面积的 21.01%,稳定的面积所占江苏总面积的 58.40%,改善面积占总面积的 20.59%。其中 NDVI 选用的是每年 6—8 月合成的最大 NDVI 值,所以在图 10.14 中可以看出,13 年来太湖区域植被增长幅度最快,究其原因为太湖蓝藻在夏季暴发,因此,应加强对太湖蓝藻的治理,维护水域生态环境。

表 10.8　江苏省 2000—2012 年 NDVI 变化统计表

级别代码	NDVI 变化级别	NDVI 变化范围	江苏总面积（km^2）	占江苏总面积的百分比（%）
1	重度退化	−0.8～−0.2	3557	3.48
2	轻微退化	−0.2～−0.06	17927	17.53
3	保持稳定	−0.06～0.03	59708	58.40
4	轻微改善	0.03～0.2	18872	18.46
5	中度改善	0.2～0.8	2182	2.13

表 10.9　江苏省 2000—2012 年不同生态系统类型 NDVI 变化比例表

级别代码	1	2	3	4	5
农田生态系统（%）	0.83	7.92	26.64	10.72	0.18
森林生态系统（%）	0.34	1.32	14.48	1.44	0.15
草地生态系统（%）	0.05	0.48	1.42	0.29	0.12
水域湿地生态系统（%）	1.71	2.36	5.11	3.03	1.33
城镇生态系统（%）	0.55	5.45	10.75	2.98	0.35
总计（%）	3.48	17.53	58.40	18.46	2.13

从表 10.9 可以看出，江苏 2000—2012 年草地生态系统、城镇生态系统的退化面积所占比例稍大于改善面积，农田生态系统、森林生态系统的稳定面积、退化面积与改善面积比例综合后基本持平，同时水域湿地生态系统的改善面积所占比例较其他生态系统则是最多的。因此，江苏省 2000—2012 年植被面积基本保持稳定，13 年间江苏生态系统的稳定面积比例为 58.40%，退化面积与改善面积基本持平。另外，农田生态系统、森林生态系统质量基本保持稳定，草地生态系统、城镇生态系统质量存在退化现象，水域湿地生态系统质量则有一定的改善。

10.3　气候变化对江苏省典型生态系统的影响

10.3.1　气候变化对江苏森林生态系统的影响

气候变化导致光照、热量、水分、风速等气候要素的量值和时空分布发生变化，而水分、光照、热量、风等作为重要的生态因子，必然对生态系统产生全方位、多层次的影响。不同气候变化情景下，会导致森林生态系统产生不同的反应和可能变化，包括气候变化对森林的分布、组成、演替、生产力的影响，以及对森林病虫害和森林火灾的影响。气候变化特别是气温变暖，降雨量增多，合适的光照强度有助于植物的生长。江苏省分布的大量阔叶林，能够吸收 CO_2 进行光合作用，释放更多的 O_2，对气候的调节作用明显；同时，江苏森林植被又可以涵养水源，通过叶面蒸发，降低高温，提高生态系统的生态服务功能；否则，则可能妨碍森林生态系统的生产力，导致生态系统服务功能降低。

10.3.1.1　气候变化影响森林结构及功能

森林群落对气候变化的响应是十分敏感的，气候的微小扰动都可能对群落的结构和演替过程产生影响，并影响生态系统的功能。江苏地处暖温带与亚热带交界处，植物资源很丰富，植物区系分布具有明显的过渡性，成为缓解区域气候变化的重要成分。与此同时，近年来江苏省的气候变化（如气候变暖，降雨增多等），也为各类外来生物入侵和生态适应创造了适宜的条件。据统计，目前在江苏境内已经发现了 91 种外来物种的入侵行为。其中，植物的入侵行为最为严重，在 20 世纪 70 年代，江苏沿海从国外引进了具有抗浪淤涂功能的大米草，由于气候变暖，气温适宜，大米草适应环境而迅速蔓延，改变了滨海生物栖息环境，夺走了泥螺、文蛤、青蛤、梭子栖息场所，滩涂的生物多样性受到严重威胁。目前，紫茎泽兰、薇甘菊、空心莲子草、豚草、毒麦等近 10 种都已在江苏出现，直接影响着生态系统的结构与功能。

江苏湿地类型多样，湿地生物资源也异常丰富，如东台、大丰等市县，以滩涂为主的滨海湿地总面积约为 30.5 万 hm^2，植被主要有大米草、盐地碱蓬、獐毛草、芦苇、白茅、狗牙根、盐角草、中华补血草等群落。近年来，江苏由于气候变暖，蒸发量加大，加之人工围垦，导致湿地面积萎缩，这样以湿生环境（气温、水分、光照等）为依托的生物栖居环境发生变化，一些物种不能适应气候变化而退化，导致生态系统结构及生产力的变化。

10.3.1.2 气候变化影响森林初级生产力

江苏林地资源比较丰富，气候变化特别是气候变暖，降雨增多，水分增多，对植被的生长有一定的促进作用。

表 10.10 NDVI、气温、降水多年月平均值关系

月份（月）	NDVI	气温（℃）	降水（cm）
1	0.3964	4.1215	2.2404
2	0.4101	6.1323	2.3956
3	0.4557	10.0814	3.1478
4	0.5346	16.1676	3.9492
5	0.5978	20.2679	4.6523
6	0.5857	24.0467	8.2562
7	0.6709	27.4267	5.8197
8	0.6505	26.6660	5.9919
9	0.6525	23.1682	3.0765
10	0.6082	18.3191	1.8082
11	0.5406	12.4722	1.9246
12	0.4952	6.3822	1.4528

森林随气候变暖，物候期发生明显变化，同时对气候变化响应明显，森林的 NPP 增加明显。在全球增温的前提下，影响到森林植被的生理和生长过程，有利于植物的光合作用，有利于森林的第一生产力的提高（朴世龙 等，2001）。而且，全球变化中冬季增温比夏季更明显，因此，增温效应对江苏冬季也可以进行光合作用的常绿树种更有利。对长江三角洲地区森林 NDVI 长时间数据序列进行物候特征的研究表明，NDVI 与气温具有较强相关性，随气温升高，森林植被 NDVI 年均值有增加趋势（表 10.10）；森林植被生长活跃期起始日期提前，终止日期延后，生长活跃期内 NDVI 有所增加，时间长度有明显的延长趋势；森林植被 NDVI 极大

值与极小值出现日期均明显提前，极大值有增大趋势，而极小值呈降低趋势，年内极差增加，NDVI 增长期缩短，衰落期延长；森林植被在春、夏两季 NDVI 均值有所增长，秋季无明显变化，冬季略有降低。

10.3.1.3　气候变暖有可能使生物多样性减少

气候变暖后，各种植物的种植界限在一定程度上发生了迁移，但物种的迁移受多种因素的影响，包括物种本身的迁移能力、适应能力、可供迁移的适宜地距离、迁移过程中的障碍等。恩氏云杉的种子小，可借风力传播，无障碍时估计 100 年可迁移 l～20 km。如果 100 年内气候变化使物种迁移距离达到每年 30 km，像恩氏云杉这样的树种将陷入困境。只有某些用孢子繁殖的植物，可能赶上这样的气候变化速度。随着气候变化的加剧，一些物种将难以适应气候的变化，其中一些物种不能适应气温的变化，另外一些物种可能不能适应降水量及其分布的变化，从而导致这些物种退化，甚至消失。

10.3.1.4　气候变化使森林分布格局发生变化

气候变化特别是气温升高和 CO_2 浓度增加，已经并继续使森林生态系统受到严重破坏，江苏森林生态系统结构、空间格局、分布范围、功能及生产力都将发生变化。气候变化还造成江苏部分物种的适生面积缩小，生物多样性下降，生态系统脆弱性增加。

表 10.11　极端天气雪灾对江苏森林生态系统服务功能的价值估算(杨锋伟 等，2008)

项目	经济林	竹林	马尾松	湿地松	杉木	桉树	阔叶树	其他	合计
水源涵养量(亿 t/a)	0.48	0.44	0.29	0.13	0.19	0.00	1.66	0.00	3.19
价值量(亿元/a)	3.74	3.40	2.23	1.04	1.46	0.00	12.96	0.00	24.83
保土量(万 t/a)	21.12	22.56	14.10	8.10	12.32	0.00	57.06	0.00	135.26
价值量(亿元/a)	0.23	0.24	0.14	0.08	0.12	0.00	0.63	0.00	1.44
固碳能力(万 t/a)	5.47	2.93	3.08	1.30	3.84	0.00	21.56	0.00	38.18
价值量(亿元/a)	0.66	0.35	0.37	0.16	0.46	0.00	2.59	0.00	4.59
碳储量(万 t)	25.28	18.96	9.75	6.50	10.88	0.00	34.32	0.00	1.5.69
价值量(亿元)	3.03	2.28	1.17	0.78	1.31	0.00	4.12	0.00	12.69
生物多样性价值	2.72	5.5	0.35	0.21	1.8	0	4.83	0	15.41

研究表明(表 10.11)，2008 年雪灾导致江苏境内树干弯曲、干(冠)折及掘根，削弱了森林对降水的阻拦作用，极易发生水土流失；冰雪灾害导致一定区域范围内的森林蓄积量下降，影响森林的碳汇能力及森林的碳储量；而且雪灾导致森林的垂直结构发生很大变化，生物量大为减少，野生动物栖息地部分丧失，生物多样性降低。连续的低温和雨雪冰冻降低了江苏森林越冬害虫的存活基数，减少了当年的种群数量；但对次期性病虫害的发生和暴发却极为有利，大面积林木的折干断枝，极易造成大量伤口并导致林木长势的急剧下降。而且害虫或病菌侵入后，会形成林业病虫害，并具有一定的滞后现象，而且马尾松和杉木是主要受灾物种。

总体而言，极端天气雪灾的侵害，致使植被生产力降低，生物量减少，涵养水土功能降低，病虫害发生概率增加，这也极大地降低了森林生态系统的服务功能。

10.3.1.5　气候变化影响森林火灾的发生频次

在全球气候变暖，干旱加剧的情况下，森林火灾频次和损失都呈上升趋势，江苏也不例外。

气候变化，主要是气温、降水及极端气候事件的发生，气温的升高，使火险期提前和延长，增加了引燃的可能性；降水的区域间差异加大，增加了某些地区森林火灾发生的可能性（赵凤君等，2009）。

前已述及，连云港市1987—1993年发生了上百起不同程度的森林火灾，而火灾主要集中在冬末和春季（12月—次年的4月左右，图10.15），主要是由于天气少雨多晴，气温较高，加之冬季森林积累很多干枝和落叶，极易引发森林火灾。这说明气候变化，特别是气候变暖、干旱及少雨，对森林火灾的发生有一定程度的促进效应。

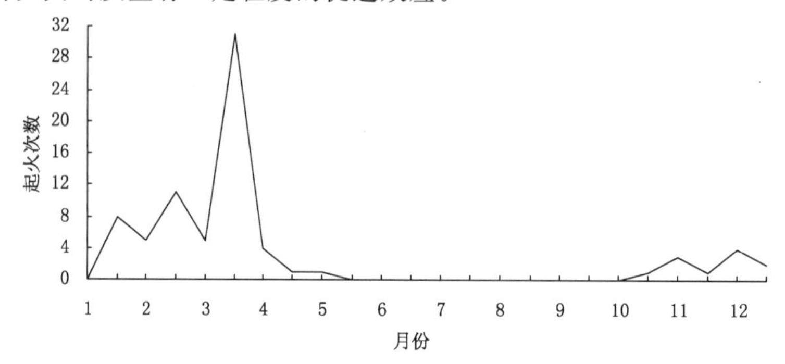

图10.15　连云港起火次数与旬月的关系（冯家沛 等，1998）

2004年11月4日，由于秋季的干旱气候导致安徽境内与江苏接壤的一片森林突起大火。当晚7时，这场大火蔓延到了江苏南京市江宁区横山林场。据分析，就是与干旱少雨的气候条件有着密切的关系。尽管及时地扑灭了火灾，但是由于火烧及污染，也给当地生物多样性维护及生态系统稳定性带来了严重的负面影响。

10.3.1.6　气候变化影响森林病虫害发生程度

江苏地处温带和亚热带过渡地带，植被种类繁多，近年来由于气候变暖，导致害虫休眠期变短或者害虫没有休眠，生长加快，从而造成森林病虫害发生频率加大，对林业生态的危害程度增大。

据江苏省林业局统计资料分析，2003年冬季气候温暖，2004年春季由于气候持续高温干旱，江苏省主要林木病虫害发生面积约8.67万hm^2，日本松干蚧0.267万hm^2、杨树病虫4.6万hm^2、其他病虫2.4万hm^2，由于采取措施及时，防治率达80%。2007年上半年，江苏省主要林木病虫害发生面积4.93万hm^2，其中，虫害发生面积3.13万hm^2，病害发生面积1.8万hm^2，也是森林病虫害的“重灾区”之一。2008年6月下旬，第二代杨小舟蛾也曾在江苏省多地点暴发成灾。2010年下半年，江苏省苏州太仓市，连云港市连云区、海州区、新浦区、赣榆县及东海县相继发生美国白蛾疫情；连云港市针对美国白蛾疫情，明确防治主体，广泛宣传发动，及时科学防治，对遏制病虫害蔓延发挥了积极作用。

10.3.2　气候变化对江苏水域湿地生态系统的影响

全球气候变化背景下的水域湿地生态系统具有一系列的变化。目前，关于气候变化影响下水文一生态之间的关系还缺乏对气候变化影响下湿地水文过程与生态过程相互作用机理的全面认识。气候变化对湿地生态水文的影响机制研究已经成为水文学研究亟待解决的重要问题。专家研究表明，气温升高，对气温敏感的动植物、有害藻类水华暴发；降水增加，湿地被淹没;降水减少,湿地萎缩干涸。与此同时,水域湿地生态系统的碳循环问题正在成为把握全球变化与陆地生态系统碳循环过程的重要热点。江苏处于长江下游,据相关统计结果显示(徐惠强,2012):至2012年,江苏省湿地总面积为282.19万 hm^2,其中人工湿地占68.96%,自然湿地占31.04%,湿地包括近海和海岸湿地,河流湿地,湖泊湿地,沼泽湿地及人工湿地5大类。江苏13个地市都有湿地分布,列入国家级的分别为盐城滨海湿地、洪泽湖湿地、高邮湖湿地、太湖湿地及石臼湖湿地,其余多为湿地主题公园。气候变化是影响湿地景观格局变化的主要自然因素。气候变化对湿地水资源面积、湿地土地利用格局、湿地植被空间格局及湿地生物多样性格局的影响是客观存在的。在气候变化的背景下,江苏水域湿地生态系统也受到气候变化的显著影响。

江苏湿地在稳定区域气候变化中占有重要地位,其重要性主要表现在湿地土壤是重要的有机碳库;土壤碳密度高,能够相对长期地储存碳,湿地是多种温室气体的源和汇。研究表明,沿海湿地大量存在的 SO_4^{2-} 离子阻碍了 CH_4 的产生量,从而降低了 CH_4 的排放量。高的碳积累速率和低的 CH_4 排放量使沿海湿地对大气温室效应的抑制作用更加明显。江苏沿海滩涂湿地土壤有机碳储存变化及其空间分布具有一定规律,从微团聚体水平的有机碳转化与结合机制方面研究土壤对有机碳的固定机制,是认识水域湿地生态系统土壤有机碳储存特点及其与陆地生态系统碳循环的关系的重要切入点,也是评价气候变化和保护水域湿地生态系统的重要途径。

10.3.2.1　影响水域湿地生态系统的面积和分布

气候变化背景下,虽然无法精确估计其对湿地面积和分布的定量影响,但其对湿地的影响是可以肯定的。Larson通过加拿大流域湿地面积与气候变量间的定量关系模型模拟研究(Larson,1995),探索气温和降雨对湿地水文的潜在影响。研究表明,区域年平均气温升高3 ℃,将导致56%的湿地消失,年平均降雨量增加10%,区域湿地面积将增加11%~12%。不同类型湿地对气候变化的响应强度不同,其中气温是最重要的因子,气温每升高3 ℃,需要降雨量增加20%才能补偿因气温升高而产生的对湿地生态系统的不良影响。总之,随着气温的升高,将引起区域湿地的退化及泥炭地的不断减少(Gorham,1994;Poiani et al.,1991)。李凤霞等(2011)的研究表明,气温与湿地面积变化之间呈负相关,即湿地面积下降,区域气温升高,湿地的"冷湿"效应减弱;反之,湿地面积增高区域气温下降,湿地的"冷湿"效应加强。降水与湿地面积变化之间呈正相关,说明当降雨量减少时湿地面积有减少趋势。蒸发量与湿地面积呈较好的负相关性,说明湿地面积减少后,区域蒸发量将呈增大趋势,将会制约湿地发育,使湿地面积进一步减小。

从图2.2可知,江苏省1961—2012年的年平均气温变化具有一定规律。1961—1970年,1971—1980年,1981—1990年,1991—2000年,2001—2012年的年平均气温分别为14.6 ℃,14.2 ℃,13.88 ℃,14.39 ℃和14.825 ℃,气温呈上升趋势,升温显著。

从图2.6可知,江苏省1961—2012年的年平均降水量亦具有一定的规律性。1961—1970年,1971—1980年,1981—1990年,1991—2000年,2001—2012年的年平均降雨量分别为1149.91 mm,957.92 mm,1068.53 mm,1100.45 mm和1036.53 mm。从数据可以看出,降雨量基本持平。

江苏省从20世纪60年代以来,只有在1981—1990年期间,气温较低,其他年份气温都呈上升趋势,上升幅度在3%左右。而近20年年平均降水量明显下降,下降幅度在2%左右。由于气温的升高，降水量减少，湿地的蒸发量明显要多于降水量，造成湿地系统水面积的减少，湿地土壤，湿地植物都受到影响，从而导致湿地的减少或退化。

据国家统计局1995—2003年的首次湿地调查报告显示，江苏湿地面积167.47万hm^2，其中自然湿地面积165.11hm^2，人工湿地面积2.36万hm^2。据江苏林业局2012年最新统计报告，江苏湿地面积282.19万hm^2，其中自然湿地面积87.59万hm^2，人工湿地面积194.59万hm^2。自然湿地面积减少一半，人工湿地面积暴涨。显然由于人为因素的影响和环境的影响，自然湿地的面积急剧减少，为了弥补和满足人们对湿地的需求，大量人工湿地应运而生。所以，人工湿地的出现和形成，自然湿地的退化，导致了江苏水域湿地生态系统空间上的变化。

10.3.2.2 影响水域湿地生态系统的结构和功能

湿地是生物物种的基因库，是生物多样性的重要发源地。湿地能够调节气候，改善生态环境，净化污水，沉积泥沙；在雨季涵养洪水，在旱季缓解旱情；江苏湿地出产鱼虾、稻米、莲藕等经济作物；支持水上运输。因此，湿地具有多种无法替代的功能和价值。据调查，江苏省湿地生物资源中浮游植物190种，浮游动物98种，鱼类共计150种，头足类11种，鸟类200多种。例如麋鹿是一种栖息在温暖、湿润、沼泽环境中的动物，由于生态环境的变迁，湿地面积不断恶化，江苏作为麋鹿的故乡，几乎成为它们灭绝的地方，建立大丰麋鹿保护区时麋鹿种群只有39头。丹顶鹤、龟鳖类、宝华玉兰、银缕梅等省内有自然分布的国家重点保护或珍稀濒危动植物，也曾几乎遭受灭顶之灾。

由于气候变化和水域湿地生态系统相互作用和相互影响，两者之间具有密不可分的联系。光照时间的长短，湿地中碳含量的变化，CO_2的吸收和释放，CH_4的排放，都会影响到湿地植物及湿地土壤的变化。气温的升高是由于CO_2浓度在大气中的不断升高造成的。江苏分布的大量湿地是CO_2的汇，即通过湿地植物的光合作用吸收大气中的CO_2将其转化为有机质；湿地也是温室气体的源，土壤中的有机质经微生物矿化分解产生的CO_2和在厌氧环境下经微生物作用产生的CH_4，都被直接释放到大气中（刘子刚，2001）。气温的升高，降水量的减少，都会在一定程度上制约江苏水域湿地生态系统中动植物生长，湿地面积的萎缩，最终导致水域湿地生态系统结构与功能受损。

前已述及，湿地具有保持水源、净化水质、蓄洪防旱、调节气候和维护生物多样性等重要生态功能。健康的水域湿地生态系统是国家生态安全体系的重要组成部分和经济社会可持续发展的重要基础；而极端天气对于水域湿地生态系统上述功能的发挥具有制约作用。2011年，在我国长江中下游一带出现的极端气候现象——旱涝急转，直接影响水域湿地生态系统的稳定性。湖泊萎缩干涸、渔船搁浅的干旱景象与洪水四溢的洪涝灾害接连发生。多年来，长江中下游在入夏之前进入雨季，流域内地表水量增加，缓慢进入汛期。而在2011年，直到5月末流域内仍未见大范围降雨，长时间干旱导致一些湖泊大面积干涸，缺水告急；进入6月后，洪水频发。江苏也不例外。

极端天气气候事件总体可以分为极端高温、极端低温、极端干旱、极端降水等几类。目前，江苏洪涝灾害已导致水域湿地生态系统的水环境遭受负面影响，一些自然湿地的水环境被污染，使得湿地中依靠初级生产力为生的鱼类和浮游动物种群及数量减少，食物链的脆弱性增大，严重威胁到生态系统的稳定性。与此同时，干旱对湿地的危害更为严重，干旱直接导致湿地减少，脆弱的湿地系统崩溃。极端降水会导致湿地作物的生长和发育受阻，极端高低温同样影响湿地系统的稳定性。

10.4 气候变化对江苏省生态系统的影响预估

10.4.1 气候变化对江苏生态系统影响的情景分析

生态系统是一种具有多稳态机制及自适应的复杂系统，其未来变化往往难以准确预测。IPCC第3次评估报告指出，在不同排放情景下全球未来20年气温增幅为0.2 ℃/10a，持续现在的或更高的温室气体排放量，气温将进一步升高，并引起21世纪全球气候系统的许多变化（秦大河 等，2007）。

千年生态系统评估（MA）情景研究组（赵士洞 等，2006）关注生态系统服务及其对于人类生活的作用，并对生态服务引起的挑战、稳态转变、生态环境前景的含糊性和不确定性等复杂的动力机制，进行了定性和定量相结合的系统评估，最终建立起了关于全球生态系统在2050年的4种情景。基于所建立的情景，MA工作组提出了一系列相关的生态系统决策建议，如通过实施积极的适应性管理模式和应用新技术，调节生态系统服务和生物多样性来重建恢复力。

气候模式是进行未来气候变化预估的主要工具（丁一汇 等，2006）。有学者采用区域气候模式对中国东部季风雨带演变进行模拟（符淙斌 等，1998），也有学者利用IPCC－AR4提供的13个气候系统模式的预估结果，认为21世纪中国区域气候总体有显著变暖变湿，冬季变暖最为明显的特征（江志红 等，2008）。与AR4相比，AR5中CMIP5的很多地球系统模式都考虑了碳循环对未来气候变化响应及其反馈作用，对未来碳循环的变化过程有了更深入的认识；模式预估显示，所有典型浓度路径（RCP）情景下，海洋酸化都将会持续（於琍 等，2014）。目前，由于全球气候模式的分辨率还较低，气候模式在物理及参数化过程等诸方面还有待完善，未来可以考虑利用各种降尺度方法对该区域的气候进行预估，并加强预估问题中的不确定性研究，结合区域气候模式RegCM4在气候变化高端路径（RCP8.5）下的大尺度预测结果（Gao et al.，2013），进行气候变化对江苏生态系统影响的情景分析。

10.4.2 基于植被生产力的江苏气候变化影响预估

气候变化所带来的气候因子和水热条件的变化直接影响自然生态系统稳定性，致使植被的分布和组成类型发生变化（王让会，2011）。研究气候变化对江苏省植被演替分布和NPP的影响，对于评估气候变化影响，制定相关的适应策略，维护生态系统安全有着积极的意义。

利用RegCM4模式的排放情景RCP8.5区域模式数据，对江苏省未来植被NPP进行估算。RegCM4所有模式均已插值为0.5°×0.5°。所取范围均为116°～122°E，30°～36°N，格点数为13×13。从中选取分布在江苏省的24个气象站点，作为预测所需的气象数据来源。

利用Miami模型，分别估算出2010年基准年植被NPP空间分布，RegCM4模式的排放情景RCP8.5区域模式数据下的2020年，2030年的植被NPP空间分布，分析江苏省NPP未来变化情况（图10.16～图10.18）。Miami模型中，依据Liebig定律选取两者中最小值作为该估算点的植被净第一性生产力。

$$NPP_t = \frac{3000}{1 + e^{(1.42-0.141t)}} \tag{10.3}$$

$$NPP_r = 3000(1 - e^{-0.00065r}) \tag{10.4}$$

式中，t 代表年平均气温，r 则代表年降水量(孙善磊 等，2010)。

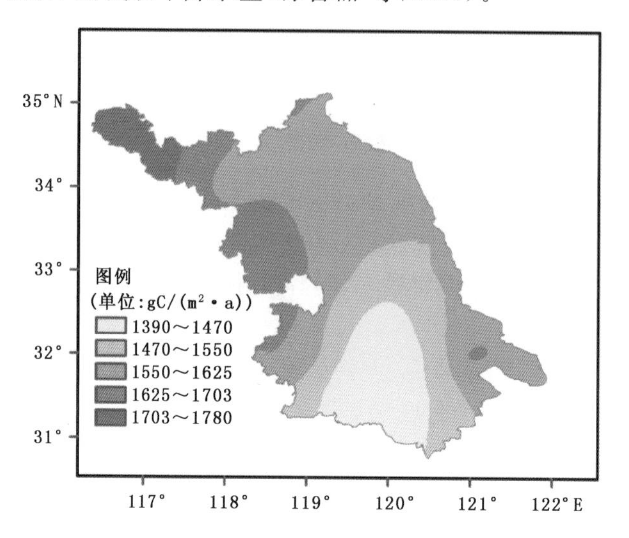

图 10.16　江苏省 2010 年基于 Miami 模型的植被 NPP 的空间分布

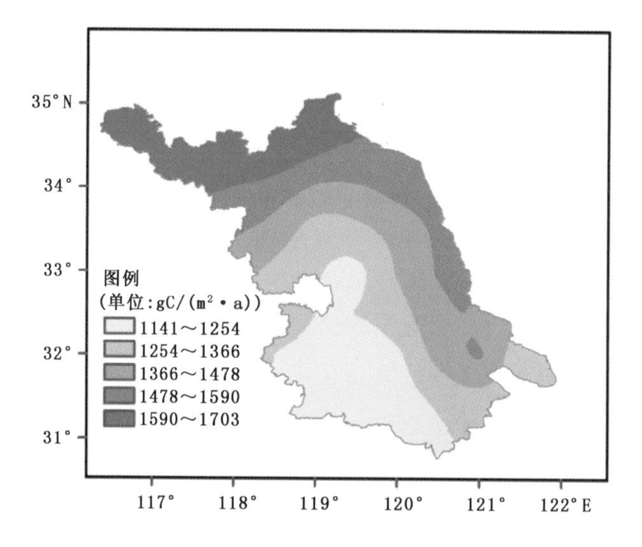

图 10.17　江苏省 2020 年基于 Miami 模型的植被 NPP 的空间分布

RCP8.5 排放情景下，基准年 2010 年均 NPP 为 1567gC/(m^2·a)，未来时段Ⅰ 2020 年均 NPP 为 1401gC/(m^2·a)，未来时段Ⅱ 2030 年均 NPP 为 1411gC/(m^2·a)。与此同时，RCP8.5 情景下，2020 年较 2010 年减少了 10.6%，2030 年较 2020 年增加了 0.7%。分析发现，Miami 模型下 2010 年均 NPP 为 1375gC/(m^2·a)。由于 Miami 模型只考虑水热条件对植被 NPP 的影响，未考虑辐射以及植物生理过程对 NPP 的影响，所以估算结果较实际情况有所偏大。

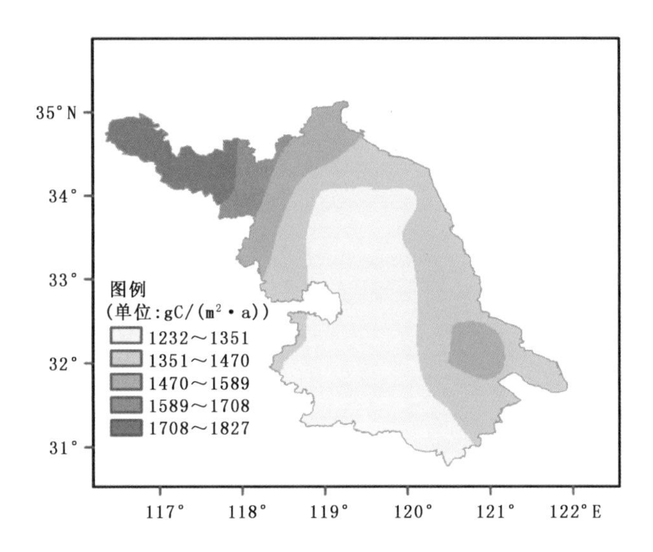

图10.18 江苏省2030年基于Miami模型的植被NPP的空间分布

表10.12 江苏省气候变化RCP8.5情景下各级别NPP分布面积占总面积的百分比(%)

时段	基准时段2010	未来时段Ⅰ2020	未来时段Ⅱ2030
800~1300 gC/(m^2·a)	0	33.94	21.55
1300~1500 gC/(m^2·a)	21.72	39.46	59.70
1500~1600 gC/(m^2·a)	39.58	11.70	7.60
>1600 gC/(m^2·a)	38.70	14.90	11.15

除了平均NPP变化外，不同级别NPP的分布区域也发生了变化。为了方便表述，将NPP分为4个级别(表10.12)，800~1300 gC/(m^2·a)为较低，1300~1500 gC/(m^2·a)为一般，1500~1600 gC/(m^2·a)为中高，大于1600 gC/(m^2·a)为较高。从表中可知，不同情景下的植被NPP基本集中在800~1500 gC/(m^2·a)这个范围里，除了RCP8.5基准年2010年的NPP主要集中在中高和较高级别范围内。

气候变化并不是一个简单的线性变化过程，对任何气候变化情景的模拟都存在不确定性，使用情景数据来驱动模型获得的模拟结果也就存在一定的不确定性。生态系统内部的各种过程对气候变化的响应存在着极大的不确定性，人们对于自然规律的探知和研究仍不充分，许多生物地理和地球化学过程的变化和响应机理仍不明确，这就使得生态系统模型的模拟结果存在不确定性。在模拟生态系统对未来气候变化响应的过程中，模型所有的计算和模拟均是基于目前的生态系统状况，没有考虑生态系统在气候变化过程中适应性和脆弱性变化。

事实上，不确定性还包括数据来源的不确定性，这是由于遥感图像获取的不同手段导致的。生态系统要素多样化，在分析要素对生态系统影响时，无法单一地去认定，该要素对生态系统有多大程度的影响，存在不确定性。在特定自然地理背景下，无论是植被覆盖变化还是生态系统的功能都存在不确定性。同样受人为活动的影响，难以区分人为活动和气候变化的影响，也导致了不确定性的存在。生态系统是一个非线性的复杂系统，气候变化对其影响具有复杂性及滞后性，目前无法确定其单一因素对整个系统的影响大小，这也是导致不确定性的重要因素。

10.5 应对气候变化的对策与建议

10.5.1 提升应对气候变化的生态科学技术支撑

在应对气候变化过程中，生态科学等学科的理论、方法及技术，发挥着重要的基础性作用，在江苏未来应对气候变化行动中，进一步研发、集成与应用创新性的科学技术成果，无疑具有重要的现实意义。相对于物理固碳而言，生物固碳作为固碳的一种形式是利用植物的光合作用，提高生态系统碳吸收和储存能力，从而减少 CO_2 在大气中的浓度，减缓全球变暖趋势的重要途径(符淙斌，2007)。当生物固碳的速度大于碳释放的速度，则产生了碳汇。碳汇是指从大气中清除温室气体或温室气体前体的过程、活动或机制。因此，生物固碳本质上是生物减少 CO_2 排放量的过程。这正是科学应对气候变化，进一步发挥绿色植物及其生态系统固碳作用的理论基础。科学认识 CO_2 生物减排机理的相关问题，成为江苏各类生态系统应对气候变化的重要策略。

10.5.1.1 森林生态系统二氧化碳减排机制问题

森林是陆地生态系统的主体，森林具有碳汇功能，它的这种特殊功能以及保护森林，减少退化林地等造成的碳排放，可以在一定时期内稳定乃至降低大气中温室气体浓度发挥重要作用。森林生态系统虽然可以累积大量的碳，但本身却不太稳定，容易受到火烧、昆虫、疾病的干扰。不同的管理策略，对森林生态系统的碳贮存量的影响是不同的。目前，把林地转变成农地、商业性采伐及非商用产品的行为，如薪炭材的采伐，都会减少生态系统碳贮存量，而造林、施肥、森林保护等管理对策则能增加生态系统碳储量。因此，采取合理的经营管理对策，加强对江苏省天然林的保护，同时加强长江防护林体系、农田防护林体系的建设，以及各类生态系统保育工作，可以有效地增加江苏省森林生态系统的碳贮存量。

林业在应对气候变化中具有重要的地位与作用，发展江苏林业是应对气候变化的战略选择。江苏重点发展相关林业高新技术，特别是推进沿海耐盐碱树种栽培、珍贵树种培育、健康森林经营、碳汇林建设等林业科技示范区建设；开展沿海耐盐碱树种选育与造林技术，丘陵岗地森林植被恢复技术，林业生物质能源培育技术，野生动植物与湿地保护恢复技术，江苏省森林生态网络体系建设技术，重大林业有害生物、森林火灾和气候灾害预警及控制技术，林产品优质高效加工利用技术等，无疑具有重要的增汇效应。目前，江苏已制(修)订 30 项林业地方标准，标准化的林业重点工程施工率达到 95%以上，绿色江苏建设科技贡献率由 2010 年的 48%增加到 2015 年的 55%以上，上述措施对于节能减排、增加碳汇具有不可替代的作用。同时，发展生物质能源，部分替代化石能源，降低碳排放；延长木质林产品使用寿命及其储碳期，扩大其碳储量；利用木质林产品部分替代化石能源，减少化石能源的碳排放；强化应对气候变化的科技支撑，加大陆地生态系统定位研究网络建设力度，均对于生物减排具有积极意义。

10.5.1.2 农田生态系统二氧化碳减排机制问题

农田土壤固碳是《京都议定书》认可的固碳减排的途径之一。土壤固碳可以通过以下两类途径来实现，即通过提高作物的生物量来增加土壤碳库的作物光合产物输入，以及通过减少干扰等途径降低农田土壤碳的分解。不同的耕作方式和种植结构，对土壤碳的累积有很大的影响。在江苏省农田生态系统中，耕作等管理措施会对土壤系统产生一系列的扰动，随之造成许多环境问题，如土壤养分的流失，土壤侵蚀，土壤生物多样性降低等，引起植物残留物和土壤有机质的重新分布，改变土壤微生物的群落结构、土壤呼吸、土壤酶活性、土壤线虫的营养结构等生物学特性。

目前，江苏城市化及基础设施建设在一定程度上挤占农田现象时有发生，同时酸雨也影响土壤质量；保障耕地面积，提高土壤质量，是提升农田生态系统碳汇效应的重要目标。在保证作物产量的前提下，多途径提高氮肥效率，在一定程度上对减缓气候变暖具有积极作用。同时，由于免耕在农业机械使用和其他农业投入方面，温室气体排放较传统耕作方式排放少，当土壤固碳停止后，减排的效果依然存在（韩冰 等，2008）。因此，提高秸秆还田量、有机肥施用量和推广免耕技术，可以使农田土壤固碳量提高，从而使江苏农业土壤有机碳逐年增加，达到农田 CO_2 减排的目的。

10.5.1.3　水域湿地生态系统二氧化碳减排机制问题

前已述及，水域湿地生态系统具有极高的资源开发价值和环境调节功能。湿地作为全球生物生产量最高的生态系统之一，是一个巨大的碳汇。同时，湿地也是氮的储集库，发挥着氮素的源、汇或转换器的功能。江苏湿地植物一般以芦苇和香蒲等水生植物为主，湿地中的大型植物通过根和茎的生长改变了湿地基质的土壤特性、水力传导性和化学性质（尹军 等，2006）。生长季内，湿地植物光合作用吸收固定的 CO_2 量超出了植被和土壤呼吸作用释放的量，湿地生态系统表现为碳汇；非生长季由于叶片凋落、气温降低以及光照强度减弱等环境因素影响，则表现为碳源。

2008 年 10 月，由国家林业局、江苏省人民政府和 WWF（世界自然基金会）主办的"保护湿地，应对全球气候变化"国际研讨会在江苏举行。与会专家呼吁：加强长江流域生态网络建设，恢复流域湿地生态系统整体的结构和功能，加强湿地与气候变化关系的研究，如湿地生态脆弱性、湿地碳循环、极端气候事件对湿地生态系统的影响。积极采取行动，恢复水域湿地生态系统的结构与功能，提高湿地生态系统的稳定性，提高湿地自然保护区应对全球气候变化的能力。并汇总成《溱湖宣言》，以此推动湿地保护，应对气候变化。目前，江苏进一步践行《溱湖宣言》，采取有效行动，加强水域湿地生态系统的适应性，保证气候变化背景下湿地生态服务功能的有效发挥，在水域湿地生态系统系统应对气候变化过程中具有示范性、典型性及国际性。

江苏在水域湿地生态系统保护方面，采用野生动植物与湿地保护恢复技术，进行定期化与实时化的生态环境监测，有利于增强湿地生态系统的碳汇效应。在江苏沿江及沿海重点滩涂，可建立长期的实时监测站位，利用遥感技术对江苏滩涂发育变化进行定期监测，了解滩涂多种生态过程以及结构与功能等信息，有利于把握滩涂湿地的历史演变规律，对于预测滩涂生态环境的未来发展趋势也有重要作用。同时，建立湿地生态补偿制度是推动湿地保护由行政手段为主向综合运用法律、经济、技术和行政手段相结合转变的重要方式，是促进人与自然和谐发展的重要途径。另外，立足减缓气候变化和可持续发展的战略高度，在江苏乡村地区有步骤地推广建设分散式人工湿地处理污水工程，既是建设新农村的需要，也是提升湿地碳汇效应的需要。

10.5.2　加强应对气候变化的生态政策及法规保障

江苏作为长三角发达地区的重要省份，在应对气候变化中，探索与建立应对气候变化的生态政策及相关法规体系，也是江苏现代生态气象事业发展以及生态文明建设的必然要求。

10.5.2.1　推进应对气候变化的CDM机制

前已述及，生物减排在应对气候变化中具有重要的地位与作用，大气二氧化碳通过绿色植物光合作用等实现减排；而各行业实施清洁发展机制（CDM），自身减少二氧化碳排放，又是减少生态系统压力的重要途径。从这个意义上而言，森林生态系统、农田生态系统以及水域湿地生态系统在应对气候变化过程中，必须依赖林业行业、国土行业以及水利等实施清洁生产机制的能力水平，以及重视及落实程度。

CDM是由《京都议定书》规定的一种发达国家与发展中国家控排温室气体领域协同发展的模式。对于发展中国家而言，可通过项目获得部分资金，同时又可引进保护环境的先进技术。江苏位于中国经济发达地区，具有快速借鉴及实践国内外节能减排、低碳发展技术的条件，有利于发挥CDM机制的功能，在此基础上也必然有利于实现各类生态系统功能的协调发展。江苏作为中国的工业和能源需求大省，为了应对气候变化，以节能降耗为契机，截至2008年10月，江苏省已有47个CDM项目获国家政府注册，占注册总量的近30%，有5个项目获联合国气候领导小组签发，占中国签发总量的7.35%。但从已签发项目的领域来看，范围仍然较窄，主要在开发利用新能源/可再生能源领域（如生物质发电，余热/废气发电等）、废弃物处理和处置领域。如何把握有限的国际合作机会，有效地组织技术引进，是江苏应对气候变化，建立环境友好型社会和实现可持续发展的重要问题。

《中国应对气候变化的政策与行动2013年度报告》指出，中国应对气候变化所采取的政策措施和行动效果表明，中国政府是负责任的，也是认真兑现承诺的。2007年，位于江苏省省会南京的南钢集团成为中国首批加入欧盟“自愿减排”协议的企业之一，同时，欧盟给予技术方面的支持，中国政府提供优惠政策，帮助南钢集团每年提高能源利用率，减少污染物排放。南钢集团进一步综合利用资源、发展循环经济和促进清洁生产的需要，对江苏省控制污染，保护环境意义重大。类似企业及部门推进CDM机制，有利于提升相关行业及产业节能减排、应对气候变化的能力。在不影响经济发展的前提下，通过技术和制度创新，降低能源和资源的消耗，尽可能最大限度地减少温室气体和污染物的排放，实现江苏省经济和社会的可持续发展，促进江苏生态文明建设进程。

10.5.2.2　完善应对气候变化的保障措施

（1）落实规划责任、完善监督管理

各级政府要高度重视生态保护与建设工作，切实加强领导，建立起由地方政府统一领导下的部门分工协作、职责明确、各司其职的工作机制，切实加强对规划实施的统筹协调。同时，要结合本地实际，制定生态保护与建设工作绩效考核办法，建立健全目标责任制和绩效考核制。围绕各项目标，建立明确的规划落实制度。各地要根据国家和省政府确定的目标、任务和要求，编制本地区的生态保护与建设规划，确定重点建设区域、重大项目和时序安排，细化明确相关配套政策和工作制度。省和各市、县要逐年制定实施方案，开展跟踪评价。建立完善区域流域污染的联防联控机制，不断提高区域生态环境共防、共治、共保水平。各区域之间要加强交流、充分协调、积极应对，共同推动大范围、区域性的重大环境问题解决，形成协调统一的生态规划落实机制。

推进各项生态法制的立法和执法监督体系建设。重点加快在森林、河湖、水库和水利风景区生态补偿、湿地保护、生物资源多样性恢复、水土流失防治、地下水开发和气象保障等方面的立法进程。完善省、市、县三级执法体系，严厉打击乱砍滥伐林木、滥捕滥猎野生动物、滥采滥挖野生植物、乱垦滥占湿地等破坏生态资源的行为。建立及时高效、公正诚信的生态法制监督体系。同时，强化部门联合执法、健全违法案件查处、信息通报、案件移送等机制。健全完善生态建设与保护的考核评价制度。将生物多样性种类、水土流失减少量、林木覆盖率、自然湿地保护率、自然保护区面积、集中饮用水源地水质达标率等各项生态指标，纳入到地方经济社会发展评价体系和目标考核体系，使之成为生态保护与建设效益的评估体系，对有形生态产品服务和无形生态产品服务功能进行价值核算，为科学评价各地生态保护与建设的成效提供科学依据。同时，要加强人才培养和培训，充分发挥高校专业的教育优势，重点加强生态保护与建设的专业教育以及专业技术和管理人才的培养。

(2)深化林权改革配套设施建设

目前，江苏进一步深化集体林权制度改革，明晰集体林地林木产权、放活经营权、落实处置权、保障收益权，全面完成集体林权制度主体改革任务。同时，制定林业支持保护、林木采伐管理、金融支撑、林权流转管理“四项制度”，出台林权抵押贷款管理办法。完善相关的配套政策措施，建立产权清晰、经营主体明确、责权划分具体、利益分配合理、流转程序规范、融资渠道畅通、监管服务到位的集体林权制度。上述制度及林业经营模式的实施，是江苏现代林业适应气候变化，提升林业碳汇能力的重要途径。

具体而言，不断巩固和完善集体林权制度主体改革成果，建立健全有关林业支持保护制度，建立完善集体林权管理制度和服务体系，特别是扶持培育各类林业专业合作社和专业协会，在苏南、苏中、苏北各建 2 个集体林权登记、信息发布、交易实施、中介服务、金融支持、综合服务为一体的新型林业综合性管理与服务机构，建立并完善森林资源评估和林权流转体系，开展综合性林权纠纷仲裁及林权交易服务平台建设试点，全面推进江苏应对气候变化的能力建设。

(3)湿地生态补偿制度的建立

江苏建立湿地生态补偿制度就是一种有效的选择。一是有利于在确保整体利益得到有效维护的同时，使局部利益的损失得到相应的补偿，缓解湿地保护的压力；二是有利于在经济上体现人们为维护长远利益而付出的努力，从而把江苏省的长远利益和地方企业职工的当前利益紧密结合起来。三是可以对因湿地保护而权益受损者给予补偿，有效平衡个人利益与公共利益之间的关系。

针对江苏湿地生态系统现实情况，积极探索保护和恢复湿地生态功能的技术途径，对由于湿地生态环境保护而遭受损失或丧失发展机会的单位或个人给予的资金、技术、教育、实物上的补偿和扶持，是提升江苏湿地生态系统碳汇功能的重要途径。同时，可以探索对已纳入湿地保护体系(盐城滨海湿地、洪泽湖湿地、高邮湖湿地、太湖湿地、石臼湖湿地)中的湿地实行湿地保护补助政策，把湿地保护补助资金用于建立湿地管护体系、监测体系、能力建设体系方面，逐步提升湿地应对气候变化的能力。同时，对划入到湿地自然保护区或湿地公园中且土地所有权为集体所有的湿地实行生态补偿试点政策。由基层湿地保护管理机构负责制定《本单位湿地生态补偿试点实施方案》，与相关村户签订补偿保护协议，明确双方的权利和义务，落实湿地生态补偿的各项任务。湿地生态补偿制度的建立，必将极大地缓解江苏省湿地保护需求增加与投入不足的矛盾，也必将对湿地保护产生深远的影响。

第 11 章

气候变化对江苏省人体健康的影响

摘要 气候变化与人体健康具有多方面直接与间接的关系，并在一定程度上对人体健康产生正面及负面不同程度的影响。近年来大气污染事件增多，雾、霾日主要发生在秋冬季节，沿江苏南地区霾日平均每十年增加 10 d；雾霾中的细颗粒物易成为各种有害物质的载体，诱发呼吸系统疾病、心脑血管疾病等，2011 年到 2012 年的江苏省呼吸系统疾病死亡率明显上升，空气污染的影响日益显现。近 60 年来江苏省高温热害事件发生概率呈增加趋势；高温事件对 0～5 岁和 60～80 岁人群危害程度较中青年人群严重，且发生在夏季初的高温事件对人体健康危害更大；随着人民生活水平的提高，人民防御高温灾害性天气的能力大幅增加；但高温热浪期间大气污染水平比非热浪期间有所增加，而增加的大气污染物加之高温热浪，将对人体产生累积伤害；未来 100 年，江苏省遭受高温影响的频率、持续时间和强度较目前增加的可能性较大。为减少气候变化对江苏省人体健康影响，相关部门应协同构建应对机制，并实施有效的对策。增加相关领域科学研究投入，并制订适合江苏省公共卫生领域的适应气候变化政策。建立覆盖全省的空气污染对人群健康影响监测网络和信息共享机制，开展空气污染对人群健康风险评估。建立高温热浪预警系统，并加强中暑医疗常识的普及教育和宣传力度，建议公民在太阳辐射弱的时间段参加体育锻炼，增加锻炼频率和运动量，在城区积极营造绿地和小湖区等新的小气候，增加对患病、婴儿和老年人群的关注度。

11.1 气候变化对人体健康影响的背景情况

IPCC 第 4 次报告指出，自 1850 年以来最暖的 12 个年份中，有 11 个发生在 1995—2006 年，最近 100 年(1906—2005 年)的气温线性趋势为 0.74 ℃ [0.56 ℃至 0.92 ℃]。全球气温普遍升高，在北半球高纬度地区气温升幅较大(IPCC，2007a)。受气温变化速率、人类的适应程度和社会经济影响，全球气候变化对人体健康影响呈现区域性和行业性特征。特别是适应能力弱的人群，如穷人、幼童和老年人，身体健康可能受到气候变化的影响更大。气候变化导致的高温热浪等极端天气气候事件发生的频率、持续的时间和强度增加(Schär et al.，2004)，将导致高温热害有关的死亡风险增大；而增加的强降水事件发生频率，将导致死亡、受伤、传染病、呼吸疾病和皮肤病的风险增大；另外，受干旱影响面积增加，粮食和水资源短缺、水源性和食源性疾病的风险均呈增大趋势；同时，强热带气旋发生频率增强，也将导致死亡、受伤、水源性和食源性疾病、创伤后抑郁症候群的风险增大。

11.1.1　气候变化对人体健康影响概况

全球气候变化的影响具有全方位、多尺度和多层次的特点，气候变化可能产生各种灾害，给敏感地区的社会经济造成无法挽回的损失。虽然说气候变化的影响既包括正面影响，也包括负面效应，但是不利影响可能会危及人类社会未来的生存与发展（毛留喜 等，2003）。研究表明，约有40％的人体死亡病例发生在气象条件不正常的情况下（谈建国 等，2003），所以，目前气候变化对人体健康的负面影响更受关注。

1996年世界卫生组织（WHO）、世界气象组织（WMO）和联合国环境规划署（UNEP）共同将气候变化和人类健康的影响归纳为直接影响和间接影响两个方面。其中直接影响主要包括：(1)极端气温事件（如热浪）引起的与冷/热相关的发病率和死亡率改变；(2)其他极端气象事件（如风暴、洪水和干旱）导致的死亡、受伤、心理失衡和公共卫生设施破坏等。而间接影响主要为：(1)生态系统扰动引起的问题。诸如影响昆虫和病菌的活动和范围，导致传染病的发生及其范围的改变（如水和食物污染引起的局地生态系统的改变将导致腹泻及其他传染病的发生和变化），天气气候及与之相关的害虫和疾病的变化会引起的食物（特别是粮食）生产的变化等；(2)海平面上升及由此引起的人口迁移和对基础设施的破坏导致传染病（如霍乱）增加和心律失常的发生；(3)空气污染（包括花粉过敏和可吸入颗粒物等）引起的生物学影响导致哮喘、过敏、急性和慢性呼吸道疾病及死亡；(4)社会、经济、人口的变化影响经济、基础设施及资源，造成广泛的公共健康后果（如心理健康问题、营养不良、传染病、社会动乱等）。

目前，在全球气候变化背景下，高温热浪已经成为城市夏季最主要的气象灾害之一，不仅严重影响社会经济建设，给人们的生活和工作带来诸多不利的影响，而且还威胁到居民身体健康。热浪对人群健康造成很大危害，引起热相关疾病甚至死亡（刘建军 等，2008；尹继福，2011）。热浪对老年人及患有心脑血管病、呼吸系统疾病、免疫功能低下的人群的健康影响尤为严重。高温热浪对人体健康的危害性及其对人体舒适度的严重影响已经成为WMO、WHO、UNEP关注的焦点（谈建国 等，2004），而且相关研究还证实了高温特别是持续高温天气下，人群死亡率呈急剧增加的趋势（Sheridan et al.，2004；Balbus et al.，2009；Knowlton et al.，2009）。高温期间，人体的大量余热通过出汗蒸发排泄（Höppe，2002；郑有飞 等，2007），但是老年人对身体温度的调节能力已有减弱，相对于青年人，其出汗的温度阈值增加了（Kenney et al.，1987）。因此，65岁以上老年人死亡率增加更为明显，婴幼儿因高温而引起的危险性同样很大，婴幼儿患有某些疾病如腹泻、呼吸道感染和精神性缺陷在热浪期间最易受高温危害（谈建国 等，2004）。同时，心血管疾病、呼吸系统疾病、脑血管疾病是热浪诱发死亡的最主要原因（Pan et al.，1995；Saez et al.，1995）。

人体舒适度除受到温度影响之外，其他气象因子，如湿度、风速、太阳辐射等对人体的舒适度也有影响。事实上，在夏季室外热环境中，人体的舒适程度不仅与温度、太阳辐射、风速、湿度、衣着和活动量有关，而且还与人对环境的适应性和在室外停留的时间长度有关，如南方人对炎热的适应能力较北方人强，且由于人的气候适应性，在同一地区夏季末人体对炎热的适应能力比初夏时强等（Lin，2009；谈建国，2005）。持续高温对人体健康影响具有延迟或滞后效应，一般而言，高温当日或随后的3天影响较大。而由于热岛效应，居住在城市中心的居民比郊区和乡村的人更容易受高温侵袭。

近年冬季低温及持续低温事件呈缓慢减少趋势，但其发生的强度及影响范围却不断增加。因此，在全球变暖影响下，低温寒害健康效应并未出现人们所预期的危害程度降低的结果，相反，在我国的长江中下游地区却呈显著增加的趋势。由于气温突升或骤降，对人体的健康影响是严重的。在“暖冬”的环境下，健康人易患感冒，在温度骤降时，心脑血管的病人易发心肌(或脑)梗死。另外，冬季的大雾与空气污染交织一体，对人类的健康有致命的影响。有学者指出，人群死亡率随温度变化呈“U”型或“V”型的显著变化关系，该变化曲线的“死亡最小点”所对应的温度即为“最适温度”，一般而言，“最适温度”为15～20 ℃。

全球气候变暖，增加了干旱、洪涝等极端天气事件发生的可能性，从而使死亡率、伤残率和传染病的发病率上升。洪涝灾害对人体健康的影响可分为短期影响、中期影响和长期影响。短期影响主要是造成人员伤亡，中期影响主要是传染性疾病的增加，长期影响则是由于灾害造成的经济困难和生命财产损失而导致的精神压抑。同样，干旱也会通过导致粮食减产和水资源短缺而影响人群健康，其影响主要包括营养不良和资源缺乏引起的疾病。在洪涝和干旱灾害发生时，还可间接使传染病发病率增加，影响生态系统稳定、公共卫生基础设施破坏(周晓农，2010)。厄尔尼诺现象使一些原本在夏秋季流行的疾病，如腹泻、伤寒、红眼病等在冬季也时有发生，而一些春季易发的脑脊髓膜炎、急性扁桃体炎、病毒性心肌炎等，在冬季也常威胁人类的健康。在南亚和南美(委内瑞拉、哥伦比亚)的研究证实，疟疾暴发与厄尔尼诺现象相关；厄尔尼诺现象对亚洲一太平洋地区登革热的发生有一定影响；东亚、南美地区的疟疾流行、孟加拉国沿海地区霍乱暴发以及美国加利福尼亚女性病毒性肺炎也被证实与厄尔尼诺现象相关(钱颖骏 等，2010)。

江苏省属东亚季风气候区，处在亚热带和暖温带的气候过渡地带。虽然气候变化对江苏省带来较大的直接和间接影响，但能够对江苏省居民健康及其生命安全构成严重威胁的主要是夏季高温热浪，特别是近年来，在全球气候变化大背景下，江苏省气候变暖十分明显，夏季高温热浪发生频率呈增加趋势。因此，主要利用江苏省气象资料，结合模式模拟及统计分析等多种方法，分析江苏省主要城市高温热浪灾害对人体舒适度及其死亡率的影响，并结合国内外研究进展，提出应对夏季高温热浪灾害的建议。

11.1.2 空气污染对人体健康影响

经济持续高速发展，工业化和城市化进程不断加速，伴随着城市人口的增长，机动车保有量暴增，能源大量集中消耗，道路等交通设施和污染物脱除技术严重滞后，导致城市和城市群区域大气污染日趋严重，大气能见度严重下降。江苏省雾日在20世纪90年代初期偏多，近十几年相对偏少；而霾日呈明显上升趋势，近几年是历史最高的几年。沿江苏南和淮北部分地区雾、霾日增加明显，雾日增加趋势是0～5 d/10 a，霾日增加趋势是10 d/10 a左右。秋冬季节是雾霾多发的季节，11月至1月的霾日占全年的44.4%。

雾霾中包含大量二氧化硫、氮氧化物和可吸入颗粒物。当颗粒物吸入人体后，粒径大于10 μm的大部分被阻留在鼻腔或口腔内，小于10 μm的可以进入鼻腔，小于7 μm的可以进入咽喉，小于2.5 μm的可到达支气管，干扰肺部的气体交换，引发包括上呼吸道感染、支气管哮喘、结膜炎和心血管等方面的疾病。我国1996年的环境空气质量标准中对大气颗粒物指定的环境质量标准仅限于PM_{10}，到2012年对环境空气质量标准作出修订，把细颗粒物($PM_{2.5}$)和臭氧列入污染物控制指标。$PM_{2.5}$包括固态和液态两种形态，主要来源有两个，一是各种污染源和发生源向空气中直接释放细颗粒物包括烟、粉尘、扬尘、油烟、油雾和花粉等；二是部分具有化学活性气态污染物在空气中发生反应后生成细颗粒物，这些前体污染物包括二氧化硫、氮氧化物、挥发性有机物(VOC)、碳氢化合物和氨等细颗粒物，化学成分十分复杂，由于其比表面积大，$PM_{2.5}$比 TSP 和 PM_{10}更容易吸附各种有毒重金属、酸性氧化物、有毒有害的有机物等，并常被作为细菌、真菌和病毒等微生物的载体(孙志豪 等，2013)。

大气污染严重威胁着人群的健康，尤其是大气中颗粒物对人体健康的危害不容忽视。可吸入颗粒物会刺激并破坏呼吸道黏膜，降低对病菌的防御能力，导致上呼吸道感染。同时，一些过敏源如尘螨等也可易吸附在颗粒物上，悬浮在空气中，支气管哮喘患者吸入这些过敏源，就会刺激呼吸道，出现咳嗽、闷气、呼吸不畅等哮喘症状。根据江苏省卫生厅统计发现，2011 年呼吸系统疾病死亡率 73.2 人/10 万人，占死亡人数的 11.41%，是排在恶性肿瘤、脑血管病、心脏病之后的第四位死亡原因；2012 年呼吸系统疾病死亡率上升至 84.22 人/10 万人，占死亡人数的比例也上升至 12.41%，仍然是第四位的死亡原因，呼吸系统疾病死亡率的上升可能和江苏近几年的霾日数持续上升有一定的关系。对哈尔滨人群呼吸系统疾病危险度评估显示，当 2009 年、2010 年、2011 年 $PM_{2.5}$日均浓度分别增加 44 $\mu g/m^3$、35 $\mu g/m^3$、60 $\mu g/m^3$ 时，呼吸系统疾病就诊人数分别增加 11.6%、18.9%、35.8%。上海大气 PM_{10}、$PM_{2.5}$浓度上升 10 $\mu g/m^3$ 时，总死亡数分别上升 0.53%、0.85%(江苏省卫生统计信息中心，2012；江苏省卫生统计信息中心，2013；戴海夏 等，2004；崔国权 等，2013)。

大气污染物也会影响心脑血管疾病，雾霾天也是心血管疾病患者的“危险天”。当 $PM_{2.5}$等颗粒物进入呼吸系统后，其中的水溶性组分及部分细颗粒物、超细颗粒物可以穿过肺毛细血管屏障进入心血管系统。一方面对肺部造成直接损害，另一方面，其进入血液循环中的多种成分如金属离子、自由基等易导致血管痉挛、血压波动、心脏负荷加重，有可能对心血管系统造成损害。

大气污染物除了对呼吸系统、心脑血管疾病有一定的相关性，还对免疫神经有一定的影响。毒理学研究显示 $PM_{2.5}$能够刺激肺内神经，造成神经紊乱。$PM_{2.5}$还会伤害免疫系统，主要表现对免疫细胞功能的抑制。

11.1.3　对人体舒适度影响的问卷研究

气温对人体舒适度影响研究方法较多，为了探讨夏季热环境对人体舒适度生理和心理的影响，采用问卷调查的案例研究结果。2009 年 8 月 21—25 日，针对南京信息工程大学 2008 级军训学生开展了连续 5 d 的问卷调查(郑有飞 等，2010；尹继福，2011；Yin et al.，2012)。主要场所为南京信息工程大学中苑操场(图 11.1)，属亚热带湿润气候，年平均气温 15.3 ℃，年降水量 1106.5 mm，8 月的平均气温在 35 ℃左右，极端最高气温高达 40 ℃左右。本次问卷调查对象为 205 人(其中男生 120 人，女生 85 人)，年龄为 18～22 周岁；主要来自全国 21 个省、市和自治区，在南京居住的平均时间长度为 12 个月左右(表 11.1)。根据本次问卷调查所得到的数据表明，①南京本地生源较少(江苏南京籍学生 11 人)，而非江苏南京籍学生基本是第一次经历南京的炎热夏季，受到适应性的影响较小；②被调查对象文化知识素养高，具有气象专业知识基础，填写的内容更具客观性；③被调查对象均在同一场所，受天气、环境等因素影响一致，更能凸显个人感觉差异；④户外活动时间长，受树荫等客观因素影响小，具有代表性；⑤被调查对象为青年，不受心脏病、高血压、冠心病等老年病的影响，更能代表普通人的感受。因此，根据调查资料分析结果较为客观。

表 11.1　调查对象来源省份的频数及在南京滞留时长

省(区、市)	人数(个)	在南京居住的平均时长(月)	省(区、市)	人数(个)	在南京居住的平均时长(月)
安徽	2	12	山东	7	12
北京	1	12	山西	4	12
甘肃	6	12	陕西	2	12
广西	2	12	天津	4	12
贵州	2	12	新疆	3	12
河北	2	12	云南	3	12
河南	4	12	浙江	2	12
湖北	2	12	重庆	3	12
吉林	1	12	江苏	140	24
辽宁	5	12	甘肃	7	12
内蒙古	6	12			

南京信息工程大学气象观测站(图 11.2)提供的问卷调查期间的气象资料，主要包括最高温度、相对湿度、风速、14:00 气压和云量、能见度和太阳辐射时间长度等(表 11.2)。该观测站位于问卷调查地点西侧，相互间距离约为 500 m，室外热环境与南京信息工程大学中苑操场十分相似。

图 11.1　南京信息工程大学中苑操场

图 11.2　南京信息工程大学气象观测站

表 11.2　南京信息工程大学气象观测站提供的问卷调查期间的主要气象资料

日期	最高温度(℃)	相对湿度(%)	风速(m/s)	气压(hPa)	能见度(km)	日照时数(h)
20	36	73	1.39	1007	7.1	—
21	34	79	1.67	1006	5.2	7.2
22	34	80	2.5	1007	2.5	5.1
23	33	81	1.39	1010	2.7	7.6

续表

日期	最高温度(℃)	相对湿度(%)	风速(m/s)	气压(hPa)	能见度(km)	日照时数(h)
24	32	80	2.22	1011	3.6	3.8
25	33	73	1.94	1009	4.6	7.8
26	36	74	1.94	1006	3.7	—
27	34	69	1.7	1006	6	—
28	32	68	2.8	1009	5.5	—
29	26	78	5.8	1011	8.8	—
30	19	89	3.3	1015	7.1	—

调查对象对热环境的感觉有"3 级"、"5 级"和"7 级"3 种处理方式，而众多学者指出，"5 级"较其他两种处理方式更合理(Nikolopoulou et al.,2006)，因此，采取"5 级"数值处理方式进行统计分析(表 11.3)。

表 11.3 问卷中的选项对应的数值

等级	舒适度	感觉湿度	感觉辐射	感觉风速
2	非常舒适	非常潮湿	非常强	非常大
1	舒适	潮湿	强	大
0	正常	正常	正常	正常
−1	不舒适	干燥	弱	小
−2	非常不舒适	非常干燥	非常弱	非常小

结果表明，尽管男性感觉最高温度的平均值(34.8 ℃)较女性的(33.8 ℃)高 1.0 ℃，但是其众值均分布在 34 ℃(33～35 ℃)。其差值 1 ℃主要由于极少数的男性对温度较为敏感，感觉的值较大和少数女性的感觉温度较小造成(图 11.3)。因此，性别对感觉温度造成的差异很小(Berger,2001)。另外，感觉最高温度与实际观测的温度值之间的相关系数为 0.25($n=749$，可通过 $P=0.01$ 的显著性检验)，较感觉最高温度与日照时数之间的相关系数 $R=0.29$($n=749$，可通过 $P=0.01$ 的显著性检验)小。

为了在相同的热环境下对比分析热经历对人体舒适度的影响，按照家庭居住环境将调查对象分为工业区(Industrial Estates,IE;9 人)、城市繁华区(Urban Areas,UA;47 人)、小城镇(Town;45 人)、郊区(Suburbs;23 人)和农村(Rural Areas;81 人)5 个组，利用单因素方差分析对比相互间的差异(图 11.4)。感觉太阳辐射从强到弱依次为城市繁华区居民(−0.96)、小城镇居民(−0.84)、郊区居民(−0.70)、工业区居民(−0.56)和农村居民(−0.52)。前人的研究表明，热经历是一种特殊的影响热感觉因素(Höppe,2002;Becker et al.,2003)，且人们偏爱经常生活的热环境。由于城市繁华区和小城镇的建筑物密度较大，影响了到达地表的太阳辐射量，生活在类似环境中的居民平时接受的太阳辐射强度较农村这些建筑物密度较低的地区居民小，因此，同时被太阳暴晒时，城市繁华区和小城镇的居民会感觉太阳辐射较强。

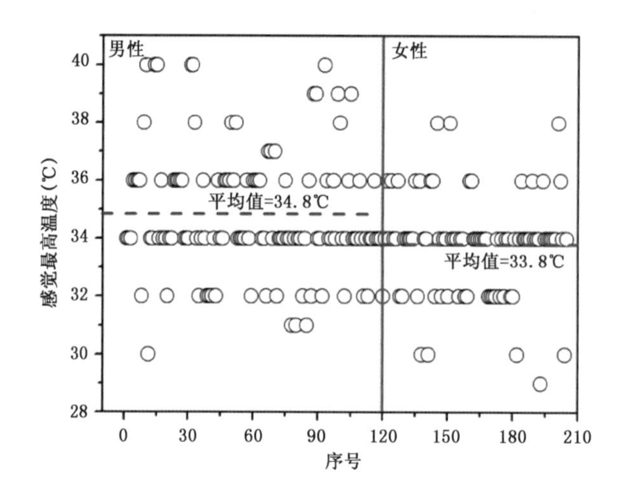

图 11.3　男性(序号 1～120)和女性(序号 121～205)感觉最高温度分布

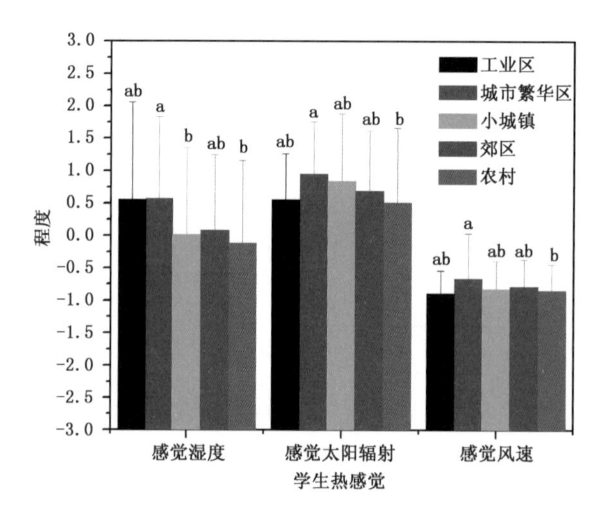

图 11.4　家庭居住地周围环境造成的热感觉的差异
(其中误差条代表标准偏差,不同字母即 ab 时表示可通过 $P=0.05$ 的差异显著性水平)

感觉湿度(perceived humidity,PH)最高的是来自城市繁华区的学生－0.57,(感觉湿度稍大,空气有点潮湿),农村生源学生感觉湿度最低为 0.11(感觉空气湿度适中)。由于农村的池塘蒸发、地表和植物蒸腾等作用,其空气湿度相对较大,导致农村居民对空气湿度不够敏感。相反,城市中的混凝土或柏油马路、鳞次栉比的建筑物、拥挤的人群和交通工具,再加之相对较弱的太阳辐射,在很大程度上抑制了其水汽蒸发的能力,致使城市繁华区的居民生活在空气湿度相对较小的环境中,对稍大的湿度较敏感,因此,共处于相对湿度大的环境中时,城市繁华区的居民感觉湿度较大。

感觉风速(perceived wind speed,PWS)最大值为城市繁华区居民的－0.66(感觉风速稍小),最小值为农村居民的－0.89(感觉风速小),两者之间的差值仅为 0.23,较感觉辐射和感觉湿度的最高值和最低值的差值小。而单因素方差分析表明,农村居民对太阳辐射、空气湿度和风速的感觉值与城镇繁华区居民的差异显著,可通过 $P=0.05$ 的显著性检验。

有研究表明，健康的人身着夹克衫的舒适度较着 T 恤者高，且其差异显著。实际上，衣服可通过增加热阻的方式减少人体获取的太阳辐射(Gonzalez et al.，1973；Gonzalez et al.，1974)。由于身着夹克的人感觉太阳辐射较着 T 恤者小，所以该部分人的舒适度水平相对较高。而患感冒和肠胃不适的人较未患病者感觉的舒适度较低。这表明在夏季太阳辐射较强时，身体健康的人在出门时应身着外套，而像患有感冒和肠胃不适的人应尽量地减少外出时间，而且其家人应注意对其照顾(表 11.4)。

表 11.4　患病和衣着对人体舒适度影响的差异

患病和衣着	舒适度水平	健康(T)	健康	感冒(T)	感冒	肠胃不适(T)	肠胃不适
健康(T)	−1.29	1.00					
健康	−1.06	0.08 *	1.00				
感冒(T)	−1.36	0.55	0.15	1.00			
感冒	−1.50	0.57	0.09 *	0.76	1.00		
肠胃不适(T)	−1.43	0.26	0.03 *	0.80	0.92	1.00	
肠胃不适	—	—	—	—	—	—	—

注："T"表示调查对象穿的是 T 恤，否则穿的是夹克衫，而且所有的参与者均穿着迷彩裤子和胶鞋。" * "代表可通过 $P=0.1$ 的差异显著性检验，"—"表示由于样本量太少而不能充分的说明问题。

根据运动时长和运动频率，将运动量分为 7 个等级(表 11.5)。随着运动等级的降低(图 11.5 和图 11.6)，舒适度水平呈极显著下降趋势($R^2=0.30$，$n=749$，可通过 $P=0.01$ 的显著性检验)，而感觉太阳辐射呈极显著上升趋势($R^2=0.32$，$n=749$，可通过 $P=0.01$ 的显著性检验)。这主要因为经常锻炼的人身体素质较好，同时，由于经常在烈日炎炎的室外环境中锻炼，已经习惯了强烈的太阳辐射。因此，经常参与锻炼的人对夏季室外热环境的忍耐能力较强。反之，那些足不出户且不经常锻炼的人对夏季室外热环境的忍耐能力较差。

表 11.5　运动等级划分

运动等级	经常参与运动	平均运动时长(分/次)	运动频率(天/次)
1	是	≥100	≤2
2	是	≥80	≤2
3	是	≥60	≤2
4	是	≥40	≤2
5	是	≥20	≤6
6	是	<20	>6
7	否	—	—

Nikolopouloua 和 Lykoudis 的研究表明，心情差的人对周围的环境的忍耐能力较差；而 Lin 指出，心理因素会连同热适应共同改变人体对周围气象环境的热感觉。但是在本研究中，心情并不是一个重要的因素，因为拥有好心情和坏心情的热舒适度的差异较小。分析发现本研究的最高温度比 Lin 及 Nikolopoulou 和 Lykoudis 的研究过程中的要高。另外，在 Nikolopoulou 和 Lykoudis 的研究中，所有的研究城市中 75% 的人感觉舒适；而在 Lin 的研究中，在广场上散步的人感觉舒适的为 62.5%，参与社会文化活动的人感觉舒适的为 51.5%。但在本研究中，平均舒适度水平小于"−1.0"(不舒适)，而且在所调查的 205 人中仅有 1 人感觉舒适。

Lin 及 Nikolopoulou 和 Lykoudis 进行了全年研究相比，我们仅针对夏季开展研究。这表明在温度不高时，心情能够和气象因素一起共同影响人的热舒适度。在非常舒适的环境中，心情对舒适度的影响最大；但随着热环境舒适度的减小，心情的影响逐渐减弱，以致在极端高温且极端干旱地区，无论人的心情多好，也很难感觉舒适（Lin，2009；Lin et al.，2010；Nikolopoulou et al.，2006）。

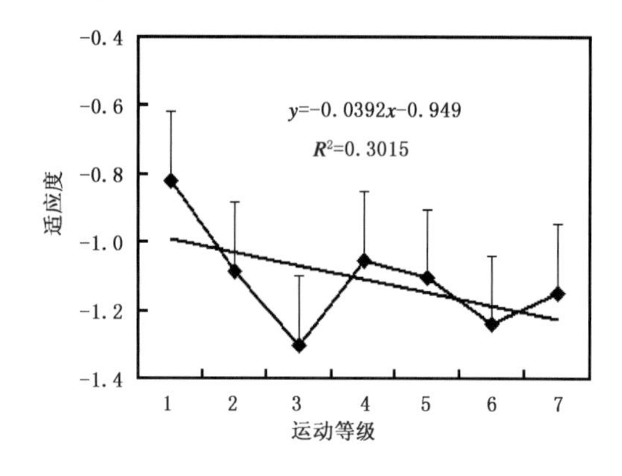

图 11.5　舒适度随着运动等级降低的变化趋势

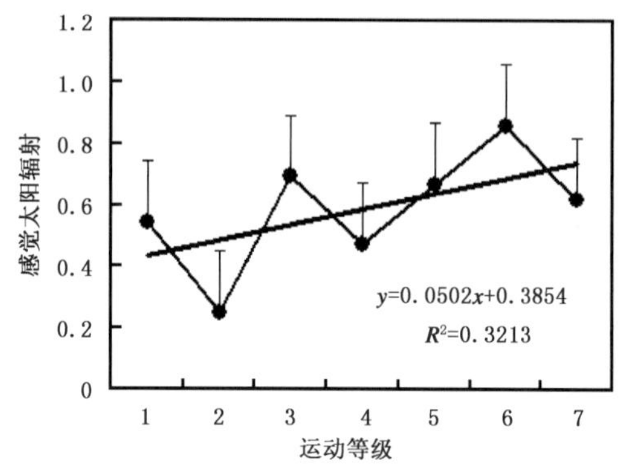

图 11.6　感觉太阳辐射随着运动等级降低的变化趋势

11.1.4　对人体健康影响的定量化研究

11.1.4.1　资料来源及可靠性

基于 1955—2012 年 13 个地级市逐日气温数据及 1990—2012 年江苏省 38 个气象站逐日气温、相对湿度和风速以及南京市近 50 年逐日气压、日照时数和云量等数据，开展气候变化对人体健康的定量化研究。同时，未来气候变化数据主要为 RegCM4.0 模式 RCP8.5 排放情景下，模拟的逐日平均气温、最高气温、最低气温、降水、水汽混合率和风速。这些资料均可信，可确保研究结论的可信度。

11.1.4.2　人体舒适度指数

采用江苏省气象台建立的人体舒适度计算经验公式，基于表 11.6 开展人体舒适度指数的等级划分。

$$P=(1.8\times T+32)-0.55\times(1-U/100)\times(1.8T-26)-\sqrt{V} \qquad (11.1)$$

式中，P 为人体舒适度指数，T 为日平均气温，U 为日平均相对湿度，V 为日平均风速。

表 11.6　人体舒适度指数等级划分

等级	舒适度指数	热感觉	人体生理反应
5	89	酷热，极不舒适	热调节功能障碍
4	86～88	暑热，不舒适	热调节功能稍有障碍
3	80～85	炎热、大部分人不舒适	过度出汗
2	76～79	闷热，少部分人不舒适	出汗
1	71～75	偏热，大部分人舒适	轻度出汗，血管舒张
0	59～70	很舒适，最可接受	中性
−1	<59	偏凉，大部分人舒适	血管收缩

11.1.4.3 高温热浪的内涵

根据中国气象局的规定和有关学者的研究定义：日最高气温≥35 ℃为高温日，≥38 ℃为危害高温日，≥40 ℃为极端高温日；持续3天≥35 ℃为高温热浪，持续5天≥35 ℃为强高温热浪，持续3天≥38 ℃为极端高温热浪（张尚印 等，2005；史军 等，2008）。

11.1.4.4 超额死亡率估算

根据流行病学研究中描述性研究和统计学方法（胡爱香 等，2008），制定超额死亡率的计算过程。首先，挑选出每年6—9月的高温热浪过程；其次，把非热日的平均全人群死亡数作为正常日均死亡数；在此基础上，计算超额死亡率。

$$EM = (D - D_{\text{No-heat}})/D_{\text{No-heat}} \tag{11.2}$$

式中，EM 为超额死亡率，D 为逐日死亡数，$D_{\text{No-heat}}$ 为夏季非热日平均日死亡数。

11.2 高温季节人体舒适度时空变化特征

江苏省1990—2012年夏季平均舒适度等级空间分布表明（图11.7），近20年来，苏南地区夏季平均舒适度等级为2级，具体表现为闷热，少部分人不舒适，出汗；苏北地区和苏中地区平均舒适度等级为1级，具体表现为偏热，大部分舒适，轻度出汗，血管舒张。1990—2012年，江苏省年、夏季、冬季平均舒适度指数均呈上升趋势（图11.8），年均上升趋势最大，冬季次之，夏季最小，其中年均年际变率4.897/10 a（样本量 n=23，通过 α=0.01 信度检验）。

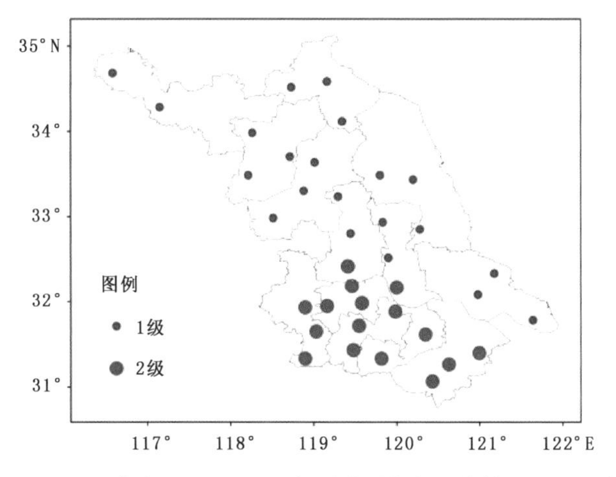

图11.7 江苏省1990—2012年夏季平均舒适度等级空间分布

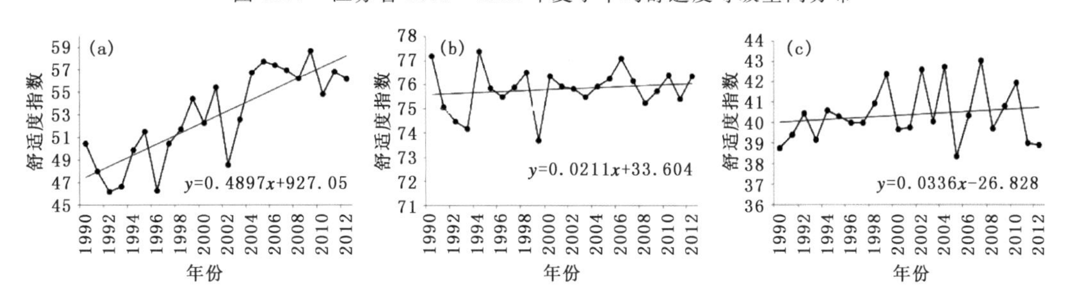

图11.8 1990—2012年江苏省年(a)、夏季(b)、冬季(c)平均舒适度指数年际变化特征

1990—2012 年，江苏省年、夏季和冬季平均舒适度指数的年际变率空间分布显示（图 11.9），江苏省人体舒适度年变率呈上升趋势（图 11.10），其中变幅较大城市主要分布在苏南和苏北部分地区，而变幅小值区主要分布在苏中地区。夏季人体舒适度上升趋势苏南较为显著（图 11.11）。冬季舒适度变率较夏季显著，且大值区主要分布在本省的内陆地区，沿海城市的变率相对较小（图 11.12）。苏南地区的舒适度指数中年均、夏季或冬季增幅最大，苏北地区次之，苏中地区最弱。

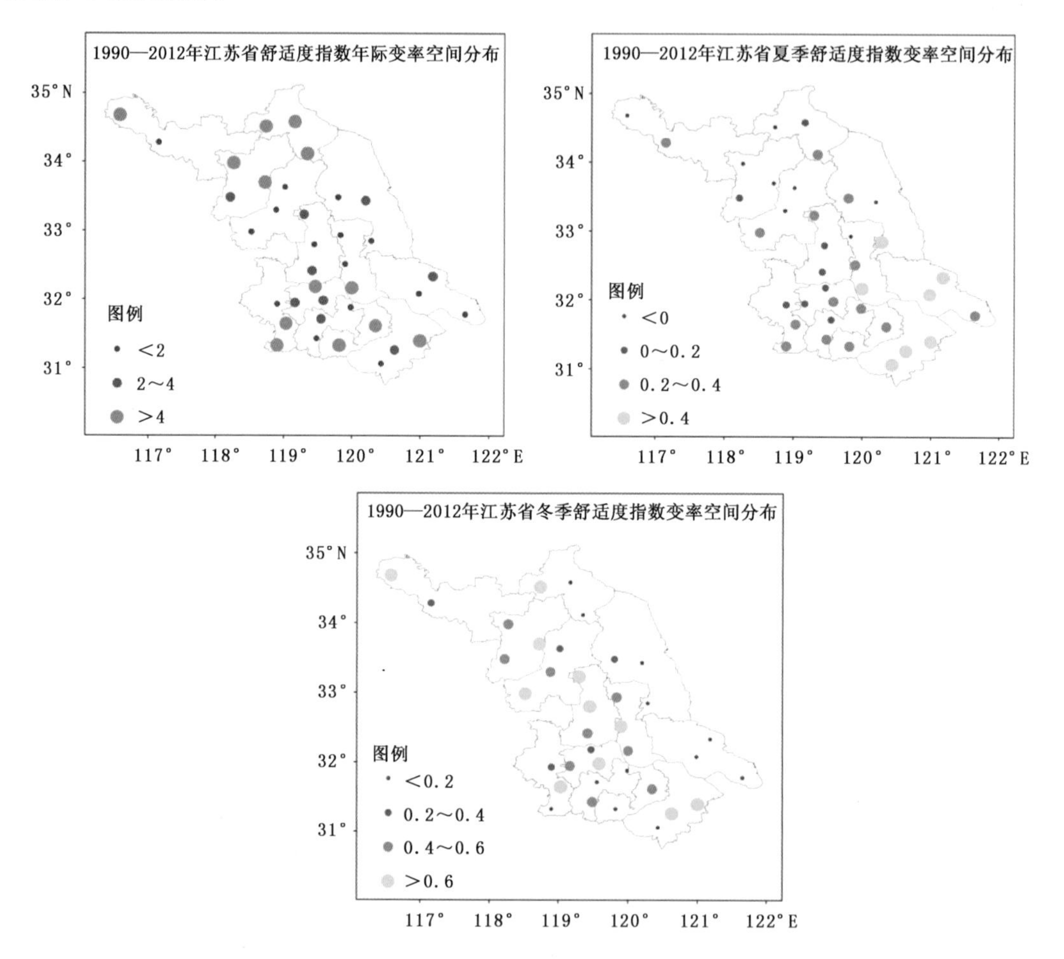

图 11.9　1990—2012 年江苏省年、夏季、冬季平均舒适度指数年际变率空间分布

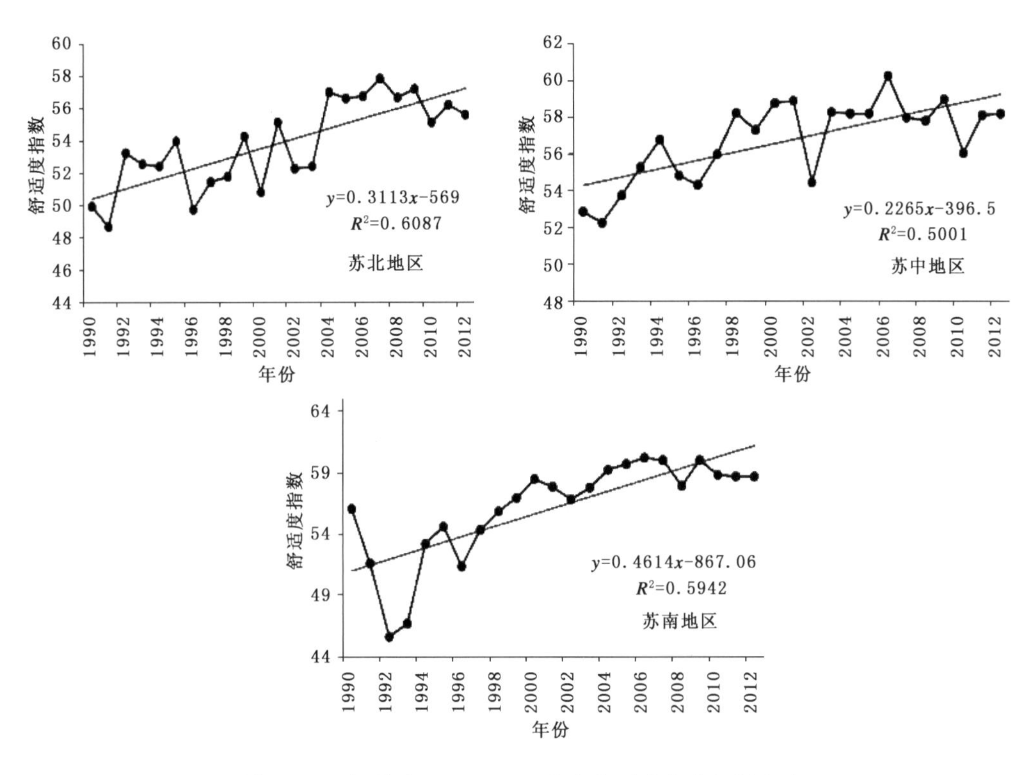

图 11.10　江苏省 1990—2012 年年舒适度指数年际变率

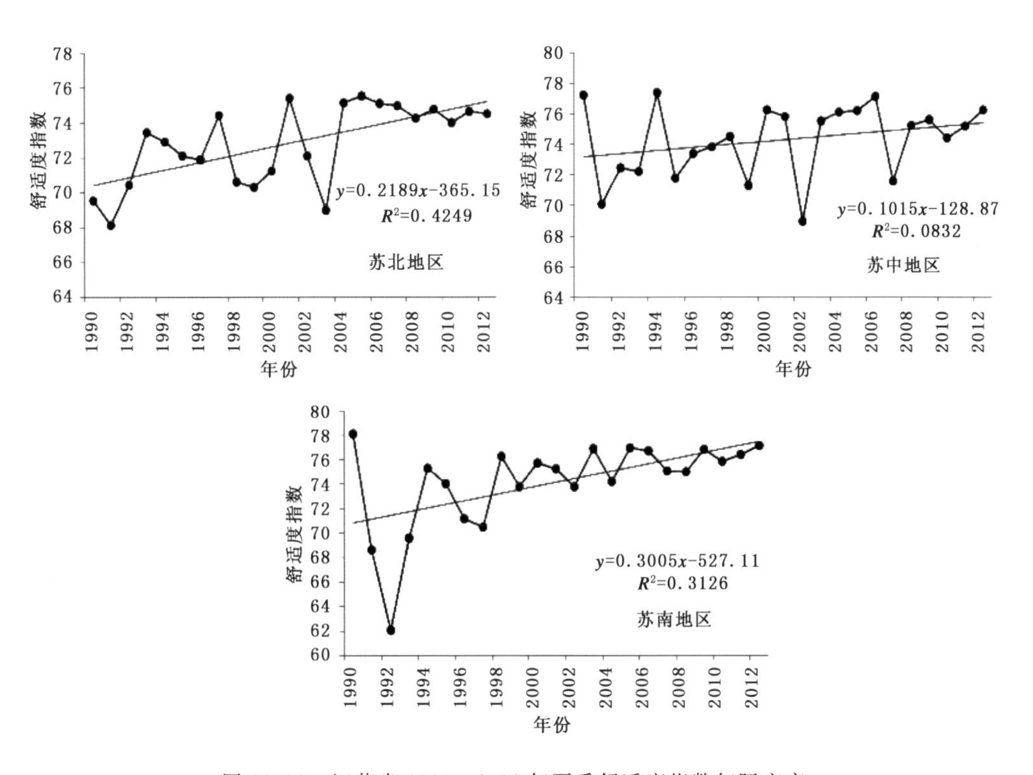

图 11.11　江苏省 1990—2012 年夏季舒适度指数年际变率

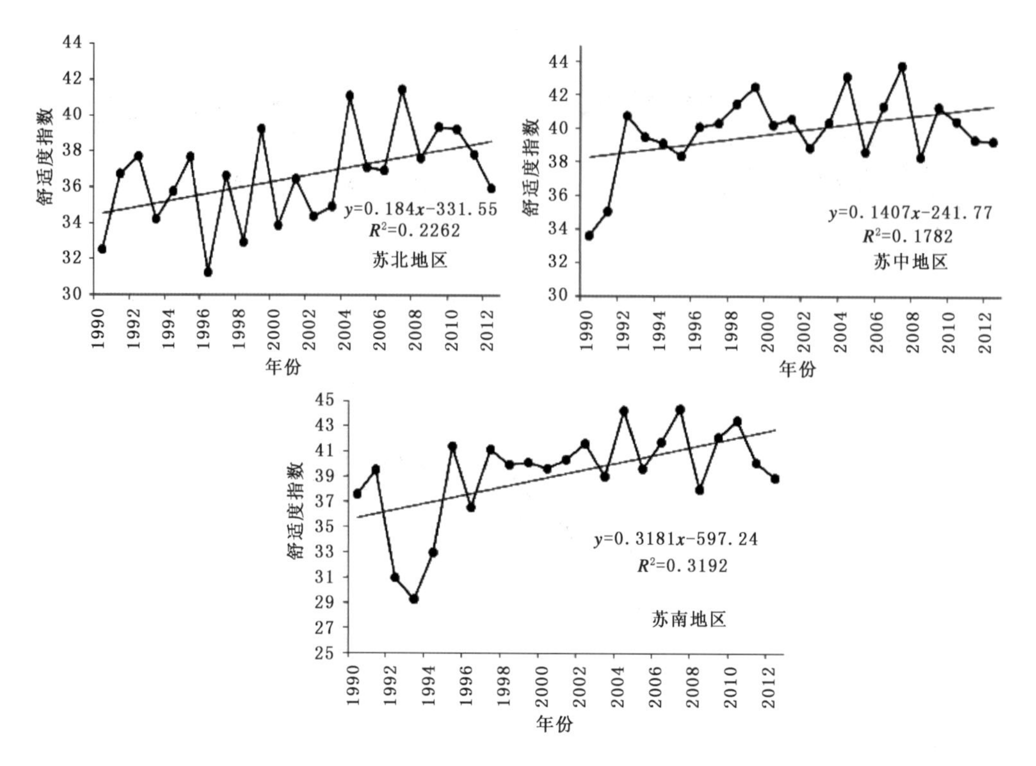

图 11.12 江苏省 1990—2012 年冬季舒适度指数年际变率

11.3 高温热浪及其影响的时空分布规律

11.3.1 高温日数的时空分布特征

1955—2009 年间，江苏省主要城市平均高温日数依次为南京(14.15 d)、常州(11.59 d)、镇江(11.57 d)、无锡(11.28 d)、徐州(10.42 d)、苏州(9.75 d)、扬州(8.85 d)、泰州(7.93 d)、连云港(6.47 d)、宿迁(6.29 d)、淮安(5.81 d)、南通(5.09 d)、盐城(5.02 d)。在空间上，年均高温日数区域差别较大，长江中下游地区的苏南城市年均高温日数多于江淮地区城市(图 11.13)，显著多于淮北地区城市(徐州除外)。

根据高温日数空间分布特征选取淮北地区的淮安，江淮地区的泰州，苏南地区的南京、苏州 4 城市作为区域代表城市进行分析(图 11.14)。

结果表明，4 城市高温日数在 20 世纪 50—60 年代较高，到 60 年代末开始呈下降趋势，但在 90 年代中期高温日数开始呈上升趋势，即江苏夏季气温 70 年代到 90 年代前期基本上处在一个偏凉期，60 年代及 90 年代中后期以后基本上处在一个偏热期，部分城市在最近几年高温次数增加较为明显。

南京 2000 年前每年 35 ℃以上的天数明显多于其他各城市，但近来有显著下降趋势；淮安市≥35 ℃天数相比南京、苏州和泰州而言最少；苏州在 20 世纪 60 年代到 90 年代末年高温日数在这些城市中略低，但近 10 年来显著增加，上升趋势明显。

1951—2009 年(6—9 月)，南京市高温日数共计 856 d(图 11.15)，平均 14.5 d/a，其中

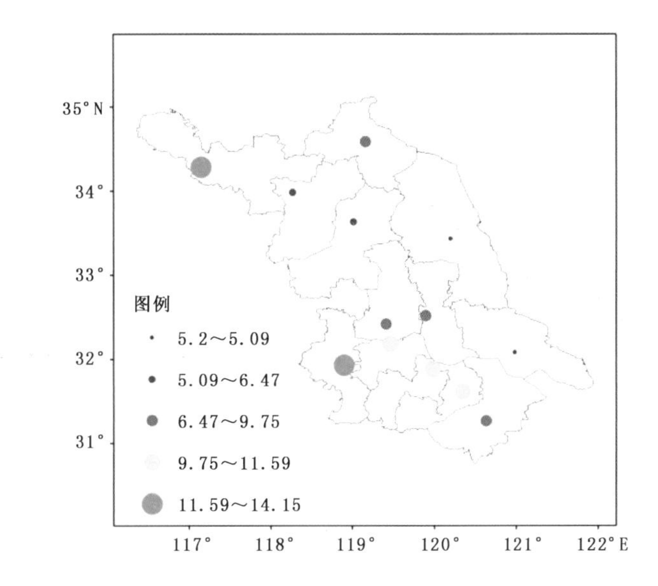

图 11.13　江苏省 1955—2007 年主要城市年均高温日数分布(单位:d)

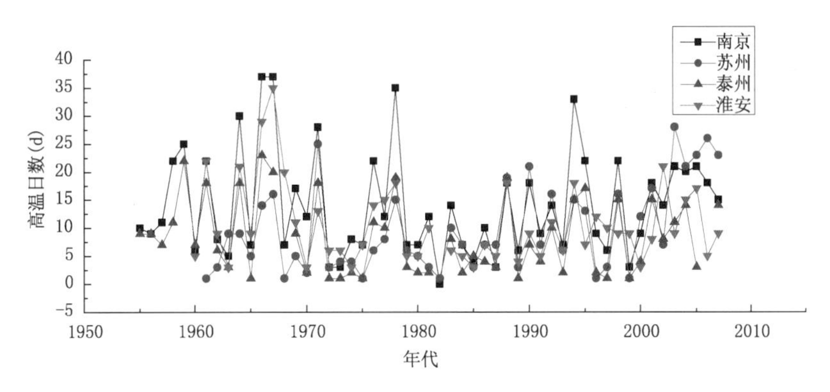

图 11.14　南京、苏州、泰州和淮安市高温日数的年际变化

1966 年最多(37 d),1982 年没有高温日,1972 年、1973 年、1987 年和 1999 年高温日数较少(均为 3 d);高温期间最高气温平均值,1959 年最大(37.1 ℃),其次 1966 年、2001 年和 2003 年分别为 37 ℃、36.9 ℃和 36.8 ℃,而 1987 年的值最小(35.2 ℃)。危害高温日数共计 63 d,其中 2000 年之后出现 14 d,1978 年、2003 年和 1966 年为危害高温日较为集中的年份,分别为 8 d、7 d 和 7 d;而在近 59 年间,南京市共有极端高温日 3 d,分别发生在 1959 年、1966 年和 2003 年(图 11.16)。1951—2009 年(6—9 月),南京市发生高温热浪 112 次(图 11.17),平均 1.9 次/a,没有发生高温热浪 11 年中,有 6 年分布在 1999 年之后,但高温热浪过程最高气温平均值最大的 3 年均在 2000 年之后,即 2002 年(39 ℃)、2001 年(37.9 ℃)和 2008 年(37.3 ℃)。从图 11.18 可以看出,南京市共有 33 年发生强高温热浪(49 次),其中有 8 年发生极端高温热浪(8 次);强高温热浪在 20 世纪 90 年代初期较集中,而极端高温热浪较集中于 50—60 年代,但上述两种热浪过程较少发生在 1970—1989 年间。上述分析表明,南京市是各种级别高温和热浪袭击较为频繁的城市,急需辨识高温热浪对人体的健康影响。

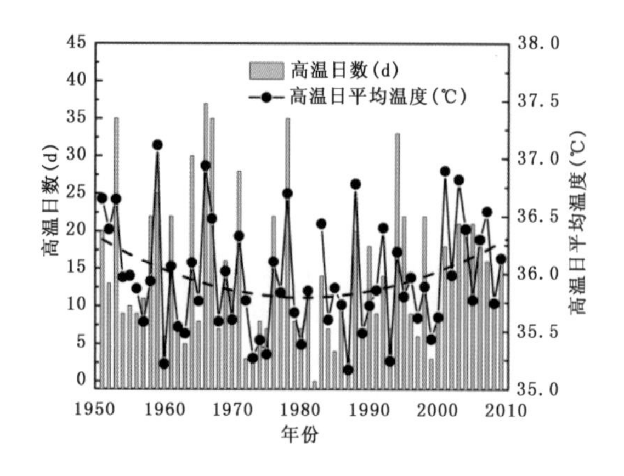

图 11.15　南京高温日数和高温日平均最高气温的年分布

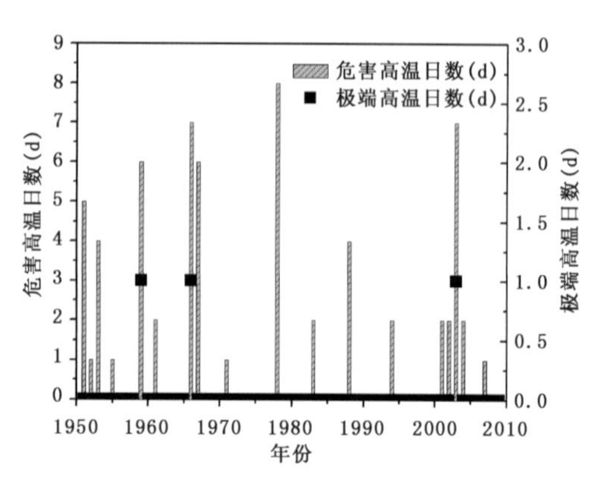

图 11.16　南京危害高温日和极端高温日数的年分布

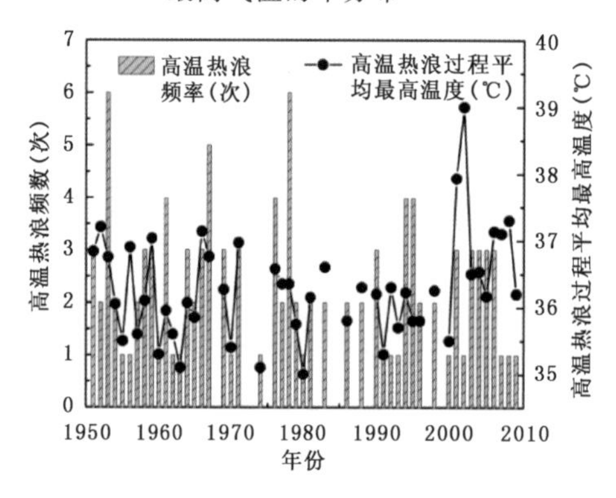

图 11.17　南京高温热浪频数和平均最高气温的年分布

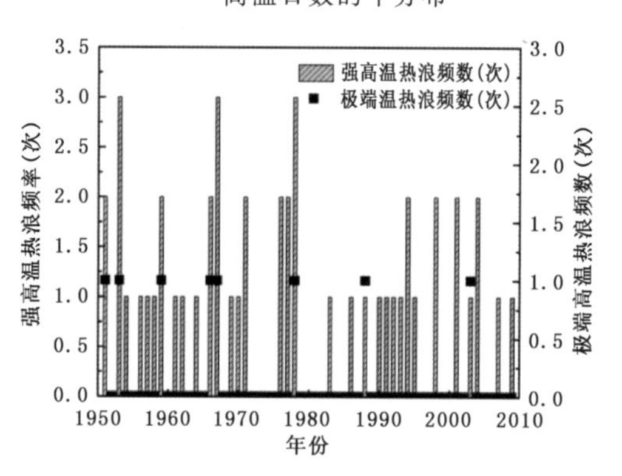

图 11.18　南京强高温热浪和极端高温热浪频数的年分布

11.3.2　高温热浪与死亡的关系

2005—2008 年间，南京市共发生高温热浪 8 次(表 11.7)，其中持续 3 d 高温的为 2 次，4 d 的为 5 次，5 d 及以上的为 1 次。高温热浪过程全部集中在 6 月(2 次)、7 月(3 次)和 8 月(3 次)。高温热浪过程造成的人群超额死亡率大于 20%，女性超额死亡率稍大于男性。值得注意的是，夏季初的高温热浪所造成的人群超额死亡率大于夏季末，但热浪持续的时间对超额死亡率的影响较小。

表 11.7　南京高温热浪过程及相应的超额死亡率

年份	月份	高温日数(d)	热浪过程(日期)	持续天数(d)	月最高气温(℃)	超额死亡率(%)	
						男	女
2005	6	10	22—25	4	37.1	34.3	22.9
	7	5	—	0	36.7	—	—
	8	6	10—12/15—17	3/3	36.9	18.5	26.2
	9	0	—	0	34.6	—	—

续表

年份	月份	高温日数(d)	热浪过程(日期)	持续天数(d)	月最高气温(℃)	超额死亡率(%)	
						男	女
2006	6	4	18—21	4	37.1	26.5	29
	7	7	28—31	4	36.9	20.5	25.3
	8	7	12—15	4	37.8	21	30
	9	0	—	0	29.5	—	—
2007	6	2	—	0	35.4	—	—
	7	9	25—31	7	38.2	20.9	23.29
	8	6	—	0	37.3	—	—
	9	0	—	0	33.8	—	—
2008	6	0	—	0	33.1	—	—
	7	10	4—7	4	37.3	24.25	25.25
	8	1	—	0	35.3	—	—
	9	0	—	0	32.3	—	—

在高温热浪期间，受影响最为严重的是冠心病和心脏病疾病患者(表 11.8)，其中冠心病患者最大超额死亡率出现在 2005 年 6 月和 2006 年 8 月。而心脏病患者超额死亡率的前 3 位分别发生在 2006 年 7 月、2007 年 7 月和 2008 年 7 月。比较而言，冠心病患者的超额死亡率较为稳定，均为正值。高温热浪过程中，脑血管病患者的超额死亡率基本为正值，尽管在 2005 年 8 月和 2006 年 8 月出现了负值，但很小。这表明高温热浪过程对冠心病和脑血管病患者的伤害较大，而且没有滞后性。

表 11.8 南京市高温热浪过程主要热相关疾病患者超额死亡率

年 份	月份	脑血管病(%)	冠心病(%)	心脏病(%)
2005	6	18.6	82.9	−8.7
	8	−0.7	75	−10.7
2006	6	4.9	3.3	28.2
	7	23.3	10.5	69.2
	8	−1.4	100.0	−11.1
2007	7	30.2	36.7	85.9
2008	7	8.3	20.9	55.0

利用南京某典型区域(大厂地区)2005—2007 年(6—9 月)逐时急诊人数数据，描述性统计了逐时高温危害的变化趋势，以及心脏病、脑血管疾病、心肌梗死等与热环境关系较为紧密中暑相关症状的急诊数据(图 11.19)。该地区逐时急诊人数呈双峰型分布，尤以 6 月和 9 月较为明显，两个峰值主要出现在 09:00—11:00 和 19:00—21:00，而 13:00—15:00 的急诊人数相对较少。这主要可能有 4 方面的原因：其一，大厂区是南京市郊区，距离南京市中心约 17 km，在市区工作的人员需要花费大量的时间和精力在上下班途中，致使他们到达目的地之后心情烦躁，较为劳累，容易引发中暑病症，同时由于就医的滞后时间，因此，峰值出现在上下班

之后的1～3个小时内。其二，大量的工厂坐落在大厂区（如南钢集团），工业污染较为严重，在上下班高峰期之后，空气质量被进一步恶化，叠加天气炎热，急剧加大了中暑和引发老年病症的可能性。其三，由于12:00—16:00气温较高，多数人选择早上或傍晚出行，加之目前生活水平的提高，空调的广泛应用，因此，中午时段的高温不易对人造成热伤害。其四，7月和8月两个月与6月和9月相比，呈准双峰型并更加趋向于单峰型特点，是由于7月和8月气温更高，高温出现早且持续时间长，人们较少在中午至下午外出，出现疾病就诊的人数也有所减少。

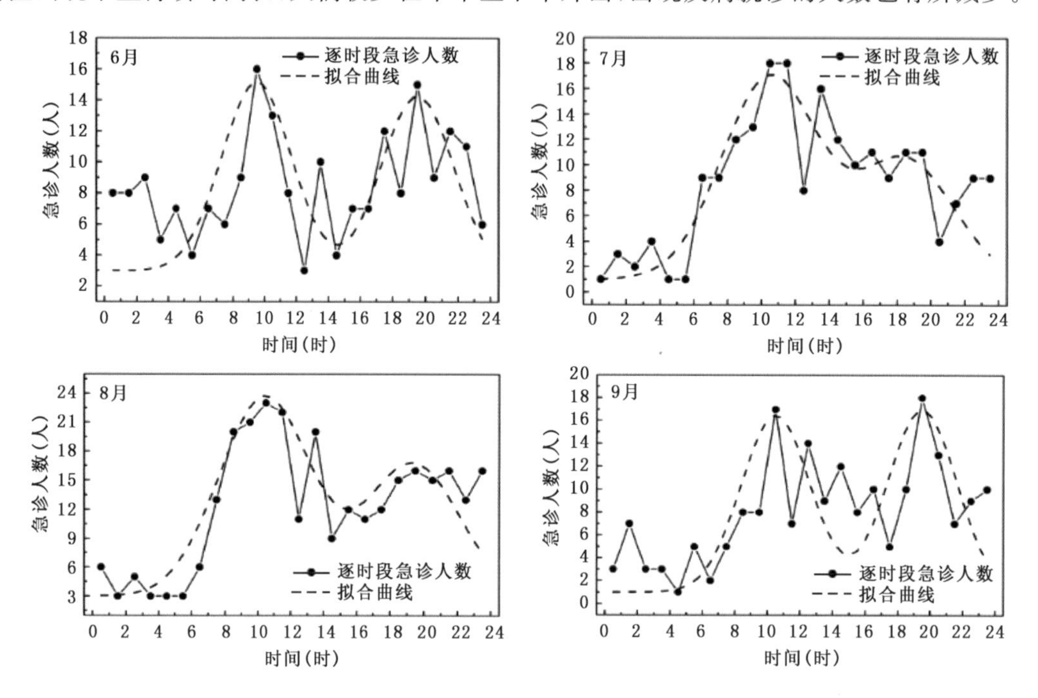

图11.19　逐时段中暑相关症状的急诊

高温热浪对不同年龄段人群的影响一直是广大学者关注的焦点。为了便于分析，在数据处理过程中，将中暑病症相关的急诊患者分为19个年龄段，即1～5岁、6～10岁、……、91～95岁，并分别以数字序列“2.5、7.5、12.5、……、92.5”代表各年龄段。以x代表不同年龄段，y代表各年龄段的急诊人数（图11.20），建立回归关系（许遐祯 等，2011；尹继福，2011）。结果表明急诊人数可表示为年龄的三次函数，如下式所示。

$$y=-0.0008x^3+0.1028x^2-2.7641x+48.33 \tag{11.3}$$

由于分为19个年龄段，因此，样本容量$n=19$，而$R^2=0.643$，通过$P<0.01$的显著性检验，即高温对0～5岁的婴幼儿和60～80岁的高龄人群危害较大，而对5～40岁的少年及中青年人群的影响较小。人体的大量余热通过出汗蒸发排泄，但是相对于青年人，老年人对身体温度的调节能力已减少，其出汗的温度阈值增加，因此，对60岁以上老年人的危害更为明显；而由于80岁以上的人群数量本身较少，加之该年龄段的人群自身活动能力较弱，致使急诊人数降低。另外，婴幼儿患有某些疾病如腹泻、呼吸道感染和精神性缺陷在热浪期间最易受高温危害，因此，婴幼儿因高温而引起的危险性同样很大。

居住在通风不好或者没有空调的住房的人是热浪易感人群，而通风良好的住房有利于创造舒适的室内环境，从而降低热死亡。人们自发调节（如空调，风扇等）和居住水平的提高愈发

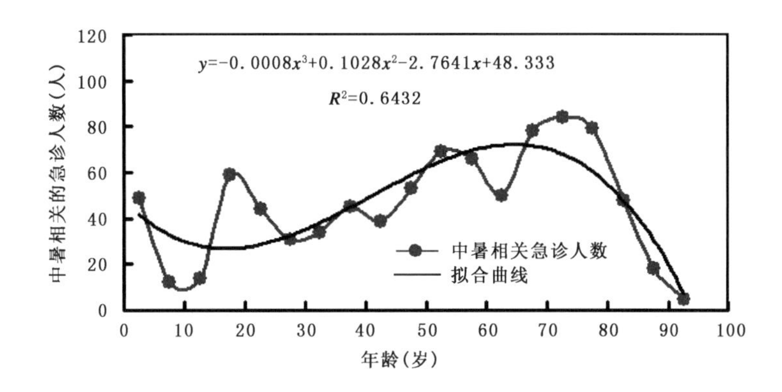

图 11.20　中暑相关症状急诊与年龄之间的关系(许遐祯,2011)

能减轻高温及高温热浪带来的危害。由于城市居民的工作需要和出行时间段的选择,导致夏季逐时高温对人体危害呈双峰型分布。同时,夏季高温、高温热浪对 60～80 岁的人群危害最大。

11.3.3　城市化背景下高温热浪对人体健康影响

由于上海市与南京市同属长江三角洲主要城市,其相互间的气候类似,且上海市城市规模较南京市更高。假设未来南京城市化规模类似于今日上海,则城市化热岛效应会更强。在此,基于相关专家研究成果(谈建国 等,2005;谈建国 等,2006;Tan et al.,2007;Tan et al.,2010;谈建国,2008),分析近年来上海市热浪期间高温的影响。

1998 年和 2003 年夏季是近 50 来上海经历的高温日数最多的两年,尽管这两年高温情况比较相似,但是热死亡人数却差异明显,采用单因素相关分析和多元逐步回归分析方法对 1998 年和 2003 年夏季热死亡情况和气象、污染资料进行统计分析。

2003 年≥35 ℃以上高温天数为 40 d,明显多于 1998 年的 27 d,2003 年出现了持续 19 d 的高温天气,而 1998 年最长热日持续天数为 11 d,整个夏季极端最高温度 2003 年(39.6 ℃)比 1998 年略高(表 11.9)。除 2003 年 8 月份的平均最高温度比 1998 年同期低 0.5 ℃外,其他月份平均最高温度 2003 年均比 1998 年高,而且高温日数、最长热浪持续时间和极端最高温度均比 1998 年强,因此,2003 年夏季比 1998 年更为炎热。但是从死亡数来看,2003 年夏季日平均死亡数和非热日平均死亡数均比 1998 年少,特别是热日平均死亡数 2003 年比 1998 年更低。从 1998 年和 2003 年逐日死亡数的时间序列图(图 11.21)中可以看到,1998 年 8 月中旬随着热日持续时间的增加,日死亡数增加非常明显,而 2003 年 7 月中旬至 8 月上旬尽管有连续 19 d 的高温,但是死亡数的增加趋势却不明显。

表 11.9　1998 年和 2003 年上海夏季天气和热死亡对比分析(括弧内为标准差)

项　目	1998 年	2003 年
极端最高温度和出现时间	39.4 ℃/8 月 15 日	39.6 ℃/7 月 25 日
≥35 ℃以上热日天数(d)	27	40
最长热日持续时间(d)	11	19
6 月下半月平均最高温度(℃)	28.5	30.2
7 月平均最高温度(℃)	34.2	35.1

续表

项　目	1998 年	2003 年
8 月平均最高温度(℃)	34.2	33.7
9 月上半月平均最高温度(℃)	29.8	32.3
总人口数(百万)	13.066	13.418
夏季日平均死亡数	277.0(105)	235.9(28)
非热日平均死亡数	243.9(37)	222.7(21)
热日平均死亡数	358.0(162)	253.3(26)

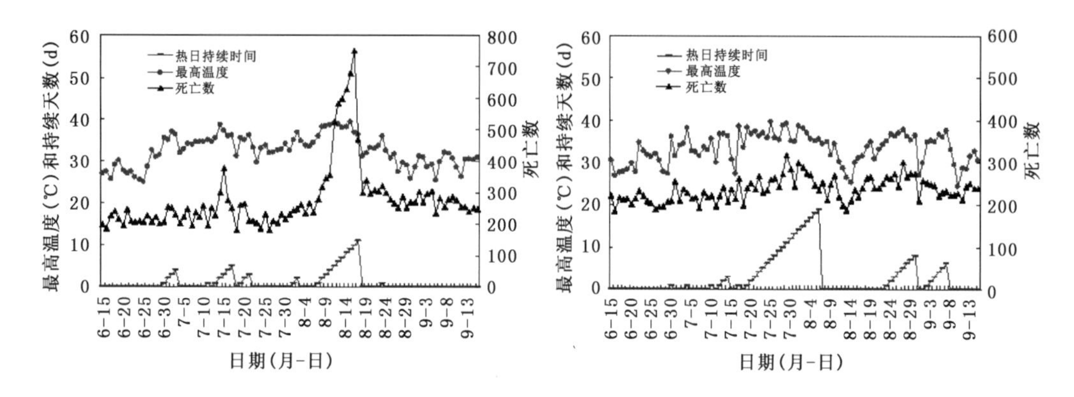

图 11.21　1998 年(左)和 2003 年(右)夏季最高温度、热日持续时间和死亡数的关系

分析 1998 年和 2003 年上海市人口结构和有关社会经济指标对比发现(表 11.10)，上海人口老龄化趋势在继续，65 岁以上的老龄人口比例从 1998 年的 12.32%增加到 2003 年 14.79%，易感人群的数量在增加。医疗条件、收入水平和居民生活条件等均有不同程度的提高，空调拥有量、居住空间和城市绿化覆盖率等的变化尤为明显(图 11.22)，1998 年和 2003 年期间，每百户家庭空调拥有量从 68.6 台增加到 135.8 台，人均居住面积从 9.7 m^2 增加到 13.8 m^2，城市绿化覆盖率从 19.1%增加到 35.2%。夏季空调的广泛使用，人均居住面积的增加，特别是通风良好的房屋结构以及周边城市绿化的改善，从一定程度上降低了人群对于热浪的易感性，使夏季死亡数降低。

表 11.10　1998 年和 2003 年上海市人口结构和有关社会经济指标对比

项　目		1998 年	2003 年
人口数(百万)	总人口	13.066	13.418
	65～69	0.602	0.595
	70～74	0.469	0.593
	75～80	0.301	0.423
	80＋	0.247	0.374
每万人口医生数(人)		39	33
每万人口医院床位数(张)		52	60
平均每人可支配收入(元)		8773	14867
每百户家庭空调拥有量(台)		68.6	135.8
人均居住面积 (m^2)		9.7	13.8
城市绿化覆盖率(%)		19.1	35.2

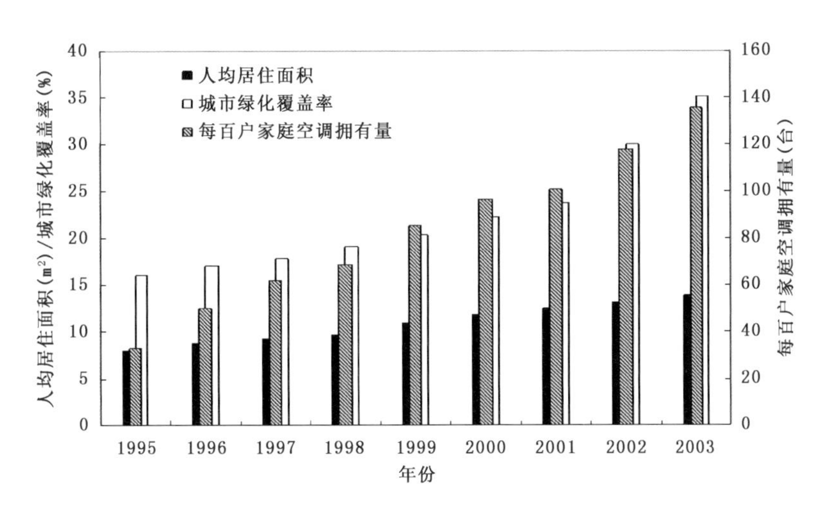

图 11.22　近年来上海市人均居住面积、空调拥有量和城市绿化覆盖率的变化

在大多数热浪期间，3 种主要污染物(PM_{10}、SO_2 和 NO_2)的平均浓度高于非热浪过程期间，而增加的大气污染物加之高温热浪，将对人体产生累积伤害(表 11.11)。

表 11.11　1998 年和 2003 年上海热浪期间空气污染物浓度对比

年份	热浪过程	污染物浓度(mg/m³)		
		SO_2	NO_2	PM_{10}
1998	6/30—7/1	0.043	0.071	0.101
	7/13—7/17	0.040	0.068	0.112
	7/19—7/21	0.035	0.064	0.131
	8/7—8/17	0.039	0.065	0.122
	夏季平均	0.038	0.063	0.099
2003	7/12—7/14	0.039	0.049	0.097
	7/19—8/6	0.040	0.042	0.092
	8/23—8/30	0.048	0.044	0.089
	9/2—9/7	0.036	0.024	0.044
	夏季平均	0.037	0.042	0.085

以上基于南京和上海等大城市逐日死亡资料和地表观测的气象数据，统计分析了高温事件发生时间、持续天数和强度对不同年龄序列和病因人群的危害。其分析的相关结果主要关注气象因素与人体超额死亡率的相关关系，但人体死亡还受人体生理状态、生活环境和救急时间等因素影响，这使得相关分析具有一定的不确定性。

11.4　未来气候变化对人体健康的可能影响

IPCC 评估报告指出，未来气候变化条件下，预估数百万人的健康状况将受到影响，其可能原因包括营养不良增加；因极端天气气候事件导致死亡、疾病和伤害增加；腹泻疾病增加；由于与气候变化相关的地面臭氧浓度增加，心肺疾病的发病率上升；以及某些传染病的空间分布发生改变。气候变化也可能在温带地区带来某些效益，如因寒冷所造成的死亡减少。但总体而言，这些效益预计将会被温度升高对健康带来的负面影响所抵消，特别是在发展中国家。

分析短期(2020 年)、中期(2030 年)、长期(2050 年)的舒适度等级分布(图 11.23～图 11.25)来揭示未来气候变化对江苏省人体健康的可能影响。到 2050 年，苏南地区年均舒适度均达到 0 级，夏季舒适度已达到 3 级，冬季舒适度部分达到 0 级。这表明随着气候变暖，江苏省各站点的人体舒适度等级都呈增加趋势，其中苏南地区上升最显著，冬季更暖，人体感觉更舒适，夏季更热，人体感觉不舒适程度增加。

由于热浪发生频率增加，预估气候变化也会加大健康方面的风险，当前遭受热浪的城市在 21 世纪期间会受到更多、更强、更长时间热浪的袭击，可能对健康造成不利的影响。

未来气候变化趋势主要受 IPCC 报告给出的温度变率和 RegCM4.0 模式模拟数据质量的双重影响。实际上，任何气候模式输出均有误差，该误差主要源于驱动数据和模式本身误差以及未来减排情景的不确定性。使用这些数据可以给出未来气候变化的主要趋势，但是其变率存在不确定性。但相关结果在未来是可能发生的。

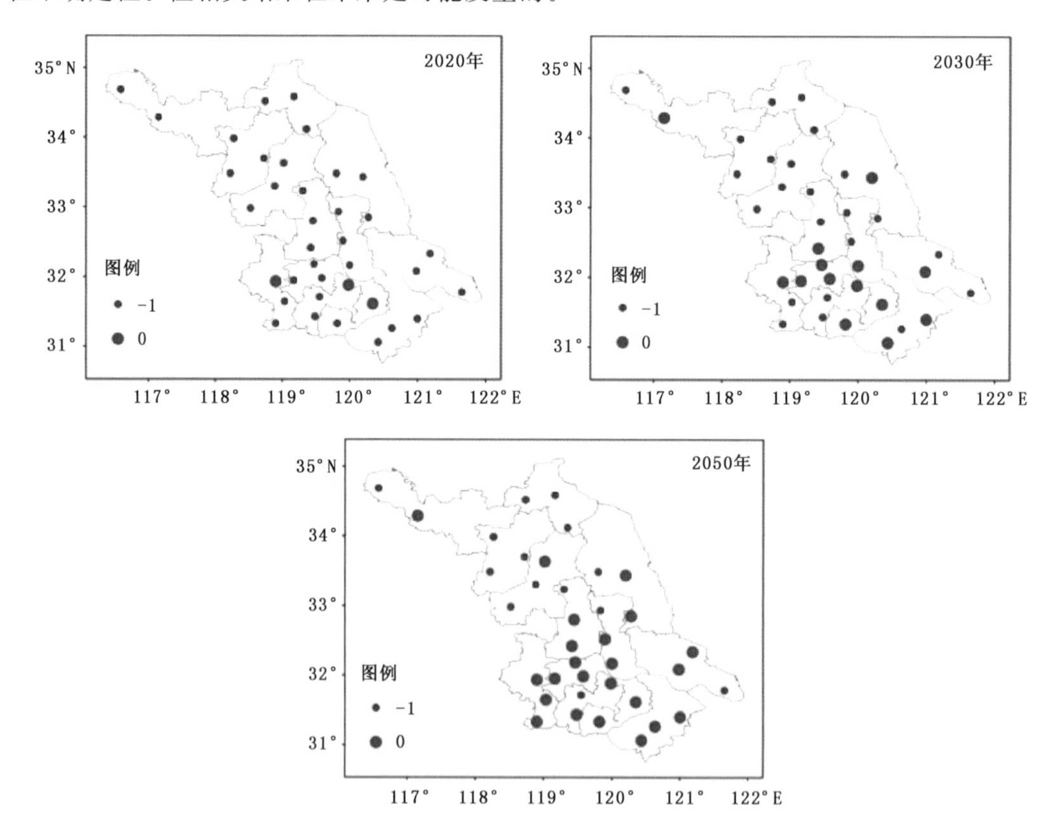

图 11.23　江苏省 2020 年、2030 年和 2050 年年均舒适度指数空间分布

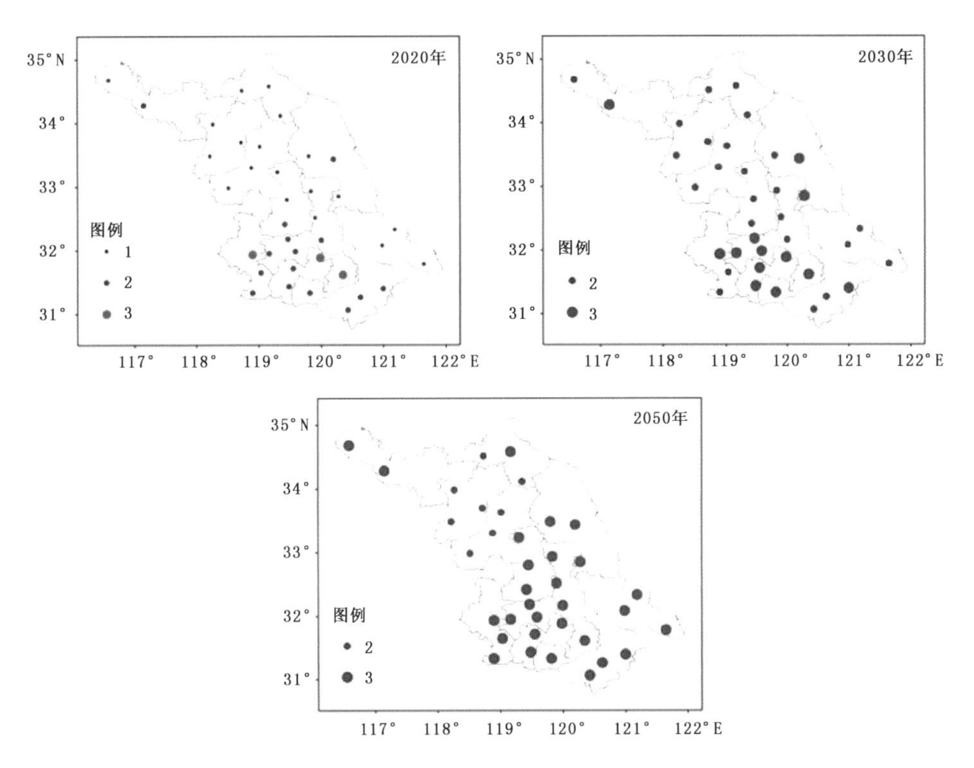

图 11.24　江苏省 2020 年、2030 年和 2050 年夏季舒适度指数空间分布

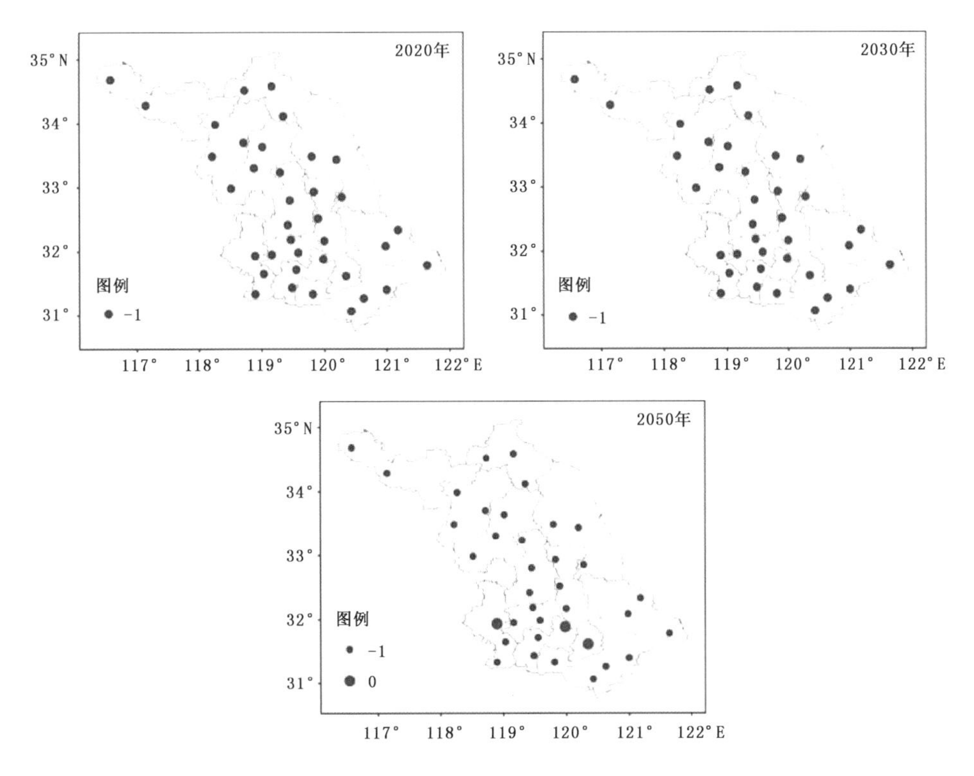

图 11.25　江苏省 2020 年、2030 年和 2050 年冬季舒适度指数空间分布

11.5 应对气候变化的对策与建议

11.5.1 建立公共领域的适应气候变化政策

2007年6月，根据《联合国气候变化框架公约》，我国制定了《中国应对气候变化国家方案》，这是我国第一份应对气候变化的政策性文件。我国目前相关的法律法规基本上都定位在减缓温室气体排放层面，而缺乏气候变化对公共卫生领域影响的适应体系。因此，亟须制订适合我国公共卫生领域的适应气候变化政策。同时，江苏地方政府部门亦应积极建立及完善相关的法律法规，增强综合应对能力。

11.5.2 完善多部门合作的高温热浪预警系统

高温灾害的防控需要建立包括气象部门、政府、医疗机构、媒体、公众等在内的高温热浪预警系统，注意预警发布的时效性。一旦发生高温热浪，媒体和气象部门应尽可能地加大宣传，使公众能够及时得到高温警报；医疗机构要做好一切准备，提供足够的医生和床位，确保急诊抢救和住院治疗及时和到位；供电、供水、供气、消防等部门应该做好应急准备；城市管理部门和各大商场要开辟具有冷气的场所（或地下人防工事）供人们休息；社区要发挥作用，对孤寡老人等弱势群体加以关注和帮助。同时，建议教育机构和媒体加强中暑医疗常识的普及教育和宣传力度，从而提高公民对中暑防范和中暑医疗常识的了解程度，真正做到防患于未然。

11.5.3 建立空气污染影响的监测应急系统

建立覆盖全省的空气污染对人群健康影响监测网络，通过长期、连续的监测，获取不同地区空气细颗粒物污染特征及成分差异，了解不同地区空气污染对居民产生的急性影响和相关疾病患病情况；加强重点区域和重点人群的监测，如学校、居民区、化工园区等；建立信息共享机制，逐步开展空气污染对人群健康风险评估，揭示空气污染对人群健康的影响，建立健全多部门合作联动的预警和应急机制。

11.5.4 加强城市环境规划

建议政府部门要尽量地提高城市繁华区和工业区的绿化覆盖面积；同时在街道设计、城市规划方面要着力提高采光效率；鼓励商场、办公楼、宾馆等大型建筑单位采用中央空调，限制低效率的单户空调，减少热源排放。而在工业区在增加绿化力度的基础上，还要设法减小空气污染程度，尽量增加“小湖区”面积，营造新的小气候。

11.5.5 提高公民自我保护意识

建议广大公民选择一天中较凉爽的时间段外出活动，多待在阴凉的地方；尽量穿浅色的衣服，吃清淡的食物，多喝水，不要饮用含有酒精的饮料。身患感冒或肠胃不适的人在夏季应该注意休息，最好穿上外套出行。建议公民在太阳辐射弱的时间段参加体育锻炼，增加锻炼频率和运动量，尽可能做到每周至少参加锻炼3～5次，每次时间为40～80分钟。急性心肌梗死、高血压、冠心病和心脏病患者及老年人要尽可能减少外出；外出时应由熟悉中暑医疗常识的人陪同，如若出现大汗、口渴、无力、头晕、眼花、耳鸣、恶心、心悸、注意力不集中、四肢发麻等症状时，要寻找凉爽地方休息并及时联系附近医院，寻求帮助。

第 12 章

气候变化对太湖蓝藻的影响

摘要　太湖位于经济发达的江、浙、沪两省一市交界处，在长三角地区乃至中国经济社会中具有重要的地位。高强度的人类活动与多时间尺度的气候变化相叠加，导致近年来太湖蓝藻水华事件频发。从气象条件对太湖蓝藻生长的影响入手，重点对2007年蓝藻水华事件进行案例分析，进一步讨论气温、风场、太阳辐射等气象条件对蓝藻生长的影响。在此基础上，分析47年来（1961—2007年）太湖流域气候变化特征以及气候变化对太湖蓝藻水华暴发的影响。最后，基于气候模式预估的太湖流域未来（2007—2097年）气候变化趋势，阐述了未来气候变化对太湖蓝藻生长以及水华暴发的可能影响，并就气候变化背景下太湖生态建设与环境治理提出对策建议，为政府相关部门进行科学决策提供必要支撑。

总体而言，风场不仅对浮游植物具有输移、集聚的作用，同时，在气候尺度上风速降低，利于太湖水柱日分层的建立，促进蓝藻成为优势种群和藻类上浮聚集，进而促进水华暴发；气温和辐射耦合利于促进冬、春季湖泊升温提前，利于浮游植物群落结构提前完成从硅藻、绿藻和蓝藻的演替以及藻类快速生长期提前，利于蓝藻成为优势种群、蓝藻水华暴发提前及水华暴发持续时间的延长。正由于气候变化的持续，使得在太湖治理过程中控源效果得到稀释，太湖蓝藻快速生长所需的营养盐阈值降低，蓝藻水华暴发时间持续提前，持续时间继续延长及强度继续增强。在制定太湖生态环境治理方案过程中，应耦合气候变化的影响，科学确定近期和远期太湖水体营养盐的环境容量。

区域气候模式对气候模拟本身存在不确定性，加之对未来经济发展及排放预估的不确定性、气候变化趋势的尺度差异及生物、化学过程耦合的复杂性等，使得预测气候变化对蓝藻水华暴发的定量影响分析依然存在诸多复杂性及一系列的不确定性。

12.1　太湖蓝藻生长及暴发对气象条件的响应

近20年来，淡水生态系统频繁遭受水华暴发的侵袭（Carey et al.，2012；Islam et al.，2012），严重地威胁到水质安全和经济的可持续发展（Upadhyay et al.，2013）。通过对水生生态系统的长期监测，证实了水华暴发的频率增加、强度增强、持续时间延长、水华出现的地域扩大、春季水华暴发的时间提前（Carey et al.，2012；Paerl et al.，2012；Peeters et al.，2007）。

基于水生生态系统中浮游植物生理特性的诸多研究表明：气候变暖的趋势从直接（水温对

藻类生长的影响)和间接(水体温度结构对营养盐和光合有效辐射分布的影响,进而影响藻类生长)两个方面加快了水生生态系统结构的演变速度,增强了富营养化造成的水华暴发程度,加剧了有害藻类水华的危害(Moss et al.,2011;Parel et al.,2008;Jöhnk et al.,2008;Paerl et al.,2012)。由此可见,气候变化对水生生态系统结构演变(主要是藻类生物量快速增长及藻类种群演替)有着重要影响。

气候变化具体表现为不同时期的气温和降水等气候要素的长期变化趋势,基于藻类生长对气象条件的依赖以及气候要素对藻类生长的影响机制,分析气候变化对太湖蓝藻的影响。气候变化主要通过气温变化及降水的变化影响湖泊的生态系统来反映。前者主要是指通过影响湖泊的水温及湖泊的物理结构,进而影响湖泊的化学过程(如营养盐浓度)和生物过程(如浮游植物的光合作用);而降水主要是通过影响径流及水文循环改变营养盐的输入、湖水水力停留时间(或者换水周期),进一步影响浮游植物的生物量和种群组成,最终影响其水生生态系统的演变(Elliott,2012)。

目前,国际上关于气候变化对水生生态系统演变影响的研究主要集中如下几个方面:①水温升高对浮游植物的直接影响;②水体温度结构及该结构变化时间、持续时间的长短对水生生态系统的间接影响;③风速、降水等的变化对水生生态系统的间接影响等(Elliott,2010)。同时,对影响太湖湖泊富营养化的众多因子进行的相关分析表明,水温和光照是影响藻类生长的主要因素(秦伯强 等,2004)。因此,从气候变化意义上的气温变化所引起的水温以及生物化学过程入手,分析蓝藻生长对气象条件的响应,具有一定的现实意义。

12.1.1 蓝藻暴发的长期变化趋势

基于12年(1987—1998年)太湖蓝藻水华暴发首次发生时间、持续时间分析气候变化对太湖蓝藻水华的影响(Zhang et al.,2012),其变化趋势如下。

1987—1998年,蓝藻水华首次暴发时间逐年推迟,而2000年以来,则逐年提前(图12.1)(Zhang et al.,2012)。从每年蓝藻水华暴发持续时间的逐年变化来看(图12.2)(Zhang et al.,2012),1998年以前,持续时间基本无变化,多为一个月,但自2000年以来,蓝藻水华暴发持续时间急剧延长,特别是自2005年以来每年有9~10个月都呈现蓝藻水华暴发的状态。张民等(Zhang et al.,2012)利用统计方法证实了影响太湖蓝藻暴发持续时间及其首次发生时间的关键因子是气候变化而非水体的营养状态。

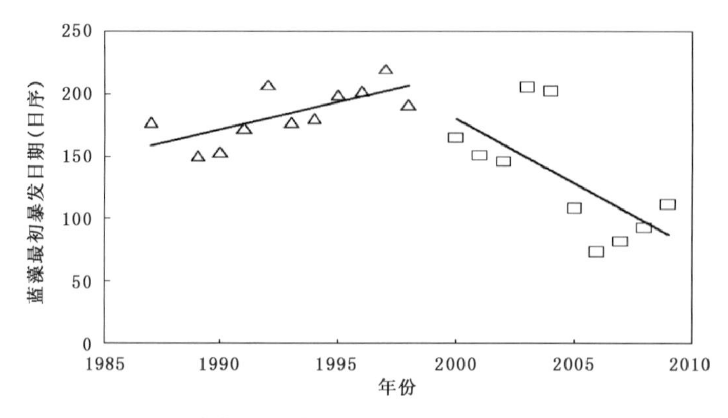

图12.1 蓝藻水华最初暴发日期逐年变化(Zhang et al.,2012)

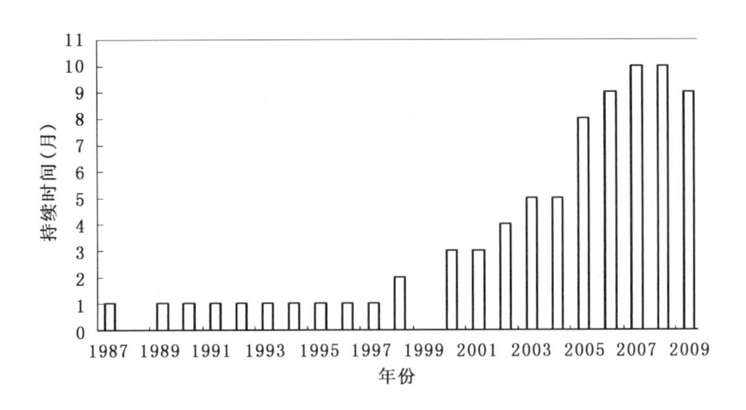

图 12.2 蓝藻水华暴发持续时间的逐年变化(Zhang et al.,2012)

总之,气候变化对蓝藻水华暴发影响机制复杂,主要表现在如下几个方面:气候变化的多尺度特征及其扰动相互交织;湖泊营养状态修正湖泊生态系统对气候变化响应表征差异;气候变化和土地利用方式影响湖泊水体营养盐输入;不同浮游植物的生理特征对湖泊物理、化学过程的响应机制差异显著。然而,研究气候变化对湖泊生态系统影响尚处于初期。太湖系典型的大型浅水湖泊,其对气候(象)的响应相对迅速,因而从水文、风场及太阳辐射等方面阐述影响蓝藻水华暴发的机制。

12.1.2 蓝藻生长对水体温度的响应

水温是影响藻类生长的重要环境因子之一(陈宇炜 等,2001)。藻类生长率与温度的关系可以用下式表示。

$$\mu(T) = \exp(-\alpha_T \mid T - T_{opt} \mid) \tag{12.1}$$

式中,$\mu(T)$表征了水温对藻类生长的影响因子,T 为水温,α_T 系水温差异造成的生长衰减率,T_{opt} 为藻类适宜生长的水温。从这个公式我们可以发现,温度对藻类的影响也是双重的:当温度由低到高逐渐接近为适宜藻类生长的温度时,影响因子逐步增大;反之,当这个温度与藻类适宜温度变大时,温度对藻类生长的抑制作用也就会越来越明显。一般来讲,在一定的水温范围内,温度每升高 10 ℃,酶的活性提高 2～4 倍,在 10～25 ℃,叶绿素 a 含量随着温度的升高而升高。当高出这个范围后随着温度的升高,叶绿素 a 含量反而下降。

金相灿等(2008)通过批量培养实验,研究两种典型水华蓝藻,水华微囊藻和孟氏浮游蓝丝藻在不同温度下的生长情况。由图 12.3 可以发现,不同温度条件下对于水华微囊藻,其生长速率在 10～28°C 范围内随温度升高而增大。当温度低于 13 ℃时,细胞生长停止;当温度达到 16 ℃时,细胞开始缓慢生长;当温度达到 20 ℃时,微囊藻生长较快。对于孟氏浮游蓝丝藻,其生长速率在 10～28 ℃范围内也随温度的升高而增大。在温度为 10 ℃时能缓慢生长,温度大于 13 ℃时生长显著加快,在温度为 16～28 ℃范围内都有较高的生长速率。图 12.4 表示出的温度范围内(10～28 ℃),两种蓝藻都具有明显的光合作用,而且这两种藻的光合作用速率随着温度的升高而升高;在较低温范围内(10 ℃$<T<$20 ℃)这种增长趋势比较缓慢,而在高温范围内(20 ℃$<T<$28 ℃)光合作用增加非常明显。

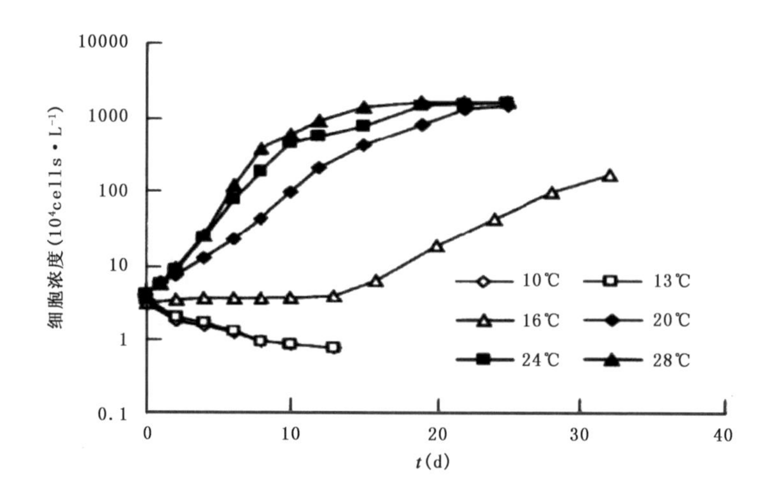

图 12.3 不同水温下水华微囊藻生长曲线(金相灿 等,2008)

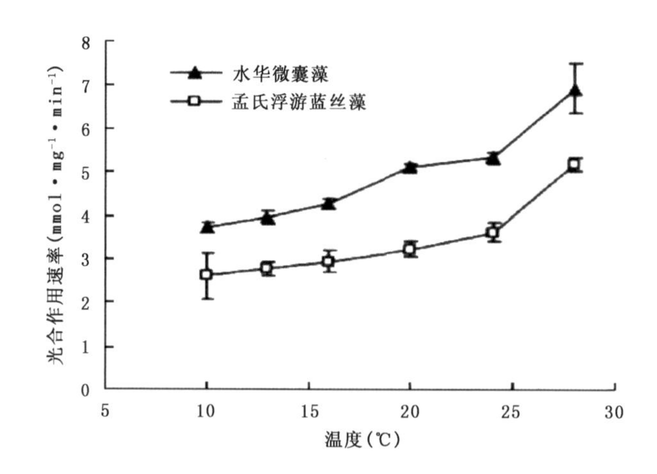

图 12.4 不同水温下藻类光合作用放氧率(金相灿 等,2008)

由此可见,藻类生长对水温的响应程度较高,而水温的变化又与太阳辐射、气温、风速等气象因子有着密切的联系(赵林林 等,2011;张玉超 等,2008a;张玉超 等,2008b)。

12.1.3 蓝藻生长对光照的响应

水体中的光照条件能够对其中生长的藻类产生重要的影响(孔繁翔 等,2005)。浮游藻类含有色素,吸收光照进行光合作用,叶绿素 a 是浮游藻类中最丰富的色素,图 12.5(卢东昱 等,2006)给出了叶绿素 a 的吸收光谱,其特点是在 450～650 nm 的吸收率较小。

但是,由于蓝藻细胞体内除了具有叶绿素外,还同时具有藻胆蛋白(包括藻蓝蛋白、别藻蓝蛋白),这些色素使得蓝藻可以利用其他藻类所不能利用的绿、黄和橙色部分的光(500～600 nm),从而比其他藻类具有更宽的光吸收波段,能更有效地利用水下光的有效光辐射并可以生长在仅有绿光的环境中(Oliver et al.,2002)。同时,而微囊藻成为水华的优势种有生理特性方面的原因。微囊藻有伪空泡,因而具有上浮和下沉的能力,这不仅在营养盐与光照分布极不均匀的浅水湖泊中具有竞争优势,而且由于它具备抗紫外的特性,因此,在透明度很低的浅水

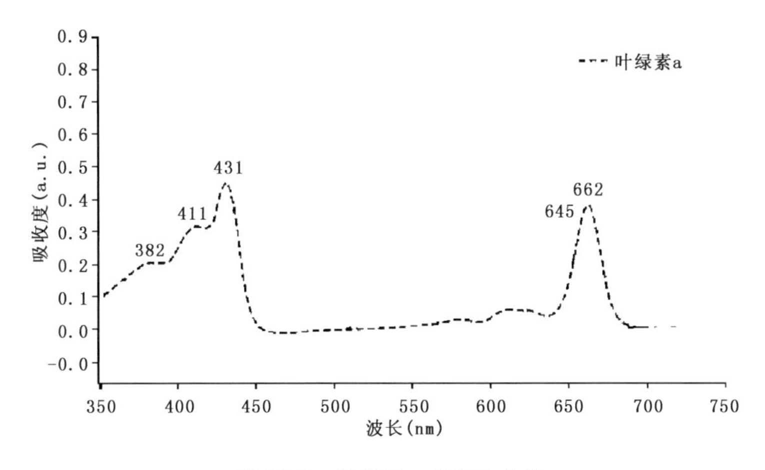

图 12.5　叶绿素 a 的吸收曲线

湖泊中同样具有竞争优势。此外，长期暴露在强光条件下对许多藻类来说可能是致命的，但微囊藻可通过增加细胞内类胡萝卜素的含量而保护细胞免受光的抑制，因此，对强光有较强的耐受性(Paerl et al.，1983)。加之蓝藻仅需较少的能量就能维持其细胞的结构和功能，在较低的光照条件下蓝藻可以比其他藻类具有更高的生长速率(Oliver et al.，2002)。所以，在扰动及其他浮游生物数量较多的条件下，蓝藻就具有更多的竞争优势。

12.1.4　气象条件对蓝藻水华暴发的影响

2007 年 4 月 25 日起太湖梅梁湾暴发了大规模藻类水华，暴发时间比过去提前近 1 个月，以此次蓝藻水华暴发过程为例，揭示气象条件对蓝藻水华暴发的一般影响。根据中国科学院太湖湖泊生态系统国家野外科学观测研究站的监测，5 月 2 日梅梁湾所有测点测得藻类叶绿素 a 含量全部超过 40μg/L，其中三山一鼋头渚水域达 179μg/L；5 月 27 日的卫星影像图片显示，太湖北部的竺山湾和贡湖湾以及整个西部湖区均发生了大面积的蓝藻水华；随后 5 月 28 日晚，无锡贡湖湾口南泉水厂发生污水团进入水厂取水口恶化水源水质事件，给居民日常生活带来了短暂却深远的影响(孔繁翔 等，2007)。

2007 年太湖蓝藻水华的暴发表现出比以前在时间上提早、在聚集面积上增加的特征(谢平，2008)。一些专家(孔繁翔 等，2007)认为，如下四方面原因促成了太湖蓝藻水华的提前大量暴发以及在贡湖湾的大量堆积，进而腐烂分解形成了污水团，进入贡湖水厂取水口，导致了水污染事件的发生。

12.1.4.1　富营养化态势明显

据 2007 年 5 月 2 日全太湖调查结果，除东太湖、东部贡湖湾、胥口湾以及洞庭西山南部水域外，太湖大部分水域藻类含量处于极高水平，西部水域以及望虞河河口水域藻类叶绿素 a 含量超过 100μg/L，水华最严重区域竺山湾湾口高达 234μg/L，是梅梁湾的 4 倍，湖心区也达到了 34.8μg/L。全湖持续富营养化是直接导致水华事件大发生的重要基础。

12.1.4.2　水温适宜藻类生长

2007 年初为近 25 年来的又一个暖冬，1—4 月平均水体温度均高于多年平均值，1 月高 0.36 ℃，2 月高 2.78 ℃，3 月高 2.98 ℃，4 月高 1.88 ℃，尤其是 4 月，月平均水温为近 25 年来最高，达到了19.56 ℃，2007年1—4月太湖水体积温高于多年平均值20.7 ℃·d，尤其是4月25日以后太湖水温一直维持在20 ℃以上，为藻类生长提供了良好的温度条件。值得一提的是，这是国内首次运用积温的概念来解释蓝藻的生长。积温概念在以生命周期较长的高等植物为种植对象的农业气象学中有着广泛应用，由于藻类增殖速度太快，在藻类学中应用较少。但是藻类的生长与水华的暴发，究其本质却显然有一个逐渐发展与形成过程。

12.1.4.3 现实水位相对较低

2007年1—4月太湖始终处于相对较低的水位，4个月平均水位为2.94 m(吴淞零点)，低于近25年水体积温最高的2002年同期，平均水位为12.3 cm，比常年水位低5 cm；加之整个太湖水温相对较高，促进了藻类的生长。

12.1.4.4 风场易于藻类聚集

2007年1—4月偏南风风场显著高于往年平均，以致其他湖区的藻类易于在北部湖区聚集。据往年统计，1—4月太湖多年平均偏南风占风场的比例一般为31%、31%、40%和43%，而2007年1—4月偏南风所占比例分别为72%、49%、46%和41%。除4月外，均高于多年平均，尤其是1—3月比例的增加，使得太湖南部藻类在风的作用下较正常年份易向太湖北部富集。此外，2007年3月和4月风速明显偏小，小于4 m/s的发生频率约占风场的62%和70%，比多年平均高出10%～15%，有利于微囊藻的上浮，这样在风速相对较小的偏南风的作用下，藻类更易向太湖北部水域聚集，从而在梅梁湾、贡湖湾形成大规模的水华。

12.2 太湖蓝藻生长及暴发对气候要素的响应

鉴于人类赖以生存的淡水生态系统具有明显的局地性和相对静态的特性，使得水生生态系统对气候变化的响应显得尤为敏感(Shimoda et al.，2011；Stainsby et al.，2011；Carpenter et al.，2010；Williamson et al.，2009)。因而，作为全球变化的组成部分，气候变化通过热量交换和风速等对全球碳、营养盐和水文循环及水温产生了深刻的影响。这种影响将增大生态系统扰动、改变自然过程及生态系统结构和功能，并由此对水生生态系统功能产生严重的威胁。

有害藻类水华的形成(如蓝藻在种群竞争中成为优势种群)及其变化是包括气候变化因素在内的诸多环境因子共同作用的结果(Wanger et al.，2009)；且不同区域和不同水体对气候变化的响应存在显著的空间差异(Mooij et al.，2007；Carey et al.，2012)，使得气候变化对水生生态系统演变的影响机制错综复杂。各因子对复杂的水生生态系统的影响难以定量化，给水生生态系统在气候变化作用下演变趋势的预测、修复、治理带来了极大的挑战。

因而，梳理气候变化对水生生态系统演变(尤其是浮游植物的种群演替、藻类生物量的变化)的影响机制不仅具有重要的科学意义，而且对水生生态系统修复和治理有着重大的应用价值。

12.2.1 太湖水温对气候要素的响应

12.2.1.1 水温时空变化对大气的响应

湖泊水体与大气之间存在水—气相互作用，其中水体对大气的响应主要源于太阳辐射、大气与水体之间的热量交换以及水体运动和混合作用。基于2008年8月13—18日的风速、风向、短波辐射等气象场资料的驱动，利用非结构有限体积法的海洋模式(FVCOM)，通过对水—

气的热量交换部分进行改进，对太湖三维水温进行模拟，分析了由温度差异引起的太湖表层混合层深度的变化，以及动力和热力两种作用对表层混合层深度的影响机制(Zhao et al.，2012)。

湖水的温度取决于水体吸收到的净辐射能量，赵巧华等(2010)根据 Churchill 等(2007)、Kim 等(2011)、Maggiore 等(1998)及 Gill(1982)文献中提及的方法来计算水—气交换过程中水体所获得的净热通量，包括短波辐射、长波辐射、感热及潜热，并耦合水体动力过程，计算太湖水温。

模拟结果表明，水下 10 cm 处模拟水温与实测水温相位及振幅的变化趋势基本一致(图12.6)，平均相对误差为 1.37%，最大相对误差为 5.4%。说明在水温模拟过程中，表层水温的模拟效果较好。同时，建立了相同深度的模拟水温与实测水温散点关系图(图 12.7)，从图中可以看到，二者基本紧密散布在 $y=x$ 的直线附近，相关系数为 0.83($n=695$)，平均相对误差 1.3%，最大相对误差为 6.3%。水温模拟存在误差的可能原因如下：其一，模拟所需的气象数据中，短波辐射等气象数据均是整点数据，在两两之间整点时间段内，模式中的线性插值并不能完全刻画气象场的时间序列。其二，水体反照率的影响，其在模式中设定为常数，而反照率

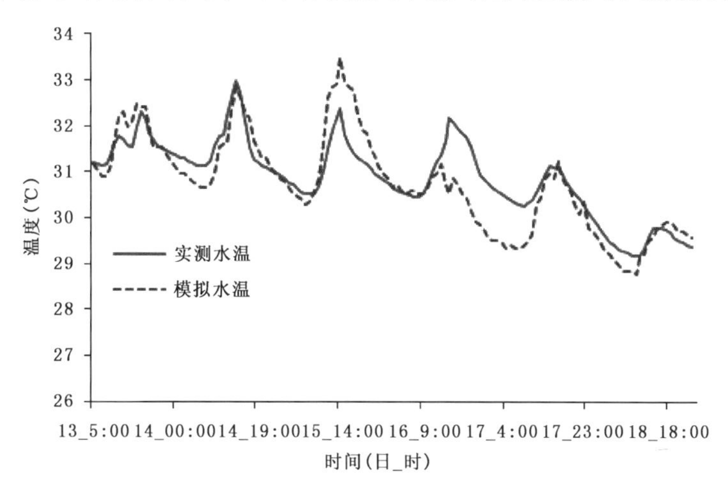

图 12.6 水下 10 cm 处实测水温与模拟水温随时间的变化

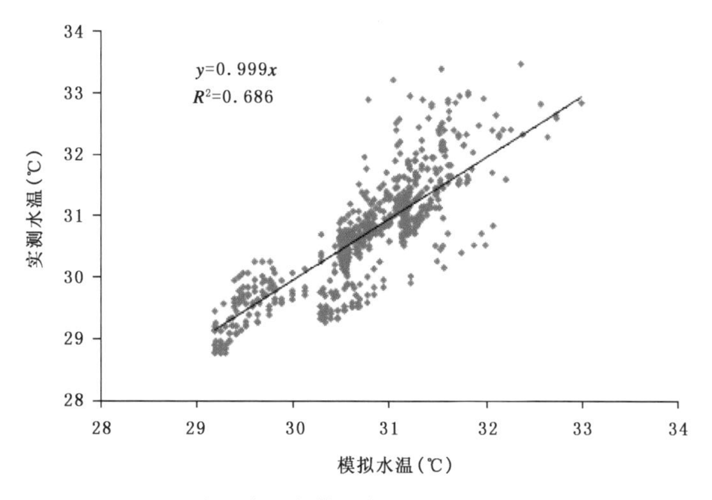

图 12.7 实测水温与模拟水温的相关关系($n=695$)

是受大气浊度和太阳高度角影响的，其中大气浊度通过影响短波辐射中直射与漫射的比例，进而影响反照率；太阳高度角存在明显的日变化，因而反照率也存在日变化，而非一常值。

水温观测深度设为 0.1 m，0.63 m，1.1 m，1.63 m，2.13 m。从不同深度的水温随时间的变化来看(图 12.8)，晚上到早晨水体上下的温度基本相同，说明水体得以均匀混合；水体上下温差最明显的现象一般出现在 14:00 左右，下层水温到达一天内的极值时间滞后于上层水温；在 2008 年 8 月 17 日和 18 日两天，白天温差很小，尤其是 2008 年 8 月 18 日，水体各深度上的温差较小；以上情况说明太湖这类浅水湖泊，分层现象在白天可能形成和存在，但在晚上分层现象消失而出现基本均匀混合的现象。

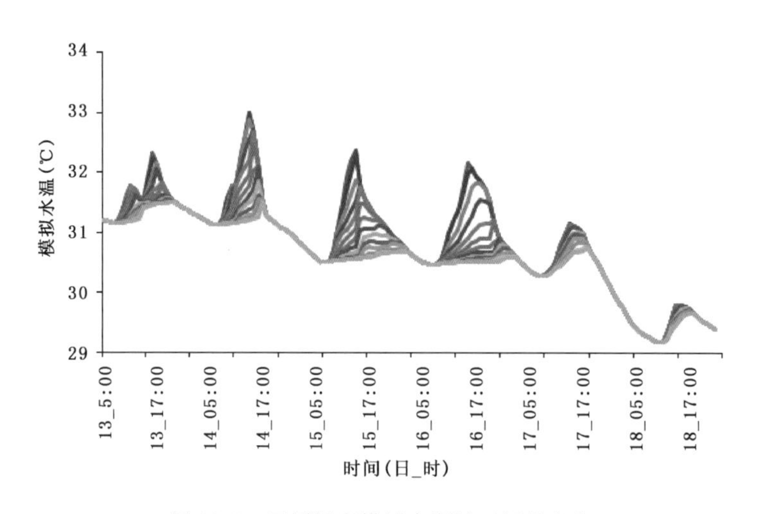

图 12.8　不同深度模拟水温随时间的变化

水—气之间的热量交换主要包括短波辐射、长波辐射、感热及潜热。其中净热通量为正的波动振幅小于短波辐射，时间跨度也略小于短波辐射，但其为正的变化规律与短波辐射基本一致(图 12.9)，说明净热通量日变化过程中，短波辐射是其决定因素。感热、潜热及长波辐射基本为负值，且对净热通量为负部分的变化规律而言，与潜热基本一致(图 12.10 和图 12.11)，说明潜热是使水体能量减弱的一个关键过程。

从水体分层和混合的强度及相位来看(图 12.8)，水体分层主要是取决于净热通量(图 12.9)：当净热通量大于零，才能使得水体获得能量以提高水温。在图 12.8 表示的水温日际变化中，8 月 17 日及 18 日水温下滑，尤其是在 18 日，白天的水温在深度上差异不大，水体混合程度相对较强。针对 8 月 18 日典型的混合而言，尽管这天净热通量的最大值并不是很小，但其为正的时间跨度很小，即从大气获得能量很小，使得水体温度降低，分层现象较弱；同时由于 8 月 17 日日落—8 月 18 日日出期间，净热通量为负且绝对值较大，二者作用造成水体能量损失较大(图 12.9～图 12.11)，说明这段时间由弱冷空气侵入，从这段时间的偏北风也可以证实(图 12.12)。基于上述原因，使得该日水温急剧下降且水体日混合较强。

综上所述，太阳辐射是决定水温上下层出现温差的主要因素，风引起的水体湍流切变作用则会影响到水温分层现象的持续时间和强度。

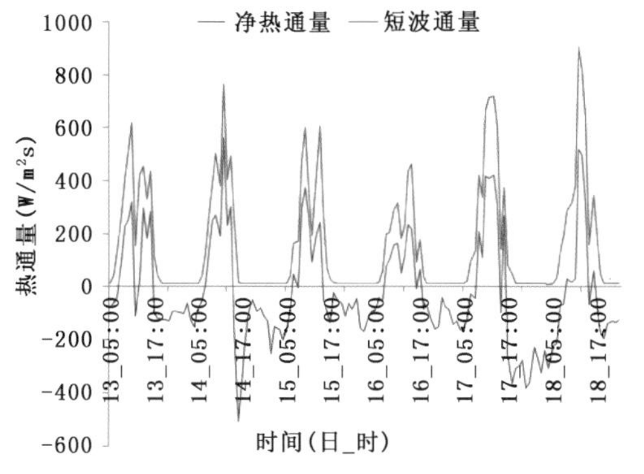

图 12.9　净热通量与短波通量的时间序列图

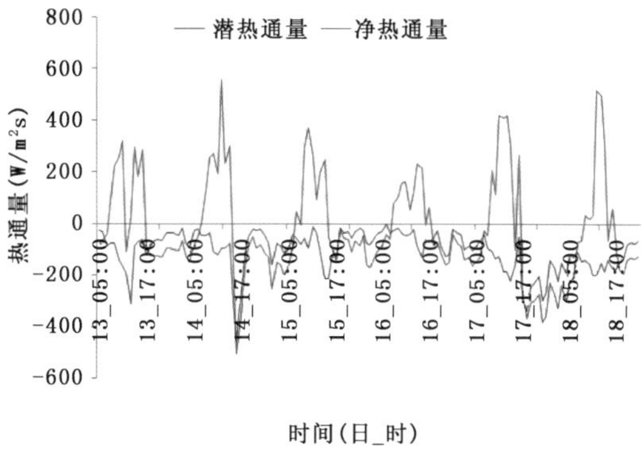

图 12.10　净热通量与潜热通量的时间序列

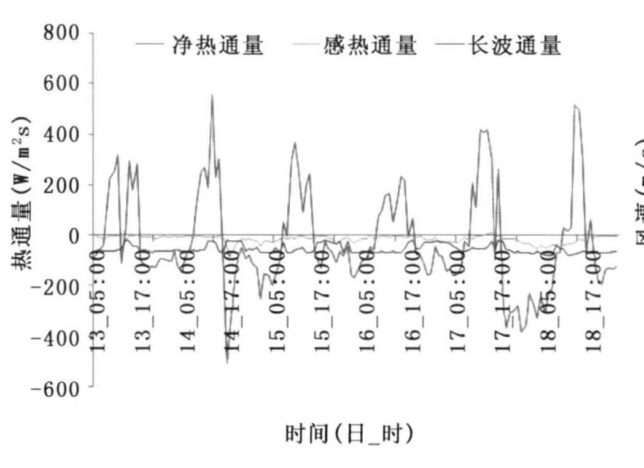

图 12.11　净热通量和感热通量的时间序列

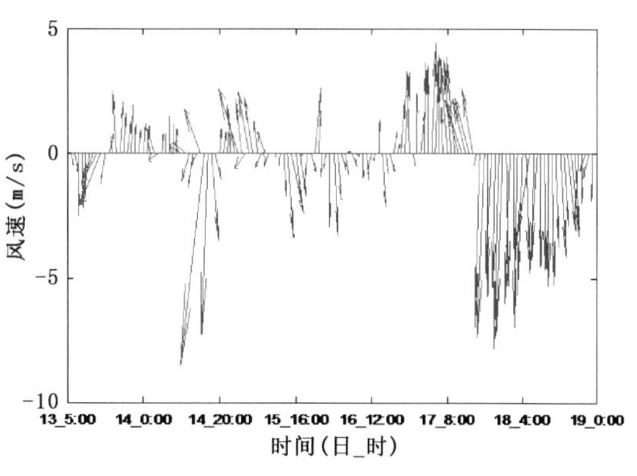

图 12.12　实际风场的时间序列

12.2.1.2　水体热力结构对藻类的影响

水体成层现象将对湖泊的物理、化学和生物过程产生重要影响(Kim et al.,2011),主要包括:①对湖水流动的影响,当存在温度成层现象时上下层的相对密度差异加大,造成上下层湖水流动速度的差异,说明温度的分层抑制了湖水向下的传递;②对水质,尤其是溶解氧的影响,水体成层的屏蔽作用使得溶解氧随水深增加而减少,湖表最大、湖底最小;③对 pH 的影响,成层现象存在时湖库表面的 pH 值要高于湖底的 pH 值,这与藻类的生长以及死亡降解有关;④对氨氮和总磷的影响,温跃层上下的水中的氨氮和总磷含量发生明显变化,在下层,溶解氧浓度较低的情况下,底泥中大量的氨氮以及磷酸盐溶出,造成下层水体中的氨氮和总磷含量远远超过了上层;⑤对浮游植物的影响,夜间,湖水上下混合较为均匀时,将底泥中的营养盐带到湖面,给浮游植物的大量繁殖提供了有利条件。

12.2.2　蓝藻生长及分布对风场的响应

12.2.2.1　水体中叶绿素及营养盐的时空特征

基于 2005—2011 年各个季节中国科学院太湖生态网络站对太湖 32 个采样点(图 12.13)采集的水质资料数据(包括叶绿素 a、溶解态氮与磷、悬浮质浓度),通过时间平均及空间插值,其结果如图 12.14～图 12.17 所示。

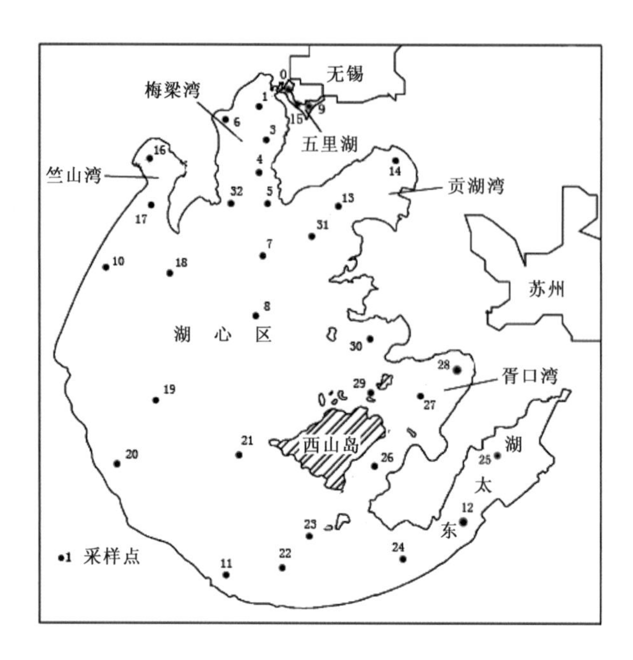

图 12.13 太湖采样点分布图

在图 12.14 中，除胥口湾及其邻近湖域外，在其他湖域，特别是梅梁湾和以大浦口、竺山湾为代表的西北湖区，沿岸叶绿素 a 的浓度值最高，全湖浓度的最高值出现在太湖西北岸的大浦口，达到了 30μg/L 左右。叶绿素 a 的浓度值向远离岸线的方向逐渐降低。但在太湖胥口湾、东太湖及附近的过渡区，叶绿素 a 浓度较低，最低为 3μg/L。这主要是由于胥口湾和东太湖是太湖典型的草型湖区，水生植物覆盖率高。水生植物是湖泊生态系统的重要调节者，一方面，沉水植物的光合作用降低了水体的氨氮浓度，另一方面，氧通过水生植物根系向沉积物的传输，提高了沉积物的氧化还原电位，抑制了氨化作用的进行。同时，水生生物生长也在不断吸收游离的氮磷，减少了水体及沉积物中的氮磷含量，从而抑制了藻类的生长，而且胥口湾和东太湖的地形相对封闭，同时地处主导风向(SE)的上风方，不利于藻类向湖湾内的漂移。以上诸多因素的共同作用造成了胥口湾和东太湖的叶绿素 a 浓度较其他湖区相对较低。

在图 12.15 和图 12.16 中，溶解态氮、磷的高值区主要分布在梅梁湾、竺山湾及宜兴沿岸区，空间分布趋势与叶绿素 a 浓度基本一致。这种空间分布表明了太湖北部及西北部区域富营养化程度最高，为藻类的生长和繁殖提供了必要的物质基础。

在图 12.17 中，水体中悬浮质浓度的空间分布则呈现出西部高，东部低的格局。这种格局与太湖底泥厚度分布相吻合。太湖底泥的分布主要集中在西部沿岸区域，在风浪与湖流的扰动下，易再悬浮，且经过湖流的搬迁与输移，使得悬浮物浓度得以向湖心等其他区域扩大。另外，由于太湖系大型浅水湖泊，风浪作用显著，造成水体中悬浮物浓度高，高值区接近 100 mg/L，即使在低值区也达到了 30 mg/L。正是风场驱动作用造成的底泥再悬浮，由此引发的营养盐的时空变化、水下光场的分布及能量的流动，进而对水生生态环境起到深远的影响。

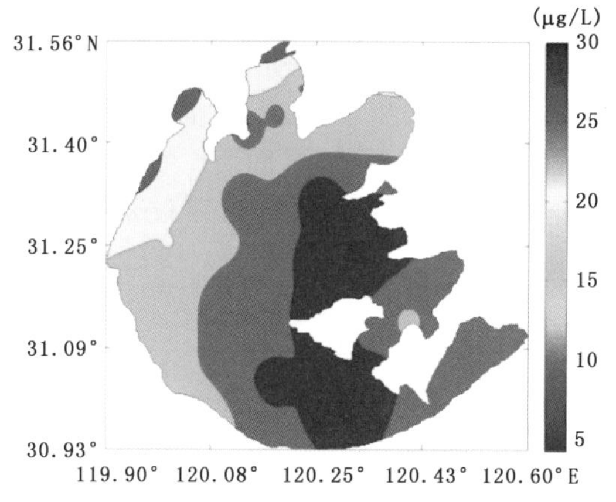

图 12.14　平均叶绿素 a 浓度的空间分布

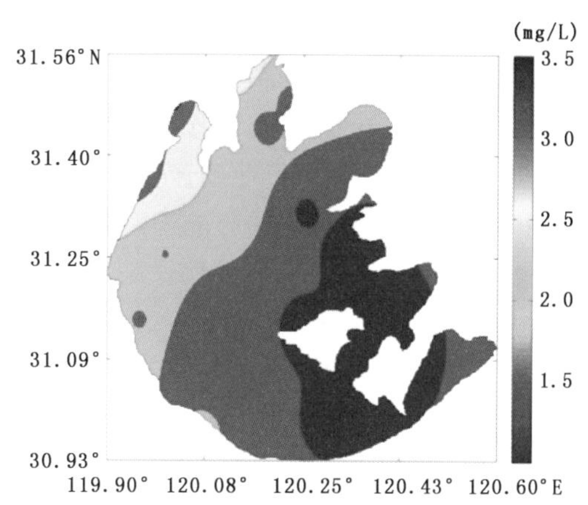

图 12.15　平均溶解态氮的空间分布

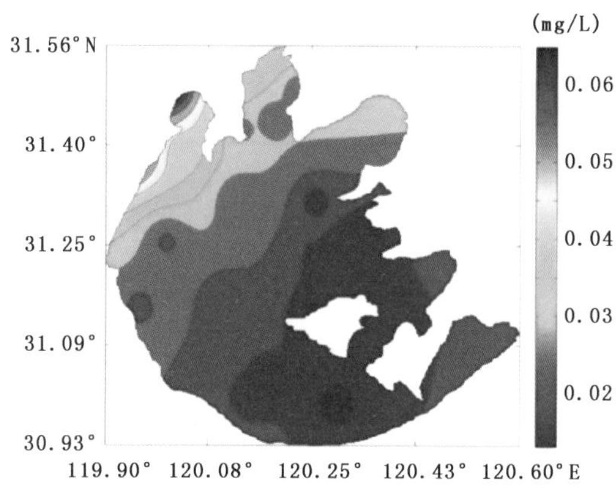

图 12.16　平均溶解态磷的空间分布

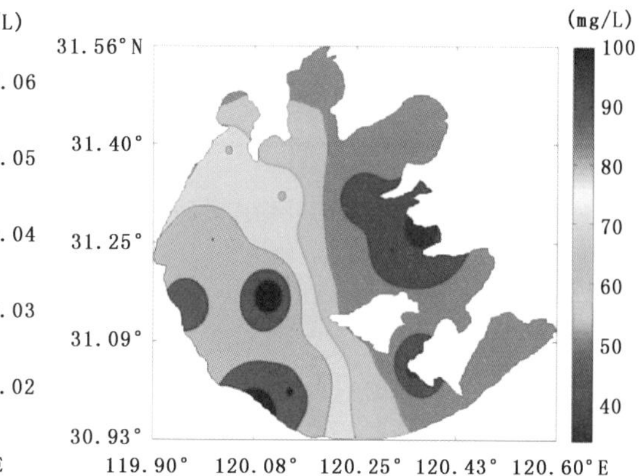

图 12.17　平均悬浮质的空间分布

12.2.2.2　影响水体中叶绿素 a 的因素及贡献

利用 2005—2011 年中国科学院生态网络站在太湖 32 个采样点(图 12.13)所得的各水质参数、周边气象局的气象要素资料，依据藻类光合作用和生长的原理，选择与藻类光合作用密切相关的因子(气温、风速、太阳辐射、溶解态氮与溶解态磷之比、溶解态磷)，在对各资料进行标准化后，以各点的叶绿素 a 浓度为因变量，同空间位置的其他 5 个变量为自变量，针对各采样点进行逐步回归，然后针对各因素的影响权重及空间化的结果，探讨太湖蓝藻与气象要素关系。现将各权重系数进行空间插值，以探讨自变量各要素贡献的空间差异。

在图 12.18 中，气温与太湖叶绿素 a 存在明显的正相关，说明气温对藻类光合作用具有明显的促进作用。与此同时，这种相关作用存在明显的空间变化：在西部湾区、竺山湾及梅梁湾存在高值区，而在胥口湾以北存在小值区，而贡湖湾、胥口湾及东太湖介于二者之间。存在这种空间变化的原因可能与藻类的生物量及适宜藻类生长的营养盐空间分布差异有关。气温与水温存在明显正相关，由于水温与藻类中调节藻类光合作用各种酶的活性存在正相关性，因而藻类生物量越多，其藻类的活性酶受到温度推动作用表现得越明显。

在图 12.19 中，风速与叶绿素的关系总体较弱，并且表现出有负有正的空间分布，西北部总体为负，东南部基本为正，但正贡献相对较小。一方面，风速对藻类叶绿素 a 的影响是通过风对水体表面的驱动，进而产生湖流及波浪。而湖流和波浪产生的扰动对藻类生长的影响比较复杂，这种影响与温度、营养盐等耦合在一起，综合影响藻类生长。另一方面，风速对藻类的影响是纯物理过程，即风场驱动产生的湖流对藻类的时空迁移的影响，如藻体的聚集，迁移及上浮等。风场对藻类浓度的影响中，无论是生物化学过程还是纯物理过程，不仅要考虑风速，而且还需要耦合风向的影响过程。

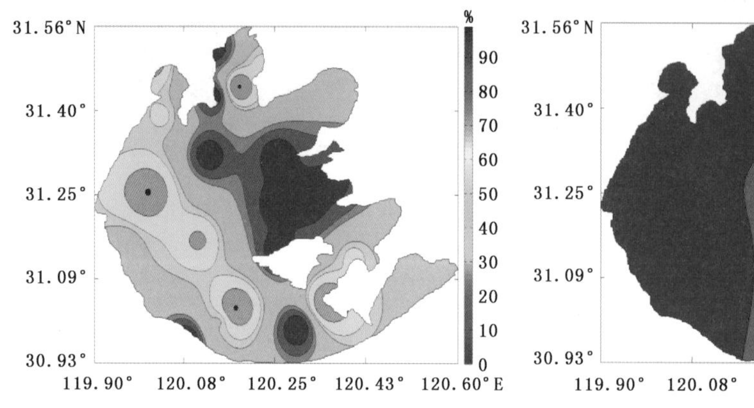

图 12.18　平均气温对叶绿素 a 的影响

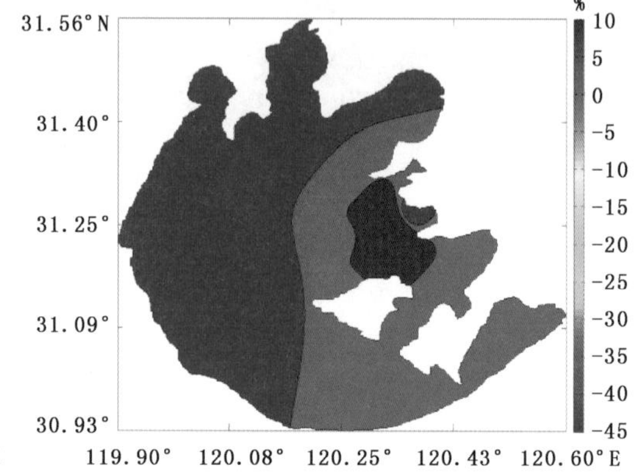

图 12.19　月平均风速对叶绿素 a 的影响

在图 12.20 中，太阳辐射与叶绿素 a 的关系较弱，只有 2 个点存在相互关系外，其余点位基本没有明显的关系。在太阳辐射中，光合有效辐射占主体部分，而光合有效辐射是藻类进行光合作用所不能缺少的，即太阳辐射促进藻类的生长和叶绿素 a 的增加，说明太阳辐射与藻类光合作用效率或叶绿素 a 的增量有着密切的关系，当然光合有效辐射过强，也会抑制藻类的光合作用。同时，由于太湖是一个典型的大型浅水湖泊，风浪作用显著，悬浮质、有色溶解有机质等非常丰富，这些介质对光的竞争能力较叶绿素 a 强，太阳辐射在水体中各介质之间的分配和流动将进行专门阐述。

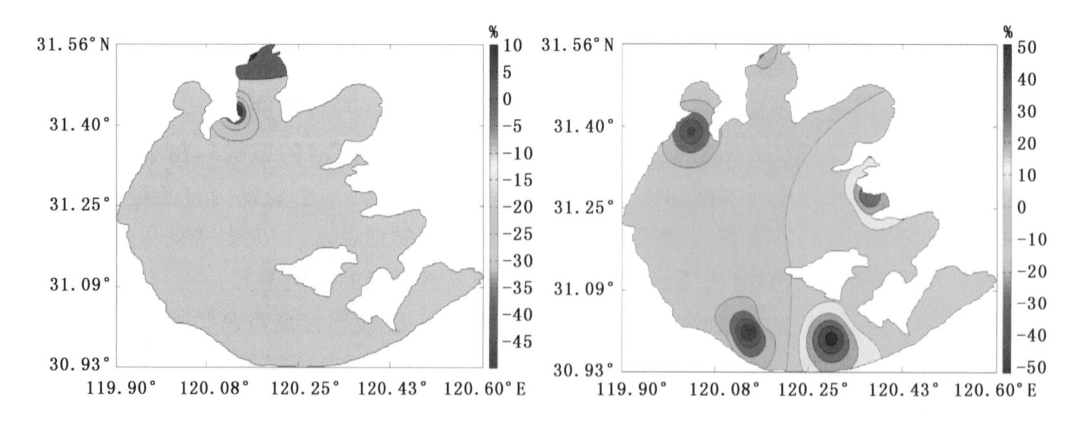

图 12.20　太阳辐射对叶绿素 a 的影响　　　　图 12.21　DN/DP 对叶绿素 a 的影响

在图 12.21 中，DN/DP 对藻类的贡献分布说明了在太湖西部，氮并非是限制藻类生长的主要因素，而在东部区域，DN 是限制藻类的因素，从其贡献大小而言，除了一个极值区域以外，DN/DP 对藻类的贡献或限制均相对较小；因此，总体而言，氮磷比并不会限制太湖中藻类的生长。但是在部分地区，DN/DP 对藻类生长的贡献较大，例如在贡湖湾湖区。

在图 12.22 中，对溶解态磷（DP）而言，其对叶绿素 a 的贡献（除去竺山湾的部分区域为负）总体为正，且贡献相对较强。说明在竺山湾的部分区域磷并非是其限制因子，这与图 12.16 溶解态磷的空间分布基本吻合；而在其他区域（尤其是西山岛周边区域及西南一隅），溶解态磷对叶绿素 a 的增加有促进作用，也就是说，在这些区域，磷是制约藻类增加的限制性因子。

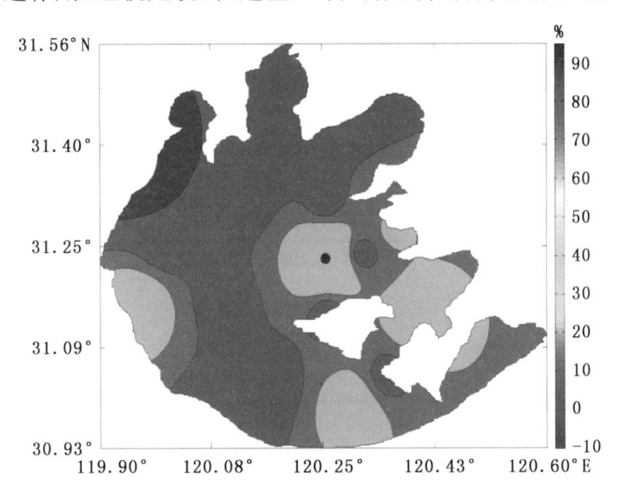

图 12.22　DP 对叶绿素 a 的影响

12.2.2.3　藻类生长所需营养盐对风场的响应

太湖是一个大型浅水湖泊，风浪作用强烈，风浪对太湖蓝藻水华的影响有如下几个方面：①风浪对水体中营养盐内源释放及底泥悬浮的作用；②风浪对藻类空间输移与堆积作用；③风浪对藻类生长速率的影响。

秦伯强等(2005)认为，由于底泥空间分布的形成是经过沉积物反复再悬浮、搬运及沉降造成的，在底泥沉降过程中，沉积物颗粒在沉降过程中易吸附营养盐，从而造成沉积物中空隙水的营养盐浓度高于上覆水；大型浅水湖泊在风浪作用下，上覆水中的营养盐可通过底泥再悬浮释放到上覆水中，因而风场驱动下的风浪、湖流通过底泥再悬浮改变水体中营养盐浓度，进而影响水体中的叶绿素 a 浓度。

太湖位于典型的季风区域，其底泥在长期风场驱动的湖流和波浪的扰动下，反复地被侵袭、搬运、沉降，最后形成相对稳定的太湖底泥空间分布格局。在图 12.23 中，全湖沉积物分布极不均匀。太湖西部沿岸，该区域沉积物分布较厚且面积较大；湖东部沿岸分布区域小；贡湖湾的沉积物主要分布在大贡山以北及以西的区域；竺山湾分为北部和南部两片；东太湖基本被底泥全部覆盖（赵巧华 等，2011）。

风浪的作用很容易引起湖底沉积物发生再悬浮，从而使沉积物中的营养盐释放到湖水中。沉积物作为内源载体，从长时间尺度来看，其基本属于营养盐的汇，但在波浪的扰动及流场共同影响下，底泥扮演了营养盐的内源释放的角色，可见对营养盐而言，沉积物在源和汇的两种角色上转换频繁，湖底底泥是太湖内源污染的主要来源。

风浪的作用不仅使水土界面不断受到扰动作用致沉积物大量悬浮，水土界面不断受到破

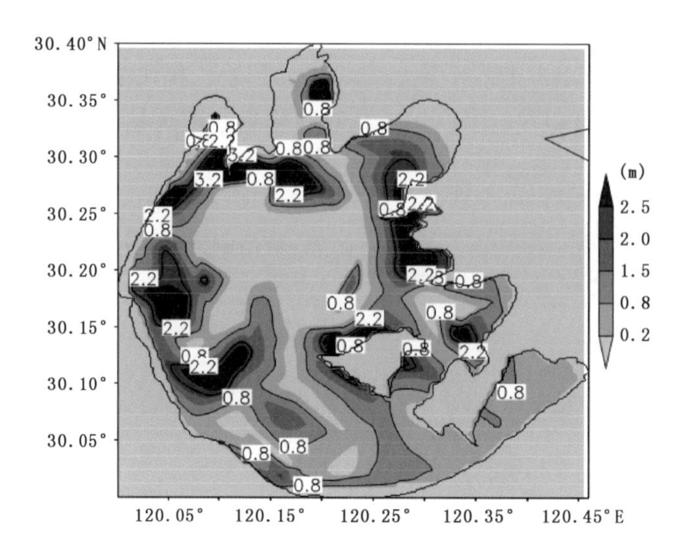

图 12.23 太湖沉积物深度空间分布图(赵巧华 等,2011)

坏;同时风场的作用使得水体动力作用发生变化,影响营养盐与叶绿素 a 的空间分布,从而影响藻类的生长速率。

许遐祯等(许遐祯 等,2012)基于气象观测站数据分析在不同的风力和风向情况下风场对太湖表面藻类的影响。研究依据 2005—2009 年每年四季的采样时段的风速和风向,分析风速和风向对蓝藻分布的影响。对每次采样期间各站一日 4 次风速观测资料进行平均和总平均计算,再对每次采样期间的风速进行分型,然后统计得出各风速类型的风玫瑰图及太湖叶绿素 a 浓度均值分布图(图 12.24)。

风速分型标准:按风速大小分为三型。每次采样期间 6 个气象站 4 次定时观测资料总平均风速<2.0 m/s 为弱风型(8 次,2005 年 11 月、2006 年 11 月、2007 年 2 月和 11 月、2008 年 2 月和 11 月、2009 年 8 月和 11 月),2.0~3.0 m/s 为风小型(8 次,2005 年 2 月和 8 月、2006 年 2 月和 5 月、2007 年 8 月、2008 年 5 月和 8 月、2009 年 2 月),>3.0 m/s 为风大型(4 次,2005 年 5 月、2006 年 8 月、2007 年 5 月、2009 年 5 月)。弱风型多出现在秋冬季节,风小型和风大型则以春夏季为主。

在弱风情况下,一方面,秋冬季节气温较低,不适合藻类繁衍;另一方面,弱风时的太湖主导风向并不显著,藻类仍可在湖面呈颗粒状自由漂浮(Oliver et al.,2002),因此,弱风情况下的太湖表层叶绿素 a 浓度分布均匀,藻类聚集现象并不明显。此时,叶绿素 a 浓度的低值区域集中在胥口湾和东太湖附近。

在风小情况下,东南风占主导地位,风小时位于太湖西南部的叶绿素 a 浓度低值区域向西北扩散至梅梁湾南侧的湖心区域,太湖西北部竺山湾口的藻类堆积现象明显。

在风大情况下,太湖大部分区域的叶绿素 a 浓度呈低值,表明这些湖区的表层藻类生物量水平分布差异较小。此时,全湖的藻类主要聚集在太湖北部的竺山湾和梅梁湾两个湖湾,但太湖的风向以 ESE 为主,因此,北部湖湾叶绿素 a 浓度高值的出现并非风速大所造成。

综合上述 3 种风力情况,风力对太湖湖面藻类的漂移作用显著。弱风情况下,太湖表层叶绿素 a 浓度分布均匀,藻类仍可在湖面呈颗粒状自由漂浮,聚集现象并不明显。而在风小情况

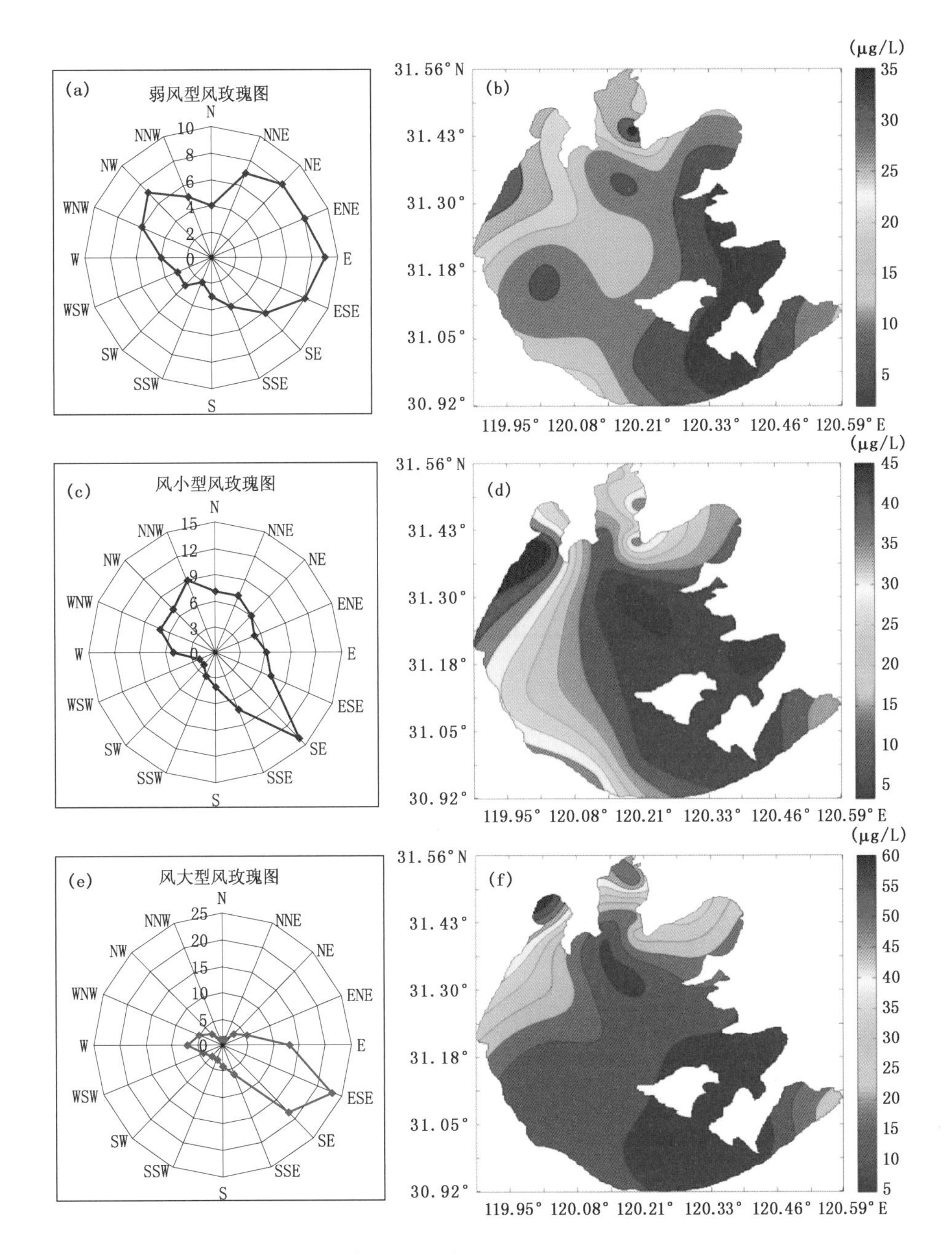

图 12.24　各风速类型的风玫瑰图及其相应的太湖叶绿素 a 浓度均值分布：(a)弱风型玫瑰图；(b)与弱风型对应的叶绿素 a 浓度分布；(c)风小型玫瑰图；(d)与风小型对应的叶绿素 a 浓度分布；(e)风大型玫瑰图；(f)与风大型对应的叶绿素 a 浓度分布(许遐祯 等,2012)

下,藻类会顺着风向向岸边漂移,形成藻类的堆积。但当风速超过临界风速(3 m/s)时,风浪抑制了藻类的聚集,使得藻类水平分布又趋于均一。

在讨论了风力对太湖叶绿素 a 分布的影响后,下面分析不同主导风向类型下太湖叶绿素 a 的分布特征(图 12.25)。

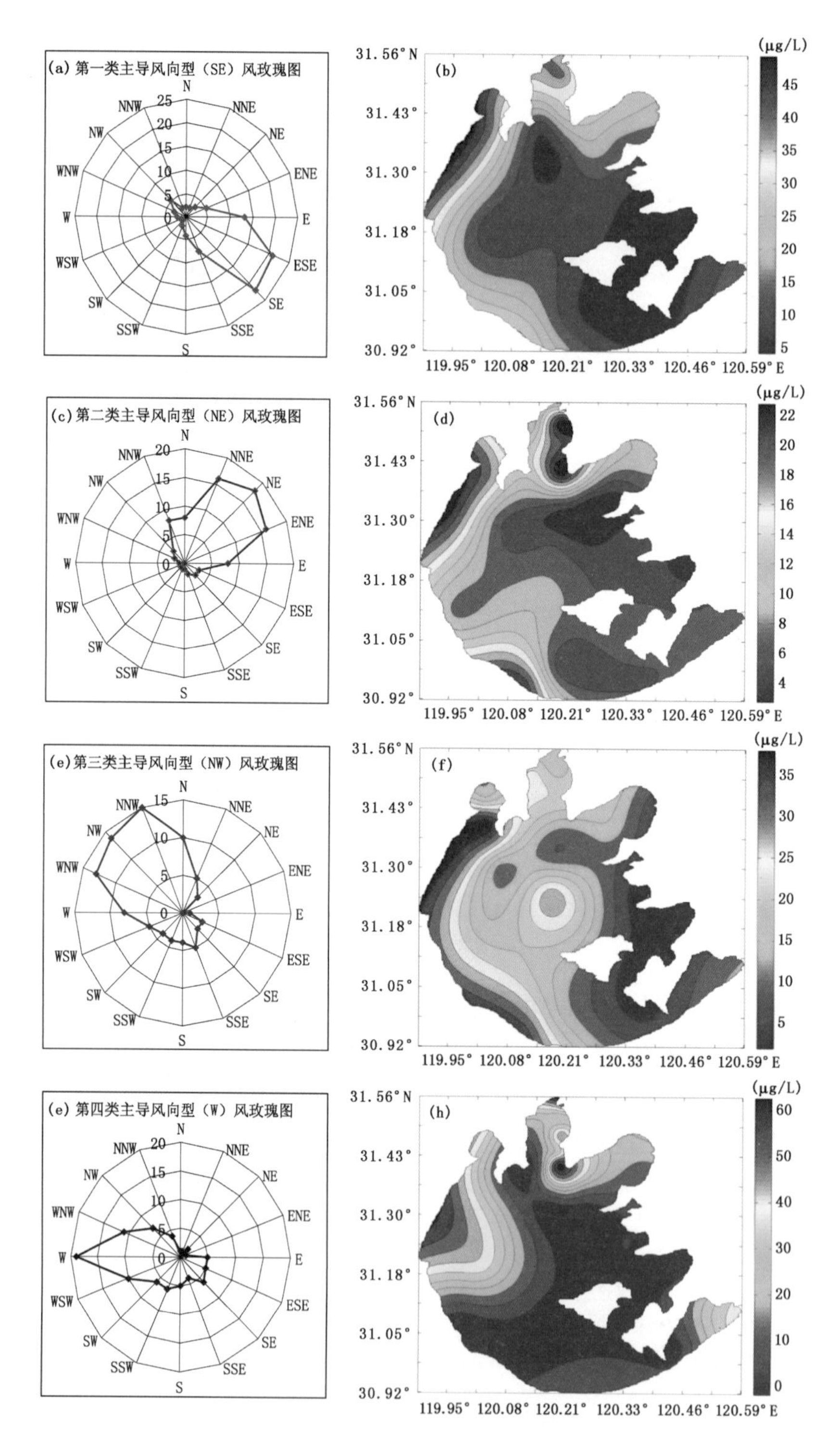

图 12.25　各类主导风向型的风玫瑰图及其相应的太湖叶绿素 a 浓度均值分布：(a)SE 风向的风玫瑰图；(b)与 SE 对应的叶绿素 a 浓度分布；(c)NE 风向的风玫瑰图；(d)与 NE 对应的叶绿素 a 浓度分布；(e)NW 风向的风玫瑰图；(f)与 NW 对应的叶绿素 a 浓度分布；(g)W 风向的风玫瑰图；(h)与 W 对应的叶绿素 a 浓度分布

主导风向分型标准:按主导风向不同分为四型。

第 1 类主导风向型(SE):采样期间主导风向以 SE 为主(集中在 SE、SSE、ESE 及 E 这 4 个风向);出现次数为 9 次,分别为 2005 年 2 月、5 月,2006 年 5 月、8 月,2007 年 2 月,2008 年 5 月、11 月,2009 年 5 月、8 月。

第 2 类主导风向型(NE):采样期间主导风向以 NE 为主,集中在 NE、NNE、ENE 这 3 个风向;出现 4 次,分别为 2005 年 11 月、2006 年 2 月、2008 年 2 月、2009 年 2 月。

第 3 类主导风向型(NW):采样期间主导风向以 NW 为主,集中在 NW、NNW、WNW 和 N 这 4 个风向;出现 4 次,分别为 2005 年 8 月、2006 年 11 月、2007 年 8 月和 11 月。

第 4 类主导风向型(W):采样期间主导风向以 W 为主,集中在 W、WNW 和 WSW 这 3 个风向;出现 3 次,分别为 2007 年 5 月、2008 年 8 月、2009 年 11 月。

不同主导风向类型下太湖叶绿素 a 的分布特征:

第 1 类主导风向型:藻类随东南风向西北下风方向漂移,在太湖西北部迎风岸大量堆积,而太湖东南部藻类的含量很低。图 12.25(b)显示叶绿素 a 浓度由太湖东南湖区向西北部缓慢递减,在太湖西北部,叶绿素 a 浓度的递减速率骤升,其等值线分布稠密且与风场方向几乎垂直,表明东南风向对藻类向太湖西北部堆积聚集有重要的驱动作用。

第 2 类主导风向型:竺山湾和梅梁湾两湖湾地形封闭,不利于堆积于此的藻类向太湖湖心的漂移,因此,在图 12.25(d)NE 风向下,北部两湖湾的叶绿素 a 浓度仍然相对较高,特别是梅梁湾东侧,受沿湖山地对 NE 风的阻隔作用,藻类不易漂移扩散,但是就太湖主体而言,NE 风向对藻类的漂移影响仍然十分显著。在 NE 风的作用下,位于贡湖湾南部的叶绿素 a 浓度低值区向西南方向大面积扩散,加剧了梅梁湾口、太湖西北部和西南部叶绿素 a 浓度的递变趋势。另一方面,苕溪入湖口附近的藻类发生聚集,也与风场的方向有关。

第 3 类主导风向型:在该型主导风向下,在太湖中心靠近苏州西山的区域,自太湖西北部的蓝藻漂移至此,受西山地形阻隔,在湖岛西北侧形成藻类聚集。在偏北风作用下,太湖湖心易形成一顺时针环流场(Upadhyay et al.,2013),因此,如图 12.25(f)所示,湖心浓度高值中心的四周还有浓度低值区的环绕。

第 4 类主导风向型:第四类主导风向型(W 型)样本中的 2007 年 5 月和 2008 年 8 月是典型的太湖蓝藻水华高发期,因此,在图 12.25(h)中,该型叶绿素 a 浓度最高。从太湖的天气气候特点来看,没有长时间稳定持续的西风控制时段,所以,采样期间的西风主导型仅对宜兴沿岸的叶绿素含量高值区向西面的湖中区扩散起到一定的作用。宜兴沿岸的入湖水流经太湖湖心从东太湖出湖,呈西北一东南向,因此,在主导西风和湖流的共同作用下,宜兴沿岸的叶绿素 a 浓度高值区呈现出向 SSE 方向扩散的趋势。叶绿素 a 浓度的另一个高值区出现在南泉水源厂(沙渚水源地)附近,其原因一是西风与湖流的影响,二是受到望虞河引江济入太湖水流的顶托。2007 年 5 月末的太湖蓝藻水华暴发引发的无锡自来水供水危机事件正是发生在沙渚水源地,因此,这一类主导风向型在保证饮用水安全方面应特别予以重视。

风场对叶绿素 a 浓度空间分布的影响是通过风生流对藻类的输移实现的。然而,在周边地形等边界层的物理作用下,风速、风向及持续时间呈现高频变化,因此,在研究风场对各湖区叶绿素 a 浓度分布的定量化影响的过程中,需考虑高频变化的风场。

在太湖的北部湖湾,特别是梅梁湾和竺山湾,湖水富营养化严重,营养盐浓度已超过了藻类生长所需的浓度,所以北部湖湾叶绿素 a 浓度的变化受营养盐的影响较小,而随着太湖风场的变化，藻类随风漂移，引起了北部湖湾叶绿素a浓度的变化。这与王芳等(2008)提出的梅梁湾藻类浓度受太湖风场影响明显的结论相一致。但是，在太湖湖心区域，风场对叶绿素a分布的作用并不明显。这可能是因为湖心区的营养盐对叶绿素a浓度的作用较为显著，削弱了风场的影响。而在东太湖，水质状况良好，水生植被覆盖面积大，水生植物减少了水体中的藻类数量，促进了藻细胞内叶绿素a的破坏，同时，还由于水草对湖流的减弱作用，导致了东太湖的叶绿素a浓度分布受风场的影响较弱，而受水生植物的影响则相对较大。

张毅敏等(张毅敏 等，2007)对铜绿微囊藻的水动力模拟实验表明，同一温度下，不同流速对于藻类生长的影响不同(图12.26)，流速逐渐变小，对藻类生长有利。然而，在对流水的藻类研究中发现，除嫌流水藻类外，急流水藻类和中流水藻类都可以在流水中生长。水流对藻类的生长和繁殖是有利的，可使藻类不断得到新的营养物质供应。当流速＜30 cm/s时，适量的水动力条件有利于改变铜绿微囊藻胶质群体的大小和微生态环境，从而增强其吸收营养物质的能力，还有利于实验装置中溶解氧的增加和氧化还原电位的改变。当流速＞30 cm/s时，藻类数量的增长受到抑制。这是因为流速过大时，水流的冲刷作用使藻类的生长、繁殖环境受到破坏，有效地抑制藻类的增长和聚集。

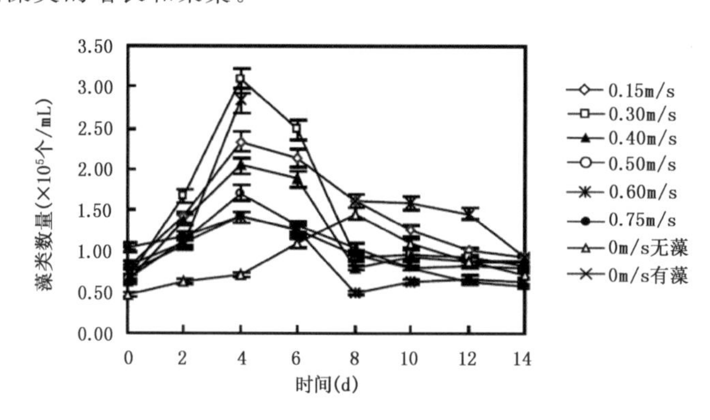

图12.26　25 ℃不同流速下藻类数量的变化(张毅敏 等，2007)

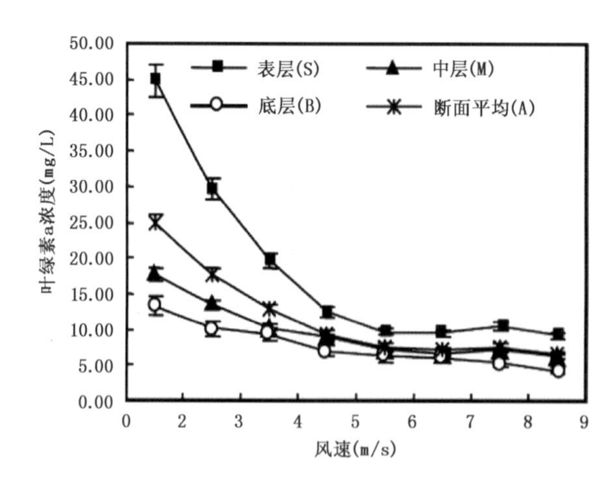

图12.27　太湖不同水层叶绿素a浓度随风速变化(张毅敏 等，2007)

在图12.27中，风速与水体中的叶绿素a浓度基本上呈负相关。水中叶绿素浓度随风速的增加而迅速递减；当风速达到 5.0 m/s 左右时，降幅最大；风速再增加，叶绿素 a 浓度基本维持在较低水平，变化很小。不同水层中叶绿素 a 浓度差异较大，表层水叶绿素 a 浓度递减的幅度远大于底层，随着风速的增强，水体中叶绿素 a 浓度降至最低，同时垂直方向不同水层间的差异减小。风速的变化带来了水动力条件的改变，影响浮游动物的分布情况，直接和间接地影响藻类的生长和聚集状态。

12.2.3　蓝藻生长对光合有效辐射的响应

12.2.3.1　太阳辐射在水体中的分配流动规律

太湖属于大型浅水内陆水体，水体中不仅因风浪作用而使得悬浮颗粒物丰富，而且地表径流也对水体有较大的影响，从而使得太湖水体中的光学介质（非藻类颗粒物、有色溶解有机质）非常丰富，从而使得藻类与它们竞争光合有效辐射处于劣势。赵巧华等（2008）基于 2005 年 8 月、11 月及 2006 年 2 月、5 月太湖 31 个采样点的水样，测定了其中黄质（chromophoric dissolved organic matter）和颗粒物的吸收系数。通过次氯酸钠漂白法及数值分离法，将颗粒物吸收系数分离为藻类颗粒物及非藻类颗粒物的吸收系数，比较并分析了太湖水体介质吸收有效光合辐射能量的谱特征及其季节变化。

图 12.28 表示的是春、夏、秋、冬四季藻类颗粒物、非藻类颗粒物、黄质、水的平均吸收贡献谱。从中可以看出，藻类颗粒物的吸收贡献基本随波长呈增加的趋势，但即使其最小的贡献也在 35％或 40％的范围内，而最大在 70％左右；黄质的吸收贡献谱随波长却基本呈下降的趋势，这与黄质的吸收系数随波长呈 e 的负指数的变化趋势一致。就非藻类颗粒物与黄质的吸收贡献比较而言，夏季在 400～473 nm，秋季在 400～461 nm，冬季在 400～476 nm，春季在 400～569 nm，黄质的吸收贡献大于非藻类颗粒物，而在其余波段中，非藻类颗粒物的吸收贡献相对较大。这说明黄质在短波对光能的竞争能力更强，且春季显得尤为强烈，其优势范围扩展到了蓝、绿波段。在整个光合有效辐射的范围内，水体中的太阳辐射能量主要被上述二种介质获取到。在四季中，对 400～450 nm 辐射能量而言，黄质与非藻类颗粒物的吸收贡献基本大于 85％，即使在吸收贡献较小的长波段，其二者之和也大于 55％。因而，太湖这类大型浅水湖泊，由于黄质及非藻类颗粒物来源丰富，浓度甚高，造成这两种介质成为水体有效光合辐射的主要获取者。

12.2.3.2　藻类生长及对太阳辐射的利用效率

太湖悬浮物浓度的多年平均值呈现湖心最大，河口及梅梁湾次之，东太湖最小的特点，在近 1 m 以上的水体中，悬浮物浓度基本均匀，且悬浮物是引起光透明度降低及光衰减系数增大的主要因素（王芳 等，2008），可见湖心区、梅梁湾、河口区及胥口湾区的水体中，水下光场具有明显的差异（即光在水体中的衰减谱有着明显的区别）。同时，由于不同湖区的水体中光介质浓度不同，因而藻类获取的光合有效辐射存在较大的差异，所以通过探讨藻类的光量子产额比以前探讨光强与初级生产力的关系更为适合。

赵巧华等（2010）利用藻类光利用效率法探讨了藻类获取的光量子是否完全进行光合作用问题。基于 2009 年 4 月 28 日、5 月 4 日、5 月 5 日、5 月 6 日在太湖梅梁湾的栈桥头、直湖港的河口区、太湖中心及胥口湾中心（图 12.29）测定的初级生产力及水下光场数据，计算了各测点的藻类光量子产额并作出 P－I 曲线（图 12.30），分析了其空间差异的特征。

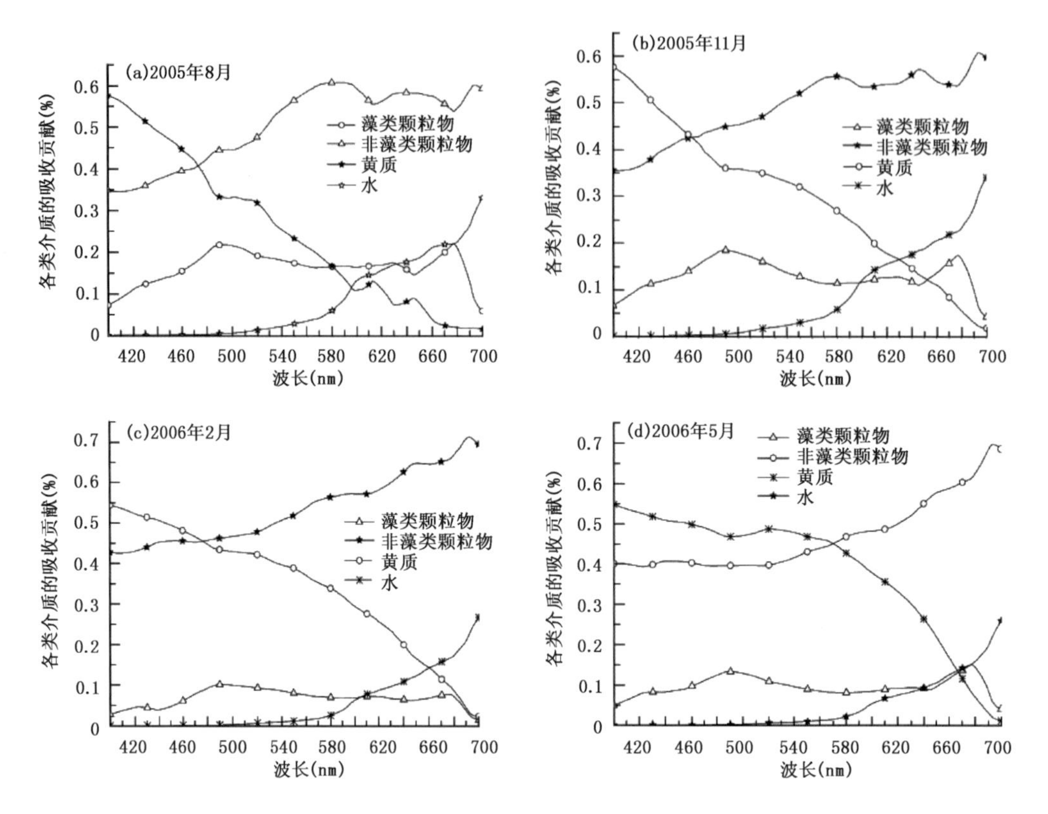

图 12.28　2005 年 8 月、11 月以及 2006 年 2 月、5 月各介质的吸收贡献谱(赵巧华 等,2008)

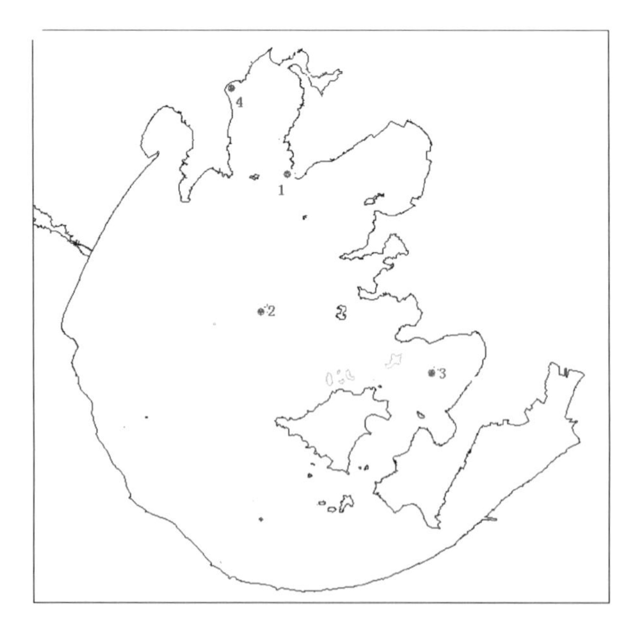

图 12.29　采样点分布示意(赵巧华 等,2010)

由图 12.30 可以发现,太湖栈桥头的曲线呈现出明显的光抑制现象;在胥口湾中心和直湖港河口,曲线呈现出微弱的光抑制现象;而在太湖中心区域,曲线只达到了光饱和状态,并未出现光抑制现象。单位叶绿素 a 的最大光量子产额的大小顺序为太湖中心区域、梅梁湾的栈桥头、直湖港的河口区及胥口湾的湖心区。下图中 1# 是太湖生态研究所的栈桥桥头，2# 是太湖湖心区域，3# 是胥口湾，4# 是直湖港河口区。

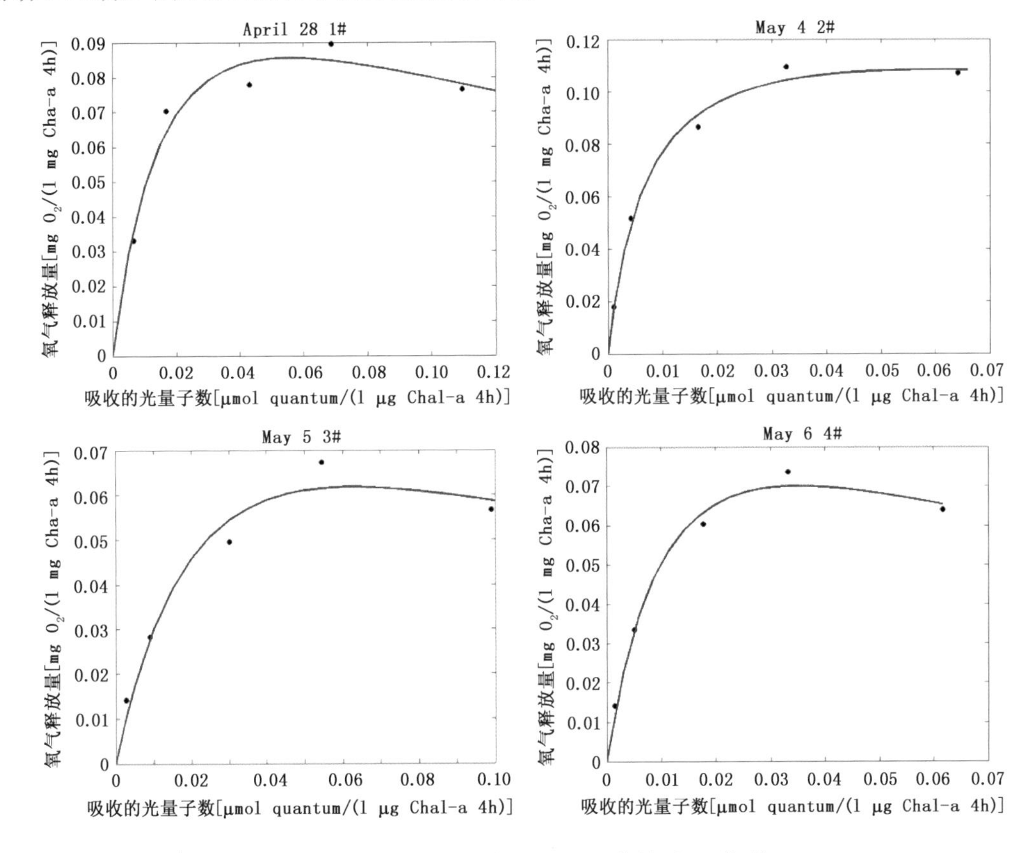

图 12.30　各站点的光量子产额及 P—I 曲线(赵巧华 等，2010)

表 12.1 给出了各采样点的营养盐、悬浮物及叶绿素 a 的浓度。从中不难发现，N、P 比均大于 14，且全太湖水体中总磷浓度已远超出富营养化浓度的临界值(陈中赟 等，2009)。因而在太湖的水体中水下光场及藻类获取光合有效辐射是影响藻类光合作用的关键因子。

表 12.1　各站点的营养盐、悬浮物及叶绿素 a 的浓度

项目	1 号	2 号	3 号	4 号
叶绿素 a(μgL^{-1})	14.51	6.7	5.65	22.02
悬浮物浓度(mgL^{-1})	42.5	65.5	46.1	39.7
总氮(mgL^{-1})	3.94	3.82	2.61	4.12
溶解态氮(mgL^{-1})	3.45	3.79	2.21	3.43
总磷(mgL^{-1})	0.086	0.084	0.065	0.108
溶解态磷(mgL^{-1})	0.037	0.050	0.026	0.039

因而结合表 12.1 可知，湖心区域(2 号点)的悬浮物浓度最高，光的衰减也相对最强，因而整个水柱中，未出现光的抑制现象，尽管随着藻类吸收光子数的增加，P—I 曲线线形增长的趋

势变缓，但依然有增加的趋势，只是在接近光饱和的状态；胥口湾（3 号点）悬浮物浓度次之；栈桥头（1 号点）的悬浮物浓度大于直湖港河口区（4 号点），但由于后者水体中的叶绿素 a 含量较大，有着遮光的作用，从而造成在该区域光的抑制现象较弱。

可见要进一步讨论日太阳总辐射与藻类的关系，应考虑到非藻类颗粒物与有色溶解有机质的光能的消耗，同时也需要考虑藻类获取光能是否能完全利用而进行光合作用。否则，这种关系并不能刻画辐射对藻类生长的影响机制。

12.3 太湖江苏区域气候变化及其对藻类生长的影响

12.3.1 太湖江苏区域气候变化的一般特征

由前述可知，气温、风速等气候要素深刻地影响着藻类的生长以及藻类在水体中的分布情况。另有研究表明，大多数小雨天气对蓝藻短期发展较有利；中等强度降水对蓝藻短期发展有一定的抑制作用；大雨以上降水过程抑制蓝藻发展较明显（Wanger et al.，2009）。王成林等（2010）利用太湖周边的东山站、吴中站、无锡站、宜兴站 1961—2007 年共 47 年的日平均资料，其中 4 个站点的月平均气温及风速，作为太湖流域的月平均气温及风速；4 个站点的月平均累积降水量，作为太湖流域的月累积降水量。

图 12.31(a)为太湖流域月平均气温随时间的变化，图 12.31(b)为太湖流域月平均气温经小波滤波后保留大于 2^7 个月以上时间尺度的变化序列，反映的是年代际时间尺度的变化趋势。由图 12.31(b)可见，太湖流域月平均气温在 20 世纪 80 年代中期以后发生跃变，逐年升高，到 2003 年左右达到峰值，其后有下降趋势，其峰谷气温差值高达 1 ℃以上。

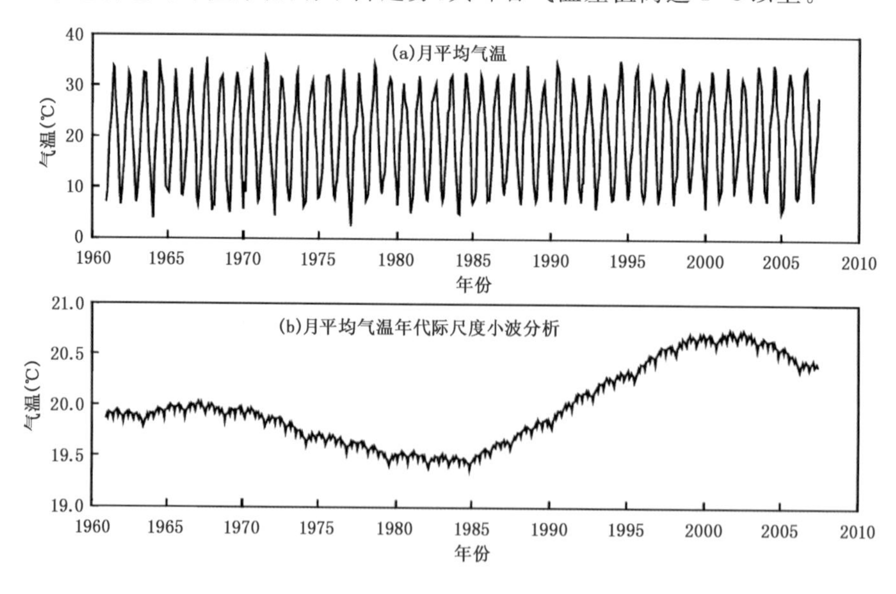

图 12.31 太湖流域月平均气温的演变趋势（王成林 等，2010）

图 12.32(a)为太湖流域月平均风速随时间的变化，图 12.32(b)为太湖流域月平均风速年代际尺度的变化趋势。由图 12.32(b)可见，太湖流域月平均风速在 20 世纪 70 年代以后发生

跃变，逐年下降，2007 年达到谷值，与峰值的差接近 1 m/s。

图 12.33(a)为太湖流域月累积降水量随时间的变化，图 12.33(b)为太湖流域月累积降水量年代际尺度的变化趋势。由图 12.33(b)可见，太湖流域月累积降水量在 20 世纪 70 年代初以后发生跃变，逐年增加，90 年代初月累积降水量达到峰值，与谷值的差接近 25 mm；20 世纪 90 年代以后月累积降水量逐年下降，2007 年月累积降水量下降至 20 世纪 70 年代初的水平。

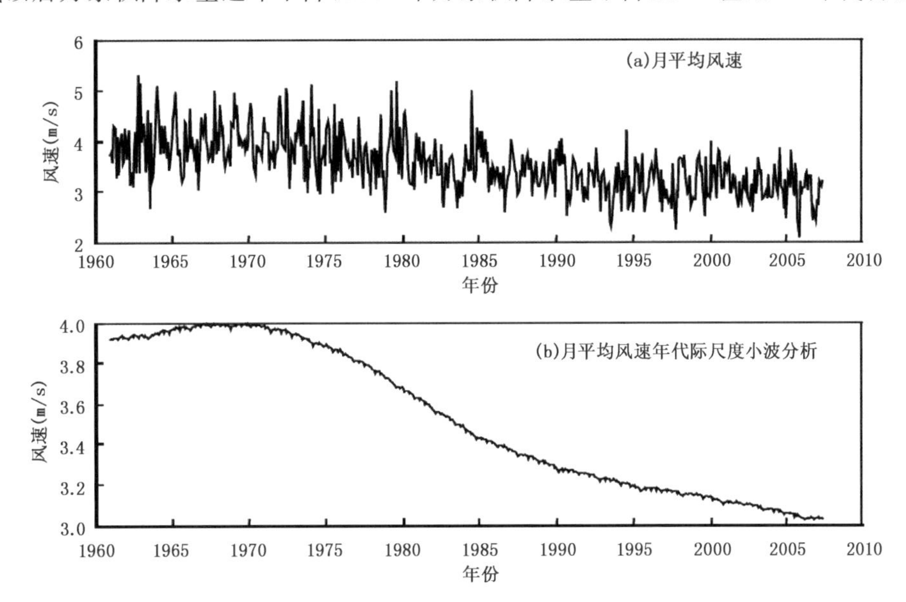

图 12.32　太湖流域月平均风速的演变趋势(王成林 等，2010)

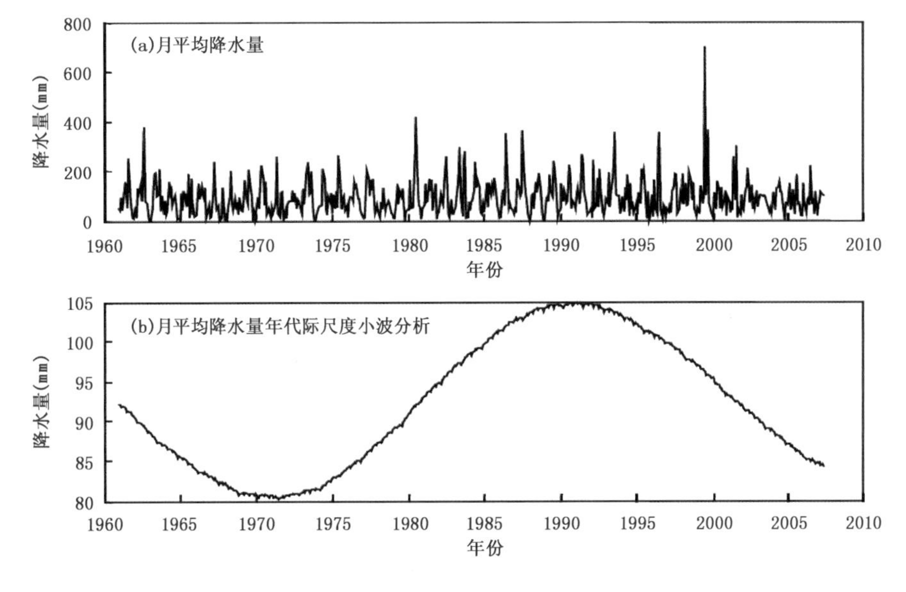

图 12.33　太湖流域月平均降水量的演变趋势(王成林 等，2010)

12.3.2 适宜藻类生长及暴发的气象条件

12.3.2.1 蓝藻暴发前十日的气象条件

作为一种原生植物，蓝藻的生长发育和所有生物一样遵循S型生长曲线——先期个体缓慢生长，中期快速生长，后期又生长较慢，所以个体与群体的生长增量都要有一段时间才能完成，这个生长发育过程一般为7～10 d。环境条件适宜则快速生长，形成群体过旺，否则受到抑制，群体相对较少；只有在单位水体中的含量急速增加形成堆积，才会形成“水华”开始暴发。因此，蓝藻水华暴发所需要的生物量是由暴发前一段时间的气象条件决定的。表12.2列出了1986—2007年间太湖蓝藻水华暴发的典型个例。

表12.2 1986—2007年间太湖蓝藻水华暴发的典型个例

编号	出现时间	蓝藻发生概况定性描述
1	1986-07-25	梅梁湖和东部沿岸区湖边有蓝藻
2	1990-07-8	整个梅梁湖被蓝藻覆盖
3	1998-08-11	梅梁湖、竺山湖、东太湖、湖心区和西部沿岸区均出现大范围蓝藻
4	2003-08-7	梅梁湖、竺山湖和东太湖有较大范围蓝藻
5	2003-08-28	梅梁湖、竺山湖和东太湖有较大范围蓝藻
6	2004-06-12	梅梁湖有蓝藻
7	2004-08-1	梅梁湖有蓝藻
8	2004-09-18	梅梁湖、湖心区有大范围蓝藻
9	2006-08-13	梅梁湖、竺山湖、湖心区、西部沿岸区均有蓝藻，覆盖面积超过太湖总面积面积的1/2
10	2007-05-19	梅梁湖、竺山湖和西部沿岸区均有大范围蓝藻，覆盖面积约43515 km^2
11	2007-05-27	梅梁湖、竺山湖和西部沿岸区均有大范围蓝藻，覆盖面积约412 km^2
12	2007-05-29	梅梁湖、竺山湖和西部沿岸区均有大范围蓝藻，覆盖面积约337 km^2

任健等(2008)通过对表12.2所示的蓝藻暴发个例的前10天的气象条件进行统计分析，结果如表12.3所示。

第一，气温。设暴发前10天的日平均气温为T，则22.2 ℃$\leqslant T \leqslant$32.4 ℃。说明，日平均气温在22～33 ℃，有利于蓝藻个体的生长发育，对增加单位水体中的群体较为有利；而日平均气温为28～33 ℃对蓝藻生长发育和暴发更为有利。同时，日平均气温比常年同期偏高的占75%，偏高0.9～3.6 ℃，说明气温比正常偏高有利于太湖蓝藻的生长发育。

第二，降雨量。设暴发前10天的累计降雨量为R，则0.9 mm$\leqslant R \leqslant$80.5 mm。其中，$R<$10.0 mm的占33.3%，10.0 mm$\leqslant R<$25.0 mm的占33.3%，25.0 mm$\leqslant R<$50.0 mm的占8.3%，50.0 mm$\leqslant R \leqslant$80.5 mm的占25.0%。降水量比常年偏少的占75%，在偏少个例中，偏少50%以上的占100%，偏少60%以上的占66.7%。这就说明，降水量偏少对蓝藻生长发育较为有利。降雨日数为1～6 d，比常年偏少的占75%，说明雨日偏少对蓝藻生长发育较为有利。

第三，日照。设暴发前10天的日平均日照时数为S，则3.0 h$\leqslant S \leqslant$11.4 h。期间出现频率分布较均匀，说明日照时数对其生长发育的制约作用不明显。只要有适量的日照蓝藻就能生长发育,这是由蓝藻不具叶绿体、线粒体、高尔基体、内质网和液泡等细胞器,含叶绿素 a,在电镜下可见细胞质中有很多光合膜,叫类囊体,各种光合色素均附于其上,光合作用过程在此进行的特性所决定的。但是,$S \geqslant 6.0$ h 的占 88.3%,日照时数比常年同期值偏多的占 75%,偏多 0.5～3.0 h,说明日照时数偏多是利于蓝藻生长发育的。

第四,风速。暴发前 10 日的平均风速为 2.7～4.1 m/s,其中,2 级风(1.6～3.3 m/s)占 67%,3 级风(3.4～5.4 m/s)占 33%。说明 2～3 级风对表层水的扰动有利于蓝藻生长发育。

第五,气压。设暴发前 10 日的日平均气压为 P,则 1001.6 hPa$\leqslant P \leqslant$1011.2 hPa。其中,$P \leqslant$1006.0 hPa 的占 75.0%,说明日均气压偏低对蓝藻的生长发育较为有利。

表 12.3 蓝藻暴发前 10 天气象要素平均值(任健 等,2008)

个例编号	气压(hPa)		气温(℃)		累计降水量(mm)	降水距平百分率	日照(h)		平均风速(m/s)	雨日(d)	
	平均	距平	平均	距平			合计	距平		合计	距平
1	1003.7	1.0	28.1	−0.7	65.0	33.5	7.7	−0.2	2.9	4	0
2	1001.6	−1.3	28.0	1.6	39.5	−53.2	6.2	1.0	3.1	6	0
3	1003.2	0.3	30.8	2.0	14.0	−56.3	9.8	1.2	3.4	2	−1
4	1001.6	−0.9	32.4	3.6	0.9	−97.9	8.9	0.5	3.0	1	−2
5	1005.8	1.0	29.8	2.8	18.0	−74.8	7.6	1.4	3.4	4	−1
6	1011.0	5.2	22.7	−0.5	4.4	−91.6	5.3	−0.7	3.1	2	−2
7	1005.2	3.0	31.5	2.7	11.3	−76.3	10.0	1.9	2.7	1	−2
8	1011.2	1.0	23.1	−0.7	16.3	−56.6	3.0	−2.5	3.1	5	0
9	1004.8	1.8	29.7	0.9	5.3	−81.9	11.4	3.0	4.1	—	−2
10	1008.6	−1.0	22.2	2.5	6.1	−83.6	6.4	0.6	3.4	3	−1
11	1003.4	−5.3	24.1	3.1	80.5	137.5	7.0	0.8	3.2	2	−2
12	1003.6	−4.7	24.3	2.9	80.5	126.8	6.5	0.7	3.0	2	−2

12.3.2.2 蓝藻暴发当日的气象条件

另对蓝藻暴发个例的当日气象要素值进行统计分析,见表 12.4。具体分析如下:

第一,气温。暴发当日的平均气温为 21.3～33.2 ℃,比常年同期高的占 100%,偏高 0.4～4.8 ℃。日最高气温为 26.6～37.1 ℃,其中,大于 30.0 ℃的占 82.3%;日最低气温为 14.9～29.7 ℃,其中,大于 20 ℃的占 91.7%。由分析可知,蓝藻暴发时气温明显偏高。说明气温偏高利于蓝藻的暴发。

第二,降水。暴发当日无降水的占 91.7%,说明降水不利于蓝藻上浮及"水华暴发"。

第三,日照。暴发当日日照时数为 5.1～12.4 h,其中,7.0～10.0 h 的占 25%,≥10.0 h 的占 66.7%。比常年同期偏多的占 83.3%,偏多 1.2～6.3 h。

表 12.4 蓝藻暴发当日的气象要素值(任健 等,2008)

个例编号	气压(hPa)		气温(℃)				降水量(mm)		日照(h)		风向		风速(m·s⁻¹)		
	平均	距平	平均	距平	最高	最低	总量	距平	总量	距平	8时	14时	8时	14时	日均
1	1004.9	3.3	30.9	2.0	34.8	27.2	0	−7.1	12.0	3.3	SW	S	3.0	4.0	2.8
2	1000.8	−2.0	31.9	4.1	35.2	28.4	0	−2.7	12.4	6.3	SSW	C	2.0	0	1.3
3	1003.5	−0.1	33.2	4.8	37.1	29.7	0	−6.3	11.5	3.3	SSW	SSW	3.0	3.0	2.8
4	999.1	−3.4	30.4	1.5	35.0	28.3	0	−7.0	8.0	−0.8	S	NE	1.0	4.0	2.5
5	1005.0	−1.5	30.3	3.7	36.6	23.8	24.8	17.8	8.5	1.2	ENE	WSW	1.0	2.0	1.5
6	1012.4	7.7	28.0	4.3	33.8	21.9	0	−13.6	10.3	5.6	SSW	W	1.0	3.0	2.3
7	1004.2	1.9	30.0	1.2	34.3	26.7	0	−19.8	11.8	4.0	NNW	SSW	4.0	2.0	2.5
8	1011.4	0.2	27.0	4.0	30.8	24.5	0	−1.7	5.1	−1.2	NNE	ENE	1.8	1.1	1.4
9	1001.7	−1.4	32.0	3.7	37.0	28.6	0	−15.2	10.2	3.8	SSE	NNW	0.7	3.0	2.0
10	1010.4	2.2	21.3	0.4	26.6	14.9	0	−10.2	12.2	6.2	SW	SSW	1.0	1.3	1.9
11	1002.8	−4.9	26.3	4.8	32.5	20.9	0	−7.4	7.2	2.9	SW	NNW	0.4	2.6	1.3
12	1007.0	0.8	24.7	2.7	28.7	21.6	0	−3.8	10.8	5.6	E	E	1.5	1.9	2.5

第四,风速风向。蓝藻暴发当日的日平均风速为1.3～2.8 m/s,其中,1级风占25%,2级风占75%。08:00风速为0.4～4.0 m/s,1级风占25%,2级风占33.3%,0级风占8.3%。14:00风速为0.0～4.0 m/s,其中,1级风占16.7%,2级风占58.3%,0级风占16.7%。这表明,蓝藻暴发当日以2级或以下风为主,没有出现较强的风。另外,08:00为偏南风(SSW－S－SSE)居多,占66.7%;14:00也是偏南风居多,占33.3%;暴发当日以偏南风为主。由上述分析可知,蓝藻暴发时主要吹偏南风,微风条件下,水面没有明显波浪产生,有利于蓝藻颗粒顺着风向漂移,形成藻类在某一特定区域内的大量堆积,并聚积于水面形成“水华”。

第五,气压。暴发当日平均气压为999.1～1012.4 hPa,其中,小于1006 hPa的占66.7%。这说明气压偏低有利于蓝藻上浮,聚集于水面,形成“水华”。

根据以上分析可知,高温、微风、降水少等特定气象条件利于蓝藻的生长以及水华的形成,因此,有必要对适宜藻类生长的气象条件做出气候尺度上的变化特征分析。

12.3.3 适宜藻类生长的气象条件在气候尺度上的变化特征

根据太湖流域月平均气温、风速和月累积降水的变化趋势(图12.31～图12.33),将47年分为4个时间段对适宜藻类生长的气象条件做出气候尺度上的特征变化综合分析。

第1阶段:20世纪60—70年代。太湖流域气温基本没有变化、风速略呈上升趋势、降水呈下降趋势,虽然降水的减少使得太湖水体中的污染物和营养盐浓度升高,有利于蓝藻的生长,但气温较低且基本没有变化,风速上升使得对水体的搅动增大,均不利于蓝藻上浮聚集,形成水华。

第2阶段:20世纪70—80年代。太湖流域气温、风速均呈下降趋势,降水呈上升趋势,虽然风速的下降使得对水体的搅动减小,有利于蓝藻上浮聚集,形成水华。但是气温的下降不利于蓝藻的生长,降水的增加又使得太湖水体中的污染物和营养盐浓度下降,也不利于蓝藻生物单体的生长。

第 3 阶段:20 世纪 80—90 年代。太湖流域气温呈上升趋势,风速呈下降趋势,降水呈上升趋势。虽然降水的增加使得太湖水体中的污染物和营养盐浓度下降,但是,随着改革开放的发展,环太湖城市污染物的排放加剧了太湖的富营养化程度。同时,气温的上升和风速的下降有利于蓝藻的生长和蓝藻上浮聚集、形成水华。

第 4 阶段:20 世纪 90 年代以后。太湖流域气温呈上升趋势,风速、降水均呈下降趋势。气温的急剧升高有利于蓝藻的生长,同时使得蓝藻水华形成所需的积温时间提前;风速的下降使得对水体的搅动减小,有利于蓝藻上浮聚集,形成水华;降水的减少使得太湖水体中的污染物和营养盐浓度升高,富营养化程度加大,这又有利于蓝藻的生长,更加恶化了水质。

综上所述,20 世纪 60—80 年代,太湖流域气象条件的年代际尺度变化趋势不利于蓝藻的生长和水华的形成;但是,80 年代以后,太湖流域气象条件的年代际尺度变化趋势有利于蓝藻的生长和水华的形成,尤其是 90 年代以后,气温、风速、降水变化都较大,而且都有利于蓝藻的生长和水华的形成。

12.4　未来太湖流域气候变化对蓝藻暴发的影响及应对对策与建议

12.4.1　未来气候变化对藻类生长的影响

鉴于全球气候变化和区域气候变化模式的模拟结果,江苏均呈升温趋势,而降水变化相对较弱,由此以 RCP8.5 排放情景为例,通过区域气候模式对 2007—2097 年进行了气温预测,并通过双线性插值计算太湖流域的气温及风速的变化(图 12.34)。

鉴于气温与水温呈显著的正相关关系,因此,针对 91 年月平均气温分析其变化趋势,并探讨其对太湖蓝藻暴发的影响。

从月平均气温变化趋势来看,1—8 月气温均呈显著的升温趋势,且 2—7 月升温幅度甚大。而 9—10 月的气温变化趋势均不明显($P>0.5$),只有 12 月呈相对较弱的降温趋势。

可见跨度包含冬、春、夏 3 季的气温升高,引起物候的提前。而温度对于水体中浮游植物有着直接和间接两类影响:其一,温度直接影响浮游植物的代谢作用,使其生长提前;不同浮游植物种群对温度的相应差异显著,蓝藻的生长速率在 30 ℃条件下生长更快,而硅藻和绿藻的生长速率都因温度过高而得到抑制。可见冬春季节的温度提前升高,有利于水体中浮游植物的生物量快速增加,而且利于加速浮游植物种群的演替,促进蓝藻成为浮游植物种群中的优势种群,推进蓝藻水华提前暴发和暴发强度加强。其二,温度的升高,强化水体的垂直热力结构,抑制水体的垂直混合,加之蓝藻具备上下迁移能力,使得其在水柱中更有利于获取其生长必需的光合有效辐射和营养盐,凸显蓝藻的竞争优势,促进蓝藻水华暴发。

尽管太湖是大型浅水湖泊且水表复氧过程相对显著,但夏季气温的升高将可能降低水体中溶解氧浓度,利于底泥中营养盐释放,尤其是底泥中磷的释放,与蓝藻的生理条件耦合将强化蓝藻的竞争优势,使得蓝藻更易获取营养盐,维持其水华暴发的持续时间。从另一角度来看,温度升高降低了蓝藻水华形成所需营养盐的阈值,促进蓝藻成为优势种群及维持蓝藻水华暴发。

总之,气候变化通过温度、降水等影响水体热力结构等物理过程,耦合水体中生物化学过程及蓝藻的生理特征,对蓝藻水华暴发提前和维持有促进作用,但不同尺度的气候变化及由此

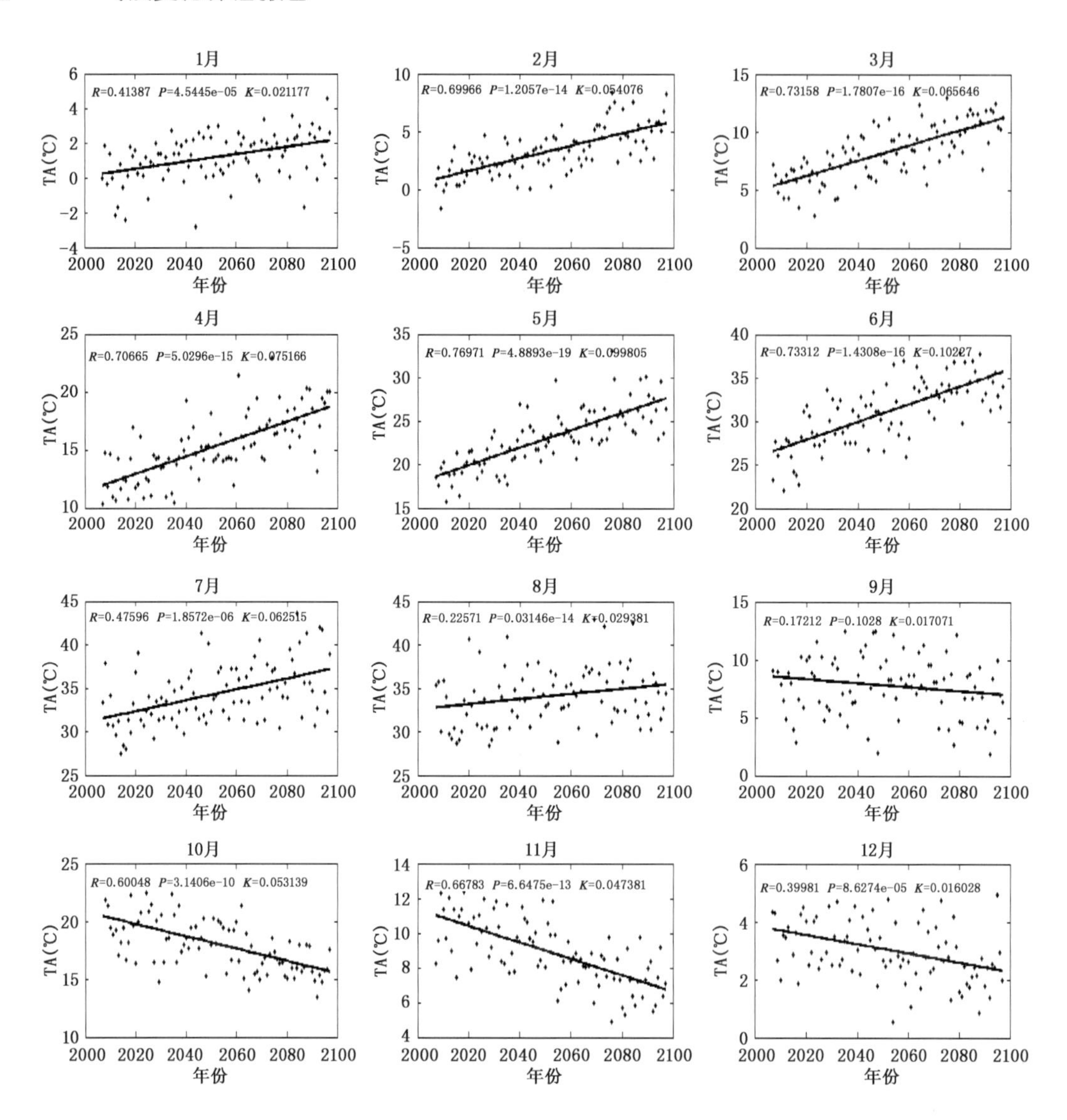

图 12.34　2007—2097 年月平均气温的气候变化趋势特征

引起的水文过程变化，及与之耦合的生物、化学过程相互影响机制复杂，如浮游动物对藻类牧食作用的压迫及浮游动、植物物候峰值错配等，使得气候变化对蓝藻水华的影响机制难以厘清。尽管就气候变化总体趋势而言，其利于蓝藻水华形成和暴发，但气候变化模拟及不同的经济、排放的不确定性依然存在，使得预测气候变化对蓝藻水华暴发存在不确定性。简而言之，气候变化对蓝藻水华暴发定量影响研究尚处于初步阶段，对其的预测将有利于修复水生态系统也迫在眉睫。

12.4.2　适应气候变化影响的对策与建议

12.4.2.1　建立太湖重点区域蓝藻水华监测预警系统

基于直接观察，自 20 世纪 90 年代以后，蓝藻水华面积几乎覆盖梅梁湾全部水域，以及竺山湾、西部沿岸以及北部湖心区，并且有自北向南、向西、向东蔓延发展的趋势（金相灿 等，

2008)。因此,针对太湖蓝藻水华易发的重点区域建立水华监测预警系统势在必行。

鉴于对湖泊生物、化学指标缺乏长期、较高时间分辨率的观测,使得气候变化对湖泊水华暴发的影响机制及其定量贡献难以界定,建议政府加大监测投入,以保证建立长期的观测资料库,为太湖水环境治理提供保障。

特定湖区内水华现象的形成是由其他湖区浮于水面的蓝藻在合适的气象条件下,随风和湖流聚集到该湖区,加之原本该湖区内蓝藻自身生长两部分构成。蓝藻的形成与发展是受营养盐水平、风速、风向、气温等要素的影响,这些要素理论上是可以预报的;在充分认识蓝藻生长以及水华形成规律的基础上,建立包括湖泊水动力—生态数学模型以及遥感监测水质在内的蓝藻水华的预警系统,实现对蓝藻水华形成、漂移、堆积现象的预测以及预警。

12.4.2.2　全面治理太湖流域富营养化的水环境

从太湖生态系统的状态演变过程可以看出:营养盐的输入与积累是引发湖泊富营养化的根本原因,某些自然因素和人为因素改变了富营养化的途径和速度(Carey et al.,2012)。因此,需要同时从控制内外源污染物的角度进行水生态系统的治理与调控。

(1)对于外源污染物,如工业、生活废水以及农业生产肥料等,建议优化太湖流域土地结构,建立污水处理厂,提高去除氮磷的能力;控制农田人工复合肥料量的使用,降低农田氮磷流失。预防和控制各种不合理营养盐输入和积累,减少人类活动对湖泊生态系统的破坏。

(2)对于内源污染物,建议在制定太湖生态环境修复及治理方案时,应耦合气候变化的影响,科学确定太湖营养盐的环境容量。在近期太湖营养盐浓度还无法得到有效控制的情况下,在未来几年初春季节,即蓝藻开始复苏并大量繁殖的时候,可提前采取措施,将正处于生长繁殖初期的蓝藻群体沉降或者捞取,减少蓝藻种源及其水华的发生概率。

(3)增加挺水植物种植范围,控制东太湖的养殖规模,抑制底泥营养盐的再悬浮和释放,控制内源污染物的治理,并着力发展沿湖湿地、湖滨休闲旅游,严守生态红线,加强环境保护,促进人和生态系统的和谐发展。

第13章

江苏省沿江城市带气候变化及其脆弱性

摘要 由宁—镇—扬、苏—锡—常和通—泰等3大都市圈构成的江苏省沿江城市带，是长江三角洲城市群的重要组成部分，也是江苏省社会经济较发达、城市化水平最高、城镇最为密集的地区。城市带连片式发展模式，造成城市带核心区——常州、无锡和苏州等城市及邻近地区，气温升高最显著，高温日数和暴雨日数明显增加。

1961—2012年南京、扬州、无锡和苏州等中心城市年平均气温增长率达到0.4～0.5 ℃/10 a，通过信度0.05的显著性检验。沿江城市带核心区域高温日数增加趋势显著，高温日数增长率为1.8～3.6 d/10 a。沿江城市带热岛效应显著。南京热岛分布特征与城市建设和区域经济发展空间相一致。受全球气候变暖和近二十年来快速城市化影响，从20世纪90年代初开始，原有的以环太湖地区为高值区向沿江方向逐渐递减的弧状气温分布格局已被打破，一方面整体温度偏高明显，另一方面以城市为中心的气温高值区已越来越突出。年降水量的变化趋势不明显，但太湖附近暴雨日数明显增加，增长率为0.3～0.5 d/10 a。沿江城市带显著的热岛、浑浊岛、干岛、湿岛和雨岛效应导致持续高温、暴雨内涝和雾霾天气频发。多模式气候变化预估结果表明，相对20世纪后20年，21世纪沿江城市带不仅年平均强降水日数、单次强降水强度很可能呈上升趋势，且其年际变率增强的可能性非常大；强降水频次分别增加15%～30%，强降水强度分别增加10%～20%，强降水频次的年际标准差增加约20%，强降水强度年际标准差增加10%～20%，意味着极端暴雨、大暴雨易于出现，旱涝也将更为频繁。区域气候模式模拟显示，太湖流域未来降水量略有增加，2021—2050年日平均雨量分别增加11.94%～13.46%。降雨等自然气候和城市化等经济社会因素是影响太湖流域未来洪水风险的主要动因，未来极端降水事件的增加可能影响太湖流域洪水灾害的洪水风险。

为了减缓和适应气候变化，应保护环境，保证经济持续发展，在城市规划和建设中，提高绿地面积，合理优化绿地结构。控制城市规模，合理规划城市用地，减少城市不透水面积，优化产业结构，减少高能耗产业，有效缓解城市内涝问题。转变传统的工业发展方式，发展低碳经济，转变高投入、高消耗、高污染、难循环、低效益的粗放型增长方式，缓解城市带的混浊岛效应。引导民众正确认识和评价气候变化对城市带自然、环境、资源和社会、经济等各个方面的影响，增强危机感和责任感。

13.1　沿江城市带经济社会发展和气候观测现状

13.1.1　沿江城市带经济社会发展状况

前已述及，江苏省沿江城市带由宁—镇—扬、苏—锡—常和通—泰等 3 大都市圈构成，包括长江南岸的南京、苏州、无锡、常州、镇江和北岸的南通、扬州、泰州共 8 个地级以上城市及所辖 26 个县级市，是长江三角洲城市群的重要组成部分，也是江苏省社会经济较发达、城市化水平最高、城镇最密集的地区（王志宪 等，2005）。这一城市带的形成与发展，在中国城市发展过程中具有典型意义。该地区人口密集，经济集中，2012 年末土地面积为 48301 km^2，城镇化率达到 64.6%，工业总产值 93922.08 亿元（当年价），总人口 4122.49 万人，人口密度 854 人/km^2，单位 GDP 产值达到 9021.59 万元/ km^2（江苏省统计局，2013）。区内大、中、小城市发达，小城镇数量多、分布广，已形成了一个包括大城市、中小城市和集镇等各具特色、多层结构的城镇体系，为城市群发展的程度和规模奠定了基础。该区域地势低平，由东向西逐渐升高，以平原为主占土地面积 80%，分布在扬州—宜溧一线以东，海拔 3～5 m，低洼地区只有 1～3 m，西部丘陵海拔一般只有几十米，稍高一些的丘陵山地可达 300～500 m，西部丘陵与东部平原的过渡地带高度 10～20 m。评估区域内城市的空间结构、城市等级规模、城市间的协调发展和城市组群等与区域气候的关系及其在气候变化背景下的脆弱性具有重要意义。

沿江城市带经济发达、城镇密集，交通发达，城市化水平高，但城市带快速发展过程中也引发了一些问题：(1)资源紧张，生态环境脆弱。(2)中小城市的比例失调，城市功能定位差异性大。(3)沿江两岸的城市化水平差距较大：苏南城市化水平明显高于苏中，苏中缺少能带动该区域快速崛起的特大城市，没有一个核心，南通、扬州、泰州 3 大城市几乎平衡发展，其他城镇的规模也偏小，质量较低，城市的发展滞后于经济的发展，进而影响了区域的全面发展。(4)产业定位雷同，项目层次偏低（张敏，2008）。由于区位条件、资源状况、经济水平、工业化发展速度等不同，沿江城市带各地区城市化发展处于不同的发展阶段。苏—锡—常地区是江苏省城市化发展的核心区域，处于网络化发展阶段；宁—镇地区处于组团群体化发展阶段（欧向军等，2006）。

13.1.2　沿江城市带气候观测空间格局

目前，沿江城市带现有国家基本基准气象观测站 12 个，一般站 24 个，自动气象观测站 618 个，地级以上城市自动气象观测站的空间间距小于 5 km（图 13.1）。为监测评估城市带区域气候变化及高影响天气的空间分布提供了较好的观测基础。

13.2　沿江城市带的气候变化特征及规律

13.2.1　沿江城市带气候变化事实分析

1961—2012 年沿江城市带年平均气温呈明显升高趋势，南京、扬州、无锡和苏州等地级以上的区域中心城市年平均气温增长率最大，为 0.4～0.5 ℃/10 a，中心城市邻近的周边地区气

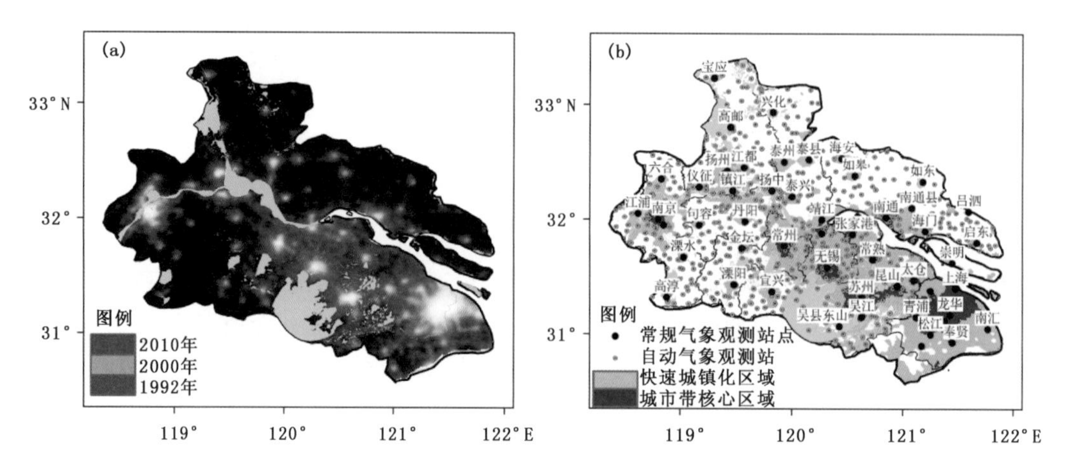

图 13.1 (a)沿江城市带在 1992 年、2000 年和 2010 年的空间扩展过程和(b)气象观测站分布

温增长率为 0.3～0.4 ℃/10 a，升温趋势通过信度 0.05 的显著性检验的气象站集中在城市群的核心区域(图 13.2a)。而年降水量的变化趋势并不明显(图 13.2b)。从 35 ℃以上高温日数的变化趋势来看，位于苏南的沿江城市带核心区域高温日数增加趋势显著，高温日数增长率为 1.8～3.6 d/10 a，而南京、镇江及海门等城市的高温日数呈下降趋势(图 13.2c)。太湖附近暴雨日数明显增加，增长率为 0.3～0.5 d/10 a，而金坛、江阴、南通等地暴雨日数呈下降趋势。总体而言，城市带的核心区域(常州、无锡和苏州等城市及邻近地区)气温升高最显著，高温日数和暴雨日数明显增加，而年降水量变化趋势并不明显。

13.2.2 沿江城市带的“五岛效应”

随着城市化的发展，城市的生产活动和特殊地面结构共同作用于大气，使大气边界层的特性发生变化，从而形成了城市热岛效应。部分大型城市的“热岛效应”还会引发“雨岛效应”。大城市气温高、粉尘大，空气中凝结核多，热气上升时引发周边郊区气流向城市汇聚的运动，上升的热气流在高空遭遇强对流的冷气团，形成暴雨，因此，大城市更容易成为暴雨袭击的中心，出现城市雨岛效应。根据气温、湿度、降水和混浊度等气象要素，城市气候特征可归纳为五岛效应，分别为热岛、浑浊岛、干岛、湿岛、雨岛(周淑贞，1988)。以宁镇扬、苏锡常和通泰为核心区的江苏沿江城市带，城市化发展使区域平均气温和最低气温显著升高，春、秋两季增温最明显。其城市热岛效应主要有“冷季型”、“暖季型”和“过渡季节型”3 种类型(聂安祺 等，2011)。

13.2.2.1 南京市城市化发展的“五岛效应”

(1)气象站观测的南京市城市热岛变化

南京市年平均热岛强度约为 0.5 ℃，热岛强度的高值体现在最低气温上，极端情况可达到 6 ℃左右；城市热岛效应夏半年强于冬半年，夜间强于白天；随着城市规模的发展，南京市的城市热岛效应为增强趋势，年平均热岛强度增幅为 0.109 ℃/10 a。20 世纪 90 年代以来是南京热岛增幅最大的时期。南京市城市热岛共有 3 个强热岛中心：新街口、夫子庙及其以南地区，南京火车站、汽车站附近，新街口中心城区。一年中南京城市热岛出现概率超过 90%。

南京市市区气象站和郊区六合气象站常规气温资料对比分析显示，南京市日最高、最低气温和日平均气温的年平均值呈上升趋势；日最高气温夏季呈下降趋势；20 世纪 90 年代是南京

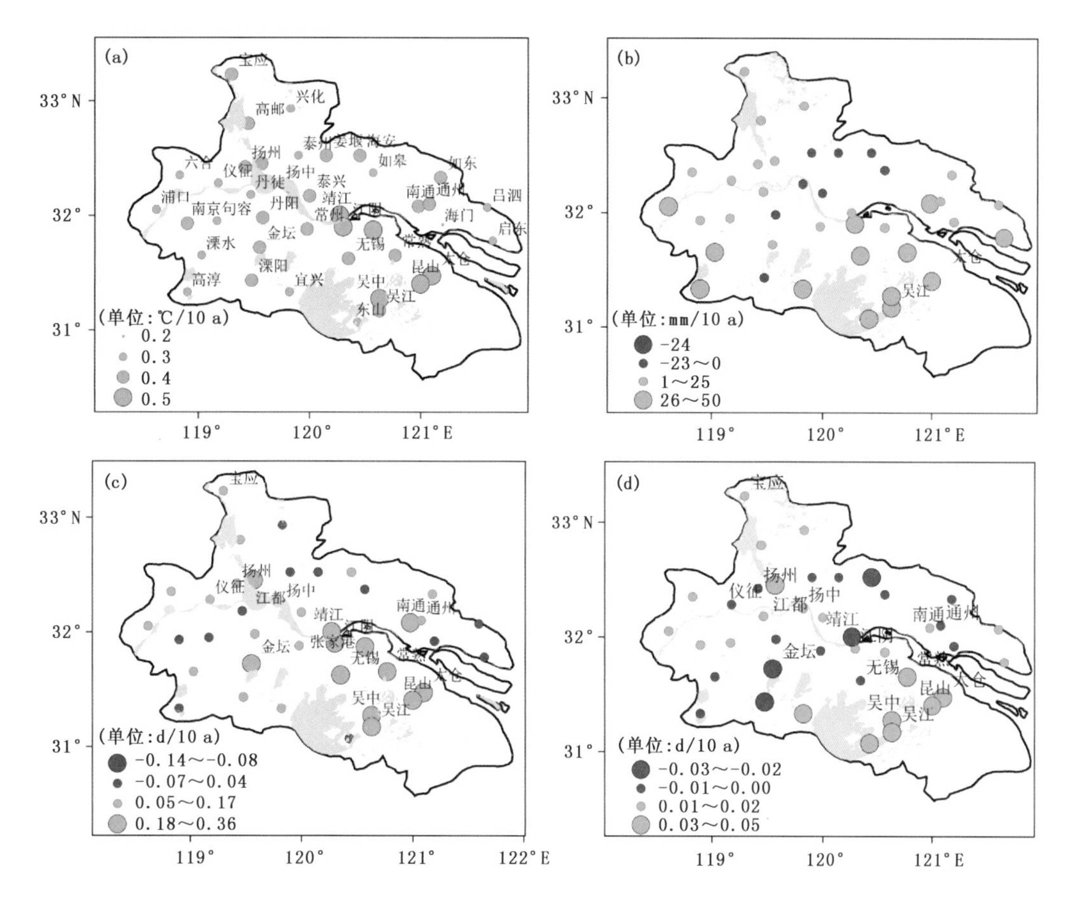

图 13.2　沿江城市带在 1961—2012 年的年平均气温(a)、年降水量(b)、高温日数(c)和暴雨日数(d)气候变化趋势
(标出台站名的表示通过 0.05 显著性水平检验,绿色表示增加趋势、红色表示减少趋势)

市 1951—2000 年间增温幅度最大的时期;南京市热岛效应强度呈增强趋势。自 1985 年以来南京市的年均温逐年上升,六合的年均温呈现同位相上升,但六合的气温一直低于城区,且增温的速率低于城区。南京市和郊区六合的温差呈上升趋势,1986—1990 年为 0.16 ℃,1991—1995 年稍有增大,为 0.18 ℃;1996—2000 年增大至 0.262 ℃,热岛强度逐渐增大(杨英宝 等,2009)。南京城市热岛效应具有明显的季节变化和日变化特征,夏半年要强于冬半年,夜间强于白天;随着城市规模的发展,南京市的城市热岛效应为增强趋势,用年平均气温计算获得的热岛强度增幅为 0.109 ℃/10 a(邱新法 等,2008)。

南京市城区和郊区浅部地温场对比观测显示,受大气热岛效应的影响,城市地温场总体高于郊区,城市地温场年平均温度为 19.23 ℃,比郊区高 2.02 ℃,也存在显著的城市热岛现象。在时间序列上,城郊地温场日平均温差波动幅度较大,变化范围为 0.37～3.83 ℃;且日均温差为 2～3 ℃出现频率最高。月平均温差变化范围为 1.34～2.9 ℃,最小平均温差出现在 11 月,最大平均温差出现在 7 月;季平均温差变化范围为 1.53～2.5 ℃,其中夏季平均温差最高,秋季最小。受城郊下垫面属性和土地利用类型的影响,地温场的分布很不均匀,而且城区地温场的不均匀性更加突出。相对于农田、林地和水体为主的郊区,城市建成区地面及近地面平均温度明显高于郊区,城市中热传导率低、热容量小的建筑物与硬化地面在阳光辐射下升温迅速,再加上城市中主动散发热量的建筑物如电厂、超市、餐馆等以及众多燃油机动车，是造成城市热岛的主要原因(施斌 等,2012)。

(2)卫星遥感监测显示，南京市地面热岛强度增强、范围扩大

从南京市城市热岛的空间分布来看，城市气温、地表温度和卫星遥感反演的地表温度均显现出明显的城市热岛效应。以 1985 年和 2000 年两期遥感影像反演的南京市热岛效应分布范围变化显示，自 1985 年以来南京市热岛范围不断扩大，热岛面积共增加了 107.88 km^2，非热岛区逐渐减少。1985 年全市共有两个强热岛中心，一个分布在南京市的新街口、夫子庙及其以南地区，另一个热岛中心分布在南京火车站、汽车站附近，沿建宁路、龙蟠路等道路呈线状分布；2000 年，出现了以新街口为中心的 3 个强热岛中心，其中 2 个热岛中心和 1985 年的一致，但范围都在原来的基础上有了进一步的扩展，新街口附近的热岛中心随着河西和江宁的开发，分布重心向西南方向偏移，突破了老城区的界限；新出现的热岛中心位于大厂和浦口工业区，沿着长江呈带状分布(杨英宝 等,2009)。

Landsat5 卫星资料分析表明，南京市热岛分布特征与南京市的城市建设和区域经济发展的空间特征一致，土地利用类型、地表反照率、叶面积指数、植被覆盖度等地表参数分布与城市热岛分布相吻合。运用数值模拟手段对南京城市化对边界层特性产生的影响进行研究，结果表明，随着城市发展，地表反照率减小、植被减少、地表湿度降低，使蒸发耗热减小、感热通量增多，城市波恩比增加，地表和大气间的热交换增强(郑秋萍 等,2009)。南京市存在 3 个连续分布且范围较广的热岛中心，主要分布在工业区；建成区平均温度比郊区高 0.972 ℃；土地利用类型的空间格局总体上决定了城市热场的空间分布，下垫面介质的热特征和生物学特征差异是地表温度不同的根本原因，工业热源是南京市热岛形成的重要因素(苏伟忠 等,2005)。热岛效应增长在空间上存在差异，大厂、雨花台和市区增长速率大，近郊的栖霞、浦口和江宁区增长率相对较小(杨英宝 等,2007)。遥感显示的南京市热岛效应日变化特征也是白天大于夜晚。季节变化特征从热岛强度和热岛范围两方面来说，热岛强度以秋季最大、夏季次之，冬春季最小；分布范围以夏季最大，秋季次之，冬春季最小(杨英宝 等,2006)。

南京秋季热岛强度最高，春季略低，夏季最弱；白天的热岛强度明显低于夜间，中午前后最弱。近年来南京市重视城市绿化工作，南京市夏季热岛强度有所降低。但是随着城市规模的不断扩大，一年中南京城市热岛出现概率高达 90%以上，年平均热岛强度为 1.60 ℃，最大值为 6.16 ℃。11 月平均热岛强度全年最大，6 月最低。11 月波动范围为 0.45～6.16 ℃(闫少锋 等,2011；唐罗忠 等,2009)。南京城市边界层综合观测实验结果也显示，市区气温明显高于郊区，体现出城市热岛效应的存在。这一现象在夏季显得更为明显，2005 年夏季观测期间，城郊平均地面温差为 3.06 ℃；而 2006 年冬季观测期间，城郊平均地面温差为 0.84 ℃，市区与郊区的气温差异随高度的增加而减小；2006 年冬季市区 10 m 高度处的平均风速为 2.22 m/s，郊区为 3.26 m/s。市区的风速比郊区约小 1 m/s，反映出城市建筑物对气流的摩擦、阻尼和拖曳等作用，市区下垫面储热项在地表能量分配中占有较大份额，成为城市热岛效应的主要成因。夏季市区的感热通量全天为正，而郊区则为白天正、夜晚负，昼夜交替；冬季市区的感热通量在夜间常为负值，但量值比郊区小，接近于零(刘罡 等,2009)。南京市夏季和冬季晴天的平均热岛强度分别为 1.8 ℃和 1.67 ℃，晴天条件下夏天热岛强度比冬季略高，夜间热岛强度普遍高于白天。夏季和冬季的热岛强度最大值分别为 3.6 ℃和 2.4 ℃，都出现在夜间。热岛强度基本随高度增加而减小，在约 400 m 高度，城市和郊区温差较小。城区湿度普遍低于郊区，

越接近中心市区，湿度越低。郊区与城区的相对湿度之差在夏、冬季节分别为 10.6% 和 7.3%。城区风速明显低于郊区，高度越低，城区与郊区风速相差越大，在 100～400 m 高度范围内，城区风速比浦口风速低约 22%，在 28～46 m 高度范围内，城区风速比郊区风速低 36.4%。南京市区的平均零平面位移约为 19.9 m，平均粗糙度 1.1 m，不同的风向粗糙度有较大的差异（刘红年 等，2008）。

(3)城市集群化发展是催生南京市“五岛效应”最主要的因素

随着城市化的发展，南京市城市规模不断扩大，人口持续增长，人类活动日趋频繁，城市下垫面性质也相应改变。南京城市化率（不透水率）从 4.2%（1988 年）到 7.5%（2001 年）和 13.2%（2006 年），城市化使得秦淮河蒸散发量分别减少 3.3% 和 7.2%，南京秦淮河流域，城市化率从 4.2% 增加到 7.5% 和 13.2% 的情况下，流域的多年平均径流深和径流系数分别增加 5.6% 和 12.3% 左右（许有鹏 等，2011）。与此同时，城市的生产活动和特殊地面结构共同作用于大气，使大气边界层的特性发生变化，从而影响城市地区的降水、气温、辐射等，城市热岛效应、雨岛效应、阻碍效应及凝结核效应也相应出现。1970 年后南京地区发生大雨、暴雨的频率及年降水量均有增加的趋势，城市降水量的增大，使区域出现峰高量大的暴雨洪水机会增加，加剧了南京市的防洪压力。此外，随着城市不透水面积的不断增加，加上城市管网排水能力脆弱，使得现有排水能力难敌较大暴雨，洪涝灾害发生的可能性也进一步增大（周建康 等，2003）。南京市城市管网、泵站等设施的设计标准是，重点地区按 2 年一遇的降雨标准设计，普通地区是按 1 年一遇或半年一遇的标准设计，城市抗灾能力十分薄弱（吴玉明，2003）。城区降水量的增大，大雨和暴雨次数的增多，出现峰高量大的暴雨洪水机会增多，加剧了城市的防洪压力。冰雹、雷暴等对流性天气灾害，会使居民生命财产遭受损失。城市的静风和小风不利于大气污染物的扩散与输送，影响城市生态环境。随着城市化的进程，城市规划工作者应充分考虑到城市化对城区气候的重大影响，扬长避短，努力改善城市居民的居住环境，提高城市居民的生活质量（周建康 等，2003）。

南京工业产业以电子、汽车和石化为主，偏重化工，主要分布在主城区外围。其中六合、浦口、栖霞、雨花和江宁占全市工业的 70% 以上。91 个规模以上大型企业中，石化企业 10 家、钢铁企业 2 家，分布在南京北郊的大厂区。从化工产业特性和自然环境条件来看，化工企业适宜安排在城市下游、远离人口密集区。在南京周边丘陵地形影响下，南京和六合年主导风向以东北风偏东风向为主，浦口以东北风偏北风向为主，邻近的滁州以西北风偏北风向为主。南京主城区位于江北工业区下风向偏南，受工业区大气污染物扩散影响较大。虽然硫污染有所减弱，但氮氧化物污染逐渐突出，燃煤污染与汽车尾气污染并存。汽车尾气、工地扬尘、工业污染等是南京 $PM_{2.5}$ 和霾的主要来源。风是影响霾天气形成和发展的首要气象因素。南京霾现象多发生在中午前后，春秋冬季多，夏季少。从风向上看，南京霾多出现在偏东风时，东北风偏东到东南风的 4 个风向占总数的 34%。西南风偏南和西南风风向时，霾出现次数最少，只占总数的 6%。

13.2.2.2　*苏州市城市化发展的“五岛效应”*

(1)地面观测表明苏州热岛强度迅速增强

1961—1990 年苏州市夏季气温呈以环太湖地区为高值区向沿江方向逐渐递减的弧状分布格局，其中最高的东山比沿江的张家港高出 0.6 ℃左右。受全球气候变暖和近二十年来快速城市化影响，从 20 世纪 90 年代初开始，原有的气温分布格局已被打破，一方面整体温度偏高明显，另一方面以城市为中心的气温高值区已越来越突出。与前三十年历史气象资料相比，苏州市年平均气温上升趋势在加快，近10年年平均气温已经上升了1.1 ℃，这样的上升趋势在江苏省内也是最明显的。

（2）卫星遥感监测显示苏州市区域性热岛突出

由于城市热岛效应的作用，苏州市的气温分布已形成了中间高两侧低的态势，气温高值中心呈西北—东南走向，即从无锡方向到望虞河—市区至昆山方向为高值区，而沿太湖及沿江地区为低值中心（图13.3）。2004—2008年苏州市平均热岛强度为0.40 ℃，其中2008年夏季城市热岛强度为0.70 ℃。苏州城市热岛现象在20世纪80年代范围不大，强度也不强。但从20世纪90年代后期开始苏州地区城市热岛效应处于一个增强状态，城市热岛效应范围明显扩大，目前热岛强度仍比较弱，在可控的范围内。从2007—2008年夏季城市热岛强度略有上升，强度增长速度减缓，这可能与苏州市城市规划日趋合理、绿地面积大量增加有关。苏州市热岛强度的日变化呈明显的峰值分布特征，主要峰值出现在10—12时，次峰值区出现在17—20时，热岛强度白天均要明显高于夜间。卫星遥感资料分析显示，苏州城市热岛效应有着明显的放射型分布特征，以市区为中心向周围呈放射状分布，沿沪宁线、京沪铁路向东往昆山、上海方向延伸，沿沪宁线、京沪铁路向西北往无锡方向延伸，沿相城大道向北往常熟方向延伸，沿苏嘉杭高速向南往吴中区、吴江方向延伸，这与城市分布及建设规模空间特征有着很强的一致性。而对市区而言，地表温度高值区集中在相城区、沧浪区、平江区和吴中区等地，并且以此为中心向四周逐步减弱。

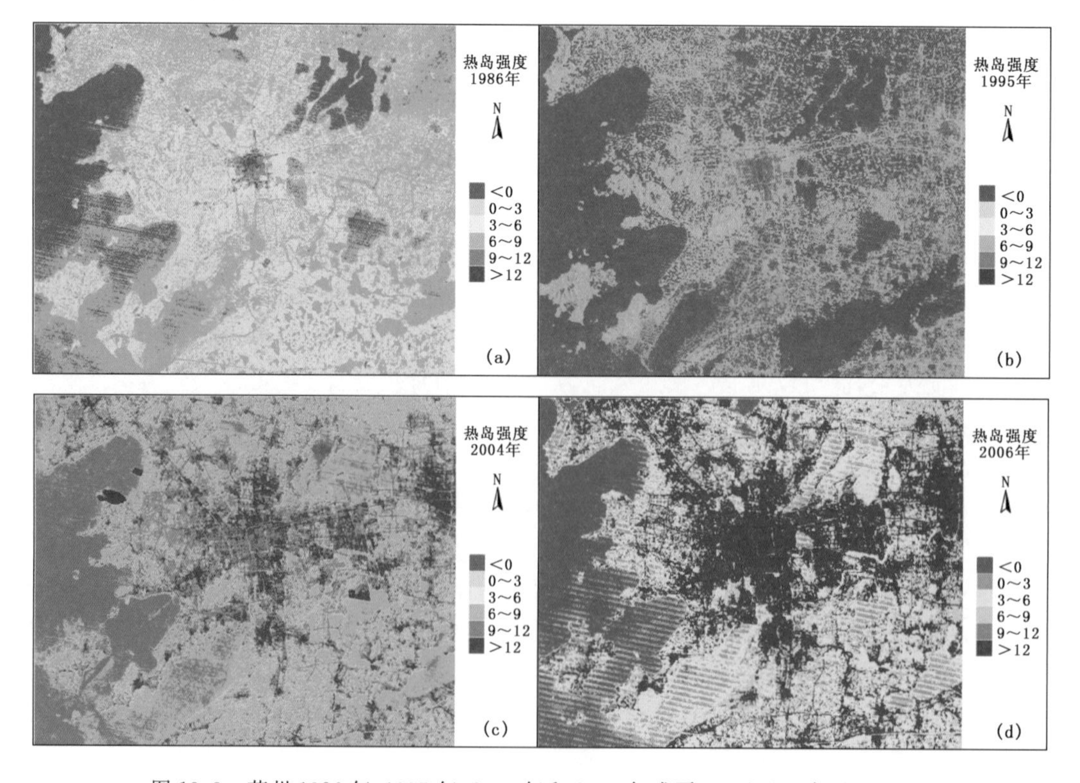

图13.3　苏州1986年、1995年、2004年和2006年盛夏LandSAT白天(10:30)地表热岛(单位:℃)空间分布(朱焱 等,2010)

ASTER 热红外遥感苏州市古城区地面温度分析研究显示，古城区白天地面温度差异在 15 ℃以上，按影像像元值的空间聚集情况，城内地面温度可分为高、中、低 3 个等级区。结合实地调查与 QuickBird 影像判读，分析了城区地面温度空间变化与下垫面植被、水体及建筑物分布的对应关系，发现城内地面极端高温位于露天体育场，极端低温位于护城河道最宽部位。在此基础上分析了古城区热岛效应对居民生活环境及古城文化遗存的影响。苏州古城区丰富古代文化遗存物的长久保留，也会受到城市热岛的考验。当地政府提出"历史文化名城与最佳人居环境"城市建设目标，其实现过程也必须考虑对城市热环境的改善(王跃 等，2009)。利用遥感影像热红外波段制作亮温图，将城市建筑物按亮温等级划分为高温、较高温、中温等几个类型，发现苏州城市中大型建筑体和建筑密集群是引起城市热岛效应的主要因素。针对这些建筑物与场地的节能改造、余热利用以及绿化建设是减轻城市热岛效应，改善城市热环境质量的关键措施，未来城市规划应该避免将引起城市明显升温的建筑物和场地置于城市主建成区，以缓解城市热岛可能带来的高温热害(王跃 等，2012)。基于当前苏州市城市热岛研究的现状、成因及其不良影响的分析，借鉴国内外缓解热岛效应的成功经验，建议建设清风通道引太湖水汽入苏州、加强城市高度设计充分利用风循环、提高绿地覆盖率、减少温室气体排放、优化水系格局以利用水循环降温、推广透水性铺装材料、发展公共交通等，以缓解苏州热岛效应(魏美英 等，2011)。

(3)苏州城市化发展增强极端天气气候事件强度

数值模拟表明，随着城市化进程的不断进行，苏州城区与郊区平均气温差不断增大；苏州现有人为热对城市热岛强度的贡献率不是很大，当人为热增加到实际的 2 倍时，人为热对城市热岛贡献率也相应增加；假设太湖水体为农田时，模拟得到的热岛强度比太湖为真实水体时计算得到的值要大。统计分析表明，苏州站与郊区平均气温差大于 1.5 ℃时对应的风速一般较小；平均气温差较小时对应的风向比较一致；平均气温差大于 1.5 ℃的现象基本出现在高温时期，云量较多时也易出现大于 0.5 ℃的现象(戎春波 等，2010)。通过苏州地区水文水资源变化气候背景的分析，选择区域内的典型城市，以遥感和 GIS 作支持，开展以城市化发展为标志的下垫面变化对降雨、径流及暴雨洪水的影响分析，发现城市化对年雨量、汛期雨量和最大日雨量都有不同程度的增加作用。其中对最大日雨量的影响最为显著，其次为汛期雨量、年雨量，城市化使汛期雨量和最大日雨量的频率参数增大(许有鹏 等，2009)。

从 20 世纪 90 年代中后期开始，随着经济发展，苏州城市建设速度明显加快，城市化进程对苏州气候影响明显，气温有明显的上升趋势，相对湿度呈下降趋势，降水量整体上呈上升趋势，日照时数有明显的下降趋势；苏州城市热岛效应显现、城市霾出现、太湖蓝藻暴发、极端气候事件增多，也与快速的城市化进程有着一定的关系。80 年代中期苏州建筑用地面积少，占陆地面积的 4.7%，农田面积占陆地面积的 57.4%。从 90 年代中后期开始，苏州城市建设速度明显加快。90 年代中期，城镇建筑用地比例已提高到 10.9%，农田占 43.1%。进入 21 世纪，城镇建筑用地迅速成倍增加，超过 20%，农田维持在 32%左右。城市化进程对苏州气候影响明显，1970—2007 年城、郊气温均有明显的上升趋势，其中 90 年代后期开始上升趋势明显，苏州城区平均气温上升幅度达到了 2.37 ℃，郊区升温达到 2.19 ℃。同时，相对湿度呈下降趋势，城区下降速度为－0.24%/a，郊区下降速度为－0.20%/a；降水量整体上呈上升趋势，日照时数有明显的下降趋势，这些均与苏州从 20 世纪 90 年代后期进入城市快速建设、经济高速发展阶段相吻合。伴随着城市化进程的加快，苏州城市热岛效应已经逐渐显现，城市热岛强度保持着上升趋势，热岛强度的增幅达到 0.071 ℃/10 a，苏州城市热岛效应的年度出现概率达到了 66%，夏季城市热岛效应出现概率最大达到了 87%（朱焱 等，2012）。夏季常规和自动站气象观测资料综合分析显示，苏州市中心干将桥气温相对较高，而靠近太湖的新区镇湖镇、东山等郊区气温相对较低。苏州城市热岛强度日变化呈双峰分布，两个峰值分别出现在 10 时和 20 时左右，最低值出现在 16 时左右。热岛强度与气象条件关系分析表明，热岛强度受云量的影响较大，与城区气温分布关系密切（相关系数为 0.62），城区风向为西风时的热岛强度大于东风时热岛强度；而城区热岛强度与风速关系不明显（戎春波 等，2009）。

13.2.2.3 区域性热岛和雨岛及混浊岛效应

（1）区域性热岛和雨岛分布特征

2000 年以来，沿江城市带城市化呈现出不断增加的态势，同时城市空间扩张呈现出不均匀性，主要表现为集中发展和条带状发展两个特点，扩张方向主要集中在常州—无锡—苏州城市中心线沿线和环太湖方向，其中，以东南部扩张最为迅速（图 13.4）。在城市扩张的同时，城市地表温度逐渐上升，城市热岛面积不断扩大，由条带状分布变为哑铃状分布，城市扩张与热岛分布在空间上呈现出一致性（夏睿 等，2009）。

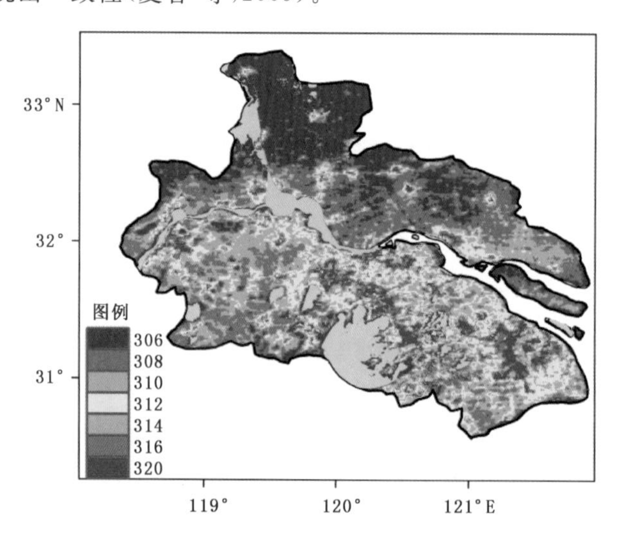

图 13.4　2001—2013 年沿江城市带地表温度的空间分布（单位：K）

CMORPH 卫星降水资料和 NCEP 风场资料分析结果表明，沿江城市带的南京、无锡、苏州、常州等主要城市发展对降水的影响主要表现在影响夏半年降水强度的空间分布，在 700 hPa 平均引导气流控制下，城市中心和下风向地区的夏半年降水强度比上风向地区增加 5%～15%，最大值通常位于城市中心下游 20～70 km。冬半年主要城市周围的降水量、降水时间和降水强度的空间变化都比较小，城市效应对降水分布特征没有明显的影响。夏半年南京、无锡、苏州、常州等城市的下风向地区比上风向地区降水强度明显增加，城市效应显著（江志红 等，2011）。

（2）区域性热岛改变局地环流，影响污染物扩散

一些数值模拟研究结果也表明：城市热岛环流效应在城区下游更加明显，城市下游出现强的热岛环流上升支在有利的流场和天气形势下容易引发局地强对流活动，可能会对城市下游

降水强度的增加起到一定作用。城市热岛的高温带在地面风的影响下，向下风方平移，导致城市下游郊区的气温明显上升。从气温垂直剖面图上可以看出，在地面风的作用下，低层大气都出现了一个水平方向上的高温带，从城区一直延伸到下游郊区。气温差异的垂直剖面图表明：城市化过程使城市以及城郊过渡带上空大气获得更多的热量，气温明显上升。在计算城郊过渡带的平流加热率后发现，大尺度环境风场下城市对下风方郊区大气的平流加热作用不可忽视。城市规模的扩大不仅会使局地城市热岛的强度增加，也会同时加强对下风方的增温（霍飞等，2011）。苏南及邻近地区城市化区域的扩张，会引起区域降水分布的变化。在城市化区域，降水将减少，而在城市化的下风区会有局地降水增加；同时，在苏南城市化区域中，太湖等湖泊的影响也很重要，会加强其邻近地区局地降水强度。城市化区域的地面气温有明显的上升，对高温天气的作用更大。城市化也会影响地面风场，阻挡穿越城市化区域的风；苏南沿海城市化区域扩张，会使海陆风环流增强，加大了海面向陆面的风。城市化区域的潜热通量明显减少，而感热通量显著增加。城市化增暖产生的局地热源，使城市化区域及邻近地区局地环流发生变化，增强了低层城市化区域向周边辐散的强度。随着高度的增加，城市化的影响也越来越小（解令运 等，2008）。

(3)区域性雾霾趋强趋重

经济发达、城市化水平高的沿江城市带是霾天气高发区，年霾日数超过100 d，增长率大于等于30 d/10 a；1978—1991年沿江城市带年工业增加值处于较低水平，增速缓慢，1991—2002年，年工业增加值增速加快，2002年以后迅速增长；与此对应，霾日数从20世纪90年代初期缓慢上升，2002年以后快速增长；2000—2008年，沿江城市带城市化率从37%迅速上升到60.2%，霾日数也迅速上升，这表明城市化的加速发展是导致年霾日数上升的重要原因（宋娟等，2012）。

沿江城市带地区工业发达，工业污染是大气污染的主要来源。冶金、化工、建材、火力发电等行业为大气污染排放大户，环境空气质量与污染类型受大气污染传输和天气条件变化的影响十分明显。夏季太阳辐射较强时，城市带排放的污染物常以二次污染物的形式影响下风向城市；太阳辐射较弱的情况下，则以一次污染物输送为主的形式影响周边地区，冬季城市带区域颗粒物污染总体水平较高。SO_2 和 NOx 排放主要集中在工业和火电部门，颗粒物排放则主要集中在工业部门。受区域目前的污染源分布格局和气象季节特征共同影响，环太湖地区的上海、苏州、无锡和常州等城市由于自身高排放强度，始终是一次污染最严重地区，大气污染发生频率最高的季节是春季和冬季；11月和3月是大气污染出现频率最高的月份。在以西北风为主的1月，浙江北部城市易受苏南地区污染南下传输影响；而在以偏南风为主的7月，该地区的污染物又会北上影响苏南及苏中地区的城市。在大气环流季节转换背景下，目前长三角城市间污染跨界传输已十分显著。2003—2009年，我国 NO_2 柱浓度年平均值排名前20名的城市有7个位于江苏沿江城市带（苏州、镇江、无锡、南通、泰州、扬州和南京），形成了一个区域性的氮氧化物污染岛，NO_2 柱浓度值为$(11.43 \sim 13.36) \times 10^{15}$ mol/cm^2，沿江城市带已经是我国氮氧化物污染最严重的地区之一，污染物主要来自于机动车尾气、火力发电站和其他工业燃料的燃烧。冬季，沿江城市带所在的长三角地区近地面及500 m高度层主要为西北风控制，输送气流主要来自西部内陆地区；春季，盛行东南风和偏东风，存在明显的东南向西北方向的输送气流；夏季，则以偏南输送气流为主，杭州湾地区海面向内陆方向以及太湖湖面风速较大，输送扩散能力较强；秋季则转为东北风，近地面杭州湾以北盛行北风，以南主要受海面东北风的影响，长三角高排放地区主要集中在长江下游的沿江一带及杭州湾地区一带，因此，城市带区域内大气污染可能会出现跨城市混合污染的情形(王艳 等,2008)。

13.3 沿江城市带高影响天气气候事件的脆弱性

13.3.1 沿江城市带对极端温度要素的影响

利用 WRF 模式耦合单层城市冠层模型，对长三角特大城市群 2001—2007 年夏季进行有城市和无城市两组模拟试验，对比两组试验结果表明(表 13.1)，沿江城市带对夏季日最高气温、日最低气温和气温日较差均有明显影响，日最高气温、日最低气温变化幅度为 0.3～0.4 ℃，以苏锡常城市化对极端温度的增幅最大，比长三角城市群的平均值高 0.15 ℃。城市化导致的夏季日最高气温的上升使得沿江城市带高温日数增加 2.5～3.3 d，高温热浪次数增加 0.22～0.41 次，同样以苏锡常的增幅最大(成丹,2013)。

表 13.1　2001—2007 年沿江城市带对夏季极端温度影响

区域	日最高气温(℃)	日最低气温(℃)	气温日较差(℃)	高温日数(d)	热浪总数(次)	轻度热浪(次)	中度热浪(次)	重度热浪(次)
长三角城市群	0.215	0.247	−0.032	1.8	0.217	0.039	0.022	0.156
宁镇扬	0.305	0.364	−0.059	2.5	0.223	0.015	−0.042	0.250
苏锡常	0.351	0.400	−0.049	3.3	0.411	0.106	−0.005	0.310

随着全球变暖，热浪在世界各地频频发作，且强度越来越大，20 世纪 90 年代中期，全球又出现了罕见的炎热天气，美国、南欧、日本等局部地区遇上了百年未见的酷热天气，印度部分地区气温竟高达 48 ℃以上，我国也出现了大范围的高温天气。炎热的天气使得死亡率大大增加，已经严重威胁到了人类的生命健康，造成了不可估量的损失。城市热岛效应可以影响高温日和热浪过程的空间分布。由于城市热岛的存在，表现出市中心区比近郊区和远郊区具有更多的热日天数、更高的极端最高气温、更长的高温持续时间。城市规模扩大、热岛增强，在高温背景上叠加了城市热岛的影响，因而表现为局地性的高温增多。江苏 20 世纪 90 年代中后期以来处于一个偏热期，苏州等城市近几年高温次数明显增加，而西南区域南京等城市夏季的最高气温则有下降趋势；江苏省年平均最高气温变化中 5～6 年的周期振荡在各地区中反映得比较明显。苏南地区年平均高温日数多于江淮地区，显著高于淮北地区(徐州除外)。持续 5 d 以上的强高温过程一般主要出现在苏南地区。全省高温频数在 20 世纪 50－60 年代较高，60 年代末开始有下降趋势，90 年代中期以来呈上升趋势；各城市的年平均最高气温均于 1980 年达到最低值，近 30 年都有上升趋势。南京夏季极端温度有下降趋势，表明在气候变暖的同时，南京的夏季却比以前变凉，所谓的“火炉”变得较以前凉爽；相反，东南地区的苏州夏季气温则呈上升趋势(郑有飞 等,2012)。

城市热岛是一种现代城市公害，尤其是在中低纬度地区的夏季，大量使用空调、电扇等设备，导致消耗大量的电力、煤炭，另一方面，又向室外排放出大量的热量，使原来就比较高的气温更高，造成了一种恶性循环，加剧了城市高温出现的频率，影响人们身心健康，使得中暑、消化系统疾病、流行病人数增加。在 2013 年夏季持续高温天气的背景下，数值模拟研究表明，不同绿化率、绿化方式对苏州城市气象环境及城市热岛效应的调节作用差异较大。苏州现有的城市绿化水平对城市夏季高温天气已经起到了一定的缓解作用，分别使日平均气温和最高气温下降了 0.4 和 1 ℃左右。苏州绿化现状以树木为主，其降温作用在中午 14 时左右最明显（0.7～1.4 ℃），对夜间气温影响较小。当树木覆盖率达到 40%时，可使日最高气温下降 2 ℃左右。这是因为城市中的树木可以通过水分蒸发和植被表面的蒸腾作用，将感热通量转化为潜热通量；树冠对太阳辐射的遮挡作用，也可以使到达地表的短波辐射减少，空气温度降低。而草地绿化的降温效果弱于植树绿化，草地绿化对全天平均气温的影响较小（下降约 0.2 ℃）。人为热的排放使苏州地区全天温度都有不同程度的升高，其中 18 时左右增温幅度最大，可达 1.5～2 ℃，这是由于晚高峰交通排放与居民生活起居等人为活动共同作用而达到峰值，夜间 02—06 时人为热对温度的影响很小。因此，苏州市区现有的绿化水平已对夏季城市高温天气的缓解作用比较明显，特别是可以有效降低午后最高气温。

13.3.2　暴雨时空变化对城市内涝风险的影响

（1）城市快速发展背景下，近百年来南京地区暴雨增强趋多

20 世纪 20—30 年代，南京市汛期降水量约为 433.4 mm。年降水量平均约 850.7 mm，发生大雨、暴雨的频率为每年 5.2 次。而到了 20 世纪 90 年代，汛期降水量增加为 850.7 mm，年降水量增加为 111l.3 mm，发生大雨、暴雨的频率也相应增加为每年 7.8 次。总体来说，南京地区汛期降水量、年降水量及发生大雨、暴雨的频率均有增加的趋势，1970 年后尤为明显。而城市降水量的增大，使区域出现峰高量大的暴雨洪水概率增加，加剧了南京市的防洪压力。同时，随着城市不透水面积的不断增加，加上城市管网排水能力不足，使得现有排水能力不能满足特大暴雨的排洪需求，相应洪涝灾害发生的可能性也进一步增大。南京市作为一个沿江城市，曾经拥有众多的支流水系，秦淮河、金川河、护城河以及清溪河、进香河、珍珠河等，河网纵横交织，水系发达，但城市化的快速发展，对城市天然河流水系产生了严重影响，许多支流小河道由于城市用地的扩展而被侵占缩窄或以涵管的形式埋入地下，河流长度、面积缩小，河流的数量也在持续减少。到 20 世纪 90 年代末，只剩下秦淮河、金川河和杨吴城濠等水体。据不完全统计，10 年内南京城区就消失较大河流 20 条，全长超过 15 km。传统的河流渠化、硬化以及裁弯取直等治理工程导致河道完全人工化，形式规则单一，河流的自然形态消失，河网结构简单化，其功能特性也因此发生相应的变化。城市化过程中支流水系的消失、河道的人工渠化及两岸护坡，侵占了河流湿地中生物的生存空间，降低了河道与两岸漫滩以及相关联的湿地系统的连接度。对生物多样性的保持构成威胁，同时阻隔了水体与土壤的联系，使水系与土地及其生态环境相分离。河流的通道功能随之减弱甚至消失，削弱了河流在维护不同尺度的生物和其他元素循环方面的功能，综合价值下降。此外，也破坏了河流形态的自然演变规律以及河流的水生态平衡，使河岸植被和动物的生存环境受到影响。

（2）城市带连片发展对强降水时空分布的影响加剧

近年来随着城市化的快速推进，流域不透水面积迅速增加及众多湖泊河网衰退消亡，由此引发的河流水质恶化、洪涝干旱灾害加剧等一系列水文、水资源与水环境问题，已严重威胁到人类的生存环境，并影响经济的可持续发展。为此选择该地区内一些典型区域，基于长序列降雨径流资料，以遥感和 GIS 作支持，通过模拟计算与综合分析，围绕城市化对城市降雨与径流的长期影响、对城市暴雨洪水的影响以及对河网水系与水环境的影响等方面，重点探讨城市化

发展为特征的流域下垫面变化对流域水循环以及水文过程的影响，寻求城市化发展条件下的水文变化规律，以便对该地区城市化水文效应进行一个较全面的分析，并为当地的防洪减灾、水环境保护以及水资源持续利用提供技术支持。以苏锡常地区为例，苏锡常地区快速的城市化发展使得该地区的自然环境产生较大的变化，并影响到该地区天气和雨量过程的变化。分别选取了该地区有代表性的城区与郊区的雨量站，基于这些雨量站 1961—2006 年长序列降雨资料，选择年雨量、汛期雨量以及最大日雨量等特征参数，通过相同时期城区和郊区站特征参数的对比分析，以及不同时段雨量特征参数的对比分析，探讨城市化发展对降水过程的影响，在相同的气象条件下，受城市化发展及下垫面因素变化的影响，城市化发展迅速的苏州、无锡城区降水的增幅大于郊区。2001—2006 年间，受大气环流的影响，降水普遍有所减少，但是，城市化持续发展所造成的城郊降水差距仍然存在。此外，通过对城郊降水差距的时间序列进行分析，结果表明，受城市化持续发展的影响，该地区城市化对降水的影响作用将进一步加剧。苏州、无锡降水的增多趋势显著大于城市化发展相对缓慢的常州。对比 1961—1978 年与 2001—2006 年间，苏州、无锡的城区与郊区平均雨量的差距，苏州与无锡年雨量分别增加了 21.1 mm 和 29.5 mm，而汛期雨量城郊差距，苏州减少了 7 mm，无锡则增加了 41 mm。由此看出，除城市下垫面因素外，雨量等气象要素也是一个重要影响因素，其基本特征为年雨量愈小城郊差距愈大；而汛期雨量变化则与之相反，汛期雨量愈大，城郊雨量差距也愈大。而常州市雨量差距变化不是很显著，这可能是因为常州的城市化发展相对滞后所致。随着城市化发展的影响进一步加深，未来苏锡常地区城郊降水差距可能继续呈微弱加大的趋势，在目前大尺度环流系统作用的背景下，城市化发展对苏锡常地区的降水影响将会进一步加剧，但各城市的变化将有所差异，个别城市（如常州市）可能会出现例外情况（许有鹏 等，2009）。

（3）城市建设快速发展，改变局地暴雨雨型，迫切需要修订城市暴雨强度公式

由于城市建设的迅猛发展，长三角城市布局已发生了重大变化，而同时该区域降水强度也呈现出增强的态势（梅伟 等，2005），极端降水事件频发，使得城市暴雨内涝风险加剧。暴雨的趋势性变化对城市的防灾减灾提出挑战，特别是短历时高强度暴雨造成的内涝灾害日趋严重，人民的生命财产、城市的安全受到严重威胁。提高城市的防洪能力，需对城区排水管道进行核算、重新规划、设计，而新的暴雨公式及暴雨雨型是这些工作的基础。因此，开展新的暴雨公式及雨型统计分析工作具有重要的现实意义。

江苏省气候中心开展了该地区内典型城市——镇江的暴雨强度公式修订以及暴雨雨型设计工作，目前镇江市采用的暴雨强度公式是南京市建筑设计院根据 1951—1979 年 29 年的降雨资料编制的，研究时间较早，统计数据有限，已经不能代表当地现状及未来一段时间的暴雨特性。随着现代统计方法的不断优化，借助计算机技术推求暴雨强度公式，可提高公式的精度和可靠性。由于年最大日降水量以及年暴雨日数具有较长且完整的观测记录，能够从一方面反映出镇江市暴雨的长年代变化特征。通过对年最大日降水量和年暴雨日数的统计分析发现，最大日降水量的年际变化与暴雨日数的年际变化具有较高的一致性，说明在暴雨发生频次较高的年份暴雨的最大降水量也相对较大。在 1980 年以前，暴雨日数的变化波动较为平缓，总体上呈减小的趋势，而 1980 年以后暴雨日数波动相对较大，整体趋势是趋于增多。年最大日降水量也呈现与暴雨日数类似的变化特征，日最大降水量在 1980 年之前年际波动较大，整个时段日最大降水量呈现出趋于减弱的趋势，而在 1980 年后日最大降水量呈现出增强的趋势，且波动相对较为平稳。1980 年前后两个时期，城市暴雨特征表现出较明显的差异性，而镇

江市原暴雨强度公式正是根据 1980 年前这一时段(1951—1979)的降雨资料编制的,已经不能满足现阶段城市防灾减灾的需求,具备开展新一代暴雨强度公式研制的必要。

采用年最大值法对镇江市暴雨强度公式展开修订,基于皮尔逊Ⅲ型分布确定概率曲线并进行参数推求,研制了镇江市新一代的暴雨强度公式,并将其与旧公式进行了对比分析(图 13.5)。结果显示新一代暴雨强度公式参数较旧公式有较大变化,各历时的暴雨强度均有较大程度的增强,平均增长率达 15.8%,最高可达 23.1%。

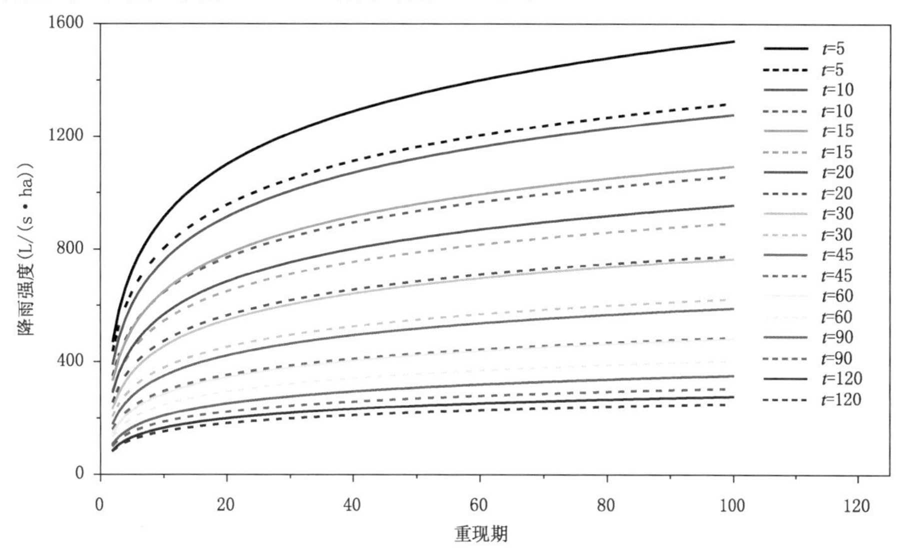

图 13.5　镇江市新旧暴雨强度公式降雨强度曲线对比

(实线为新暴雨公式曲线,虚线为旧暴雨公式曲线,t 均为暴雨历时(单位:分钟))

统计表明,镇江短历时暴雨以单峰型分布为主,其雨峰位置大部分出现在整个暴雨过程的前半段。进而采用芝加哥法雨型进行雨型设计,确定雨峰位置系数,得到镇江市短历时暴雨的雨型,如图 13.6 所示。短历时暴雨过程瞬时雨强分布为单峰型分布,瞬时雨强随着时间增加先是量值快速增加,在暴雨开始后 22 分钟左右时达到峰值,可见对于镇江市 60 分钟的暴雨过程中在降雨开始 20～30 分钟后是降水量最大的时段,应对该时段重点关注。而后随着时间的

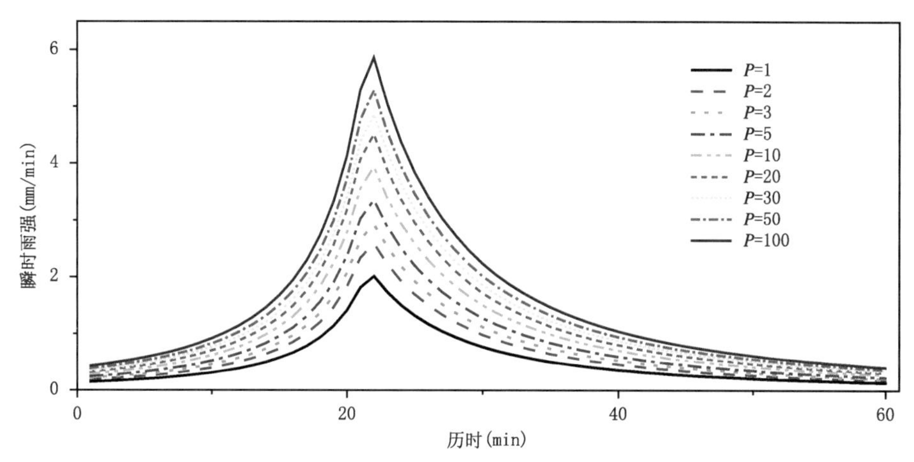

图 13.6　镇江市不同重现期(P,单位:年)下短历时(60 分钟)暴雨雨型设计

进一步增加，瞬时雨强开始逐渐减小并趋向于0，当雨强变为0时，暴雨过程结束。对比60分钟暴雨过程的不同重现期瞬时雨强的变化，当重现期为1年时，瞬时雨强峰值为2.0 mm/min，重现期为100年时，瞬时强度峰值可达到5.9 mm/min，为重现期为1年时雨强的近3倍，其他重现期内的瞬时雨强峰值介于二者之间。

13.4 沿江城市带高影响天气气候事件的未来情景

13.4.1 沿江城市带高影响天气气候事件的未来情景

多模式气候变化预估结果表明，相对20世纪20年代而言，21世纪不仅年平均强降水日数、单次强降水强度呈上升趋势，且其年际变率也增强；强降水频次分别增加15%～30%，强降水强度分别增加10%～20%，强降水频次的年际标准差增加约20%，强降水强度年际标准差增加10%～20%。这些结果意味着，未来不仅强降水增加，且极端暴雨、大暴雨易于出现，旱涝也将更为频繁(李双林 等，2012)。区域气候模式PRECIS(Providing Regional Climate for Impacts Studies)模拟显示，太湖流域未来降水量增加，2021—2050年年湿日平均雨量分别增加11.94%～13.46%，其中汛期(5—9月)增加趋势较为明显。统计降尺度模型SDSM(Statistical Downscaling Model)模拟的太湖流域未来气温变化情景表现出明显上升趋势，2021—2050年的年最高气温和最低气温变化分别较基准期升高1.09～1.41 ℃(刘浏 等，2011)。

降雨等自然气候和城市化等经济社会因素是影响太湖流域未来洪水风险的主要动因，未来极端降水事件的增加可能影响太湖流域洪水灾害的洪水风险。三大类影响太湖流域未来洪水风险的动因与响应，分别为自然环境因素、经济社会因素和防洪体系建设。自然环境因素是导致洪水灾害发生的最根本的驱动因素，防洪体系的建设是控制、降低洪水风险最主要响应因素，而经济社会的发展则改变了洪涝灾害发生的机制。例如，资产的聚集和人口的增长加大了流域防洪的脆弱性，直接影响洪水风险的程度和等级。太湖流域快速城市化对洪水风险具有重要的影响，财产和人口的集中增大了洪水风险损失的脆弱性。城市占地面积不断扩大，水域面积缩小，城市修建大包围圈及联圩并垸等模式，严重阻塞河网，降低了河网的通达率，直接导致流域调蓄洪水能力的下降。各地不断提高本区域的防洪排涝标准，将更多的内涝积水排入河网，导致河道水位上涨，降低了河道的槽蓄和行洪能力，同时也可能会造成防洪标准较低或不设防的区域遭受本不该有的洪灾损失。影响太湖流域洪水风险的动因与响应重要性程度很高的主要因素有长历时大范围梅雨、梅雨台风暴雨高潮相遇、风暴潮、经济增长、调度规则、流域蓄泄能力、堤防建设等。不确定性高的动因响应项主要是气候变化。通过对太湖流域防洪工程与非工程措施的响应的影响分析，得到可持续性综合评分较高的响应主要有：环湖大堤加固工程、城市地下蓄排系统、新开拓浚区域河道、水库维修加固、防洪、水资源调度管理等。通过分析近年来相类似地区已经发生或可能会发生的极端异常事件，得到太湖流域可能发生的极端异常事件主要有：超强台风、特大暴雨、天文高潮和台风与内陆洪水相遭遇、水库堤坝溃决、环湖大堤和江堤海塘溃决、海平面异常升高、海啸、外来物种入侵、环境健康等9个方面。太湖流域洪水风险动因和响应的定性分析为未来情景的定量分析奠定了基础，但是，由于难以获得太湖流域的水文气象、工程建设、经济社会等方面的最新资料和数据，因此，在动因响应的输入描述中，只能以5年前或更早的数据作为分析的依据。在动因响应重要程度排序中，不同省市、不同部门的专家和利益相关者的观点分歧较大，使得某些动因响应的重要性难以得到统一（王义成 等，2009）。

利用可变下渗能力模型 VIC（variable in filtration capacity）与区域气候变化影响模式 PRECIS（providing regional climate for impacts studies）耦合预测气候变化情景下的太湖流域径流变化趋势，结果显示，未来时期（2021—2050 年）太湖流域径流对气候变化的响应较为明显，太湖流域未来发生洪水的可能性将增大，将增加未来防洪工作的难度和强度。基于 0.05°×0.05°网格分辨率，以 VIC 模型为基础，将太湖流域划分为 1452 个网格，同时结合气候分区和土壤类型的空间分布特征确定了太湖流域 VIC 模型参数库，构建了太湖流域气候变化对径流影响的大尺度评估模型。根据西苕溪流域的汇流特点，采用 Dag Lohmann 汇流模型进行参数率定和验证。横塘村水文站率定期和验证期的多年平均年径流相对误差分别为 0.77%和 3.43%。分布式水文模型 SWAT 对西苕溪流域降雨径流过程进行模拟分析发现：在年尺度上，全流域尺度分析表明，未来城镇化情景都将使径流深度增加，蒸发量减小，且随着城镇化比重的增加，二者的变化将更加明显。子流域尺度上，建设用地变化与年径流深度变化之间呈高度线性正相关，径流深度的变化对建设用地面积变化的敏感性高。在月尺度上，各城镇化情景下大多数月份径流深度增加，且各月蒸发量主要表现出下降的趋势。2020 年各城镇化情景下除了 12 月、1 月、2 月、4 月和 9 月份径流深度减小外，其余各月径流深度均增加，5—8 月径流深度增加比较显著，变化幅度较大；各月蒸发量的变化主要表现出下降的趋势，以夏末和秋季月份蒸发量下降的幅度较大。此外，各月径流深度和蒸发量的变化幅度均随城镇扩展程度的增加而愈加显著。研究区城镇化的进一步发展，将造成汛期径流增加，洪涝灾害进一步加剧（陈莹等，2011）。

13.4.2　城市带气候变化影响评估的不确定性

13.4.2.1　气候变化预测的不确定性

温室气体与气溶胶的源和汇及其对全球变暖的间接效应，云对温室气体造成的全球变暖的反馈效应，海洋热惯性及洋流可能改变而影响到气候变化的时间和类型，陆面过程和反馈，包括与区域及全球性气候耦合的水文和生态过程等的不确定性，限制了我们预测和检测气候变化的能力，因而难以预见未来大而迅速的气候系统变化。

13.4.2.2　气候变化影响评估的不确定性

首先是气候变化科学评估的不确定性，尤其是对区域尺度气候变化预测的不确定性导致气候变化影响评估的不确定；其次是社会经济、城市环境生态对气候变化的敏感性并不清楚，对关键过程的了解也具有一定的局限性，与此同时，各个社会经济、环境生态系统受气候和非气候因子的影响，其相互作用不总是线性可加的。

13.4.2.3　社会经济发展预测的不确定性

由于人类社会自身的多元性、复杂性，人类组合的多样性，不同城市的生态环境、气候条件的未来发展的预测也是不确定的。

13.5　沿江城市带应对气候变化的对策与建议

为了减缓和适应气候变化，保护环境，保证经济持续发展，在沿江城市带区域需要采取一些适应性对策。

13.5.1 提高绿地面积、合理优化绿地结构

长江三角洲地区城市化规模巨大，由上海、苏州、无锡、常州形成的“热岛群”对区域极端气候事件产生了明显影响。由于长三角地区各城市合理规划布局、规范用地，环境保护意识增强，在城市化发展的同时，该地区一定范围内的热岛效应得到了有效的控制(倪敏莉等，2009)。增加植被覆盖是缓解城市热岛危害最经济有效的手段，不同类型绿地对城市热岛效应的缓解作用差别较大。从热岛效应的缓解效果看，树林最强，行道树次之，草坪较弱(唐罗忠 等，2009)。以树木绿化为主城市绿地面积提高对高温天气的持续时间有明显缓解作用，在城市规划和建设中，应进一步增加绿地覆盖面积，缓解气候变化可能导致的一系列负面效应。

提升城乡绿色品质。优化城乡生态绿地布局，加强公园绿地、防护绿地、城市绿廊、城市湿地及城郊大环境绿化建设，构建城乡一体化的绿色生态网络体系(江苏省发展和改革委员会，2015)。城市中水分蒸发比例减少被视为热岛产生的最为重要因素之一，城市中心城区绿地面积小，不透水面积大，消耗在蒸发和蒸腾的热量少，对应的热岛效应就显著。因此，要特别注意抓好城市中心区公共绿地建设，结合旧城改造、产业结构调整、大型市政项目建设和拆除违章建筑等，降低建筑密度，置换出一定的开敞空间用于绿化，在中心城区尽可能地保留一定体量的绿地面积。在制定城市绿地系统规划时，不仅要考虑每年的扩绿面积，还应着重考虑绿地的合理分布和植物配置。乔灌草复层种植结构的绿地降温效果最好，其降温效益是单纯草地的2.6倍，其次为乔草型和灌草型绿地，避免大量种植成本高、消耗资源多的草坪型绿地。

13.5.2 控制城市规模、提倡绿色生活方式

实证分析结果表明，南京城市人口密度、城市不透水面积及地区生产总值均是城市暴雨内涝的影响因素。控制城市无序蔓延扩张。科学编制城市总体规划，合理控制城市建设用地规模。实施城市环境整体规划，划定城市生态红线和最小生态安全距离，控制城市污染，降低居民健康风险，提升城市生态保护空间，形成环境功能明确，产业布局合理的城市空间发展新格局(江苏省发展和改革委员会，2015)。通过合理的城市规划，尤其是城市用地的规划，减少城市不透水面积，可以有效缓解城市内涝问题(毛磊 等，2011)。着力构建科学的城市排水防涝体系。建立健全城市排水。防涝工作机制，对老城区、城市新区和开发区实施统一规划、统一建设和统一监管。加强城市排水防涝标准化设施建设，加快推进城市雨污分流设施的改造与建设，进一步提高设施建设标准。大力推行低影响开发模式，按照建设“海绵型城市”的要求，有机整合规划、建设和园林等相关部门的力量，将低影响开发要求落到实处。全面完成排水防涝设施普查，构建与完善城市排水防涝综合信息管理平台(江苏省发展和改革委员会，2015)。

由于在城市生产活动和居民日常生活中释放了大量的热，促成了城市热岛的形成，因此，合理地控制城市规模和市区的人口密度，节约资源、提高能源效率，提倡绿色生活方式，对减少人为热的排放量有重要作用。同时，改善能源配置和使用条件，大力开发太阳能、风能、水能等可再生而又无污染的能源，成为控制城市热岛效应的又一项重要措施。

13.5.3 发展低碳经济、建设城市生态走廊

温室气体排放控制，表面上是控制 CO_2 等的排放，但实际上是控制源头，转变传统的发展

方式，转变高投入、高消耗、高污染、难循环、低效益的粗放型增长方式。低碳经济的实质是高能源效率和清洁能源结构问题，核心是能源技术创新和制度创新。低碳经济与目前国内落实科学发展观、建设资源节约型和环境友好型社会、转变经济增长方式的本质是一致的。发展低碳经济是依靠资源和能源消耗向依靠科技进步和智力投资转变，是实现低能耗高增长经济增长模式的一个重要选择，是符合可持续发展的全新经济发展模式，可以使资源节约、节能减排、转变经济增长方式、新型工业化道路得以实现。与此同时，发展低碳经济也是实现循环经济发展理念（减量化、再利用、资源化）的有效方式。从全球经济格局来看，低碳经济已经成为世界经济发展的新趋势，它带来贸易条件、国际市场、技术竞争力的比较优势，由此引发世界经济格局的变化。若继续发展具有资源优势的高碳经济也就变成了市场劣势经济，就必然被时代所淘汰。

苏州城市生态走廊的建设经验表明，城市主导风向对热岛效应具有良好的调节作用，在城市主导风向上应建立合理的生态走廊，将郊区凉爽、洁净的空气引入城市内部，有效缓解城市内部的热岛效应，同时可促进城市与外围的物质、能量流动。避免在主导风向区域建设密集的高层建筑。协同绿色农业发展要求，保护天然林地、湿地等。

13.5.4　改善能源结构

以清洁能源和高效能源替代污染型和低效型能源，开发利用水能、风能、太阳能、生物质能等新能源和可再生能源，替代高碳的化石能源，是实施温室气体减排的重要手段。推广清洁燃料替代石油。大量使用天然气替代煤炭、石油的主要品种，是调整江苏能源结构的重要途径。通过“以气代油”、“以电代油”、“以生物燃料代油”，从而抑制石油需求的急速增长。比较理想的结果是石油占能源消费总量的15%左右。在沿江城市带发电部门提倡节能减排技术，如提高火电厂的发电效率，用高参数大容量机组更新高耗能、高污染的中低压参数老机组；发展热电联产，提高能源利用效率；采用先进高效发电技术；调整发电燃料结构，以天然气代替煤；发展新能源与可再生能源发电技术等。在交通运输领域主要减排技术是高效引擎和开发汽车代用能源。建筑节能技术主要包含围护结构节能技术和设备节能技术等方面。上述改善能源结构与提升能源利用率的技术，是应对气候变化的有效方式。

第14章

气候变化对江苏省海岸带地区的影响

摘要 江苏是海洋大省，沿海滩涂资源丰富，是江苏省海水养殖业不可多得的一种自然资源，大部分海岸陆域广阔，有利于建港，拥有丰富的自然和人文社会旅游资源。江苏沿海岸带地区处于海陆交界，其气候变化特征和全省类似，但有一定的特色。科学认识与评价气候变化对沿海岸带地区的经济社会发展，意义重大。

江苏海岸带在1980—2012年的30多年里，气候要素变化趋势具有区域性和季节性特征，并非完全一致。主要为秋冬季和春季海岸带气温逐步升高。海岸带近地面10 m风速随年代逐渐减弱，春季风速最大。海岸带的降水较内陆少，具有不同的阶段特征。海洋要素变化方面，江苏近海面气温在持续波动中增温变暖，但升温幅度随年代延伸在减小。这种现象在30多年的冬季、夏季平均中也有表现，冬季升温大于夏季升温。30多年来夏季海温有逐步上升的趋势，秋季则变化不大。冬春季的海温在10 ℃左右，冬季海温在20世纪80年代逐步上升，90年代基本维持平稳，进入21世纪，海温转为逐步下降。春季20世纪80—90年代海温缓慢上升，90年代末至2010年海温维持略偏高，2010年以来海温有所回落。总体上，海面高度在1993—2012这20年中是逐步升高的。1995年为海面高度最低年，又以苏北海域降低最大。江苏海岸带高影响天气主要为伴随大风、暴雨和低气压的恶劣天气，其主要天气系统有热带气旋、温带气旋、寒潮等。大风造成大浪，与天文潮配合，将形成近岸风暴潮。

气候变化未来情景下高端排放，将造成江苏海岸带更多极端天气出现，随着年代延伸，2030年气候将更不稳定，因此，RCP8.5高端排放，将对江苏海岸带的各类灾害，包括寒潮降温、高温热浪、极端暴雨、海平面升高等，都有促使加剧和频繁发生的负面作用。

江苏省沿海自然资源丰富，但它们的稳定性明显受气候变化以及极端气候事件影响江苏海岸带经济活动与开发过程，需注重气候变化对沿海气象环境和海洋环境的影响效应。

14.1 江苏省海岸带基本特征

江苏地处江淮流域下游，黄海与东海之滨，是我国重要的沿海省份之一。江苏海岸线从南到北分别涉及南通市，盐城市和连云港市三个沿海城市。

14.1.1 江苏省海岸带环境概况

江苏是海洋大省，海岸线北起江苏山东交界的绣针河口，南至长江口，海岸线全长约 954 km(标准岸线)，中部海岸冲淤滩涂逐年显著扩展。江苏近海海域北起南黄海的平岛北缘(35°8′N)，南至长江口北支的苏沪分界线(31°37′N)。按照国家公布的领海基线量算的各类海域面积数据，内水面积中有近 1/5 的面积是沿海滩涂，领海面积与内水面积相比大约为 1/3，内水、滩涂、领海的总面积大致为 37500 km^2。

江苏海岸以粉砂淤泥质海岸为主，北部海州湾相邻的云台山脉向海延伸处为基岩海岸，向南至长江口都是粉砂淤泥质海岸。南黄海江苏海岸中部外有辐射状沙脊群，南北长达 200 km，东西宽 140 km，形成独特的海岸和海底地貌。

江苏海岸带地处我国大陆中东部，位于 30°～36°N 纬度带内。在东亚气候体系中，处于亚热带和北温带过渡地带，受海洋性和大陆性气候的双重影响，江苏省气候具有明显的季风特征，冬半年盛行来自高纬的偏北风，夏半年盛行来自低纬的偏南风。受低纬度热带天气系统和中纬度西风带共同影响，南北气候差异明显。北部偏冷干，南部更暖湿。海岸带气候资源丰富多样，沿岸中北部太阳能风能蕴含丰富，南部沿海无霜期长，雨量充沛。同时海陆交界，天气灾害复杂多变。

沿海水体含沙量分布近岸高，并形成高值区，向外海含沙量渐低。在废黄河口附近和以弶港为中心的辐射沙脊群中心海区形成两个含沙量高值区，垂线平均含沙量可达 1.0～1.2 kg/m^3。需要指出的是，辐射沙脊群是呈辐射状分布的露出海面以上的沙洲与隐伏在海面以下的沙脊或者沙脊间潮流通道的总称。南黄海辐射沙脊群分布于江苏中部海岸带外侧、黄海南部陆架海域，南北范围介于 32.00°～33°48′N，长 200 km，东西宽约 140 km，总面积约 28000 km^2。大体上以弶港为顶点，以黄沙洋为主轴，自岸呈展开的折扇状向海辐射，由 9 条沙脊和分隔沙脊的潮流通道组成。槽脊相间分布，水深多介于 0～25 m，个别深槽最深处可达 38 m。

自 20 世纪 90 年代以来，开发活动的规模加大，但辐射沙脊群海区动力要素的格局没有发生大的变化，两大潮波在辐射沙脊群顶部汇聚形成的移动性驻潮波仍然是该海域支配性的动力环境。与 80 年代相比较，辐射沙脊群海区泥沙运动特征和趋势没有发生明显变化。

14.1.2 江苏海岸带经济发展与气候变化

由于特定的地理位置和气候特征，形成了江苏省近海的丰富资源，发展起具有特色的江苏沿海传统经济和现代经济(江苏省人民政府办公室，2009，2010，2011；江苏沿海发展战略研究课题组，2010)。随着海岸带气候变化，这些传统经济和现代沿海经济也受到一定的影响。

14.1.2.1 滩涂围垦

江苏的海岸带由潮上带、潮间带和潮下带 3 部分组成，大部分沿海陆地为宽广的海岸平原(即潮上带)，海涂 0～20 m 海域为近海海底平原(即潮下带)，两者之间为均宽 3～6 km 的宽大潮间带(任美锷，1986)。根据海底的地貌形态、成因和沉积特征，可将江苏海岸带的水下部分(包括潮间带)自北向南分为 4 个地貌区，即海州湾、废黄河水三角洲、辐射状沙脊群和长江水下三角洲。

江苏沿海滩涂资源丰富，主要分布于沿海三市及岸外辐射沙脊群。至 2008 年，全省沿海未围垦滩涂总面积 50 万 hm^2，其中潮上带滩涂面积 3.1 万 hm^2，潮间带滩涂面积 46.9 万 hm^2。连云港市 1.95 万 hm^2，盐城市不包括辐射沙脊群为 14 多万 hm^2，南通市不包括辐射沙脊群为约 13.87 万 hm^2。含辐射沙脊群区域，在理论最低潮位面以上面积近 20.2 万 hm^2。在此区域以外，水深 0～5 m 的沙脊面积 28.8 万 hm^2，水深 5～15 m 的沙脊面积为 39.6 万 hm^2。

江苏省滩涂土地开发利用取得了很大成效，随着新围垦区域增加，养殖用地逐步改造转换成耕地面积，有效地促进了耕地占补平衡。通过滩涂围垦，在原有的海堤外新筑了高标准海堤，增加了一道安全屏障，提高了沿海抵御台风及风暴潮等灾害的能力，有效地保障了沿海人民的生命财产安全。

14.1.2.2 港口航运

多年来，江苏省沿海港口开发相对滞后，近百万米海岸仅有连云港一个大型海港。21 世纪以来，江苏沿海新港址开发取得突破，连云港的赣榆港区、徐圩港区，盐城的滨海港区、射阳港区、大丰港区，南通的洋口港区、吕四港区等均已开发建设。江苏段海岸气候温和，港口常年不冻；波浪较小，泊位条件较好；台风和海雾的影响也较小。大部分海岸陆域广阔，建港及库场地富足，有利于建港。但港口区域交通繁忙，气候背景下的局地天气状况影响着局地海况，对船只进出港和锚泊期间的影响很严重。

14.1.2.3 滩涂养殖与渔业

江苏省滩涂面积居沿海各省之首，并以每年 1300 km^2 的速度继续向海淤涨，拥有独特的滩涂湿地、淡水、半咸水及近海水域生态系统，其特点是岸滩及潮沟系统充裕活跃，连片分布，潮间带发育好，滩地宽广，最宽处可达 20～30 km，存在着各种各样的滩涂植被资源（陈小兵 等，2010；孟尔君 等，2010；Chung，2006）。

滩涂资源是江苏省海水养殖业不可多得的一种自然资源，滩涂贝类一直是江苏省海水养殖产量最高的种类。目前江苏省贝类养殖面积共有 11.6 万 hm^2，产量 56.3 万 t。主要养殖种类有蛤类、螺类、蛏类等。这些滩涂养殖十分依赖当地气候资源，水温适中，盐度稍低，入海河流带来有机物，形成适合鱼虾贝类藻类繁殖生息的环境；周期性潮水带来丰富营养物质，是海水养殖的良好条件，水资源充足，为水产养殖提供良好水源，但是台风、暴雨、龙卷、冰雹等剧烈气象灾害的发生及发生频率的增加将会显著影响滩涂养殖产量。

养殖用海在江苏海域分布广泛，主要分布在连云港市海州湾－10 m（理论基面）等深线以内浅海域，盐城市和南通市近岸和岸外辐射沙脊 0 m 等深线以上滩涂。因此，养殖与平均海面高度变化密切相关，而气候变化是影响区域平均海面高度的重要因子之一。

气候要素的变化对滩涂养殖与渔业发展具有重要影响。由于地处中纬度，江苏沿海四季分明，气候较温和，非常适宜沿海养殖业和与近海渔业的发展。但台风、暴雨、龙卷、冰雹等剧烈气象灾害的发生及发生频率的增加将会显著影响滩涂养殖产量。

14.1.2.4 海岸旅游

良好的气候环境及自然条件、丰厚的历史文化底蕴和独特的社会经济背景孕育了江苏省沿海丰富的自然和人文社会旅游资源，如砂质海滩、基岩海岸、海滩盐田、原生态的滩涂环境、防护林、珍禽异兽以及独特的民俗风情等，是我国特色滨海旅游区之一。目前，江苏省沿海地区已基本形成了连云港海滨旅游度假区、盐城滩涂稀有珍禽（兽）自然保护区等滨海旅游风光带。

14.2　江苏省海岸带气象要素特征演变及高影响天气

江苏海岸带地处中纬度，所辖区域春夏秋冬四季分明，又因为跨越近 5 个纬度，北、中、南 3 个地区的气候特征有明显纬度差异。

14.2.1　海岸带海洋气象要素的特征演变及影响

14.2.1.1　海岸带气象要素的特征演变

江苏海岸带气候变化描述所用的时段为 1980—2012 年的 30 多年。关于季节变化，选四季的代表月：1 月（冬季），4 月（春季），7 月（夏季），10 月（秋季）。将江苏海岸分为三个区域，北部海岸带、中部海岸带、南部海岸带，分别对应为连云港周围、盐城周围、南通周围的海岸带。

（1）气温：30 年月平均的江苏沿海气温在冬季海岸带地区的气温高于内陆，气温在 0.6～3.0 ℃。在夏季海岸带地区的气温低于内陆，气温在 26.8～27.8 ℃。春季海岸带气温显著低于内陆，即增温较内陆慢，沿海平均气温大约 16 ℃。秋季，海岸带气温高于内陆，说明降温较内陆慢。海岸带气温在 16.6～17.8 ℃，比春季气温略高。显然，由于海洋的热容量大，热惯性大，海洋的调节作用，造成海岸带地区比起内陆在气温的季节变化上更温和，显示出冬暖夏凉，形成更舒适的气温环境，形成优良度假资源。此外，在海岸带，气温自南向北依次降低，南暖北冷为主。

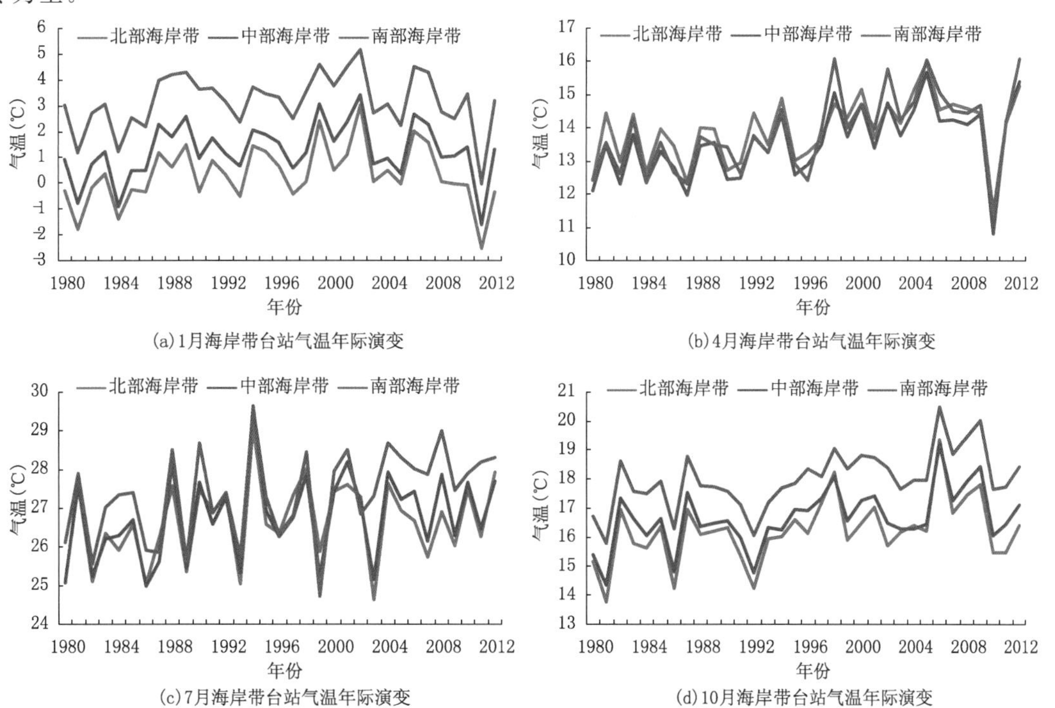

图 14.1　江苏海岸带季节气温台站综合平均年际演变

图 14.1 显示，江苏海岸带的南暖北冷在冬季和秋季较为清晰，同期南部海岸带气温较内陆略低。在 2000 年之后的夏季，南暖北冷状态较 20 世纪明显，同期北部沿海气温较内陆略

低，应略凉爽一些。春季较为特殊，自 21 世纪以来，春季海岸带北部气温与中部和南部接近，显示升温较快。而同期沿海中部的气温较内陆明显偏低，海洋对气温的调节效应显著。30 多年的气温季节变化特征为，秋冬季和春季海岸带气温逐步升高，而夏季，尤其是北部海岸升温不明显，与内陆苏北气温比较，升温趋势也不显著。因此，气温的气候变化趋势具有区域性和季节性特征，并非完全一致。

(2)风：江苏属季风气候区，风向有明显的季节变化。春季以东南风为主。夏季最多风向与春季基本一致，以东南风为主，但比春季更占优势。赣榆以东风为主。秋季多以东北风为主，但不及冬季稳定。冬季以西北风最盛。南部海岸带其风向主要分布在东—东南以及北之间，春季风向主要分布在东南—南东南之间，夏季主要分布在东南—南之间，秋季主要分布在北—东北之间，冬季主要分布在西北—东北之间。中部海岸带风向主要分布在东—南东南以及北东北之间，春季风向主要分布在东东南—南东南之间，夏季风向主要分布在东东南—南东南之间，秋季主要分布在北—东北之间，冬季主要分布在北西北—北东北之间。北部海岸带风向主要分布在北—北东北之间以及东南—东东南之间，春季主要集中在东东南—南东南之间，夏季主要分布在东方位，秋季主要分布在北—北东北之间，冬季主要分布在北西北—东北之间。

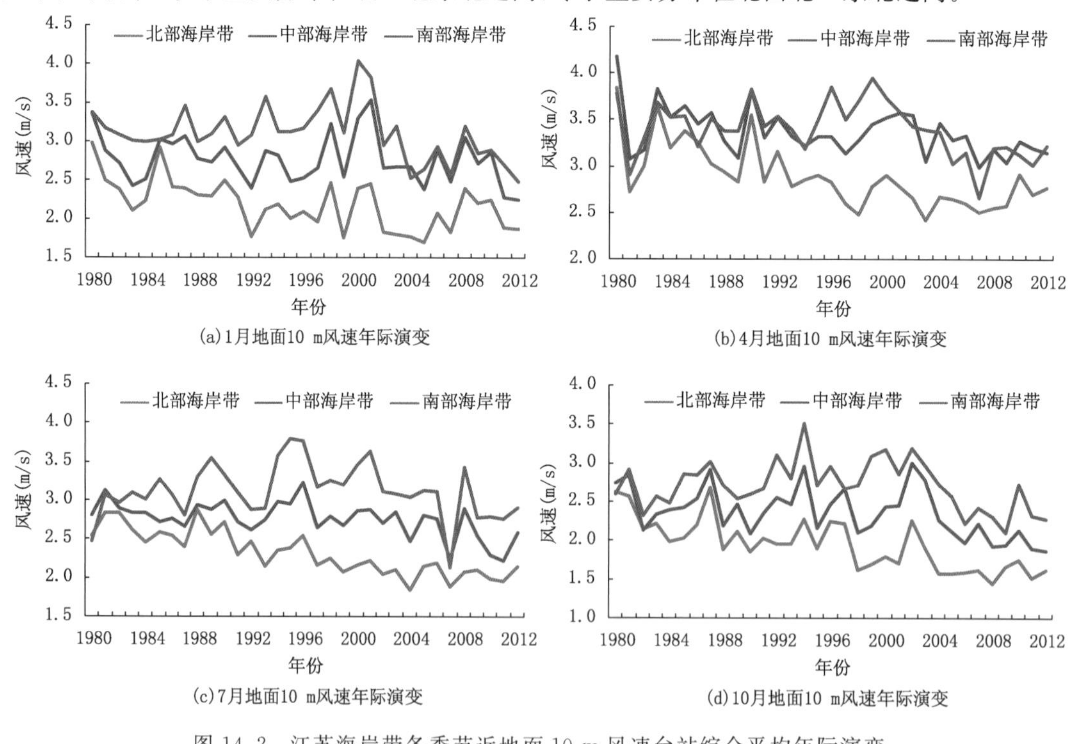

图 14.2 江苏海岸带各季节近地面 10 m 风速台站综合平均年际演变

图 14.2 为江苏海岸带季节风速台站综合平均年际演变态势。由图可见，海岸带近地面 10 m 风速的近 30 年气候特征比较清晰，四季均为风速随年代逐渐减弱，尤其是 2005 年以后，风速的降低非常明显，大约为 15%，并且在地域上风速强度自南向北的减弱也十分清楚，这与地形影响有一定的关系。北部为连云港海州湾，海湾内的风速通常减小，中部海岸线较平直，面向黄海，风速有所增强，但南部海岸向海上伸出，面向东海及西太平洋，因此，风速进一步增强。对比季节特征，春季风速最大，维持在 2.4 m/s 以上，其他季节的风速强度稍弱一些。

(3)降水:江苏省是水汽充沛雨量资源丰富的省份,多年月平均降水量显示江苏海岸带的水汽及降水季节特征十分明显。图 14.3 所示为江苏海岸带各季节代表月降水量年际演变。冬季(1 月)海岸带降雨量较内陆略少。降水量的减少主要在北部沿岸呈现出阶段性特征,20 世纪 80 年代初、90 年代中期以及 2003 年至今有 3 段少雨冬季。对整个海岸带而言,2010 年之后,冬季降水明显减少。春季(4 月)海岸带降水量较内陆接近或低一些。春季降水量在 20 世纪 90 年代中期较为充沛,其后不太稳定,在较低降水量基础上持续波动。往年夏季时北部降水少于南部,但是 2004 年以后,北部降水增多。与同纬度内陆相比,夏季(7 月)海岸带降水量自 2004 年以后也有北部海岸带降水超过内陆的现象。秋季(10 月)降水通常是北部少于南部,同时呈现 2 个多雨时段,即 20 世纪 80 年代初中期,90 年代中期至 21 世纪初;而 80 年代末和 2005 年至今海岸带是少雨的秋季。秋季,南部海岸带降雨量较内陆低一些。总体而言,大多数年份,海岸带的降水较内陆偏少。

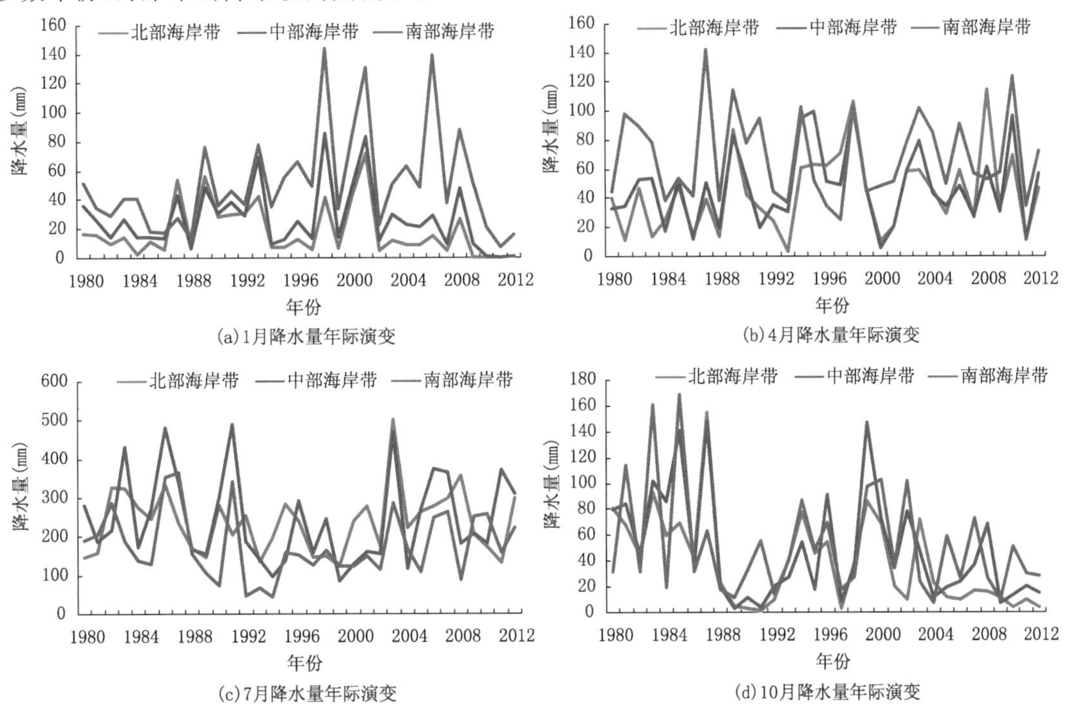

图 14.3　江苏海岸带各季节降水量年际演变

14.2.1.2　*海岸带海洋要素的特征演变*

江苏近海海洋要素时空分布受气候变化影响,反应最为显著的为海表温度(SST)和海平面高度(SSH)。本节使用的海面高度资料来源于美国 NCEP 的气候预报系统再分析资料(CFSR)的月平均产品,精度 0.5°×0.5°,时段为 1992—2012 年。海温资料来源于美国 NOAA OI SST V2 高精度数据集的日平均海温资料,时段为 1982—2012 年。其中融合了美国卫星探测再分析资料。

(1)江苏海域海面气温变化

1979—2012 年的 34 年江苏近海海面 2 m 处的气温特征,如图 14.4 所示。江苏近海面气温在持续波动中增温变暖。20 世纪 80 年代,90 年代和 21 世纪前 10 年的 3 个年代,它们的平均气温分别为12.5 ℃,13.2 ℃,13.7 ℃,显然,升温幅度随年代延伸在减小。这种现象在3个年代的冬季、夏季平均中也有所表现,冬季升温大于夏季升温。需要注意的是,升温是持续的,但无论冬夏,升温幅度在减小。

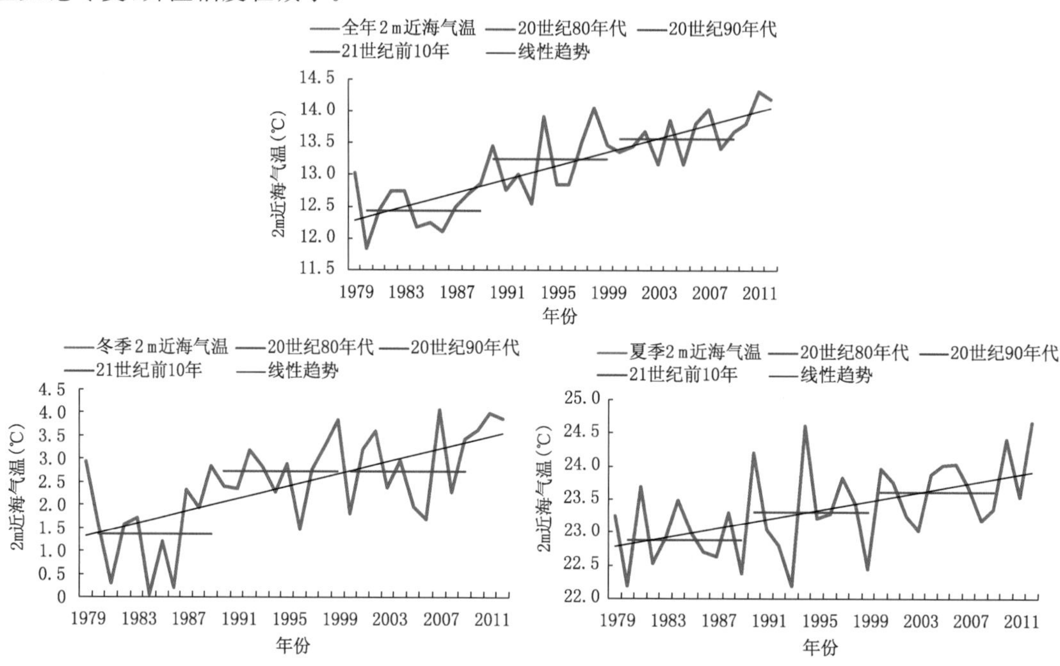

图 14.4　江苏近海海面 2 m 气温区域平均:全年平均、冬季平均、夏季平均

(2)江苏海域海表温度变化

取多年平均的各季代表月的海表温度,海表温度(SST)的季节变化特征见图 14.5。冬季(1月)江苏近海海温偏冷,形成6~8 ℃的冷舌,近海海温呈经向分布,南部远海有暖脊,因此,有海温梯度指向海岸带。春季(4月)南方暖海水逐步北进,江苏近海 SST 呈纬向分布,海温增高,范围在9.5~12.5 ℃。夏季(7月)海温进一步随季节升温,近海海温呈经向分布,与海岸平行,但远海有23 ℃冷中心,海岸附近海温较高可达25 ℃,温度梯度指向外海。秋季(10月)江苏海岸带近海北部与中部海温仍然为经向分布,而南部的海温呈纬向分布,但整体海温比较均匀,均在21 ℃左右。

图 14.6 为江苏近海 SST 的时间演变特征。在江苏近海的黄海海域,夏秋季海温维持在20 ℃以上,30多年来夏季海温有逐步上升的趋势,秋季则变化不大。冬春季的海温在10 ℃左右,冬季海温在20世纪80年代逐步上升,90年代基本维持平稳,进入21世纪,海温逐步下降。春季80—90年代海温缓慢上升,90年代末至2010年海温维持略偏高,2010年以来海温有所回落。因此,江苏海温的气候变化具有季节性特征,在全球变暖的大背景下,近10多年来,较为明显的是夏秋季海温有所上升而冬春季出现下降趋势。

海表温度 SST 前后20年(3年季节平均:1989—1991;2010—2012)对比分析所用资料为美国国家大气与海洋管理局再分析格点资料。图 14.7 为季代表月海表温度 SST 分布对比情况。各季节3年平均 SST 的形势场20年前后基本相近。此外,冬季江苏海域海表温度近3年较20年前有所下降,幅度平均1 ℃。春季近3年长江口及其附近海域较过去20年增温,而北部海域表现为降温。夏季近3年江苏沿海及外海相对于20年前略有增温,幅度在0.5 ℃左

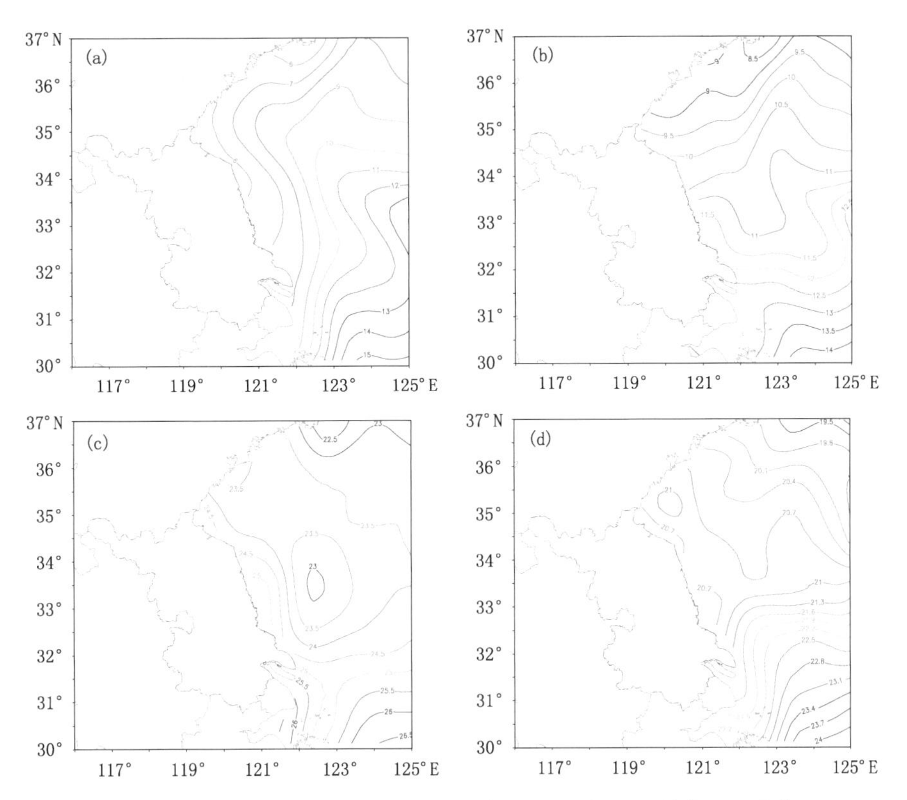

图 14.5　1982—2012 年四季月平均江苏近海海域 SST(单位:℃)分布:
(a)冬季(1 月),(b)春季(4 月),(c)夏季(7 月),(d)秋季(10 月)

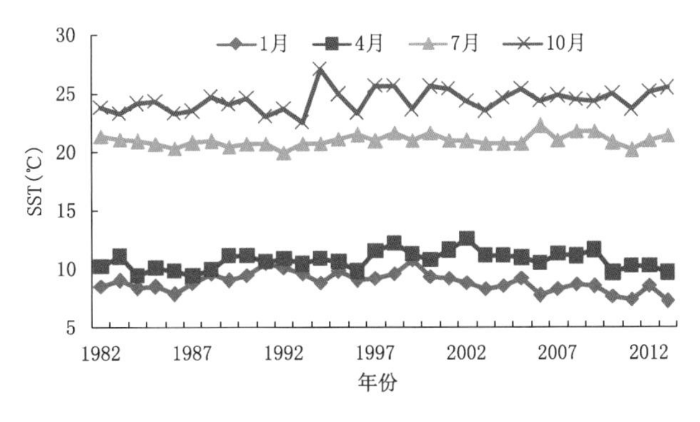

图 14.6　江苏近海 SST 年际演变

右。秋季江苏海域的 SST 空间分布 20 年海温值维持相近。因此,20 多年的气候变化对海温的影响季节性特征明显,各季节 20 年海温的升降幅度小,整体上略有增温。

(3)江苏海域海平面高度变化特征

对江苏海域(31～35°N,119～125°E)海平面平均高度进行空间及时间分析,获得平均海平面高度的时间变化特征,如图 14.8 所示。总体上,海平面高度在 20 年间是逐步升高的。在 1993—2012 这 20 年中,1995 年为海平面高度最低年,又以苏北海域降低最大。2012 年海面高度最高,接近 10 cm。与图中时段最低年的差达到 14 cm。

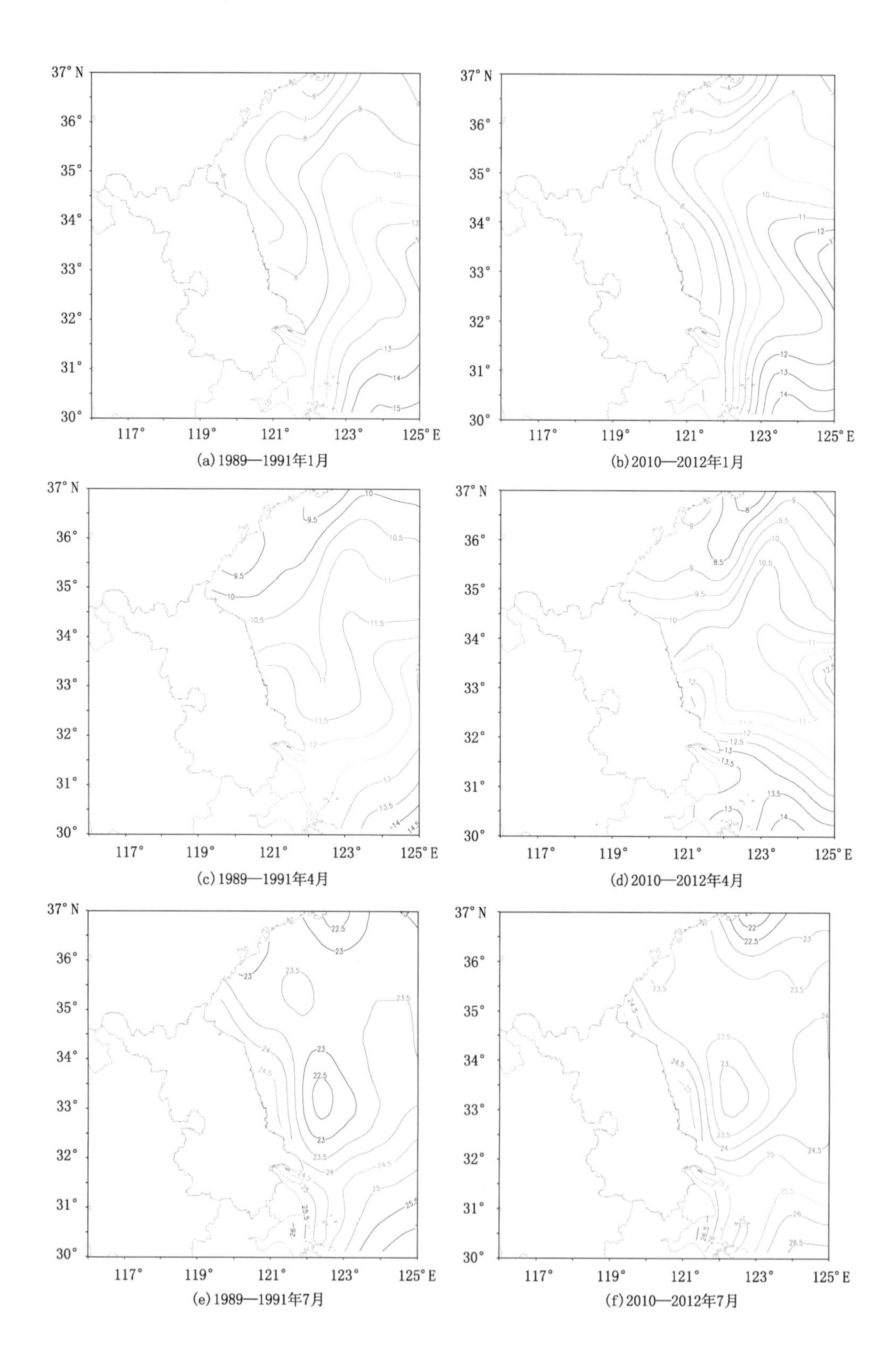

(a) 1989—1991年1月
(b) 2010—2012年1月
(c) 1989—1991年4月
(d) 2010—2012年4月
(e) 1989—1991年7月
(f) 2010—2012年7月

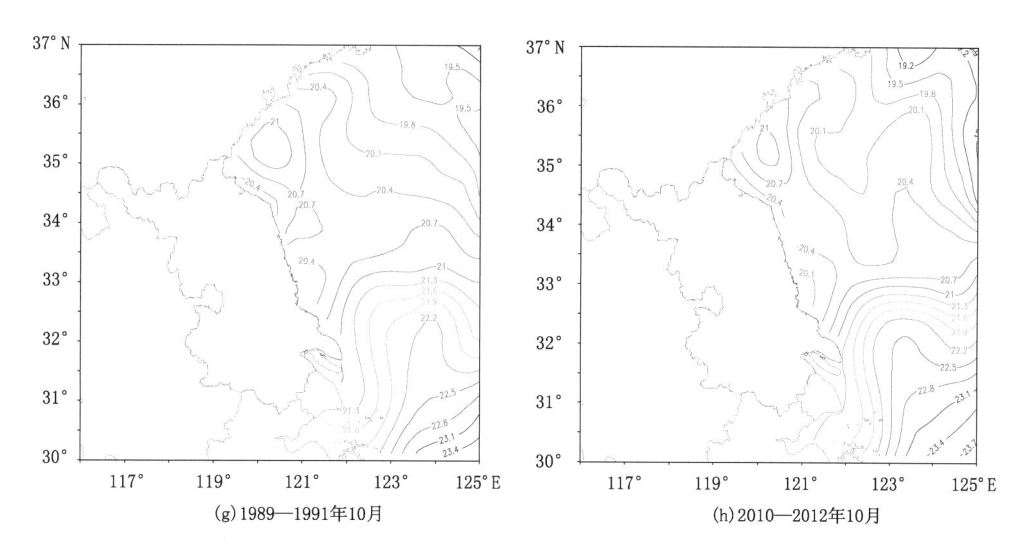

图 14.7　1989—1991 年与 2010—2012 年四季代表月平均海表温度分布对比

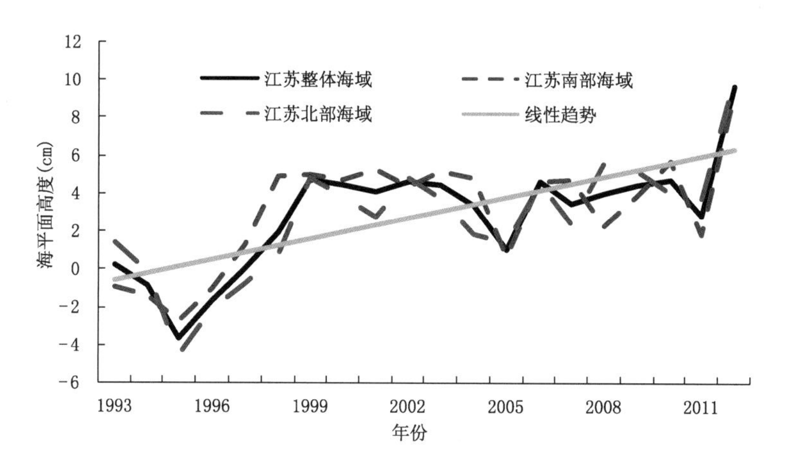

图 14.8　20 年(1993—2012)江苏南北海域及整体海域海平面高度多年变化趋势

图 14.9 反映了江苏海域 1993—2012 年海平面高度的季节变化特征。冬半年离岸的偏北冬季风造成江苏海域海平面平均高度较低;夏半年向岸的偏南夏季风造成江苏海域平均海平面高度偏高。江苏南北海域的海平面高度变化趋势基本一致。

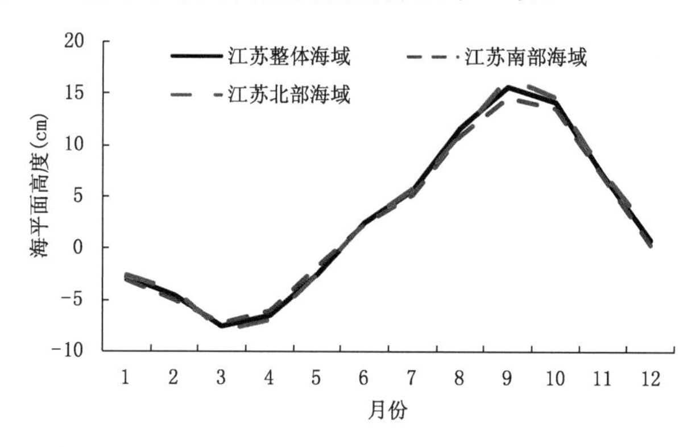

图 14.9　20 年(1993—2012)江苏海域及其南北海域海平面高度季节变化特征

根据国家海洋局网站公布的2013年中国海平面公报，2013年黄海和东海沿海海平面上升幅度分别为88 mm和77 mm。与2012年相比，黄海海平面降低20 mm，东海沿海海平面降低45 mm。沿海海平面变化有下降趋势。

海温对海面高度的热力影响主要为海温偏低，对应海水冷缩，海面将偏低。对应偏高的海温状态，海水热膨胀，对海面升高有正贡献。其次，季风强弱的变化从动力方面影响海面高度的起伏，夏季风的减弱，将导致中国东部海域向岸风减弱，则海面高度的季节性增高有所降低；冬季风的减弱，将导致中国东部海域离岸风的减弱，则海面高度的季节性降低将有所减弱。气候变暖造成海洋温度的增高和季风风力的减弱，热动力强迫的分别效应还不易区分，海面升高的趋势需取决于海洋热动力总效果。图14.10显示了季节性热动力综合作用的效果（色彩偏红为海面偏高，色彩偏绿为海面偏低）。春夏季海温回暖，加之夏季偏南的向岸风，因此，海面季节性升高；秋冬季海温降低，加之冬季偏北的离岸风，因此，海面季节性降低。

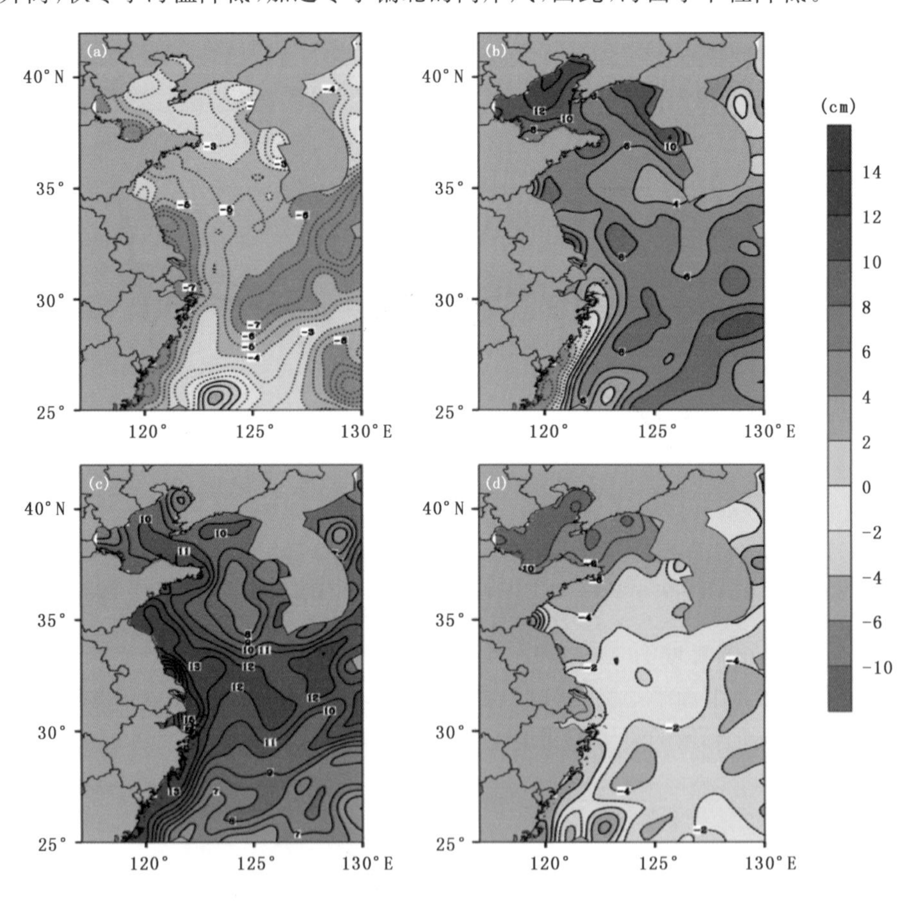

图14.10　1992—2012中国东部海域海面高度异常(SLA，Sea Level Anomaly)空间分布季节特征
(a)冬季(1月)，(b)春季(4月)，(c)夏季(7月)，(d)秋季(10月)

14.2.2　海岸带高影响天气事件变化及其特征

江苏海岸带高影响天气主要为伴随大风、暴雨和低气压的恶劣天气，其主要天气系统有热带气旋、温带气旋、寒潮等。大风造成大浪，与天文潮配合，将形成近岸风暴潮。

14.2.2.1　热带气旋的特征

自 1961 年以来影响江苏的热带气旋平均每年有 3.1 个，从变化趋势来看，总体呈轻微下降趋势；但是年际波动较大，1993 年和 2003 年没有影响江苏的热带气旋出现，影响最多的是 1990 年，有 7 个之多；同时有较为明显的年代际变化，20 世纪 60 年代初期较多，随后减少，80 年代最多，90 年代较少，21 世纪以来又有缓慢增多的趋势(图 14.11)。热带气旋影响江苏，通常需要在北上时进入黄海，如果副热带高压西伸显著，则阻挡热带气旋北上，会导致影响江苏的热带气旋数减少；反之，则可能有更多热带气旋影响江苏。

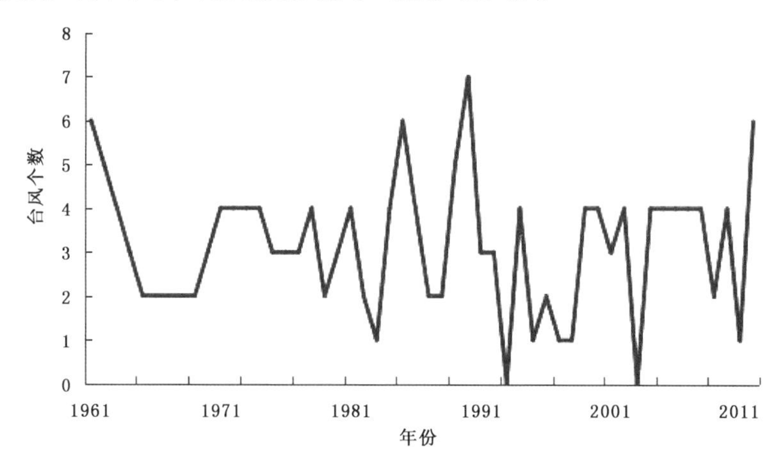

图 14.11　影响江苏的热带气旋个数的变化

14.2.2.2　江淮气旋的特征

强盛的江淮气旋入海也会引起近岸的风暴潮。对 2008—2012 年入海发展的江淮气旋进行统计，5 年中发生并能维持 12 h 以上的江淮气旋有 95 个，年平均出现约为 19 次，江淮气旋的总数量呈逐年下降趋势。虽然所统计的江淮气旋发生个数较多，但能够入海并继续发展加强的并不多，5 年中只有 28 次气旋入海继续发展，平均每年 5.6 次，占江淮气旋总频数的 29.5%。

依据入海气旋的伸展高度和活动季节，选取了 4 类入海发展气旋。(1)春初底层型：伸展高度仅 1000 hPa，为发生在 3 月份的气旋。(2)冬季浅薄型：伸展高度在 850 hPa，为发生在冬季的气旋。(3)暖季浅薄型：伸展高度在 700 hPa 及以下的发生在春末夏初的气旋。(4)暖季深厚型：伸展高度达 700 hPa 以上的春末及夏季的气旋。对 4 类气旋进行入海前后时刻的气旋合成分析。入海前后时刻分别为同类型气旋在入海前陆地上的最后时刻，以及入海第一时刻就发展的时刻。结果表明，入海后气旋近海面的风速和风区都显著增大，见图 14.12。

合成诊断分析表明，在海上气旋气柱中凝结潜热释放对暖季气旋的入海发展起重要作用，并且与气旋深厚程度成正比，对冬季气旋入海发展也有正贡献。但在春初底层型气旋发展中无明显作用。气旋入海后其正涡度区显著发展，而春初底层型对海面动力热力影响更敏感，正涡度区的垂直伸展较其他型更显著。有利于气旋加深的高空辐散中心位置高度与气旋的深厚程度成正比。海上的下垫面非绝热加热对冬季和初春气旋入海增强作用显著，而对暖季气旋影响不明显。高空急流动量下传与下垫面摩擦减弱促使各类气旋入海增强。湿位涡对暖季气旋入海发展有重要正贡献，对深厚气旋作用更强。冬季和初春风场的惯性稳定度和切变稳定度的共同作用有利于气旋入海增强。4 类江淮气旋入海，由于冬季和初春伴随的风力更强，更

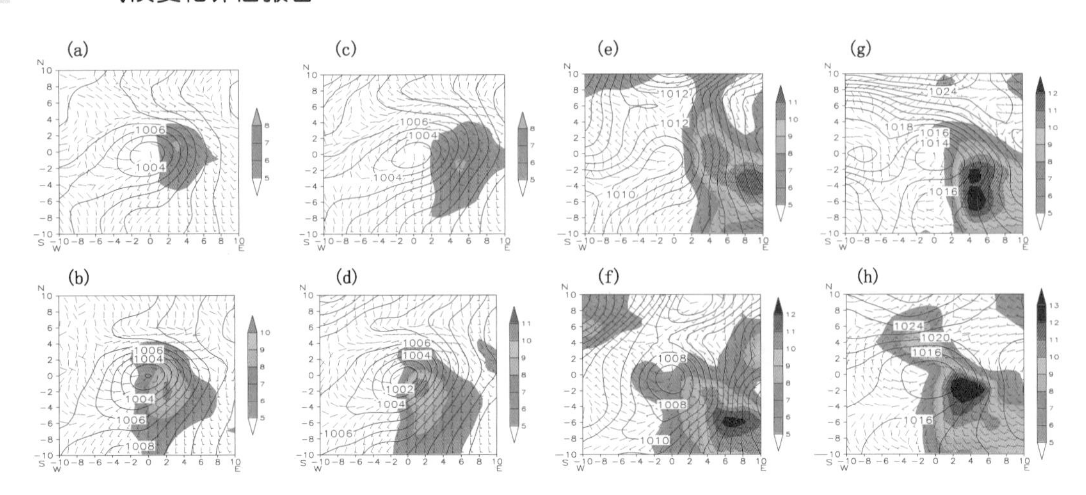

图 14.12 海平面气压场(实线,单位:hPa)和地面 10 m 风场以及风速(阴影,单位:m/s)
入海前:(a)暖季深厚型(c)暖季浅薄型(e)冬季浅薄型 (g)春初底层型
入海后:(b)暖季深厚型(d)暖季浅薄型(f)冬季浅薄型 (h)春初底层型

易于造成沿岸风暴潮灾害。

14.2.2.3 寒潮大风降温过程

中国是寒潮灾害频繁发生地区,20 世纪 90 年代以来全球变暖,对江苏寒潮过程的影响可根据统计有所了解。图 14.13 为影响江苏寒潮频次的统计结果。分析每次寒潮的持续时间以及带来的大风强度和降温幅度,得到影响长江中游及其以南部分地区的寒潮强度较前 10 年增强。因此,在气候变暖背景下,类似于台风影响,沿海寒潮频次减少,强度却增强。

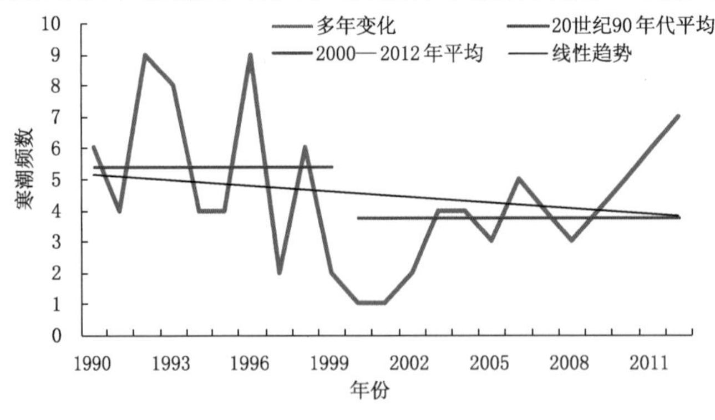

图 14.13 1990—2012 年间影响江苏的寒潮频次图

海上大风将造成海域海平面高度的变化,分别统计以 2000 年为界的前后 10 年平均的江苏近海全年、冬季与夏季风速,以及相应的江苏平均海平面高度,如图 14.14 所示。风速与海平面高度为负相关,在全年和冬夏季节均显示,强风速对应较低海平面,弱风速对应较高海平面。冬季风速最大,对应更低平均海平面。冬季江苏近海地区主要受冬季风的偏东北风影响,推动海水向外海流动,江苏近海附近海平面高度整体偏低,为负值。夏季江苏近海地区主要受夏季风的偏南风影响,海水向岸运动,江苏近海地区的平均海平面高度为正值。在气候变暖背景下,江苏近海的风场也发生变化,后 10 年比前 10 年风速小,从而引起海平面也发生相应变化。冬季偏北风减弱时,江苏近海海水向外辐散程度减弱,该海域的海平面有所增高;在夏季偏南风减弱时，对应的海平面也出现正距平，说明在夏季，海平面变化不仅受到季风强度的影响，还受其他因素例如海温升高(海平面与海温成正比)以及气候变暖造成夏季台风灾害性大风增多等因素影响。

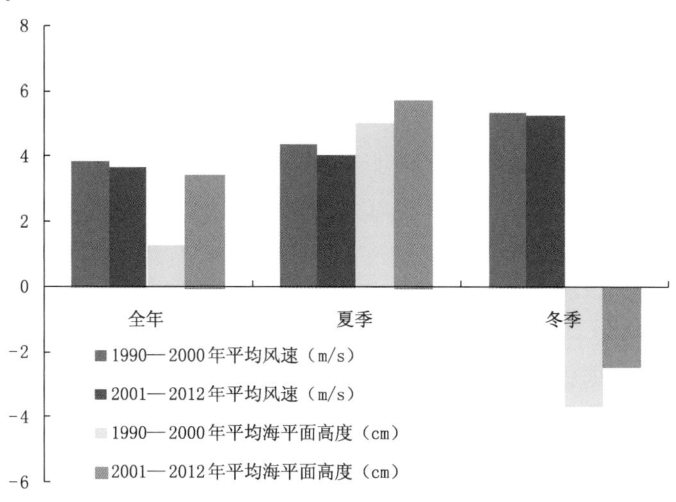

图 14.14 江苏近海平均风速和海平面季节变化特征

14.2.2.4 沿岸风暴潮特征

风暴潮灾害是由于海上风暴原因引起海平面异常升降而造成的灾害，有台风风暴潮和温带气旋风暴潮两种。台风登陆时，将造成沿海增水或减水，当风向岸吹时将造成近岸增水，当风向离岸吹时将造成近岸减水。减水会对堤坝造成离岸负压，也可能对堤坝产生危害。江苏沿海曾有增水记录达 2.84 m。有两种台风路径造成的增水较为严重，一是台风中心在长江口附近登陆，并继续向西北方向移动。此种路径的台风造成的增水较大，引起苏北中南部沿海增水常达 2 m 以上；另一种是到达 35°N 左右的台风，中心改向东北偏北方向移动，并在朝鲜沿岸登陆。在江苏沿岸出现的台风多为这种移动路径，造成的增水也较大(张长宽，2013)。1950—1991 年，江苏共受 134 次有记载的风暴潮影响(江苏省防汛防旱指挥部办公室，1992)，其中最大增水超过 1.5 m 的有 30 次，最大减水超过 1.5 m 的有 14 次，最大减水超过 1.0 m 的有 42 次。在 134 次影响江苏省的风暴潮中，最大增水分别在连云港、响水口、燕尾港、射阳河口、新洋港、吕四和天生港，见表 14.1。对南通洋口港风暴潮进行数据分析，发现影响苏南沿海地区的强风暴潮过程主要发生在 8 月和 9 月，其次为 7 月。在 1974—2004 年影响南通市 18 次强风暴潮过程中，有 13 次发生在天文大潮汛，占总数 72.2%。在最大增水超过 1.2 m 以上的 12 次特强风暴潮过程中，有 7 次发生在天文大潮汛期间(王华 等，2007)。可见在台风侵袭中，强风暴潮及特强风暴潮过程遇天文大潮汛的频率很高，这将大大增加潮位超越警戒潮位和致灾的可能性。

表 14.1 江苏省 1950—1991 年最大增减水次数和数值统计

	连云港	响水口	燕尾港	射阳河口	新洋港	吕泗	天生港
最大增水发生次数(次)	28	10	20	40	10	18	8
最大减水发生次数(次)	36	10	19	40	11	7	11
最大增水值(m)	1.86	2.84	2.43	2.47	2.40	2.36	1.96
最大减水值(m)	−1.07	−1.30	−1.74	−2.52	−1.95	−0.99	−1.71

14.3 未来气候变化对江苏省海岸带地区的可能影响及应对对策与建议

14.3.1 江苏海岸带未来气候变化

14.3.1.1 气温

在RCP8.5情景下，区域模式模拟的预估结果显示，江苏省海岸带地区未来的气温随时间增加而逐渐升高，冬季比夏季更明显。至2020年，夏季海岸带地区的升温在0.4～0.8 ℃，北部和中部的海岸带较南部的更为明显；冬季海岸带地区的升温较夏季更为显著，最大升温可以达到1.0 ℃，最小也达到0.6 ℃左右(图5.13)。至2030年，夏季海岸带升温最大达到1.0 ℃，升温幅度由南至北逐渐增强，北部、中部、南部海岸带增温分别达到1.0 ℃、0.8 ℃、0.6 ℃左右；冬季海岸带气温增温分布与2020年冬季类似，离海岸线越近升温越多，但强度较2020年更强，达到1.2 ℃(图5.14)。至2050年，北部海岸带夏季的增温达到1.4 ℃，中部海岸带增温在1.0～1.2 ℃，南部海岸带增温在0.8 ℃左右；冬季而言，南部海岸带升温1.6 ℃左右，北部海岸带升温达到1.8 ℃，强度最高，增温分布与2020年、2030年冬季类似，离海岸线越近升温越高(图5.15)。

14.3.1.2 降水

在RCP8.5情景下，区域模式模拟的预估结果显示，江苏海岸带地区未来的降水年际波动较大，季节波动也十分明显。至2020年，夏季海岸带降水整体偏多，南部海岸带降水最多增加达到30%左右，在中部海岸带最多可增加20%，而北部海岸带最多增加10%；冬季江苏海岸带降水均为减少，减少量在30%左右(图5.18)。至2030年，夏季海岸带除北部海岸带部分地区偏少以外，整体偏多，中部海岸带偏多10%左右，启东海岸带地区偏多20%；冬季海岸带降水整体一致偏少20%～30%(图5.19)。至2050年，夏季南部海岸带偏多10%，在中部及北部大部分地区减少10%以内；冬季海岸带降水一致偏少，且南部偏少多于北部，南部偏少达到10%～20%，北部和中部偏少不足10%(图5.20)。

14.3.1.3 极端气候事件

在未来气温总体升高的背景下，江苏北部海岸带地区的高温日数会有所增加，低温日数减少，中部和南部海岸地区变化较小(图5.21和图5.22)。至2020年江苏北部海岸带地区35 ℃以上的高温日数增加3 d/a，中部及南部海岸带无明显变化；北部海岸带地区0 ℃以下的低温日数减少10 d/a左右，中部海岸带减少在10 d/a以内，南部海岸带变化不大。至2030年，北部海岸带高温日数增加6 d/a，中部及南部海岸带仍无明显变化；北部海岸带的低温日数继续减少，南部海岸带的低温日也开始减少。

未来大雨日数除了南部海岸带没有明显变化外，在北部和中部的海岸带都有不同程度的减小，特别是在2020年和2030年，上述区域的大雨日数都减小了2 d/a，但在2050年，减少区域主要在中部海岸带，减小2 d/a，北部和南部海岸带无明显变化。

14.3.1.4 海平面高度

根据IPCC第五次评估报告，21世纪全球平均海平面将持续上升。在所有RCP情景下，由于海洋变暖以及冰川和冰盖冰量损失的加速，海平面上升速率很可能超过1971—2010年间观测到的速率。与 1986—2005 年相比，RCP8.5 情景下 2081—2100 年间全球平均海平面上升区间可能为 0.45～0.82 m，2100 年底全球平均海平面将上升 0.52～0.98 m，2081—2100 年间的上升速度为每年 8～16 mm。江苏海平面高度也有可能进一步升高，会加大海岸侵蚀、海水入侵、土壤盐渍化等不利影响。同时，海平面升高会抬升风暴增水的基础水位，增加行洪排涝的难度，加大台风和风暴潮致灾程度，使沿海城市面临洪涝灾害的威胁大大增加。

14.3.1.5　不确定性

以上结果均基于 RCP8.5 情景下区域模式在江苏地区的模拟结果以及部分 IPCC 第五次评估报告的在全球范围内的结果。区域数值模拟为预估区域气候变化提供了客观、定量的参考，以及多维精细化的表达，这为江苏海岸带的气候预估奠定了可行性基础。由于气候模式以及区域气候模式的固有特征，其对气候变化以及气候变化趋势的模拟，结果会有一定的偏差及不确定性。

14.3.2　应对气候变化的对策与建议

14.3.2.1　滩涂围垦

滩涂开发在缓解江苏人地紧张局面，保障江苏经济的快速发展方面发挥着重要作用。20 世纪 50 年代至 2007 年，江苏沿海地区累计匡围滩涂 203 个垦区，匡围滩涂总面积 2687 km^2（王建，2012）。剧烈的自然灾害会引起滩涂围垦和开发的困难，因此，需要根据海岸自然情况，参考气候变化可能造成的剧烈气象和海洋灾害，规划围垦区域、设计高规格堤坝，建立滩涂保护法规，开展更多的防灾减灾宣传，有力保障江苏滩涂围垦的可持续发展。调整优化滩涂围垦的区位地块、功能定位和开发时序，合理布局滩涂围垦综合开发试验区，守住围垦区内生态用地红线。以恢复海洋岸线自然生态功能为目标，限制性开发和滩涂修复工程。严格禁止滩涂区域的非法围垦活动，保护海岸线的自然生态功能。大力推进滩涂围垦开发，全面提高滩涂开发利用规模效应和产出水平，努力建设我国重要的土地后备资源开发区。

14.3.2.2　港口与城市建设

江苏海域有优良的港航资源。辐射沙洲各个沙脊间的几条主要潮汐通道，由于潮流作用的长期冲刷，形成了相当稳定的深水条件。加之有沙脊的掩护，波浪小，泊稳条件好，陆域广阔，港口库场用地充足，深水水域宽阔，锚地等港用水域富裕，其中以启东小庙洪、如东黄沙洋及大丰西洋水道最好。但气候变化尤其是高端温室气体排放，将使江苏沿海面临更多灾害性天气以及区域性海平面升高趋势的影响。根据江苏近海海洋环境调查（朱世伟，1998），结果显示，海州湾港口航运资源条件良好，但港口资源较为有限；保护海堤和堤外滩地，是保护这些潜在港口航运资源的有效途径。为工程建设与维护，需要规划更多沿海海洋气象监测站点，包括海面气象要素和海上海洋要素的监测，构建江苏沿海海洋气象监测网，构建海岸带监测网的实时传输系统，为沿海海港工程以及国家“一带一路”战略提供必要的技术支持。同时沿海城市化的发展对气候变化的敏感性必须重视，需要对沿海城市化发展建立配套的海洋气象监测与预警服务体系，加强生态灾害防范，保障沿海城市环境安全以及城市发展与经济活动的可持续性。

14.3.2.3　水产养殖

江苏沿海主要受三种海洋灾害的影响：海洋地质灾害，包括海平面上升、海岸侵蚀、海岸坍塌、地面沉降;海洋气候灾害,包括台风、寒潮、风暴潮等;海洋生物灾害,主要为赤潮、外来物种侵蚀、本地物种退化等。在海陆致灾因素的联合影响下,会形成一系列的灾害效应(赵红艳等,2009)。因此,需要深入开展结合气候变化影响的海岸带灾害研究,拓展气候变化研究与海岸带其他灾害研究的结合,进行研究内容的目标导向与综合研究工作的科学规划。在海洋渔业方面,大力发展高效生态海水养殖业,合理调整和拓展养殖空间。加快渔业现代化建设,树立低碳、环保意识,大力发展节水、节地、节能、低排放的"三节一低"节约型、生态型渔业,进一步扩大资源增殖放流规模,加快建立生态补偿机制,促进渔业经济绿色增长与生态和谐,才能实现渔业可持续发展,为保障全省生态环境安全作出更大的贡献。健全海水养殖生态环境监测体系,重点加强对工厂化养殖的排污监控以及养殖海区的水质监测与净化。建设水产种质资源保护区,建立江苏重要经济鱼类低温种质库,开展海洋生物资源保护。

14.3.2.4 旅游与生态

旅游景观欣赏对气候环境的需求更加具体,也更为多样,旅游特色的确定和特点的转变,应考虑江苏海岸带的气候规律与气候变化影响。要针对江苏海岸带旅游资源的特色,实行资源保护和特色开发并举,根据沿海气候变化背景和气候季节性演变规律,研究和开发旅游最佳时段预测和气候与气象景象观赏资源开发,进一步丰富江苏沿海旅游资源。加强滨海湿地修复,重点开展国家重点保护或珍稀濒危动物栖息湿地的保护和修复。修复海洋生态环境,加强沿海高标准基干林带建设,持续推进纵深防护林体系建设,为抵御风暴潮等灾害构筑安全稳固的森林生态屏障。开展滨海湿地、海草床、河口、海湾等典型海洋生态系统修复,开展岸线整治与生态景观恢复。

第 15 章

气候变化对江淮之间特色农业生产的影响

摘要　江淮之间是全国水产养殖集中区和啤酒大麦重点产区，以虾蟹养殖、啤酒大麦为对象，利用常规气象资料、未来情景资料以及农作物数据等资料，结合趋势分析法、农业气象灾害指标，从气候变化对水产养殖放养期、捕捞期的影响及农业气候资源对品质、产量影响的角度，评估气候变化对江淮之间特色农业生产的影响事实，寻找其变化规律及相关性。

近 50 年来，气候变暖，气温升高，使螃蟹和虾类的可养殖时期天数延长，更利于产量的增加；江淮之间是夏季高温热害的低值区，特别是里下河地区，夏季相对温和的天气条件有利于河蟹个体增大；各年代际养殖期间暴雨累计日数江淮北部多于江淮南部，东部多于西部；而养殖期间连阴雨过多，养殖池容易出现水质浑浊、水体偏瘦现象，进而引起蟹类疾病多发。

在啤酒大麦生长不同生育阶段，拔节孕穗至抽穗结实期 50 年来平均气温增幅较小。年度间气温变化最大的主要是冬季，也就是啤酒大麦分蘖期、越冬期和返青拔节期。20 世纪 60 年代至 80 年代前期生育期平均气温变化基本平稳，进入 80 年代中后期生育期平均气温开始缓慢上升，90 年代以后气候变暖趋势明显。生育期平均日照时数 20 世纪 60 年代下降趋势较明显，70—80 年代变化平稳，呈缓慢上升趋势，90 年代和 2000 年以后总体呈下降趋势。生育期累计降水量呈现平稳波动，略有下降的气候变化特征，20 世纪 60—70 年代变化平稳，80 年代较 70 年代略有上升，90 年代到 21 世纪前 10 年稳中有降，2000 年后减少趋势明显。

从未来气候变化对特色农业生产的可能灾害、未来气候情景下气候资源可能产生的变化评估其影响，进而提出应对策略。目的在于充分合理地利用气候资源，克服和避免不利气候条件对特色农业生产的影响，指导江苏省虾蟹特色农产品及优质高产啤酒大麦的合理布局，以促进特色农业的生产和发展。

15.1　江淮之间特色农业现状

15.1.1　发展特色农业重要性

江苏提出的“富民强省”和“两个率先”战略目标，其重点是改善农村环境，加快发展现代农业，突出发展高效农业，加强农业科技创新，完善农业标准化，提升农业产业化，建立农业保障体系。这就要求全省在产业农业、旅游及观赏农业等新领域开展研究，建立特色农业、设施农业气象服务等新业务，改变传统的以大宗农作物为主体的服务产品和方式，研发精细化农业气象服务产品和提供精细化服务，建立新的农业服务流程和体系，为农村产业结构调整，实现“农业工业化、农村城市化、农民市民化”提供保障服务。

发展特色农业是实施农业可持续发展战略的重点任务。通过发展特色农业，加强基础设施建设，改善生产条件，提高生产能力，可以进一步加强农业基础地位，加快农业和农村经济发展步伐。

发展特色农业是农业结构战略性调整的主攻方向。利用江苏省丰富的农业资源，因地制宜地发展特色农产品和产业，培育具有江苏特色的农业产业带和产业群，可以实现农业资源多层次、多途径的开发利用，满足多样化、优质化的市场需求，有利于开辟新的市场空间，促进全省农业结构的优化和升级。

发展特色农业是保护生态环境的有效措施。特色农产品对于资源和生态环境有着特殊的要求，发展特色农业要遵守自然规律和经济规律，兼顾生态效益和经济效益，发展既能合理利用和有效保护资源，又具有显著经济效益的特色农产品，调动农民保护和建设生态环境的积极性，实现对农业资源的可持续利用。

发展地区特色农业，需要立足当地农业资源优势，选择具有一定区域规模、产业基础较好、市场前景广的特色农产品和产业，依靠科技培育名牌，走集约化生产、区域化布局和产业化经营的发展模式，不断提高特色农业的生产水平和产品档次，坚持经济效益和生态效益的有机统一，实现高起点和跨越式发展。

15.1.2 特色农业的分布状况

(1)特色水产养殖业

江苏水域资源和渔业资源丰富，内陆水域面积 173 多万 hm^2，占江苏省陆域总面积的 16.9%，盛产刀鱼、鮰鱼、河豚、河蟹等名贵水产品；海洋渔场面积辽阔，更有世界闻名的辐射沙脊群，文蛤、对虾、紫菜、鲳鱼等多种海产品深受消费者喜爱。

2010 年，江苏省水产品总产量达 460 万 t，比 2005 年增长 18.3%；全省人均水产品占有量 59 kg，高出全国平均水平 18 kg。实现渔业经济总产值 1310 亿元，其中渔业第一产业产值 805 亿元(约占大农业的 19%)，渔民人均纯收入达到 11106 元，分别比 2005 年增长 52%、57.7%和 68.4%。渔业不仅成为农村经济中的优势产业，而且为就业创业和保障食物安全、改善环境生态、丰富居民生活等提供新途径。

在渔业第一产业稳定健康发展的同时，第二、第三产业得到较快发展，产值已达 505 亿元，比 2005 年增长 91.3%。培育了一批主导品种和优势产业，优势特色水产品养殖面积占全省总面积 70%以上，高效渔业养殖面积达到 38 万 hm^2，占全省总面积的 51%，“虾蟹经济”特色更加鲜明，河蟹、青虾、紫菜、文蛤、河鲀、鲫鱼等特色品种规模连续多年居全国之首。

(2)特色种植业

近年来江苏省大力发展优质传统农业产业，扩大优质稻米、特种小麦、双低油菜、高品质棉生产规模；大力发展蔬菜园艺业，发展设施农业，重点发展温室、大棚蔬菜生产，在特色蔬菜、花卉苗木、优质水果、茶叶、食用菌、观赏苗木、中高档盆栽花卉、反季节鲜切花和草坪草等生产取得成效。已栽培的农作物有 40 多种，栽培的林、果、糖、桑等经济作物有 260 多种，蔬菜 80 多个种类、1000 多个品种。碧螺春茶、无锡水蜜桃、泰兴白果、白沙枇杷等名特产深受国内外广大消费者的喜爱；大力发展休闲观光农业区，逐步形成南京都市观光农业圈、环湖观光农业区、苏南丘陵生态观光农业区、沿江观光农业带、沿海观光农业带、黄河故道田园观光农业带"一圈二区三带"，依托区域产业特色，扩大高效农业、特色农业规模，提高农业整体效益。

(3)特色园艺业

江苏自古就有"广植桂香"、"十里栽花算种田"的盛况，种花植树历史悠久，群众基础广泛，同时省内盛产多种传统名特花木，如梅花、桂花、杜鹃等，都具有较大的开发潜力；江苏又是中国盆景的发祥地之一，盆景历史源远流长，技艺精湛，是我国商品盆景的重要生产和出口基地之一，在国内外均具有较大的影响；江苏还是国内园林水平较高的省份之一，"江南园林甲天下"，发展花木盆景，借助园林绿化工程把产品推向市场具有独特的竞争优势。

近 20 年来，花卉苗木业得到长足的发展，初步建立了环太湖、滆湖、宁镇、沿江、淮北和苏北沿海 6 大主产区，武进、沭阳、江浦、江都、如皋等地都已成为国内知名的大型花卉苗木生产基地。各个区域的产品特色逐步显现，观赏苗木、商品盆景、比利时杜鹃、蝴蝶兰等一批花木产品在国内已具有较强的竞争优势。武进的彩叶苗木、吴江的香樟、无锡的杜鹃、江浦的雪松、如皋的商品盆景、江都的柏类、沭阳的小灌木、句容的草坪草和连云港的球根切花等都已具有了相当的规模和特色。

15.2　气候变化对水产养殖的影响

江苏淡水养殖中，河蟹与虾类产值占养殖业产值一半，"江苏养殖半虾蟹"的特色日益鲜明。以螃蟹养殖和对虾养殖为对象，从气候变化对这两类水产放养期、捕捞期的影响角度，评估气候变化对江淮之间水产养殖业生产的影响。

15.2.1　养殖现状

江苏主要分为沂沭泗、淮河下游、长江和太湖 3 大流域水系，全省有大小河道 2900 多条，大小湖泊近 300 个，水库 1100 多座，水域面积占陆上国土面积之比居全国之首，水产品丰富。近年来江苏渔业充分依托资源、经济和科技的优势，大力发展高效渔业，逐步形成养殖模式生态化、养殖品质良种化。

江苏是长江水系中华绒螯蟹的原产地，有着发展河蟹养殖的得天独厚的条件，阳澄湖、太湖、洪泽湖、高宝湖、大纵湖、长荡湖、固城湖等地螃蟹远近驰名，河蟹的养殖在江苏内陆渔业发展上占据举足轻重的位置。自 20 世纪 80 年代中期突破河蟹工厂化育苗、90 年代全面推广养殖以来，江苏的河蟹养殖一直保持强劲的发展势头，池塘养蟹、湖泊养蟹、稻田养蟹、网围养蟹模式多样，蟹苗繁殖、扣蟹培育、商品蟹养殖配套成龙，河蟹生产、销售产业化经营，河蟹的养殖已成为江苏内陆渔业的标志与主导产业。

江淮之间地处江苏省渔业发展的重要地区，属于沿海优势渔业产业带、沿江特色渔业产业带、沿淮河生态渔业发展区的覆盖范畴，渔业发展具有较为广阔的前景。2005 年，全省的河蟹养殖产量 22.78 万 t，江淮之间产量 16.29 万 t，占全省河蟹养殖总产的 72%左右；2010 年全省的河蟹养殖产量 28.73 万 t，江淮之间产量 19.52 万 t，占全省河蟹养殖总产的 68%左右；2013 年全省的河蟹养殖产量 32.65 万 t，江淮之间产量 21.97 万 t，占全省河蟹养殖总产的 67%左右，而苏南地区占全省养殖总产量的 30%，淮北地区仅占 3%（图 15.1 和图 15.2）。近几年来，随着人们生活水平的提高，市场对蟹类的需求量越来越大，自然产量已远远满足不了社会需求，人工养殖蟹类的面积和区域不断扩大，为了适应气候变化，科学、合理利用气候资源，提高其养殖产量和品质，因此，对江淮之间水产养殖进行气候适宜性分析。

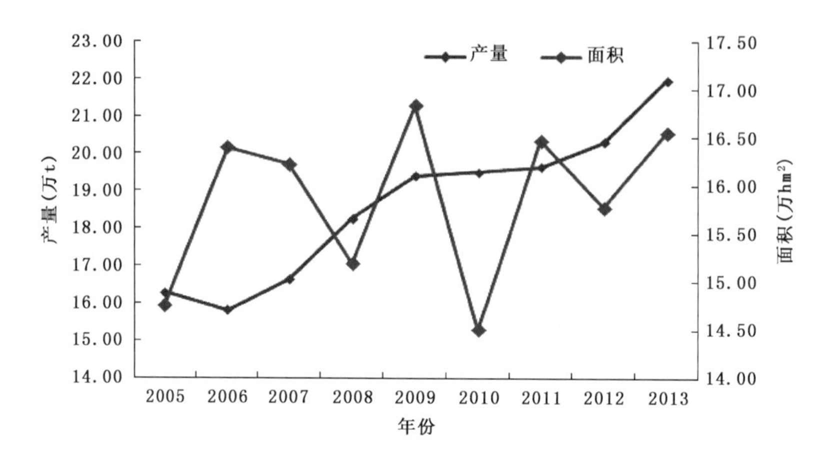

图 15.1　江淮之间 2005—2013 年螃蟹产量、养殖面积变化

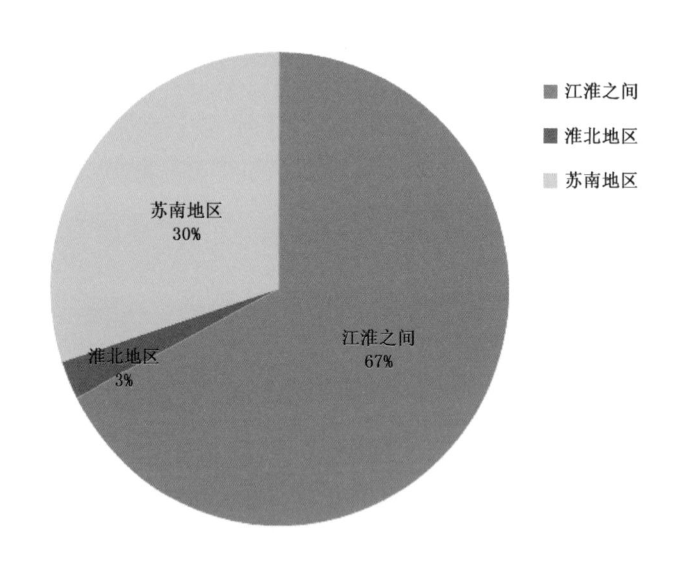

图 15.2　江苏省 2013 年各地区螃蟹产量分布

江苏目前淡水养殖的虾类主要有青虾、南美白对虾、罗氏沼虾及克氏螯虾 4 种。近几年来，江苏的淡水虾类养殖发展很快，主养、混养、套养模式多样，内销外贸趋旺。2005 年，江苏的青虾养殖产量 9.8 万 t，成为虾类养殖中的领军项目。南美白对虾 5.9 万 t，居第二。第三是罗氏沼虾养殖产量 4.85 万 t。而克氏螯虾则是近两年新开发的养殖虾类，养殖产量也达到 2.26 万 t。4 种虾类合计产量为 22.67 万 t，产值超过 60 亿元。“四虾”已成为江苏淡水养殖上仅次于河蟹的第二大产业，在优化江苏淡水养殖结构上起着重要作用。青虾、南美白对虾、罗氏沼虾及克氏螯虾不仅是江苏淡水养殖的主导产品，也是重要的淡水出口虾类。2005 年，“四

虾”出口总量 4 万～5 万 t。洪泽湖区域充分利用低产田、低洼地和滩涂地，采取塘口养殖、麦稻虾连轴养殖、鱼蟹虾混养等方式发展小龙虾生态健康养殖基地，大力发展龙虾产业。高邮湖是全国第六大淡水湖，盛产鱼虾蟹贝和水生植物。

江淮之间南美白对虾产量呈逐年上升趋势（图 15.3），2005 年，全省的南美白对虾产量 5.9 万 t，江淮之间产量 4.3 万 t，占全省南美白对虾养殖总产的 73%左右；2010 年全省的南美白对虾产量 8.9 万 t，江淮之间产量 6.1 万 t，占全省南美白对虾养殖总产的 69%左右。

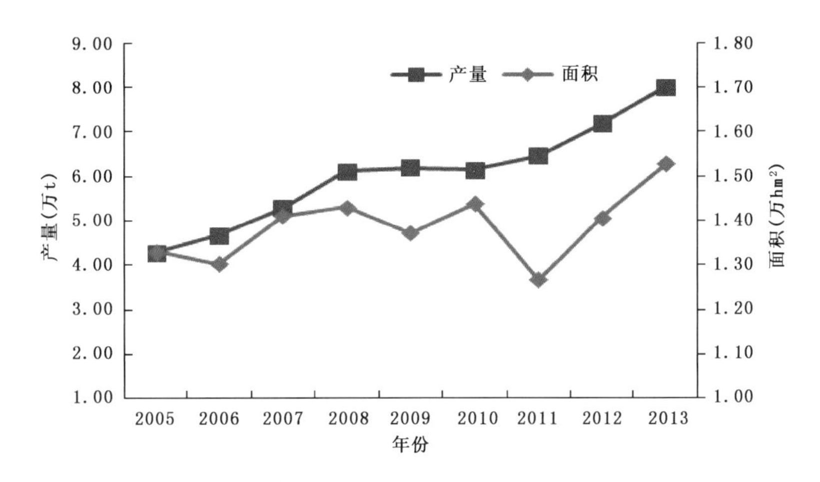

图 15.3 江淮之间 2005—2013 年南美白对虾产量、养殖面积变化

15.2.2 养殖气象条件

螃蟹学名中华绒螯蟹，又名河蟹、毛蟹、清水大闸蟹，是淡水中生长，海水中繁殖的蟹类。历经卵孵化、蚤状幼体、大眼幼体、幼蟹和成蟹等几个阶段，本节重点讨论的时段是一龄幼蟹放养到人工挖掘的池塘，养殖至成熟螃蟹（绿蟹）的阶段，这阶段为一年的 3—12 月，螃蟹要经 5 次蜕壳生长，即成蟹养殖。

螃蟹养殖与气象条件有极其密切的关系，主要气象因子如气温、降水、日照的变化，对螃蟹的摄食、生长、发育以及行为均有重要的影响。尤其是气温，气温的高低会直接影响到螃蟹生长的好坏，此外，降水和日照也会直接或间接地影响螃蟹的生长。降水如果均匀，可以调节水质，增加水中的溶解氧，有利于螃蟹生长。降水如果过多，形成涝灾，会造成螃蟹大面积逃逸。

（1）气温

一般情况下，水温低于 10 ℃，螃蟹基本不动。水温升至 12～13 ℃时，开始有低频率的爬行活动，并少量吃食，至 15 ℃时，便较大量地吃食。水温 18～28 ℃螃蟹食量最大。但高温对螃蟹的生长又有极大的负面影响，当气温升至 30 ℃时，螃蟹少摄食、少动；气温超过 35 ℃时，螃蟹的摄食量大大减少，蜕壳也基本停止，还可能滋生许多病害，导致螃蟹伤亡。

（2）光照

螃蟹是夜游性的甲壳动物，不喜强光喜弱光，一般昼伏夜出，白天隐藏在洞穴池底和草丛中，夜间活动强、觅食多。日照好，有利于提升水温，特别在 3—5 月，尤为重要。水温高，有利于螃蟹摄食，增强体质，使螃蟹的前三次蜕壳更顺利（时东头，2012）。

(3)降雨

螃蟹是水生动物,一生中都离不开水。水过多或过少,都会影响到它的生存和生长。降水均匀,可起到调节水质的作用,同时夏季降水也能降低水温,有利于螃蟹生长。但是出现连续强降水,会产生洪涝灾害,蟹塘被淹,螃蟹四处逃逸。没有淹没的蟹塘,水体中的浮游植物少,水的肥度偏瘦,很不利于螃蟹生长。

(4)风

风对生长期螃蟹的影响主要表现在螃蟹的觅食。当风速在4～5 m/s时,螃蟹喜欢在上风方活动和觅食;当风速超过6 m/s时,水波较大,螃蟹活动基本停止。适宜的风速,加速了空气的流动,便于新鲜空气注入,对螃蟹活动起到一定的作用(张永强 等,2003)。

南美白对虾是世界养殖虾类产量最高的3大种类之一,为热带虾种。养殖适宜水温为20.0～32.0 ℃,最适宜水温为23.0～32.0 ℃。在对虾饲养的全过程中,从放苗期、养成期、收获期至交尾期,每个阶段都与气象条件有密切的关系。养成期的气温、降水等是影响对虾产量的主要气象因子。

(1)气温

温度条件对水产养殖的影响很大,水生生物有自身一定的适温范围,如果出现超出其适应能力的环境温度范围,就会对其机体造成损害。气温与水温有密切的线性关系,而水温是虾类养殖最重要的环境因子,水温高低不仅影响虾的新陈代谢活动,如虾的摄食、生长,以及虾类疾病的发生、流行,同时水温通过改变水环境其他要素而间接影响虾类的生长。

(2)降水

降水可使淡水流入池塘,增加水体交换,改善水质条件、增加水体溶氧以促进虾类快速生长。而持续暴雨、阴雨天多时,养殖池塘中的上下层水温会迅速降低,很容易引起养殖南美白对虾的应激反应,产生不利影响。

(3)光照

光照直接或间接影响虾类的摄食、生长、发育以及存活。光照能促进虾池内浮游植物光合作用,增加水体溶氧量,改善虾生活环境。一般光照时间长,水体溶氧量高。受光合作用影响,晴天下午水体溶氧量最高,上层池水溶氧量呈饱和状态;黎明前,水体溶氧量最低,高产塘一般有浮头现象(范永祥 等,1993)。

(4)溶解氧

虾池水中有足够的溶解氧是维持对虾正常呼吸、摄食及活动的重要条件之一,并且与气象条件有密切的关系。根据对虾养殖场7—9月溶解氧观测资料和相应的气象资料发现,影响虾池中的溶解氧含量的气象因子主要有气压、光照、气温和风,并且在不同月份、不同时段、各因子影响方式和程度也不同(宋丽莉,1988)。

以清晨日出前溶解氧测值(一般为日最小值)代表夜间池水含氧量,计算与02时气压、气温、风速及前一天日照时数的相关系数,并作显著性检验(取信度a=0.05)得到:夜间对池水溶氧量影响最大的为气压,呈正相关,相关系数为0.52～0.67;其次是气温,7月和9月为正相关,相关系数0.46～0.49,8月为负相关,相关系数−0.52～0.67;风速及前一天日照时数的影响也很明显,均呈正相关。

以18—20时的池水溶氧量作为白天池水溶氧量情况,计算与20时气压、气温、风速及当天的日照时数和最高气温的相关系数,并进行显著性检验(取a=0.05)得到:影响白天池水溶解氧含量的最重要因子是日照时数，相关系数为 0.48～0.65；其次为气压，相关系数为 0.3～0.66，均为正相关。气温和日最高气温对溶解氧的影响，7 月为正相关，而 8 月和 9 月则是负相关。

虾池池水溶解氧含量的变化与各气象因子密切相关的原因不难理解。气压升高，空气密度加大，单位体积空气中氧分子的含量相应增多，池水从空气中获取氧分子的机会加大。反之，气压降低，溶氧量随之下降。日照是促进植物光化反应必不可少的条件，日照强可加快水体中植物的光合作用，从而释放出大量氧气，加大池水溶氧量。同样，当风速增大时，池水波浪运动加剧，空气与水面的接触面积随之加大，起到增氧作用。气温对池水溶解氧含量的影响稍复杂一些。一般情况下，气温升高，分子运动加快，空气中氧分子溶于水的速度及水中氧分子传递的速度均变快，有利于池水增氧。但在对虾生长适温范围内，水温升高，对虾新陈代谢加速，耗氧率上升。在一定气温以上，对虾耗氧率上升远远大于因空气分子运动加快的增氧，这样必然导致池水含氧量的急剧下降。所以，在实际大面积对虾养殖中，当气温高达一定值时，气温与池水溶解氧含量呈负相关。

15.2.3　气候变化与水产养殖的关系

水产养殖动物几乎均为变温动物，水温的变化不仅直接影响鱼类及其他水生生物自身的生长、繁殖、越冬以及对药物与毒物的作用、对疾病的抵抗等，同时也影响到水中的溶解氧含量、池塘的物质循环速度等其他外界环境因子，水温在池塘养殖中具有举足轻重的作用（张志勇 等，2010）。

（1）水温与河蟹养殖的一般规律

水温是水产养殖最重要的环境因子，水温高低不但直接影响水产养殖对象的新陈代谢活动，同时，水温通过改变水环境其他要素而间接影响养殖对象的生长。

调查分析得知，幼蟹可以在 15～28 ℃的水温中生存，适宜水温为 19～25 ℃。当水温降到 4 ℃以下或超过 36 ℃时，幼蟹容易死亡。成蟹的生存温度较宽，为 5～30 ℃，最适宜水温为 19～25 ℃。冬季一般潜伏在洞穴中越冬，可耐－8 ℃的低温，但环境水温突然改变达 3 ℃以上时容易死亡。夏季水温超过 38 ℃时不能正常活动，40 ℃以上时容易死亡（陈平，1998）。

根据资料分析，河蟹养殖池水温度与江淮地区台站气温存在密切的关系，虽然池水温度有一定的滞后性，但从较长的时间序列的变化趋势来看几乎是一致的，利用蟹塘 20 cm 深平均水温和站点平均气温进行相关分析，关系式如下：

$$T_{蟹池} = 0.268 + 1.128 T_{气温}$$

其相关程度通过 0.01 显著性检验。通过放苗实验及计算得知，当平均气温稳定在 8 ℃以上时，养殖池水温基本稳定在 10 ℃，与投放前出苗池的水温非常接近，满足了螃蟹长期在培育池中生活形成的环境“只能渐变不能突变”的要求，同时水温条件宜于池中微生物的繁衍，可为蟹苗生长提供丰富的天然饵料。因此，确定平均气温稳定在 8 ℃以上为蟹苗适宜放养开始时期的温度指标。

利用江淮之间各站点 1961—2014 年长时间的观测资料，统计出日平均气温稳定通过 8 ℃初日、日平均气温稳定通过 5 ℃终日的情况，由表 15.1 可知，最有利养殖时间为 3—12 月。

表 15.1　日平均气温稳定通过 8 ℃初日、5 ℃终日日期和初终日间天数

项目\台站名称			兴化	宝应	金湖	射阳	泗洪	如东
8 ℃	初日（月-日）	最早	03-07	03-06	03-06	03-07	03-06	03-07
		最迟	04-09	04-10	04-10	04-16	04-12	04-12
		平均	03-22	03-23	03-22	03-28	03-23	03-23
5 ℃	终日（月-日）	最早	11-13	11-08	11-08	11-08	11-08	11-16
		最迟	12-22	12-19	12-19	12-21	12-19	12-29
		平均	12-02	11-29	11-29	11-29	11-26	12-06
8 ℃初日与 5 ℃终日间天数(d)			255	251	252	246	248	258

(2)河蟹可养殖时期

整个可养殖期为放苗开始到收获捕捞结束的时间，即日平均气温稳定通过 8.0 ℃的初日与日平均气温稳定通过 5 ℃的终日之间的阶段为可养殖期，由表 15.1 资料分析可知：可养殖长度在 246～258 d；最早放苗时间为 3 月上旬，区域间基本没有差异；最迟放苗时间为 4 月上旬或中旬，区域间最大差 7 d；平均放苗时间为 3 月下旬，区域间最大差为 6 d；最早收获时间为 11 月上旬后期到中旬中期，区域间最大差 8 d；最迟收获时间为 12 月中旬后期到 12 月下旬，区域间最大差 10 d；平均收获时间为 11 月下旬后期到 12 月中旬前期，区域间最大差 10 d。

由图 15.4 可知，江淮之间 1961—2014 年放苗期的初日最早出现在 21 世纪前 10 年，为 3 月 16 日，最晚出现在 20 世纪 60 年代，为 3 月 29 日，21 世纪前 10 年较 20 世纪 60 年代提前了 13 d；收获期终日最早出现在 20 世纪 70 年代，为 11 月 25 日，最晚出现在 21 世纪前 10 年，为 12 月 5 日，21 世纪前 10 年较 20 世纪 70 年代延长了 10 d；可养殖时间天数，最长出现在 21 世纪前 10 年，为 264 d，最短出现在 20 世纪 60 年代，为 243 d。由此可见，近 50 年来气候变暖，气温升高，使可养殖时期天数变长，更利于螃蟹产量的增加。

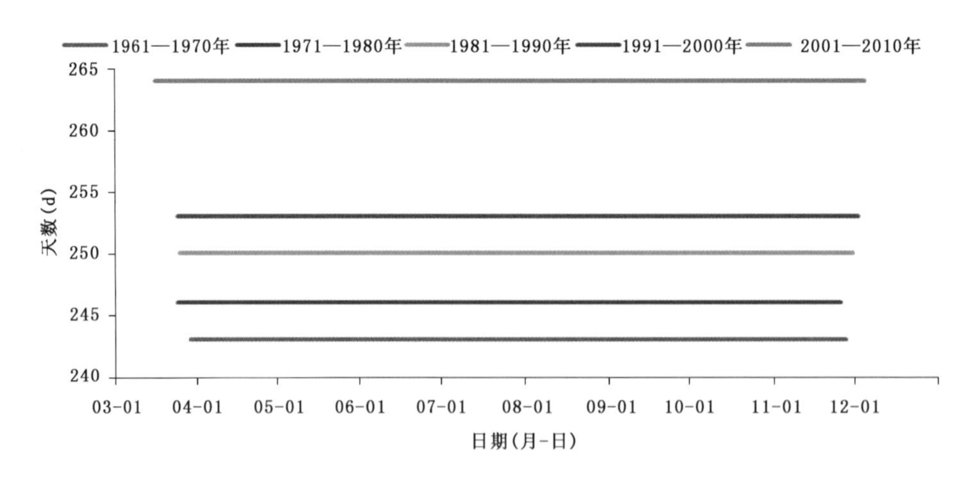

图 15.4　各年代日平均气温稳定通过 8 ℃初日、5 ℃终日的初终日间天数

(3)南美白对虾可养殖时期

南美白对虾养殖适宜水温为 23～32 ℃，在逐渐升温的情况下，可忍受 43.5 ℃的高温，但对低温的适应性一般，18 ℃时其摄食活动受到影响，9 ℃时开始出现死亡，因此，一般水温 20

℃开始放苗养殖。

根据南美白对虾放苗期，水温 20 ℃时为 5 月，计算得出对应气温约为 19 ℃；养殖最适宜水温 23～32 ℃，水温 23 ℃在 6 月、9 月，对应气温大约为 22 ℃；据统计，大部分年份气温稳定通过 32.0 ℃日期已不存在，所以统计年平均出现≥32 ℃的日数，最早出现日期，最迟出现日期，平均出现日期进行比较分析。计算日平均气温稳定通过 19 ℃、22 ℃和≥32 ℃的情况如表 15.2 所示。

整个可养殖期为放苗开始到收获捕捞结束的时间，即日平均气温稳定通过 19.0 ℃的初日终日之间的阶段为可养殖期，由表 15.2 资料分析可知：可养殖长度 129～139 d；最适宜养殖开始期，最早时间为 4 月下旬—5 月上旬，区域间相差 17 d；最迟时间为 6 月上旬，区域间基本无差异；平均时间为 5 月中旬—5 月下旬，区域间相差 9 d；最适宜养殖结束期，最早收获时间为 9 月上旬—9 月中旬后期，区域间最大差 10 d；最迟收获时间为 10 月中旬后期，区域间基本无差异；平均收获时间为 9 月下旬后期到 10 月上旬，区域间基本相同。

表 15.2　日平均气温稳定通过 19 ℃、22 ℃等和≥32 ℃

台站名			兴化	宝应	金湖	射阳	泗洪	如东
19 ℃	初日(月-日)	最早	04-29	04-22	04-22	05-09	04-22	04-29
		最迟	06-02	06-02	06-02	06-03	06-03	06-07
		平均	05-17	05-17	05-16	05-23	05-14	05-22
	终日(月-日)	最早	09-18	09-13	09-13	09-17	09-09	09-19
		最迟	10-22	10-22	10-22	10-22	10-22	10-23
		平均	10-03	09-30	09-29	09-29	09-27	10-03
	初终日间日数(d)		139	136	136	129	136	134
22 ℃	初日(月-日)	最早	06-03	06-03	06-04	06-03	05-30	05-29
		最迟	07-14	07-14	07-18	07-07	07-13	07-11
		平均	06-16	06-19	06-16	06-17	06-19	06-16
	终日(月-日)	最早	08-21	09-05	09-07	09-02	08-18	09-02
		最迟	09-22	10-12	10-02	10-02	09-27	10-03
		平均	09-09	09-18	09-06	09-11	09-10	09-15
	初终日间日数(d)		85.3	91.4	93.0	87.2	84.6	91.8
≥32 ℃	最早日期(月-日)		07-07	07-06	06-30	07-02	07-02	07-02
	最迟日期(月-日)		08-28	08-28	08-03	08-20	08-22	08-21
	平均日期(月-日)		07-19	07-23	07-15	07-19	07-17	07-19
	年均出现天数(d)		0.6	1.5	0.4	0.6	0.6	1.0
	出现最长天数(d)		7	7	3	5	7	8

由图 15.5 可知，江淮之间对虾可养殖期天数在 20 世纪 60 年代、70 年和 80 年代较为接近，90 年代可养殖时期变长，2000 年以后可养殖时期天数增长明显。1961—2010 年放苗期的初日最早出现在 21 世纪前 10 年，为 5 月 14 日，最晚出现在 20 世纪 60 年代，为 5 月 21 日，21 世纪前 10 年较 20 世纪 60 年代提前了 7 d；收获期终日最早出现在 20 世纪 70 年代、80 年代，都为 9 月 28 日，最晚出现在 21 世纪前 10 年，为 10 月 6 日，21 世纪前 10 年较 20 世纪 70 年代、80 年代延长了

8 d;可养殖时期天数,最长出现在21世纪前10年,为145 d,最短出现在20世纪70年代,为130 d。由此可见,近50年来气候变暖,气温升高,使可养殖时期天数变长,更利于对虾产量的增加。

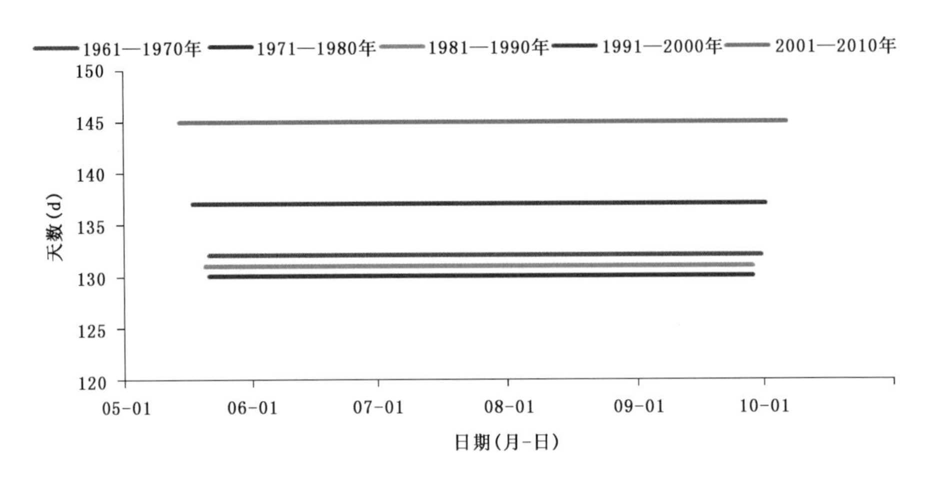

图15.5 各年代日平均气温稳定通过19 ℃初日、终日的初终日间天数

为合理利用气候资源,趋利避害,江苏地区包括江淮地区都可以实行两茬养虾。两茬养虾是指同一养殖池在一年中养殖两次虾,以养殖南美白对虾为例:虾池内水温稳定在20 ℃左右(气温稳定在19 ℃左右)的时期为可养殖期,日平均气温高于32 ℃以上的时段为对虾养殖的高温不适时段,一般出现在7月下旬,持续时间为8 d左右。由于这个不适阶段的存在,可以将整个养殖期分为前后两个有利养殖时段,即4月下旬到7月中旬和8月上旬到10月中旬。两茬养虾的头茬虾在早春利用塑料大棚培养大规格虾苗,4月底5月初放苗到养成池饲养,于7月中旬起捕。第二茬虾于5月中旬将小虾苗放入专池进行高密度暂养,当第一茬虾起捕后,立即将暂养虾苗转放到养成池饲养,10月中旬收获。通过塑料大棚暂养对虾,进行对虾两茬养殖是充分利用前期光热资源和充分利用两个有利养殖时段,避开或减轻不利天气影响,是促进对虾养殖业增产增收的一项重要技术手段。

15.2.4 养殖期主要气象灾害

水产养殖是在一定的气象条件下进行的,不利的气象条件不但会影响水产养殖产量的丰歉,甚至还会给水产养殖造成灾害。通过分析可把水产养殖的主要气象灾害归纳为热害、低温冷害、暴雨、旱害、风害、泛塘6种灾害,这些灾害主要是通过直接地影响水产生物的生理活动和间接地影响水产生物栖息的水环境而造成危害,在生产实践中,可以采取相应的措施来防治气象灾害,避免造成损失。螃蟹养殖中养殖期高温热害和放养期连阴雨为典型的气象灾害,低气压、暴雨和低温冷害对南美白对虾影响较大。

(1)高温热害

夏季是全年气温、水温最高时期,也是水产养殖生产的关键时期。6—8月水温偏高,河蟹体质下降,有机质分解腐败加快,水体中有毒有害物质增加,病菌大量繁殖,蟹病容易集中高发。例如高温对螃蟹的生长有极大的负面影响,当气温升至30 ℃时,螃蟹少摄食、少动;气温超过35 ℃时,螃蟹的摄食量大大减少,蜕壳也基本停止,还滋生许多病害,导致螃蟹伤亡。

日极端气温≥35 ℃为高温天气,统计夏季高温时段(表15.3),可知江淮之间年均高温日数为 6.1～10 d；历年最长连续高温日数为 21～35 d；最早出现时间为 5 月上旬到 5 月下旬，区域间最大差 18 d；最迟出现时间为 8 月下旬到 9 月中旬，区域间最大差 13 d；平均出现时间为 7 月中下旬，区域间最大差 10 d。高温热害的峰值区多出现在 7 月中旬—8 月上旬。

表 15.3　日极端气温≥35 ℃的日数

台站名	最早（月-日）	最迟（月-日）	平均（月-日）	年均出现天数（d）	出现最长天数（d）
兴化	05-24	09-04	07-13	6.3	2013 年，32
宝应	05-25	08-31	07-17	6.6	2013 年，30
金湖	05-19	09-12	07-17	6.1	2013 年，25
射阳	05-24	09-04	07-21	4.8	2013 年，21
泗洪	05-09	09-09	07-21	10.0	1967 年，33
如东	05-27	09-13	07-23	6.7	2013 年，35

江苏省各月高温热害地区分布不同，6 月北部重于南部，7 月和 8 月南部重于北部（图 15.6）。低值区主要是江淮之间地区，特别是里下河地区，平均每年出现 5.3～9.8 d，夏季相对温和的天气条件有利于河蟹个体增大；夏季高温热害的高值区，是以高淳区为最重的沿江苏南地区，平均每年出现 13.6～24.9 d，主要时段为 7 月中旬至 8 月上旬，可见苏南养殖区域，尤其是高淳固城湖河蟹养殖区，防御高温热害是河蟹养殖必须面对的重大气象灾害问题。

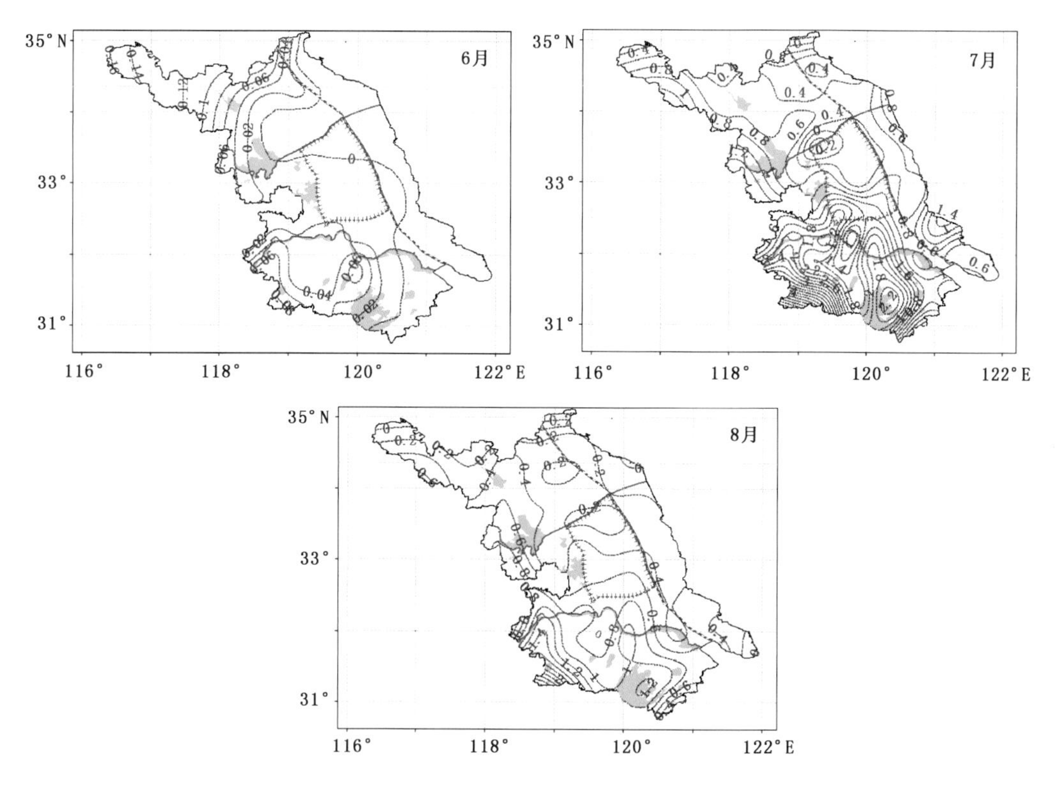

图 15.6　6—8 月重度高温热害出现天数分布（单位：d）

(2)放养期连阴雨

连阴雨是江苏省春、秋季常见的一种严重气象灾害，对养殖行业十分不利。连阴雨过多，养殖池容易出现水质浑浊及水体偏瘦现象。一方面，降水将岸边泥沙冲入池塘，致池水混浊；另一方面，稀释了水中浮游生物的浓度，造成池水偏瘦。同时，造成池内溶解氧不足。由于连绵阴雨天气，低气压影响了空中溶氧向水中的溶解，另外，由于日照不足影响了水体浮游植物的光合作用，以致水体溶氧极度匮乏，底质恶化。由于池塘水体溶氧偏低，水体中一些有毒、有害物质如亚硝酸盐、氨氮和硫化物等得不到及时氧化分解，由此而在池底大量富集。

(3)低气压

养殖期产生虾类浮头泛塘主要有 4 种天气类型。闷热天气型：连续两天日最高气温＞30.0 ℃，20 时风速≤3.0 m/s，20 时气温＞25.0 ℃，日最低气压＜1000.0 hPa。大雾天气型：连续两天大雾且气压＜1000.0 hPa。台风天气型：主要影响表现为强降水，正常情况下风力 5 级略有影响，6 级后影响逐渐增大，8 级以上则为灾害性天气，危害程度与影响时间长短成正比。强降水天气型：降水强度为 R/T≥2.0(且 R＞30.0 mm)，R 为连续降水量(mm)，T 为降水时间(h)。

低气压是引起养殖池虾类浮头的影响因子之一，将日最低气压＜1000 hPa 日数作为低气压的指标，可见江淮之间西部低气压日数多于东部地区；6—8 月低气压日数为 1.1～6.7 d，是低气压出现频次较多的月份(表 15.4)。

表 15.4　5—10 月日最低气压＜1000 hPa 日数

	站点	5月	6月	7月	8月	9月	10月	合计
日最低气压＜1000 hPa 日数(d)	兴化	0.1	0.2	1.4	2.4	1.1	0.1	5.3
	宝应	0.1	0.3	2.1	3.7	1.4	0.0	7.6
	金湖	0.3	0.5	3.5	6.7	2.8	0.1	14.0
	射阳	0.2	0.2	1.7	2.5	1.2	0.1	5.9
	泗洪	0.3	0.6	3.7	7	2.4	0.3	14.3
	如东	0.1	0.2	1.5	2.3	1.4	0.1	5.6

(4)暴雨

暴雨容易造成虾池漏水或决堤，暴雨还通过改变水源、水质、水的肥沃度等水域生态环境来间接影响水产生物的生长、发育、繁殖和分布。例如强降水会造成水环境均衡失调，一旦变化超过了水产生物的适应范围就容易受害(李秀存，1998)。江苏省水产部门研究得出，虾苗成活率与苗期降水量成反相关，即苗期降水量多，成活率反而低。如果在育苗期间阴雨天气多，尤其是暴雨日数多，对育苗生产是不利的。因此，在水产养殖生产中要加强对水质的监测，在雨季或台风季节，尤其要注意做好排洪工作。

江淮之间历年虾类养殖期 5—10 月平均降水量统计结果如表 15.5 所示，5—10 月降水总量 688.2～769.9 mm，占年总降水量的比例为 69.3%～77.1 %。由此可见整个适宜养殖期间降水量大。

表 15.5 对虾养殖期(5—10 月)平均降水量

	站点	5 月	6 月	7 月	8 月	9 月	10 月	合计
总降水量(mm)	兴化	80.6	163.2	232.6	158.5	81.5	53.5	769.9
	宝应	74.5	138.6	233.0	166.6	88.6	47.8	749.1
	金湖	80.6	147.6	231.6	161.5	82.8	51.8	755.9
	射阳	68.4	121.0	238.2	183.1	104.2	50.5	765.4
	泗洪	75.7	121.1	218.8	137.9	87.8	46.9	688.2
	如东	88.5	162.6	179.4	163.3	99.9	51.6	745.3
占年总量比例(%)	兴化	7.6	15.4	22.0	15.0	7.7	5.1	72.8
	宝应	7.5	13.9	23.3	16.7	8.9	4.8	75.1
	金湖	7.9	14.4	22.6	22.6	15.8	5.1	73.9
	射阳	6.9	12.2	24.0	18.4	10.5	5.1	77.1
	泗洪	8.4	13.5	24.4	15.4	9.8	5.2	76.7
	如东	8.2	15.1	16.7	15.2	9.3	4.8	69.3

(5)低温冷害

低温冷害对水产生物的影响在春、秋、冬季均可发生。春季低温冷害一般是在春季气温逐渐回暖过程中,由间歇性冷空气侵袭,造成气温骤降或气温日较差增大,主要是对水产生物幼体产生危害。因为大多水产生物的产卵繁殖,特别是人工繁殖主要集中在春季,而繁殖期间对外界环境条件特别是气温条件的要求尤为严格,如果遇到较明显的降温,不仅影响幼体的成活率,还直接影响幼体新陈代谢速度,甚至会使整个繁殖过程失败,造成巨大的经济损失。研究结果表明,3 月上旬平均气温低于 10 ℃,则对虾的出苗期就要延长 10~15 d,甚至造成死亡(范永祥 等,1992)。所以春季水产繁殖生产要根据气候条件,密切注意天气变化,正确选择适宜的时段。

秋季低温冷害主要发生在晚秋。一般在水产养殖业中,希望延长生长期以提高产量,争取后期市场,取得更高的经济效益。但对于一些亚热带虾类和鱼类,如果在其收获前期遇到较强冷空气侵袭,超过其适应能力就会被冻死而减产。例如罗氏沼虾等在秋季当水温降至 18 ℃时基本不进食,当水温降至 15 ℃以下时就会造成危害。

15.3 气候变化对特色种植的影响

进入 20 世纪 90 年代以后,江苏省区域特色农业迅速发展,成为农业和农村经济建设中新的强有力的增长点,特色农业是传统农业向现代农业转变过程中发展起来的新型农业。江苏产区是中国三大啤酒大麦主产区之一,本节以啤酒大麦为切入点,阐述气候变化对特色种植业的影响。

15.3.1 种植现状

江苏省种植大麦历史悠久,分布范围广,面积大,一直在国内大麦生产中具有重要的地位。20 世纪 80 年代种植面积在 67 万 hm^2 左右,总产约 250 万 t,面积和产量均占江苏省夏粮的

20%～25%，占全国面积的20%，总产的33%，面积、单产、总产均居各省之首。进入90年代，因种植结构大幅度调整，江苏大麦种植面积与全国一样有所下降，大麦产区向盐城、南通等地集中，种植的大麦已由原来的啤酒大麦、饲料大麦、粮用大麦多种格局演变为啤酒大麦生产为主的格局，形成了国内著名的啤酒大麦生产基地。

大麦种植区域主要集中在沿海地区，该区位于东部沿海，西以范公堤为界，北至灌溉总渠的堤东部分，包括盐城市所属各县(市、区)如东台、大丰、射阳、盐都及在盐城的国营农场和南通市的如东县及海安县的一部分。该区地势低平，海拔1.5～5 m，年平均气温14 ℃左右，冬季极端气温为－12～－15 ℃，无霜期200～220 d，稳定在3 ℃以上的总积温5500 ℃·d左右。年降雨量1000 mm左右，光照比较充足，雨量亦充沛，有利于大麦的生长发育。特别是抽穗期至成熟期光照230 h左右，昼夜温差和旬平均温差大，有利于大麦籽粒的灌浆，梅雨期之前大麦能安全进仓。大麦播期一般在10月下旬至11月初，收获期在5月下旬，水肥条件较好情况下，每公顷可产3750～5250 kg，高产地块可达7500 kg。沿海地区生态条件非常适宜于啤酒大麦的生产，20世纪80年代以来，一直是全国啤酒大麦的主产区，大麦产销两旺(张国良 等，2004)。

与西北春大麦区和东北春大麦区相比，江苏冬大麦(江苏啤酒大麦)主要有以下几点优势。其一，上市时间早，一般早2～3个月。但2个春大麦区与澳大利亚啤酒大麦同步，受国际影响较大。其二，种植面积较稳定，产量波动小。江苏省啤酒大麦是冬播作物，主要集中在沿海地区，充分利用大麦的耐盐性改造土壤，不与小麦争好地，可与棉花间套作，充分发挥大麦早熟特点，提高复种指数，不与水稻争季节，种植面积基本稳定，变化不明显。而2个春大麦区，与当地主要作物(小麦、玉米、水稻、棉花等)争地，种植面积会大幅度减少，影响有效供给。其三，运输方便。麦芽啤酒企业多集中在经济较发达的地方，西北春大麦和东北春大麦仅能依靠陇海铁路线来运输，运输距离远，成本增加。而在江苏省水运、海运及铁路运输均方便，运输距离短，成本低(陈和 等，2011)。

15.3.2 品质和产量与气象条件

很多研究证实气候因子能够显著影响大麦的籽粒品质，进一步研究发现，气候因子显著影响籽粒中蛋白质及β-葡聚糖含量。对于籽粒中蛋白质含量，与生育后期的日平均气温、月平均日照呈显著正相关，与月平均降水量呈显著负相关。

大麦灌浆期的长短与大麦产量和籽粒蛋白质含量有关，气温是决定大麦开花后生长速度和灌浆期长短的主要因素，大麦灌浆期最佳的日平均气温为14～18 ℃，日平均气温每提高1 ℃，产量便降低4.1%～5.7%，蛋白质含量要低于10.5%，所以灌浆期日平均气温必须低于17 ℃。

大麦籽粒中β-葡聚糖含量主要受品种特性即遗传因素的控制，但是环境因素对它同样有明显影响。研究表明，抽穗期到成熟期的总积温、超过25 ℃积温、超过30 ℃积温、降雨量和降雨天数会对大麦籽粒中β-葡聚糖的含量产生明显的影响，其中超过30 ℃积温和降雨量会产生消极的影响，其他的因子都会产生积极的影响，并且降雨量对β-葡聚糖含量影响最大(黄业昌 等，2011)。

光温潜力是在保证水肥处于适宜供应状态，适宜群体动态的条件下，一定时期内充分利用该期的光温资源所能形成的单位面积上的产量，根据模型计算出江苏省啤酒大麦光温潜力分布(方娟 等，1988)如图15.7所示。江苏省啤酒大麦的光温潜力，长江以北大于长江以南，东部沿海地区大于内陆地区，盐城东部沿海地区为高值区，苏南镇江丘陵地区为低值区，与大麦实际产量分布基本相同，说明高产地区确实是由该区的光温资源优越所致的。

小麦粒重模式考虑前中期干物质积累及对粒重的贡献、后期干物质积累及对粒重的贡献、气温对光合强度的影响、灌浆期长度影响、籽粒总重量分配等因子，得出各地籽重的多年平均状况。由图 15.7 可知，全省粒重自东向西逐渐减小，泗洪与镇江地区各为一低值区，与产量低值区相仿。

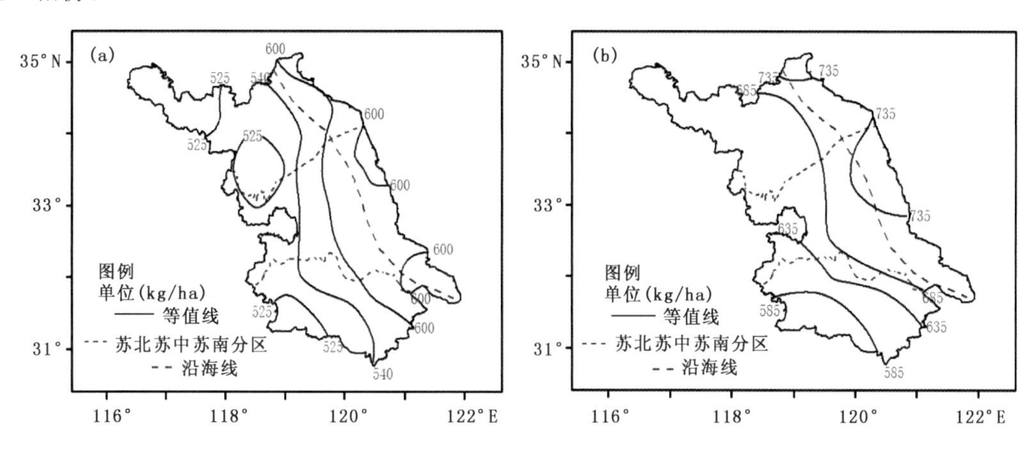

图 15.7　江苏省啤酒大麦光温潜力分布(a)与江苏省啤酒大麦粒重分布(b)

15.3.3　气候变化与生育期的关系

(1)气温条件及变化

根据东台市 1961—2011 年气象资料分析，大麦生长期间的 10 月下旬—翌年 5 月下旬，20 世纪 60 至 21 世纪前 10 年，生育期平均气温分别为 8.4 ℃、8.7 ℃、8.6 ℃、9.5 ℃、9.6 ℃，20 世纪 60 年代至 80 年代前期变化基本平稳，进入 80 年代中后期生育期平均气温开始缓慢上升，90 年代以后气候变暖趋势明显。2000 年以后大多数年份生育期平均气温均高于平均值，但是总体略有下降趋势(图 15.8)。

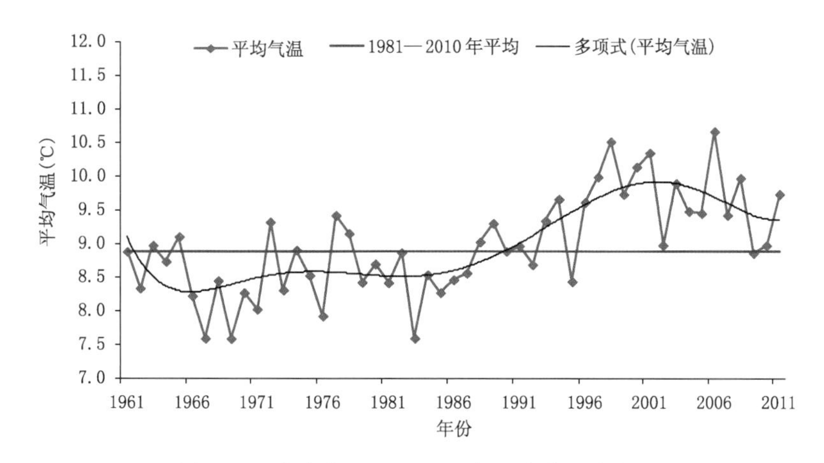

图 15.8　东台市 1961—2011 年生育期平均气温

在大麦生长不同生育阶段，拔节孕穗至抽穗结实期 50 年来平均气温增幅较小。20 世纪 80 年代前 20 年变化均很小，80 年代比 70 年代增加 0.3 ℃，90 年代比 80 年代上升 0.6 ℃。

年度间气温变化最大的主要是冬季，也就是大麦分蘖期、越冬期和返青拔节期。20 世纪 90 年代分蘖期（11 月中旬—12 月中旬）平均气温 7.6 ℃，比 80 年代 6.6 ℃升高 1.0 ℃；越冬期（12 月下旬—翌年 2 月中旬）平均气温 3.1 ℃，比 80 ℃年代 2.4 ℃升高 0.7 ℃；返青拔节期（2 月下旬—3 月上旬）平均气温 6.3 ℃，较 80 年代的 4.3 ℃高 2 ℃（表 15.6）。根据江苏气候中心监测资料，1986—2004 年，江苏已连续 18 年出现暖冬。

表 15.6　东台市大麦不同生育阶段的平均气温（单位：℃）

时段	播种至出苗期 10 下—11 上	分蘖期 11 中—12 中	越冬期 12 下—翌年 2 中	返青拔节期 2 下—3 上	拔节至成熟 3 上—5 下	拔节孕穗期 3 上—4 上	抽穗结实期 4 中—5 下
20 世纪 60 年代	13.7	6.9	1.8	4.2	12.9	7.9	17.0
20 世纪 70 年代	14.1	6.5	2.1	5.0	13.2	8.3	17.1
20 世纪 80 年代	14.4	6.6	2.4	4.3	13.0	7.8	17.0
20 世纪 90 年代	14.9	7.6	3.1	6.3	13.6	8.9	18.1
2001—2010 年	14.0	7.6	2.7	6.4	14.2	9.6	17.9
1971—2000 年	13.9	6.9	2.5	5.2	13.4	8.4	17.4
1981—2010 年	14.3	7.0	2.7	5.7	13.8	8.8	17.7

大麦分蘖和气温关系密切，肥力条件适宜、光温充足情况下，在 2～4 ℃低温下就能分蘖，但分蘖很慢，分蘖适宜气温为 13～18 ℃，气温再高，分蘖又减慢，所以适期播种非常重要。从出苗到第一个分蘖苗出现，一般需要有效积温 100～110 ℃·d（卢良恕，1996）。

大麦出苗后 11、12 月份气温尚高，分蘖较快，在出苗后一个月形成分蘖的第一个高峰，随后因气温逐渐下降，分蘖显著减慢，1 月底后气温逐渐升高，分蘖速度又逐渐加快，到 2 月上旬达到分蘖的第 2 个高峰，往后植株拔节，分蘖逐渐停顿。但在暖冬年份，冬季气温较高，气温低于 3～4 ℃的日子很少，则没有明显的分蘖停顿期，以致年前分蘖高峰不显著，只有一个分蘖高峰（卢良恕，1996）。

大麦叶片生长的临界低温为 1～2 ℃，当气温低于 2 ℃时，每长一叶需要 25～30 d；3～4 ℃时，每 14～17 d 才能出一叶；5 ℃以上生长开始加快，在 9 ℃以上生长迅速。通常在 9～14 ℃条件下，每出生一片叶需 9～10 d。因此，大麦正常秋播条件下，各叶相继出现的时间和前后两叶间隔日数的长短，是随着各生育阶段气温的升降而变化。在晚秋气温较高季节出叶快，平均每 7～12 d 出一叶，进入越冬期间，由于气温下降，冬季气温低，出叶速度减慢，平均 25～30 d 出一叶，前后两叶相隔天数明显延长。返青后，气温逐渐升高，出叶速度加快，每长一叶需 10～12 d。到 3—4 月气温进一步升高，每出一叶仅需 5～7 d。

气温对大麦灌浆有显著影响。灌浆的适宜日平均气温 15～18 ℃，低于 12 ℃灌浆缓慢。日最高气温连续 5 d 超过 25 ℃以上时，灌浆过程加快，芒、叶早衰，干物质积累提前结束，粒重降低。

（2）光照条件及变化

根据东台市 1961—2011 年气象资料分析，地处苏中沿海的东台市大麦生长期间的 10 月下旬—翌年 5 月下旬，20 世纪 60、70、80、90、21 世纪前 10 年，生育期日照时数分别为 5.8 h、

5.5 h、5.6 h、5.8 h、5.5h,60 年代下降趋势较明显,70,80 年代变化平稳,呈缓慢上升趋势,90 年代和 2000 年以后变幅较大,总体呈下降趋势(图 15.9)。2001—2010 年除了拔节孕穗期(3 月上旬—4 月上旬),各生育阶段较 90 年代日照时数都减少。1971—2000 年与 1981—2010 年各生育阶段日照时数变化不明显(表 15.7)。

麦粒重量的 80%是大麦植株抽穗后积累的,灌浆成熟期光照不足,影响光合作用强度,以致麦粒灌浆不足,千粒重低。有研究分析 1978—1982 年 5 年不同播种期早熟 3 号粒重资料表明,齐穗至成熟阶段日照时数与千粒重、籽粒日增重均呈显著正相关。嘉兴市农科所遮光试验表明,抽穗后 10～20 d 遮光对粒重影响大,其次是抽穗后 0～10 d 遮光的,抽穗后 21～30 d 遮光影响较小。

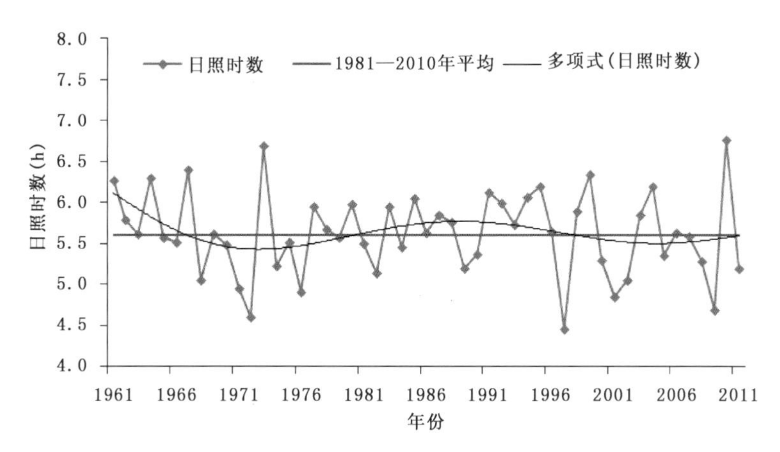

图 15.9 东台市 1961—2011 年生育期平均日照时数

表 15.7 东台市大麦不同生育阶段日照时数(单位:h)

时段	播种至出苗期 10 下—11 上	分蘖期 11 中—12 中	越冬期 12 下—翌年 2 中	返青拔节期 2 下—3 上	拔节至成熟 3 上—5 下	拔节孕穗期 3 上—4 上	抽穗结实期 4 中—5 下
20 世纪 60 年代	6.3	5.4	5.6	5.3	6.0	5.6	6.2
20 世纪 70 年代	5.6	6.0	4.5	4.9	6.0	5.5	6.5
20 世纪 80 年代	5.7	5.8	4.9	5.4	5.6	5.2	6.6
20 世纪 90 年代	6.6	5.1	5.2	5.9	6.3	5.5	6.9
2001—2010 年	5.5	5.0	5.2	4.9	6.2	5.9	6.4
1971—2000 年	6.0	5.6	4.9	5.4	6.1	5.4	6.7
1981—2010 年	5.9	5.5	5.1	5.4	6.2	5.5	6.7

(3)水分条件及变化

从全国各地大麦生育期降水量分布情况看,降水量最适宜于大麦生长的地区是我国大麦主产区,如长江中下游大部分地区和青藏高原。

大麦生育期内,各阶段对水分要求不一致,苗期需水量较少,但土壤表层也不能缺水;中、后期是需水临界期,但田间水分不宜过多。分蘖期最适宜的土壤持水量为 70%,水分不足分蘖减少,甚至不分蘖。播种出苗后,如遇干旱应灌水,有利于分蘖发生,相反,如果土壤水分过多会影响扎根和分蘖。

麦粒灌浆期适宜的土壤水分,是田间持水量的75%。麦粒形成初期缺水,影响茎叶中的养分向麦粒运输,引起籽粒败育。灌浆期间水分不足特别是遇到高温,上部叶片早衰,同化面积减少,光合产物积累少,叶面蒸腾作用加剧,灌浆过程提前结束,籽粒中淀粉形成停止,蛋白质所占比例提高,麦粒干瘪瘦小,整齐度降低。

收获期的降水直接影响到大麦籽粒的外观、发芽率及千粒重等。因而啤酒大麦的生产基地,宜选择在收获期日照充足、降水量少的地区。

生育期的累计降水量呈现平稳波动,略有下降的气候变化特征,20世纪60—70年代变化平稳,80年代较70年代略有上升,90年到2000年稳中有降,2000年后减少趋势明显(图15.10)。1971—2000年生育期内的平均累计降水量为402.9 mm,1981—2010年为436.1 mm,较前者变化了8%(表15.8)。

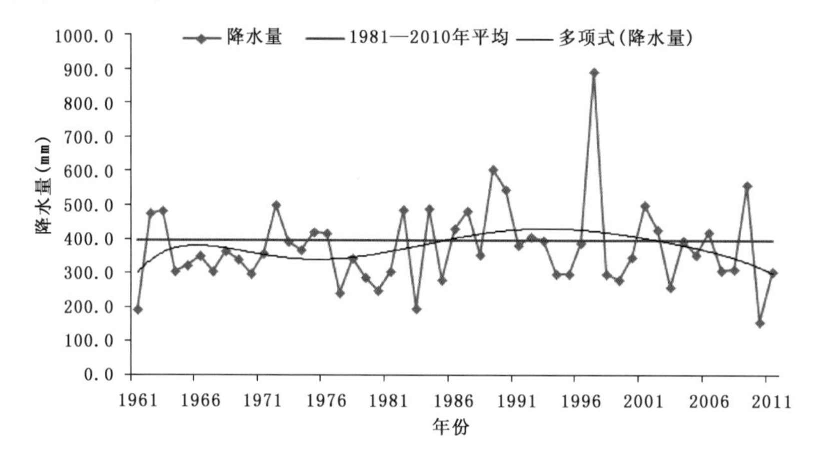

图15.10 东台市1961—2011年生育期累计降水量

表15.8 东台市大麦不同生育阶段累计降水量(单位:mm)

时段	播种至出苗期 10下—11上	分蘖期 11中—12中	越冬期 12下—翌年2中	返青拔节期 2下—3上	拔节至成熟 3上—5下	拔节孕穗期 3上—4上	抽穗结实期 4中—5下
20世纪60年代	37.8	36.2	53.5	32.9	202.7	64.1	138.6
20世纪70年代	35.5	23.0	81.5	27.0	209.5	82.7	126.8
20世纪80年代	63.8	41.6	59.2	43.3	232.9	82.4	150.5
20世纪90年代	25.3	55.9	86.4	24.5	224.5	93.1	131.4
2001—2010年	32.3	58.0	65.8	31.8	202.6	74.7	127.9
1971—2000年	20.8	52.2	76.3	31.6	222	86.1	136.2
1981—2010年	40.4	71.5	71	33.2	220	83.4	136.6

(4)区划

根据研究可将全省啤酒大麦分成四个不同等级的种植区(图15.11)(方娟 等,1988)。

最适宜种植区:江淮之间地区是一个比较理想的啤酒大麦生产基地,气温适宜,辐射条件好,返青至抽穗期间的太阳辐射为全省最强,并且历史上即属大麦集中产区,农民种植大麦有传统习惯,因此,进一步发展啤酒大麦生产基础比较雄厚。

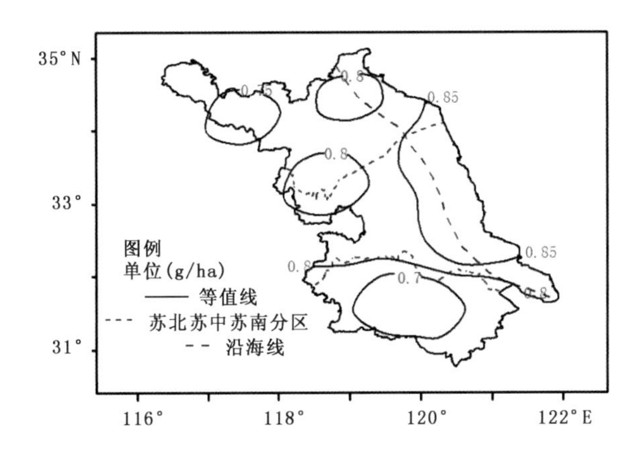

图 15.11 江苏省啤酒大麦气候区划(根据方娟 等,1988,重新绘制)

适宜种植区:从气候条件来看,赣榆、连云港一带产量潜力很大,尤其是后期辐射量大、气温适中,对啤酒大麦的产量和品质形成十分有利。如能选择适当品种,克服冬季低温,该区也可作为一个较为理想的啤酒大麦生产基地。江北、沿江一带,气候条件属中等,可根据耕作制度需要适当发展一些啤酒大麦。

较适宜种植区:徐淮地区大麦后期气温偏高,降水不足,易提高啤酒大麦的蛋白质含量,因此,不宜过多发展,但可根据耕作制度或畜牧业的需要适当发展饲料大麦生产。太湖地区可根据当地啤酒工业的需要适当发展一些啤酒大麦。

次适宜种植区:苏南地区麦季雨水偏多,后期辐射量较少,为全省的低值区。后期气温偏高,对啤酒大麦产量和品质形成不利,因此,一般不宜多发展,尤其是最南部。

由于冬季气温升高,特别是极端最低气温的升高,有利于冬大麦的安全越冬。因此,冬大麦的种植区域,可以比过去向北扩展。春大麦的分布南区,可逐渐改种冬大麦,有利于延长生育期,增加物质积累,提高产量。

(5)品种

要根据各地气候特点和种植习惯,选对合适品种。一般黄淮之间应选用冬性品种,江淮北部地区以半冬性品种为好,南部地区以春性品种为主,长江以南应种植春性品种。尤其是江淮南部和长江以南地区 4—5 月常出现连阴雨天气,必须选用耐渍性强、抗倒性好的品种(缪小平 等,2007)。

(6)播期

在冬季气候变暖条件下,要适当推迟啤酒大麦播种期,以防冬前拔节,遭受冻害。具体播种期要以壮苗越冬为目标,春性品种按越冬前(12 月 20 日)活动积温 400 ℃·d、半冬性品种 450 ℃·d、冬性品种 500 ℃·d 的指标,结合当地气候合理确定。一般播种期要比 20 世纪 80—90 年代初期确定的播种期适当推迟 7~10 d,以免播种过早生育超前而发生冻害。

(7)播种量

冬季气候变暖,啤酒大麦播后出叶速度加快,分蘖增加。因此,在啤酒大麦生产过程中既要充分利用暖冬气温偏高的优势,增加分蘖成穗,又要保持啤酒大麦群体总量合理,降低倒伏危险。要适当降低播种量,控制合理群体起点。一般每公顷基本苗宜掌握在 180 万~225 万株,播种量要比 20 世纪 90 年代末期减少 20%左右。

根据气候变暖趋势的分析，暖冬与倒春寒出现的概率大约5年一遇，应以预防为主。根据江淮地区气候特征，尤其啤酒大麦全生育期积温明显增多的主要原因是冬季正积温增多，负积温减少较多的这一新情况，通过适期迟播，实现啤酒大麦生育进程与气候条件最佳同步，减轻冻害，提高结实率。通过健全麦田水系，提高根系活力，增强植株抗逆能力，促进地上部和地下部协调生长。根据啤酒大麦的成熟程度和当时的气候条件，通过适时收获，利用啤酒大麦的后熟作用，确保啤酒大麦粒重增长达最佳状态。啤酒大麦生产过程中由于气候变暖等原因，经常发生冻害、涝渍害和倒伏，对产量和品质影响较大，从合理利用气候资源角度，采取针对性的生产管理措施，进行抗逆栽培技术的研究与应用。

15.3.4 种植期主要气象灾害

涝渍害是啤酒大麦生产的主要自然灾害之一，可能发生在啤酒大麦生产的各个阶段，主要出现在麦子播种出苗期间，其次为生长后期且概率较高。中等渍害为2年一遇，减产幅度1%～3%；严重渍害为3年一遇，减产5%左右，特别严重的渍害为10年一遇，一般减产近10%。渍害对啤酒大麦的影响，不仅表现在减产上，更重要的是影响啤酒大麦品质。啤酒大麦渍害最敏感时期为孕穗阶段，而对啤酒大麦产量和品质生产最直观的影响在灌浆成熟及收割、贮藏阶段。灌浆期降水越多，啤酒大麦千粒重下降越多。大麦的抗倒能力不及小麦，乳熟期的风雨最容易造成倒伏(易福华，2006)。

高温和干旱同样对籽粒品质产生影响。在干旱与热胁迫条件下，大麦籽粒蛋白质含量显著提高。大麦淀粉形成过程中许多酶对高温的高敏感性是造成蛋白质浓度上升的主要因素。高温条件下，籽粒产量变低，因而蛋白质浓度有所增加。研究表明，灌浆期间高温对籽粒中的蛋白质含量并无影响，但是因为淀粉积累要比蛋白质积累对高温更为敏感，因此，导致籽粒中蛋白质百分率增加。关于开花期后不同时段的高温和干旱胁迫对籽粒品质和产量的研究表明，在高温或干旱胁迫下，籽粒中蛋白质含量都会下降，但是因为高温或者干旱同样造成粒重下降，因此，籽粒的蛋白质百分率并不会下降。灌浆期前期(开花期后10～15 d)的高温和干旱胁迫对蛋白质形成的影响最大，而中期(开花期后20～25 d)和后期(开花期后30～35 d)的胁迫作用影响相对较弱。高温胁迫相对于干旱胁迫来说，对蛋白质形成的影响更大。

大麦籽粒灌浆期的高温对麦芽品质的影响研究表明，高温不会改变β-葡聚糖的积累模式，但籽粒胚乳中β-葡聚糖的总水平下降。利用人工气候实验室研究热胁迫处理和水分胁迫处理对大麦籽粒β-葡聚糖含量和麦芽品质的影响，发现籽粒发育早期受水分胁迫影响后，β-葡聚糖含量明显减少，而发育后期胁迫处理影响不明显。相关研究发现，籽粒充实期高温导致大麦β-葡聚糖含量提高；大麦受水分胁迫影响后，籽粒β-葡聚糖含量提高(黄业昌 等，2011)。

15.4 未来气候变化对特色农业的影响预估

15.4.1 未来气候变化对水产养殖的可能影响

预计未来50～100年，年平均气温和年降水量比现阶段均有所增加，年平均径流深增加显著。气候变化将可能增加江苏省洪涝灾害的发生概率，特别是长江中下游的洪涝问题难以从气候变化的角度得以缓解，反而有一定程度的加剧。

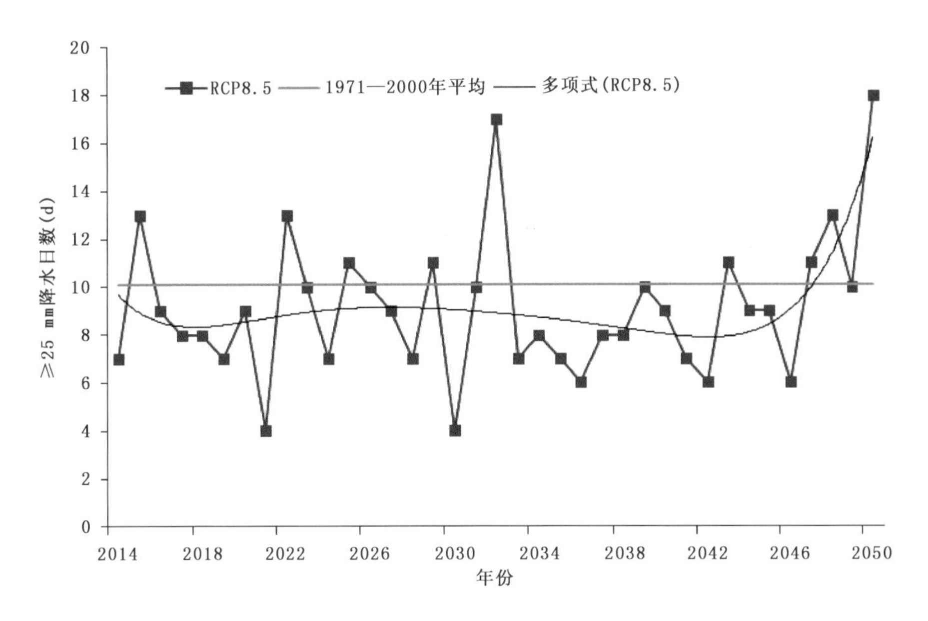

图 15.12　2014—2050 年射阳≥30 ℃高温日数、≥25 mm 降水日数

长江流域降水量在 2020 年以减小为主，2020—2040 年间降水量开始增加，2060 年后降水量呈明显增大趋势。在这一气候变化趋势下，长江流域地表径流在未来前 30 年变化不明显，呈略减小趋势，但 2060 年之后呈明显增大趋势(金兴平 等，2009)。降水极值的重现期也发生明显的变化，1951—2000 年间的 50 年一遇降水极值事件到 2000—2050 年时，在长江中下游地区大部或南部和西南部变为频率不足 25 年一遇事件，说明未来洪涝灾害频率加大(姜彤 等，2008)。

从图 15.12 可知，在 RCP8.5 情景下，≥30 ℃高温日数均高于 1971—2000 年气候平均值，未来极端高温日数呈缓慢增加趋势；2016—2044 年≥25 mm 降水日数变化较平稳，其中 2020—2035 年间变化幅度稍大，2045—2050 年降水日数上升趋势明显。

极端气候事件的频发，尤其是在极端高温、连续暴雨及阴雨天气中，水温、溶解氧、酸碱度和池塘浮游生物各个因子的变化都会引起养殖动物的多重应激反应，导致养殖动物体内部失衡而诱发各种病害，气候多变，引起水温、酸碱度变化加大，养殖动物的应激反应变大。

15.4.2　未来气候变化对特色种植的可能影响

(1)热量资源的可能影响

从图 15.13 可知，在 RCP8.5 情景下，江淮之间地区啤酒大麦生育期内，2021 年—2050 年≥10 ℃活动积温基本上高于 1971—2000 年气候平均值(1406 ℃·d)。从年际波动来看，≥10 ℃活动积温是降一升一降的趋势。

(2)水分资源的可能影响

从图 15.14 可知，在 RCP8.5 情景下，啤酒大麦生育期内，2015—2050 年共有 21 个年份降水量为负距平，2030 年后正距平年份较多。由此可见，2030 年前江淮地区啤酒大麦生育期内降水相对减少，偏旱年份多，2030 年后降水量增多。

(3)光能资源的可能影响

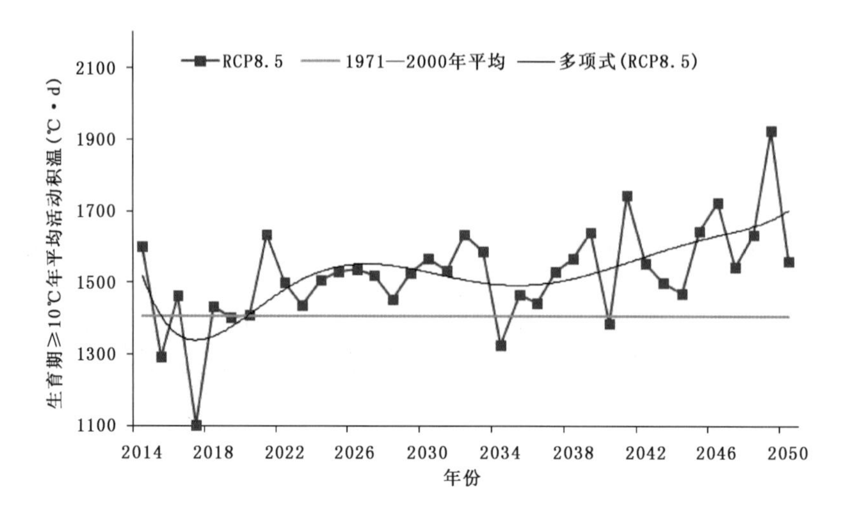

图 15.13　2014—2050 年啤酒大麦生育期≥10 ℃年平均活动积温变化

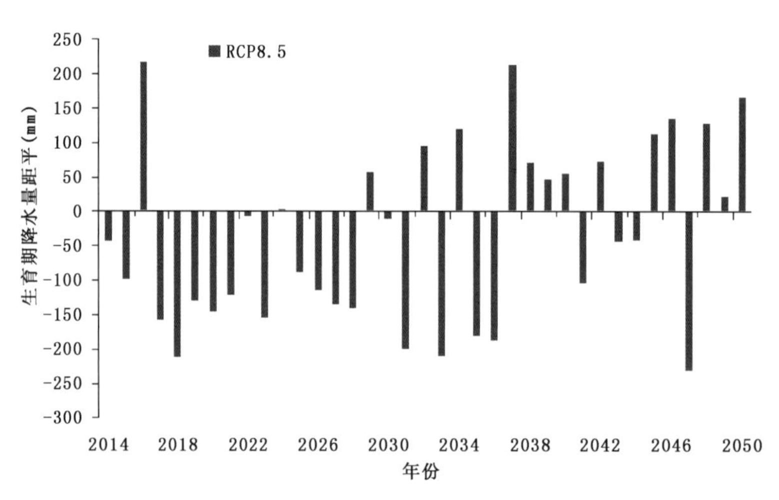

图 15.14　2014—2050 年啤酒大麦生育期降水距平变化

从图 15.15 可知，在 RCP8.5 情景下，啤酒大麦的生育期内，2015—2026 年太阳总辐射呈上升趋势，2027—2037 年略有下降趋势，2038 年后缓慢上升，2046 年后下降趋势明显，年际波动较大。

15.5　应对气候变化的对策与建议

发展特色农业要综合考虑产业基础、区域优势、市场条件、资源禀赋等方面因素，确定调结构、转方式的方向和重点，培育壮大具有区域特色的农业主导产品和产业，把比较优势转化为产业优势、产品优势和竞争优势。

(1)调整优化产品格局，坚持瞄准市场，立足需求。加快“生产导向型”向“消费导向型”优化和转变，积极推进农业结构战略型调整。稳定粮食种植面积，突出发展优质粮油业；大力发展特色水产养殖业，突出规模养殖和生态健康养殖，突出发展应时鲜果、花卉、苗木等农业高效

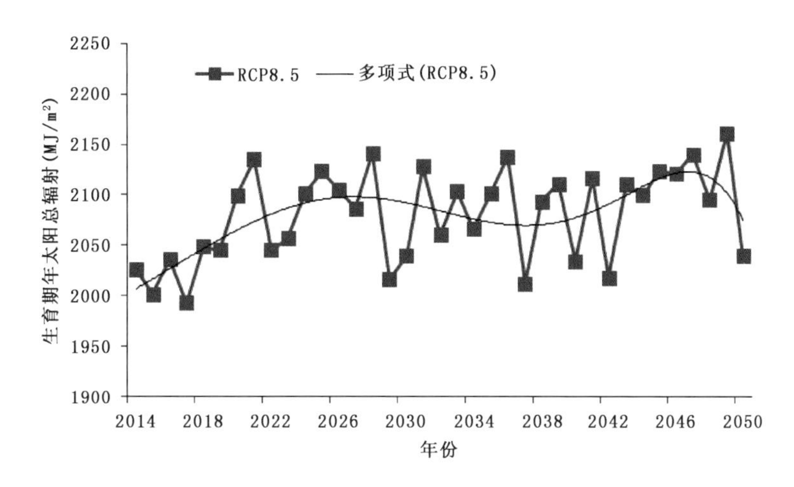

图 15.15　2014—2050 年啤酒大麦生育期太阳总辐射变化

产业，充分挖掘特色产业优势，打造一批集中连片、技术先进、标准化生产的基地；建设蔬菜基地，突出发展特色园艺业。根据农业产业结构调整、优势农产品区域布局，建立气候可行性论证业务；建立气候变化对农业生产影响的预评估业务；加强各种作物生长发育、产量形成与天气气候条件的关系以及各作物品种生育期最适宜的农业气象指标体系建设。

(2)调整优化区域布局，坚持依托优势，突出特色。挖掘农业资源禀赋和比较优势，推动农业产业区域布局由小而散向专而特、规模化方向转变。打造一批特色农产品区域，依托省级优势特色农产品基地、“一村一品”示范村镇、现代农业示范村，努力打造一批年产值十亿、百亿元的县域优势特色农产品产业。根据区域农业生产特点，开展气候变化对外向型、城郊型现代化农业，大型商品粮基地建设的影响研究，提高服务的针对性。

(3)加快提高气象为农的科技创新驱动力。通过建立应对气候变化决策服务流程，研究农业产业结构、品种布局的调整和生产方式的改变与气候变化的相互影响，为制订农业生产长期发展规划和布局提供参考依据，为科学管理、提高生产效益提供决策支持服务。结合农业生产进程、农业气象灾害指标和未来天气气候条件，建立农业气象预报、预警模型，加强农业气候资源格局的动态分析，制定适应气候变化趋势的农业结构布局、种植制度和管理措施，为农业应对气候变化提供决策服务。

(4)加强农业气象防灾减灾能力。农业防灾减灾是系统工程，重点加强农业灾害的气象监测预报、预测预警、评估及控制技术的研究，联合农业、水利、环保、农机等部门开展农业气象防灾减灾应急服务，加强人工增雨作业应用技术研究，加强农村气象信息员培训和管理，建立由农业气象灾害和病虫害数据库、农业气象灾害影响评估业务系统、预警服务平台、防灾减灾应急服务子系统、人工增雨减灾作业指挥子系统、农村气象信息员培训和管理系统组成的农业气象防灾减灾服务体系，全面提高农村防灾减灾能力，确保农业高产稳定，为农业增效及农民增收服务。

第16章

气候变化对淮北旱作物的影响

摘要 淮北地区土壤资源较充裕，是江苏历史上旱作物集中产地，其中玉米和大豆在全省粮食生产中占有重要地位。气候变化对淮北地区旱作物(以玉米和大豆为例)生育期内的农业气候资源存在一定影响。

这些影响分别是:(1)20世纪90年代玉米生育期内≥10 ℃的活动积温上升趋势显著，20世纪90年代后期至2010年基本处于气候平均值以上，年际波动较明显，1961—2012年玉米生育期内≥10 ℃的活动积温各年均在2900 ℃·d以上，完全满足玉米生长发育的需要(2400～2700 ℃·d)；玉米生育期内日照时数和太阳总辐射都存在着显著的下降趋势，线性倾向率分别达到了－4.8 h/a、－7.5 MJ/m²/a，2000年之后已严重低于气候平均值，且年际波动幅度非常大，光合作用的大幅减弱，会影响到玉米的品质与产量；水分供应相对充足，但存在"明显下降—平稳波动—快速上升—再次下降"的气候变化特征，21世纪的波动显著。从整个玉米生育期内的光、温、水气候资源来看，大多数年份年际波动都较为显著，特别是21世纪，因此，使得21世纪的玉米单产波动也较大。(2)由于淮北地区大豆的生育期与玉米的生育期非常接近，所以1961—2012年大豆生育期内的光、温、水气候资源的变化特征与玉米生育期内基本一致，即在气候变暖的大背景下，21世纪气候资源的异常年际波动使得大豆的产量也出现了较为显著的年际变化。

从RCP8.5高排放情景的预估结果来看，未来淮北地区的热量资源将更加丰富，光能资源也将有所增加，但21世纪20年代水分资源会有所不足。值得关注的是，在RCP8.5高排放情景下，光、温、水等农业气候资源的年际变化将更加显著，玉米和大豆的单产可能也将出现大幅度波动，产量不稳定性增强。由于预估模式基本上是基于欧亚大陆尺度，区域越小其预测的准确度会降低；同时，人们对未来社会经济发展趋势也缺乏较完善的认识，因此，对于淮北地区在RCP8.5高排放情景下大豆和玉米生育期内的农业气候资源的预估结果存在较大的不确定性。为此，在大力发展农业高科技能力推广应用的基础上，因地制宜，合理调整以玉米大豆为代表的淮北旱作物的种植结构与规模，强化植保、土肥、农业气象灾害防御等管理措施，保障江苏省旱作物种植的平稳健康发展。

16.1　气候变化对淮北玉米的影响与预估

16.1.1　淮北玉米种植的一般情况

淮北地区土壤资源较为充裕，是江苏历史上旱作物集中产地，其中玉米在全省粮食生产中占有重要地位，全省常年种植面积接近 40 万 hm^2，淮北种植面积约 20 万 hm^2，各县均有。近年来，随着生产条件的改善、新品种的推广以及栽培技术的改进，产量逐步上升，总产仅次于稻、麦，单产低于水稻，高于小麦，为全省三大粮食作物之一。其中，徐州市实际种植面积为 14.3 万 hm^2 左右（丰县 4 万 hm^2 左右、沛县、睢宁、新沂、邳州四县种植面积都在 2.7 万 hm^2 左右），其余分布在连云港、宿迁、淮安、盐城等地。主要种植品种有苏玉 20、郑单 958、中单 909、蠡玉 16、农大 108、金海 5 号、泰玉 14、苏玉 23 号、苏玉 22、浚单 20 等。淮北地区玉米种植面积历史上变动较大，20 世纪 50 年代种植面积最大，达 33.33 万 hm^2，因旱改水，种植面积逐年下降，70 年代一度降至 13.33 万 hm^2 以下，80 年代以后，随着夏玉米的发展，玉米种植面积回升，至 1987 年超过 20 万 hm^2。

该地区土壤资源较充裕，增产潜力大，主要为黄泛冲积平原经旱耕熟化而形成的潮土类、棕壤、褐土以及洼地黑姜土等。土壤砂、碱、薄、渍，历史上是玉米集中产地，但产量较低。20 世纪 50 年代多为一年一熟制，50 年代末至 70 年代过渡为春玉米—麦—大豆的两年三熟制。70 年代末开始发展夏玉米，至 80 年代后期夏玉米占本区玉米种植面积 3/4 左右，实行麦—夏玉米一年两熟制。

16.1.2　淮北玉米种植面积及产量的变化特征

16.1.2.1　玉米种植面积变化特征

淮北地区近 50 年来玉米种植面积总体上变化不大，在 26 万 hm^2 上下波动（图 16.1），但有两段明显的低谷期，即 20 世纪 70 年代和 20 世纪 90 年代末至 2006 年；20 世纪 60 年代基本维持在 26 万 hm^2 左右，80 年代至 90 年代各年均大于 26 万 hm^2（种植面积和产量数据均来自于江苏省统计局）。

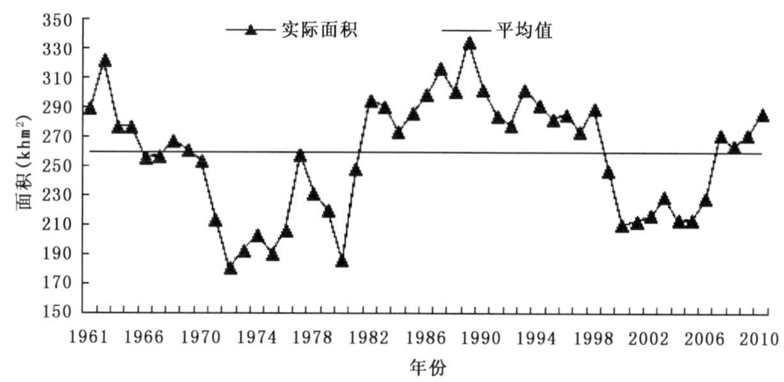

图 16.1　淮北玉米种植面积 50 年变化趋势

16.1.2.2 玉米单产变化特征

淮北地区近50年来玉米单产总体呈上升趋势，尤其是20世纪80年代上升趋势尤为显著，90年代存在波动、无明显变化趋势，21世纪波动幅度变大(图16.2)。玉米单产的年际变化不仅与该地区的种植制度改良、农业政策支持、品种更新、农业管理措施的提高密切相关，而且与气候条件亦有较大的关系。

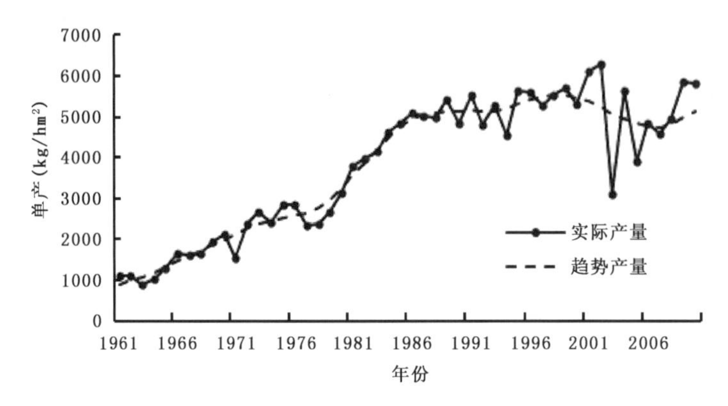

图16.2 淮北玉米单产50年变化趋势

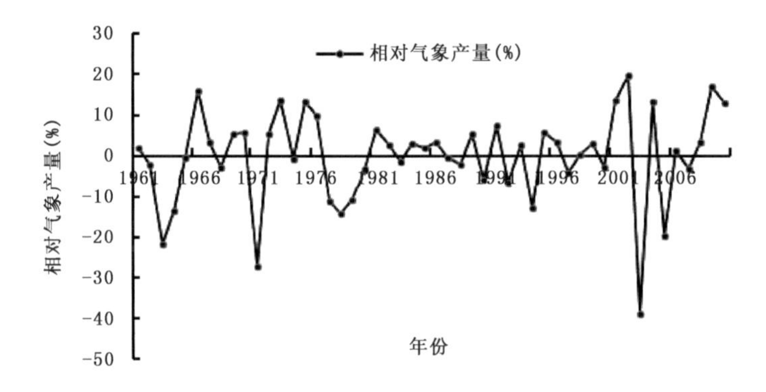

图16.3 淮北玉米相对气象产量50年变化趋势

利用直线滑动平均法，将玉米单产进行分离，获得时间趋势产量(图16.2)和相对气象产量(图16.3)。由图16.3可见，20世纪60—90年代的40年间，淮北地区玉米的相对气象产量波动相对平稳，但进入21世纪以来波动增大。

16.1.2.3 玉米总产变化特征

根据线性方法，将玉米总产进行模拟，淮北地区近50年来玉米总产呈四段变化趋势：第一段为1961—1980年，总产呈缓慢上升趋势，其斜率为0.729×10^7 kg/a；第二段为1981—1989年，总产呈快速上升趋势，其斜率为11.04×10^7 kg/a；第三段为1990—2003年，总产呈下降趋势，其斜率为－3.383；第四段为2004—2010年，总产呈恢复性上升趋势，其斜率为12.11×10^7 kg/a(图16.4)。

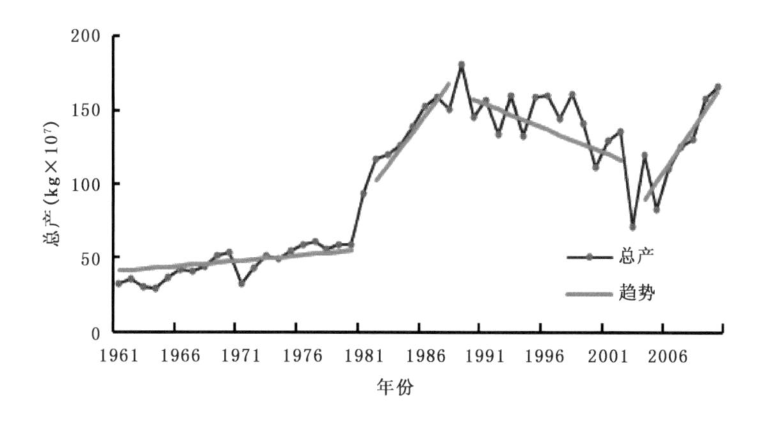

图 16.4　淮北玉米总产 50 年变化趋势

16.1.3　气候变化背景下玉米的农业气候资源特征

16.1.3.1　热量资源变化特征

一定界限温度以上的累积温度是评价一地区热量资源的重要指标之一。一般以≥10 ℃、≥20 ℃积温反映喜温作物生长期内的热量资源。

淮北地区夏玉米(以下简称玉米)在小麦收获后于 5 月下旬播种,9 月中旬收获,全生育期为 102 d 左右,需≥10 ℃积温 2400～2700 ℃ · d。从图 16.5 可见,1961—2012 年,淮北地区玉米生育期内≥10 ℃的活动积温各年均在 2900 ℃ · d 以上,因此,淮北的热量资源完全满足玉米生育的需要。在全球气候变化的大背景下,江苏淮北地区的热量资源也存在着较为显著的气候变化特征。近 52 年来,淮北地区玉米生育期内≥10 ℃活动积温总体存在着先降—后升—再降的趋势演变特征,其中 20 世纪 80 年代变化较为平稳,活动积温基本都低于气候平均值(1981—2010 年气候平均值为 3067 ℃ · d),20 世纪 90 年代上升趋势显著,20 世纪 90 年代后期至 2010 年基本处于气候平均值以上;年际波动较明显,尤其是 20 世纪 60、70 年代,其中 1967 年(3210 ℃ · d)、1978 年(3209 ℃ · d)、1994 年(3217 ℃ · d)为极大值年,1972 年(2933 ℃ · d)、1976 年(2944 ℃ · d)、1980 年(2936 ℃ · d)、1989 年(2947 ℃ · d)为极小值年。

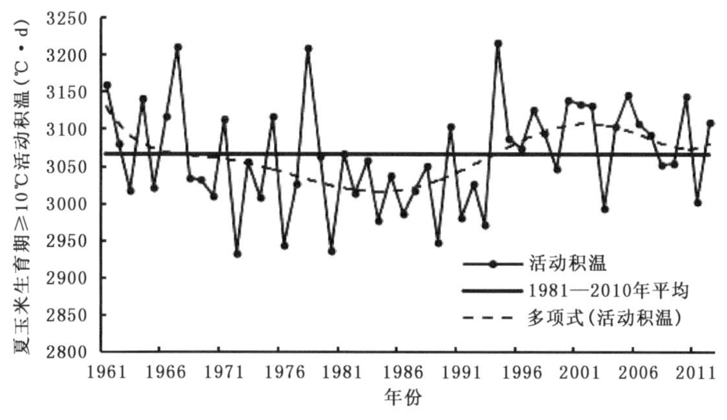

图 16.5　1961—2012 年淮北玉米生育期≥10 ℃活动积温的年变化

为进一步了解淮北地区区域间的农业气候资源差异，将淮北地区大致分成 3 个区域：西北部（徐州）、东北部（连云港）、淮河一带（宿迁、淮安和盐城北部）。从这 3 个区域的年代际变化来看（表 16.1），≥10 ℃活动积温各区域变化趋势基本上都是先下降后上升，20 世纪 80 年代最低，20 世纪 60 年代基本最大，3 个区域≥10 ℃的活动积温 20 世纪 60 年代分别达到了 3106 ℃·d（西北部）、3057 ℃·d（东北部）、3098 ℃·d（淮河一带）；区域间存在数值差异，西北部最大，淮河一带次之，东北部最小。

表 16.1　淮北各区域玉米全生育期≥10 ℃活动积温的年代际变化（单位：℃·d）

区域	1961—1970 年	1971—1980 年	1981—1990 年	1991—2000 年	2001—2012 年
西北部	3106	3062	3028	3100	3085
东北部	3057	3062	2982	3045	3056
淮河一带	3098	3058	3010	3068	3089

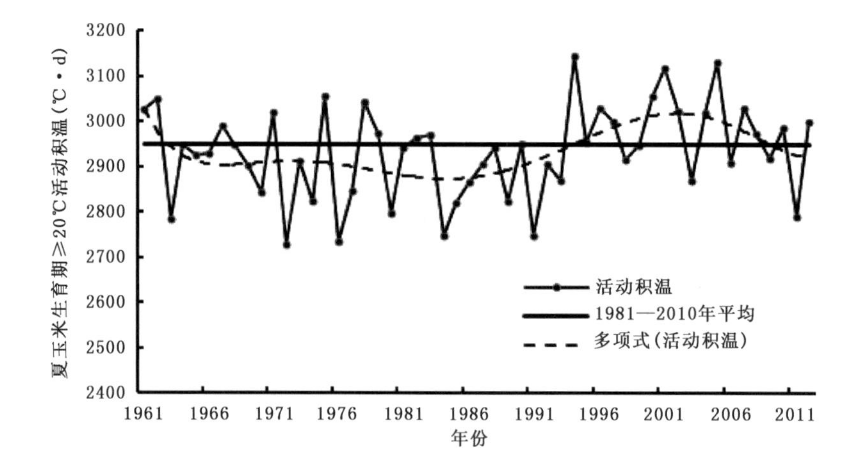

图 16.6　1961—2012 年淮北玉米生育期≥20 ℃活动积温的年变化

近 52 年，淮北地区玉米生育期内≥20 ℃活动积温均在 2700 ℃·d 以上（图 16.6）。根据多项式模拟方法，将活动积温进行模拟，近 50 年来，淮北地区玉米生育期内≥20 ℃活动积温呈 6 次多项式趋势变化，其相关系数为 0.47，通过信度 0.001 的显著性检验，达到极显著相关水平。玉米生育期内≥20 ℃活动积温的气候变化特征与≥10 ℃的活动积温类似，即 20 世纪 60、70 年代年际波动幅度大，80 年代基本处于低谷期，90 年代有所上升，但上升趋势没有≥10 ℃积温明显，20 世纪 90 年代后期至 21 世纪初期≥20 ℃积温处于高位期，2006 年之后又出现下降趋势。

淮北各区域玉米全生育期≥20 ℃活动积温的年代际变化趋势一致（表 16.2），也都是先降后升，20 世纪 80 年代处于谷底，西北部、东北部、淮河一带的≥20 ℃的平均活动积温分别只有 2912 ℃·d、2825 ℃·d、2882 ℃·d，2001—2012 年西北部与淮河一带的≥20 ℃的平均活动积温都在 2970 ℃·d 以上；区域间存在数值差异，西北部最大，淮河一带次之，东北部最小。

表 16.2　淮北各区域玉米全生育期≥20 ℃活动积温的年代际变化(单位:℃·d)

区域	1961—1970 年	1971—1980 年	1981—1990 年	1991—2000 年	2001—2012 年
西北部	2976	2925	2912	2988	2972
东北部	2885	2833	2825	2894	2924
淮河一带	2953	2915	2882	2942	2980

16.1.3.2　光能资源变化特征

近 52 年来,淮北地区玉米生育期内日照时数呈显著下降趋势(图 16.7),线性趋势达到了−4.8 h/a,通过信度 0.001 的显著性检验,达到极显著相关水平,这与中国大部分地区日照时数减少的趋势一致。其中,1981—2010 年的年日照时数平均值为 774 h,20 世纪 90 年代之前,各年日照时数基本上都高于(1981—2010 年)气候平均值,而 2000 年之后基本上都低于该气候平均值,其中 2011 年出现了近 52 年来的最低值,只有 554 h,比气候平均值少了 220 h。

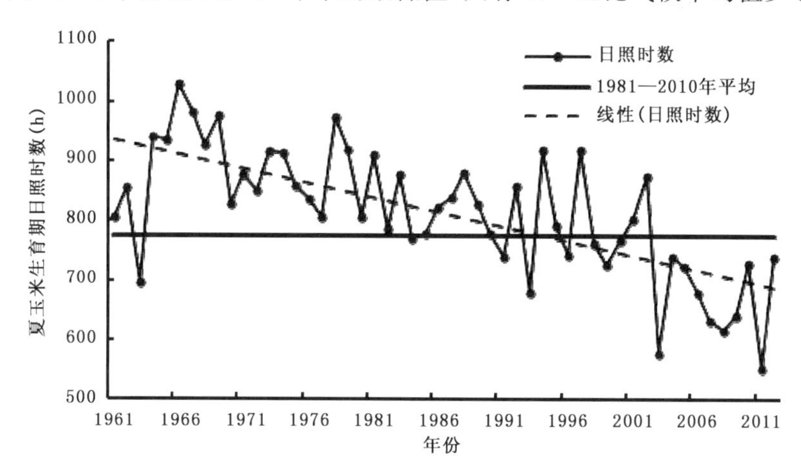

图 16.7　1961—2012 年淮北玉米生育期日照时数的年变化

表 16.3　淮北各区域玉米全生育期日照时数的年代际变化(单位:h)

区域	1961—1970 年	1971—1980 年	1981—1990 年	1991—2000 年	2001—2012 年
西北部	929	900	827	808	708
东北部	933	890	853	803	687
淮河一带	882	852	819	770	631

1961—2012 年,在玉米生育期内,淮北各个区域日照时数年代际下降趋势非常明显(表 16.3),到 21 世纪前 12 年,西北部、东北部和淮河一带的平均日照时数已经分别降到了 708 h、687 h 和 631 h;区域间存在一定的差异,西北部与东北部的日照时数较为接近,淮河一带的日照时数明显少于这两个区域,地区分布差异与活动积温有所不同。

1961—2012 年淮北地区玉米生育期太阳总辐射同样呈显著下降的趋势(图 16.8),线性趋势达到了−7.5 $MJ/m^2/a$,通过信度 0.001 的显著性检验,达到极显著相关水平,这主要是由于日照时数下降导致。太阳总辐射的下降现象与我国大部分地区太阳总辐射减少的现象一致,其气候变化特征与日照时数一致。有研究指出(李晓文 等,1998),我国太阳总辐射降低可能是由气候变化造成大气气溶胶含量的增加所致，大气气溶胶是指大气与悬浮在其中的固体和液体微粒共同组成的多相体系，大气中的气溶胶粒子吸收、散射太阳辐射，使得地面接收的太阳辐射减少，导致光合有效辐射随之减少，农作物生长受阻。

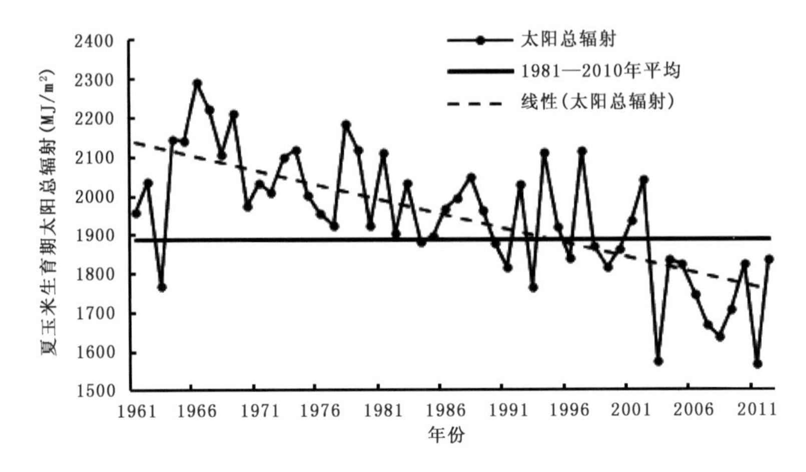

图 16.8　1961—2012 年淮北玉米生育期太阳总辐射的年变化

16.1.3.3　水分资源变化特征

研究地区农业水分资源，不仅需要考虑水分的收入（主要是降水），还要考虑水分的蒸发（即作物蒸散量），并根据需水情况讨论水分盈亏。下面从玉米生育期内的年降水量、蒸散量、水分盈亏 3 个方面进行分析。

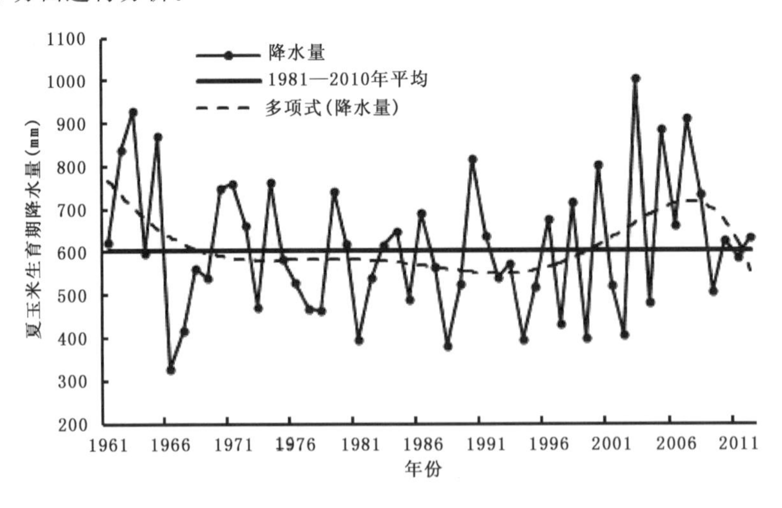

图 16.9　1961—2012 年淮北玉米生育期降水量的年变化

在 1961—2012 年间，淮北地区玉米生育期内降水量呈现出了“明显下降—平稳波动—快速上升—再次下降”的气候变化特征（图 16.9），下降期主要是在 20 世纪 60 年代，20 世纪 70—80 年代波动较平稳，从 20 世纪 90 年代后期开始显著上升。1981—2010 年，这 30 年玉米生育期内的气候平均降水量为 604 mm。在近 52 年中，共有 4 年出现了极低值（1966 年、1981 年、1988 年、1994 年），生育期内降水量不足 400 mm；共有 2 年出现了极大值（1963 年、2003

年)，生育期内降水量超过了 900 mm。

在玉米生育期内，1961—2012 年淮北西北部与东北部降水量的年代际变化趋势较为一致(表 16.4)，均呈现出上升一下降一再次上升的特征，20 世纪 80 年代为低谷期，21 世纪前 12 年降水量增加明显；淮河一带的生育期降水量年代际变化趋势与其他两个区域有所不同，谷底期是在 20 世纪 90 年代(587 mm)；比较 3 个区域的年代际生育期降水量，东北部与淮河一带基本上要大于西北部。

表 16.4　淮北各区域玉米全生育期降水量的年代际变化(单位：mm)

区域	1961—1970 年	1971—1980 年	1981—1990 年	1991—2000 年	2001—2012 年
西北部	611	616	485	547	679
东北部	651	672	555	579	651
淮河一带	644	590	598	587	698

蒸散量是表征大气蒸散能力，评价气候干旱程度、植被耗水量的重要指标。从图 16.10 可知，淮北地区玉米蒸散量在 20 世纪 60 年代变化非常大，60 年代中期达到顶峰，1967 年出现了近 52 年来的最大值 592 mm；1967 年到 20 世纪 70 年代中期处于显著下降期；70 年代后期一直到 2000 年均无明显变化趋势，仅存在一定的年际变化；21 世纪以来又出现了下降趋势，2003 年出现了极低值 421 mm。1981—2010 年，这 30 年的气候平均蒸散量为 484 mm。蒸散量的减少可能是由于日照时数的明显减少所导致。

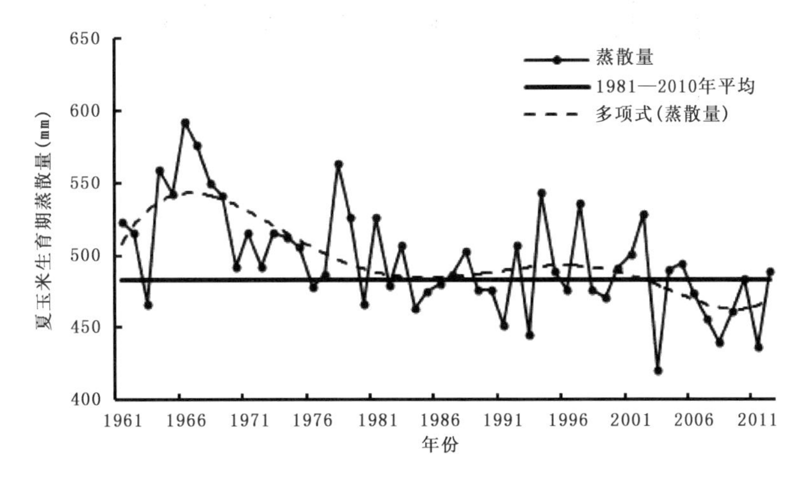

图 16.10　1961—2012 年淮北玉米生育期蒸散量的年变化

1961—2012 年间 3 个区域玉米生育期内年代际蒸散量均呈现下降趋势(表 16.5)，20 世纪 60 年代，蒸散量均在 520 mm 以上，而到了 21 世纪前 12 年均下降到了 490 mm 以下；对比 3 个区域的蒸散强度，西北部最强，其次是东北部，淮河一带最弱。已有研究表明(高歌 等，2006)：过去 50 年，全国绝大多数流域的年、季潜在蒸散量均呈减少趋势，南方各流域(西南诸河流域除外)和夏季潜在蒸散量减少趋势尤为明显。

表 16.5 淮北各区域玉米全生育期蒸散量的年代际变化(单位:mm)

区域	1961—1970	1971—1980	1981—1990	1991—2000	2001—2012
西北部	557	520	492	500	481
东北部	527	509	489	487	456
淮河一带	529	499	479	476	456

水分盈亏可以具体反映水分的供求矛盾,计算方法是将降水量减蒸散量。当水分盈亏为正值时,表明水分供过于求;当等于零时,表明水分供应适宜;当为负值时,表明水分供应不足。从图 16.11 可见,1961—2012 年,淮北地区玉米生育期有 10 年水分供应不足,其中 1966 年盈亏最为严重(−265 mm),有 3 年基本供需平衡,其余均是供过于求,其中 2003 年最为富裕,达到了 583 mm。

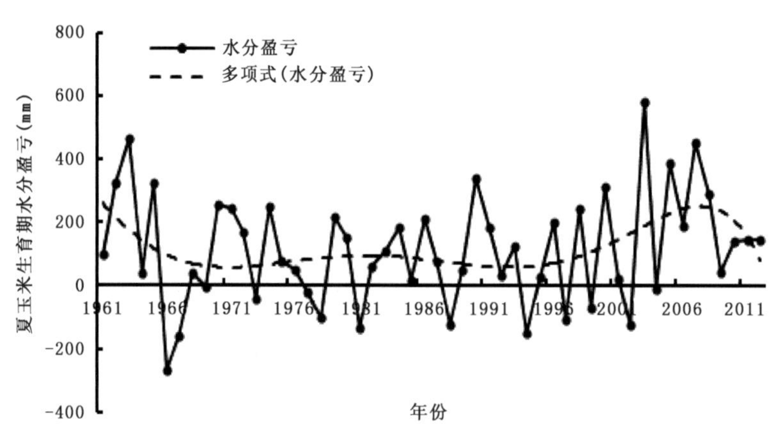

图 16.11 1961—2012 年淮北玉米生育期水分盈亏的年变化

16.1.4 淮北玉米主要农业气象灾害

淮北玉米的生育期正值旱、涝、高温、冰雹等灾害多发季节,对玉米生长存在较大威胁。影响夏玉米的主要气象因子是降水,一是降水总量;二是降水的时空分布与玉米生育阶段的需要是否相吻合,如果不吻合则会造成一定程度的旱、涝灾害(姚永明 等,2009)。

16.1.4.1 初夏干旱

根据淮北地区农业生产的实际和气候特点,除盛夏外,全年多干旱。由于淮北地区春旱的频率平均为 10 年 7～8 遇,春末夏初有“十年九旱”之说,因此,春旱是制约淮北农业生产发展的主要气象灾害。从年代际变化来看,2001—2007 年间干旱发生频率高达 86%,第二峰值区出现在 20 世纪 80 年代,干旱频率为 82%,70 年代、90 年代相对较少,但也在 66%～68%。对夏玉米播种出苗影响较大,在一定程度上可造成玉米的播种期延迟或出苗不佳,灌溉条件差的地区,可造成玉米减产。

16.1.4.2 夏季雨涝

1961—2013 年间,淮北地区共出现 30 次夏涝(表 16.6),20 世纪平均 10 年 4～5 遇,进入 21 世纪夏涝频次明显增加,21 世纪前 9 年高达 9 次,几乎每年都有夏涝发生。淮北东部即淮安一新沂以东地区夏涝较多，30年中有15～20年出现夏涝，平均10年6～7遇。淮北雨季集中在7—8月，此时正值玉米孕穗一开花期，雨水过多，会严重影响夏玉米正常的开花授粉，导致授粉不良引起果穗秃顶或缺粒。

表16.6 1961—2013年各年代淮北地区发生的夏涝次数(单位:次)

	1961—1969年	1970—1979年	1980—1989年	1990—1999年	2000—2009年	2010—2013年
夏涝次数	4	6	5	3	10	2

16.1.4.3 冰雹危害

4—9月是淮北地区冰雹发生的时段，其中6—7月出现较多。冰雹对玉米的危害，主要是对枝叶、茎秆、果实产生机械损伤，使玉米减产或绝收。冰雹对玉米生产危害的轻重，既取决于降雹强度、持续时间、雹粒大小，也取决于玉米品种和受灾时的生育期。一般降雹强度大、持续时间长、雹粒大，对玉米生产的危害重。近几年，9月也发生过局地雹灾天气，夏玉米拔节抽雄受到严重影响，而在夏玉米生长大喇叭时期以前和雌雄穗及部分叶片未抽分时，遭受冰雹为害更甚。

16.1.4.4 高温干旱

7月中旬至8月中旬，是一年中最热的时候。淮北盛夏虽然降水为全年最多的季节，但夏旱时有发生，1966—2012年，淮北共发生10次夏旱，20世纪90年代出现2次(1992年5月中旬—7月上旬、1994年4月下旬—8月中旬)，2001—2012年间发生4次(2002年5月下旬—11月、2010年6月、2010年7月下旬—8月中旬、2012年5月上旬—6月中旬)。淮北地区玉米此时正处于开花吐丝前后，如果天气干旱少雨，很容易出现高温天气，对玉米的生长及开花结实造成严重的影响。

16.1.4.5 实例分析

2003年，江苏省秋粮减产严重。5月至6月中旬，淮北地区降水偏少5～7成，秋粮的播种出苗受到影响；梅汛期间(6月下旬—7月中旬)，淮河流域、滁河流域、里下河等地区共出现12次暴雨过程，其中9次为大范围暴雨，强降水加上大量客水涌入，导致雨涝灾害严重，多数地方降水偏多1倍，甚至接近2倍(图16.12)，导致农田排水不畅，渍涝严重，在田作物光合产物累积减少，对秋熟作物的生长极为不利；8月上旬—9月上旬又出现两段连续阴雨过程，对刚刚恢复生长的在田作物造成致命的危害，严重影响了灌浆和籽粒充实，其中8月2—3日、5—6日淮北部分地区还遭受了雷雨大风、龙卷并伴随冰雹的袭击，农作物倒伏严重，受一系列灾害影响，当年玉米减产接近4成，其他秋熟作物也大幅度减产。

16.1.5 RCP8.5情景下对淮北玉米气候资源的预估

16.1.5.1 热量资源的预估

在RCP8.5高排放情景下，2014—2030年淮北地区玉米生育期内≥10 ℃的活动积温距平均为正值(距平是相对于气候模式模拟的1961—2005年气候平均值，下同)(图16.13)，说明未来17年淮北地区玉米生育期内≥10 ℃的活动积温呈现出一致增多的气候特征，且距平呈明显的上升趋势，线性趋势达到了5.1 ℃·d/a，到2020年和2030年，玉米生育期内活动积温距平将分别达83 ℃·d、116 ℃·d。≥20 ℃的活动积温距平与≥10 ℃的活动积温距平时间

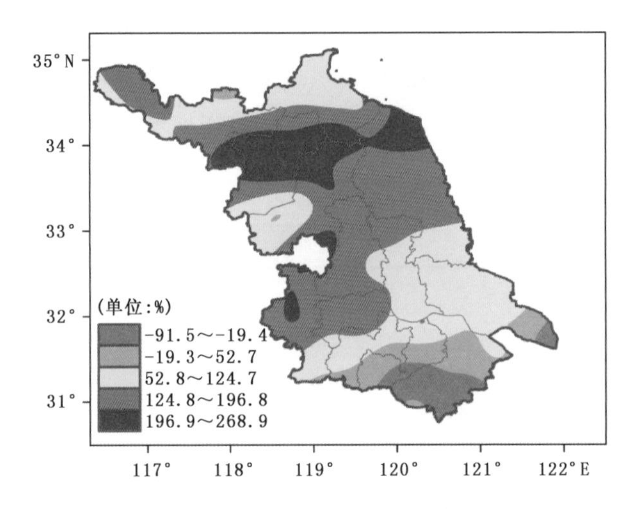

图 16.12　2003 年 6 月下旬—7 月中旬降水距平百分率

变化特征是一致的，但是波动幅度明显要略大于≥10 ℃，说明极端情况增多，到 2020 年和 2030 年，RCP8.5 情景下玉米生育期内≥20 ℃的活动积温距平分别是 167 ℃·d、296 ℃·d。

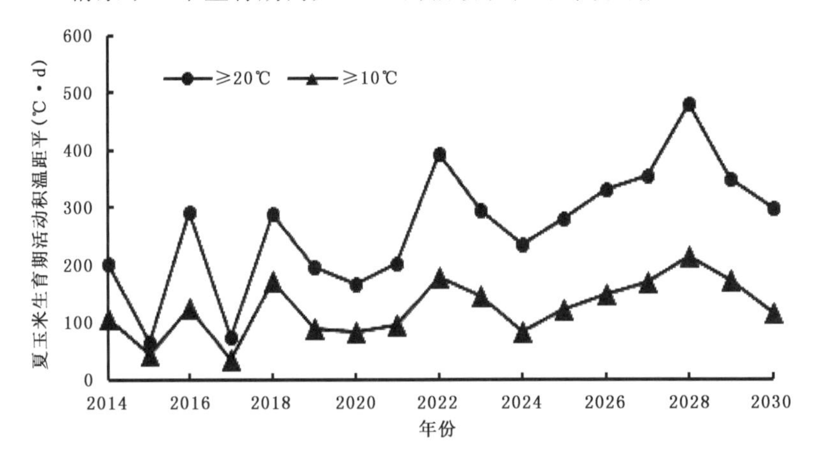

图 16.13　RCP8.5 情景下，2014—2030 年淮北玉米生育期≥10 ℃和≥20 ℃活动积温的距平变化（相对于模式模拟的 1961—2005 年气候平均值）

16.1.5.2　光能资源的预估

在 RCP8.5 高排放情景下，2014—2030 年玉米生育期内的太阳净辐射距平值基本上为正值(除 2023 年)(图 16.14)，说明未来获得的太阳净辐射是在增加，太阳净辐射距平没有明显的变化趋势，年际波动显著，到 2020 年和 2030 年，玉米生育期内的太阳净辐射距平分别将达 46 $MJ/m^2/d$、58 $MJ/m^2/d$。

16.1.5.3　水分资源的预估

在 RCP8.5 高排放情景下(图 16.15)，2014—2030 年间共有 10 年的玉米生育期内降水距平为正值，其余为负值，存在年际波动；2023 年降水距平为极端高值年，降水量将增加 259 mm，2021 年为极端低值年，降水量将减少 143 mm，到 2020 年和 2030 年，玉米生育期内降水距平分别将达 77 mm 和－109 mm。

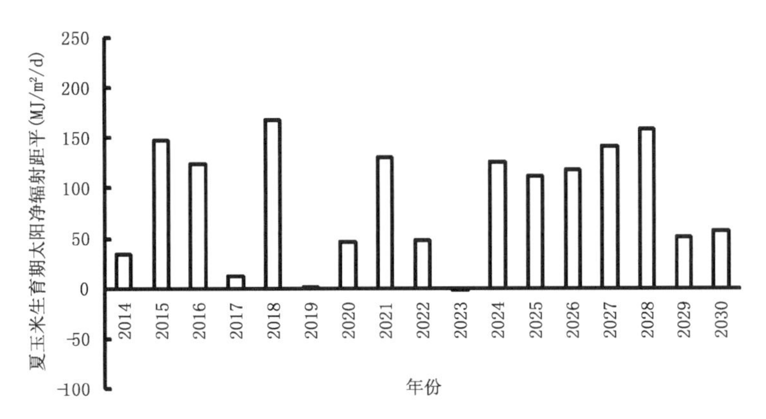

图 16.14　RCP8.5 情景下，2014—2030 年淮北玉米生育期太阳净辐射距平的年变化（相对于模式模拟的 1961—2005 年气候平均值）

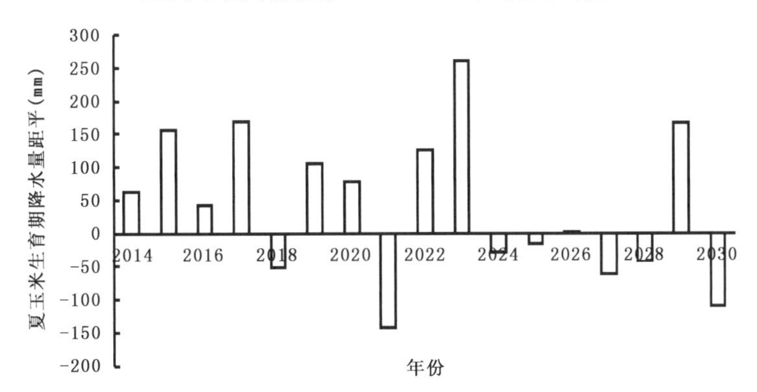

图 16.15　RCP8.5 情景下，2014—2030 年淮北玉米生育期降水量距平的年变化（相对于模式模拟的 1961—2005 年气候平均值）

在 RCP8.5 高排放情景下，2014—2030 年，淮北地区玉米生育期内蒸散量距平基本为正值(2019 年和 2023 年除外)(图 16.16)，存在显著年际波动，2028 年为极端高值年，蒸散量将增加 58 mm，2023 年为极端低值年，蒸散量将减少 14 mm，到 2020 年和 2030 年，玉米生育期内蒸散量距平分别将达 21 mm 及 10 mm。

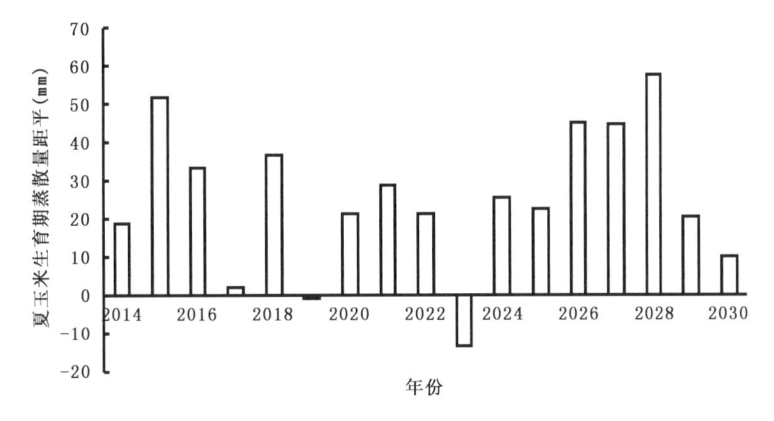

图 16.16　RCP8.5 情景下，2014—2030 年淮北玉米生育期蒸散量距平的年变化（相对于模式模拟的 1961—2005 年气候平均值）

相对于1961—2005年的水分盈亏气候平均值17 mm(模式模拟值),在RCP8.5高排放情景下,2014—2030年玉米生育期内水分盈亏正、负距平年数分别为9年、8年(图16.17),2023年之前,水分盈亏距平是以正值为主,说明大部分年份玉米生育期内水分供应充足,而在2023年之后,除了2029年,其余均为负距平,说明2024—2030年中有6年玉米生育期内水分供应不足,2023年水分最为充裕,水分盈亏距平高达272 mm,到2020年和2030年,水分盈亏距平分别为55 mm及−119 mm。

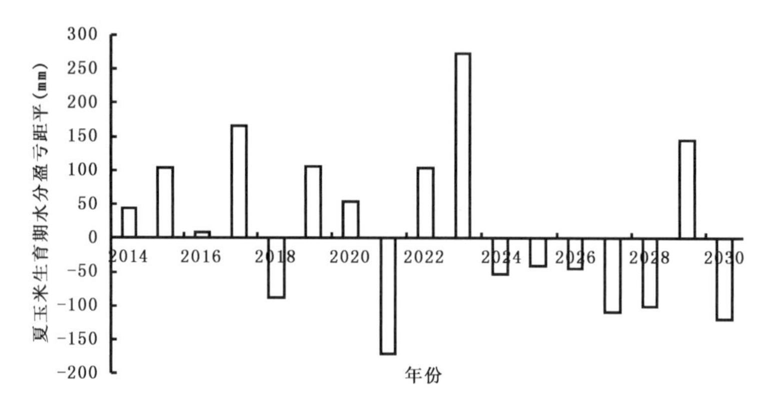

图16.17 RCP8.5情景下,2014—2030年淮北玉米生育期水分盈亏距平的年变化
(相对于模式模拟的1961—2005年气候平均值)

16.1.6 气候变化对淮北玉米影响规律

从历史情况来看,玉米的产量与种植制度、农业政策、品种更新、农业管理措施、经济发展、科技水平等密切相关,但从玉米单产的相对气象产量来看,20世纪60—90年代的40年间玉米相对气象产量波动相对平稳,而进入21世纪以来玉米相对气象产量波动较大。

1961—2012年江苏淮北地区玉米生育期内的光、温、水等农业气候资源的特征表现为:(1)在气候变暖的大背景下,20世纪90年代后期至2012年,淮北地区≥10 ℃活动积温基本处于气候平均值以上(1981—2010年气候平均值为3067 ℃·d),≥10℃活动积温已经远远超出玉米在全生育期内所需的热量需求,即2400～2700 ℃·d。(2)淮北地区的日照时数和太阳总辐射都存在着显著的下降趋势,线性倾向率分别达到了−4.8 h/a、−7.5 $MJ/m^2/a$,通过信度0.001的显著性检验,达到极显著相关水平,2000年之后已严重低于气候平均值,且年际波动幅度非常大。太阳总辐射的显著下降会对玉米的光合作用产生影响,从而影响到玉米的品质与产量。(3)淮北地区的年降水量呈现出了"明显下降—平稳波动—快速上升—再次下降"的气候变化特征,2000年以来上升非常明显,但随着日照时数的减少,蒸散量从2000年起却出现了下降,因此,玉米的水分供应在21世纪是非常充裕的。由此可见,进入21世纪以来,玉米生育期内,光、温、水资源都发生了显著变化,年际波动显著,所以使得玉米的产量也相应出现了较为显著的年际变化。

从1961—2012年江苏淮北玉米单产的相对气象产量与玉米生育期≥10 ℃活动积温、太阳辐射、降水量的相关性来看,由于淮北地区的活动积温通常都能满足玉米生育期所需,所以两者的相关性偏弱;太阳辐射同样如此,相关系数只有0.12;与降水量呈反相关,相关系数高达−0.51(通过信度0.001的显著性检验,达到极显著相关水平),即从生育期总耗水量来说,如果降水量过多，已经超出了玉米的需水量，则玉米单产减少。

从淮北地区农业气候资源的区域性来看，由于纬度、地形等的不同，西北部、淮河一带、东北部玉米生育期内的光、温、水资源均存在一定差异：(1)≥10 ℃的活动积温，西北部＞淮河一带＞东北部，21 世纪前 12 年分别是 3085 ℃·d、3089 ℃·d、3056 ℃·d。(2)西北部与东北部的日照时数较为接近，淮河一带的日照时数明显少于这两个区域，到 21 世纪前 12 年，西北部、东北部、淮河一带的日照时数已经分别降到了 708 h、687 h、631 h。(3)21 世纪前 12 年三区域降水量增加明显，淮河一带(698 mm)＞西北部(679 mm)＞东北部(651 mm)；蒸散量下降，21 世纪前 12 年蒸散量，西北部(481 mm)＞东北部(456 mm)与淮河一带(456 mm)。由此可见，进入 21 世纪以来，淮北地区的西北部热量资源和光能资源要比其他两个地区丰富，水分资源充裕；淮河一带水分资源要比其他两个地区更为富足，日照时数下降幅度明显大于其他两个地区。

从 RCP8.5 高排放情景的预估结果来看，在玉米生育期内：(1)≥10 ℃的活动积温，21 世纪 20 年代，年际波动非常大，2020 年和 2030 年，活动积温将分别增加 83 ℃·d、116 ℃·d，≥20 ℃与≥10 ℃的活动积温距平的时间变化特征一致，但是波动幅度明显要大于≥10 ℃；(2)由于 RCP8.5 情景是增加辐射强迫，所以 2014—2030 年的太阳净辐射大于 20 世纪的气候平均值，2020 年和 2030 年，太阳净辐射分别是 46 $MJ/m^2/d$、58 $MJ/m^2/d$。(3)2020 年和 2030 年，水分盈亏值将分别是 55 mm 和－119 mm。由此可见，在 RCP8.5 高排放情景下，淮北地区热量资源、光能资源充足，但到 2030 年水分资源有些不足。另外，由于在 RCP8.5 高排放情景下，光、温、水资源的年际变化非常显著，所以玉米的单产可能也将会出现大幅度波动。对未来农业气候资源的预估存在较大的不确定性，不确定性主要来自于两方面，一是对气候变化和影响的各种物理和生物化学过程缺乏比较完善的科学认识，气候研究和模拟的气候系统资料不全，气候模式不完善，目前开发的全球气候模式尽管可以较好地模拟出全球、半球和纬向平均的气候能力，以及较为一致的未来气候变化趋势，但不同气候模式输出的气候情景结果却存在较大差异，气候的自然变率幅度不清楚(贺瑞敏 等，2008)；二是对未来社会经济发展趋势缺乏比较完善的认识，包括人口增长、科技进步的贡献量等，文中使用的气候情景是新一代温室气体排放情景 RCP8.5，是一种假想的最高的温室气体排放情景(王绍武 等，2012)。

16.2　气候变化对淮北大豆的影响与预估

16.2.1　淮北大豆的种植概况

江苏地理气候资源优越，适宜于各种农作物的繁殖生长，各地历史上都有种植大豆的习惯，江苏是优质蛋白大豆和鲜食菜用大豆的传统生产基地。省内的大豆生产主要集中于江淮以北，尤以徐州、淮安两地种植最多，约占全省种植面积一半以上，为优质蛋白大豆种植区。目前，主要品种为徐豆系列、淮豆系列及部分泗豆及中黄系列。

受“保粮抑豆”政策影响，新中国成立以来，江苏大豆种植面积逐年递减，1953 年种植面积达 104.8 万 hm^2，单产 47 kg，总产 57.3 万 t；20 世纪 60 年代，大豆种植面积保持在 46 万 hm^2 左右，单产 71.6 kg，总产 50 万 t；70 年代，年均种植面积为 31.1 万 hm^2，单产上升至 84.5 kg，总产 39.4 万 t；80 年代，年均种植面积在 30.5 万 hm^2，单产 114 kg，总产 52.3 万 t；90 年代处于面积逐年下降，而单产稳步上升的阶段，年均种植面积已缩至 21.5 万 hm^2，单产达 161 kg，总产 55.2 万 t。“九五”以来，江苏充分利用地理、品种、技术和区域优势，振兴大豆产业，全省大豆面积一直维持在 26.7 万 hm^2 左右，不仅满足了省内大豆食品加工的需求，还可以向东南亚等国家出口大豆。

江苏省大豆的耕作制度比较复杂，各农区因地制宜地建立了许多不同的大豆轮作复种制度。淮北地区主要以玉米—麦—大豆两年 3 熟或者麦—大豆一年两熟，并有少量春豆与春玉米间作。

16.2.2 淮北大豆的种植面积和产量的变化特征

16.2.2.1 大豆种植面积变化特征

近 50 年来淮北地区大豆种植面积变化很大，呈对数 Y＝－115.48Ln(x)＋538.5 急速减少，其相关系数为 0.945(图 16.18)，通过信度 0.001 的显著性检验，达到极显著相关水平(种植面积和产量数据均来自于江苏省统计局)。

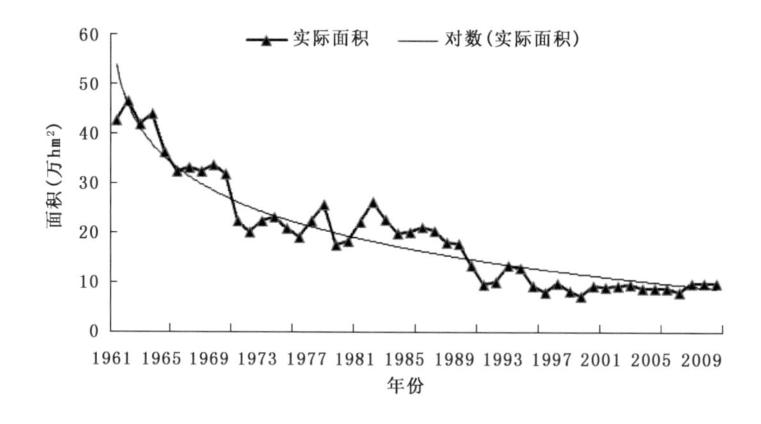

图 16.18 淮北大豆种植面积 50 年变化趋势

16.2.2.2 大豆单产变化特征

淮北地区近 50 年来大豆单产呈总体上升趋势，尤其是 20 世纪 80—90 年代上升趋势尤为显著，但进入 21 世纪波动幅度变大(图 16.19)。大豆单产的年际变化不仅与该地区的种植制度改良、农业政策支持、品种更新、农业管理措施的提高密切相关，而且与气候条件也有较大的关系。

根据直线滑动平均法，将单产进行分离，获得时间趋势产量(图 16.19)和相对气象产量(图 16.20)。由图 16.20 可见，20 世纪 60—70 年代淮北地区大豆相对气象产量波动较大，80—90 年代波动相对平稳，进入 21 世纪，大豆相对气象产量波动又开始趋大。

16.2.2.3 大豆总产变化特征

根据多项式模拟方法，将淮北地区近 50 年大豆总产进行模拟，淮北地区近 50 年来大豆总产呈 6 次多项式趋势变化(图 16.21)，其相关系数为 0.6，通过信度 0.001 的显著性检验，达到极显著相关水平。

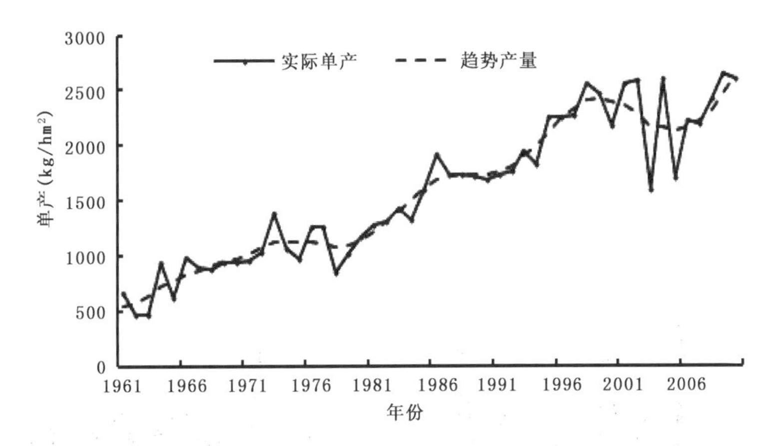

图16.19　淮北大豆单产年变化趋势

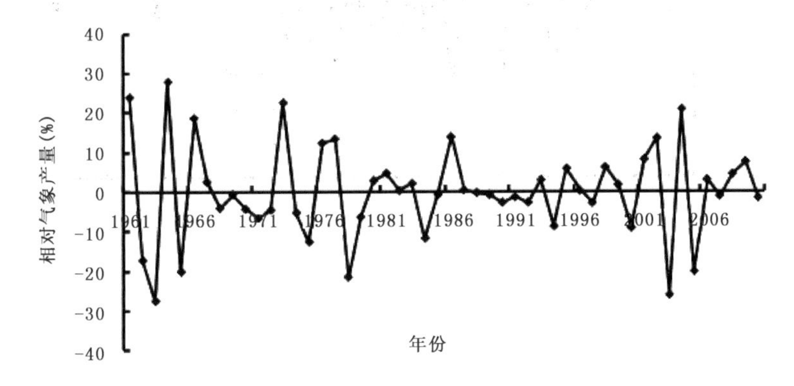

图16.20　淮北大豆相对气象产量年变化趋势

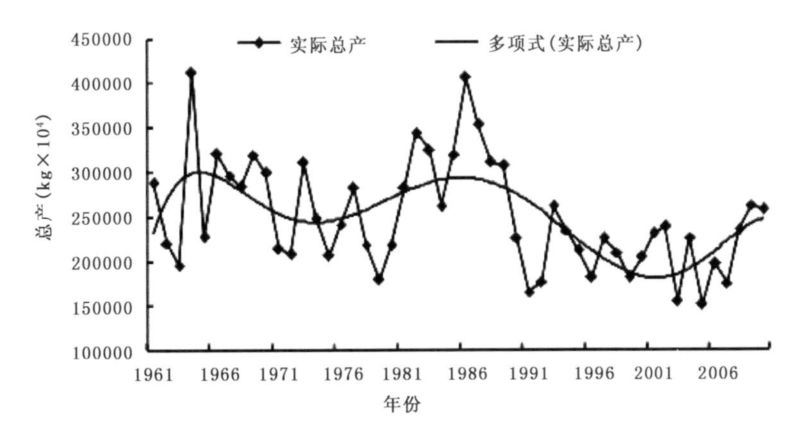

图16.21　淮北大豆总产年变化趋势

16.2.3　气候变化背景下大豆的农业气候资源变化特征

16.2.3.1　热量资源变化特征

淮北地区大豆通常于5月下旬播种，9月下旬收获，生育期略长于玉米，因此，≥10 ℃活动积温要比玉米生育期内平均约高 200 ℃·d(图 16.22)。在全球气候变化的大背景下,江苏淮北地区的热量资源也存在着较为显著的气候变化特征,近 52 年来,在大豆生育期内,≥10 ℃活动积温存在着总体先降一后升一再降的趋势演变特征,其中 20 世纪 80 年代变化较为平稳,活动积温基本都低于气候平均值(1981—2010 年气候平均值为 3268 ℃·d),20 世纪 90 年代上升趋势显著,90 年后期至 2010 年基本处于气候平均值以上;年际波动较明显,尤其是 70 年代,其中 1967 年(3406 ℃·d)、1978 年(3416 ℃·d)、1994 年(3220 ℃·d)为极大值年,1972 年(3118 ℃·d)、1976 年(3142 ℃·d)、1980 年(3187 ℃·d)为极小值年。

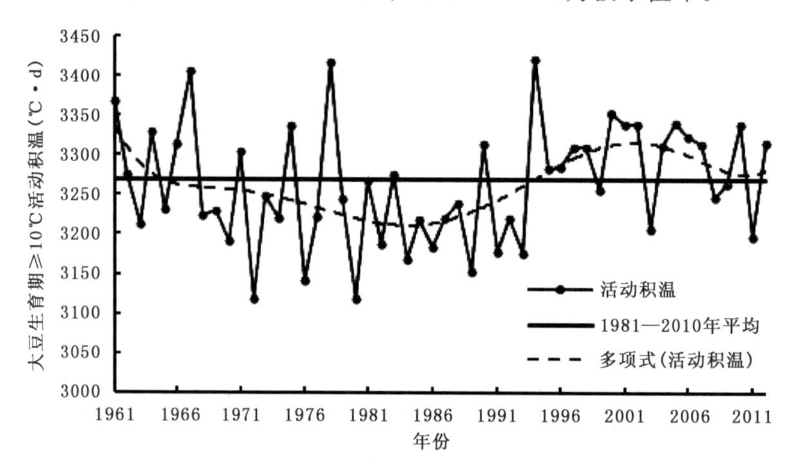

图 16.22 1961—2012 年淮北大豆生育期≥10 ℃活动积温年变化

1961—2012 年,各区域大豆生育期内≥10 ℃活动积温变化趋势都是先降后升(表 16.7),20 世纪 80 年代最低,3 个区域≥10 ℃的活动积温分别是 3220℃·d(西北部)、3205℃·d(淮河一带)、3177℃·d(东北部);区域间存在数值差异,西北部最大,淮河一带次之,东北部最小。

表 16.7 淮北各区域大豆全生育期≥10℃活动积温年代际变化(单位:℃·d)

区域	1961—1970 年	1971—1980 年	1981—1990 年	1991—2000 年	2001—2012 年
西北部	3300	3255	3220	3303	3287
东北部	3254	3210	3177	3245	3259
淮河一带	3298	3256	3205	3269	3294

近 52 年,大豆生育期内≥20 ℃活动积温均在 2800 ℃·d 以上(图 16.23)。根据多项式模拟方法,将活动积温进行模拟,52 年来,大豆生育期内≥20 ℃活动积温呈 6 次多项式趋势变化,其相关系数为 0.52,通过信度 0.001 的显著性检验,达到极显著相关水平。20 世纪 90 年代处于转折期,之前年际波动幅度大,绝大部分年份≥20 ℃活动积温低于气候平均值,90 年代之后年际波动减小,进入相对平稳期,大部分年份的积温都高于气候平均值,但 2011 年出现异常偏低值,为 1992 年以来的最低值,只有 2855 ℃·d。

各区域大豆生育期≥20 ℃活动积温的年代际变化趋势一致(表 16.8),也都是先降后升,20 世纪 80 年代处于谷底,西北部、东北部、淮河一带的≥20 ℃活动积温均低于 3000 ℃·d,3 个区域分别是 2995 ℃·d(西北部)、2973 ℃·d(淮河一带)、2916 ℃·d(东北部);21 世纪前 12 年,东北部和淮河一带达最大值;区域间存在数值差异,西北部和淮河一带明显大于东北部。

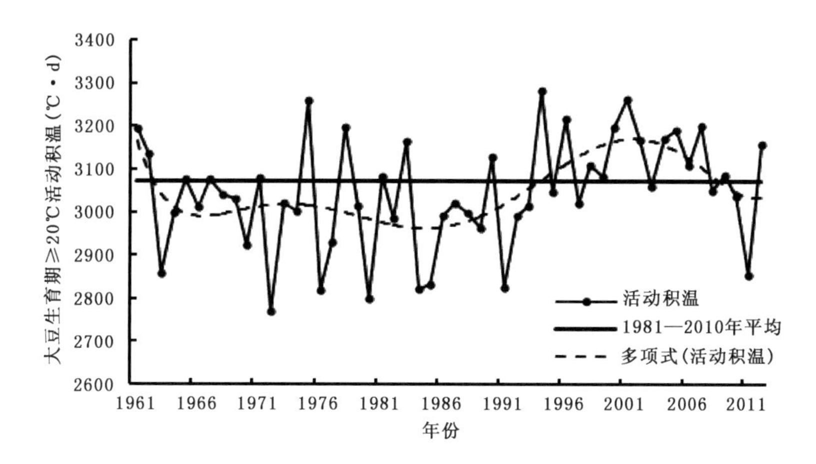

图 16.23　1961—2012 年淮北大豆生育期≥20 ℃活动积温年变化

表 16.8　淮北各区域大豆全生育期≥20 ℃活动积温年代际变化(单位:℃·d)

区域	1961—1970 年	1971—1980 年	1981—1990 年	1991—2000 年	2001—2012 年
西北部	3067	3024	2995	3121	3095
东北部	2987	2935	2916	3016	3039
淮河一带	3068	3025	2973	3066	3129

16.2.3.2　光能资源变化特征

近 52 年来,淮北地区大豆生育期内日照时数呈显著下降趋势(图 16.24),线性趋势达到了－4.9 h/a,通过信度 0.001 的显著性检验,达到极显著相关水平,这与我国大部分地区日照时数减少的趋势一致。1981—2010 年大豆生育期内日照时数的年平均值为 837 h,与之相比,20 世纪 90 年代之前,基本上都高于气候平均值,而 2000 年之后基本上都低于气候平均值,其中 2011 年出现了近 52 年来的最低值,只有 628 h,比气候平均值少了 209 h。大豆生育期内,淮北地区太阳总辐射同样存在显著下降的趋势,线性趋势达到了－7.6 $MJ/m^2/a$,通过信度

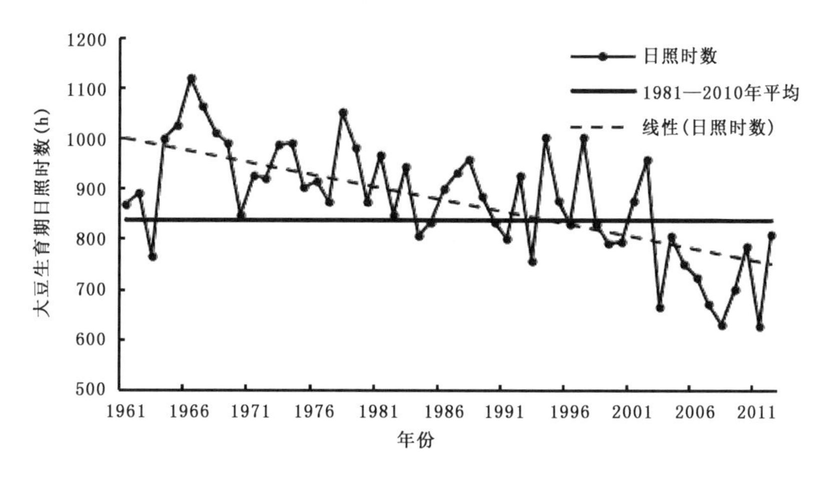

图 16.24　1961—2012 年淮北大豆生育期日照时数的年变化

0.001 的显著性检验，达到极显著相关水平，这主要是由于日照时数下降导致，太阳总辐射的下降现象与我国大部分地区太阳总辐射减少的现象一致，其气候变化特征与日照时数一致。

1961—2012 年，在大豆生育期内，各个区域日照时数年代际下降趋势非常明显(表 16.9)，到 21 世纪前 12 年，西北部、东北部、淮河一带的日照时数已经分别降到了 774 h、748 h、688 h；区域间存在一定的差异，西北部与东北部的日照时数较为接近，淮河一带的日照时数明显少于这两个区域，地区分布差异与活动积温有所不同。

表 16.9 淮北各区域大豆全生育期日照时数的年代际变化(单位:h)

区域	1961—1970 年	1971—1980 年	1981—1990 年	1991—2000 年	2001—2012 年
西北部	994	964	889	884	774
东北部	1005	955	920	879	748
淮河一带	947	910	886	842	688

16.2.3.3 水分资源变化特征

1961—2012 年，淮北地区大豆生育期内降水量呈现出了“快速下降—平稳波动—快速上升—再次下降”的气候变化特征(图 16.25)，下降期主要是在 20 世纪 60 年代，70—80 年代波动较平稳，90 年代后期开始显著上升。1981—2010 年的 30 年大豆生育期内的气候平均降水量为 623 mm。在近 52 年中，共有 3 年出现了极低值(1966 年、1988 年、1994 年)，大豆生育期内降水量不足 400 mm；共有 5 年出现了极大值(1963 年、1971 年、2003 年、2005 年、2007 年)，大豆生育期内降水量均超过了 900 mm。

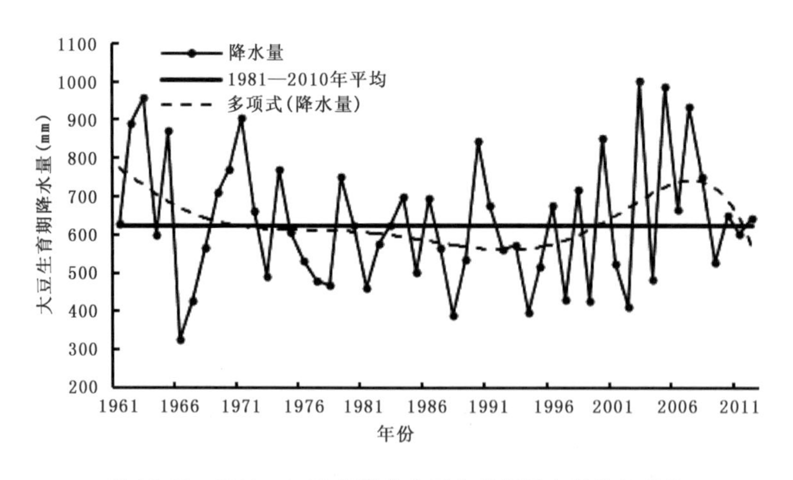

图 16.25 1961—2012 年淮北大豆生育期降水量的年变化

在大豆生育期内，1961—2012 年西北部与东北部降水量的年代际变化趋势较为一致(表 16.10)，基本上是先降后升，20 世纪 80 年代为低谷期，西北部与东北部的降水量分别只有 506 mm、573 mm；淮河一带的降水量年代际变化趋势与其他两个区域略有不同，谷底期是在 20 世纪 90 年代，平均降水量为 602 mm；比较 3 个区域的年代际降水量，淮河一带最大，东北部次之，西北部最小。

表 16.10　淮北各区域大豆全生育期降水量的年代际变化(单位:mm)

区域	1961—1970 年	1971—1980 年	1981—1990 年	1991—2000 年	2001—2012 年
西北部	642	634	506	556	695
东北部	683	698	573	591	676
淮河一带	672	619	620	602	720

从图 16.26 可知,淮北地区大豆生育期内蒸散量在 20 世纪 60 年代变化非常大,60 年代中期达到顶峰,1966 年出现了近 50 年来的最大值 631 mm;1966 年到 20 世纪 70 年代中期处于显著下降期;70 年代后期一直到 2000 年均无明显变化趋势,仅存在一定的年际变化;21 世纪以来又出现了下降趋势,2003 年出现了极低值 454 mm。1981—2010 年的 30 年大豆生育期内的气候平均蒸散量为 512 mm。

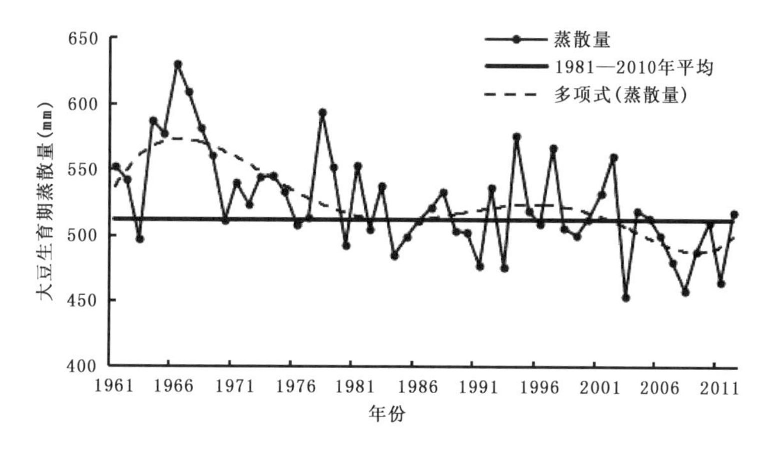

图 16.26　1961—2012 年淮北大豆生育期蒸散量的年变化

在大豆生育期内,1961—2012 年 3 个区域年代际蒸散量均呈现下降趋势(表 16.11),20 世纪 60 年代,蒸散量均在 550 mm 以上,而到了 21 世纪前 12 年蒸散量均下降到了 500 mm 左右;对比 3 个区域的蒸散强度,西北部最强,其次是东北部,淮河一带最弱。

表 16.11　淮北各区域大豆全生育期蒸散量的年代际变化(单位:mm)

区域	1961—1970 年	1971—1980 年	1981—1990 年	1991—2000 年	2001—2012 年
西北部	586	548	520	531	508
东北部	557	538	518	517	482
淮河一带	559	526	507	506	483

1961—2012 年间,淮北地区大豆生育期内有 14 年水分供应不足(图 16.27),其中 1966 年盈亏最为严重(—303 mm),有 6 年基本供需平衡,其余均是供过于求,其中 2003 年最为富裕,水分盈亏达到了 550 mm。

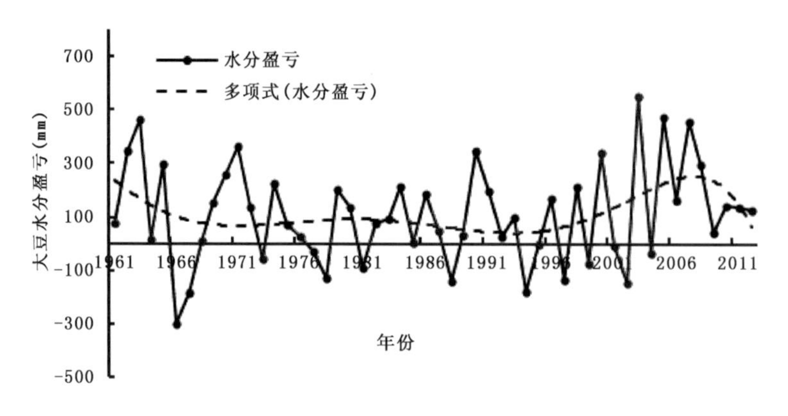

图 16.27　1961—2012 年淮北大豆生育期水分盈亏的年变化

16.2.4　大豆主要农业气象灾害

16.2.4.1　干旱

大豆整个生育期都需要较多的水分。由于淮北地区春末夏初有“十年九旱”之说，此时正值大豆播种期、萌芽期，常遇初夏旱，则不利出苗保苗，需注意抢墒早播。

淮北夏旱时有发生，20 世纪 90 年代发生频率最高，达 34%；进入 21 世纪后，夏旱发生频率逐渐降低，平均为 14%，与正值开花结荚期和鼓粒期的大豆相遇，造成幼荚脱落和秕粒、秕荚，轻则减产，重则颗粒无收，此时进行灌溉能获得明显增产。

16.2.4.2　涝害

大豆整个生育期既需要足够的水分，又忌水分过多。7—8 月，是淮北雨季，也是大豆营养生长和生殖生长的旺季。大豆生长速度较快，雨水过多，高温寡照，土壤水分过饱和，使大豆根系缺氧，导致根系发育不良，大面积倒伏，降低产量。

16.2.4.3　冰雹

大豆幼苗怕雹打，被冰雹砸坏生长点及子叶者，就不能恢复生长，应进行毁种或补种。若被打掉一部分叶子，尚留有心叶，或者大豆主茎上还留有一部分叶柄者，其茎节处有腋芽，能形成分枝和花簇，也能进行生长。雹灾后要进行松土，施用追肥，以利大豆恢复生长。

16.2.4.4　实例分析

2005 年，春季至夏初，江苏省大部分地区降水量总体偏少，淮北及江淮北部出现旱情，严重影响了夏种作物的播种移栽；6 月以后遭遇大风、暴雨、台风、龙卷、冰雹影响，大豆出现倒伏；9 月下旬—10 月上旬中期江苏省一直多阴雨，日照明显不足，两旬的日照时数只有常年同期的一半左右，江淮大部分地区为历史有记录以来最小值。多雨、寡照等天气严重影响大豆灌浆期间籽粒充实，导致产量下降。

2008 年夏种以后阴雨天多，气温低，光照不足，秋旱粮生产受到了一定的影响。6—8 月 3 个月日平均气温比常年低，光照比常年同期少，长期的低温寡照，对秋旱粮的前期生长极为不利。特别是徐州市，尤其是 7 月下旬，全市突降暴雨，雨量高达 205.9 mm，比常年多 121.7 mm，大部分地区出现了不同程度的涝灾，严重影响了整个秋旱粮的苗情。生长后期，天气条件有所好转，雨日减少，光照增多，气温升高，秋旱粮灌浆快，籽粒保满，粒重普遍重于常年，为丰收增产创造了条件。

16.2.5　基于 RCP8.5 情景的淮北大豆气候资源预估

16.2.5.1　热量资源的预估

在 RCP8.5 高排放情景下(图 16.28)，2014—2030 年淮北地区大豆生育期内≥10 ℃的活动积温距平均为正值，说明未来 17 年淮北地区大豆生育期内≥10 ℃的活动积温呈现出一致增多的气候特征，且距平呈明显的上升趋势，线性趋势达到了 5.0 ℃/a，到 2020 年和 2030 年，大豆生育期内活动积温距平分别将达 103 ℃・d 和 147 ℃・d。≥20 ℃与≥10 ℃的活动积温距平的时间变化特征是一致的，但是波动幅度明显要大于≥10 ℃，说明极端情况增多，到 2020 年和 2030 年，大豆生育期内≥20 ℃的活动积温距平分别是 182 ℃・d 和 375 ℃・d。

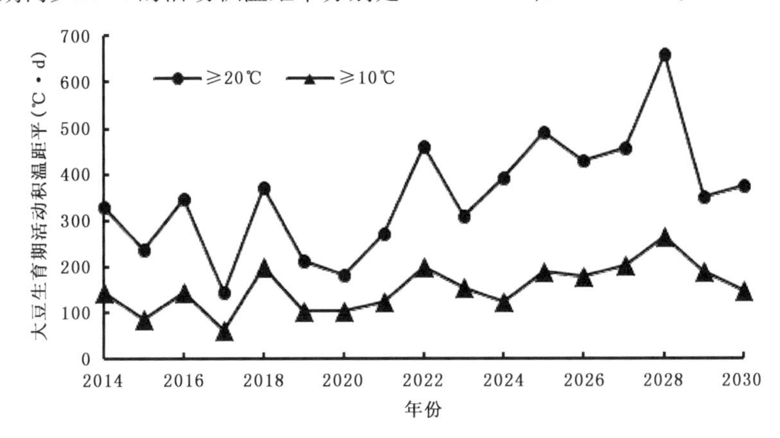

图 16.28　RCP8.5 情景下，2014—2030 年淮北大豆生育期≥10 ℃和≥20 ℃活动积温的距平变化
(相对于模式模拟的 1961—2005 年气候平均值)

16.2.5.2　光能资源的预估

在 RCP8.5 高排放情景下，2014—2030 年大豆生育期内的太阳净辐射距平值均为正值(图 16.29)，说明未来 17 年大豆生育期内获得的太阳净辐射在增加，太阳净辐射距平没有明显的变化趋势，年际波动显著，到 2020 年和 2030 年，大豆生育期内太阳净辐射距平分别将达 69 $MJ/m^2/d$ 和 82 $MJ/m^2/d$。

16.2.5.3　水分资源的预估

在 RCP8.5 高排放情景下，2014—2030 年大豆生育期内降水距平共有 9 年为正值(图 16.30)，其余为负值，存在年际波动，2023 年降水距平为极端高值年，降水量将增加 252 mm，2021 年为极端低值年，降水量将减少 154 mm，到 2020 年和 2030 年，大豆生育期内平均降水距平分别将达 55 mm 和－94 mm。

在 RCP8.5 高排放情景下，2014—2030 年淮北地区大豆生育期内的蒸散量距平基本为正值(2023 年除外)(图 16.31)，存在显著年际波动，2028 年为极端高值年，蒸散量将增加 62 mm，2023 年为极端低值年，蒸散量将减少 2 mm，到 2020 年和 2030 年，大豆生育期内蒸散量距平分别将达 26 mm 和 17 mm。

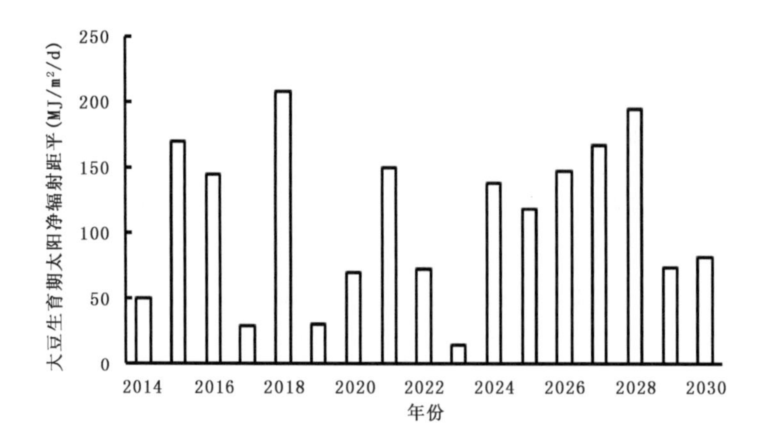

图 16.29　RCP8.5 情景下，2014—2030 年淮北大豆生育期太阳净辐射距平的年变化（相对于模式模拟的 1961—2005 年气候平均值）

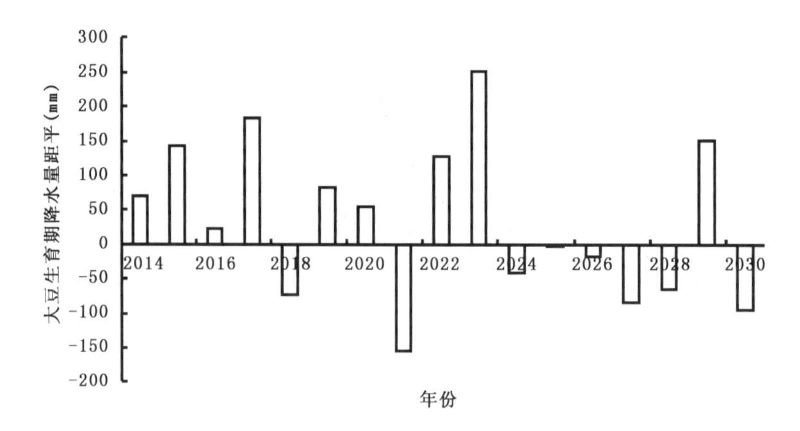

图 16.30　RCP8.5 情景下，2014—2030 年淮北大豆生育期降水量距平的年变化（相对于模式模拟的 1961—2005 年气候平均值）

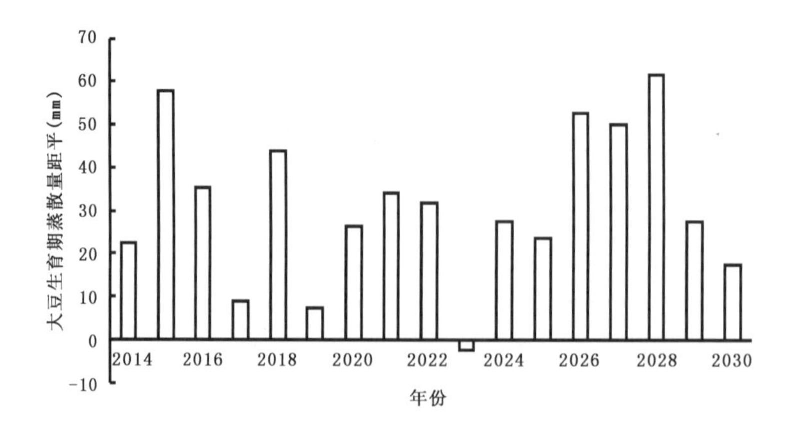

图 16.31　RCP8.5 情景下，2014—2030 年淮北大豆生育期蒸散量距平的年变化（相对于模式模拟的 1961—2005 年气候平均值）

相对于 1961—2005 年大豆生育期内的水分盈亏气候平均值 9 mm(模式模拟值),在 RCP8.5 高排放情景下,2014—2030 年大豆生育期内水分盈亏正、负距平年数分别为 8 年、9 年(图 16.32),2023 年之前,水分盈亏距平是以正值为主,说明大部分年份水分供应充足,而在 2023 年之后,除了 2029 年,其余均为负距平,说明 2024—2030 年中有 6 年大豆生育期内水分供应不足,2023 年水分最为充裕,水分盈亏距平高达 255 mm,到 2020 年和 2030 年,大豆生育期内水分盈亏距平分别为 29 mm 和 −112 mm。

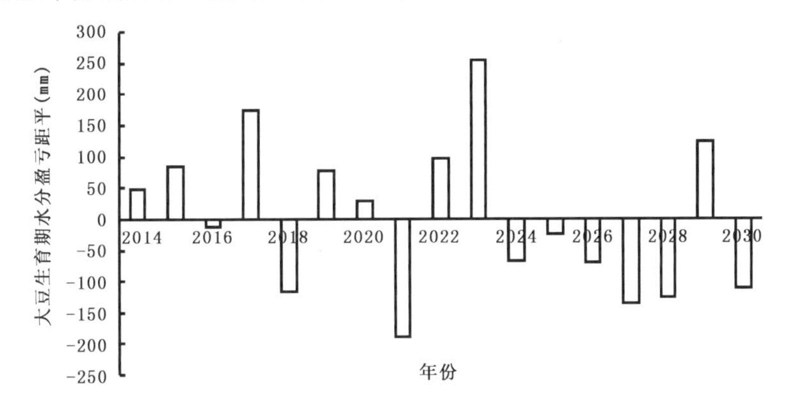

图 16.32 RCP8.5 情景下,2014—2030 年淮北大豆生育期水分盈亏距平的年变化
(相对于模式模拟的 1961—2005 年气候平均值)

16.2.6 气候变化对淮北大豆影响规律

据直线滑动平均法,将单产进行分离,获得相对气象产量。淮北地区近 50 年来,大豆的相对气象产量出现了两段显著波动期,分别是 20 世纪 60—70 年代和 2000 年以来。

由于淮北地区大豆的生育期与玉米的生育期非常接近,所以 1961—2012 年大豆生育期内的光、温、水气候资源的变化特征与玉米生育期内基本一致,即在气候变暖的大背景下,21 世纪气候资源的异常年际波动使得大豆的产量也出现了较为显著的年际变化。

从 1961—2012 年江苏淮北大豆单产的相对气象产量与大豆生育期≥10 ℃活动积温、太阳辐射、降水量的相关性来看:由于淮北地区的活动积温通常都能满足大豆生育期所需,所以两者的相关性偏弱;太阳辐射同样如此,相关系数只有 0.16;与降水量呈反相关,相关系数高达 −0.56(通过信度 0.001 的显著性检验,达到极显著相关水平),即从生育期总耗水量来说,如果降水量过多,则大豆单产减少,反之亦然。

从 RCP8.5 高排放情景的预估结果来看,淮北地区大豆生育期内相关气候要素具有一系列特征。(1)≥10 ℃的活动积温,21 世纪 20 年代,年际波动非常大,2020 年和 2030 年,活动积温相对于气候平均值将分别增加 103 ℃·d、147 ℃·d,≥20 ℃与≥10 ℃的活动积温距平的时间变化特征是一致的,但是波动幅度明显要大于≥10 ℃。(2)由于该情景中是增加辐射强迫,所以 2014—2030 年的太阳净辐射大于 20 世纪的气候平均值,2020 年和 2030 年,太阳净辐射将分别增加 69 $MJ/m^2/d$、82 $MJ/m^2/d$。(3)2020 年和 2030 年,水分盈亏值距平将分别是 29 mm、−112 mm。由此可见,在 RCP8.5 高排放情景下,淮北地区热量资源、光能资源充足,但在 21 世纪 20 年代,水分资源有些不足。另外,在 RCP8.5 高排放情景下,光、温、水资源的年际变化非常显著,所以大豆的单产可能也将会出现大幅度波动、产量不稳定性增强。预估结果与玉米类似，同样存在不稳定性。

16.3 应对气候变化的对策与建议

气候变化的影响具有长远性和持续性，因此，应采取对策，主动适应气候变化，降低气候变化带来的影响。

(1)调整淮北旱作物的种植区域和种植结构

研究未来气候变化对玉米和大豆的可能影响，分析淮北干旱地区的热量、光能、水分资源的重新分配和农业气象灾害的新格局，调整及改进作物、品种的布局，有计划地培育和选用抗旱、抗涝、抗高温、抗低温等抗逆品种，采用防灾减灾、稳产增产的技术措施，预防可能加重的农业病虫害。

(2)发展农业高科技、充分利用气候资源

发展生物技术，选育适应气候变化的抗逆性强的高产优质品种。提高玉米和大豆的固氮效率和技术，探索提高光合作用的途径。发展设施农业和精准农业，力求取得重大进展和突破，以强化人类适应气候变化及其对农业影响的能力。为此，必须建立和加强农业技术推广体系，提高科研成果的转化率。

(3)调整管理措施

针对 21 世纪 20 年代水分不足的预估情况，灌溉设施差的地方建议加强改造，有效利用水资源、控制水土流失，同时还要增加施肥、防治病虫害、推广生态农业技术等，以提高玉米和大豆的适应能力；加强病虫害和杂草害的防治；开发研制各种高效低毒无污染的新型农药，开展生物防治，发展自然天敌对病虫害的调控作用，以应对气候变暖导致的病虫害和草害可能加重的严峻挑战。

(4)加强农业气象服务

提高农业气象服务水平，增强服务的及时性和有效性，提升服务的针对性，加强玉米和大豆的关键气候影响因子的预报服务。根据 RCP8.5 的预估情况，淮北地区夏玉米和大豆生育期间热量和光能资源均能满足其生长发育的需要，但降水量有些不足，因此，需要加强降水的预测预报服务并给出农事活动的建议，如在播种期遇旱要及时抗旱造墒，保证适期播种，以确保雄穗和果穗的正常生出和生长。

参考文献

安俊林，杭一纤，朱彬，等. 2010. 南京北郊大气臭氧浓度变化特征. 生态环境学报，**19**(16)：1383-1386.

鲍名，黄荣辉. 2006. 近40年我国暴雨的年代际变化特征. 大气科学，**30**(06)：1057-1067.

卞光辉，袁成松，冯明学，等. 2007. 高速公路能见度监测及浓雾的预警预报. 气象行业标准(QX/T76-2007). 北京：气象出版社.

卞光辉，袁成松，周曾奎，等. 2010. 高速公路交通气象条件等级. 气象行业标准(QX/T 111-2010). 北京：气象出版社.

蔡祖聪，Arivn R Mosier. 1999. 土壤水分状况对 CH_4 氧化 N_2O 和 CO_2 排放的影响. 土壤，**6**：289-298.

曹雯，申双和，段春锋. 2011. 西北地区生长季参考作物蒸散变化成因的定量分析. 地理学报，**66**(3)：407-415.

曹雯，申双和. 2008. 我国太阳日总辐射计算方法的研究. 南京气象学院学报，**31**(4)：587-591.

陈长虹，鲍仙华. 1999. 全球能源消费与 CO_2 排放量. 上海环境科学，**18**(2)：62-64.

陈翠芬，毛春梅，张文锦. 2007. 江苏快速城市化过程中的土地资源利用分析. 安徽农学通报，**13**(4)：47-50

陈海山，朱伟军，邓自旺，等. 2003. 江苏近40a夏季降水异常及其成因分析. 南京气象学院学报，**26**(6)：721-732.

陈和，许如根. 2011. 江苏啤酒大麦品种发展及其品质定位. 江苏农业科学，**39**(4)：1-4.

陈家其，姜彤，许朋柱. 1998. 江苏省近两千年气候变化研究. 地理科学，**18**(3)：219-226.

陈俭霖，王华，闵毅梅，等. 2011. 江苏盐城湿地的资源保护及可持续发展研究. 环境科技，**24**：98-100.

陈莉，方修睦，方修琦，等. 2006. 过去20年气候变暖对我国冬季采暖气候条件与能源需求的影响. 自然资源学报，**21**(4)：590-597.

陈莉，李帅，方修琦，等. 2009. 北京市1996—2007年住宅空调制冷耗能影响因素分析. 气候变化研究进展，**5**(4)：231-236.

陈丽，银燕. 2008. 矿物气溶胶远程传输过程中的吸收增温效应对云和降水的影响. 高原气象，**27**(3)：628-636

陈敏鹏，林而达. 2010. 代表性浓度路径情景下的全球温室气体减排和对中国的挑战. 气候变化研究进展，**6**(6)：436-442.

陈平. 1998. 河蟹生长的气象条件与养殖技术. 中国农业气象，**19**(3)：23-25.

陈其景，朱林，王圣. 2012. 江苏温室气体排放清单基础研究. 环境科学与管理，**37**(10)：1-4.

陈锡林，黄利亚. 2007. 里下河地区典型年暴雨分析. 治淮，(07)：17-19.

陈锡林，闻余华，罗俐雅. 2008. 里下河地区暴雨与致涝关系分析. 江苏水利，(04)：17-18，20.

陈小兵，杨劲松，姚荣江，等. 2010. 基于农业框架下的江苏海岸滩涂资源持续利用研究. 土壤通报，**41**(4)：860-866.

陈效逑，王恒. 2009. 1982—2003年内蒙古植被带和植被覆盖度的时空变化. 地理学报，**64**(1)：84-94.

陈新芳，居为民，陈镜明，任立良. 2009. 陆地生态系统碳水循环的相互作用及其模拟. 生态学杂志，**28**(8)：1630-1639.

陈燕，蒋维楣. 2007. 南京城市化进程对大气边界层的影响研究. 地球物理学报，**50**(1)：66-73.

陈宜瑜. 2001. IGBP未来发展方向. 地球科学进展，**16**(1)：15-18.

陈莹，许有鹏，陈兴伟. 2011. 长江三角洲地区中小流域未来城镇化的水文效应. 资源科学，**33**(1)：64-690.

陈宇炜，秦伯强，高锡云. 2001. 太湖梅梁湾藻类及相关环境因子逐步回归统计和蓝藻水华的初步预测. 湖泊科学,**13**(1):63-71.

陈峪,叶殿秀.2005.温度变化对夏季降温耗能的影响.应用气象学报,**16**(增刊):97-104.

陈中赟,黄玲琳.2009.降水对太湖蓝藻水华发生的影响.第26届中国气象学会年会.杭州.

成丹.2013.中国东部地区城市化对极端温度及区域气候变化的影响.南京大学硕士学位论文,26-32.

仇方道,钱进,连军,等.2009.江苏省粮食生产时空格局演变及影响因素.农业现代化研究,(1):11-15.

崔国权,康真,吕嵩,等.2013.哈尔滨市 $PM_{2.5}$ 污染水平对人群呼吸系统疾病影响.中国公共卫生,**29**(7):1046-1048.

崔林丽,史军,杨引明,李贵才,范文义.2008.长江三角洲气温变化特征及城市化影响.地理研究,**27**(4):775-786.

崔林丽,史军,周伟东.2009.上海极端气温变化特征及其对城市化的响应.地理科学,**29**(1):93-97.

戴海夏,宋伟民,高翔.2004.上海市A城区大气 PM_{10},$PM_{2.5}$ 污染与居民日死亡数的相关分析.卫生研究,**33**(3):293-297.

戴仕宝,杨世伦.2006.近50年来长江水资源特征变化分析.自然资源学报,**21**(4):501-506.

戴新刚,汪萍,丑纪范.2003.华北汛期降水多尺度特征与夏季风年代际衰变.科学通报,**48**(23):2483-2487.

邓学良,邓伟涛,何冬燕.2010.近年来华东地区大气气溶胶的时空特征.大气科学学报,**33**(003):347-354.

第二次气候变化国家评估报告编写委员会.2011.第二次气候变化国家评估报告.北京:科学出版社.

丁维新,蔡祖聪.2003.温度对甲烷产生和氧化的影响.应用生态学报,**14**(4):604-608.

丁一汇,李巧萍,董文杰.2005.植被变化对中国区域气候影响的数值模拟研究.气象学报,**63**(5):613-621.

丁一汇,李巧萍,刘艳菊,等.2009.空气污染与气候变化.气象,**35**(3):3-14.

丁一汇,林而达,何建坤.2009.中国气候变化—科学、影响、适应及对策研究.北京:中国环境科学出版社.

丁一汇,柳俊杰,孙颖,等.2007.东亚梅雨系统的天气—气候学研究.大气科学,**31**(6):1082-1101.

丁一汇,任国玉,石广玉,等.2006.气候变化国家评估报告(I):中国气候变化的历史和未来趋势.气候变化研究进展,**2**(1):3-8.

丁一汇,任国玉.2008.中国气候变化科学概论.北京:气象出版社.

丁一汇,孙颖,刘芸芸,等.2013.亚洲夏季风的年际和年代际变化及其未来预测.大气科学,**37**(2):253-280.

丁一汇,张建云.2009.暴雨洪涝.北京:气象出版社.

丁一汇.2008.人类活动与全球气候变化及其对水资源的影响.中国水利,(2):20-27.

丁一汇.2010.气候变化.北京:气象出版社.

丁裕国,金莲姬,江志红.1998.近百年江苏中部和南部地区气温趋势及其变化率估计.气象科学,**18**(3):248-255.

董红敏,李玉娥,陶秀萍,等.2008.中国农业源温室气体排放与减排技术对策.农业工程学报,**24**(10):269-273.

董红敏,林而达,杨其长.1995.中国反刍动物甲烷排放量的初步估算及减缓技术.农村生态环境,**11**(3):4-7.

董泰锋,蒙继华,吴炳方,等.2011.光合有效辐射(PAR)估算的研究进展.地理科学进展,**30**(9):1125-1134.

段婧,毛节泰.2008.华北地区气溶胶对区域降水的影响.科学通报,**53**(23):2947-2955.

段靖,毛节泰.2007.长江三角洲大气气溶胶光学厚度分布和变化趋势研究.环境科学学报,**27**(4):537-543.

段晓男,王效科,逯非,等.2008.中国湿地生态系统固碳现状和潜力.生态学报,**28**(2):463-468.

范锦龙,吴炳方.2004.基于GIS的复种指数潜力研究.遥感学报,**8**(6):637-644.

范可,王会军.2006.南极涛动的年际变化及其对东亚冬春季气候的影响.中国科学D辑:地球科学,**36**(4):385-391.

范洋,樊曙先,张红亮,等.2013.临安冬夏季 SO_2、NO_2 和 O_3 体积分数特征及与气象条件的关系.大气科学学报,**36**(1):121-128.

范永祥,霍秀英,高庆美.1993.对虾各生育期与气象条件的关系.气象,**19**(3):37-40.

范永祥,霍秀英,王锋.1992.对虾养殖的气象服务.气象,**18**(5):49-54.

方娟,张立中.1988.江苏省啤酒大麦合理布局的农业气候分析及区划.中国农业气象,(4):16-20.

冯家沛,刘步宽.1998.连云港市森林火灾发生特点及火险预报方法的研究.南京气象学院学报,**21**(4):709-714.

冯秀藻,陶炳炎.1991.农业气象学原理.北京:气象出版社.

符淙斌,魏和林,陈明,等.1998.区域气候模式对中国东部季风雨带演变的模拟.大气科学,**22**(4):522-534.

符淙斌,曾昭美.1997.季风区—全球降水变化率最大的地区.科学通报,**42**(21):2306-2309.

符淙斌.2007.科学应对气候变化.科技导报,**25**(14):1-6.

高超,姜彤,翟建青,等.2012.过去(1958—2007)和未来(2011—2060)50年淮河流域气候变化趋势分析.中国农业气象,**33**(1):8-17.

高歌,陈德亮,任国玉,等.2006.1956—2000年中国潜在蒸散量变化趋势.地理研究,**25**(3):378-387.

高歌,陈德亮,徐影.2008.未来气候变化对淮河流域径流的可能影响.应用气象学报,**06**:741-748.

高辉,刘芸芸,王永光,李维京.2012.亚洲夏季风爆发早晚的新前兆信号:冬季南极涛动.科学通报,**57**(36):3516-3521.

高辉,薛峰,王会军.2003.南极涛动年际变化对江淮梅雨的影响及预报意义.科学通报,**48**(增刊2):87-92.

高素华,王培娟.2009.长江中下游高温热害及对水稻的影响.北京:气象出版社.

高学杰,林一骅,赵宗慈.2003.用区域气候模式模拟人为硫酸盐气溶胶在气候变化中的作用.热带气象学报,**19**(2):169-176.

高云,罗勇,张军岩.2010.从哥本哈根气候变化大会看气候变化谈判的焦点问题及IPCC第五次评估报告的可能作用.气候变化研究进展,**6**(2):83-88.

葛玲,赵远东,宋连春.1999.沿120°E中纬度对流层—平流层下部气候变化及与臭氧变化的联系.应用气象学报,**10**(4):445-452.

葛昕明,巩在武.2012.基于能源消费的长三角地区碳排放趋势研究.阅江学刊,**2**:61-66.

龚道溢,王绍武.1998.ENSO对中国四季降水的影响.自然灾害学报,**7**:44-52.

龚道溢,朱锦红,王绍武.2002.长江流域夏季降水与前期北极涛动的显著相关.科学通报,**47**:546-549.

顾莹,束炯.2010.上海城市化对气象要素和臭氧浓度的影响.环境污染与防治,**32**(5):7-13.

郭建平,高素华,潘亚茹.1995.东北地区农业气候生产潜力及其开发利用对策.气象,**21**(2):3-9.

国家气象局展览办公室.1986.我国农业气候资源及区划.北京:测绘出版社.

国务院.2007.中国应对气候变化国家方案.

国务院.2010.气象灾害防御条例.

国务院.2011."十二五"控制温室气体排放工作方案.

韩冰,王效科,逯非,等.2008.中国农田土壤生态系统固碳现状和潜力.生态学报,(2):4994-5002.

韩书成,濮励杰.2008.江苏土地利用综合效益空间分异研究.长江流域资源与环境,**17**(6):853-859.

郝振纯,鞠琴,王璐,等.2011.气候变化下淮河流域极端洪水情景预估.水科学进展,**22**(5):605-614.

何金海,宇婧婧,沈新勇,高辉.2004.有关东亚季风的形成及其变率的研究.热带气象学报,**20**(5):449-459.

何卷雄,丁裕国,姜爱军.2002.江苏冬夏极端气温与大气环流及海温场的遥相关.热带气象学报,**18**(1):73-82.

贺瑞敏,刘九夫,王国庆,等.2008.气候变化影响评价中的不确定性问题.中国水利,(02):62-64,76.

侯艳丽,杨富强.2011.气候变化谈判与行动.气候变化,**33**(8):8-13.

胡爱香,余宏杰,叶冬青.2008.流感超额死亡率的数学模型研究.中华疾病控制杂志,**12**(4):372-375.

胡婷,胡永云.2014.对IPCC第五次评估报告检测归因结论的解读.气候变化研究进展,**10**(1):51-55.

胡向东,王济民.2010.中国畜禽温室气体排放量估算.农业工程学报,**26**(10):247-252.

胡辛陵,卞光辉,濮梅娟,等.2001.江苏省决策气象服务手册.北京:气象出版社.

花振飞，江志红，李肇新，等. 2013. 长三角城市群下垫面变化气候效应的模拟研究. 气象科学，**33**(1)：1-9.
华东区域气象中心. 2012. 华东区域气候变化评估报告. 北京：科学出版社.
华南区域气象中心. 2013. 华南区域气候变化评估报告. 北京：科学出版社.
黄金碧，黄贤金. 2012. 江苏省城市碳排放核算及减排潜力分析. 生态经济，**1**：49-53.
黄兰心. 1999. 近 40 年来长江下游干流洪水位变化及原因初探. 湖泊科学，**02**：99-104.
黄莉新. 2003. 以水资源的可持续利用保障江苏省经济社会可持续发展. 水利发展研究，(6)：8-13.
黄莉新. 2010. 淮河安澜谱华章——纪念新中国治淮 60 周年. 治淮，(10)：15-17.
黄明斌，李玉山. 2000. 黄土塬区旱作冬小麦增产潜力研究. 自然资源学报，**15**(2)：143-148.
黄荣辉，蔡榕硕，陈际龙，等. 2006. 我国旱涝气候灾害的年代际变化及其与东亚气候系统变化的关系. 大气科学，**30**(5)：730-743.
黄荣辉，陈际龙，刘永. 2011. 我国东部夏季降水异常主模态的年代际变化及其与东亚水汽输送的关系. 大气科学，**35**(4)：589-606.
黄世成，周嘉陵，任健，等. 2009. 长江下游百年一遇的极值风速分布. 应用气象学报，**20**(4)：437-442.
黄世成，周嘉陵，孙磊，等. 2009. 汛期强降水对长江下游大型桥梁工程建设的影响评估. 第 26 届中国气象学会年会气象灾害与社会和谐分会场论文集.
黄世成，周嘉陵. 2007. 长江中下游 50a 降雨量和暴雨日数分布的空间分析. 第四届长三角科技论坛论文集(上册).
黄业昌，张国平. 2011. 影响啤酒大麦籽粒品质的环境因素及农艺措施. 大麦与谷物科学，2011(3)：1-5.
霍飞，陈海山. 2011. 大尺度环境风场对城市热岛效应影响的数值模拟试验. 气候与环境研究，**16**(6)：679-689.
吉振明，高学杰，张冬峰，等. 2010. 亚洲地区气溶胶及其对中国区域气候影响的数值模拟. 大气科学，**3**(2)：262-274.
纪迪，张慧，沈渭寿，等. 2013. 太湖流域下垫面改变与气候变化的响应关系. 自然资源学报，**28**(1)：51-62.
江苏省地方志编纂委员会. 2011. 江苏省地方志.
江苏省地方志编纂委员会. 2014. 江苏年鉴.
江苏省发展和改革委员会. 2015. 江苏省生态保护与建设规划(2014—2020 年).
江苏省发展和改革委员会. 2013. 省发展改革委副主席王汉春在江苏省低碳绿色发展工作暨《江苏省低碳发展报告》首发式新闻发布会上的讲话. http://www.jsdpc.gov.cn/xwzx/ztxx/2013/jsslsdtfz/ldjh_9262/201306/t20130618_383980.html.
江苏省发展和改革委员会. 2014. 江苏省低碳发展报告 2013.
江苏省防汛防旱指挥部办公室，国家海洋预报中心和江苏省水文总站. 1992. 江苏省沿海风暴潮增减水统计. 北京：科学技术文献出版社.
江苏省气候中心. 2013. 江苏省 2013 年 7 月气候影响评价.
江苏省人大常委会. 2006. 江苏省气象灾害防御条例.
江苏省人民政府. 2009a. 江苏省应对气候变化方案(苏政发〔2009〕124 号).
江苏省人民政府. 2009b. 江苏省土地利用总体规划(2006—2020).
江苏省人民政府. 2009. 江苏省应对气候变化方案.
江苏省人民政府. 2011. 江苏省国民经济和社会发展第十二个五年规划纲要.
江苏省人民政府. 2012a. 江苏省“十二五”环境保护和生态建设规划.
江苏省人民政府. 2012b. 省政府关于加快推进气象现代化建设的意见.
江苏省人民政府. 2013. 江苏省“十二五”控制温室气体排放工作方案.
江苏省人民政府办公室. 2009. 江苏沿海地区发展规划全文细则(2009—2020 年).
江苏省人民政府办公室. 2010. 江苏省政府关于促进沿海开发的若干政策意见(苏政发〔2010〕2 号).
江苏省人民政府办公室. 2011. 江苏省沿海开发五年推进计划(苏发 2011-16 号).

江苏省人民政府办公厅. 2011a. 江苏省"十二五"海洋经济发展规划.
江苏省人民政府办公厅. 2011b. 江苏省"十二五"科技发展规划.
江苏省人民政府办公厅. 2012a. 江苏省"十二五"气象事业发展规划.
江苏省人民政府办公厅. 2012b. 江苏省"十二五"节能规划.
江苏省统计局,国家统计局江苏调查总队. 2012. 江苏统计年鉴 2012. 北京:中国统计出版社
江苏省统计局. 2013. 江苏省统计年鉴.
江苏省统计局. http://www.jssb.gov.cn/.
江苏省卫生统计信息中心. 2012. 2011 年江苏省卫生事业发展统计简报.
江苏省卫生统计信息中心. 2013. 2012 年江苏省卫生事业发展统计简报.
江苏沿海发展战略研究课题组. 2010. 江苏沿海发展战略研究.
江晓燕,张朝林,高华,等. 2007. 城市下垫面反照率变化对北京市热岛过程的影响——个例分析. 气象学报,**65**(2):301-307.
江志红,丁裕国. 1998. 近 35 年江苏沿海气温变化对北半球增暖的响应. 南京气象学院学报,**21**(4):743-749.
江志红,唐振飞. 2011. 基于 CMORPH 资料的长三角城市化对降水分布特征影响的观测研究. 气象科学,**31**(4):355-364.
江志红,张霞,王冀. 2008. IPCC-AR4 模式对中国 21 世纪气候变化的情景预估. 地理研究,**27**(4):788-799.
姜爱军,项瑛,彭海燕,等. 2006. 近 40a 江苏省各区域气候变化分析. 气象科学,**26**(5):525-529.
姜彤,苏布达,Marco Gemmer. 2008. 长江流域降水极值的变化趋势. 水科学进展,**19**(5):650-655.
姜学宝,吴强. 2009. 苏州电网负荷和敏感性分析. 江苏电机工程,**28**(6):45-48.
蒋维楣,陈燕. 2007. 人为热对城市边界层结构影响研究. 大气科学,**31**(1):34-47.
金涛,陆建飞. 2011. 江苏粮食生产地域分化的耕地因素分解. 经济地理,**31**(11):1886-1890.
金相灿,储昭升,杨波,等. 2008. 温度对水华微囊藻及孟氏浮游蓝丝藻生长,光合作用及浮力变化的影响. 环境科学学报,**28**(1):50-55.
金兴平,黄艳,杨文发,等. 2009. 未来气候变化对长江流域水资源影响分析. 人民长江,**40**(8):36-38.
孔繁翔,高光. 2005. 大型浅水富营养化湖泊中蓝藻水华形成机理的思考. 生态学报,**25**(3):589-595.
孔繁翔,胡维平,谷孝鸿,等. 2007. 太湖梅梁湾 2007 年蓝藻水华形成及取水口污水团成因分析与应急措施建议. 湖泊科学,**19**(4):357-358.
黎伟标,杜尧东,王国栋,等. 2009. 基于卫星探测资料的珠江三角洲城市群对降水影响的观测研究. 大气科学,**33**(6):1259-1266.
李柏年. 2005. 淮河流域洪涝灾害分析模型研究. 灾害学,**20**(2):18-21.
李成才,毛节泰,刘启汉,等. 2003. 利用 MODIS 研究中国东部地区气溶胶光学厚度的分布和季节变化特征. 科学通报,**48**(19):2094-2100.
李崇银,顾薇,潘静. 2008. 梅雨与北极涛动及平流层环流异常的关联. 地球物理学报,**51**:1632-1641.
李芬,张建新,于文金,等. 2012. 我国能源消费与气候变化的关系初探. 安徽农业科学,**40**(33):16259-16262.
李凤霞,伏洋,肖建设,等. 2011. 长江源头湿地消长对气候变化的响应. 地理科学进展,**30**(1):49-56.
李红. 2008. 江苏能源利用的现状及战略选择. 常州工学院学报,**26**(3):97-100.
李建平,任荣彩,齐义泉,等. 2013. 亚洲区域海—陆—气相互作用对全球和亚洲气候变化的作用研究进展. 大气科学,**37**(2):518-538.
李婧华,陈海山,华文剑. 2013. 大尺度土地利用变化对东亚地表能量、水分循环及气候影响的敏感性试验. 大气科学学报,**36**(2):184-191.
李娜,许有鹏,陈爽. 2006. 苏州城市化进程对降雨特征影响分析. 长江流域资源与环境,**15**(3):335-339.
李荣刚. 2008. 发展江苏生物质能源产业的思考. 2008 中国农村生物质能源国际研讨会暨东盟与中日韩生物质能源论坛,383-387.

李双林,韩乐琼,卞洁. 2012. 基于 IPCC AR4 部分耦合模式结果的 21 世纪长江中下游强降水预估. 暴雨灾害,**31**(3):193-200.

李维亮,刘洪利,周秀骥,等. 2003. 长江三角洲城市热岛与太湖对局地环流影响的分析研究. 中国科学 D 辑,**33**(2):97-104.

李香兰,徐华,蔡祖聪. 2008. 稻田 CH_4 和 N_2O 排放消长关系及其减排措施. 农业环境科学学报,**27**(6):2123-2130.

李向应,秦大河,效存德,等. 2011. 近期气候变化研究的一些最新进展. 科学通报,**56**(36):3029-3040.

李晓明,王安建,于汶加. 2010. 基于能源需求理论的全球 CO_2 排放趋势分析. 地球学报,**31**(5):741-748.

李晓文,李维亮,周秀骥. 1998. 中国近 30 年太阳辐射状况研究. 应用气象学报,**9**(1):24-31.

李新宇,唐海萍. 2006. 陆地植被的固碳功能与适用于碳贸易的生物固碳方式. 植物生态学报,**30**(2):200-209.

李秀存. 1998. 气象灾害对水产养殖的影响. 广西农学报,1998(3):51-53.

李杨帆,朱晓东,邹欣庆,等. 2005. 江苏盐城海岸湿地景观生态系统研究. 海洋通报,**24**(4):46-51.

李英臣,宋长春,刘德燕. 2008. 湿地土壤 N_2O 排放研究进展. 湿地科学,**6**(2):124-129.

李颖,黄贤金,甄峰. 2008. 区域不同土地利用方式的碳排放效应分析:以江苏省为例. 江苏土地,**16**(4):16-20.

李永平. 2008. 从 2008 年初我国南方雪灾反思上海城市气象灾害的防御. 华东师范大学学报,**5**:134-140.

李裕瑞. 2008. 江苏省粮食生产空间格局变化研究. 硕士论文,南京农业大学.

梁萍,丁一汇,何金海,等. 2011. 上海地区城市化速度与降水空间分布变化的关系研究. 热带气象学报,**27**(4):475-483.

林伯强,刘希颖. 2010. 中国城市化阶段的碳排放:影响因素和减排策略. 经济研究,**8**:66-78.

林而达,刘颖杰. 2008. 温室气体排放和气候变化新情景研究的最新进展. 中国农业科学,**41**(6):1700-1707.

刘波,姜彤,任国玉,等. 2008. 2050 年前长江流域地表水资源变化趋势. 气候变化研究进展,**4**(3):145-150.

刘聪,卞光辉,黎健,等. 2009. 交通气象灾害,气象灾害丛书. 北京:气象出版社.

刘芳,杨雪英. 2008. 水运交通对我国经济的影响研究. 特区经济,5:058.

刘罡,孙鉴泞,蒋维楣, 等. 2009. 中国科学技术大学学报,**39**(1):23-32.

刘桂青,李成才,朱爱华,等. 2003. 长江三角洲地区大气气溶胶光学厚度研究. 上海环境科学,增刊:58-63.

刘红年,蒋维楣,孙鉴泞,等. 2008. 南京城市边界层微气象特征观测与分析. 南京大学学报(自然科学),**44**(1):99-106.

刘红年,张力. 2012. 中国不同排放情景下人为气溶胶的气候效应. 地球物理学报,**55**(6):1867-1875.

刘辉志,涂钢,董文杰. 2008. 半干旱区不同下垫面地表反照率变化特征. 科学通报,**53**(10):1220-1227.

刘坚,黄贤金. 2006. 江苏省城市化发展与土地利用程度变化相关性研究. 水土保持研究,**13**(2):198-201.

刘建军,郑有飞,吴荣军. 2008. 热浪灾害对人体健康的影响及其方法研究. 自然灾害学报,**17**(1):151-156.

刘健,陈星,彭恩志,等. 2005. 气候变化对江苏省城市系统用电量变化趋势的影响. 长江流域资源与环境,**14**(5):546-550.

刘可群,陈正洪,夏智宏. 2007. 湖北省太阳能资源时空分布特征及区划研究. 华中农业大学学报,**26**(6):888-893.

刘浏,徐宗学,黄俊雄. 2011. 2 种降尺度方法在太湖流域的应用对比. 气象科学,**31**(2):160-169.

刘霞,王春林,景元书,等. 2011. 4 种城市下垫面地表温度年变化特征及其模拟分析. 热带气象学报,**27**(3):373-378.

刘毅,陆春晖. 2010. 冬季太阳 11 年周期活动对大气环流的影响. 地球物理学报,**53**(6):1269-1277.

刘永强,丁一汇. 1995. ENSO 事件对我国季节降水和温度的影响. 大气科学,**19**(2):200-208.

刘宇,匡耀求,吴志峰,等. 2006. 不同土地利用类型对城市地表温度的影响——以广东东莞为例. 地理科学,**26**(5):597-602.

刘子刚. 2001. 湿地生态系统碳储存和温室气体排放研究. 地理科学进展,**24**(5):634-639.

卢东昱，崔新图，黄镜荣，等. 2006. 叶绿素吸收光谱的观测. 大学物理，**25**(1)：50-53.

卢良恕. 1996. 中国大麦学. 北京：中国农业出版社.

陆燕，谈健. 2007. 江苏电网负荷结构分析. 华东电力，**35**(7)：26-29.

吕亚生，张小林. 2007. 江苏省农村城镇化进程中的村庄用地集约化研究. 中国土地科学，**21**(2)：65-69.

罗宇翔，陈娟，郑小波. 2012. 近 10 年中国大陆 MODIS 遥感气溶胶光学厚度特征. 生态环境学报，**21**(5)：876-883.

罗云峰，吕达仁，李维亮，等. 2000. 近 30 年来中国地区大气气溶胶光学厚度的变化特征. 科学通报，**45**(5)：549-554.

马红云，宋洁，郭品文，等. 2011. 基于 MODIS 数据的土地覆盖资料对长三角城市群区域夏季高温模拟的影响评估. 气象科学，**31**(4)：460-465.

马辉，凌建刚，朱媛，等. 2013. 长三角地区能源消费碳排放分析. 改革与开放，**6**：35-38

马静，徐华，蔡祖聪. 2010. 施肥对稻田甲烷排放的影响. 土壤，**42**(2)：153-163.

马明国，董立新，王雪梅. 2003. 过去 21a 中国西北植被覆盖动态监测与模拟. 冰川冻土，**25**(2)：232-236.

马晓燕，石广玉，郭裕福，等. 2005. 温室气体和硫酸盐气溶胶的辐射强迫作用. 气象学报，**63**(1)：41-48.

马欣，李玉娥，仲平，等. 2012. 联合国气候变化框架公约适应委员会职能谈判焦点解析. 气候变化研究进展，**8**(2)：144-149.

马永跃，仝川，王维奇. 2013. 福州平原两种水稻品种稻田的 CH_4 和 N_2O 排放通量动态. 湿地科学，**11**(2)：246-253.

毛节泰，李成才. 2005. 气溶胶辐射特性的观测研究. 气象学报，**63**(5)：622-635.

毛磊，张慧明. 2011. 基于城市化因子的南京市内涝影响因素实证分析. 经济研究导刊，**3**：136-138.

毛留喜，程磊，任国玉. 2003. 气候变化影响评估及其战略对策. 中国软科学，**12**：132-135.

梅伟，杨修群. 2005. 我国长江中下游地区降水变化趋势分析. 南京大学学报(自然科学版)，**41**(6)：577-589.

孟尔君，唐伯平. 2010. 江苏省沿海滩涂及其发展战略. 南京：东南大学出版社，1-3，32-35.

闵继胜，胡浩. 2012. 中国农业生产温室气体排放量的测算. 中国人口资源与环境，**22**(7)：21-27.

缪启龙，潘文卓，许遐祯. 2008. 南京 56 年来夏季气温变化特征分析. 热带气象学报，**4**(2)：79-85.

缪小平，龙庆海，于同华. 2007. “暖冬”对啤酒大麦生产的利弊分析及其对策措施. 上海农业科技，2007(3)：58-59.

穆海振，孔春燕，汤绪，柯晓新. 2008. 上海气温变化及城市化影响初步分析. 热带气象学报，**24**(6)：672-678.

倪敏莉，申双和，张佳华. 2009. 长江三角洲城市群热环境研究. 大气科学学报，**32**(5)：711-715.

聂安祺，陈星，冯志刚. 2011. 中国三大城市带城市化气候效应的检测与对比. 气象科学，**31**(4)：372-383.

牛强，李玲，林峰等. 2010. 我国各省能源消费与其省会城市年平均温度的相关性研究. 中国能源，**32**(9)：19-24.

牛若芸，苏爱芳，马杰，等. 2011. 典型南涝(旱)北旱(涝)梅雨大气环流特征差异及动力诊断分析. 大气科学，**35**(1)：95-104.

牛生杰，孙照渤. 2005. 春末中国西北沙漠地区沙尘气溶胶物理特性的飞机观测. 高原气象，**24**(4)：604-610.

欧向军，吉婷婷，蒋田南，等. 2006. 1996—2004 年江苏省县市城市化水平空间演变分析. 规划师，**22**(9)：56-59.

潘根兴，赵其国，蔡祖聪. 2005.《京都议定书》生效后我国耕地土壤碳循环研究若干问题. 中国基础科学，科学前沿，**2**：12-18.

潘静，李崇银，顾薇. 2010. 太阳活动对中国东部夏季降水异常的可能影响. 气象科学，**30**(5)：574-581.

朴世龙，方精云. 2001. 最近 18 年来中国植被覆盖的动态变化. 第四季研究，**21**(4)：298-307.

气候变化国家评估报告编写委员会. 2007. 气候变化国家评估报告. 北京：科学出版社.

钱颖骏，李石柱，王强，等. 2010. 气候变化对人体健康影响的研究进展. 气候变化研究进展 **6**(4)：241-247.

秦伯强，胡维平，陈伟民. 2004. 太湖水环境演化过程与机理. 南京：科学出版社.

秦伯强,朱广伟,张路,等. 2005. 大型浅水湖泊沉积物内源营养盐释放模式及其估算方法——以太湖为例. 中国科学 D 辑:地球科学,**35**(Ⅱ):33-44.

秦大河,Thomas Stocker,等. 2014. IPCC 第五次评估报告第一工作组报告的亮点结论. 气候变化研究进展,**10**(1):1-6.

秦大河,陈宜瑜,李学勇. 2005. 中国气候与环境演变. 北京:科学出版社.

秦大河,陈振林,罗勇,等. 2007. 气候变化科学的最新认知. 气候变化研究进展,**3**(2):63-73.

秦大河,丁永建,穆穆. 2012. 中国气候与环境演变 2012. 北京:气象出版社.

秦军. 2012. 江苏低碳经济发展战略研究. 科技与经济,**25**(150):106-110.

邱新法,顾丽华,曾燕,等. 2008. 南京城市热岛效应研究. 气候与环境研究,**13**(6):807-814.

任国玉. 2007. 气候变化与中国水资源. 北京:气象出版社.

任健,蒋名淑,商兆堂,等. 2008. 太湖蓝藻暴发的气象条件研究. 气象科学,**28**(2):221-226.

任美锷. 1986. 江苏省海岸带和海涂资源综合调查. 北京:海洋出版社.

戎春波,刘红年,朱焱. 2009. 苏州夏季城市热岛现状及影响因子分析研究. 气象科学,**29**(1):84-87.

戎春波,朱莲芳,朱焱,等. 2010. 城市热岛影响因子的数值模拟与统计分析研究. 气候与环境研究,**15**(6):718-728.

上官行键,王明星,陈德章,等. 1993. 稻田土壤中的 CH_4 产生. 地球科学进展,**8**(5):1-12.

申双和,赵小艳,杨沈斌. 2009. 利用 ASTER 数据分析南京城市地表温度分布. 应用气象学报,**20**(4):458-464.

沈凡卉,王体健,沈毅,等. 2011. 中国近 30a 臭氧气候场特征. 大气科学学报,**34**(3):288-296.

施斌,唐朝生,高磊,等. 2012. 城市和郊区浅部地温场差异. 工程地质学报,**20**(1):58-65.

施旭军,金备,刘文博,等. 2008. 合肥市夏季居民空调降温负荷调查分析. 电力需求侧管理,**10**(4):27-29.

施雅风,姜彤,苏布达,等. 2004. 1840 年以来长江大洪水演变与气候变化关系初探. 湖泊科学,**16**(4):289-297.

石广玉,王标,张华,等. 2008. 大气气溶胶的辐射与气候效应. 大气科学,**32**(4):826-840.

石广玉,王喜红,张立盛,等. 2002. 人类活动对气候影响的研究 II 对东亚和中国气候变化的影响. 气候与环境研究,**7**(2):255-266.

石广玉,许黎,郭建东,等. 1996. 大气臭氧与气溶胶垂直分布的高空气球探测. 大气科学,**20**(4):401-407.

石广玉,赵思雄. 2003. 沙尘暴研究中的若干科学问题. 大气科学,**27**(4):591-606.

石广玉. 2007. 大气辐射学. 北京:气象出版社.

时东头. 2012. 成蟹养殖生长与主要气象要素关系的研究. 气象与现代农业发展,S10.

史军,丁一汇,崔林丽. 2008. 华东地区夏季高温期的气候特征及其变化规律. 地理学报,**63**(3):237-246.

司东,丁一汇,柳艳菊. 2010. 中国梅雨雨带年代际尺度上的北移及其原因. 科学通报,**55**(1):63-73.

宋洪涛,崔丽娟,栾军伟,等. 2011. 湿地固碳功能与潜力. 世界林业研究,**24**(6):6-11.

宋娟,程婷,谢志清,等. 2012. 江苏省快速城市化进程对雾霾日时空变化的影响. 气象科学,**32**(3):275-281.

宋磊,吕达仁. 2006. 上海地区大气气溶胶光学特性的初步研究. 气候与环境研究,**11**(2):203-208.

宋丽莉. 1988. 影响对虾养殖的主要气象因子初探. 气象,**14**(7):46-48.

宋帅,鞠永茂,王汉杰. 2008. 有序人类活动造成的土地利用变化对区域降水的可能影响. 气候与环境研究,**13**(6):759-774.

宋晓猛,张建云,占车生,等. 2013. 气候变化和人类活动对水文循环影响研究进展. 水利学报,(07):779-790.

宋迅殊,陈燕,张宁. 2011. 城市发展对区域气象环境的数值模拟:以苏州为例. 南京大学学报,**47**(1):51-59.

宋叶志,茅永兴,赵秀杰. 2011. Fortran95/2003 科学计算与工程. 北京:清华大学出版社.

苏布达,Marco Gemmer,姜彤,等. 2007. 1960-2005 年长江流域降水极值概率分布特征. 气候变化研究进展,**3**(4):208-213.

苏布达,姜彤. 2003. 1990s 长江流域降水趋势分析. 湖泊科学,**15**(增刊):38-48.

苏伟,吕学都,孙国顺.2008.未来联合国气候变化谈判的核心内容及前景展望——"巴厘路线图"解读.气候变化研究进展,**4**(1):57-60.

苏伟忠,杨英宝,杨桂山.2005.南京市热场分布特征及其与土地利用覆被关系研究.地理科学,**25**(6):697-703.

孙家仁,刘煜.2008.中国区域气溶胶对东亚夏季风的可能影响(I):硫酸盐气溶胶的影响.气候变化研究进展,**4**(2):111-116.

孙善磊,周锁铨,石建红,等.2010.应用三种模型对浙江省植被净第一性生产力(NPP)的模拟与比较.中国农业气象,**31**(2):271-276.

孙燕,朱月明.2014.1961—2011年江苏夏季分级雨日的气候特征.气象科学,**34**(2):66-71.

孙颖,秦大河,刘洪滨.2012.IPCC第五次评估报告不确定性处理方法的介绍.气候变化研究进展,**8**(2):150-153.

孙志豪,崔燕平,2013,$PM_{2.5}$对人体健康影响研究概述.环境科技,**26**(4):75-78.

谈建国,黄家鑫.2004.热浪对人体健康的影响及其研究方法.气候与环境研究,**9**(4):680-686.

谈建国,瞿惠春.2003.猝死与气象条件的关系.气象科技,**31**(1):58-61.

谈建国,宋桂香,郑有飞.2006.1998和2003年上海市夏季人群死亡分析.环境与健康杂志,**23**(6):486-488.

谈建国,郑有飞,彭静,等.2008.城市热岛对上海夏季高温热浪的影响.高原气象,**27**(增刊):144-149.

谈建国,郑有飞.2005.近10年我国医疗气象学研究现状及其展望.气象科技,**33**(6):550-553.

谈建国.2005.衡量上海夏季暑热程度的相对舒适度指数研究.南京气象学院学报,**28**(2):213-21.

谈建国.2008.气候变暖、城市热岛与高温热浪及其健康影响研究.南京信息工程大学,100-115.

唐罗忠,李职奇,严春风,等.2009.不同类型绿地对南京热岛效应的缓解作用.生态环境学报,**18**(1):23-28.

陶诗言,张庆云.1998.亚洲冬夏季风对ENSO事件的响应.大气科学,**122**:399-407.

屠其璞,王俊德,丁裕国.1984.气象应用概率统计学.北京:气象出版社.

汪东,汲奕君,田丽丽,等.2012.中国居民生活能源消费CO_2排放的影响因素研究.环境污染与防治,**34**(4):101-105.

王成林,潘维玉,韩月琪,等.2010.全球气候变化对太湖蓝藻水华发展演变的影响.中国环境科学,**30**(6):822-828.

王迪,聂锐,李强.2011.江苏省能耗结构优化及其节能与减排效应分析.中国人口·资源与环境,**21**(3):48-53.

王芳,陈洋勤,葛全胜.2008.气候变化谈判的共识与分歧初析.地球科学进展,**23**(2):186-192.

王芳,逄勇,薛滨.2008.太湖主体湖区对梅梁湾藻类影响定量化研究.长江流域资源与环境,**17**(2):275-279.

王宏,赵天良,张小曳,等.2011.沙尘直接辐射效应对东亚地气系统的影响.科学通报,**56**(11):858-868.

王华,姚盛康,龚茂珣,等.2007.江苏省洋口港风暴潮数据分析.海洋通报,**26**(3):26-32.

王会军,范可.2013.东亚季风近几十年来的主要变化特征.大气科学,**37**(2):313-318.

王建.2012.江苏省海岸滩涂及其利用潜力.北京:海洋出版社.

王建林.2010.现代农业气象业务.北京:气象出版社,86-87.

王礼茂.2005.中国对气候变化谈判的几点思考.气候变化研究进展,**1**(1):35-37.

王丽媚.2012.呼和浩特市热度日和冷度日变化特征.内蒙古气象,**5**:13-15.

王明星,李晶,郑循华.1998.稻田甲烷排放及产生、转化、输送机理.大气科学,**22**(4):600-610.

王明星,杨昕.2002.人类活动对气候影响的研究Ⅰ温室气体和气溶胶.气候与环境研究,**7**(2):243-254.

王明星.2000.气溶胶与气候.气候与环境研究,**5**(1):1-5.

王让会.2008.全球变化的区域响应.北京:气象出版社.

五让会.2011.生态信息科学研究导论.北京:科学出版社.

王少彬,苏维翰.1993.中国地区氧化亚氮排放量及其变化的估算.环境科学,**14**(3):42-46.

王绍武，罗勇，赵宗慈，等. 2012. 新一代温室气体排放情景. 气候变化研究进展，**8**(4)：305-307.
王绍武. 2009. 太阳常数. 气候变化研究进展，**5**(1)：61-62.
王胜，田红，徐敏，等. 2012. 1961-2008年淮河流域主汛期极端降水事件分析. 气象科技，**40**(1)：87-91.
王体健，李树，庄炳亮，等. 2010. 中国地区硫酸盐气溶胶的第一间接气候效应研究. 气象科学，**30**(5)：730-740.
王卫国，吴涧，刘红年，等. 2005. 中国及邻近地区污染排放对对流层臭氧变化与辐射影响的研究. 大气科学，**29**(5)：734-746.
王喜红，石广玉，马晓燕. 2002. 东亚地区对流层人为硫酸盐辐射强迫及其温度响应. 大气科学，**26**(6)：751-760.
王喜红，石广玉. 2002. 东亚地区云和地表反照率对硫酸盐直接辐射强迫的影响. 气象学报，**60**(6)：758-765.
王艳，柴发合，刘厚凤，等. 2008. 长江三角洲地区大气污染物水平输送场特征分析. 环境科学研究，**21**(1)：22-29.
王艳君，姜彤，刘波. 2010. 长江流域实际蒸发量的变化趋势. 地理学报，**65**(9)：1079-1088.
王义成，丁志雄，李蓉. 2009. 基于情景分析技术的太湖流域洪水风险动因与响应分析研究初探. 中国水利水电科学研究院学报，**7**(1)：7-14.
王颖，封国林，施能，等. 2007. 江苏省雨日及降水量的气候变化研究. 气象科学，**27**(3)：287-293.
王跃，陈德超，伍燕南，等. 2009. 苏州古城区地面温度分析及在城市规划中的作用. 苏州科技学院学报(自然科学版)，**26**(4)：75-80.
王跃，伍燕南，程丹. 2012. 城市表面温度与建筑类型关系探讨——以苏州市和张家港市为例. 住宅科技，**9**：10-14.
王志立，郭品文，张华. 2009. 黑碳气溶胶直接辐射强迫及其对中国夏季降水影响的模拟研究. 气候与环境研究，**14**(2)：161-171.
王志立，张华，郭品文. 2009. 南亚地区黑碳气溶胶对亚洲夏季风的影响. 高原气象，**28**(2)：419-424.
王志宪，虞孝感，刘兆德. 2005. 江苏省沿江城市带的构建与发展研究. 地理科学，**25**(3)：274-280.
王治华，杨晓梅，李扬. 2002. 气温与典型季节电力负荷关系的研究. 电力自动化设备，**22**(3)：16-18.
王智平. 1997. 中国农田 N_2O 排放量的估算. 农村生态环境，**13**(2)：51-55.
卫捷，汤懋苍，冯松. 1999. 亚洲季风年代际振荡及与天文因子的相关. 高原气象，**18**(2)：179-184.
魏建苏，朱伟军，吕军等. 2008. 长江南京和镇江年最高水位变化规律. 自然灾害学报，**17**(3)：6-9.
魏美英，侯爱敏. 2011. 苏州市热岛效应缓解措施研究. 苏州科技学院学报(工程技术版)，**24**(3)：56-60.
吴国雄，段安民，刘屹岷，等. 2013. 关于亚洲夏季风爆发的动力学研究的若干近期进展. 大气科学，**37**(2)：211-228.
吴建军，袁成松，周曾奎，等. 2010. 短时强降雨对能见度的影响. 气象科学，**30**(2)：274-278.
吴涧，符淙斌，蒋维楣，等. 2005. 东亚地区矿物尘气溶胶直接辐射强迫的初步模拟研究. 地球物理学报，**48**(6)：1250-1260.
吴涧，蒋维楣，刘红年，等. 2002. 硫酸盐气溶胶直接和间接辐射气候效应的模拟研究. 环境科学学报，**22**(2)：129-134.
吴涧，蒋维楣，刘红年，等. 2003. 我国对流层臭氧增加对气温的影响. 高原气象，**22**(2)：132-142.
吴进红，蒋乃华. 2003. 江苏农业竞争力——现状、挑战与提升的现实途径. 南京经济学院学报，(1)：41-43.
吴凌云，张井勇，董文杰. 2011. 中国植被覆盖对日最高最低气温的影响. 科学通报，**56**(3)：274.
吴蓬萍，韩志伟. 2011. 东亚地区硫酸盐气溶胶间接辐射和气候效应的数值模拟研究. 大气科学，**35**(3)：547-559.
吴秋敏，吕恒. 2009. 江苏省近30年来的土地利用变化的区域差异分析. 地球信息科学学报，**11**(5)：670-676.
吴伟，李双林，杨军，等. 2011. 硫酸盐气溶胶对长江中下游夏季降水年代际转型的影响. 成都信息工程学院学报，**26**(5)：470-479.

吴息，缪启龙，顾显跃，等. 1999. 气候变化对长江三角洲地区工业及能源的影响分析. 南京气象学院学报，**22**（增刊）：541-546.

吴玉明. 2003. 城市化进程中水资源面临的挑战和对策研究. 江苏水利，(5)：29-30.

夏睿，李云梅，王桥，等. 2009. 无锡市城市扩张与热岛响应的遥感分析. 地球信息科学学报，**11**(5)：677-683.

项剑，刘德燕，袁俊吉，等. 2013. 互花米草入侵对沿海湿地甲烷排放的影响. 生态学杂志，**31**(6)：1361-1366.

谢高地，鲁春霞，冷允法，等. 2003. 青藏高原生态资产的价值评估. 自然资源学报，**18**(2)：189-196.

谢平. 2008. 太湖蓝藻的历史发展与水华灾害：为何 2007 年在贡湖水厂出现水污染事件？ 30 年能使太湖摆脱蓝藻威胁吗？ 北京：科学出版社.

谢强，李杰. 2006. 电力系统自然灾害的现状与对策. 自然灾害学报，**15**(4)：126-131.

谢志清，杜银，曾燕，等. 2007. 长江三角洲城市带扩展对区域温度变化的影响. 地理学报，**62**(7)：717-727.

谢庄，苏德斌，虞海燕，等. 2007. 北京地区热度日和冷度日的变化特征. 应用气象学报，**18**(2)：232-236.

解令运，汤剑平，路屹雄，等. 2008. 城市化对江苏气候变化影响的数值模拟个例分析. 气象科学，**28**(1)：74-80.

熊伟. 2009. 气候变化对中国粮食生产影响的模拟研究. 北京：气象出版社.

徐惠强. 2012. 江苏湿地. 北京：中国林业出版社.

徐记亮，张镭，吕达仁. 2011. 太湖地区大气气溶胶光学及微物理特征分析. 高原气象，**30**(6)：1668-1675.

徐群，杨秋明. 1994. 北半球副热带高压强度对太阳活动的响应. 气象科学，**14**(3)：225-232.

徐庭慎，李升峰. 2010. 基于土地利用变化的江苏省生态服务价值新评估. 土壤，**42**(5)：849-854.

徐祥德，汤绪，徐大海，等. 2002. 城市化环境气象学引论. 北京：气象出版社.

徐晓斌，林伟立，王韬，等. 2006. 长江三角洲地区对流层臭氧的变化趋势. 气候变化研究进展，**2**(5)：211-216.

徐晓斌，林伟立. 2010. 卫星观测的中国地区 1979—2005 年对流层臭氧变化趋势. 气候变化研究进展，**6**：100-105.

徐兴英，段华平，卞新民. 2012. 江苏省畜禽养殖温室气体排放估算. 江西农业学报，**24**(6)：162-165.

许继军，杨大文，雷志栋，等. 2006. 长江流域降水量和径流量长期变化趋势检验. 人民长江，**37**(9)：63-67.

许瑞林. 2007. 江苏省可再生能源发展战略构想. 上海电力，**6**：618-621.

许遐祯，潘文卓，缪启龙. 2010. 江苏省龙卷风灾害易损性分析. 气象科学，**30**(2)：208-213.

许遐祯，钱昊钟，赵巧华. 2012. 风场对太湖叶绿素 a 空间分布的影响. 生态学杂志，**31**(005)：1282-1287.

许遐祯，郑有飞，尹继福，等. 2011. 南京市高温热浪特征及其对人体健康的影响. 生态学杂志，**30**(12)：2815-2820.

许泱，周少甫. 2011. 我国城市化与碳排放的实证研究. 长江流域资源与环境，**20**(11)：1304-1309.

许有鹏，丁瑾佳，陈莹. 2009. 长江三角洲地区城市化的水文效应研究. 水利水运工程学报，**4**：67-73.

许有鹏，石怡. 2011. 秦淮河流域城市化对水文水资源影响. 首届中国湖泊论坛论文集，南京：东南大学出版社，14-23.

许有鹏，尹义星，陈莹. 2009. 长江三角洲地区气候变化背景下城市化发展与水安全问题. 中国水利，42-45.

薛峰，王会军，何金海. 2003. 马斯克林高压和澳大利亚高压的年际变化及其对东亚夏季风降水的影响. 科学通报，**48**(3)：287-291.

闫少锋，张金池，张波，等. 2011. 2008 年南京市热岛效应演变特征及其对城市居民生活影响. 气象与环境学报，**27**(1)：14-20.

杨炳玉，申双和，陶苏林. 2012. 江西省水稻高温热害发生规律研究. 中国农业气象，**33**(4)：615-622.

杨锋伟，鲁绍伟，王兵. 2008. 南方雨雪冰冻灾害受损森林生态系统生态服务功能价值评估. 林业科学，**44**(11)：101-110.

杨宏青，陈正洪，石燕，等. 2005. 长江流域近 40 年强降水的变化趋势. 气象，**31**(3)：66-68.

杨靖波，李正，杨风利，等. 2008. 2008 年电网冰灾覆冰及倒塔特征分析. 电网与水力发电进展，**24**(4)：4-8.

杨秋明，黄世成，谢志清，等. 2010. 南京地区夏季暴雨年际变化与大气环流的联系. 科学技术与工程，(033)：

8214-8217.
杨四军,顾克军,张恒敢.2010.江苏省粮食生产的回顾与发展对策建议.江苏农业科学,(2):4-6.
杨修群,谢倩,朱益民,等.2005.华北降水年代际变化特征及相关的海气异常型.地球物理学报,**48**(4):789-797.
杨英宝,江南.2009.近50a南京市气温和热岛效应变化特征.气象科学,**29**(1):88-91.
杨英宝,苏伟忠,江南,等.2007.南京市热岛效应变化时空特征及其与土地利用变化的关系.地理研究,**26**(5):877-886.
杨英宝,苏伟忠,江南.2006.南京市热岛效应时空特征的遥感分析.遥感技术与应用,**21**(6):488-492.
姚素香,张耀存.2006.江淮流域梅雨期雨量的变化特征及其与太平洋海温的相关关系及年代际差异.南京大学学报(自然科学),**42**(3):298-308.
姚永明,陈玉琪,张敢祥,等.2009.淮北夏玉米生育期气候资源特点和增产栽培技术.中国农业气象,**30**(增2):205-209.
叶笃正,符淙斌,董文杰,等.2003.全球变化科学领域的若干研究进展.大气科学,**7**(4):435-450.
叶正伟,许有鹏,潘光波.2011.江淮平原水网区汛期雨量与洪涝水位关系——以江苏里下河腹部地区为例.地理研究,(06):1137-1146.
易福华.2006.气候变化与大麦生产.大麦与谷物科学,(3):26-29.
尹继福.2011.夏季室外热环境对人体健康的影响及其评估技术研究.南京信息工程大学,1-95.
尹军,崔玉波.2006.人工湿地污水处理技术.北京:化学工业出版社.
尹义星,许有鹏,陈莹.2009.太湖最高水位及其与气候变化、人类活动的关系.长江流域资源与环境,**07**:609-614.
尹义星,许有鹏.2011.太湖流域腹部地区水位对降水变化及城镇化的响应.自然资源学报,**05**:769-779.
於琍,朴世龙.2014.IPCC第五次评估报告对碳循环及其他生物地球化学循环的最新认识.气候变化研究进展,**10**(1):33-36.
袁昌洪,汤建平.2007.全球变暖背景下江苏气候局地响应的基本特征.南京大学学报,**43**(6):655-669.
袁成松,梁敬东,焦圣明,等.2007.低能见度浓雾监测、临近预报的实例分析与认识.气象科学,**27**(6):661-665.
袁成松,严明良,王秋云,等.2012.沪宁高速公路高温预警指标及预报模型的研究.气象科学,**32**(2):210-218.
袁顺全,千怀遂.2003.我国能源消费结构变化与气候特征.气象科技,**31**(1):29-32.
曾红玲,季劲钧,吴国雄.2010.全球植被分布对气候影响的数值试验.大气科学,**34**(1):1-11.
曾小凡,苏布达,姜彤,等.2007.21世纪前半叶长江流域气候趋势的一种预估.气候变化研究进展,**3**(5):293-298.
翟盘茂,李蕾.2014.IPCC第五次评估报告反映的大气和地表的观测变化.气候变化研究进展,**10**(1):33-36.
翟盘茂,李晓燕,任福民.2003.厄尔尼诺.北京:气象出版社.
张长宽.2013.江苏省近海海洋环境资源基本现状.北京:海洋出版社.
张朝林,苗世光,李青春,等.2007.北京精细下垫面信息引入对暴雨模拟的影响.地球物理学报,**50**(5):1373-1382.
张方敏,申双和,金之庆.2009.参考作物蒸散模型对比分析及评价.气象科学,**29**(6):749-754.
张广斌,马静,徐华.2011.稻田甲烷产生途径研究进展.土壤,**43**(1):6-11.
张国良,戴其根,张洪程,等.2004.江苏省大麦生产现状分析及其发展对策.大麦科学,2004(4):6-9.
张海东,孙照渤,郑艳,等.2009.温度变化对南京城市电力负荷的影响.大气科学学报,**32**(4):536-542.
张红富,周生路,吴绍华.2011.江苏省粮食生产时空变化及影响因素分析.自然资源学报,**26**(2):319-326.
张华,黄建平.2014.对IPCC第五次评估报告关于人为和自然辐射强迫的解读.气候变化研究进展,**10**(1):40-44.

张华，王志立. 2009. 黑碳气溶胶气候效应的研究进展. 气候变化研究进展，**5**(6)：311-317.

张建云，贺瑞敏，齐晶，等. 2013. 关于中国北方水资源问题的再认识. 水科学进展，(03)：303-310.

张建云，王国庆. 2007. 气候变化对水文水资源影响研究. 北京：科学出版社.

张建云，王金星，李岩，等. 2008. 近 50 年我国主要江河径流变化. 中国水利，(2)：31-34.

张建云，章四龙，王金星，等. 2007. 近 50 年来中国六大流域年际径流变化趋势研究. 水科学进展，**18**(2)：230-234.

张礼达，张彦南. 2009. 气象灾害对风电场的影响分析. 电力科学与工程，**25**(11)：28-30.

张亮，王赤，傅绥燕. 2011. 太阳活动与全球气候变化. 空间科学学报，**31**(5)：549-566.

张璐，杨修群，汤剑平，等. 2011. 夏季长三角城市群热岛效应及其对大气边界层结构影响的数值模拟. 气象科学，**31**(4)：431-440.

张美根，韩志伟. 2003. TRACE-P 期间硫酸盐、硝酸盐和铵盐气溶胶的模拟研究. 高原气象，**22**(1)：1-6.

张美根，徐永福，张仁健，等. 2005. 东亚地区春季黑碳气溶胶源排放及其浓度分布. 地球物理学报，**48**(1)：46-51.

张敏. 2008. “沿东陇海线产业带”与“沿江城市带”之比较及发展策略. 前沿，**4**：68-71.

张敏，朱彬，王东东，等. 2009. 南京北郊冬季大气 SO_2、NO_2、O_3 的变化特征. 大气科学学报，**32**(5)：695-702.

张强，巨晓棠，张福锁. 2010. 应用修正的 IPCC2006 方法对中国农田 N_2O 排放量重新估算. 中国生态农业学报，**18**(1)：7-13.

张庆云，吕俊梅，杨莲梅，等. 2007. 夏季中国降水型的年代际变化与大气内部动力过程及外强迫因子关系. 大气科学，**31**(6)：1290-1300.

张庆云，陶诗言，陈烈庭. 2003. 东亚夏季风指数的年际变化与东亚大气环流. 气象学报，**61**(4)：559-568.

张仁健，韩志伟，王明星，等. 2002. 中国沙尘暴天气的新特征及成因分析. 第四纪研究，**22**(4)：374-380.

张尚印，张德宽，徐祥德，等. 2005. 长江中下游夏季高温灾害机理及预测. 南京气象学院学报，**28**(6)：840-846.

张思锋，余平，孙博，等. 2007. 基于 HEA 方法的陕西省受损植被生态服务功能补偿评估. 资源科学，**29**(6)：61-67.

张涛，高大文. 2008. 稻田 CH4 排放研究进展. 湿地科学，**6**(2)：130-135.

张天宇，李永华，王勇，等. 2012. 气候变化对重庆地区降温耗能的影响. 重庆师范大学学报(自然科学版)，**29**(2)：36-41.

张文君，周天军，宇如聪. 2008. 中国土壤湿度的分布与变化 I. 多种资料间的比较. 大气科学，**32**(3)：581-597.

张小玲，王迎春. 2002. 北京夏季用电量与气象条件的关系及预报. 气象，**28**(2)：17-21.

张小曳，龚山陵. 2005. 中国的人为沙漠化因素对亚洲沙尘暴的贡献. 气候变化研究进展，**1**(4)：147-150.

张小曳，廖宏，王芬娟. 2014. 对 IPCC 第五次评估报告气溶胶-云对气候变化影响与响应结论的解读. 气候变化研究进展，**10**(1)：37-39.

张晓华，高云，祁悦，等. 2014. IPCC 第五次评估报告第一工作组主要结论对《联合国气候变化框架公约》进程的影响分析. 气候变化研究进展，**10**(1)：14-19.

张兴赢，白文广，张鹏，等. 2011. 卫星遥感中国对流层中高层大气甲烷的时空分布特征. 科学通报，**56**(33)：2804-2811.

张毅敏，张永春，张龙江，等. 2007. 湖泊水动力对蓝藻生长的影响. 中国环境科学，**27**(5)：707-711.

张永强，卢获，罗虹，等. 2003. 河蟹养殖中气象条件的影响及趋利避害对策研究. 中国农业气象，**24**(2)：52-54.

张勇. 2006. 输电线路风灾防御的现状与对策. 华东电力，**34**(3)：28-31.

张玉超，钱新，孔繁翔. 2008a. 浅水型湖泊水温日成层现象的初步探讨——以太湖为例. 四川环境，**27**(3)：45-48.

张玉超，钱新，钱瑜，等. 2008b. 太湖水温分层现象的监测与分析. 环境科学与管理，**33**(6)：117-121.

张志勇，张志伟，张曹进，等. 2010. 江苏南部沿海养殖池塘水温时空变化规律研究. 海洋通报，**29**(6)：674-677.

张祖强，丁一汇，赵宗慈．2000．ENSO 发生前与发展初期赤道西太平洋西风异常的爆发问题．气象学报，**58**(1)：11-25．

赵凤君，王明玉，舒立福，等．2009．气候变化对林火动态的影响研究进展．气候变化研究进展，**5**(1)：50-55．

赵红艳，陈烨．2009．江苏沿海主要海洋灾害分析与减灾对策．安徽农业科学，**37**(4)：1686-1688．

赵亮，徐影，王劲松，等．2011．太阳活动对近百年气候变化的影响研究进展．气象科技进展，**1**(4)：37-48．

赵林林，朱梦圆，冯龙庆，等．2011．太湖水体水温垂向分层特征及其影响因素．湖泊科学，**23**(4)：649-656．

赵茂盛，符淙斌，延晓冬，等．2001．应用遥感数据研究中国植被生态系统与气候的关系．地理学报，**56**(3)：287-296．

赵巧华，秦伯强．2008．太湖水体介质吸收有效光合辐射能量的谱特征及其季节变化．环境科学学报，**28**(9)：1813-1822

赵巧华，邱辉．2010．春季太湖光量子产额空间分布的特征分析．环境科学，**31**(11)：2678-2683．

赵巧华，朱广伟，邱辉．2011．太湖沉积物空间分布的风生流输送机制分析．水利学报，**42**(2)：173-179．

赵士洞，张永民．2006．生态系统与人类福祉——千年生态系统评估的成就、贡献和展望．地球科学进展，**21**(9)：895-902．

赵彤，孙大雁，葛诚，等．2004．江苏电网夏季气温与用电量敏感性关系初探．电力需求侧管理，**6**(6)：20-26．

赵文静，张宁，汤剑平．2011．长江三角洲城市带降水特征的卫星资料分析．高原气象，**30**(3)：668-674．

赵晓萌，李栋梁．2012．基于 GIS 的中国西南地区覆冰气象条件评估．冰川冻土，**34**(3)：547-554．

赵振国．1996．厄尔尼诺现象对北半球大气环流和中国降水的影响．大气科学，**20**：422-428．

赵宗慈，罗勇，江滢，等．2008．中国气候变化与能源利用．第四届环境与发展中国(国际)论坛：483-489．

赵宗慈．1991．近 39 年中国的气温变化与城市化影响．气象，**17**(4)：14-17．

郑景云，赵会霞．2005．清代中后期江苏四季降水变化与极端降水异常事件．地理研究，**24**(5)：673-680．

郑秋萍，刘红年，陈燕．2009．城市化发展与气象环境影响的观测与分析研究．气象科学，**29**(2)：214-219．

郑小波，周成霞，罗宇翔，等．2011．中国各省区近 10 年遥感气溶胶光学厚度和变化．生态环境学报，**20**(4)：595-599．

郑循华，王明星，王跃思，等．1997．温度对农田 N_2O 产生与排放的影响．环境科学，**18**(5)：1-5．

郑有飞，丁雪松，吴荣军，等．2012．近 50 年江苏省夏季高温热浪的时空分布特征分析．自然灾害学报，**21**(2)：43-50．

郑有飞，尹继福，吴荣军，等．2010．热气候指数(UTCI)在人体舒适度预报中的适用性．应用气象学报，**21**(6)：709-715．

郑有飞，余永江，谈建国，等．2007．气象参数对人体舒适度的影响研究．气象科技，**35**(6)：827-831．

中国科学院对地观测与数字地球科学中心．2010．美国气象卫星 NASA 陆地卫星 Landsat5 TM 数据．http://ids. ceode. ac. cn/index. aspx．

中国气象局．2008．作物霜冻害等级．中华人民共和国气象行业标准 2008．北京：气象出版社．

中国气象局．2009．冬小麦、油菜涝渍等级．中华人民共和国气象行业标准．北京：气象出版社：1-6．

中国气象局广州热带海洋研究所．2013．2013 年 7 月季风监测报告．

中国气象局气候变化中心．2012．中国温室气体公报．

中国气象局气候变化中心．2013．2012 年中国气候变化监测公报．

中华人民共和国．2004．气候变化初始国家信息通报 2004．

中华人民共和国．2012．气候变化初始国家信息通报 2012．

中华人民共和国国家质量监督检验检疫总局，中国国家标准化管理委员会．2009．稻飞虱测报调查规范．北京：中国标准出版社：1-18．

中华人民共和国建设部发布．2001．夏热冬冷地区居住建筑节能设计标准(JGI134-2001)．北京：中国建筑工业出版社：1-49．

周广胜,王玉辉.1999.土地利用/覆盖变化对气候的反馈作用.自然资源学报,**14**(4):318-322.

周建康,黄红虎,唐运忆,等.2003.城市化对南京市区域降水量变化的影响.长江科学院院报,**20**(4):44-46.

周建康,唐运忆,徐志侠.2003.南京站降水量的统计分析.水文,**23**(6):35-38.

周丽英,杨凯.2001.上海降水百年变化趋势及其城郊的差异.地理学报,**7**(56):468-476.

周凌晞,刘立新,张晓春,等.2008.我国温室气体本底浓度网络化观测的初步结果.应用气象学报,**19**(6):641-645.

周胜,宋祥甫,颜晓元.2013.水稻低碳生产研究进展.中国水稻科学,**27**(2):213-222.

周淑贞.1988.上海城市气候中的"五岛"效应.中国科学B辑,**11**:1226-1234.

周天军,赵宗慈.2006.20世纪中国气候变暖的归因分析.气候变化研究进展,**2**(1):28-31.

周晓兰,高庆九,邓自旺,等.2006.江苏气温长期变化趋势及年代际变化空间差异分析.南京气象学院学报,**29**(2):196-202.

周晓农.2010.气候变化与人体健康.气候变化研究进展,**6**(4):235-240.

周秀骥,李维亮,罗云峰.1998.中国地区大气气溶胶辐射强迫及区域气候效应的数值模拟.大气科学,**22**(4):418-427.

周秀骥.2005.中国大气本底基准观象台进展总结报告(1994—2004).北京:气象出版社.

周雅清,任国玉.2009.城市化对华北地区最高最低气温和日较差变化趋势的影响.高原气象,**28**(5):1158-1166.

周彦丽,景元书,赵海江.2010.城市化发展对南京城市增温的影响分析.气象与减灾研究,**33**(2):43-47.

朱斌,李扬,刘一丹,等.2004.江苏省2003年夏季气温对电力负荷的影响.江苏电机工程,**23**(2):12-14.

朱承瑛,谢志清,严明良,等.2009.高速公路路面温度极值预报模型研究.气象科学,**29**(5)645-650.

朱健,詹亦军.2009.江苏能源消费与经济增长相关性分析.中国能源,**31**(6):42-45.

朱世伟.1998.中国农村能源技术经济.北京:水利电力出版社.

朱焱,杨金彪,朱莲芳,等.2012.苏州城市化进程与城市气候变化关系研究.气象科学,**32**(3):317-324.

朱焱,朱莲芳,徐永明,等.2010.基于Landsat卫星资料的苏州城市热岛效应遥感分析.高原气象,**29**(1):244-250.

庄樱,孙照渤.2007.江苏夏季降水特征及其与太平洋海温的关系.南京气象学院学报,**30**(6):835-840.

邹松佐,郭品文,沙天阳,等.2012.利用CAM5.1模拟中国东部大规模城市化对东亚地区夏季大气环流及降水分布的影响.气象科学,**32**(5):473-481.

邹一琴,易达.2012.浅谈江苏风电发展现状.常州工学院学报,**25**(3):32-35.

左大康,周允华,项月琴.1991.地球表层辐射研究.北京:科学出版社.

左东启.1991.江苏省水旱灾害和水资源合理利用.河海科技进展,**11**(4):7-13.

左丽君,张增祥,董婷婷,等.2009.耕地复种指数研究的国内外进展.自然资源学报,**24**(3):553-560.

Allen R G,Perreira L S,Raes D,1998. Crop evapotranspiration. FAO Irrigation and Drainage Paper 56. Rome.

Balbus J M,Malina C. 2009. Identifying vulnerable subpopulations for climate change health effects in the United States. J Occup Environ Med,**51**(1):33-39.

Becker S,Potchter O,Yaakov Y. 2003. Calculated and observed human thermal sensation in an extremely hot and dry climate. Energy and Buildings,**35**:747-756.

Berger X. 2001. Human thermal comfort at Nîmes in summer heat. Energy and Buildings,**33**:283-287.

Cao Z,Dawson R. 2005. Modeling circulation function in agroecosystems. Ecological Modelling, **181**(4):557-565.

Carey C C,Ibelings B W,Hoffmann E P,et al. 2012. Eco-physiological adaptations that favour freshwater cyanobacteria in changing climate. Water Research, **46**:1394-1407.

Carpenter S R,Fisher S G,GrimmN B,et al. 2010. Global change and freshwater ecosystems. Annu Rev Ecol

Syst,**23**:119-139.

Chang W Y,Liao H. 2009. Anthropogenic direct radiative forcing of tropospheric ozone and aerosols from 1850 to 2000 estimated with IPCC AR5 emissions inventories. Atmos. Oceanic Sci Lett,**2**:201-207.

Che H Z, Shi G Y, Zhang X Y, et al. 2005. Analysis of 40 years of solar radiation data from China, 1961—2000. Geophysical Research Letters,32,L06803.

Che H,Shi G,Zhang X,et al. 2007. Analysis of sky conditions using 40 year records of solar radiation data in China. Theoretical and applied climatology,**89**(1-2):83-94.

Che H,Zhang X,Li Y,et al. 2007. Horizontal visibility trends in China 1981-2005. Geophysical Research Letters,**34**(24):L24706.

Chung C H. 2006. Forty years of ecological engineering with Spartina plantations in China. Ecological Engineering, **7**(1):49-57.

Churchill J H,Kerfoot W C. 2007. The Impact of Surface Heat Flux and Wind on Thermal Stratification in Portage Lake,Michigan. J Great Lakes Res,**33**(1):143-155.

Ding Y,Sun Y,Wang Z,et al. 2009. Interdecadal variation of the summer precipitation in China and its association with decreasing Asian summer monsoon Part II:Possible causes. International Journal of Climatology, **29**(13):1926-1944.

Ding Y,Wang Z,Sun Y. 2007. Interdecadal variation of the summer precipitation in East China and its association with decreasing Asian summer monsoon. Part I:Observed evidences. International Journal of Climatology,**28**(9):1139-1161.

Elliott J A. 2010. The seasonal sensity of cyanobacteria and other phytoplankton to change in flushing rate and temperate. Global change biology,**16**:864-876.

Elliott J A. 2012. Is the furture blue-gree A review of the current model predictions of how climate change could affect pelagic freshwater cyanobacteria. Water research,**46**:1364-1371.

Gaillard M J, Sugita S, Mazier F. 2010. Holocene land-cover reconstructions for studies of land cover-climate feedbacks. Climate of the Paset,**6**:483-499.

Gao X J,Wang M L,Giorgi F. 2013. Climate change over China in the 21st Century as Simulated by BCC_CSM1. 1-RegCM4. 0. Atmospheric and Oceanic Science Letters, in press.

Gill A E. 1982. Atmosphere-Ocean Dynamics, Academic press.

Giorgi F,Marinucci M R,Bates G T,et al. 1993. Development of a second-generation regional climate model (RegCM2). Part II: Convective processes and assimilation of lateral boundary conditions. Monthly Weather Review,**121**(10):2814-2832.

Giorgi F,Marinucci M R,Visconti G. 1990. Use of a limited-area model nested in a general circulation model for regional climate simulation over Europe. Journal of Geophysical Research: Atmospheres (1984-2012),**95**(D11):18413-1843.

Giorgi, F,Bi X, Qian Y. 2003. Indirect vs. Direct Effects of Anthropogenic Sulfate on the Climate of East Asia as Simulated with a Regional Coupled Climate-Chemistry/Aerosol Model, Clim. Change,**58**(3):345-376.

Gonzalez R R,Gagge A P. 1973. Magnitude estimates of thermal discomfort during transients of humidity and operative temperature, and their relation to the new ASHRAE effective temperature. ASHRAE Trans,**79**(1):88-96.

Gonzalez R R,Nishi Y,Gagge A P. 1974. Experimental Evaluation of Standard Effective Temperature A New Biometeorological Index of Man's Thermal Discomfort. Int J Biometeorol, **18**(1):1-15.

Gorham E. 1994. The future of research in Canadian peatlands: a brief survey with particular reference to global change. Wetlands, **14**(3):206-215.

Guo L, Highwood E J, Shaffrey L C, et al. 2013. The effect of regional changes in anthropogenic aerosols on rainfall of the East Asian Summer Monsoon. Atmospheric Chemistry and Physics, **13**(3):1521-1534.

Han J, Zhang R. 2009. The dipole mode of the summer rainfall over East China during 1958-2001. Advances in Atmospheric Sciences, **26**(4):727-735.

Hu T, Sun Z, Li Z. 2011. Features of aerosol optical depth and its relation to extreme temperatures in China during 1980-2001. Acta Oceanologica Sinica, **30**(2):33-45.

Höppe P. 2002. Different aspects of assessing indoor and outdoor thermal comfort. Energy and Buildings, **34**(6):661-665.

IPCC. 2007a. Climate Change 2007: The Physical Science Basis. Cambridge University Press.

IPCC. 2007b. Climate change 2007: Synthesis report. Contribution of Working Groups I, II and III to the fourth assessment report of the Intergovernmental Panel on Climate Change. Geneva, Switzerland.

IPCC. 2013. 政府间气候变化专门委员会第五次评估报告第一工作组报告——气候变化 2013:自然科学基础.

IPCC. 2014a. 政府间气候变化专门委员会第五次评估报告第二工作组报告——气候变化 2014:影响、适应和脆弱性.

IPCC. 2014b. 政府间气候变化专门委员会第五次评估报告第三工作组报告——气候变化 2014:减缓气候变化.

Islam M N, Kitazawa D, Kokuryo N, et al. 2012. Numerical modeling on transition of dominant algae in Lake Kitaura, Japan. Ecological modelling, **242**:146-163.

Jiang Y, Liu X, Yang X Q, et al. 2013. A numerical study of the effect of different aerosol types on East Asian summer clouds and precipitation. Atmospheric Environment, **70**:51-63.

John Houghton. 2013 全球变暖. 戴晓苏, 赵宗慈, 译. 北京:气象出版社.

Jöehnk K D, Huisman J, Sharples J, et al. 2008. Summer heatwaves promote blooms of harmful cyanobacteria. Global Change Biology, **14**:495-512.

Kenney W L, Hodgson J L. 1987. Heat tolerance, thermoregulation and aging. Sports Medicine, **4**:446-456.

Kim M K, Lau W K M, Kim K M, et al. 2007. A GCM study of effects of radiative forcing of sulfate aerosol on large scale circulation and rainfall in East Asia during boreal spring. Geophys Res Lett, **34**(24):L24701.

Kim T, Cho Y. 2011. Calculation of Heat Flux in a Macrotidal Flat Using Fvcom. Journal of Geophysical Research, **116**(C3):C3010.

Knowlton K, Rotkon-Ellman M, King G, et al. 2009. The 2006 California heat wave: impacts on hospitalizations and emergency department visits. Environ Health Perspect, **117**(1):61-67.

Larson D L. 1995. Effects of climate on numbers of northern prairie wetlands. Climate Change, **30**:169-180.

Lee K H, Li Z, Wong M S, et al. 2007. Aerosol single scattering albedo estimated across China from a combination of ground and satellite measurements. J Geophysical Res, **112**(D22):D22S15.

Lee W S, Kim M K. 2010. Effects of radiative forcing by black carbon aerosol on spring rainfall decrease over Southeast Asia. Atmos Environ, **44**(31):3739-3744.

Li S, Wang T J, Zhuang B L, et al. 2009. Indirect radiative forcing and climate effect of the anthropogenic nitrate aerosol on regional climate of China. Adv Atmos Sci, **26**(3):543-552.

Li Z, Lee K H, Wang Y, et al. 2010. First observation - based estimates of cloud-free aerosol radiative forcing across China. Journal of Geophysical Research: Atmospheres (1984-2012), **15**(D7):D00K18.

Li Z, Moreau L, Cihlar J. 1997. Estimation of photosynthotically active radiation absorbod at the surface. Journal of Geophysical Research, **102**(D24):29717-29727.

Lin T P, Matzarakis A, Hwang R L. 2010. Shading effect on long-term outdoor thermal comfort. Building and Environment, **45**(1): 213-221.

Lin T P. 2009. Thermal perception, adaptation and attendance in a public square in hot and humid regions. Building and Environment, **44**: 2017-2026.

Liu H,Zhang L,Wu J. 2010. A Modeling Study of the Climate Effects of Sulfate and Carbonaceous Aerosols over China. Advances in Atmospheric Sciences,**27**(6):1276-1288.

Liu J,Zheng Y,Li Z,et al. 2012. Seasonal variations of aerosol optical properties,vertical distribution and associated radiative effects in the Yangtze Delta region of China. J Geophys Res, 117, D00k38, doi: 10. 1029/2011JD016490.

Liu Y, Sun J, Yang B. 2009. The effects of black carbon and sulphate aerosols in China regions on East Asia monsoons. Tellus B, **61**(4):642-656.

Luo Y, Daren L, Xiuji Z, et al. 2001, Characteristics of the spatial distribution and yearly variation of aerosol optical depth over China in last 30 years. Journal of Geophysical Research: Atmospheres (1984—2012), **106**(D13):14501-14513.

Maggiore A,Zavatarelli M,Angelucci M G,et al. 1998. Surface Heat and Water Fluxes in the Adriatic Sea: Seasonal and Internanual Variability. Phys Chem Earth,**23**(5):561-567.

Meij D A ,Pozzer A,Lelieveld J. 2012. Trend analysis in aerosol optical depths and pollutant emission estimates between 2000 and 2009. Atmospheric Environment,**51**:75-85.

Mooij W M, Hülsmann S,Domis D S,et al. 2007. Predicting the effect of climate change on temperate shallow lakes with the ecosystem model PCLake. Hydrobiologia, **584**:443-454

Moss B,Kosten S, Meerhoff M, et al. 2011. Allied attack: climate change and eutrophication. Inland Waters, **1**:101-105.

Moss R H, Babiker M, Brin kman S, et al. 2008. Towards new scenarios for analysis of emissions, climate change, impacts, and response strategies. Noordwijkerhout, the Netherlands: IPCC, 2007.

Moss R H, Edmonds J A, Hibbard K A, et al. 2010. The next generation of scenarios for climate change research and assessment. Nature, **463** (7282): 747-756.

Nikolopoulou M, Lykoudis S. 2006. Thermal comfort in outdoor urban spaces:Analysis across different European countries. Building and Environment, **41**: 1455-1470.

Oliver R L,Ganf G G. 2002. Freshwater Blooms. The ecology of cyanobacteria,pp:149-194 .

Paerl H W, Paul V J. 2012. Climate change: links to global expansion of harmful cyanobacteria. Water Research, **46**:1349-1363.

Paerl H W,Tucker J,Bland P T. 1983. Carotenoid Enhancement and its Role in Maintaining Blue-Green Algal (Microcystis Aeruginosa) Surface Blooms. Limnol Oceanogr,**28**:847-857.

Pal J S, Giorgi F, Bi X, et al. 2007. The ICTP RegCM3 and RegCNET: regional climate modeling for the developing world. Bulletin of the American Meteorological Society, **88**(9): 1395-1409.

Pan W H,Li L A. 1995. Temperature extremes and mortality from coronary heart disease and cerebral infarction in elderly Chinese. Lancet, **345**: 353-356.

Parel H W, Huisman J. 2008. Blooms like it hot. Science, **320**:57-58.

Peeters F,Staraile D,Lorke A,et al. 2007. Earlier onset of spring phytoplankton bloom of the temperate zone in a warmer climate. Global Change Biology, **13**:1898-1909.

Poiani K A,Johnson W C. 1991. Global warming and prairie wetlands. Bioscienee,**41**(9):611-618.

Pongratz J,Reick C,Raddatz T. 2008. A reconstruction of global agricultural areas and land cover for the last millennium. Global Biogeochemical Cycles,**22**,Gb2018.

Qian Y,Ruby Leung L,Ghan S J,et al. 2003. Regional climate effects of aerosols over China: modeling and observation. Tellus B, **55**(4):914-934. doi:10. 1046/j. 1435-6935. 2003. 00070. x.

Qian Y, Wang W, Leung L R, et al. 2007. Variability of solar radiation under cloud-free skies in China: The role of aerosols. Geophysical Research Letters, **34**(12): L12804.

Saez M, Sunyer J, Castellsague J, et al. 1995. Relationship between weather temperature and mortality: a time series analysis approach in Barcelona. Int J Epidemiol, **24**: 576-82.

Schär C, Vidale P L, Lüthi D, et al. 2004. The role of increasing temperature variability in European summer heatwaves. Nature, **427**(6972): 332-337.

Sheridan S C, Kalkstein L S. 2004. Progress in heat watch-warning system technology. Bull Amer Meteor Soc, **85**: 1931-1941.

Shimoda Y, Azim M E, Perhar G, et al. 2011. Our current understanding of lake ecosystem response to climate change: what have we really learn from the north temperate deep alkes? Journal of Great Lakes Research, **37**: 173-193.

Stainsby E A, Winter J G, Jarjanazi H, et al. 2011. Change in thermal stability of lake simcoe from 1980 to 2008. Journal of Greats Lakes Research, **37**: 55-62.

Stone B. 2009. Land use as climate change mitigation. Environmental Science and Technology, **43**(24): 9052-9056.

Sun B, Zhu Y, Wang H. 2011. The recent interdecadal and interannual variation of water vapor transport over eastern China. Advances in Atmospheric Sciences, **28**(5): 1039-1048.

Tan J, Zheng Y, Song G, et al. 2007. Heat wave impacts on mortality in Shanghai, 1998 and 2003. Int J Biometeorol, **51**: 193-200.

Tan J, Zheng Y, Tang X, et al. 2010. The urban heat island and its impact on heat waves and human health in Shanghai. Int J Biometeorol, **54**(1): 75-84.

Upadhyay S, Bierlenin K, Little J C, et al. 2013. Mixing potential of a surface-mounted solar-powered water mixer(SWM) for controlling cyanobacterial blooms. Ecological Engineering, **61**: 245-250.

Van Vuuren D P, Feddema J, Lamarque J F, et al. 2008. Work plan for data exchange between the integrated assessment and climate modeling community in support of phase-0 of scenario analysis for climate change assessment (representative community pathways). assessment (Representative Community Pathways) 3: 4.

Wang T J, Min J Z, Xu Y F, et al. 2003. Seasonal variations of anthropogenic sulfate aerosol and direct radiative forcing over China. Meteorology and Atmospheric Physics. **84**(3-4): 185-198.

Wang T, Li S, Shen Y, et al. 2010. Investigations on direct and indirect effect of nitrate on temperature and precipitation in China using a regional climate chemistry modeling system. Journal of Geophysical Research: Atmospheres (1984-2012), **115**(D7), D00K26.

Wanger C, Adrain R. 2009. Cyanobacteria dominance: quantifuing the effect of climate change. Limno Oceanogr, **54**(6. Part2): 2460-2468.

Williamson C E, Saros J E, Schindler D W. 2009. Climate change: sentinels of change. Science, **323**: 997-888.

Wu J, Fu C B, Xu Y Y, et al. 2009, Effects of total aerosol on temperature and precipitation in East Asia. Clim Res, **40**: 75-87.

Wu J, Fu C B, Xu Y, et al. 2008. Simulation of direct effects of black carbon aerosol on temperature and hydrological cycle in Asia by a Regional Climate Model. Meteorol Atmos Phys, **100**: 179-193.

Wu J, Jiang W, Fu C, et al. 2004, Simulation of the radiative effect of black carbon aerosols and the regional climate responses over China. Advances in Atmospheric Sciences, **21**(4): 637-649.

Xia X, Li Z, Holben B, et al. 2007. Aerosol optical properties and radiative effects in the Yangtze Delta region of China. Journal of Geophysical Research: Atmospheres(1984-2012), **112**(D22): D22S12.

Xia X. 2010. Spatiotemporal changes in sunshine duration and cloud amount as well as their relationship in China during 1954-2005. Journal of Geophysical Research: Atmospheres (1984-2012), **115**,D00K06.

Xu, Q. 2001. Abrupt change of the mid-summer climate in central east China by the influence of atmospheric pollution. Atmospheric Environment, **35**(30):5029-5040.

Ye J, Li W, Li L, et al. 2013. "North drying and south wetting" summer precipitation trend over China and its potential linkage with aerosol loading. Atmospheric Research,(125-126):12-19

Yin J, Zheng Y, Wu R, et al. 2012. An analysis of influential factors on outdoor thermal comfort in summer. Int J Biometeorol,**56**: 941-948.

Yu X, Zhu B, Yin Y, et al. 2011. Seasonal variation of columnar aerosol optical properties in Yangtze River Delta in China. Advances in Atmospheric Sciences,**28**:1326-1335.

Zhang H, Wang Z, Guo P. 2009. A modeling study of the effects of direct radiative forcing due to carbonaceous aerosol on the climate in East Asia. Adv Atmos Sci, **26**(1):57-66.

Zhang H, Zhang R Y, Shi G Y. 2013. Radiative forcing due to CO_2 and its effect on global surface temperature change. Advances in Atmospheric Sciences,**30**(4):15-27.

Zhang M, Duan H T, Shi X L, et al. 2012. Contribution of meteorology to the phenology of cyanobacterial blooms: implication for future climate change. Water Research,**46**:442-252.

Zhang N, Gao Z Q, Wang X M. 2010. Modeling the impact of urbanization on the local and regional climate in Yangtze River Delta, China. Theoretical and Applied Climatology, **102**:331-342.

Zhao Q H,Sun J H,Zhu G W. 2012. Simulation and Exploration of the Mechanisms Underlying the Spatiotemporal Distribution of Surface Mixed Layer Depth in a Large Shallow Lake. Adv Atmos Sci,**29**(6):4.

Zhu Y, Wang H, Zhou W, et al. 2011. Recent changes in the summer precipitation pattern in East China and the background circulation. Climate Dynamics, **36**(7):1463-1473.

Zhuang B L, Liu L, Shen F H. 2010. Semidirect radiative forcing of internal mixed black carbon cloud droplet and its regional climatic effect over China. J Geophys Res, **115**, D00K19.

名词解释

IPCC：世界气象组织及联合国环境规划署于1988年成立了政府间气候变化专门委员会(Intergovernmental Panel on Climate Change，简称IPCC)。

陶普生单位(DU)：$1DU=10^{-5}m/m^2$，表示标准状态下每m^2面积上有0.01mm臭氧。

不确定性：关于某一变量(如未来气候系统的状态)未知程度的表述。不确定性可源于缺乏有关已知或可知事物的信息或对其认识缺乏一致性。

10亿吨碳：10亿吨碳＝1 GtC ＝10^{15}克碳＝1拍克碳＝1PgC，相当于3.67$GtCO_2$。

温室气体：是指那些允许太阳光无遮挡地到达地球表面、而阻止来自地表和大气发射的长波辐射逃逸到外空并使能量保留在低层大气的化合物。包括水汽、二氧化碳、甲烷、氧化亚氮、六氟化硫和卤代温室气体等。

气溶胶：空气中固态或液态颗粒物的聚集体，通常直径大小在0.01～10 μm，能在大气中驻留至少几个小时。它们能作为水滴和冰晶的凝结核、太阳辐射的吸收体和散射体，并参与各种化学反应，是大气的重要组成部分。

农业气候资源：气候是重要的农业资源，也称为"气候肥力"，含太阳辐射、热量、降水等。具体指生长期的长短、总热量和降水的多少及其年内和年际间的分配和变化，太阳辐射强度、质量及其年内变化特点，以及日照时数等，其数量的多寡及其配合情况，形成了各种农业气候资源类型。

复种指数潜力：复种指数是某区域全年作物总收获面积与该区域总耕地面积之比。复种指数潜力指最大复种指数。

趋势产量、气象产量和相对气象产量：作物的产量可分解为趋势产量、气象产量和随机误差三部分，以区分自然和非自然因素对粮食作物的影响。趋势产量反映历史时期生产力发展水平的长周期产量分量，也被称为技术产量。气象产量是受气象要素为主的短周期变化因子影响的波动产量分量。相对气象产量是气象产量与趋势产量之比。

生产潜力：生产潜力包括光合潜力、光温潜力和气候生产潜力三部分。光合潜力反映农作物在最适宜条件下的最大生物学产量。光温潜力反映仅由太阳辐射和温度条件所决定的生物生产力。气候生产潜力反映光温生产潜力受水分条件限制而衰减后的作物生产潜力。

干旱指数：广泛用于气象、水文、农业等各领域的干旱监测和预警中。SPI指数是世界气象组织根据干旱的影响、对不同干旱的普适性在现行使用的众多干旱指数中挑选并推荐的干旱指数。SPI指数是由美国科罗拉多大学的T. B. McKee, N. J. Doesken和J. Kleist发展的干旱指数，它是基于各个时间尺度的降水概率分布，并将降水的概率转化为指数，现用于超过70个国家的业务工作中，广泛用于世界各地的科研机构，大学，气象局以及水文机构用于干旱监测和早期的预警。它的优点在于仅使用降水一个气象要素，针对不同的时间尺度计算得到不同的干旱指数，给出早期干旱预警并帮助评价干旱的严重性，比许多其他的指数要简单。

地表水资源量：指河流、湖泊、冰川、沼泽等地表水体逐年更新的动态水量，即当地天然河川径流量。它反映水资源丰枯情况，是水资源供需平衡分析的重要指标。

径流量：流域地表面的降水，如雨、雪等，沿流域的不同路径向河流、湖泊和海洋汇集的水流叫径流。在某一时段内通过河流某一过水断面的水量称为该断面的径流量。

能源消费弹性系数：是能源消费增长率与国民生产总值(GDP)增长率的比值，体现了GDP增长对能源消费的依存程度，其值越大，依存程度越高。

风功率密度：与风向垂直的单位面积中风所具有的功率，用于衡量某地的风能资源大小。平均风功率密度的计算应是设定时段内逐小时风功率密度的平均值，其计算方法如下：

$$D_{wp} = \frac{1}{2n}\sum_{i=1}^{n}(\rho)(v_i^3)$$

式中，D_{wp}为平均风功率密度，单位 W/m^2；n 为在设定时段内的记录数；ρ 为空气密度，kg/m^3；v_i^3 为第 i 个记录的风速(m/s)值的立方。

采暖度日：指一年中，当某天室外日平均温度低于 18 ℃时，将低于 18 ℃的度数乘以 1 d，并将此乘积累加，其值越大，表示采暖耗能越多。

降温度日：指一年中，当某天室外日平均温度高于 26 ℃时，将高于 26 ℃的度数乘以 1d，并将此乘积累加，其值越大，表示降温耗能越多。

平均雾日数：指针对某一时段内(年、季、月等)出现的雾日数的平均值。它表征某地区出现雾的频繁程度的一个重要参数。交通气象上多采用大雾、浓雾、强浓雾、特强浓雾(能见度＜1000 m、＜500 m、＜200 m、＜50 m)等来描述雾的强度分级。在不同交通运输方式下，反映雾对交通影响的指标存在较大的差异性，如公路交通关注于能见度低于 200 m 的强浓雾，而当出现能见度低于 1000 m 的大雾时就已严重影响到内河水上交通的安全和通行。

路面状况：公路表面呈现的干湿、冷暖、覆盖物(因气象因素造成的)等状态和量值。在观测上，可表征路面呈现干、潮湿、积水、积雪、结冰、结霜、冰水混合物、黑冰等表面状态，以及积水深度、冰雪层厚度和路面温度、冰点、融雪剂浓度(含盐度)等。因上述观测资料的缺乏，在评估和分析某地的气候变化对交通的影响中，还可利用降水日数、低温日数、结冰日数等历史资料来分析某地区的年平均道路湿滑日数频率分布、道路结冰潜势条件、道路结冰风险指标等。

风参数：大型桥梁工程的抗风设计需要有桥址处的风速观测数据来推算并确定基本风速和设计基准风速，风参数计算涉及 10 年、50 年、100 年等的基本风压、阵风系数、地面粗糙度类别和梯度风的风速随高度变化修正系数等。其中：基本风速是指开阔平坦地貌条件下，地面以上 10 m 高度处 100 年重现期的平均年最大风速。设计基准风速是指在基本风速基础上，考虑局部地表粗糙度影响，建筑结构构件基准高度处 100 年重现期的 10 min 平均年最大风速。阵风系数是指时距为 1～3 s 的瞬时风速与 10 min 平均风速的关系系数。

净初级生产力(NPP)：指植物在单位时间、单位面积，由光合作用产生的有机物质总量中扣除自氧呼吸后的剩余部分，单位为 $gc/(m^2 \cdot a)$，反映了陆地植被的固碳能力。

生态系统：生态系统(Ecosystem)是由植物、动物及微生物群落，与其无机环境相互作用而构成的生态学功能单位。

生态系统服务：生态系统服务(Ecosystem services)是指人类从生态系统获得的所有惠益，包括供给服务(如提供食物和水)、调节服务(如控制洪水和疾病)、文化服务(如精神、娱乐和文化收益)以及支持服务(如维持地球生命生存环境的养分循环)。生态系统产品和服务是生态系统服务的同义词。

超额死亡率:超额死亡率即死亡率的升高超过一定的正常临界水平。其计算方法如下:

$$EM = (D - D_{No-heat})/D_{No-heat}$$

式中,EM 为超额死亡率,D 为逐日死亡数,$D_{No-heat}$ 为夏季非热日平均日死亡数。

高温热浪:日最高气温达到或超过 35 ℃时称为高温,连续数天(3 天以上)的高温天气过程称之为高温热浪。

人体舒适度指数:根据气温、风速和相对湿度等气象要素计算指数值,并在此基础上划分等级,确定人体舒适度。从气象角度评价不同天气条件下人体的感受。

比表面积:比表面积是指单位质量物料所具有的总面积。细颗粒物粒径小,比表面积大,活性强,易附带有毒、有害物质。

蓝藻水华:浮游植物蓝藻的生物量显著地高于一般水体中的平均值,并在水体表面大量聚集,形成肉眼可见的蓝藻聚积体 。

城市带:20 世纪 50 年代,法国地理学家简·戈特曼在对美国东北沿海城市密集地区做研究时,提出了"城市带"(megalopolis,也译作特大城市或巨型城市)的概念,认为城市带应以 2500 万人口规模和每平方千米 250 人的人口密度为下限。它具有四个主要特征:(1)高密度的聚落,城市带应以 2500 万人口规模和每平方千米 250 人的人口密度为下限;(2)发展的枢纽,城市带是一个国家乃至全球的枢纽;(3)拥有发达的网络结构;(4)合理的城市职能分工。

五岛效应:根据气温、湿度、降水和混浊度等气象要素,将城市气候特征归纳为热岛、浑浊岛、干岛、湿岛、雨岛,统称为五岛效应。其中热岛效应是指由于城市形成的异于郊区的特殊下垫面和人类生活和生产活动的结果,使得城市气温明显高于周围郊区的现象。